Convex Optimization Algorithms

凸优化算法

【美】德梅萃 · P. 博赛卡斯 (Dimitri P. Bertsekas)　著

赵千川 章子游 李承昊 孙开来　译

清华大学出版社

北京

北京市版权局著作权合同登记号　图字：01-2024-4858

图书在版编目（CIP）数据

凸优化算法 /（美）德梅萃 • P. 博赛卡斯（Dimitri P. Bertsekas）著；赵千川等译.
北京：清华大学出版社，2025. 7. -- ISBN 978-7-302-69614-8

Ⅰ. O174. 13；O242. 23

中国国家版本馆 CIP 数据核字第 2025KJ3216 号

责任编辑： 曾　珊
封面设计： 傅瑞学
责任校对： 李建庄
责任印制： 刘海龙

出版发行： 清华大学出版社
网　　址：https://www.tup.com.cn，https://www.wqxuetang.com
地　　址：北京清华大学学研大厦 A 座　　邮　　编：100084
社 总 机：010-83470000　　邮　　购：010-62786544
投稿与读者服务：010-62776969，c-service@tup.tsinghua.edu.cn
质 量 反 馈：010-62772015，zhiliang@tup.tsinghua.edu.cn
课 件 下 载：https://www.tup.com.cn，010-83470236

印 装 者：大厂回族自治县彩虹印刷有限公司
经　　销：全国新华书店
开　　本：185mm × 260mm　　印　张：22　　字　数：562 千字
版　　次：2025 年 9 月第 1 版　　印　次：2025 年 9 月第 1 次印刷
印　　数：1 ~ 2000
定　　价：99.00 元

产品编号：109305-01

译 者 序

随着大规模资源分配、信号处理、机器学习等应用领域的快速发展，凸优化近来正引起人们日益浓厚的兴趣。本书力图较为全面、通俗地介绍求解大规模凸优化问题的最新算法。

本书是作者 2009 年出版的《凸优化理论》一书（有中译本，清华大学出版社 2015 年出版）的补充，不过，也可以单独阅读。《凸优化理论》一书侧重在凸性理论和基于对偶性的优化方面，而本书则侧重于凸优化的算法方面。本书是从凸优化理论原来的一章扩展而来。两本书所需要的数学基础相同，合起来内容比较完整地涵盖了有限维凸优化领域的几乎全部知识。两本书的一个共同特色是在坚持严格数学分析的基础上，十分注重对概念的直观展示。

本书几乎囊括了所有主流的凸优化算法，包括梯度法、次梯度法、多面体近似算法、近端法和内点法等。这些方法通常依赖于代价函数和约束条件的凸性（而不一定依赖于其可微性），并与对偶性有着直接或间接的联系。作者针对具体问题的特定结构，给出了大量的例题，来充分展示算法的应用。各章的内容如下：第 1 章，凸优化模型概述；第 2 章，凸优化算法概述；第 3 章，次梯度算法；第 4 章，多面体近似算法；第 5 章，近端算法；第 6 章，其他算法问题。本书的一个特色是在强调问题之间的对偶性的同时，也十分重视建立在共轭概念上的算法之间的对偶性，这常常能为选择合适的算法实现方式提供新的灵感和计算上的便利。

本书均取材于作者过去 15 年在美国麻省理工学院凸优化方面课堂教学的内容。本书和《凸优化理论》合起来可以作为一个学期的凸优化课程的教材；本书也可以用作非线性规划课程的补充材料。因为通常传统的非线性规划课程侧重于可微但非凸的内容，如 Kuhn-Tucker 理论、牛顿法、共轭方向法、内点法、罚函数法和增广的拉格朗日法等。

本书作者德梅萃•P. 博赛卡斯（Dimitri P. Bertsekas）教授是优化理论的国际著名学者、美国国家工程院院士，现任美国麻省理工学院电气工程与计算机科学系教授，曾在斯坦福大学工程经济系和伊利诺伊大学电气工程系任教，在优化理论、控制工程、通信工程、计算机科学等领域有丰富的科研教学经验，成果丰硕。博赛卡斯教授是一位多产作者，著有 16 本专著和教科书。

本书作为译著，为了读者阅读方便（例如参照原版书），本书中公式、符号、参考文献等采用原版书的格式。特此说明。

前　　言

大规模资源分配、信号处理和机器学习领域的广泛应用，使得凸优化受到空前关注。本书的目标是为求解凸优化问题的算法提供与时俱进和易于理解的阐释。

本书是对本人所著《凸优化理论》一书的补充，但也可以单独研读。《凸优化理论》聚焦凸性理论和优化对偶性，而本书聚焦算法问题。两本书的数学基础、记号、风格相同，合起来可覆盖整个有限维凸优化领域。两书都依赖于严格的数学分析，但也尽力进行图形化的直观解释。两者的统一是借助对偶性的解析与算法概念所具有的内在和自然的几何解释来达成的。

为了增加可读性，在附录 B 不加证明地复述了《凸优化理论》一书的算法定义和结论。此外，本书从算法的角度对所需要的部分理论进行了诠释和阐述。例如第 3 章完整地展示了实值凸函数的次梯度理论。这样除非要了解特定结论的证明，熟悉凸优化分析基础的读者就不需要求助于《凸优化理论》一书了。

本书涵盖了凸优化算法的几乎全部类型，主要包括梯度、次梯度、多面体近似、近端算法和内点法。这些方法大多依赖于代价和约束条件函数的凸性（但不一定依赖可微性），并且通常与对偶性之间存在某种联系。作者对于具有特定结构的应用提供了大量的例子。本书涉及大规模优化、网络优化、并行和分布式计算、信号处理和机器学习等领域广泛应用的分析和讨论。

本书各章内容如下。

第 1 章： 提供主要类型的凸优化问题及其特点的概述。从拉格朗日对偶理论和 Fenchel 对偶理论（包含锥对偶性特例）的角度，讨论了问题的结构。此外，还讨论了其他结构，包括代价函数中存在大量求和项或者包含大量约束条件的情况及其在机器学习和大规模资源分配问题中的应用。

第 2 章： 提供算法概述。主要是可微最优化问题的算法，以及这类算法与不可微凸优化问题算法的区别。还重点介绍了本书两类算法的主要思路，即迭代下降和近似。我们用特定算法的应用来说明这些思路，而把详细的分析留到后续章节中。

第 3 章： 讨论在凸约束集合上凸代价函数的次梯度算法。代价函数可能是不可微的。利用对偶性的情形和机器学习应用中常遇到这种情况。这些方法基于到最优点集合距离减少的思路。考虑了算法的有效性的变体，包括 ϵ-次梯度和增量次梯度算法。

第 4 章： 讨论在凸约束集合上最小化凸函数的多面体近似算法。这里的两类方法分别是外线性化（也称为割平面法）和内线性化（也称为单纯形剖分法）。我们将展示这两类方法通过共轭与对偶关系建立起来的紧密关系。我们还会把多面体近似方法推广到代价函数为两个或更多个凸分量函数之和的情形。

第 5 章： 聚焦于在凸约束集合上最小化凸函数的近端算法。基本近端算法的每一轮迭代中，求解一个原问题的近似问题。不过与第 4 章不同，近似问题不是多面体的，而是基于二次正则项，即在代价函数中增加一个每轮迭代都适当调整的二次项。我们会讨论基本算法的一些变体。与第 4 章多面体近似相结合给出的是束方法。通过对偶性从基本近端算法得出的其他算法包括对带有约束优化问题的增广拉格朗日方法（也称为乘子法）。最后，我们还会讨论求取最大单调算子的零点的近端算法扩展，包括交替方向乘子法作为重要的特殊情况。而该方法适用于几类大规模问题的结构。

第 6 章： 我们对前面章节下降和近似算法讨论在算法层面进行补充。首先讨论梯度投影法及其具有较低复杂度的外推变体，包括 Nesterov 的最优复杂度算法。这些方法最初是针对可微问题的，通过平滑技术可以扩展到处理不可微情形。然后我们讨论适用于特殊结构问题的梯度、次梯度和近端算法组合。我们特别关注适合代价函数由大量分量项求和形式组成情形的增量版本。还会介绍其他方法，包括经典的块坐标下降法，带有非二次正则项的近端算法和 ϵ-下降法。章末讨论内点法。

本书的分析主要是基于微分演算的思想，这也是非线性规划的核心思想，也用到超平面分离、共轭和对偶性等凸分析的核心概念。传统上对偶性的使用方式是建立原始和对偶问题对之间的等价关系，进而扩大分析和计算上的灵活性。本书在充分利用这类问题对偶性的同时，还强调了本质上不同的面向算法的对偶性，即共轭关系。特别地，某些基本算法运算实际上是相互对偶的，而且只要是在各种算法中实现，就有对偶的实现方式，而且通常会带来理解和计算上的巨大便利。突出的例子包括凸函数的次微分与其共轭函数的次微分之间的对偶性，凸函数的近端运算与该函数共轭函数的增广拉格朗日函数最小化之间的对偶性，以及凸函数的外线性化与其共轭函数的内线性化之间的对偶性。基于这些成对的运算，第 4~6 章给出了几个算法的对偶实现。

本书包含了不少练习题。其中许多练习是正文算法介绍和分析的补充材料。《凸优化理论》一书的大量理论练习题（带有精心准备的解答）和其他相关资料可以从本书的网址 http://www.athenasc.com/convexalgorithms.html 和作者的网页 http://web.mit.edu/dimitrib/www/home.html 获取。麻省理工学院 OpenCourseWare 网站 http://ocw.mit.edu/index.htm 还提供了课件和其他相关资料。

本书的数学预备知识要求先修线性代数和实分析。附录 A 提供了相关知识点的概述。尽管对线性和非线性优化算法有一定了解肯定会对于学习本书有帮助，但这不是必需的。除了这方面的背景知识，本书内容是自足的，我们提供了全部完整的证明。

本书和《凸优化理论》姊妹篇可以用作一学期的凸优化课程。过去 15 年中作者在麻省理工学院和其他学校就开设过这样的课程。不过，也许本书没有覆盖授课教师希望涉及的凸优化全部材料，例如某些特殊类型的凸优化模型，或者更系统地处理计算复杂性问题等。作者试图在书中提供一些这方面代表性的文献，不过，由于该领域爆炸性的进展，这些文献远不是完整的。

本书也可以作为非线性规划课程的补充材料。非线性规划课程主要聚焦经典的可微非凸优化算法（Kuhn-Tucker 理论、牛顿类和共轭梯度法、内点法、惩罚函数法和增广拉格朗日法等）。对于这类课程，本书可提供不可微凸优化算法方面知识作为补充。

本人在凸优化方面的研究过程中有幸遇到许多杰出的合作者：Vivek Borkar、Jon Eckstein、Eli Gafni、Xavier Luque、Angelia Nedić、Asuman Ozdaglar、John Tsitsiklis、Mengdi Wang 和 Huizhen (Janey) Yu。我们合作的成果在本书中以多种形式得以体现。此外，我要感谢来自几位同行的交流与建议，包括 Leon Bottou、Steve Boyd、Tom Luo、Steve Wright。特别要感谢 Mark Schmidt 和 Lin Xiao 仔细阅读本书的大部分内容。我还要特别感谢 Mengdi Wang 和 Huizhen (Janey) Yu 对本书部分内容的校对工作，Ivan Pejcic 对全书耐心细致的阅读。本书写作历经本人在麻省理工学院 15 年凸优化课程教学的整个过程，我要感谢学生们为我提供的持续动力和灵感。

最后，我要特别提一下 Paul Tseng。他是我多年的朋友和优化算法研究的合作者，但不幸的是他失去了年轻的生命。我愿意以此书来纪念他。

目　　录

第 1 章　凸优化模型概述

本章概述凸优化问题的一些大类。我们主要关注大规模问题，而这类问题一般和对偶性有关。我们会考虑两类对偶性。第一类是针对约束优化问题的拉格朗日对偶性。这类问题是通过对约束分配对偶变量来得到的。第二类是 Fenchel 对偶性及其特例锥对偶性。这类问题涉及作为两个凸函数之和的代价函数（cost function）。这两类对偶结构都来自应用问题。我们会分别在 1.1 节和 1.2 节中通过一些例子来加以简介[1]。

1.3 节和 1.4 节中，我们讨论附加的模型结构，包括代价函数中包含大量的加和项或是问题包含大量的约束条件。这类问题在对偶性研究，或是在涉及大量数据的机器学习和信号处理问题中也很常见。1.5 节中，我们讨论精确惩罚函数技术。采用该技术，我们可以把约束凸优化问题转化为等价的无约束问题。

1.1　拉格朗日对偶性

首先来概述一下非线性不等式约束这种基本情况下的拉格朗日对偶性，然后再考虑推广到同时包含线性不等式和等式约束的情况。考虑如下问题[2]：

$$\begin{aligned} &\text{minimize} && f(x) \\ &\text{subject to} && x \in X, \quad g(x) \leqslant 0 \end{aligned} \tag{1.1}$$

其中 X 是非空集合，

$$g(x) = \big(g_1(x), \cdots, g_r(x)\big)'$$

并且 $f : X \mapsto \Re$ 和 $g_j : X \mapsto \Re$, $j = 1, \cdots, r$ 是给定的函数。我们把该问题称为**原问题**，并把它的最优值记作 f^*。满足问题约束的 x 向量称为是**可行的**。问题式 (1.1) 的对偶问题是

$$\begin{aligned} &\text{maximize} && q(\mu) \\ &\text{subject to} && \mu \in \Re^r \end{aligned} \tag{1.2}$$

其中对偶函数 q 定义为

$$q(\mu) = \begin{cases} \inf_{x \in X} L(x, \mu) & \text{如果}\mu \geqslant 0 \\ -\infty & \text{其他情况} \end{cases}$$

L 是拉格朗日函数，定义为

$$L(x, \mu) = f(x) + \mu' g(x), \qquad x \in X,\ \mu \in \Re^r$$

（参见附录 B 的 5.3 节）

注意到对偶函数是扩充实值的（extended real-valued），并且对偶问题的有效约束（effective constraint）集合是

$$\left\{\mu \geqslant 0 \;\middle|\; \inf_{x \in X} L(x, \mu) > -\infty\right\}$$

[1] 由于是概述，本章一般不会给出证明，而是会引证文献或引用附录 B。附录 B 列出了非算法层面的凸优化理论所涉及的所有的定义和命题（不含证明）。该列表反映和总结了作者的《凸优化理论》一书 [Ber09] 的内容。列表中的命题的编号与 [Ber09] 的编号一致，因此附录 B 中省略的所有证明可以直接在 [Ber09] 中找到。

[2] 附录 A 包含了本书用到的数学符号和术语以及线性代数和实分析的结论。

对偶问题的最优值记作 q^*。

弱对偶关系 $q^* \leqslant f^*$ 总是成立的。该关系容易证明。事实上，对于所有的 $\mu \geqslant 0$，和满足 $g(x) \leqslant 0$ 条件的 $x \in X$，

$$q(\mu) = \inf_{z \in X} L(z, \mu) \leqslant L(x, \mu) = f(x) + \sum_{j=1}^{r} \mu_j g_j(x) \leqslant f(x)$$

成立。于是有

$$q^* = \sup_{\mu \in \Re^r} q(\mu) = \sup_{\mu \geqslant 0} q(\mu) \leqslant \inf_{x \in X,\, g(x) \leqslant 0} f(x) = f^*$$

我们把该结论正式表述为以下命题（参见附录 B 的命题 4.1.2）。

命题 1.1.1（弱对偶定理） 考虑问题式 (1.1)。对于任意可行解 x 和任意 $\mu \in \Re^r$，均成立 $q(\mu) \leqslant f(x)$。此外，$q^* \leqslant f^*$ 也成立。

当 $q^* = f^*$ 成立时，我们说**强对偶性**成立。下述命题给出了强对偶性以及原问题和对偶问题最优性成立的充分必要条件（参见附录 B 的命题 5.3.2）。

命题 1.1.2（最优性条件） 考虑问题式 (1.1)。$q^* = f^*$ 和 (x^*, μ^*) 是原问题和对偶问题的一对最优解的充分必要条件是 x^* 为可行解，$\mu^* \geqslant 0$，并且

$$x^* \in \arg\min_{x \in X} L(x, \mu^*), \qquad \mu_j^* g_j(x^*) = 0, \quad j = 1, \cdots, r$$

成立。

上述两个命题都没有要求 f，g 和 X 满足任何凸性假设。不过，一般情况下，当强对偶性（$q^* = f^*$）成立时，解析或算法求解过程会得到简化。这通常会要求凸性假设，并且在有些情况下，要求 X 的相对内点集 $\mathrm{ri}(X)$ 满足一定的条件。以下命题就是这样一个例子，也可参见附录 B 的命题 5.3.1。该结果描述了不等式约束问题不存在对偶间隙（duality gap）的两种主要情况。

命题 1.1.3（强对偶性-对偶最优解的存在性） 考虑问题式 (1.1)。假设 X 为凸集，f 和 $g_1, \cdots, g_r$ 均为凸函数。进而假设 f^* 为有限，且以下两个条件至少有一个满足：

(1) 存在 $\overline{x} \in X$ 使得 $g_j(\overline{x}) < 0$ 对于所有 $j = 1, \cdots, r$ 成立。

(2) g_j, $j = 1, \cdots, r$ 均为仿射函数，且存在 $\overline{x} \in \mathrm{ri}(X)$ 使得 $g(\overline{x}) \leqslant 0$ 成立。

具有等式和不等式约束的凸规划问题

考虑问题式 (1.1) 添加了线性等式约束的推广形式。它是我们在凸性假设下考虑的约束优化模型的主要形式。我们把该问题称为**凸规划问题**。定义为

$$\begin{aligned} &\text{minimize} \quad && f(x) \\ &\text{subject to} \quad && x \in X, \quad g(x) \leqslant 0, \quad Ax = b \end{aligned} \tag{1.3}$$

其中 X 为凸集，$g(x) = \big(g_1(x), \cdots, g_r(x)\big)'$，$f: X \mapsto \Re$ 和 $g_j: X \mapsto \Re$，$j = 1, \cdots, r$ 均为凸函数，A 是 $m \times n$ 维矩阵，向量 $b \in \Re^m$。

通过把约束条件 $Ax = b$ 转化为一组等价的线性不等式约束

$$Ax \leqslant b, \qquad -Ax \leqslant -b$$

并引入对偶变量 $\lambda^+ \geqslant 0$ 和 $\lambda^- \geqslant 0$，就可以应用前面的对偶性框架。相应的拉格朗日函数为

$$f(x) + \mu' g(x) + (\lambda^+ - \lambda^-)'(Ax - b)$$

通过引入没有符号限制的对偶变量

$$\lambda = \lambda^+ - \lambda^-$$

可以将拉格朗日函数改写为

$$L(x, \mu, \lambda) = f(x) + \mu' g(x) + \lambda'(Ax - b)$$

对偶问题为

$$\begin{aligned} &\text{maximize} && \inf_{x\in X} L(x, \mu, \lambda) \\ &\text{subject to} && \mu \geqslant 0,\ \lambda \in \Re^m \end{aligned}$$

这样根据命题 1.1.3 的情形 (2) 和命题 1.1.2，可以得到以下针对所有约束函数均为线性情形的结论。

命题 1.1.4（凸规划问题-线性等式和不等式约束情形） 考虑问题式 (1.3)。

(a) 假设 f^* 为有限，g_j 均为仿射函数，且存在 $\overline{x} \in \mathrm{ri}(X)$ 使得 $A\overline{x} = b$ 和 $g(\overline{x}) \leqslant 0$ 成立。则 $q^* = f^*$ 并且该问题至少有一个对偶最优解。

(b) $f^* = q^*$ 成立，且 (x^*, μ^*, λ^*) 是原问题和对偶问题的一对最优解的充分必要条件是 x^* 是可行的，$\mu^* \geqslant 0$，并且

$$x^* \in \arg\min_{x\in X} L(x, \mu^*, \lambda^*), \qquad \mu_j^* g_j(x^*) = 0, \quad j = 1, \cdots, r$$

成立。

对于没有不等式约束的特殊情形：

$$\begin{aligned} &\text{minimize} && f(x) \\ &\text{subject to} && x \in X, \quad Ax = b \end{aligned} \tag{1.4}$$

其拉格朗日函数为

$$L(x, \lambda) = f(x) + \lambda'(Ax - b)$$

对偶问题为

$$\begin{aligned} &\text{maximize} && \inf_{x\in X} L(x, \mu, \lambda) \\ &\text{subject to} && \lambda \in \Re^m \end{aligned}$$

相应的结果如下，是命题 1.1.4 的一个特例。

命题 1.1.5（凸规划问题-线性等式约束情形） 考虑问题式 (1.4)。

(a) 假设 f^* 为有限，且存在 $\overline{x} \in \mathrm{ri}(X)$ 使得 $A\overline{x} = b$ 成立。则 $f^* = q^*$ 并且该问题至少有一个对偶最优解。

(b) $f^* = q^*$ 成立，且 (x^*, λ^*) 是原问题和对偶问题的一对最优解的充分必要条件是 x^* 是可行的，并且

$$x^* \in \arg\min_{x\in X} L(x, \lambda^*)$$

成立。

下述命题是在命题 1.1.4(a) 中不等式约束可能是非线性时的推广形式。它是本章中与对偶性有关的最一般形式的凸规划问题的结论（参见附录 B 的命题 5.3.5）。

命题 1.1.6（凸规划问题-线性等式和非线性不等式约束情形） 考虑问题式 (1.3)。假设 f^* 为有限，且存在 $\overline{x} \in X$ 使得 $A\overline{x} = b$ 和 $g(\overline{x}) < 0$ 成立，并且存在 $\tilde{x} \in \mathrm{ri}(X)$ 使得 $A\tilde{x} = b$ 成立。则 $q^* = f^*$ 成立，并且对偶问题至少有一个最优解。

除了上述结果外，基于 Fritz John 定理的扩展版本，还有其他的一些凸的和非凸的最优化问题的最优性条件。读者可以参考文献 [BeO02]，[BOT06] 和教材 [Ber99]，[BNO03]。这些条件在推导上和这里给出的思路上有些不同，不过我们在本书中不会用到这些条件。

离散优化问题和下界

前面的命题基本上处理的是强对偶性 ($q^* = f^*$) 成立的情形。不过，即使是存在对偶间隙的情况下，对偶性仍然是有用的。比如在 X 是有限的约束集合的情形。**整数规划问题**就是这样的例子。其中 x 的元素必须从一个有界的范围内（通常是 0 或 1）取值。线性 0-1 整数规划问题就是一个重要的特例。

$$\begin{array}{ll} \text{minimize} & c'x \\ \text{subject to} & Ax \leqslant b, \quad x_i = 0 \text{ 或} 1, \quad i = 1, \cdots, n \end{array}$$

其中 $x = (x_1, \cdots, x_n)$。

分支定界法是求解有限集约束的离散优化问题的一种主要方法。描述该方法的文献有很多，例如早期的工作 [LaD60]，综述文献 [BaT85] 和教材 [NeW88]。该方法的基本思路是代价函数的界可以用来排除可行集的一部分。举例来说，考虑在集合上 $x \in X$ 上最小化 $F(x)$ 的问题，令 Y_1、Y_2 为 X 的两个子集。假定函数 $f(x)$ 存在以下的界：

$$\underline{F}_1 \leqslant \min_{x \in Y_1} f(x), \qquad \overline{F}_2 \geqslant \min_{x \in Y_2} f(x)$$

如果 $\overline{F}_2 \leqslant \underline{F}_1$ 成立，那么集合 Y_1 中的解就可以不用考虑了，因为它们的代价不可能比 Y_2 中的最优解的代价更低。通常下界 $\underline{F}_1$ 可以通过在比 Y_1 更大的范围内进行方便地估计得到，而上界 $\overline{F}_2$ 则可以采用 $f(x)$ 在 $x \in Y_2$ 上的一个值给出。

分支定界法通常基于弱对偶性（参见命题 1.1.1）来获得以下受限问题的最优代价的一个下界：

$$\begin{array}{ll} \text{minimize} & f(x) \\ \text{subject to} & x \in \tilde{X}, \qquad g(x) \leqslant 0 \end{array} \tag{1.5}$$

其中 $\tilde{X}$ 是 X 的子集。例如，对于 0-1 整数规划问题，X 要求所有 x_i 必须是 0 或 1，而 $\tilde{X}$ 可以是向量 x 的一个或几个元素 x_i 始终固定在 0 或 1 上（即满足 $x_i = 0$ 对于所有的 $x \in \tilde{X}$ 成立，或者 $x_i = 1$ 对于所有的 $x \in \tilde{X}$ 成立）。这样的下界通常可以通过求解该问题的对偶可行解（或许是对偶最优解）$\mu \geqslant 0$ 和相应的对偶值

$$q(\mu) = \inf_{x \in \tilde{X}} \left\{ f(x) + \mu' g(x) \right\} \tag{1.6}$$

来得到。因为根据弱对偶性，该对偶值是受限问题式 (1.5) 的一个下界。作为该方法的一个加强版本，可以通过添加已知满足原问题最优性的不等式约束来扩充不等式约束条件集 $g(x) \leqslant 0$。

这里的关键是当 $\tilde{X}$ 为有限集合时，式 (1.6) 的对偶函数 q 是凹（concave）函数和多面体（polyhedral）函数。因此求解对偶问题等于说是在非负象限上最小化多面体函数 $-q$。这是在凸优化问题中出现多面体函数的主要背景。

1.1.1　可分性问题

考虑应用中常见的一类重要的问题结构。该结构包含了拉格朗日对偶性。假定 x 有 m 个元素，$x=(x_1,\cdots,x_m)$，而每个 x_i 是 n_i 维向量（通常 $n_i=1$）。这类问题具有如下形式：

$$\begin{aligned}&\text{minimize} && \sum_{i=1}^{m} f_i(x_i)\\ &\text{subject to} && \sum_{i=1}^{m} g_{ij}(x_i)\leqslant 0,\quad x_i\in X_i, i=1,\cdots,m, j=1,\cdots,r\end{aligned}\tag{1.7}$$

其中 $f_i:\Re^{n_i}\mapsto\Re$ 和 $g_{ij}:\Re^{n_i}\mapsto\Re^r$ 是给定的函数，而 X_i 是 $\Re^{n_i}$ 中给定的子集。通过为第 j 个约束条件分配一个对偶变量 μ_j，我们可以得到对偶问题（参见式 (1.2)）

$$\begin{aligned}&\text{maximize} && \sum_{i=1}^{m} q_i(\mu)\\ &\text{subject to} && \mu\geqslant 0\end{aligned}\tag{1.8}$$

其中

$$q_i(\mu)=\inf_{x_i\in X_i}\left\{f_i(x_i)+\sum_{j=1}^{r}\mu_j g_{ij}(x_i)\right\}$$

并且 $\mu=(\mu_1,\cdots,\mu_r)$。

注意对偶函数的计算中包含了最小化，已经被分解为 m 项分别求最小。这些最小化问题，通常可以用解析或数值的方法方便地进行求解，因而使得对偶函数可以很容易计算。这是可分问题这种结构的关键优点：该结构使得对偶函数值便于计算（3.1 节中还会看到次梯度也容易计算），并且适合进行分解和分布式计算。

另外，值得指出，元素 x_i 是一维，并且在 f_i 和集合 X_i 为凸的特殊情况下，对于可分问题式 (1.7) 有特别有效的对偶性结论。事实上，在不需要满足约束函数为线性或命题 1.1.3 的 Slater 条件下，强对偶性就能够成立，参见 [Tse09]。

非凸可分问题的对偶间隙估计

当代价和/或约束为非凸，并且存在对偶间隙的情况下，可分结构会带来额外的帮助。特别是在这种情况下，**对偶间隙一般比较小，并且通常可以证明，随着可分项数 m 的增加，对偶间隙会趋向于零**。因此，我们通常可以从对偶最优解出发，不用借助代价很高的分支定界法，就可以得到原问题的一个近优解。

小的对偶间隙来源于问题式 (1.7) 的约束 - 代价对集合 S 的结构。对于可分问题，该集合可以写成 m 个集合的向量和形式。每个集合对应一个可分项，即

$$S=S_1+\cdots+S_m$$

其中

$$S_i=\left\{\big(g_i(x_i),f_i(x_i)\big)\mid x_i\in X_i\right\}$$

并且函数 $g_i:\Re^{n_i}\mapsto\Re^r$ 定义为 $g_i(x_i)=\big(g_{i1}(x_i),\cdots,g_{im}(x_i)\big)$。可以证明对偶间隙和集合 S 与其凸包之间的差距有关（文献 [Ber99] 5.1.6 节和 [Ber09] 5.7 节给出了几何解释）。一般而言，由大量可能为非凸但接近为凸的集合求向量和得到的集合可以近似看作凸集，因为它的凸包中的任意向量都可以由该集合中的一个向量来近似。于是，对偶间隙就变得相对较小。理论上证明

这一点要用到 Shapley 和 Folkman 的定理 (该定理的描述和证明参见 [Ber99] 5.1 节，或 [Ber09] 命题 5.7.1)。特别地，文献 [AuE76]5.6.1 节以及 [BeS82] 和 [Ber82a] 证明了，在适当的条件下，对偶间隙满足

$$f^* - q^* \leqslant (r+1) \max_{i=1,\cdots,m} \rho_i$$

其中对于每一个 i, ρ_i 是依赖于函数 f_i, g_{ij}, $j = 1, \cdots, r$, 和集合 X_i 结构的非负标量（论文 [AuE76] 考虑的问题为非凸但连续，而 [BeS82] 和 [Ber82a] 重点关注一类混合整数规划问题）。该估计显示，当 $m \to \infty$ 并且 $|f^*| \to \infty$ 时，对偶间隙为有界，同时随着 $m \to \infty$，相对对偶间隙 $(f^* - q^*)/|f^*|$ 趋向于 0。

作者的书 [Ber09] 在更一般的最小公共点 - 最大交叉点框架下（附录 B 4.1 节）也讨论过对偶间隙。该框架包含最小最大以及零和博弈作为特例。特别地，考虑定义在非空子集 $X \subset \Re^n$ 和 $Z \subset \Re^m$ 上的函数 $\phi : X \times Z \mapsto \Re$。可以证明 ϕ 的 “infsup” 和 “supinf” 之间的间隙可以分解为能够分别计算的两项之和：一项可以归结为 ϕ 相对于 x 缺乏凸性和/或闭性，而另一项可归结为 ϕ 相对于 z 缺乏凹性和/或上半连续性。具体分析参见 [Ber09] 5.7.2 节。

1.1.2 划分

需要提醒的是，求解大规模优化问题时，引入对偶性有几种不同的方式。例如，**划分**的策略，是把变量分成两个子集，并且利用把第二个子集上的变量固定带来的简化好处，先在第一个子集上做最小化。比如，考虑问题

$$\begin{aligned} &\text{minimize} \quad && F(x) + G(y) \\ &\text{subject to} \quad && Ax + By = c, \quad x \in X, \quad y \in Y \end{aligned}$$

可以写成

$$\begin{aligned} &\text{minimize} \quad && F(x) + \inf_{By=c-Ax,\, y\in Y} G(y) \\ &\text{subject to} \quad && x \in X \end{aligned}$$

或者

$$\begin{aligned} &\text{minimize} \quad && F(x) + p(c - Ax) \\ &\text{subject to} \quad && x \in X \end{aligned}$$

其中 p 由

$$p(u) = \inf_{By=u,\, y\in Y} G(y)$$

给出。在某些特殊情况下，p 可以很方便地定出（参见书 [Las70] 和论文 [Geo72]）。本书中不同场合，会经常使用划分或变换变量的策略来分析求解算法或对偶性问题。1.2 节会给出这类场合的一些描述。

1.2 Fenchel 对偶性和锥规划

考虑 Fenchel 对偶框架（参见附录 B 5.3.5 节）。研究以下问题：

$$\begin{aligned} &\text{minimize} \quad && f_1(x) + f_2(Ax) \\ &\text{subject to} \quad && x \in \Re^n \end{aligned} \tag{1.9}$$

其中 A 是 $m\times n$ 维矩阵，$f_1:\Re^n\mapsto(-\infty,\infty]$ 和 $f_2:\Re^m\mapsto(-\infty,\infty]$ 是闭的真凸（closed proper convex）函数。我们假定该问题有可行解，即存在 $x\in\Re^n$ 使得 $x\in\mathrm{dom}(f_1)$ 和 $Ax\in\mathrm{dom}(f_2)$ 成立[1]。

该问题等价于如下以 $x_1\in\Re^n$ 和 $x_2\in\Re^m$ 为变量的约束优化问题：

$$\begin{aligned}&\text{minimize} \quad f_1(x_1)+f_2(x_2)\\&\text{subject to} \quad x_1\in\mathrm{dom}(f_1),\ x_2\in\mathrm{dom}(f_2),\quad x_2=Ax_1\end{aligned} \tag{1.10}$$

如果把该问题看作具有线性等式约束 $x_2=Ax_1$ 的一个凸规划问题，我们可以得到对偶函数

$$\begin{aligned}q(\lambda)&=\inf_{x_1\in\mathrm{dom}(f_1),\ x_2\in\mathrm{dom}(f_2)}\big\{f_1(x_1)+f_2(x_2)+\lambda'(x_2-Ax_1)\big\}\\&=\inf_{x_1\in\Re^n}\big\{f_1(x_1)-\lambda'Ax_1\big\}+\inf_{x_2\in\Re^m}\big\{f_2(x_2)+\lambda'x_2\big\}\end{aligned}$$

在 $\lambda\in\Re^m$ 上最大化 q 的对偶问题，稍加变换可以写成最小化形式

$$\begin{aligned}&\text{minimize} \quad f_1^\star(A'\lambda)+f_2^\star(-\lambda)\\&\text{subject to} \quad \lambda\in\Re^m\end{aligned} \tag{1.11}$$

其中 $f_1^\star$ 和 $f_2^\star$ 是 f_1 和 f_2 的共轭函数（conjugate functions）。我们把相应的原问题和对偶问题最优值记作 f^* 和 q^*[q^* 是问题式 (1.11) 最优值取负号]。

以下 Fenchel 对偶性的结论由附录 B 命题 5.3.8 给出。(a) 和 (b) 部分的结论由将命题 1.1.5(a) 应用到问题式 (1.10) 得到，其中把 $x_2=Ax_1$ 视为仅有的线性等式约束。(c) 部分的第一个等式是命题 1.1.5(b) 的结论。这部分等价于最后两个等式可由共轭次梯度定理（Conjugate Subgradient Theorem）（附录 B 命题 5.4.3）推出。该定理断言对于闭凸函数 f，它的共轭函数 $f^\star$ 和任意向量对 (x,y)，都成立

$$x\in\arg\min_{z\in\Re^n}\big\{f(z)-z'y\big\}\quad\text{iff}\quad y\in\partial f(x)\quad\text{iff}\quad x\in\partial f^\star(y)$$

并且这三个关系都等价于 $x'y=f(x)+f^\star(y)$。这里 $\partial f(x)$ 表示 f 在 x 处的次梯度集合（f 在 x 处所有次梯度向量构成的集合），参考附录 B 5.4 节。

命题 1.2.1（Fenchel 对偶性）考虑问题式 (1.9)。

(a) 如果 f^* 为有限，且 $\big(A\cdot\mathrm{ri}(\mathrm{dom}(f_1))\big)\cap\mathrm{ri}\big(\mathrm{dom}(f_2)\big)\neq\varnothing$ 成立，那么 $f^*=q^*$，并且对偶问题至少有一个最优解。

(b) 如果 q^* 为有限，且 $\mathrm{ri}\big(\mathrm{dom}(f_1^\star)\big)\cap\big(A'\cdot\mathrm{ri}\big(-\mathrm{dom}(f_2^\star)\big)\big)\neq\varnothing$ 成立，那么 $f^*=q^*$，并且原问题至少有一个最优解。

(c) $f^*=q^*$ 成立，且 (x^*,λ^*) 是一个原问题和对偶问题最优解对的充分必要条件是以下三个等价条件得到满足。

$$x^*\in\arg\min_{x\in\Re^n}\big\{f_1(x)-x'A'\lambda^*\big\}\quad\text{且}\quad Ax^*\in\arg\min_{z\in\Re^m}\big\{f_2(z)+z'\lambda^*\big\} \tag{1.12}$$

$$A'\lambda^*\in\partial f_1(x^*)\quad\text{且}\quad-\lambda^*\in\partial f_2(Ax^*) \tag{1.13}$$

$$x^*\in\partial f_1^\star(A'\lambda^*)\quad\text{且}\quad Ax^*\in\partial f_2^\star(-\lambda^*) \tag{1.14}$$

最小最大问题

最小最大（Minimax）问题涉及在一个集合 X 上最小化如下形式的函数 $\overline{F}$：

$$\overline{F}(x)=\sup_{z\in Z}\phi(x,z)$$

其中 X 和 Z 分别是 $\Re^n$ 和 $\Re^m$ 的子集，且 $\phi:\Re^n\times\Re^m\mapsto\Re$ 是给定的函数。这类问题中有一些（不是全部）同约束优化问题和 Fenchel 对偶性有关系。

[1] 在此提醒读者，凸分析的符号、术语和非算法方面的理论总结在附录 B 中。

例 1.2.1 与约束优化问题的联系。

令 ϕ 和 Z 具有如下形式：

$$\phi(x,z)=f(x)+z'g(x),\qquad Z=\{z\mid z\geqslant 0\}$$

其中 $f:\Re^n\mapsto\Re$ 和 $g:\Re^n\mapsto\Re^m$ 是给定的函数。于是可以看到

$$\overline{F}(x)=\sup_{z\in Z}\phi(x,z)=\begin{cases} f(x) & \text{如果}g(x)\leqslant 0\\ \infty & \text{其他情况}\end{cases}$$

在 $x\in X$ 上最小化 $\overline{F}$ 等价于求解如下约束优化问题

$$\begin{aligned}&\text{minimize} && f(x)\\ &\text{subject to} && x\in X,\quad g(x)\leqslant 0\end{aligned}\tag{1.15}$$

其对偶问题是对 $z\geqslant 0$ 最大化函数

$$\underline{F}(z)=\inf_{x\in X}\big\{f(x)+z'g(x)\big\}=\inf_{x\in X}\phi(x,z)$$

并且最小最大等式

$$\inf_{x\in X}\sup_{z\in Z}\phi(x,z)=\sup_{z\in Z}\inf_{x\in X}\phi(x,z)\tag{1.16}$$

等价于问题式 (1.15) 不存在对偶间隙。

例 1.2.2 与 Fenchel 对偶性的联系。

令 ϕ 具有以下特殊形式：

$$\phi(x,z)=f(x)+z'Ax-g(z)$$

其中 $f:\Re^n\mapsto\Re$ 和 $g:\Re^m\mapsto\Re$ 为给定函数，而 A 是给定的 $m\times n$ 维矩阵。于是我们有

$$\overline{F}(x)=\sup_{z\in Z}\phi(x,z)=f(x)+\sup_{z\in Z}\big\{(Ax)'z-g(z)\big\}=f(x)+\hat{g}^*(Ax)$$

其中 $\hat{g}^*$ 是函数

$$\hat{g}(z)=\begin{cases} g(z) & \text{如果}z\in Z\\ \infty & \text{其他情况}\end{cases}$$

的共轭函数。在 Fenchel 框架式 (1.9) 下，令 $f_2=\hat{g}^*$，并且 f_1 定义为

$$f_1(x)=\begin{cases} f(x) & \text{如果}x\in X\\ \infty & \text{如果}x\notin X\end{cases}$$

可以得到在 $x\in X$ 上最小化 $\overline{F}$ 的最小最大问题。还可以验证 Fenchel 对偶问题式 (1.11) 等价于对 $z\in Z$ 最大化函数 $\underline{F}(z)=\inf_{x\in X}\phi(x,z)$。同样，不存在对偶间隙等价于最小最大等式 (1.16) 成立。

最后需要指出，当 X 和 Z 是凸集，且 ϕ 对于 x 为凸而对于 z 为凹时，强对偶性理论与最小最大问题存在联系。当 Z 为有限集时，与约束优化问题存在不同的关联关系，不涉及 Fenchel 对偶性，也不需要任何凸性条件。特别地，问题

$$\begin{aligned}&\text{minimize} && \max\big\{g_1(x),\cdots,g_r(x)\big\}\\ &\text{subject to} && x\in X\end{aligned}$$

其中 $g_j:\Re^n\mapsto\Re$ 是任意实值函数，等价于约束优化问题

$$\begin{aligned}&\text{minimize} && y\\ &\text{subject to} && x\in X,\qquad g_j(x)\leqslant y,\quad j=1,\cdots,r\end{aligned}$$

其中 y 是附加的标量优化变量。最小最大问题会在后面的 1.4 节，作为包含大量约束条件的问题的一个特例，继续更多的讨论。

锥规划

可以用 Fenchel 对偶性框架分析的一类重要问题结构，称为**锥规划问题**。问题定义为

$$\begin{aligned} &\text{minimize} \quad f(x) \\ &\text{subject to} \quad x \in C \end{aligned} \tag{1.17}$$

其中 $f : \Re^n \mapsto (-\infty, \infty]$ 是闭真凸函数，而 C 是 $\Re^n$ 中的一个闭凸锥体（closed convex cone）。

事实上，我们可以令 A 等于单位阵并定义

$$f_1(x) = f(x), \qquad f_2(x) = \begin{cases} 0 & \text{如果} x \in C \\ \infty & \text{如果} x \notin C \end{cases}$$

以便应用 Fenchel 对偶性。相应的共轭函数是

$$f_1^*(\lambda) = \sup_{x \in \Re^n} \{\lambda' x - f(x)\}, \qquad f_2^*(\lambda) = \sup_{x \in C} \lambda' x = \begin{cases} 0 & \text{如果} \lambda \in C^* \\ \infty & \text{如果} \lambda \notin C^* \end{cases}$$

其中

$$C^* = \{\lambda \mid \lambda' x \leqslant 0, \forall x \in C\}$$

是 C 的极锥（polar cone）（注意 f_2^* 是 C 的支撑函数，参见附录 B 的 1.6 节）。对偶问题是

$$\begin{aligned} &\text{minimize} \quad f^*(\lambda) \\ &\text{subject to} \quad \lambda \in \hat{C} \end{aligned} \tag{1.18}$$

其中 f^* 是 f 的共轭函数，而 $\hat{C}$ 是 C 的负极锥（也称为 C 的对偶锥）

$$\hat{C} = -C^* = \{\lambda \mid \lambda' x \geqslant 0, \forall x \in C\}$$

注意，原问题和对偶问题之间的对称性。强对偶性关系 $f^* = q^*$ 可以写作

$$\inf_{x \in C} f(x) = -\inf_{\lambda \in \hat{C}} f^*(\lambda)$$

下述命题对应命题 1.2.1(a) 的情况，保证了不存在对偶间隙且对偶问题具有最优解。

命题 1.2.2（锥对偶定理）　假定原锥规划问题式 (1.17) 具有有限的最优值，且 $\text{ri}\big(\text{dom}(f)\big) \cap \text{ri}(C) \neq \varnothing$ 成立。则不存在对偶间隙，且对偶问题式 (1.18) 具有最优解。

利用原问题和对偶问题的对称性，我们还可以得知，在对偶锥规划问题式 (1.18) 的最优值为有限且 $\text{ri}\big(\text{dom}(f^*)\big) \cap \text{ri}(\hat{C}) \neq \varnothing$ 的情况下，不存在对偶间隙且原问题式 (1.17) 具有最优解。另外，根据 Fenchel 对偶框架 [命题 1.2.1(c)] 的最优性条件来推导原问题和对偶问题最优性条件也是有可能的。

1.2.1　线性锥规划问题

线性锥规划问题是锥规划的重要特例。这类问题出现在 $\text{dom}(f)$ 为仿射集而 f 是 $\text{dom}(f)$ 上的线性函数的情形，即

$$f(x) = \begin{cases} c' x & \text{如果} x \in b + S \\ \infty & \text{如果} x \notin b + S \end{cases}$$

其中 b 和 c 是给定的向量，S 是子空间。于是原问题可以写作

$$\begin{aligned} &\text{minimize} \quad c' x \\ &\text{subject to} \quad x - b \in S, \quad x \in C \end{aligned} \tag{1.19}$$

如图 1.2.1 所示。

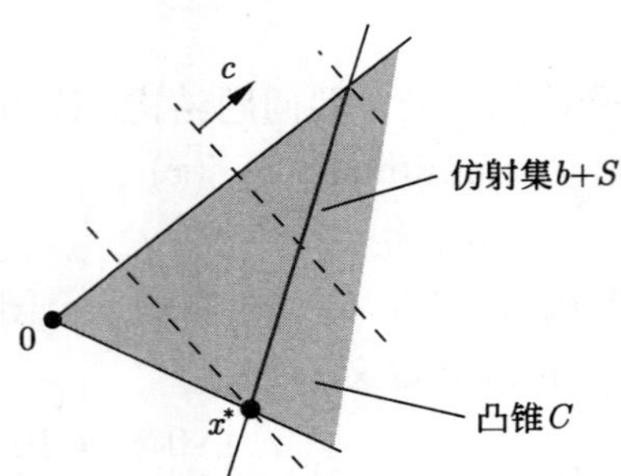

图 1.2.1　线性锥规划问题的示意图：在仿射集 $b+S$ 和凸锥 C 的交集上最小化线性函数 $c'x$

为了导出对偶问题，我们注意到

$$\begin{aligned} f^*(\lambda) &= \sup_{x-b\in S} (\lambda-c)'x \\ &= \sup_{y\in S}(\lambda-c)'(y+b) \\ &= \begin{cases} (\lambda-c)'b & \text{如果}\lambda-c\in S^\perp \\ \infty & \text{如果}\lambda-c\notin S^\perp \end{cases} \end{aligned}$$

可以看到，忽略代价函数中的平凡项 $c'b$ 之后，对偶问题 $\min\limits_{\lambda\in\hat{C}} f^*(\lambda)$[参见式 (1.18)] 可以写作

$$\begin{aligned} &\text{minimize} \quad && b'\lambda \\ &\text{subject to} \quad && \lambda-c\in S^\perp, \quad \lambda\in\hat{C} \end{aligned} \tag{1.20}$$

其中 $\hat{C}$ 是对偶锥：

$$\hat{C}=\{\lambda \mid \lambda'x\geqslant 0, \forall x\in C\}$$

通过把锥对偶定理（命题 1.2.2）用到线性锥对偶性的特定情况，就得到如下命题。

命题 1.2.3（线性锥对偶定理）　假定原问题式 (1.19) 具有有限的最优值，且 $(b+S)\cap\text{ri}(C)\neq\varnothing$ 成立，则不存在对偶间隙且对偶问题具有最优解。

线性锥规划问题的特殊形式

线性锥规划问题的原问题式 (1.19) 和对偶问题式 (1.20) 具有很漂亮的对称形式。线性规划问题中也存在一些其他类似形式的问题。例如，我们具有如下对偶问题对：

$$\min_{Ax=b,\ x\in C} c'x \iff \max_{c-A'\lambda\in\hat{C}} b'\lambda \tag{1.21}$$

$$\min_{Ax-b\in C} c'x \iff \max_{A'\lambda=c,\ \lambda\in\hat{C}} b'\lambda \tag{1.22}$$

其中 A 是 $m\times n$ 维矩阵，$x\in\Re^n$, $\lambda\in\Re^m$, $c\in\Re^n$, $b\in\Re^m$。

为验证对偶关系式 (1.21)，令 $\overline{x}$ 为任意使得 $A\overline{x}=b$ 成立的向量，并把左边的原问题写成如下原始锥规划形式 (式 (1.19))：

$$\begin{aligned} &\text{minimize} \quad && c'x \\ &\text{subject to} \quad && x-\overline{x}\in \text{N}(A), \quad x\in C \end{aligned}$$

其中 $\text{N}(A)$ 是 A 的化零空间。相应的对偶锥规划问题式 (1.20) 即为求解关于 μ 的问题

$$\begin{aligned}&\text{minimize} \quad \overline{x}'\mu \\ &\text{subject to} \quad \mu - c \in \mathrm{N}(A)^{\perp}, \quad \mu \in \hat{C}\end{aligned} \tag{1.23}$$

因为 $\mathrm{N}(A)^{\perp}$ 等于 $\mathrm{Ra}(A')$，即为 A' 的值空间，问题式 (1.23) 的约束条件可以等价地写作 $c-\mu \in -\mathrm{Ra}(A') = \mathrm{Ra}(A')$, $\mu \in \hat{C}$, 或者对于某个 $\lambda \in \Re^m$，

$$c - \mu = A'\lambda, \qquad \mu \in \hat{C}$$

成立。通过变量替换 $\mu = c - A'\lambda$，对偶问题式 (1.23) 可以写作

$$\begin{aligned}&\text{minimize} \quad \overline{x}'(c - A'\lambda) \\ &\text{subject to} \quad c - A'\lambda \in \hat{C}\end{aligned}$$

通过忽略代价函数中的常数项 $\overline{x}'c$，再根据 $A\overline{x} = b$ 的事实，并把最小化转换为最大化，我们就可以看到该对偶问题等价于对偶问题对中式 (1.21) 右边的形式。类似地也可证明对偶关系式 (1.22)。

接下来，我们讨论锥规划问题的两个重要特例：**二阶锥规划问题**和**半正定规划问题**。这些问题包含两类不同的特殊锥体和一个显式定义的仿射集约束条件。它们有广泛的应用背景，其实际计算复杂度基本上介于线性和二次型规划与一般的凸规划问题之间。

1.2.2　二阶锥规划

本节考虑具有称为**二阶锥体**（参见图 1.2.2）的锥体

$$C = \left\{ (x_1, \cdots, x_n) \;\middle|\; x_n \geqslant \sqrt{x_1^2 + \cdots + x_{n-1}^2} \right\}$$

的线性锥规划问题式 (1.22)。对偶锥为

$$\hat{C} = \{ y \mid 0 \leqslant y'x, \forall x \in C \} = \left\{ y \;\middle|\; 0 \leqslant \inf_{\|(x_1,\cdots,x_{n-1})\| \leqslant x_n} y'x \right\}$$

并且可以证明 $\hat{C} = C$。这条性质称为二阶锥的**自对偶性**，从图 1.2.2 很容易看出来。下面来给出证明。我们有

$$\begin{aligned}\inf_{\|(x_1,\cdots,x_{n-1})\| \leqslant x_n} y'x &= \inf_{x_n \geqslant 0} \left\{ y_n x_n + \inf_{\|(x_1,\cdots,x_{n-1})\| \leqslant x_n} \sum_{i=1}^{n-1} y_i x_i \right\} \\ &= \inf_{x_n \geqslant 0} \left\{ y_n x_n - \|(y_1,\cdots,y_{n-1})\|\, x_n \right\} \\ &= \begin{cases} 0 & \text{如果} \|(y_1,\cdots,y_{n-1})\| \leqslant y_n \\ -\infty & \text{其他情况} \end{cases}\end{aligned}$$

其中第二个等式成立是因为向量 $z \in \Re^{n-1}$ 和单位球体 $\Re^{n-1}$ 内的向量做内积的最小值为 $-\|z\|$。把上述两个关系结合起来，就得到

$$y \in \hat{C} \quad \text{当且仅当} \quad 0 \leqslant y_n - \|(y_1,\cdots,y_{n-1})\|$$

于是 $\hat{C} = C$。

二阶锥规划问题（简写为 SOCP）定义为

$$\begin{aligned}&\text{minimize} \quad c'x \\ &\text{subject to} \quad A_i x - b_i \in C_i, \ i = 1,\cdots,m\end{aligned} \tag{1.24}$$

其中 $x \in \Re^n$，c 是 $\Re^n$ 中的向量，且对于 $i = 1,\cdots,m$, A_i 是 $n_i \times n$ 维矩阵，b_i 是 $\Re^{n_i}$ 中的向

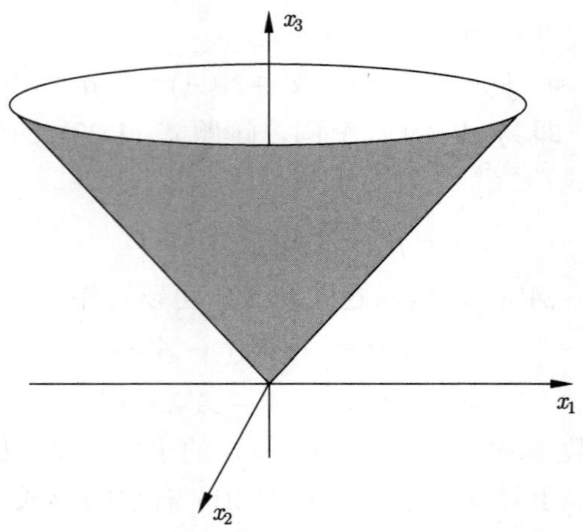

图 1.2.2 $\Re^3$ 中的二阶锥规划问题 $C = \left\{(x_1, \cdots, x_n) \mid x_n \geqslant \sqrt{x_1^2 + \cdots + x_{n-1}^2}\right\}$

量，C_i 是 $\Re^{n_i}$ 中的二阶锥体。可以看到该问题是对偶关系式 (1.22) 左边原问题的一个特例，其中

$$A = \begin{pmatrix} A_1 \\ \vdots \\ A_m \end{pmatrix}, \qquad b = \begin{pmatrix} b_1 \\ \vdots \\ b_m \end{pmatrix}, \qquad C = C_1 \times \cdots \times C_m$$

注意，$a_i'x - b_i \geqslant 0$ 形式的线性不等式约束可以写作

$$\begin{pmatrix} 0 \\ a_i' \end{pmatrix} x - \begin{pmatrix} 0 \\ b_i \end{pmatrix} \in C_i$$

其中 C_i 是 $\Re^2$ 中的二阶锥体。因此，包含二阶锥的线性锥规划问题是线性规划问题的特例。

我们从对偶关系式 (1.22) 右边，以及自对偶关系 $C = \hat{C}$，可以看到相应的线性锥规划问题具有形式

$$\begin{aligned} \text{maximize} \quad & \sum_{i=1}^m b_i'\lambda_i \\ \text{subject to} \quad & \sum_{i=1}^m A_i'\lambda_i = c, \quad \lambda_i \in C_i,\ i = 1, \cdots, m \end{aligned} \tag{1.25}$$

其中 $\lambda = (\lambda_1, \cdots, \lambda_m)$。通过应用线性锥对偶定理（命题 1.2.3），我们有如下命题。

命题 1.2.4（二阶锥对偶定理） 考虑 SOCP 原问题式 (1.24) 及其对偶问题式 (1.25)。

(a) 如果原问题的最优值是有限的，且存在可行解 $\overline{x}$ 使得

$$A_i\overline{x} - b_i \in \text{int}(C_i), \qquad i = 1, \cdots, m$$

成立，那么不存在对偶间隙，并且对偶问题具有最优解。

(b) 如果对偶问题的最优值是有限的，并且具有可行解 $\overline{\lambda} = (\overline{\lambda}_1, \cdots, \overline{\lambda}_m)$ 使得

$$\overline{\lambda}_i \in \text{int}(C_i), \qquad i = 1, \cdots, m$$

成立，那么不存在对偶间隙，并且原问题具有最优解。

注意，虽然线性锥对偶定理要求的是相对内点条件，而上述命题要求的却是内点条件。原因是二阶锥体具有非空内点集，因此它的相对内点集与内点集重合。

SOCP 在实际当中经常碰到，重要的是，它可以采用专门的一类属于内点法（我们会在 6.8 节讨论）的快速数值算法求解。更详细的描述和分析可以参考文献（例如书 [BeN01] 和 [BoV04]）。

一般而言，SOCP 可以从代价函数或约束条件中出现凸二次型函数辨别出来。下面给出说明示例。第一个例子和鲁棒优化问题领域有关。该类优化问题涉及通过集合成员描述的不确定性。

例 1.2.3　鲁棒线性规划问题。

优化问题中的数据常存在不确定性。因此，需要寻找对于整个不确定范围都适用的解。这类问题建模的一种流行的做法是假定约束条件包含属于某个给定集合的参数，并要求约束条件对于该集合所有参数值均得到满足。这种方法也称为不确定性的集合成员描述法，在优化以外，也有应用，例如集合成员估计、最小最大控制（参见教材 [Ber07]，也涉及了早期工作）。

举例来说，考虑问题

$$\begin{aligned}&\text{minimize} && c'x\\&\text{subject to} && a_j'x \leqslant b_j,\quad \forall (a_j,b_j)\in T_j,\quad j=1,\cdots,r\end{aligned}\tag{1.26}$$

其中 $c\in\Re^n$ 是给定向量，且 T_j 是 $\Re^{n+1}$ 的给定子集，约束中的参数向量 (a_j,b_j) 要求必须属于该集合。对于所有的 $(a_j,b_j)\in T_j$，$j=1,\cdots,r$，向量 x 的选取必须使得约束条件 $a_j'x\leqslant b_j$ 得到满足。

一般而言，当 T_j 包含无穷多元素时，该问题相应地涉及无穷多个约束条件。为了把该问题转化为只具有有限多个约束条件的问题，我们注意到如下关系：

$$a_j'x\leqslant b_j,\ \ \forall (a_j,b_j)\in T_j \qquad \text{当且仅当} \qquad g_j(x)\leqslant 0$$

其中

$$g_j(x)=\sup_{(a_j,b_j)\in T_j}\{a_j'x-b_j\}\tag{1.27}$$

于是，鲁棒线性规划问题式 (1.26) 等价于

$$\begin{aligned}&\text{minimize} && c'x\\&\text{subject to} && g_j(x)\leqslant 0,\qquad j=1,\cdots,r\end{aligned}$$

对于集合 T_j 的某些特殊选取情况，函数 g_j 可以写成闭式形式。当 T_j 是椭球的情况，约束条件 $g_j(x)\leqslant 0$ 可以表示为二阶锥体。事实上，令

$$T_j=\left\{(\overline{a}_j+P_ju_j,\overline{b}_j+q_j'u_j)\mid \|u_j\|\leqslant 1,\ u_j\in\Re^{n_j}\right\}\tag{1.28}$$

其中，P_j 是给定的 $n\times n_j$ 维矩阵，$\overline{a}_j\in\Re^n$ 和 $q_j\in\Re^{n_j}$ 是给定的向量，$\overline{b}_j$ 是给定的标量。于是根据式 (1.27) 和式 (1.28)，有

$$\begin{aligned}g_j(x)&=\sup_{\|u_j\|\leqslant 1}\left\{(\overline{a}_j+P_ju_j)'x-(\overline{b}_j+q_j'u_j)\right\}\\&=\sup_{\|u_j\|\leqslant 1}(P_j'x-q_j)'u_j+\overline{a}_j'x-\overline{b}_j\end{aligned}$$

最后

$$g_j(x)=\|P_j'x-q_j\|+\overline{a}_j'x-\overline{b}_j$$

因此，

$$g_j(x)\leqslant 0 \qquad \text{当且仅当} \qquad (P_j'x-q_j,\overline{b}_j-\overline{a}_j'x)\in C_j$$

其中 C_j 是 $\Re^{n_j+1}$ 中的二阶锥体，即鲁棒约束条件 $g_j(x)\leqslant 0$ 等价于二阶锥约束。可知，对于椭球不确定性的情形，鲁棒线性规划问题式 (1.26) 是一个具有式 (1.24) 形式的 SOCP。

例 1.2.4 二次型约束的二次型规划问题。

考虑具有二次型约束的二次型规划问题

$$\begin{aligned}&\text{minimize} && x'Q_0x+2q_0'x+p_0\\&\text{subject to} && x'Q_jx+2q_j'x+p_j\leqslant 0,\quad j=1,\cdots,r\end{aligned}$$

其中 $Q_0,\cdots,Q_r$ 是对称的 $n\times n$ 正定矩阵，$q_0,\cdots,q_r$ 是 $\Re^n$ 中的向量，$p_0,\cdots,p_r$ 是标量。我们下面来证明该问题可以转化为二阶锥规划形式。类似的转换对于当 Q_0 是正定的，而 $Q_j=0$，$j=1,\cdots,r$ 的二次型规划问题也是适用的。事实上，由于每个 Q_j 都是对称正定的，对于 $j=0,1,\cdots,r$，我们有

$$\begin{aligned}x'Q_jx+2q_j'x+p_j&=\left(Q_j^{1/2}x\right)'Q_j^{1/2}x+2\left(Q_j^{-1/2}q_j\right)'Q_j^{1/2}x+p_j\\&=\|Q_j^{1/2}x+Q_j^{-1/2}q_j\|^2+p_j-q_j'Q_j^{-1}q_j\end{aligned}$$

于是，该问题可写作

$$\begin{aligned}&\text{minimize} && \|Q_0^{1/2}x+Q_0^{-1/2}q_0\|^2+p_0-q_0'Q_0^{-1}q_0\\&\text{subject to} && \|Q_j^{1/2}x+Q_j^{-1/2}q_j\|^2+p_j-q_j'Q_j^{-1}q_j\leqslant 0,\quad j=1,\cdots,r\end{aligned}$$

或者，忽略常数 $p_0-q_0'Q_0^{-1}q_0$，有

$$\begin{aligned}&\text{minimize} && \|Q_0^{1/2}x+Q_0^{-1/2}q_0\|\\&\text{subject to} && \|Q_j^{1/2}x+Q_j^{-1/2}q_j\|\leqslant\left(q_j'Q_j^{-1}q_j-p_j\right)^{1/2},\quad j=1,\cdots,r\end{aligned}$$

通过引入辅助变量 x_{n+1}，该问题可以写作

$$\begin{aligned}&\text{minimize} && x_{n+1}\\&\text{subject to} && \|Q_0^{1/2}x+Q_0^{-1/2}q_0\|\leqslant x_{n+1}\\& && \|Q_j^{1/2}x+Q_j^{-1/2}q_j\|\leqslant\left(q_j'Q_j^{-1}q_j-p_j\right)^{1/2},\quad j=1,\cdots,r\end{aligned}$$

可以看到，该问题具有式 (1.24) 给出的二阶锥规划问题形式。特别地，第一个约束条件具有 $A_0x-b_0\in C$ 的形式，其中 C 是 $\Re^{n+1}$ 中的二阶锥体，而 A_0x-b_0 的第 $(n+1)$ 个元素是 x_{n+1}。剩下的 r 个约束条件都具有 $A_jx-b_j\in C$ 的形式，其中 A_jx-b_j 的第 $(n+1)$ 个元素是 $\left(q_j'Q_j^{-1}q_j-p_j\right)^{1/2}$。

最后注意到该例子中问题的特殊性在于，如果它的最优值是有限的，那么它将不存在对偶间隙，此时不需要用到命题 1.2.4 的内点条件。这个结论可以追溯到线性变换保持由二次型约束所定义的集合的闭包不变（参见文献 [BNO03]1.5.2 节）。

1.2.3 半正定规划

本节考虑线性锥问题式 (1.21) 中 C 为半正定矩阵的锥体的情形[1]。

这时的锥体称为**半正定锥**。为了给出问题的定义，我们把对称 $n\times n$ 维矩阵的集合看作具有内积

$$<X,Y>=\text{trace}(XY)=\sum_{i=1}^n\sum_{j=1}^n x_{ij}y_{ij}$$

[1] 如附录 A 约定的，本书中默认半正定矩阵一定是对称的。

的 $\Re^{n^2}$ 维空间。C 的内点集就是正定矩阵构成的集合。

相应的对偶锥是

$$\hat{C} = \{Y \mid \text{trace}(XY) \geqslant 0,\ \forall X \in C\}$$

并且可以证明 $\hat{C} = C$ 成立，即 C 是自对偶的。事实上，如果 $Y \notin C$，必存在向量 $v \in \Re^n$ 使得

$$0 > v'Yv = \text{trace}(vv'Y)$$

成立。于是半正定矩阵 $X = vv'$ 满足 $0 > \text{trace}(XY)$，所以 $Y \notin \hat{C}$ 成立，可知 $C \supset \hat{C}$。反过来，令 $Y \in C$，而 X 是任意半正定矩阵。我们可以把 X 表示为

$$X = \sum_{i=1}^{n} \lambda_i e_i e_i'$$

其中 λ_i 是 X 的非负特征值，而 e_i 是相应的正交特征向量。于是，有

$$\text{trace}(XY) = \text{trace}\left(Y \sum_{i=1}^{n} \lambda_i e_i e_i'\right) = \sum_{i=1}^{n} \lambda_i e_i' Y e_i \geqslant 0$$

从而 $Y \in \hat{C}$ 和 $C \subset \hat{C}$ 成立。因此，C 是自对偶的，$C = \hat{C}$。

半正定规划问题（简称 SDP）在仿射集与半正定锥的交集上最小化对称矩阵的线性函数。它的形式是

$$\begin{aligned} &\text{minimize} && < D, X > \\ &\text{subject to} && < A_i, X >= b_i,\quad i = 1, \cdots, m, \quad X \in C \end{aligned} \tag{1.29}$$

其中 $D, A_1, \cdots, A_m$ 是给定的 $n \times n$ 维对称矩阵；$b_1, \cdots, b_m$ 是给定的标量。该问题是对偶关系式 (1.21) 左边的原问题的特例。

SDP 问题可以看作具有线性代价函数，若干线性约束和一个凸集合约束的优化问题。类似于 SOCP 的情形，可以验证对偶关系式 (1.21) 中右边的对偶问题式 (1.20) 具有如下形式：

$$\begin{aligned} &\text{maximize} && b'\lambda \\ &\text{subject to} && D - (\lambda_1 A_1 + \cdots + \lambda_m A_m) \in C \end{aligned} \tag{1.30}$$

其中 $b = (b_1, \cdots, b_m)$，且最大化是针对 $\lambda = (\lambda_1, \cdots, \lambda_m)$ 取的。应用线性锥对偶定理（命题 1.2.3），可得如下命题。

命题 1.2.5（半正定对偶定理）考虑 SDP 原问题式 (1.29) 及其对偶问题式 (1.30)。

(a) 如果原问题的最优值是有限的，并且具有正定的可行解，那么不存在对偶间隙，并且对偶问题具有最优解。

(b) 如果对偶问题的最优值是有限的，并且具有可行解 $\overline{\lambda}_1, \cdots, \overline{\lambda}_m$ 使得 $D - (\overline{\lambda}_1 A_1 + \cdots + \overline{\lambda}_m A_m)$ 为正定，那么不存在对偶间隙，并且原问题具有最优解。

SDP 是一类相对一般的问题。特别地，可以证明 SOCP 可以转化为 SDP。因此 SDP 包含了比 SOCP 更一般的结构。这与后者更适合计算求解的实际情况是一致的。以下，我们给出将问题建模为 SDP 的一些例子。

例 1.2.5　最大特征值最小化问题。

给定依赖参数向量 $\lambda = (\lambda_1, \cdots, \lambda_m)$ 的 $n \times n$ 维对称矩阵 $M(\lambda)$，我们希望选取 λ 使得 $M(\lambda)$ 的最大特征值最小化。该问题描述为

$$\text{minimize} \quad z$$

$$\text{subject to} \quad M(\lambda)\text{的最大特征值} \leqslant z$$

或者等价地，

$$\begin{aligned} &\text{minimize} && z \\ &\text{subject to} && zI - M(\lambda) \in C \end{aligned}$$

其中 I 是 $n \times n$ 维单位阵，而 C 是半正定锥。如果 $M(\lambda)$ 是 λ 的仿射函数，

$$M(\lambda) = M_0 + \lambda_1 M_1 + \cdots + \lambda_m M_m$$

那么以 $(z, \lambda_1, \cdots, \lambda_m)$ 为优化变量，该问题就具有对偶问题式 (1.30) 的形式。

例 1.2.6 半正定松弛-离散优化问题的下界。

半正定规划问题为推导几类离散优化问题最优值的下界提供了途径。例如，考虑如下二次型等式约束的二次型问题：

$$\begin{aligned} &\text{minimize} && x'Q_0x + a_0'x + b_0 \\ &\text{subject to} && x'Q_ix + a_i'x + b_i = 0, \quad i = 1, \cdots, m \end{aligned} \tag{1.31}$$

其中 $Q_0, \cdots, Q_m$ 是对称的 $n \times n$ 维矩阵，$a_0, \cdots, a_m$ 是 $\Re^n$ 中的向量，$b_0, \cdots, b_m$ 是标量。该问题可用于很多类型的离散优化问题建模。事实上，考虑变量 x_i 必须取 0 或 1 的整数约束条件。该约束条件可以表达为二次型等式约束 $x_i^2 - x_i = 0$。进而，线性不等式约束条件 $a_j'x \leqslant b_j$ 可以表示为二次型约束条件 $y_j^2 + a_j'x - b_j = 0$，其中 y_j 是附加的变量。引入乘子向量 $\lambda = (\lambda_1, \cdots, \lambda_m)$，可以给出对偶函数

$$q(\lambda) = \inf_{x \in \Re^n} \left\{ x'Q(\lambda)x + a(\lambda)'x + b(\lambda) \right\}$$

其中

$$Q(\lambda) = Q_0 + \sum_{i=1}^m \lambda_i Q_i, \quad a(\lambda) = a_0 + \sum_{i=1}^m \lambda_i a_i, \quad b(\lambda) = b_0 + \sum_{i=1}^m \lambda_i b_i$$

令 f^* 和 q^* 为原问题式 (1.31) 和对偶问题的最优值，注意到根据弱对偶性，有 $f^* \geqslant q^*$。引入辅助标量变量 ξ，可以看到对偶问题就是要寻找如下问题的一对解 (ξ, λ)：

$$\begin{aligned} &\text{maximize} && \xi \\ &\text{subject to} && q(\lambda) \geqslant \xi \end{aligned}$$

这个问题的约束条件 $q(\lambda) \geqslant \xi$ 可以写作

$$\inf_{x \in \Re^n} \left\{ x'Q(\lambda)x + a(\lambda)'x + b(\lambda) - \xi \right\} \geqslant 0$$

或者等价地，通过引入标量变量 t 并且乘以 t^2，

$$\inf_{x \in \Re^n,\, t \in \Re} \left\{ (tx)'Q(\lambda)(tx) + a(\lambda)'(tx)t + \big(b(\lambda) - \xi\big)t^2 \right\} \geqslant 0$$

令 $y = tx$，该关系就具有以 (y, t) 为变量的二次型形式，

$$\inf_{y \in \Re^n,\, t \in \Re} \left\{ y'Q(\lambda)y + a(\lambda)'yt + \big(b(\lambda) - \xi\big)t^2 \right\} \geqslant 0$$

或

$$\begin{pmatrix} Q(\lambda) & \dfrac{1}{2}a(\lambda) \\ \dfrac{1}{2}a(\lambda)' & b(\lambda) - \xi \end{pmatrix} \in C \tag{1.32}$$

其中 C 是半正定锥。因此，对偶问题等价于在满足约束条件式 (1.32) 的所有 (ξ, λ) 上最大化 ξ 的 SDP 问题。其最优值 q^* 是 f^* 的一个下界。

1.3　可加性代价问题

本节关注一些重要场合出现的一类结构特征：代价函数 f 是大量单元函数 $f_i:\Re^n \mapsto \Re$ 求和的形式：

$$f(x)=\sum_{i=1}^{m} f_i(x) \tag{1.33}$$

这类代价函数的最小化可以采取称为**增量式**的特殊方法。这类方法利用了代价的可加性结构，每次用一个单元函数 f_i 来更新 x（参见 2.1.5 节）。具有可加性代价函数的问题也可以用独立近似单元函数 f_i（而不是直接近似 f）的特殊外部和内部线性化方法来处理，参见 4.4 节。

可分问题的对偶问题

$$\begin{aligned}&\text{maximize} && \sum_{i=1}^{m} q_i(\mu)\\ &\text{subject to} && \mu \geqslant 0\end{aligned}$$

这里

$$q_i(\mu)=\inf_{x_i\in X_i}\left\{f_i(x_i)+\sum_{j=1}^{r}\mu_j g_{ij}(x_i)\right\}$$

$\mu=(\mu_1,\cdots,\mu_r)$[参见式 (1.8)]。经过正负号 $f_i(\mu)=-q_i(\mu)$ 的变换，可化为最小化问题形式式 (1.33)。这是可加性代价函数问题的一个主要类型。

下面给出来自不同领域的某些应用。前 5 个例子是关于机器学习方面的。

例 1.3.1　正则化回归，Regularized Regression。

这类问题在参数估计上有广泛应用。代价函数包含若干 $f_i(x)$ 项的求和。每一项对应数据和输出参数模型之间的偏差，x 则代表参数构成的向量。线性最小二乘问题（也称为**线性回归问题**）是一个典型的例子。其中 f_i 具有二次型结构。通常在目标函数中会添加一个凸正则化函数 $R(x)$，以便诱导出解和/或相应算法的期望性质。这就导出如下形式的问题：

$$\begin{aligned}&\text{minimize} && R(x)+\frac{1}{2}\sum_{i=1}^{m}(c_i'x-b_i)^2\\ &\text{subject to} && x\in\Re^n\end{aligned}$$

其中 c_i 和 b_i 分别是给定的向量和标量。正则化函数 R 的选取通常为可微分，特别是常选为二次型形式。不过，在实际应用中也有重要的不可微分的正则化函数选法（参见下面的例子）。

在统计学应用中，这类问题出现在对于未知的输入输出关系建立线性模型的时候。该模型包含一个待定的参数向量 x，用于对输入数据（向量 c_i 的元素）进行加权。由该模型产生的内积 $c_i'x$ 被用来同标量 b_i 进行匹配。这些标量是观测到的对应于输入 c_i 的输出数据。最优的参数向量 x^* 就提供了一个可以最小化（在没有正则函数的情况下）偏差平方和 $(c_i'x^*-b_i)^2$ 的模型。

问题的更一般版本中，构造的是非线性参数化模型，具有如下非线性最小平方偏差问题形式：

$$\begin{aligned}&\text{minimize} && R(x)+\sum_{i=1}^{m}\left|g_i(x)\right|^2\\ &\text{subject to} && x\in\Re^n\end{aligned}$$

其中 $g_i : \Re^n \mapsto \Re$ 是依赖于数据的给定的非线性函数。该问题也是一类常见的问题，被称为**非线性回归问题**，不过，常常是非凸的 [如果函数 g_i 是凸的并且是非负的，即 $g_i(x) \geqslant 0$ 对于所有 $x \in \Re^n$ 成立，那么问题是凸的]。

有时会用到数据和线性参数化模型之间偏差的非二次型函数。我们可以用 $h_i(c_i'x - b_i)$ 来代替平方偏差 $(1/2)(c_i'x - b_i)^2$，这里 $h_i : \Re \mapsto \Re$ 是凸函数，所对应的问题为

$$\begin{aligned} &\text{minimize} \quad && R(x) + \sum_{i=1}^{m} h_i(c_i'x - b_i) \\ &\text{subject to} \quad && x \in \Re^n \end{aligned}$$

函数 h_i 的选取通常决定于统计建模的考虑，读者可以参考相关的文献。例如，

$$h_i(c_i'x - b_i) = |c_i'x - b_i|$$

在数据中包含很大的异常值（outliers）时，往往会得到比最小平方更为鲁棒的估计。该模型称为**最小绝对偏差**方法。

这类问题还有带约束条件的版本。其中要求参数向量 x 属于 $\Re^n$ 的某个子集，比如非负象限或由 x 的分量的上下限构成的盒子。这类约束条件可以用来表示关于解的某些先验知识。

例 1.3.2 ℓ_1-正则化。

正则化回归的一种流行的方法称为**ℓ_1-正则化**，其中

$$R(x) = \gamma\|x\|_1 = \gamma\sum_{j=1}^{n} |x^j|$$

γ 是正的标量，x^j 是 x 的第 j 个坐标分量。ℓ_1 范数 $\|x\|_1$ 流行的原因是相比于二次型正则化（参见图 1.3.1），它倾向于产生 x^j 的更多的分量为零的最优解。在许多统计学应用中，模型参数的数量事先并不清楚，因而人们认为这样似乎更好。参见文献 [Tib96]，[DoE03]，[BJM12]。对于线性最小平方偏差模型的特殊情况，

$$\begin{aligned} &\text{minimize} \quad && \gamma\|x\|_1 + \frac{1}{2}\sum_{i=1}^{m}(c_i'x - b_i)^2 \\ &\text{subject to} \quad && x \in \Re^n \end{aligned}$$

被称为**lasso 问题**。

在 lasso 问题的一种推广形式中，ℓ_1 正则化函数 $\|x\|_1$ 被替换为标量版本 $\|Sx\|_1$，其中 S 是某个缩放矩阵（scaling matrix）。$\|Sx\|_1$ 项对解的某些不希望的性质引入了惩罚因素。例如问题

$$\begin{aligned} &\text{minimize} \quad && \gamma\sum_{i=1}^{n-1} |x_{i+1} - x_i| + \frac{1}{2}\sum_{i=1}^{m}(c_i'x - b_i)^2 \\ &\text{subject to} \quad && x \in \Re^n \end{aligned}$$

被称为**全变差去噪问题**（total variation denoising problem），参见文献 [ROF92]，[Cha04]，[BeT09a]。这里的正则项相邻的变量取相近的值，因此倾向于得到变化更为平缓的解。

另一个相关的例子是**借助核范数正则化的矩阵补齐**（matrix completion with nuclear norm regularization），参见文献 [CaR09]，[CaT10]，[RFP10]，[Rec11]，[ReR13]。这里是对于所有 $m \times n$ 维矩阵 X 进行最小化。矩阵的元素记作 X_{ij}。我们已知部分元素 M_{ij}, $(i, j) \in \Omega$，其中 Ω 是下标对构成的子集合，希望求出 X 使得对于 $(i, j) \in \Omega$，X_{ij} 接近 M_{ij}，并且 X 具有尽可能低的秩。从统计上考虑秩尽量低是一个期望的性质。该问题的以下版本处理起来更加容易：

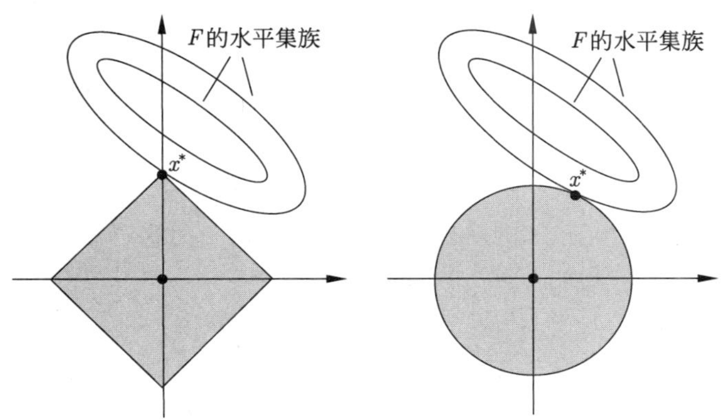

图 1.3.1　ℓ_1 正则化的说明。代价函数形式为 $\gamma\|x\|_1 + F(x)$，其中 $\gamma > 0$ 且 $F : \Re^n \mapsto \Re$ 为可微（左边的图）。如右边的图所示，最优解 x^* 倾向于比相应的二次型正则化情况具有更多的零分量

$$
\begin{aligned}
&\text{minimize} \quad && \gamma\|X\|_* + \frac{1}{2}\sum_{(i,j)\in\Omega}(X_{ij} - M_{ij})^2 \\
&\text{subject to} \quad && X \in \Re^{m\times n}
\end{aligned}
$$

其中 $\|X\|_*$ 是 X 的**核范数**，定义为 X 的奇异值之和。文献中有很多理论来支持这个近似的合理性。事实上核范数是具有一些很好性质的凸函数。特别地，它在任意 X 处的次梯度可以方便地表示为适合在算法中使用的形式。

最后，我们要指出有时可加性正则化函数会和 ℓ_1 类型的项一起使用。例如，二次型加上一个 ℓ_1 类型的项。

例 1.3.3　分类。

上述回归问题的例子里，我们是想要构造参数化模型来匹配基于给定数据的输入输出关系。类似的问题也出现在分类的场景中，其目的是构造参数化模型来预测一个具有某些特征（characteristics，features）的对象是否属于给定的类别（category）。

我们假定每个对象由属于 $\Re^n$ 的一个**特征向量**（feature vector）描述和**标签**（label）b。根据对象是否属于该类别标签的取值分别为 $+1$ 或 -1。例如，信用卡公司希望根据每个客户的财务和个人类型方面的 n 个标量特征，把申请者分类为“低风险”$(+1)$ 或“高风险”(-1)。

给定的数据是特征-标签对的集合 (c_i, b_i), $i = 1, \cdots, m$。基于这些数据，我们希望找出参数向量 $x \in \Re^n$ 和标量 $y \in \Re$ 使得 $c'x + y$ 的正负号可以很好地预测特征向量为 c 的标签。因此，粗略地讲，x 和 y 应当使得对“大多数”给定的特征标签数据 (c_i, b_i) 成立

$$
\begin{aligned}
c_i'x + y > 0, &\qquad \text{如果} b_i = +1 \\
c_i'x + y < 0, &\qquad \text{如果} b_i = -1
\end{aligned}
$$

在统计学文献中，$c'x + y$ 常被称为**判别函数**（discriminant function），而对于给定的对象 i，其值

$$
b_i(c_i'x + y)
$$

提供了该对象距离错误分类的边界的一种度量。特别地，对于对象 i，当 $b_i(c_i'x + y) < 0$ 时，会出现分类错误。

因此把分类问题建模成对 $b_i(c_i'x+y)$ 的负值进行惩罚的优化问题是合理的。这就导出如下问题：

$$\begin{array}{ll} \text{minimize} & R(x)+\sum_{i=1}^{m} h\big(b_i(c_i'x+y)\big) \\ \text{subject to} & x\in\Re^n,\ y\in\Re \end{array}$$

其中 R 是适当的正则化函数，$h:\Re\mapsto\Re$ 是对其自变量的负值进行惩罚的凸函数。例如可以取对于错误分类作单位惩罚的形式

$$h(z)=\begin{cases} 0 & \text{如果} z\geqslant 0 \\ 1 & \text{如果} z<0 \end{cases}$$

不过，这样的惩罚函数是不连续的。为了得到连续代价函数，我们应该允许 h 从负到正值的连续变化，这样就出现 h 的各种非增函数形式。h 的选取和特定的应用以及文献中其他理论分析上的考虑有关。常见的形式如：

$$h(z)=\mathrm{e}^{-z},\qquad (\text{指数损失})$$

$$h(z)=\log\left(1+\mathrm{e}^{-z}\right),\qquad (\text{logistic 损失})$$

$$h(z)=\max\left\{0,1-z\right\},\qquad (\text{hinge 损失})$$

对于 logistic 损失，该方法可归类于**logistic 回归**。对于 hinge 损失的情况，该方法可归类于**支持向量机**。像回归的情况，正则化函数 R 可以是二次型形式、ℓ_1 范数，以及标量或它们的组合形式。这些方法及应用的文献很多，读者可以参考。

例 1.3.4 非负矩阵分解。

非负矩阵分解问题是把一个给定的非负矩阵 B 近似因子分解为乘积 CX，其中 C 和 X 是由下述优化问题定出的非负矩阵：

$$\begin{array}{ll} \text{minimize} & \|CX-B\|_F^2 \\ \text{subject to} & C\geqslant 0,\ X\geqslant 0 \end{array}$$

这里，$\|\cdot\|_F$ 表示矩阵的 Frobenius 范数 ($\|M\|_F^2$ 是 M 各标量分量的平方和)。矩阵 B，C 和 X 必须具有相容的维数，一般而言 C 的列数远小于行数，因此 CX 是 B 的一个低秩近似。该问题的一些版本中，C 和 X 的元素上的非负性约束条件可以放松。另外，类似于本节前面的例子，代价函数中可能会添加正则化项以引入稀疏性或其他期望的效果。

该问题是 20 世纪 90 年代（参见文献 [PaT94]，[Paa97]，[LeS99]）提出的。现在已经成为像例 1.3.1 那样的回归类应用的一种流行模型。不过，在最小平方偏差目标函数 $\sum_{i=1}^{m}(c_i'x-b_i)^2$ 中，向量 c_i 是未知的，有待优化。在例 1.3.1 的回归问题场景中，我们的目的是要在矩阵 C 的值空间中（近似地）表示数据。矩阵 C 的行向量为向量 c_i'，而我们可以把 C 看作由已知基函数构成的矩阵。而在现在讨论的矩阵分解的场景中，我们的目的是找到基函数构成的好的矩阵来表示给定的数据，即矩阵 B。

该问题的一个重要特征是它的代价函数对 (C,X) 并不是联合凸的。不过，当固定另外一个矩阵时，它对于矩阵 C 和 X 是分别凸的。这就允许我们使用针对 C 和 X 进行交替最小化的算法。参见 6.5 节。相关算法问题的讨论，参见论文 [BBL07]，[Lin07]，[GoZ12]。

例 1.3.5　最大似然估计。

最大似然估计（也称极大似然估计）方法是统计推断中参数估计的一种重要方法。相关文献很多 (如教材 [Was04]，[HTF09])。事实上，很多情况下，最大似然估计被用来为前面例子中的回归和分类模型提供概率意义下的合理性解释。

这里，我们观察随机向量 Z 的样本。该随机向量的分布 $P_Z(\bullet;x)$ 依赖于未知参数向量 $x \in \Re^n$。为简单起见，我们假设 Z 只能在有限集合中取值，这样 $P_Z(z;x)$ 即为在参数向量取值为 x 的情况下，Z 取值 z 的概率。我们通过求解下述问题，根据给定的样本值 z 来估计 x。

$$\begin{aligned} &\text{maximize} && P_Z(z;x) \\ &\text{subject to} && x \in \Re^n \end{aligned} \tag{1.34}$$

该问题的代价函数 $P_Z(z;\bullet)$ 可以具有加性结构或是等价于具有加性结构的问题。例如，事件 $Z = z$ 可以是大量不相交事件的并集，因此，$P_Z(z;x)$ 是这些事件概率之和。另外一种特殊情况是，假定数据 z 由从一个概率分布 $P(\bullet;x)$ 的 m 个独立样本 $z_1,\cdots,z_m$ 构成，

$$P_Z(z;x) = P(z_1;x)\cdots P(z_m;x)$$

于是式 (1.34) 的最大化问题等价于可加性代价函数的最小化

$$\begin{aligned} &\text{minimize} && \sum_{i=1}^m f_i(x) \\ &\text{subject to} && x \in \Re^n \end{aligned}$$

其中

$$f_i(x) = -\log P(z_i;x)$$

在许多应用中，样本数 m 很大。这种情况，我们推荐使用利用了可加性结构的特殊方法。类似于前面的例子，通常在代价函数中会加上一个适当的正则化项。

例 1.3.6　最小化期望值-随机规划问题。

出现可加性代价函数的一个重要场合是最小化期望值的问题。

$$\begin{aligned} &\text{minimize} && E\big\{F(x,w)\big\} \\ &\text{subject to} && x \in X \end{aligned}$$

其中 w 是从有限但是数量很大的值集合 $w_i,\ i = 1,\cdots,m$ 当中按照相应的概率 π_i 取值的随机变量。代价函数由 m 个函数 $\pi_i F(x,w_i)$ 求和组成。

例如，**随机规划问题**是不确定性情况下的两阶段优化问题的经典模型。在该问题中，选取一个向量 $x \in X$，具有 m 个可能结果 $w_1,\cdots,w_m$ 的随机事件发生了，并且在已知哪个结果出现的条件下，选取另外一个向量 $y \in Y$（参见书 [BiL97]，[KaW94]，[Pre95]，[SDR09]）。为了优化，我们需要对每个结果 w_i 规定一个不同的向量 $y_i \in Y$。问题成为最小化期望代价

$$F(x) + \sum_{i=1}^m \pi_i G_i(y_i)$$

其中 $G_i(y_i)$ 是与选项 y_i 和 w_i 的发生对应的代价，而 π_i 是相应的概率。该问题具有可加性的代价函数。

可加性的代价函数也出现在当代价函数的期望值 $E\big\{F(x,w)\big\}$ 用 m 个样本的平均值来近似的情形

$$f(x) = \frac{1}{m}\sum_{i=1}^m F(x,w_i)$$

其中 w_i 是随机变量 w 的独立样本。样本均值 $f(x)$ 的最小值被当作 $E\{F(x,w)\}$ 最小值的一个近似。

一般而言，可加性代价问题出现在我们希望把几种不同类型的代价放到一个单一的代价函数中去达到平衡的情况。下面给出一个与之前那些例子不同的例子。

例 1.3.7 定位理论中的 Weber 问题。

定位理论的一个基本问题是找到一个点 x 使得它到一组给定点 $y_1,\cdots,y_m$ 的加权距离和达到最小。数学上该问题描述为

$$\begin{array}{ll}\text{minimize} & \displaystyle\sum_{i=1}^{m} w_i\|x-y_i\| \\ \text{subject to} & x\in\Re^n\end{array}$$

其中 $w_1,\cdots,w_m$ 是给定的正的标量。该问题有很多不同版本，包括各种带约束条件的版本，以及著名的 Fermat-Torricelli-Viviani 问题的衍生形式（该问题的研究历史参见 [BMS99]）。近期的研究进展可以参见书 [DrH04]，与本书相关的讨论可以参见论文 [BeT10]。

可加性代价函数的结构式 (1.33) 常常可以利用适用于增量式方法的分布式计算系统。下面给出一个示例。

例 1.3.8 分布式增量优化-传感器网络。

考虑 m 个传感器构成的网络。它用来收集数据，以便解决包含参数向量 x 的推断问题。如果 $f_i(x)$ 表示第 i 个传感器收集到的数据的偏差的惩罚，那么推断问题就涉及可加性代价函数 $\sum_{i=1}^{m} f_i$。尽管可以在一个融合中心收集所有数据，用集中式方法来求解，但也许我们更倾向于采用分布式方法，以节省数据通信的开销并且/或者利用计算中的并行机制。在这类方法中，当前轮次迭代值 x_k 被从一个传感器传送到另外一个传感器，每个传感器 i 执行一个仅涉及它本地分量 f_i 的增量迭代计算。任意一个位置都不需要知道整个代价函数。进一步的讨论，可以参考代表性的文献 [RaN04]，[RaN05]，[BHG08]，[MRS10]，[GSW12]，[Say14]。这种用分布式方法来增量式计算代价值和 f_i 分量的次梯度的方法实质上可以扩展到分布式异步计算的更一般系统中。这类系统中分量的处理是在计算网络的节点上，然后把结果通过适当的方式组合起来 [NBB01]（参见本书 2.1.5 节和 2.1.6 节的讨论）。

最后我们给出 f_i 是扩充实值函数的可加性代价问题的带有约束条件的版本。这类问题本质上等价于把 x 限制在若干函数的有效定义域的交集

$$X_i=\mathrm{dom}(f_i)$$

上。导出如下问题：

$$\begin{array}{ll}\text{minimize} & \displaystyle\sum_{i=1}^{m} f_i(x) \\ \text{subject to} & x\in\displaystyle\bigcap_{i=1}^{m} X_i\end{array}$$

其中 f_i 在集合 X_i 上是实值函数。我们在第 6 章会展示当 $X_i\equiv\Re^n$ 时的无约束问题解法常常可以通过修改，用于有约束的版本。在那里，我们会讨论增量式约束投影方法。不过，约束集合包含多个成员的情况，与代价函数是否具有可加性没有直接关系。它有自身的特点，我们将在 1.4 节讨论。

1.4　具有大量约束的问题

本节考虑如下形式的优化问题：

$$\begin{aligned} &\text{minimize} \quad f(x) \\ &\text{subject to} \quad x \in X, \quad g_j(x) \leqslant 0, \quad j = 1, \cdots, r \end{aligned} \tag{1.35}$$

其中约束条件的数量 r 非常大。这种问题在实际中常常直接或间接来自其他问题。类似问题也可能来源于约束集合 X 由大量简单集合相交构成。

$$X = \bigcap_{\ell \in L} X_\ell$$

其中 L 是有限或无穷指标集。同时还可能有类似问题式 (1.35) 那样的额外的不等式 $g_j(x) \leqslant 0$。下面给出一些例子。

例 1.4.1　可行性和最小距离问题。

经常碰到的一类简单而重要的问题，称为**可行性问题**，其目标是找出一组集合 X_ℓ, $\ell \in L$, 中的一个公共点，其中每个集合 X_ℓ 均为闭凸集。在可行性问题中代价函数是零。还有稍微复杂一点的类似问题具有代价函数，即如下形式的问题：

$$\begin{aligned} &\text{minimize} \quad f(x) \\ &\text{subject to} \quad x \in \bigcap_{\ell \in L} X_\ell \end{aligned}$$

其中 $f : \Re^n \mapsto \Re$。最小距离问题是这类问题的重要例子。其中

$$f(x) = \|x - z\|$$

z 是给定的向量，$\|\bullet\|$ 是某种范数。以下的例子是一个特殊情况。

例 1.4.2　基搜索问题。

考虑问题

$$\begin{aligned} &\text{minimize} \quad \|x\|_1 \\ &\text{subject to} \quad Ax = b \end{aligned} \tag{1.36}$$

其中 $\|\bullet\|_1$ 是 $\Re^n$ 中的 ℓ_1 范数，A 是给定的 $m \times n$ 维矩阵，b 是 $\Re^m$ 中的包含 m 个给定测量值的向量。我们试图构建具有 $Ax = b$ 形式的线性模型，其中 x 是对数量很大的基函数的 n 个标量权重构成的向量（$m < n$）。我们希望量测方程 $Ax = b$ 精确成立，同时希望在模型中仅用到少量的基函数。这样，我们在问题式 (1.36) 的代价函数中引入 ℓ_1 范数，目的是在最优解处辨别出对应于 x 非零坐标的一小组基函数。该问题称为**基搜索问题**（参见 [CDS01]，[VaF08]），其背后的想法类似于 ℓ_1-正则化问题（参见例 1.3.2）。

式 (1.36) 中考虑 ℓ_1 以外的范数也是可以的。例如，考虑由关于原点中心对称的子集 $\mathcal{A}$（该集合满足 $a \in \mathcal{A}$ 当且仅当 $-a \in \mathcal{A}$）引入的**原子范数（atomic norm）** $\|\bullet\|_{\mathcal{A}}$：

$$\|x\|_{\mathcal{A}} = \inf\left\{t > 0 \mid x \in t \bullet \text{conv}(\mathcal{A})\right\}$$

该问题和另外一类相关问题，都涉及原子范数，有广泛的应用，参见 [CRP12]，[SBT12]，[RSW13]。

相关的问题为

$$\begin{aligned} &\text{minimize} \quad \|X\|_* \\ &\text{subject to} \quad AX = B \end{aligned}$$

其中优化是针对所有 $m \times n$ 维矩阵的。A 和 B 分别是给定的 $\ell \times m$ 维和 $\ell \times n$ 维矩阵，$\|X\|_*$ 是 X 的核范数。该问题的目标是找到满足线性方程组 $AX = B$ 的低秩矩阵 X（参见

[CaR09]，[RFP10]，[RXB11]）。当这些方程规定部分矩阵元素 X_{ij}, $(i,j) \in \Omega$ 取给定的值 M_{ij} 时，即

$$X_{ij} = M_{ij}, \qquad (i,j) \in \Omega$$

我们就得到了例 1.3.2 讨论的矩阵补齐问题的另外一种形式。

例 1.4.3 最小最大问题。

在最小最大问题中，代价函数具有如下形式：

$$f(x) = \sup_{z \in Z} \phi(x,z)$$

其中 Z 是某个空间的子集，$\phi(\cdot, z)$ 对于每个 $z \in Z$ 都是一个实值函数。我们希望在 $x \in X$ 上最小化 f，其中 X 是给定的约束集合。通过引入辅助标量变量 y，我们可以把该问题转化为一般形式

$$\begin{aligned} &\text{minimize} \quad && y \\ &\text{subject to} \quad && x \in X, \quad \phi(x,z) \leqslant y, \quad \forall z \in Z \end{aligned}$$

该问题包含了大量约束条件（对集合 Z 中的每一个 z 都有一个约束条件，甚至可能是无穷多个）。当然，在该问题中，集合 X 也可能像前面的例子那样，具有 $X = \bigcap_{\ell \in L} X_\ell$ 的形式。

例 1.4.4 可分性问题的基函数近似——近似动态规划问题。

考虑如下形式的大规模可分性问题：

$$\begin{aligned} &\text{minimize} \quad && \sum_{i=1}^m f_i(y_i) \\ &\text{subject to} \quad && \sum_{i=1}^m g_{ij}(y_i) \leqslant 0, \quad \forall j = 1, \cdots, r \end{aligned} \tag{1.37}$$

其中 $f_i : \Re \mapsto \Re$ 是标量函数，向量 $y = (y_1, \cdots, y_m)$ 的维数 m 非常大。处理该问题的一种可能途径是用形如 Φx 的向量来近似 y，其中 Φ 是 $m \times n$ 维矩阵。Φ 的列向量相对较少，可以看作低维近似子空间 $\{\Phi x \mid x \in \Re^n\}$ 的基函数。我们用近似版本

$$\begin{aligned} &\text{minimize} \quad && \sum_{i=1}^m f_i(\phi_i' x) \\ &\text{subject to} \quad && \sum_{i=1}^m g_{ij}(\phi_i' x) \leqslant 0, \quad \forall j = 1, \cdots, r \\ & && \phi_i' x \geqslant 0, \quad i = 1, \cdots, m \end{aligned} \tag{1.38}$$

来代替问题式 (1.37)。这里 ϕ_i' 表示 Φ 的第 i 行，$\phi_i' x$ 被视为对 y_i 的近似。于是问题的规模从 m 降低到 n。不过，问题的约束集合变得更加复杂，因为简单的约束形式 $y_i \geqslant 0$ 变成了更复杂的形式 $\phi_i' x \geqslant 0$。而且在代价函数中的求和元素的数量 m 以及约束的数量仍然比较大。因此该问题具有 1.3 节中可加性代价函数的结构以及大量的约束条件。

该方法的一个重要应用是在近似动态规划（approximate dynamic programming）方面（参见 [BeT96]，[SuB98]，[Pow11]，[Ber12]），其中函数 f_i 和 g_{ij} 是线性的。相应的问题式 (1.37) 与无穷区间上的马尔可夫决策过程（Markovian decision problem）的最优性条件（贝尔曼方程，Bellman equation）的解有关（这种情况下，约束 $y \geqslant 0$ 不一定出现）。这里数量 m 和 r 通

常是个天文数字（事实上，r 可能远大于 m），因此无法精确求解。对于这类问题，基于问题式 (1.38) 的近似已经成为算法设计的主流思路（参见教材 [Ber12] 及其文献）。对于很大的 m，对于给定的 x，可能无法计算出代价函数 $\sum_{i=1}^{m} f_i(\phi_i' x)$ 的值，也许最多能够对独立的代价元素函数 f_i 进行采样。因此随机仿真在大规模动态规划中成为最主要的方法。

这里还需要提到基于随机化和仿真模拟的相关方法曾经用于求解经典线性代数问题的大规模实例。参见 [BeY09]，[Ber12](7.3 节)，[DMM06]，[StV09]，[HMT10]，[Nee10]，[DMM11]，[WaB13a]，[WaB13b]。

大量约束的问题还经常出现在求解与图有关的问题中，而且可以用考虑了图结构的算法进行处理。下面就是一个典型的例子。

例 1.4.5　网络多商品流的最优路由问题。

考虑用于从给定供货点到给定需求点运输商品的有向图。给定有序节点对 $w=(i,j)$ 的集合 W。节点 i 和 j 分别称为 w 的**起点**和**终点**，w 称为一个 OD 对。对于每个 w，给定一个标量 r_w 称为 w 的**输入**。例如，在通信网络数据路由的场景中，r_w(度量单位是数据单元/秒) 是在起点进入网络的到达速率和从 w 离开网络的速率。我们的目标是在从起点到终点的多条路径上分配每个 r_w，使得总体上的弧流量分配模式最小化适当的代价函数。

记P_w为从 w 的起点出发到其终点的所有路径的集合。这些路径上的每个弧段的方向是从起点指向终点的方向。记x_p为 r_w 分配到路径 p 上的部分，也称为**路径 p 的流量**。

全部路径流量的集合 $\{x_p \mid p \in P_w,\ w \in W\}$ 必须满足如下约束条件：

$$\sum_{p \in P_w} x_p = r_w, \qquad \forall w \in W \tag{1.39}$$

$$x_p \geqslant 0, \qquad \forall p \in P_w,\ w \in W \tag{1.40}$$

弧段 (i,j) 上的总流量 F_{ij} 是所有穿过该弧段的路径流量之和：

$$F_{ij} = \sum_{\text{所有包含}(i,j)\text{的路径}} x_p \tag{1.41}$$

考虑具有如下形式的代价函数：

$$\sum_{(i,j)} D_{ij}(F_{ij}) \tag{1.42}$$

要求解的问题是找到路径流量 $\{x_p\}$ 在满足约束式 (1.39)～式 (1.41) 的条件下，使得该代价函数最小。通常假定 D_{ij} 是 F_{ij} 的凸函数。在数据路由应用中，D_{ij} 的形式通常基于排队模型的平均延迟。这种情况下，D_{ij} 在其定义域内是连续可微的（参见 [BeG92]）。与此相关，在光网络中，在 x_p 上包含附加整数约束条件，不过可以作为具有连续流量变量的问题进行处理（参见 [OzB03]）。

上述问题被称为**多商品网络流问题**。这个名称反映出弧段流量由几种不同的商品构成。在现在的例子中，不同的商品是具有不同 OD 对的数据。该问题还出现在本质相同的交通网络均衡问题中（参见 [FlH95]，[Ber98]，[Ber99]，[Pat99]，[Pat04]）。所有的 OD 对都具有相同终点或都具有相同的起点的特殊情况，称为**单商品流问题**，问题就变得容易得多，可以设计有效的专用算法，其速度比多商品问题求解要快得多（参见教材 [Ber91]，[Ber98]）。

通过在代价函数式 (1.42) 中，把总流量 F_{ij} 表示为路径流量 [利用式 (1.41)]，该问题可以描述为关于路径流量 $\{x_p \mid p \in P_w,\ w \in W\}$ 的问题

$$\begin{aligned}&\text{minimize} && D(x)\\&\text{subject to} && \sum_{p\in P_w} x_p = r_w,\ \ \forall w\in W, x_p\geqslant 0,\ \ \forall p\in P_w,\ w\in W\end{aligned}$$

其中

$$D(x)=\sum_{(i,j)} D_{ij}\left(\sum_{\text{所有包含}(i,j)\text{的路径}} x_p\right)$$

而 x 是路径流 x_p 构成的向量。该问题可能包含极多变量和约束条件。不过，充分利用问题的特殊结构，约束集合可以进行简化，用少量向量 x 的凸包来近似。变量和约束的数量可以减少到可以处理的规模（参见 [BeG83]，[FlH95]，[OMV00] 以及本书 4.2 节的讨论）。

有一些处理大量约束条件的方法。一种可能的方法，也是主流的方法，是首先忽略一些约束条件，求解相应的较少约束问题，然后再有选择地重新添加部分看起来在最优解处可能被违反的约束条件。在第 4~6 章中，我们将更详细地讨论这类方法。

另外一种可能的方法是用惩罚函数代替约束条件，并对于约束被违反的情况分配很高代价。特别地，我们用

$$\begin{aligned}&\text{minimize} && f(x)+c\sum_{j=1}^{r} P\big(g_j(x)\big)\\&\text{subject to} && x\in X\end{aligned}$$

来代替问题式 (1.35)。其中 $P(\bullet)$ 是标量惩罚函数，满足当 $u\leqslant 0$ 时，$P(u)=0$ 成立，而当 $u>0$ 时，$P(u)>0$ 成立，并且 c 是正的惩罚参数。我们会在 1.5 节中讨论这种方法。

1.5 精确惩罚函数

本节讨论常用于约束优化算法中的一种变换方式。我们将推导与约束凸优化问题等价的一种较少约束甚至完全无约束的惩罚函数问题。这样做的原因是有些凸优化算法没有带约束的版本，但是可以应用到带有惩罚项的无约束问题上。另外，在某些解析分析的情形，较少约束的等价问题较为方便。

考虑凸规划问题

$$\begin{aligned}&\text{minimize} && f(x)\\&\text{subject to} && x\in X,\quad g_j(x)\leqslant 0,\ \ j=1,\cdots,r\end{aligned}\tag{1.43}$$

其中 X 是 $\Re^n$ 的凸子集，$f: X\to\Re$ 和 $g_j: X\to\Re$ 是给定的凸函数。我们把原问题最优值记作 f^*，把对偶问题的最优值记作 q^*，即

$$q^*=\sup_{\mu\geqslant 0} q(\mu)$$

其中

$$q(\mu)=\inf_{x\in X}\big\{f(x)+\mu' g(x)\big\},\qquad \forall \mu\geqslant 0$$

并且 $g(x)=\big(g_1(x),\cdots,g_r(x)\big)'$。我们假定 $-\infty<q^*=f^*<\infty$。

我们引入凸惩罚函数 $P:\Re^r\mapsto\Re$，满足

$$P(u)=0,\qquad \forall u\leqslant 0\tag{1.44}$$

$$P(u) > 0, \qquad \text{如果}u_j > 0\text{对某个}j = 1, \cdots, r\text{成立} \tag{1.45}$$

我们考虑用带有惩罚项的如下问题

$$\begin{aligned} &\text{minimize} \quad && f(x) + P\big(g(x)\big) \\ &\text{subject to} \quad && x \in X \end{aligned} \tag{1.46}$$

来代替问题式 (1.43) 的求解。这里不等式约束条件被替换为对于这些条件违反的精确代价 $P\big(g(x)\big)$。基于约束违反量的绝对值平方可以给出惩罚函数的一些例子，如：

$$P(u) = \frac{c}{2}\sum_{j=1}^{r}\big(\max\{0, u_j\}\big)^2$$

和

$$P(u) = c\sum_{j=1}^{r}\max\{0, u_j\}$$

其中 c 是正的惩罚参数。不过，也可以根据问题特点定义其他可能的惩罚函数。

函数 P 的共轭函数为

$$Q(\mu) = \sup_{u\in\Re^r}\big\{u'\mu - P(u)\big\}$$

而且可知

$$Q(\mu) \geqslant 0, \qquad \forall \mu \in \Re^r$$

$$Q(\mu) = \infty, \qquad \text{如果}\mu_j < 0\text{对某个}j = 1, \cdots, r\text{成立}$$

图 1.5.1 给出了一维惩罚函数 P 及其共轭函数的一些例子。

考虑约束优化原问题的原目标函数

$$p(u) = \inf_{x\in X,\, g(x)\leqslant u} f(x), \qquad u \in \Re^r$$

我们有

$$\begin{aligned} \inf_{x\in X}\big\{f(x) + P\big(g(x)\big)\big\} &= \inf_{x\in X}\ \inf_{u\in\Re^r,\, g(x)\leqslant u}\big\{f(x) + P\big(g(x)\big)\big\} \\ &= \inf_{x\in X}\ \inf_{u\in\Re^r,\, g(x)\leqslant u}\big\{f(x) + P(u)\big\} \\ &= \inf_{x\in X,\, u\in\Re^r,\, g(x)\leqslant u}\big\{f(x) + P(u)\big\} \\ &= \inf_{u\in\Re^r}\ \inf_{x\in X,\, g(x)\leqslant u}\big\{f(x) + P(u)\big\} \\ &= \inf_{u\in\Re^r}\big\{p(u) + P(u)\big\} \end{aligned}$$

其中第二个等式用到了单调关系[1]

$$u \leqslant v \qquad \Longrightarrow \qquad P(u) \leqslant P(v)$$

进而，根据假设 $-\infty < q^*$ 和 $f^* < \infty$ 成立，并且由于对任意满足 $q(\mu) > -\infty$ 的 μ，我们有

$$p(u) \geqslant q(\mu) - \mu' u > -\infty, \qquad \forall u \in \Re^r$$

[1] 为了证明此关系，我们用反证法。如果存在 u 和 v 满足 $u \leqslant v$ 和 $P(u) > P(v)$，那么根据 P 的连续性，必存在足够接近 u 的 $\overline{u}$ 使得 $\overline{u} < v$ 和 $P(\overline{u}) > P(v)$ 成立。由于 P 是凸函数，它在射线（halfline）$\big\{\overline{u} + \alpha(\overline{u} - v) \mid \alpha \geqslant 0\big\}$ 上是单调递增的，并且由于 $P(\overline{u}) > P(v) \geqslant 0$，$P$ 沿该射线取正值。不过，由于 $\overline{u} < v$，该射线最终会进入负的象限，其中根据式 (1.44) P 取值为 0，从而导出矛盾。

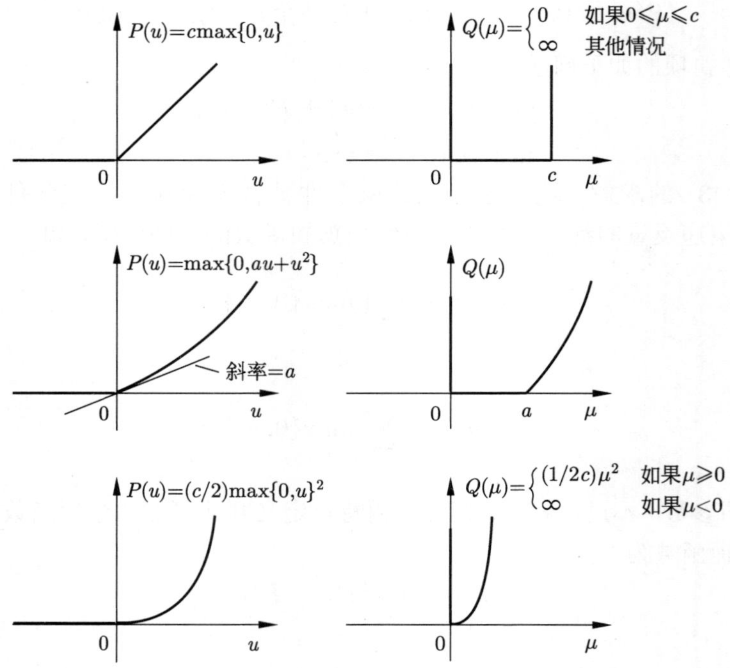

图 1.5.1 不同惩罚函数 P 及其共轭函数 Q 的示例。由于 $P(u)=0$ 对 $u\leqslant 0$ 成立，我们有 $Q(\mu)=\infty$ 对非负象限之外的 μ 成立

从而 $p(0)<\infty$ 和 $p(u)>-\infty$ 对于任意 $u\in\Re^r$ 成立，于是 p 为真。

我们现在可以应用 Fenchel 对偶定理 (命题 1.2.1)，其中令 $f_1=p$, $f_2=P$，并且 $A=I$。利用原函数 p 与其对偶函数 q 之间的共轭关系导出

$$\inf_{u\in\Re^r}\big\{p(u)+P(u)\big\}=\sup_{\mu\geqslant0}\big\{q(\mu)-Q(\mu)\big\} \tag{1.47}$$

于是

$$\inf_{x\in X}\big\{f(x)+P\big(g(x)\big)\big\}=\sup_{\mu\geqslant0}\big\{q(\mu)-Q(\mu)\big\} \tag{1.48}$$

参见图 1.5.2。注意应用该定理的条件是满足的，因为惩罚函数 P 是实值的，因此 $\mathrm{dom}(p)$ 与 $\mathrm{dom}(P)$ 的相对内点集相交为非空。进而，根据 Fenchel 对偶定理 (a) 部分的结论，可知式 (1.48) 在 $\mu\geqslant0$ 上的上确界是可以取到的。

图 1.5.2 提示为了使得带惩罚函数的问题式 (1.46) 与原带约束问题式 (1.43) 具有相同的最优值，共轭函数 Q 必须 “足够平缓”，以便能够被对偶问题的某个最优解 μ^* 最小化。这可以用次梯度向量的性质来解释，参见附录 B 5.4 节：对于对偶问题的某个最优解 μ^*，必有 $0\in\partial Q(\mu^*)$ 成立，根据附录 B 命题 5.4.3，这等价于 $\mu^*\in\partial P(0)$。这是下述命题中 (a) 部分的情况，曾在文献 [Ber75a] 中给出。下述命题的 (b) 和 (c) 两部分处理相应的最优解等价的情况。该命题做了凸性和本节中前面给出对于问题式 (1.43) 和惩罚函数 P 的其他假设。

命题 1.5.1 考虑问题式 (1.43)，其中假定 $-\infty<q^*=f^*<\infty$。

(a) 带惩罚函数的问题式 (1.46) 及其原约束优化问题式 (1.43) 具有相等的最优值的充分必要条件是存在对偶问题最优解 μ^* 使得 $\mu^*\in\partial P(0)$ 成立。

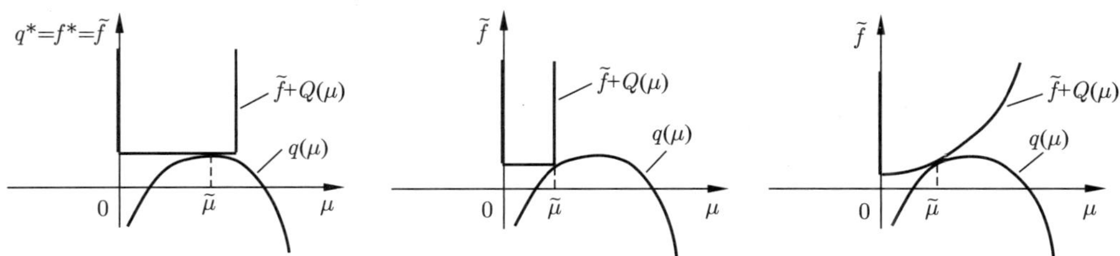

图 1.5.2　对偶关系式 (1.48)，带惩罚函数问题的最优值和对偶问题的最优值的示例。这里 f^* 是原问题的最优值，假设等于对偶问题最优值 q^*，而 $\tilde{f}$ 是带惩罚函数问题的最优值 $\tilde{f} = \inf_{x\in X}\big\{f(x) + P\big(g(x)\big)\big\}$。函数 $\tilde{f}+Q(\mu)$ 和函数 $q(\mu)$ 曲线的接触点对应于向量 $\tilde{\mu}$。关系 $\tilde{f} = \max_{\mu\geqslant 0}\big\{q(\mu) - Q(\mu)\big\}$ 在该点达到最大值

(b) 带惩罚函数的问题式 (1.46) 的某个最优解是原约束优化问题式 (1.43) 的一个最优解的必要条件是，存在对偶问题最优解 μ^* 满足

$$u'\mu^* \leqslant P(u), \qquad \forall u \in \Re^r \tag{1.49}$$

(c) 带惩罚函数的问题式 (1.46) 和原约束优化问题式 (1.43) 具有相同的最优解集合的一个充分条件是，存在对偶问题最优解 μ^* 满足

$$u'\mu^* < P(u), \qquad \forall u \in \Re^r \text{ 满足} u_j > 0 \text{ 对某个} j \text{ 成立} \tag{1.50}$$

证明：(a) 利用式 (1.47) 和式 (1.48)，我们有

$$p(0) \geqslant \inf_{u\in\Re^r}\big\{p(u)+P(u)\big\} = \sup_{\mu\geqslant 0}\big\{q(\mu)-Q(\mu)\big\} = \inf_{x\in X}\big\{f(x)+P\big(g(x)\big)\big\} \tag{1.51}$$

根据 $f^* = p(0)$，我们有

$$f^* = \inf_{x\in X}\big\{f(x)+P\big(g(x)\big)\big\}$$

当且仅当式 (1.51) 中的等式成立。这个关系成立的充要条件是

$$0 \in \arg\min_{u\in\Re^r}\big\{p(u)+P(u)\big\}$$

而根据附录 B 的命题 5.4.7，又等价于存在 $\mu^* \in -\partial p(0)$ 使得 $\mu^* \in \partial P(0)$ 成立（注意 P 是实值的）。由于对偶问题最优解的集合是 $-\partial p(0)$（在我们的假设 $-\infty < q^* = f^* < \infty$ 下，参见文献 [Ber09] 的例 5.4.2)），因此，结论成立。

(b) 如果 x^* 是问题式 (1.43) 和式 (1.46) 共同的最优解，那么根据 x^* 的可行性，有 $P\big(g(x^*)\big) = 0$ 成立，因此两个问题具有相同的最优值。根据 (a)，必存在对偶问题最优解 $\mu^* \in \partial P(0)$，根据次梯度不等式，这等价于式 (1.49) 成立。

(c) 如果 x^* 是约束优化问题式 (1.43) 的最优解，则 $P\big(g(x^*)\big) = 0$ 成立，于是有

$$f^* = f(x^*) = f(x^*) + P\big(g(x^*)\big) \geqslant \inf_{x\in X}\big\{f(x)+P\big(g(x)\big)\big\}$$

条件式 (1.50) 意味着条件式 (1.49) 成立，于是根据 (a)，上面关系中的所有等式均成立，表明 x^* 也是带惩罚函数问题式 (1.46) 的最优解。

反过来，令 $x^* \in X$ 是带惩罚函数问题式 (1.46) 的一个最优解。如果 x^* 是可行的 [即满足 $g(x^*) \leqslant 0$]，那么它就是约束优化问题式 (1.43) 的一个最优解 [因为 $P\big(g(x)\big) = 0$ 对所有可行向量 x 成立]。证明完成。否则，x^* 为不可行，即 $g_j(x^*) > 0$ 对某个 j 成立。那么，利用给定的条件式 (1.50)，可知存在对偶问题的最优解 μ^* 以及一个 $\epsilon > 0$ 使得

$$\mu^{*\prime} g(x^*) + \epsilon < P\big(g(x^*)\big)$$

成立。令 $\tilde{x}$ 为一使得 $f(\tilde{x}) \leqslant f^* + \epsilon$ 成立的可行向量。由于 $P\big(g(\tilde{x})\big) = 0$ 和 $f^* = \min\limits_{x\in X}\big\{f(x) + \mu^{*\prime}g(x)\big\}$，我们得到

$$f(\tilde{x}) + P\big(g(\tilde{x})\big) = f(\tilde{x}) \leqslant f^* + \epsilon \leqslant f(x^*) + \mu^{*\prime}g(x^*) + \epsilon$$

把上面的两个关系结合起来，可知

$$f(\tilde{x}) + P\big(g(\tilde{x})\big) < f(x^*) + P\big(g(x^*)\big)$$

这与 $x^* \in X$ 是带惩罚函数问题式 (1.46) 的一个最优解产生矛盾。 □

下面举例说明。考虑在集合 $x \in X = \{x \mid x \geqslant 0\}$ 上最小化函数 $f(x) = -x$ 的问题，这里 $g(x) = x \leqslant 0$。此时，对偶函数为

$$q(\mu) = \inf_{x\geqslant 0}(\mu - 1)x, \qquad \mu \geqslant 0$$

因此，

$$q(\mu) = \begin{cases} 0 & \text{如果}\mu \in [1,\infty) \\ -\infty & \text{其他情况} \end{cases}$$

令 $P(u) = c\max\{0, u\}$，于是带惩罚函数的问题为 $\min\limits_{x\geqslant 0}\big\{-x + c\max\{0, x\}\big\}$。根据图 1.5.2，$P$ 的共轭函数为

$$Q(\mu) = \begin{cases} 0 & \text{如果}\mu \in [0,c] \\ \infty & \text{其他情况} \end{cases}$$

所以，当 $c = 1$ 时，Q 在不包含对偶问题最优解集合 $[1,\infty)$ 内点的区域上是平的。

为了进一步说明前面的例子，令

$$P(u) = c\sum_{j=1}^{r}\max\{0, u_j\}$$

其中 $c > 0$。条件 $\mu^* \in \partial P(0)$，或者等价地

$$u'\mu^* \leqslant P(u), \qquad \forall u \in \Re^r$$

[参考式 (1.49)]，等价于

$$\mu_j^* \leqslant c, \qquad \forall j = 1,\cdots,r$$

类似地，对存在某个 j 分量满足 $u_j > 0$ 条件的所有 $u \in \Re^r$，$u'\mu^* < P(u)$[参见式 (1.50)]，等价于

$$\mu_j^* < c, \qquad \forall j = 1,\cdots,r$$

精确惩罚函数方面其他结果，读者可以参考从 [Zan69] 提出以来的文献。随后的发展，特别是凸优化问题的研究可以看 [Ber75]。更多代表性的文献，讨论非凸问题的有 [HaM79]，[Ber82a]，[Bur91]，[FeM91]，[BNO03]，[FrT07]。下面介绍针对抽象约束集合的精确惩罚函数的结果，适用于 6.4.4 节中的增量式约束投影算法情形。

基于距离的精确惩罚函数

考虑一般的 Lipschitz 连续（未必凸）代价函数和抽象的约束集合 $X \subset \Re^n$。我们的想法是采用一个与 X 距离成正比的惩罚函数：

$$\mathrm{dist}(x; X) = \inf_{y\in X}\|x - y\|$$

下面的命题来自 [Ber11]，给出了基本的结果（参见图 1.5.3）。

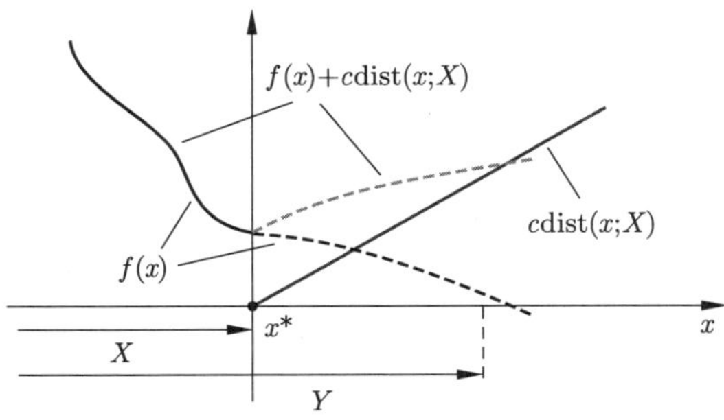

图 1.5.3　命题 1.5.2 的说明。对于大于 f Lipschitz 常数的 c，在最优解 x^* 处，惩罚函数的斜率与 f 的斜率走向相反（counteracts）

命题 1.5.2　令 $f:\Re^n \mapsto \Re$ 为在 $Y\subset\Re^n$ 上 Lipschitz 连续的函数，其 Lipschitz 常数为 L，即

$$\big|f(x)-f(y)\big| \leqslant L\|x-y\|,\qquad \forall x,y\in Y \tag{1.52}$$

再令 X 为 Y 的非空闭子集，c 是满足 $c>L$ 条件的标量。则 x^* 在 X 上最小化 f 的充要条件是 x^* 在 Y 上最小化

$$F_c(x)=f(x)+c\,\mathrm{dist}(x;X)$$

证明： 对于任意 $x\in Y$，令 $\hat{x}$ 表示 X 中离 x 距离最短的向量（该向量的存在性由 X 的闭性及 Weierstrass 定理保证）。根据 Lipschitz 假设式 (1.52) 和 $c>L$ 的条件，我们有

$$F_c(x)=f(x)+c\|x-\hat{x}\|=f(\hat{x})+\big(f(x)-f(\hat{x})\big)+c\|x-\hat{x}\|\geqslant f(\hat{x})+(c-L)\|x-\hat{x}\|\geqslant F_c(\hat{x})$$

因此 F_c 在 Y 上的所有最小点都必然位于 X 之中，同时也在 X 上使得 f 达到最小（因为 $F_c=f$ 在 X 上成立）。反之，f 在 X 上的所有最小点也是 F_c 在 X 上的最小点（因为 $F_c=f$ 在 X 上成立），并且根据前面的不等式，这些点也是 F_c 在 Y 上的最小点。　□

下述命题提供了上述命题向约束条件由若干集合相交构成情形的一个推广。

命题 1.5.3　令 $f:Y\mapsto\Re$ 为一个定义在 $\Re^n$ 子集 Y 上的函数，且 X_i，$i=1,\cdots,m$，为一组 Y 的相交非空的闭子集。假定 f 在 X_0 上 Lipschitz 连续。则存在标量 $\bar{c}>0$ 使得对于所有 $c\geqslant\bar{c}$，f 在 $\bigcap_{i=0}^{m}X_i$ 上的最小点集合与函数

$$f(x)+c\sum_{i=1}^{m}\mathrm{dist}(x;X_i)$$

在 X_0 上的最小点集合一致。

证明： 令 L 为 f 的 Lipschitz 常数，$c_1,\cdots,c_m$ 为满足

$$c_k>L+c_1+\cdots+c_{k-1},\quad \forall k=1,\cdots,m$$

的标量，其中 $c_0=0$。定义

$$H_k(x)=f(x)+c_1\mathrm{dist}(x;X_1)+\cdots+c_k\mathrm{dist}(x;X_k),\quad k=1,\cdots,m$$

并且，对于 $k=0$，记 $H_0(x)=f(x)$，$c_0=0$。通过应用命题 1.5.2，$H_m(x)$ 在 X_0 上的最小点集合与 $H_{m-1}(x)$ 在 $X_m\cap X_0$ 上的最小点集合一致，因为 c_m 大于 H_m 的 Lipschitz 常

数，$L+c_1+\cdots+c_{m-1}$。类似地，对于 $k=1,\cdots,m$，在 $\left(\bigcap_{i=k+1}^{m} X_i\right)\cap X_0$ 上 H_k 的最小点集合与 $\left(\bigcap_{i=k}^{m} X_i\right)\cap X_0$ 上 H_{k-1} 的最小点集合一致。因此，对于 $k=1$，我们得到 H_m 在 X_0 上的最小点集合与 H_0 的最小点集合一致，即为 f 在 $\bigcap_{i=0}^{m} X_i$ 上的最小值集合。令

$$X^*\subset\bigcap_{i=0}^{m} X_i$$

为该最小点集合。对于 $c\geqslant c_m$，我们有 $F_c\geqslant H_m$，同时 F_c 在 X^* 上与 H_m 一致。于是 X^* 是 F_c 在 X_0 上的最小点集合。 □

我们最后指出精确惩罚函数，特别是距离函数 $\mathrm{dist}(x;X_i)$，在约束条件很复杂导致算法求解困难的各种情况下，常常是便于使用的。例如，本书 6.4.4 节的情形，那里会讨论包含强约束的优化问题的增量式近端（proximal）方法。

1.6 注记、文献来源和练习

凸优化问题的参考文献非常丰富，本节仅限于列出部分书、专著和综述文章。后续章节中，我们将更加详细地讨论与这些章节中专题内容有关的文献。

与对偶性理论相关的书主要包括 Rockafellar 的 [Roc70]，Stoer 与 Witzgall 的 [StW70]，Ekeland 和 Temam 的 [EkT76]，Bonnans 和 Shapiro 的 [BoS00]，Zalinescu 的 [Zal02]，Auslender 和 Teboulle 的 [AuT03] 以及 Bertsekas 的 [Ber09]。

Rockafellar 和 Wets 的书 [RoW98]，Borwein 和 Lewis 的书 [BoL00]，以及 Bertsekas，Nedić 和 Ozdaglar 的书 [BNO03] 覆盖了凸分析和变分法内容，包含了经典的分析、凸性和凸与非凸（甚至是非光滑）函数的优化等方面的广泛主题。

Hiriart-Urruty 和 Lemarechal 的书 [HiL93] 聚焦在凸优化算法方面。Rockafellar 的书 [Roc84] 和 Bertsekas 的书 [Ber98] 更集中在网络优化算法和单值（monotropic）规划问题上，这方面的内容将在第 4 章和第 6 章讨论。Ben-Tal 和 Nemirovski 的书 [BeN01] 聚集在锥规划和半正定规划问题上 [参见 Nemirovski 2005 年的在线讲义，以及 Alizadeh 和 Goldfarb [AlG03] 和 Todd [Tod01] 这些代表性总数]。Wolkowicz, Saigal 和 Vanderberghe 的书 [WSV00] 包含了半正定规划的若干综述文章。Boyd 和 Vanderberghe 的书 [BoV04] 描述了许多应用案例，并且包含了许多相关材料及参考文献。Ben-Tal，El Ghaoui 和 Nemirovski 的书 [BGN09] 聚焦在鲁棒优化问题上，这方面也可以参考 Bertsimas，Brown 和 Caramanis 的综述文章 [BBC11]。Bauschke 和 Combettes 的书 [BaC11] 建立了凸分析与无穷维空间中的单调算子理论之间的联系。Rockafellar 和 Wets 的书 [RoW98] 也包含了这方面的有限维情形的结果。Cottle，Pang 和 Stone 的书 [CPS92]，以及 Facchinei 和 Pang 的书 [FaP03] 聚焦在互补性和变分不等式问题上。Palomar 和 Eldar 的书 [PaE10] 以及 Vetterli，Kovacevic 和 Goyal 的书 [VKG14]，还有 IEEE 信号处理杂志 2010 年 5 月期的综述文章描述了通信和信号处理领域中凸优化问题的应用。Hastie，Tibshirani 和 Friedman 的书 [HTF09]，以及 Sra，Nowozin 和 Wright 的书 [SNW12] 描述了凸优化问题及其在学习领域的应用案例。

练习

1.1（支持向量机和对偶性）

考虑与支持向量机关联的带有二次型正则项的分类问题

$$\begin{aligned}&\text{minimize} && \frac{1}{2}\|x\|^2+\beta\sum_{i=1}^{m}\max\left\{0,1-b_i(c_i'x+y)\right\}\\&\text{subject to} && x\in\Re^n,\ y\in\Re\end{aligned}$$

其中 β 是正的正则化参数（参见例 1.3.3）。

(a) 把该问题写成等价形式

$$\begin{aligned}&\text{minimize} && \frac{1}{2}\|x\|^2+\beta\sum_{i=1}^{m}\xi_i\\&\text{subject to} && x\in\Re^n,\ y\in\Re\\& && 0\leqslant\xi_i,\quad 1-b_i(c_i'x+y)\leqslant\xi_i,\ i=1,\cdots,m\end{aligned}$$

把对偶变量 $\mu_i\geqslant 0$ 和约束条件 $1-b_i(c_i'x+y)\leqslant\xi_i$ 联系起来，并证明对偶函数由

$$q(\mu)=\begin{cases}\hat{q}(\mu) & \text{如果}\ \sum_{j=1}^{m}\mu_jb_j=0,\ 0\leqslant\mu_i\leqslant\beta,\ i=1,\cdots,m\\-\infty & \text{其他情况}\end{cases}$$

给出，其中

$$\hat{q}(\mu)=\sum_{i=1}^{m}\mu_i-\frac{1}{2}\sum_{i=1}^{m}\sum_{j=1}^{m}b_ib_jc_i'c_j\mu_i\mu_j$$

试问该对偶问题，作为等价的二次型规划问题，

$$\begin{aligned}&\text{minimize} && \frac{1}{2}\sum_{i=1}^{m}\sum_{j=1}^{m}b_ib_jc_i'c_j\mu_i\mu_j-\sum_{i=1}^{m}\mu_i\\&\text{subject to} && \sum_{j=1}^{m}\mu_jb_j=0,\quad 0\leqslant\mu_i\leqslant\beta,\ i=1,\cdots,m\end{aligned}$$

是否总是有解？如果有解是否唯一？注：该对偶问题可能是高维的。不过相比于原问题，对偶问题一般具有更好处理的结构。原因是其约束集合的简单性，使得它更适合采用特定的二次型规划的方法，以及本书 2.1.2 节的双度量投影（two-metric projection）和坐标下降（coordinate descent）法来求解。

(b) 考虑将变量 y 设置为 0 的另外一种形式的问题

$$\begin{aligned}&\text{minimize} && \frac{1}{2}\|x\|^2+\beta\sum_{i=1}^{m}\max\left\{0,1-b_ic_i'x\right\}\\&\text{subject to} && x\in\Re^n\end{aligned}$$

证明对偶问题应该修改为不出现约束条件 $\sum_{j=1}^{m}\mu_jb_j=0$，因此导出有界约束的二次型对偶问题。

注： 支持向量机领域的文献非常丰富。后续章节中要讨论的非可微优化方法都已经应用于该领域。参见文献 [MaM01]，[FeM02]，[SmS04]，[Bot05]，[Joa06]，[JFY09]，[JoY09]，[SSS07]，[LeW11]。

1.2（最小化范数求和或最大值 [LVB98]）

考虑问题

$$\begin{aligned} \text{minimize} \quad & \sum_{i=1}^{p} \|F_i x + g_i\| \\ \text{subject to} \quad & x \in \Re^n \end{aligned} \tag{1.53}$$

以及

$$\begin{aligned} \text{minimize} \quad & \max_{i=1,\cdots,p} \|F_i x + g_i\| \\ \text{subject to} \quad & x \in \Re^n \end{aligned}$$

其中 F_i 和 g_i 分别是给定的矩阵与向量。试将这两个问题转化为二阶锥规划形式，并导出相应的对偶问题。

1.3（复数域 l_1 和 l_∞ 范数近似 [LVB98]）

考虑复数域 l_1 范数近似问题

$$\begin{aligned} \text{minimize} \quad & \|Ax - b\|_1 \\ \text{subject to} \quad & x \in \mathcal{C}^n \end{aligned}$$

其中 $\mathcal{C}^n$ 是具有复分量的 n 维向量集合，A 和 b 是具有复分量的给定的矩阵和向量。证明该问题是问题式 (1.53) 的特例，并推导相应的对偶问题。针对复数域 l_∞ 范数近似问题

$$\begin{aligned} \text{minimize} \quad & \|Ax - b\|_\infty \\ \text{subject to} \quad & x \in \mathcal{C}^n \end{aligned}$$

重复上述问题。

1.4

本练习的目的是证明 SOCP 可以看作 SDP 的特例。

(a) 证明向量 $x \in \Re^n$ 属于二阶锥体的充分必要条件是矩阵

$$x_n I + \begin{pmatrix} 0 & 0 & \cdots & 0 & x_1 \\ 0 & 0 & \cdots & 0 & x_2 \\ \vdots & \vdots & \ddots & \vdots & \vdots \\ 0 & 0 & \cdots & 0 & x_{n-1} \\ x_1 & x_2 & \cdots & x_{n-1} & 0 \end{pmatrix}$$

是半正定的。提示：对于任意 $n \times n$ 维正定对称矩阵 A，向量 $b \in \Re^n$ 和标量 d，矩阵

$$\begin{pmatrix} A & b \\ b' & c \end{pmatrix}$$

为半正定矩阵的充要条件是

$$c - b'A^{-1}b > 0$$

(b) 利用 (a) 的结果证明 SOCP 原问题可以写成对偶 SDP 问题。

1.5（二阶锥优化问题的显式形式）

考虑 SOCP 问题式 (1.24)。

(a) 将 $n_i \times (n+1)$ 维矩阵 $\begin{pmatrix} A_i & b_i \end{pmatrix}$ 划分为

$$\begin{pmatrix} A_i & b_i \end{pmatrix} = \begin{pmatrix} D_i & d_i \\ p_i' & q_i \end{pmatrix}, \qquad i = 1, \cdots, m$$

其中 D_i 是 $(n_i - 1) \times n$ 维矩阵，$d_i \in \Re^{n_i - 1}$，$p_i \in \Re^n$，$q_i \in \Re$。证明

$$A_i x - b_i \in C_i \qquad \text{当且仅当} \qquad \|D_i x - d_i\| \leqslant p_i' x - q_i$$

这样我们可以把 SOCP 问题式 (1.24) 表示为

$$\begin{aligned} &\text{minimize} && c'x \\ &\text{subject to} && \|D_i x - d_i\| \leqslant p_i' x - q_i, i = 1, \cdots, m \end{aligned}$$

(b) 类似地，将 λ_i 划分为

$$\lambda_i = \begin{pmatrix} \mu_i \\ \nu_i \end{pmatrix}, \qquad i = 1, \cdots, m$$

其中 $\mu_i \in \Re^{n_i - 1}$ 和 $\nu_i \in \Re$。证明对偶问题式 (1.25) 可以写成如下形式：

$$\begin{aligned} &\text{maximize} && \sum_{i=1}^{m} (d_i' \mu_i + q_i \nu_i) \\ &\text{subject to} && \sum_{i=1}^{m} (D_i' \mu_i + \nu_i p_i) = c, \quad \|\mu_i\| \leqslant \nu_i, i = 1, \cdots, m \end{aligned}$$

(c) 证明对强对偶性的原始和对偶内点条件 (命题 1.2.4) 成立的充分条件是存在原始和对偶可行解 $\overline{x}$ 和 $(\overline{\mu}_i, \overline{\nu}_i)$ 使得

$$\|D_i \overline{x} - d_i\| < p_i' \overline{x} - q_i, \qquad i = 1, \cdots, m$$

和

$$\|\overline{\mu}_i\| < \overline{\nu}_i, \qquad i = 1, \cdots, m$$

分别成立。

1.6（可分锥优化问题）

考虑问题

$$\begin{aligned} &\text{minimize} && \sum_{i=1}^{m} f_i(x_i) \\ &\text{subject to} && x \in S \cap C \end{aligned}$$

其中 $x = (x_1, \cdots, x_m)$ 满足 $x_i \in \Re^{n_i}$, $i = 1, \cdots, m$，而 $f_i : \Re^{n_i} \mapsto (-\infty, \infty]$ 对于每个 i 是真凸函数，S 和 C 分别是 $\Re^{n_1 + \cdots + n_m}$ 中的子空间和锥体。证明对偶问题为

$$\begin{aligned} &\text{maximize} && \sum_{i=1}^{m} q_i(\lambda_i) \\ &\text{subject to} && \lambda \in \hat{C} + S^{\perp} \end{aligned}$$

其中 $\lambda = (\lambda_1, \cdots, \lambda_m)$, $\hat{C}$ 是 C 的对偶锥, 且

$$q_i(\lambda_i) = \inf_{z_i \in \Re} \{ f_i(z_i) - \lambda_i' z_i \}, \qquad i = 1, \cdots, m$$

1.7（Weber 点）

考虑求包含平面上 r 个点 $y_1,\cdots,y_r$ 的半径最小的圆的问题。即找到 x 和 z 在对于所有的 $j=1,\cdots,r$，$\|x-y_j\|\leqslant z$ 都成立的条件下，使得 z 达到最小。其中，x 是优化问题中的圆心。

(a) 对约束条件引入乘子 μ_j，$j=1,\cdots,r$，并证明对偶问题具有最优解，且不存在对偶间隙。

(b) 证明在某个 $\mu\geqslant 0$ 处计算对偶函数涉及 $y_1,\cdots,y_r$ 带有权重 $\mu_1,\cdots,\mu_r$ 的 Weber 点计算，即求解以下问题：

$$\min_{x\in\Re^2}\sum_{j=1}^{r}\mu_j\|x-y_j\|$$

（参见例 1.3.7）。

1.8（凸不等式组的不一致性）

令 $g_j:\Re^n\mapsto\Re,\ j=1,\cdots,r$ 为非空凸集 $X\subset\Re^n$ 上的一组凸函数。证明不等式组

$$g_j(x)<0,\qquad j=1,\cdots,r$$

在 X 中无解的充要条件是存在向量 $\mu\in\Re^r$ 使得

$$\sum_{j=1}^{r}\mu_j=1,\qquad \mu\geqslant 0$$

$$\mu' g(x)\geqslant 0,\qquad \forall x\in X$$

成立。

注： 该例子被称为**择一定理**。这方面的结果很多，有很长的研究历史，例如 Farkas 引理，还有 Gordan，Motzkin 和 Stiemke 的定理，用于处理 (可能是严格的) 线性不等式组的可行性问题。这些结果参见 [Ber09] 的 5.6 节。提示：考虑凸规划问题

$$\begin{aligned}&\text{minimize}\quad && y\\ &\text{subject to}\quad && x\in X,\quad y\in\Re,\qquad g_j(x)\leqslant y,\quad j=1,\cdots,r\end{aligned}$$

第 2 章　凸优化算法概述

本书中我们主要是对优化算法感兴趣，而不是对建模感兴趣。建模即把实际问题描述为数学上的优化问题。我们也不对理论感兴趣。理论关心的是强对偶性、最优性条件等性质成立的条件。在内容上，本书主要集中在保证算法能够收敛到期望的解、相应的收敛速率和算法的复杂性分析。我们还会讨论算法的特点。如哪些特点使得算法适合特定类型的大规模问题的结构，以及分布式（可能是异步的）计算。本章对某些优化算法的大的类型进行概述，会讨论算法背后的想法以及算法的性能特点。

对于在集合 X 上最小化函数 $f:\Re^n \mapsto \Re$ 的迭代算法，会产生一个序列 $\{x_k\}$，希望能够收敛到一个最优解。本书我们重点关注 X 是凸集，f 是凸或者非凸，但一定是可微函数的情形下的迭代算法。大部分算法包含如下的一个或者全部两个想法，我们还会在 2.1 节和 2.2 节详细介绍。

(a) **迭代下降**（iterative descent），其中算法产生的序列 $\{x_k\}$ 是可行的，即 $\{x_k\} \subset X$，并满足

$$\phi(x_{k+1}) < \phi(x_k) \qquad \text{当且仅当}x_k\text{不是最优的}$$

其中 ϕ 是**度量函数**，量测出算法过程中趋向于最优的程度，仅仅在最优点上达到最小，即

$$\arg\min_{x\in X}\phi(x) = \arg\min_{x\in X} f(x)$$

例如 $\phi(x) = f(x)$ 和 $\phi(x) = \inf\limits_{x^*\in X^*}\|x - x^*\|$，其中 X^* 是最优点集，假定为非空。有些情况下，迭代下降可能是基本想法，然后出于种种原因，还会引入修改或近似。例如，有时可能修改迭代下降法，以便适用于分布式异步计算，或者处理随机或非随机的错误，但是这在算法过程中会丢失迭代下降性质。这种情况下，算法的分析需要适当修改，但常能保留原始的基于下降的主要特征。

(b) **近似**，其中产生的序列 $\{x_k\}$ 不一定是可行的，是在每个 k 步上近似求解原优化问题，即

$$x_{k+1} \in \arg\min_{x\in X_k} F_k(x)$$

其中 F_k 是近似 f 的一个函数，X_k 是近似 X 的一个集合。这些近似可能依赖于前面的迭代 $x_0,\cdots,x_k$，以及其他参数。这里的关键想法是在 X_k 上最小化 F_k 要比在 X 上最小化 f 来得容易，并且 x_k 应当是通过某种（也许是特定的）方法得到 x_{k+1} 的一个好的出发点。当然，通过 F_k 近似 f 和/或通过 X_k 近似 X 应当随着 k 增加而得到改进，并且应当有随着 $k\to\infty$ 的某种收敛性保证。我们会在 2.2 节总结本书中主要的近似想法。

我们想求解的一类主要问题是对偶问题。这类问题天然就包含非可微优化。主要的理由是对偶函数取负号是典型的共轭函数，是同时闭和凸的函数，但不一定可微。另外，不可微代价函数在其他情况下也会遇到，例如精确惩罚函数和带有 ℓ_1 正则项的机器学习问题。相应地，我们本书讨论的许多算法不要求代价函数为可微。

不过，可微性在问题建模和算法中扮演着重要角色。因此，在可微和不可微优化方法间建立紧密的联系十分重要。另外，不可微问题常可通过运用平滑机制（参见 2.2.5 节）转化为可微

问题。所以我们在 2.1 节总结依赖可微性的迭代算法的一些主要思想，例如梯度法和牛顿法，及其增量式的版本。我们在 6.1 节~6.3 节会回顾这样的一些想法，但对于本书剩余部分的内容，我们主要关注凸的可能不可微的代价函数。

由于本章是概述，我们不会给出完整的证明。大部分情况下，我们会给出直观解释并给出更详细分析的文献。后续章节中我们会非常详细地介绍各种类型的算法。特别地，第 3 章中，我们讨论利用次梯度的下降类迭代算法。在第 4 章和第 5 章，我们主要讨论近似算法，重点关注两类算法及其组合：多面体近似和近端算法。第 6 章中，我们讨论属于前述章节想法拓展及组合的一些额外的方法。

2.1 迭代下降算法

迭代算法按照如下公式产生序列 $\{x_k\}$：

$$x_{k+1} = G_k(x_k)$$

其中 $G_k : \Re^n \mapsto \Re^n$ 是可能依赖于 k 的某个函数，而 x_0 是某个起始点。在更一般的情况下，G_k 可能还依赖于前面的迭代过程 $x_{k-1}, x_{k-2}, \cdots$。我们一般对所产生的序列 $\{x_k\}$ 收敛到某个期望点的问题感兴趣。我们还关心收敛速度的问题，例如使得偏差的某种测度达到给定的容许范围所需要的迭代次数，或者随着迭代次数的增加，偏差的某种渐近的界。

平稳迭代算法是指 G_k 不依赖于 k 的情形，即

$$x_{k+1} = G(x_k)$$

这类算法的目标是求解不动点问题：求出方程 $x = G(x)$ 的解。梯度迭代

$$x_{k+1} = x_k - \alpha \nabla f(x_k) \tag{2.1}$$

是一个经典的优化问题例子。其目的是对于无约束最小化可微函数 $f : \Re^n \mapsto \Re$，找出满足最优性条件 $\nabla f(x) = 0$ 的解。这里 α 是一个正的步长参数，用来保证迭代过程趋向于相应问题的解集。又比如，迭代式

$$x_{k+1} = x_k - \alpha(Qx_k - b) = (I - \alpha Q)x_k + \alpha b \tag{2.2}$$

的目的是求得线性方程组 $Qx = b$ 的解，其中 Q 是特征值具有正实部的矩阵（以保证对于足够小的 $\alpha > 0$，矩阵 $I - \alpha Q$ 的特征值都在单位圆内，从而迭代收敛到唯一解）。如果 f 是二次型函数 $f(x) = \dfrac{1}{2}x'Qx - b'x$，其中 Q 是对称正定矩阵，那么我们有 $\nabla f(x_k) = Qx_k - b$，因此梯度迭代过程式 (2.1) 可以写成式 (2.2) 的形式。

平稳迭代程 $x_{k+1} = G(x_k)$ 过的收敛性可以通过几种途径来检验。最常用的方法是验证 G 是针对某种范数的**压缩映射**，即对于某个 $\rho < 1$ 和某个范数 $\|\cdot\|$（不一定是欧氏范数），有

$$\big\|G(x) - G(y)\big\| \leqslant \rho\|x - y\|, \qquad \forall x, y \in \Re^n$$

于是可以证明 G 具有唯一的不动点 x^*，并且从任意 $x_0 \in \Re^n$ 出发，总有 $x_k \to x^*$ 成立。这就是著名的 Banach 不动点定理（参见附录 A 的 A.4 节，那里讨论了压缩映射和其他收敛性分析的方法）。线性迭代过程式 (2.2) 的映射

$$G(x) = (I - \alpha Q)x + \alpha b$$

其中 $I - \alpha Q$ 的特征值都严格位于单位圆内，就是一个这样的例子。

当 G 是压缩映射的情况，为基于下降的方法做收敛性分析提供了一个例子：对于每一轮迭代，我们都有

$$\|x_{k+1} - x^*\| \leqslant \rho\|x_k - x^*\| \tag{2.3}$$

于是在每次位于尚未达到解的点 x 处的迭代，距离 $\|x-x^*\|$ 都是减少的。而且，在这种情况下，我们得到收敛速率的一个估计：$\|x_k-x^*\|$ 减少速度（至少）是几何级数 $\{\rho^k\|x_0-x^*\|\}$ 的。这种情况称为以**线性**或**几何**速度收敛[1]。

许多优化算法都包含了上述的压缩映射。当然，也有些算法用到其他类型的不动点收敛迭代方法，而不要求 G 是压缩映射。特别地，有些情况下 G 是**非扩张映射**[式 (2.3) 中 $\rho=1$]，并且 G 所具有的特殊结构保证了每轮迭代在适当的度量下取得改进。2.2.3 节中引入，第 5 章详细讨论的近端算法就是这类算法的重要实例。

也有很多算法采用如下形式的非平稳迭代：

$$x_{k+1}=G_k(x_k)$$

这些算法的收敛性很难用压缩或非扩张映射方法进行分析。例如，采用形如

$$x_{k+1}=x_k-\alpha_k\nabla f(x_k) \tag{2.4}$$

的梯度法来求解可微函数 f 的无约束最小化问题，其中步长 α_k 不是常数。基于下降法仍然能够对许多这类算法做出收敛性分析，具体做法是通过引入度量算法趋向最优过程的某个函数 ϕ，并证明

$$\phi(x_{k+1})<\phi(x_k)\qquad \text{当且仅当}x_k\text{不是最优的}$$

有两种常见的情形，一种是 $\phi(x)=f(x)$，另一种是从 x 到集合 f 最小点集合 X^* 的欧氏距离 $\phi(x)=\operatorname{dist}(x,X^*)$。举例来说，式 (2.4) 的梯度法收敛性分析过程常包括证明

$$f(x_{k+1})\leqslant f(x_k)-\gamma_k\big\|\nabla f(x_k)\big\|^2$$

成立，其中 γ_k 是依赖于 α_k 和 f 的某种特性的正的标量，并满足 $\displaystyle\sum_{k=0}^{\infty}\gamma_k=\infty$。这就引出了附录 A 的 A.4 节收敛性分析方法，并保证 $\nabla f(x_k)\to 0$ 或 $f(x_k)\to-\infty$ 成立。

本节接下来给出迭代优化算法的概述。我们会讨论算法背后的动机，提出一些有待后续章节回答的问题。只在练习题中提供某些相关的收敛性分析的例子，算法的详细理论分析则要推迟到后续章节中展开。本节中，我们会聚焦可微代价函数情形，仔细讨论可微性带来的潜在好处。后续章节中，则主要考虑不可微问题。

2.1.1　可微代价函数下降法——无约束问题

一种自然的迭代下降法是基于代价改进来在给定集合 X 上最小化实值函数 $f:\Re^n\mapsto\Re$：从一个给定点 $x_0\in X$ 出发，构造一个点列 $\{x_k\}\subset X$ 使得

$$f(x_{k+1})<f(x_k),\qquad k=0,1,\cdots$$

成立，直到对于某个 k 时刻，x_k 达到最优为止。

这种情况下，函数 f 在点 x 处 d 方向上的方向导数提供了有用的信息。对于可微函数 f，该方向导数为

$$f'(x;d)=\lim_{\alpha\downarrow 0}\frac{f(x+\alpha d)-f(x)}{\alpha}=\nabla f(x)'d \tag{2.5}$$

（参见附录 A 的 A.3 节）。据此，可知如果 d_k 在 x_k 点处是下降方向，即

$$f'(x_k;d_k)<0$$

[1] 一般而言，如果存在标量 $\gamma>0$ 和 $\rho\in(0,1)$ 使得 $\beta_k\leqslant\gamma\rho^k$ 对全部 k 成立，我们说非负标量序列 $\{\beta_k\}$（至少）**以线性速度或几何速度收敛**。线性或其他收敛速度的讨论，可以参考 [OrR70]，[Ber82a] 和 [Ber99]。

那么我们可以从 x_k 处出发，通过沿着 d_k 方向移动足够小的正步长 α，而使得代价下降。对于 $X = \Re^n$ 的无约束情形，这样做就给出了如下形式的算法：

$$x_{k+1} = x_k + \alpha_k d_k \tag{2.6}$$

其中 d_k 是 x_k 处的下降方向，α_k 是正的标量步长。如果 x_k 处没有下降方向，即对于所有 $d \in \Re^n$，都有 $f'(x_k; d) \geqslant 0$，那么，根据式 (2.5) 可知 x_k 必满足最优性的必要条件

$$\nabla f(x_k) = 0$$

可微函数的无约束最小化问题的梯度法

对于函数 f 为可微且 $X = \Re^n$ 的情形，有很多具有式 (2.6) 形式的流行下降算法。经典的梯度法就是典型代表。其中，我们在式 (2.6) 中采用 $d_k = -\nabla f(x_k)$ 的形式：

$$x_{k+1} = x_k - \alpha_k \nabla f(x_k)$$

对于可微函数 f，我们有

$$f'(x_k; d) = \nabla f(x_k)' d$$

可知

$$-\frac{\nabla f(x_k)}{\|\nabla f(x_k)\|} = \arg\min_{\|d\| \leqslant 1} f'(x_k; d)$$

[假定 $\nabla f(x_k) \neq 0$]。因此，梯度法是采用能够给代价函数带来改进速率最大的方向式 (2.6) 形式的下降法。因此该方法也称为**最速下降法**（steepest descent）。

现在来讨论最速下降法的收敛速度。我们假定 f 是二次可微的。适当选择步长，假定该方法产生收敛于 x^* 的序列 $\{x_k\}$，x^* 满足条件 $\nabla f(x^*) = 0$ 和 $\nabla^2 f(x^*)$ 为正定，可以证明该方法有线性收敛速率。举例来说，如果 α_k 是一个足够小的常数 $\alpha > 0$，相应的迭代过程

$$x_{k+1} = x_k - \alpha \nabla f(x_k) \tag{2.7}$$

在以 x^* 为中心的球体内是压缩的，因而它的收敛是线性速率的。

具体而言，为了方便，假定 f 是二次型[1]，于是通过向 f 添加适当的常数，我们得到

$$f(x) = \frac{1}{2}(x - x^*)' Q (x - x^*), \quad \nabla f(x) = Q(x - x^*)$$

其中 Q 是 f 的对称正定 Hessian 矩阵。于是，对于固定步长 α，最速下降法迭代过程式 (2.7) 可以写成

$$x_{k+1} - x^* = (I - \alpha Q)(x_k - x^*)$$

对于 $\alpha < 2/\lambda_{\max}$ 的情形，其中 $\lambda_{\max}$ 是 Q 的最大特征值，矩阵 $I - \alpha Q$ 的特征值都严格地在单位圆内，该矩阵对于欧氏范数是压缩的。可以证明（参见练习 2.1）压缩的最优系数可以通过如下选取步长的方式达到。

$$\alpha^* = \frac{2}{M + m}$$

其中 M 和 m 是 Q 的最大和最小特征值。在该步长下，可得线性收敛速率估计

[1] 二次型模型的收敛性分析常用于非线性规划问题。背后的原因是，对于正定二次型代价函数的算法行为常常能正确预测具有正定 Hessian 矩阵的二次可微代价函数在一个最小点邻域内算法行为。由于梯度在最小点处为零，正定二次型项在泰勒（Taylor）级数展开式中主导了其他项，因而方法的渐近行为不依赖于高于二阶的项。这项历史悠久的研究是一些最常用的无约束最优化方法的基础。这些方法包括牛顿法、准牛顿（quasi-Newton）法、共轭方向法。我们稍后会简要讨论。不过，当最小点处的 Hessian 矩阵为奇异矩阵时，这些方法的合理性会下降，因为这种情况下，三阶项可能变得重要起来。因此，对于给定的可微优化问题选择合适的算法时，除了考虑代价函数的结构外，还需要考虑该问题是否为奇异。

$$\|x_{k+1}-x^*\| \leqslant \left(\frac{\frac{M}{m}-1}{\frac{M}{m}+1}\right)\|x_k-x^*\| \tag{2.8}$$

于是，可以用Q **的条件数**来估计最速下降法的收敛速率。条件数是最大最小特征值之比 M/m。当条件数趋于 ∞（即问题愈来愈变得病态）时，压缩系数趋于 1，收敛将变得非常缓慢。这是具有正定 Hessian 矩阵的二次可微问题梯度法行为的主要特征。这类问题非常广泛，因此，条件数问题是在实践中实现梯度法时要考虑的主要问题。

固定步长的选取有时需要做初步的试验。或者采用**线性最小化准则**，即用某种特定的线搜索方法来确定步长

$$\alpha_k \in \arg\min_{\alpha \geqslant 0} f\big(x_k-\alpha\nabla f(x_k)\big)$$

利用该准则，当最速下降法收敛到向量 x^*，满足 $\nabla f(x^*)=0$ 并且 $\nabla^2 f(x^*)$ 是正定的条件时，该方法的收敛速率也是线性的，但不会快过式 (2.8)。该式是步长的最佳选择（参见 [Ber99] 1.3 节）。

如果该方法收敛到最优点 x^*，其 Hessian 矩阵 $\nabla^2 f(x^*)$ 是奇异的或者不存在，那么我们能保证的收敛速率通常会慢于线性。例如，通过选取合适的固定步长，在合理的条件（∇f 的 Lipschitz 连续性）下，可以证明

$$f(x_k)-f^* \leqslant \frac{c(x_0)}{k}, \qquad k=1,2,\cdots \tag{2.9}$$

其中 f^* 是 f 的最优值，$c(x_0)$ 是依赖于初始点 x_0 的常数（参见 6.1 节）。

对于 ∇f 是连续的但在最小点处或其附近不能假定为 Lipschitz 连续的问题，需要采用能够产生时变步长的规则。例如，在 $f(x)=|x|^{3/2}$ 的标量情形，最速下降方法若采用固定步长会在最小点 $x^*=0$ 附近产生振荡，因为在 x^* 附近梯度增长过快。不过，线性最小化准则或者很快要讨论的 Armijo 准则，可以保证令人满意的收敛性（参见本章末的练习和 6.1 节的讨论）。

另外一方面，利用 f 结构的额外假定，我们可以获得快于代价函数偏差式 (2.9) 估计 $O(1/k)$ 的收敛速率。特别地，收敛于奇异最小点的速率依赖于代价函数在最小点附近的增长的阶次，参见 [Dun81]。该文献证明如果 f 是凸的，并且具有唯一的最小点 x^*，且对标量 $\beta>0$ 和 $\gamma>2$ 满足增长条件

$$\beta\|x-x^*\|^\gamma \leqslant f(x)-f(x^*), \qquad \forall 满足 f(x) \leqslant f(x_0) 条件的 x$$

那么对利用 Armijo 准则和其他相关准则的最速下降法有

$$f(x_k)-f(x^*)=O\left(\frac{1}{k^{\frac{\gamma}{\gamma-2}}}\right) \tag{2.10}$$

以具有四次增长速率的 f ($\gamma=4$) 为例，经过 k 轮迭代，可以得到代价函数偏差的估计为 $O(1/k^2)$。基于增长阶次条件，论文 [Dun81] 给出了梯度类方法收敛速率的全面分析。该分析包括了线性和快于线性的情形。

尺度缩放

为了提高最速下降法的收敛速率，可以通过正定对称矩阵 D_k 来缩放梯度 $\nabla f(x_k)$ 向量的大小，即选取 $d_k=-D_k\nabla f(x_k)$ 作为方向，相应给出的算法为

$$x_{k+1}=x_k-\alpha_k D_k\nabla f(x_k) \tag{2.11}$$

参见图 2.1.1。由于对于 $\nabla f(x_k)\neq 0$，我们有

$$f'(x_k;d_k)=-\nabla f(x_k)'D_k\nabla f(x_k)<0$$

可知只要正的步长 α_k 足够小，满足 $f(x_{k+1})<f(x_k)$，所得方法仍然属于代价下降方法。

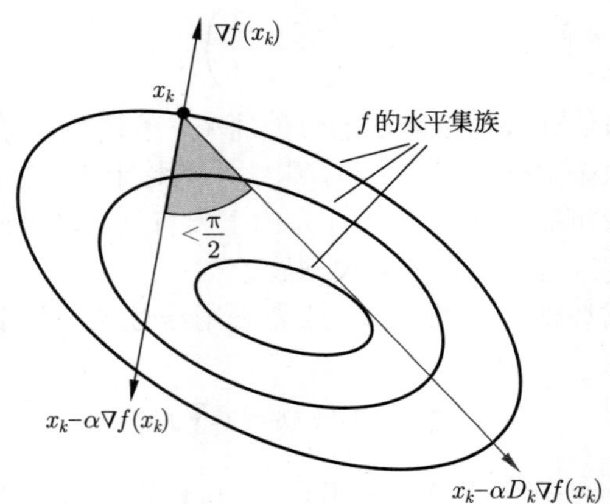

图 2.1.1 下降方向的图示。任意具有 $d_k = -D_k\nabla f(x_k)$ 形式的方向，其中 D_k 是正定矩阵，都是下降方向，因为 $d_k'\nabla f(x_k) = -d_k'D_kd_k < 0$。在此情况下，$d_k$ 与 $-\nabla f(x_k)$ 的夹角小于 $\pi/2$

尺寸缩放是非线性规划问题的算法设计理论的一个核心概念。其背后的主要想法是通过变量的线性变换 $x = D_k^{1/2}y$ 来修改问题的“实际条件数”。特别地，迭代过程式 (2.11) 可以看作对于等价的最小化函数 $h_k(y) = f\big(D_k^{1/2}y\big)$ 的最速下降迭代

$$y_{k+1} = y_k - \alpha\nabla h_k(y_k)$$

对于 $f(x) = \dfrac{1}{2}x'Qx - b'x$ 的二次型问题，h_k 的条件数为矩阵 $D_k^{1/2}QD_k^{1/2}$（而不是 Q）的最大特征值与最小特征值之比。

大部分无约束非线性规划问题的求解方法是计算合适的尺寸缩放矩阵 D_k，即计算使得结果收敛更快的矩阵。在这个意义下，最好的尺度缩放矩阵可以通过取

$$D_k = \big(\nabla^2 f(x_k)\big)^{-1}$$

达到。假定该逆矩阵存在并且为正定，则该矩阵可以渐近地导出取值为 1 的实际条件数。这就是稍后会介绍的牛顿法。另外一种简单的选择是采用 Hessian 矩阵 $\nabla^2 f(x_k)$ 的对角近似，即对角矩阵 D_k 沿着对角线具有逆二阶偏导数

$$\left(\frac{\partial^2 f(x_k)}{(\partial x^i)^2}\right)^{-1}, \qquad i = 1,\cdots,n$$

通过动态调整测量 x 的第 i 个分量 x^i 的单位，该方法通常能够大幅提高经典梯度法的性能，并能够帮助选取步长 α_k 的值，取 1 通常是不错的选择（参见后面关于牛顿法的讨论以及类似文献 [Ber99] 的 1.3 节）。

非线性规划问题通常也包括准牛顿法，其中尺度矩阵是利用在算法过程中收集到的梯度信息迭代构造的（参见非线性规划问题的教材 [Pol71]，[GMW81]，[Lue84]，[DeS96]，[Ber99]，[Fle00]，[NoW06]，[LuY08]）。这些方法中一部分采用 f 函数的 Hessian 矩阵的完整求逆的近似解，最终达到牛顿法的快速收敛速率。其他方法利用前面若干步迭代中的有限数量的梯度向量（由于记忆有限）来构造 f 函数的 Hessian 矩阵的一个相对粗糙但有效的近似，达到相对于未进行尺度归一化的梯度法要快得多的收敛速率，参见 [Noc80]，[NoW06]。

带有外推的梯度法

梯度法有一种变形，称为**带动量的梯度法**，包含了前后两次迭代差异方向上的外推：

$$x_{k+1} = x_k - \alpha_k\nabla f(x_k) + \beta_k(x_k - x_{k-1}) \tag{2.12}$$

其中 β_k 是 $[0,1)$ 范围内的标量，并且我们定义 $x_{-1}=x_0$。当 α_k 和 β_k 分别选为常数标量 α 和 β 时，该方法称为**重球法**[Pol64]，参见图 2.1.2。在 ∇f 满足 Lipschitz 连续性的条件下，该方法可以保证收敛性。可以证明其收敛速率快于相应的 α_k 是常数而 $\beta_k\equiv 0$ 的相应梯度法（参见 [Pol87]3.2.1 节，或者 [Ber99]1.3 节）。特别地，对于正定二次型问题，以最优方式选取常数 α 和 β，重球方法的收敛速率是线性的，并且服从式 (2.8)，只是要用 $\sqrt{M/m}$ 来代替 M/m。这是对最速下降法的实质性提高，尽管有时该方法仍然可能很慢。简单的例子也表明拥有动量项，最速下降法更不容易陷入"浅"的局部极小点，可以更好地适应代价函数在算法路径上时而非常平缓时而非常陡峭的情况。

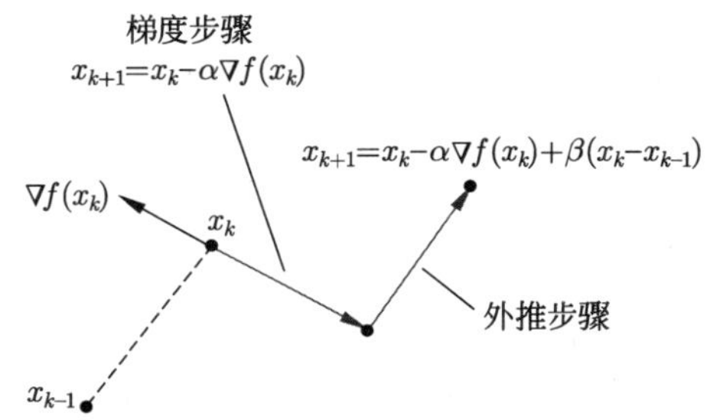

图 2.1.2　重球方法式 (2.12) 的图示，其中 $\alpha_k\equiv\alpha$，$\beta_k\equiv\beta$

类似于式 (2.12) 结构的方法，在 [Nes83] 提出后，引起了很多关注，因为包括 ∇f 为 Lipschitz 连续性在内的一定条件下，它具有最优的迭代复杂性性质。如我们在 6.2 节中将看到的，它把梯度方法的偏差估计精度式 (2.9)$O(1/k)$ 提高了 $1/k$ 倍。当用于可微函数 f 的无约束最小化时，该方法的迭代通常描述为两步：首先是外推步骤，计算

$$y_k=x_k+\beta_k(x_k-x_{k-1})$$

其中 β_k 按照特定方式选取，使得 $\beta_k\to 1$，然后是采用固定步长 α 的梯度步骤，并且计算 y_k 处的梯度

$$x_{k+1}=y_k-\alpha\nabla f(y_k)$$

与式 (2.12) 不同，它把梯度计算和外推步骤的顺序进行了交换，并且用 $\nabla f(y_k)$ 代替 $\nabla f(x_k)$。

共轭梯度法

对于无约束可微优化问题，外推法式 (2.12) 与**共轭梯度法**之间存在有趣的联系。该方法属于经典方法，理论成果很丰富，并且具有独特的性质，即至多 n 轮迭代就可以最小化 n 维正定二次型代价函数，而每一轮迭代仅包含一次线最小化过程。迭代过程常常可能远少于 n 轮，这取决于二次型代价的特征值结构（[Ber82a]1.3.4 节，或 [Lue84] 第 8 章）。该方法可以通过多种途径实现，参见教材 [Lue84]，[Ber99]。该方法属于更广的一类称为**共轭方向法**的方法。这类方法包含一系列沿着某种广义内积意义下正交的方向的精确线搜索。

事实上，如果迭代式 (2.12) 的参数 α_k 和 β_k **在每一轮** k都按照最优方式选取，使得

$$(\alpha_k,\beta_k)\in\mathop{\arg\min}_{\alpha\in\Re,\,\beta\in\Re} f\big(x_k-\alpha\nabla f(x_k)+\beta(x_k-x_{k-1})\big),\quad k=0,1,\cdots \tag{2.13}$$

成立，且 $x_{-1}=x_0$，那么得到的方法就是共轭梯度法的一个实现（参见 [Ber99] 1.6 节）。这意味着，如果 f 是正定二次型函数，**步长按照式 (2.13) 选取的方法式 (2.12) 所产生的迭代过程与共轭梯度法完全相同**，因而至多 n 轮迭代就可以最小化 f。按照式 (2.13) 寻找最优参数需要求解

关于 α 和 β 的二维优化问题。如果没有特殊结构，这通常是不现实的。不过，该优化问题在某些重要的特殊情况下是可解的，从而有利于使用其他类型的共轭方向法[1]。

实现共轭梯度法还有几种其他方式。它们对于二次型代价函数都产生相同的迭代过程，但对于非二次型情形却存在本质差别。其中一种方式类似于前面的外推方法，称为**并行切线方法**或简称 PARTAN 方法，是论文 [SBK64] 首先提出的。特别地，PARTAN 的每一轮迭代都包含外推和**两次一维线最小化**。在典型的迭代过程中，给定 x_k，我们按如下方式得到 x_{k+1}。

(1) 在直线

$$\{y = x_k - \gamma\nabla f(x_k) \mid \gamma \geqslant 0\}$$

上寻找最小化 f 的向量 y_k。

(2) 在穿过 x_{k-1} 和 y_k 的直线上通过最小化 f 来产生 x_{k+1}。

该迭代是带有动量梯度法式 (2.12) 的特例，对应于 α_k 和 β_k 的特殊选取方法。为了看出这一点，注意我们可以把迭代式 (2.12) 写成两步法：

$$y_k = x_k - \gamma_k\nabla f(x_k), \qquad x_{k+1} = y_k + \beta_k(y_k - x_{k-1})$$

其中

$$\gamma_k = \frac{\alpha_k}{1+\beta_k}$$

于是，从 x_k 出发，参数 β_k 由 PARTAN 在穿过 x_{k-1} 和 y_k 点的直线上进行的第二个线搜索的最优步长确定，然后 α_k 确定为 $\gamma_k(1+\beta_k)$，其中 γ_k 是沿着直线

$$\{x_k - \gamma\nabla f(x_k) \mid \gamma \geqslant 0\}$$

的最优步长（参见图 2.1.3）。

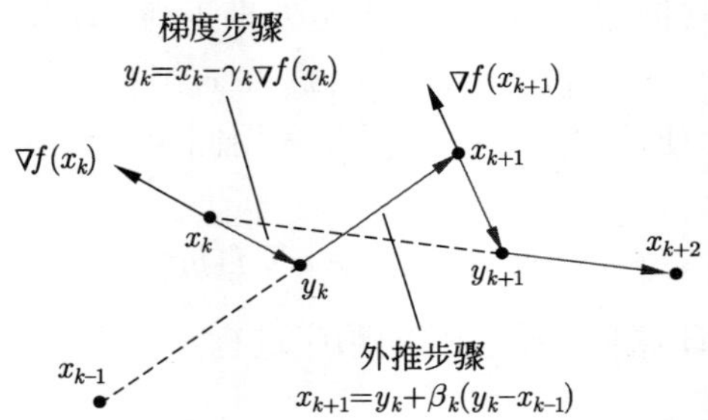

图 2.1.3 两步骤方法 $y_k = x_k - \gamma_k\nabla f(x_k)$, $x_{k+1} = y_k + \beta_k(y_k - x_{k-1})$ 的图示。通过写成等价形式 $x_{k+1} = x_k - \gamma_k(1+\beta_k)\nabla f(x_k) + \beta_k(x_k - x_{k-1})$，我们可以看到通过设置 $\gamma_k \equiv \alpha/(1+\beta)$ 和 $\beta_k \equiv \beta$，就得到带有固定参数 α 和 β 的重球方法式 (2.12)。当 γ_k 和 β_k 是通过线最小化来选取时，就得到 PARTAN 方法，其中迭代式 (2.12) 的相应参数 α_k 取为 $\alpha_k = \gamma_k(1+\beta_k)$

PARTAN 方法的一个突出特点是当 f 是正定二次型时，它在数学上等价于共轭梯度法（与该方法产生完全相同的迭代过程，并在至多 n 轮迭代内终止）。为此，线最小化必须是准确的，但在实际中有可能难以保证。不过，同共轭梯度法的其他实现方法相比，PARTAN 看起来对于

[1] 便于使用共轭方向法的结构化问题包括具有 $f(x) = h(Ax)$ 形式的代价函数，其中 A 是矩阵。对于给定的 x，向量 $y = Ax$ 的计算远比 $h(y)$ 和它的梯度及 Hessian 矩阵（假定存在）的计算来得复杂。1.3 节和 1.4 节描述的几个例子就是这种情况，另外也可参见论文 [NaZ05] 和 [GoS10]，其中讨论了子空间最小化方法式 (2.13) 和 PARTAN 法。对于这类问题，沿着方向 d 线最小化的步长的计算相对来说比较容易，就像不同类型的共轭方向法。特别地，计算函数 $g(\alpha) \equiv f(x+\alpha d) = h(Ax+\alpha Ad)$ 的值，一阶和二阶导数仅仅要求两个费时的运算：一次性地计算矩阵向量乘积 Ax 和 Ad。类似地，在通过 x 并且由 m 个方向 $d_1, \cdots, d_m$ 张成的子空间上做最小化，要求一次性地算出矩阵向量的乘积 Ax 和 $Ad_1, \cdots, Ad_m$。

线最小化的偏差相当鲁棒。注意，类似于最速下降法，PARTAN 保证在每轮迭代中代价函数的尽可能大的降幅，而最速下降法忽略了第二次线最小化。因此，即使对于非二次型代价函数，它也倾向于比最速下降法更快，而且常常是这样。进一步的讨论，参见 [Lue84]，[Pol87] 和 [Ber99] 1.6 节。这些书也讨论了共轭梯度法和其他共轭方向法的其他问题，如不同的实现方法、尺度缩放（也称为预处理，preconditioning）、一维线搜索以及收敛速率问题等。

牛顿法

牛顿法中的下降方向取为

$$d_k = -\big(\nabla^2 f(x_k)\big)^{-1}\nabla f(x_k)$$

假定 $\nabla^2 f(x_k)$ 存在，并且是正定的，因此迭代具有如下形式：

$$x_{k+1} = x_k - \alpha_k\big(\nabla^2 f(x_k)\big)^{-1}\nabla f(x_k)$$

如果 $\nabla^2 f(x_k)$ 不是正定的，就需要对迭代公式做出修改。修改的方式有几种，读者可以参考非线性规划的教材。最简单的方式是在 $\nabla^2 f(x_k)$ 上加一个单位矩阵的小的正倍数。一般而言，如果 f 是凸的，$\nabla^2 f(x_k)$ 就是半正定的（附录 B 命题 1.1.10），那么就可以实现可靠的牛顿类算法。

牛顿法的思想是在每步迭代都在当前点 x_k 处最小化由

$$\tilde{f}_k(x) = f(x_k) + \nabla f(x_k)'(x - x_k) + \frac{1}{2}(x - x_k)'\nabla^2 f(x_k)(x - x_k)$$

给出的 f 的二次型近似。通过把 $\tilde{f}_k(x)$ 的梯度设为零，

$$\nabla f(x_k) + \nabla^2 f(x_k)(x - x_k) = 0$$

解出 x，就得到下一步迭代的最小点

$$x_{k+1} = x_k - \big(\nabla^2 f(x_k)\big)^{-1}\nabla f(x_k) \tag{2.14}$$

这就是对应于步长 $\alpha_k = 1$ 情形的牛顿迭代。可知，假定 $\alpha_k = 1$，**牛顿法在单次迭代中就可以找到正定二次型函数的全局最小点**。

假定牛顿法收敛到向量 x^*，满足 $\nabla f(x^*) = 0$ 且 $\nabla^2 f(x^*)$ 为正定，并采用步长 $\alpha_k = 1$，该方法的渐近收敛速率通常是很快的，至少在若干轮迭代后是这样。简单说明一下，根据 Taylor 定理，我们可以写出

$$0 = \nabla f(x^*) = \nabla f(x_k) + \nabla^2 f(x_k)'(x^* - x_k) + o\big(\|x_k - x^*\|\big)$$

通过把 $\big(\nabla^2 f(x_k)\big)^{-1}$ 乘到该关系式上，可得

$$x_k - x^* - \big(\nabla^2 f(x_k)\big)^{-1}\nabla f(x_k) = o\big(\|x_k - x^*\|\big)$$

于是对于具有步长 $\alpha_k = 1$ 的牛顿法，我们得到

$$x_{k+1} - x^* = o\big(\|x_k - x^*\|\big)$$

或者，对于 $x_k \neq x^*$，

$$\lim_{k\to\infty} \frac{\|x_{k+1} - x^*\|}{\|x_k - x^*\|} = \lim_{k\to\infty} \frac{o\big(\|x_k - x^*\|\big)}{\|x_k - x^*\|} = 0$$

成立。这意味着收敛速率快于线性（也称为**超线性**）。这个论证过程，也适合证明当 $\alpha_k \equiv 1$ 时**局部收敛**于 x^*，即假定 x_0 充分靠近 x^* 时的收敛性。

牛顿法实现上，为保证代价的下降，需要设计步长准则，以便在接近收敛时有 $\alpha_k = 1$ 成立，以保证达到超线性收敛速率 [假定 $\nabla^2 f(x^*)$ 在极限点 x^* 处是正定的]。近似牛顿法也采用接近 1 的步长，并且会根据计算结果来修改步长（参见非线性规划问题的文献，如 [Ber99] 1.4 节）。

牛顿法的快速收敛付出的代价是要计算 Hessian 矩阵，并要求解线性方程组

$$\nabla^2 f(x_k)d_k = -\nabla f(x_k)$$

以便确定牛顿方向。牛顿法提出后，有许多迭代算法，试图在快速收敛与大计算量之间取得平衡（如准牛顿法、共轭方向法等，参见非线性规划问题的教材 [GMW81]，[DeS96]，[Ber99]，[Fle00]，[BSS06]，[NoW06]，[LuY08]）。

我们最后指出，对于某些 Hessian 矩阵具有特殊结构的问题，可以方便地实现牛顿法。例如，1.1 节的可分凸规划问题的对偶函数的 Hessian 矩阵，如果存在，就具有很好的结构，参见 [Ber99] 6.1 节。对于离散时间动态系统并且代价函数对于时间为可加情形的最优控制问题，也是这样，参见 [Ber99]1.9 节。

步长准则

在尺度缩放的梯度迭代式 (2.11) 过程中，有几种选取步长的方法。例如，α_k 可以通过**线最小化**来选取

$$\alpha_k \in \arg\min_{\alpha \geqslant 0} f\big(x_k - \alpha D_k \nabla f(x_k)\big)$$

这个最优化过程通常只能通过一维优化算法近似实现。这样的算法有几种（参见非线性规划问题的教材 [GMW81]，[Ber99]，[BSS06]，[NoW06]，[LuY08]）。

本书后续章节的分析主要聚焦两种情况：α_k 取为**常数**的情形

$$\alpha_k = \alpha, \qquad k = 0, 1, \cdots$$

和 α_k 取为**逐渐消失**到 0，并满足条件[1]

$$\sum_{k=0}^{\infty} \alpha_k = \infty, \qquad \sum_{k=0}^{\infty} \alpha_k^2 < \infty \tag{2.15}$$

的情形。这两个步长准则的收敛性分析在本章末的练习中给出，并且针对次梯度方法情形在第 3 章和 6.1 节也有讨论。

我们在此强调固定和逐渐消失步长准则的原因是它们推广到不可微代价函数最为容易。不过，其他步长准则也是重要的，特别是对可微问题，应用也很广泛，会在本章简要介绍。较早讨论的线最小化准则就是其中之一。其他简单准则，例如基于 α_k 不断缩小，直到达到某种形式的下降来设计，也可以保证收敛性。这类准则中有**Armijo 准则**（首先在 [Arm66] 中提出，有时称为**回溯准则**（backtracking）），在无约束最小化算法中经常被使用。它由

$$\alpha_k = \beta^{m_k} s_k$$

给出，其中 m_k 是满足

$$f(x_k) - f\big(x_k - \beta^m s_k D_k \nabla f(x_k)\big) \geqslant \sigma \beta^m s_k \nabla f(x_k)' D_k \nabla f(x_k)$$

的最小整数，其中 $\beta \in (0,1)$ 和 $\sigma \in (0,1)$ 是常数，而 $s_k > 0$ 是正的初始步长，其选取要么为常数，要么通过简化的搜索或多项式插值。换句话说，从初始的尝试 s_k 开始，不断地尝试步长 $\beta^m s_k, m = 0, 1, \cdots$，直到上述不等式对于 $m = m_k$ 得到满足，参见图 2.1.4。我们会在练习中探索其收敛性质。

---

[1] 条件 $\sum_{k=0}^{\infty} \alpha_k = \infty$ 是必需的，以使该方法可以从任意远处接近最小点，而条件 $\sum_{k=0}^{\infty} \alpha_k^2 < \infty$ 是必需的，以使 $\alpha_k \to 0$ 并且和收敛性分析的技术原因有关（参见 3.2 节）。如果 f 是正定二次型，可以证明采用满足 $\sum_{k=0}^{\infty} \alpha_k = \infty$ 的逐渐消失步长 α_k 的最速下降法会收敛到最优解，但收敛速率会慢于线性。

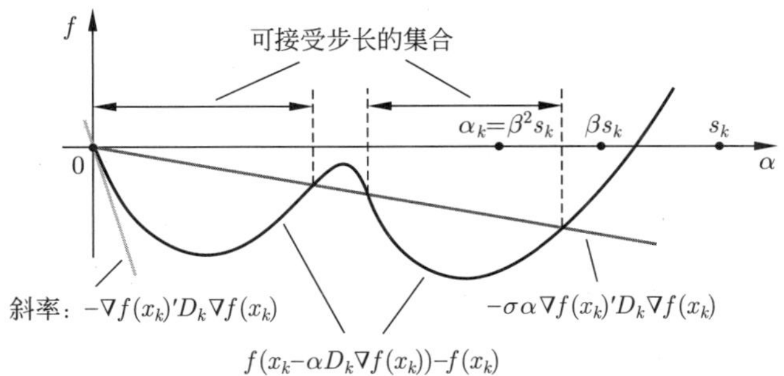

图 2.1.4　沿着下降方向 $d_k=-D_k\nabla f(x_k)$ 用 Armijo 准则连续产生的测试点的图示。本图中，α_k 是作为两次连续尝试后的 $\beta^2 s_k$ 得到。因为 $\sigma\in(0,1)$，当 $d_k\neq 0$ 时，可接受步长的集合开始时是非退化的区间。这意味着如果 $d_k=0$，Armijo 准则通过有限次步长缩短将找到可接受的步长

除了保证代价函数的下降，持续缩短准则还具有使得步长大小 α_k 适应搜索方向 $-D_k\nabla f(x_k)$ 的额外好处，特别是当初始步长 s_k 通过某种简化的搜索过程来选取的情况。更多细节请参见非线性规划问题的文献。

注意，尽管逐渐消失步长准则在步长充分小的情况下降低代价函数，但它并不保证代价函数在每轮迭代中都下降。还有一些其他准则，称为**非单调**准则，并不显式地尝试代价函数的下降，也取得了一定的成功，用到的想法本书不会予以讨论；参见 [GLL86]，[BaB88]，[Ray93]，[Ray97]，[BMR00]，[DHS06]。不显式利用步长但保证代价下降的另外一种方法是基于信任域（trust region）方法，可以参见书 [Ber99]，[CGT00]，[Fle00]，[NoW06]。

2.1.2　带约束问题——可行方向法

考虑在一个 $\Re^n$ 的闭凸子集 X 上最小化可微代价函数 f 的问题。作为代价函数下降方法的一种自然形式，可以考虑在保持代价改进的同时按如下形式生成可行序列 $\{x_k\}\subset X$：

$$x_{k+1}=x_k+\alpha_k d_k \tag{2.16}$$

不过，这种情况会更复杂，因为 d_k 在 x_k 处仅仅是下降方向是不够的。它必须还要是**可行方向**，即对于 $\alpha>0$，$x_k+\alpha d_k$ 必须属于 X，以保证在适当选取的 α_k 情况下 x_{k+1} 属于 X。如果有必要，给 d_k 乘以正的常数，这本质上是对于满足 $\bar{x}_k\neq x_k$ 的某个 $\bar{x}_k\in X$ 把 d_k 限制为具有 $\bar{x}_k-x_k$ 的形式。因此，如果 f 可微，可行下降方向可选为

$$d_k=\bar{x}_k-x_k$$

这里，$\bar{x}_k\in X$ 为满足 $\nabla f(x_k)'(\bar{x}_k-x_k)<0$ 条件的某个点。

形如式 (2.16) 的方法，其中 d_k 是下降方向，是 20 世纪 60 年代首先引入的（参见书 [Zou60]，[Zan69]，[Pol71]，[Zou76]），有着广泛的应用。我们称其为**可行方向法**，我们会选最流行的几种作为例子。

条件梯度法

最简单的可行方向法是在第 k 轮迭代，求解

$$\bar{x}_k\in\arg\min_{x\in X}\nabla f(x_k)'(x-x_k) \tag{2.17}$$

并在式 (2.16) 中设置

$$d_k=\bar{x}_k-x_k$$

参见图 2.1.5。显然 $\nabla f(x_k)'(\bar{x}_k - x_k) \leqslant 0$ 成立，仅当 $\nabla f(x_k)'(x - x_k) \geqslant 0$ 对于所有 $x \in X$ 成立时等号成立，也就是 x_k 具有最优性的必要条件成立。这个方法叫作**条件梯度法**（也称为**Frank-Wolfe 算法**），是 [FrW56] 为求解线性约束下的凸规划问题而提出的，[LeP65] 提出了对于更一般的问题解法。由于该方法的理论完善，方法简单方便，因而得到了广泛的应用。特别地，当 X 是多面体集时，$\bar{x}_k$ 的计算涉及求解线性规划问题。在某些重要的场合，该线性规划问题具有特殊结构，带来很大的简化，如例 1.4.5 的多商品流问题（参见书 [BeG92]，或者综述 [FlH95]，[Pat01]）。受到机器学习方面应用的推动，条件梯度法的研究呈现变热的趋势，参见 [Cla10]，[Jag13]，[LuT13]，[RSW13]，[FrG14]，[HJN14]，及它们引用的文献。

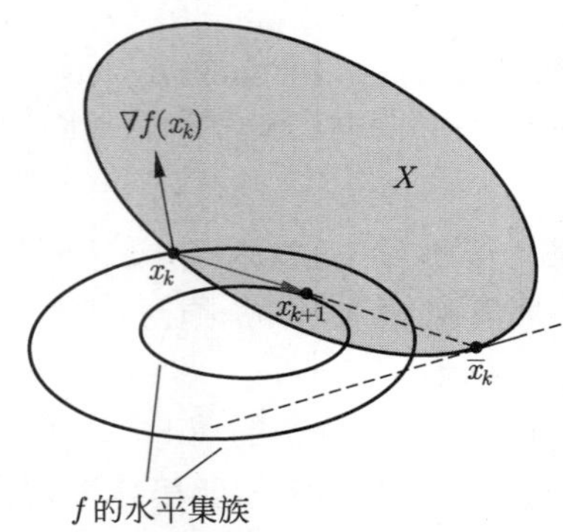

图 2.1.5　条件梯度迭代在 x_k 处的图示。我们在沿着负梯度方向 $-\nabla f(x_k)$ 上寻找位于 X 内的最远的点 $\bar{x}_k$。然后设置 $x_{k+1} = x_k + \alpha_k(\bar{x}_k - x_k)$，其中 α_k 是从 $(0,1]$ 中选取的步长（图中所示为按照线最小化选取的 α_k）

不过，条件梯度法和其他竞争方法相比，收敛较慢（即使对于正定二次型规划问题，它的渐近收敛速率也慢于线性），参见 [CaC68]，[Dun79]，[Dun80]。出于这个原因，实际上具有更快收敛速率的其他方法也常被选用。

竞争方法中，**单纯形剖分算法**（simplicial decomposition algorithm）（由 [CaG74] 和 [Hol74] 独立提出）会在第 4 章中详细讨论。该方法不同于式 (2.16) 形式定义的可行方向法，它是在基于约束集合的有限个点的凸包近似上做多维优化。当 X 是多面体集合时，它在有限次迭代后收敛。尽管该步数理论上可能很大，但实际上该方法常常在很少几步内就收敛了。一般而言，单纯形剖分算法可以成为条件梯度法的替代方法是因为它非常适合同类问题 [它也要求解形如式 (2.17) 的线性代价子问题，参见 4.2 节的讨论]。

有些诡异的是，对于高度约束的问题条件梯度法的实际性能似乎反而有提升。论文 [Dun79]，[DuS83] 给出的一种解释是当代价函数是正定二次型，约束集合不是多面体的而是具有“正曲率”性质（例如是一个球体）时，该方法的收敛速率是线性的。当存在许多约束条件时，约束集合倾向于具有许多离得很近的顶点，在近似的意义下，可以认为具有“正曲率”性质。

梯度投影法

另外一种主要的可行方向法，通常比条件梯度法收敛得更快，称为**梯度投影法**（由 [Gol64]，[LeP65] 提出），具有如下形式：

$$x_{k+1} = P_X\big(x_k - \alpha_k \nabla f(x_k)\big) \tag{2.18}$$

其中 $\alpha_k > 0$ 是步长，$P_X(\cdot)$ 表示在 X 上的投影（投影的定义没有问题，因为 X 是闭凸集，参见图 2.1.6）。

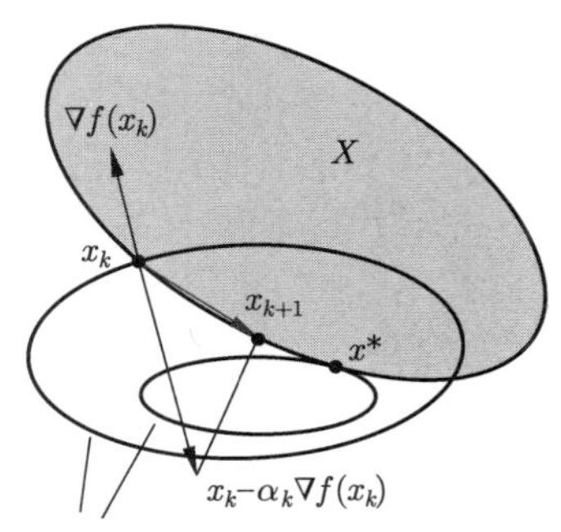

图 2.1.6　梯度投影迭代在 x_k 处的图示。我们沿着 $-\nabla f(x_k)$ 方向移动 x_k，并把 $x_k-\alpha_k\nabla f(x_k)$ 投影到 X 上，以得到 x_{k+1}。我们有 $\nabla f(x_k)'(x_{k+1}-x_k)\leqslant 0$，并且除非 $x_{k+1}=x_k$，即 x_k 在 X 上最小化 f，$\nabla f(x_k)$ 和 $(x_{k+1}-x_k)$ 的夹角都严格大于 $90°$，我们都有 $\nabla f(x_k)'(x_{k+1}-x_k)<0$

为了了解该方法的有效性，注意根据投影定理（附录 B 命题 1.1.9），我们有

$$\nabla f(x_k)'(x_{k+1}-x_k)\leqslant 0$$

并且根据凸函数的最优性条件（参见附录 B 命题 1.1.8），除非 x_k 为最优，否则不等式严格成立。于是 $x_{k+1}-x_k$ 定义了一个在 x_k 处的可行下降方向，基于此，我们可以证明当 α_k 充分小的时候的下降性质 $f(x_{k+1})<f(x_k)$。

步长 α_k 的选取类似于无约束梯度法，即可取常数，逐渐消失，或者通过某种收缩准则，以保证代价函数下降且收敛到最优，更详细的讨论和文献可参见 6.1 节的收敛性分析和 [Ber99] 的 2.3 节。较早对无约束最速下降法在正定二次型代价情形下 [参见式 (2.8)] 和奇异情形下 [参见式 (2.9) 和式 (2.10)] 给出的收敛速率估计可以推广到不同准则下的梯度投影法（前一种情况参见练习 1.2，而后一种情况参见 [Dun81]）。

双度量投影法（Two-Metric Projection Methods）

尽管梯度投影法比较简单，但是它存在一些明显的不足：

(a) 它的收敛速率类似于最速下降法，通常比较慢。通过尺度缩放来克服该不足，具体的迭代如下：

$$x_{k+1}\in\arg\min_{x\in X}\left\{\nabla f(x_k)'(x-x_k)+\frac{1}{2\alpha_k}(x-x_k)'H_k(x-x_k)\right\}\tag{2.19}$$

其中 H_k 是对称正定矩阵，而 α_k 是正的步长。当 H_k 是单位阵时，它跟没有做尺度缩放的梯度投影迭代式 (2.18) 给出相同的迭代过程 x_{k+1}。当 $H_k=\nabla^2 f(x_k)$ 并且 $\alpha_k=1$ 时，我们得到带约束形式的牛顿法（分析参见非线性规划问题的文献 [Ber99]）。

(b) 依赖于 X 的性质，投影运算可能非常复杂。当 H_k 是单位阵（或更一般是对角阵）并且 X 由 x 的分量的简单上下界组成时，投影比较简单：

$$X=\left\{(x^1,\cdots,x^n)\mid \underline{b}^i\leqslant x^i\leqslant \bar{b}^i,\ i=1,\cdots,n\right\}\tag{2.20}$$

这种情况下梯度投影法比较方便使用。投影分解为 n 个标量的投影，每个投影对于一个 $i=1,\cdots,n$：x_{k+1} 的第 i 个分量由 $x_k-\alpha_k\nabla f(x_k)$ 的第 i 个分量

$$\big(x_k-\alpha_k\nabla f(x_k)\big)^i$$

投影到相应的界构成的区间 $[\underline{b}^i,\bar{b}^i]$ 上得到。计算相对简单。不过，对于一般的非对角尺度缩放，即使 X 具有简单的式 (2.20) 界结构，二次型规划问题式 (2.19) 的求解的计算量也是很大的。

为了克服投影法计算量大的困难，对于界约束式 (2.20) 的情形，[Ber82a]，[Ber82b] 提出了称为**双度量投影法**的一种尺度投影法。它的形式类似于尺度缩放梯度法式 (2.11)，由

$$x_{k+1} = P_X\big(x_k - \alpha_k D_k \nabla f(x_k)\big) \tag{2.21}$$

给出。该方法是无约束牛顿类方法，包括准牛顿法在界约束式 (2.20) 的情形下的自然推广。这里的主要困难是随意给定的正定矩阵 D_k 不一定能给出下降方向。不过，如果把对应于 x_k 的分量处在边界上的 D_k 的非对角元设为零，我们可以得到下降（参见练习 2.8）。进而，我们可以把 D_k 取为 Hessian 矩阵 $\nabla^2 f(x_k)$ 的部分对角化版本，得到牛顿法那样快的收敛速率（参见 [Ber82a]，[Ber82b]，[GaB84]）。

部分对角化的简单双度量投影法可以推广到更一般的约束集合。在 [Ber82b] 及后续论文 [GaB84]，[Dun91]，[LuT93b] 中都有讨论。涉及的问题形如：

$$\begin{array}{ll} \text{maximize} & f(x) \\ \text{subject to} & \underline{b} \leqslant x \leqslant \bar{b}, \quad Ax = c \end{array}$$

其中 A 是 $m \times n$ 维矩阵，$\underline{b}$，$\bar{b} \in \Re^n$ 和 $c \in \Re^m$ 是给定的向量。例如，当约束集合包含 x 分量的界以及若干线性约束，即问题包含单纯形约束如

$$\begin{array}{ll} \text{maximize} & f(x) \\ \text{subject to} & 0 \leqslant x, \quad a'x = c \end{array}$$

或单纯形的笛卡儿积时，算法式 (2.21) 很容易推广。这里 $a \in \Re^n$，且 $c \in \Re$。这种情况下的牛顿法用于多商品流的例 1.4.5，可以参考 [BeG83]。大规模情形的代表性应用，可以参考文献 [Dun91]，[LuT93b]，[FJS98]，[Pyt98]，[GeM05]，[OJW05]，[TaP13]，[WSK14]。

双度量投影方法的好处是提供了快速识别最优解处被激活的约束的方法。此后，该方法本质上退化为无约束尺度缩放梯度法（如果 D_k 是部分对角化的 Hessian 矩阵时，可以用牛顿法），因而可以达到较快的收敛速率。这条性质给用双度量投影方法求解包含 ℓ_1 正则项的问题如例 1.3.2 带来启发，参见 [SFR09]，[Sch10]，[GKX10]，[SKS12]，[Lan15]。

块坐标下降法（Block Coordinate Descent）

前面的算法每一轮都要求计算代价函数的梯度而且有时还要计算 Hessian 矩阵。与其不同的一类下降算法不要求计算导数或其他方向，就是经典的**块坐标下降法**。我们在此简要描述，并在 6.5 节进一步考虑。该方法用于问题

$$\begin{array}{ll} \text{minimize} & f(x) \\ \text{subject to} & x \in X \end{array}$$

其中 $f : \Re^n \mapsto \Re$ 是可微函数，而 X 是闭凸集族 $X_1, \cdots, X_m$ 的笛卡儿积：

$$X = X_1 \times X_2 \times \cdots \times X_m$$

向量 x 被划分为

$$x = (x^1, x^2, \cdots, x^m)$$

其中每个 x^i 属于 $\Re^{n_i}$，于是约束条件 $x \in X$ 等价于

$$x^i \in X_i, \qquad i = 1, \cdots, m$$

最常见的情况是 $n_i = 1$ 对于所有的 i 成立，因此分量 x^i 都是标量。该方法包含在每一轮在保持其他分量不变的条件下针对单个分量 x^i 的最小化。

作为该方法的一个例子，给定当前迭代 $x_k = (x_k^1, \cdots, x_k^m)$，我们按照循环迭代

$$x_{k+1}^i \in \arg\min_{\xi \in X_i} f(x_{k+1}^1, \cdots, x_{k+1}^{i-1}, \xi, x_k^{i+1}, \cdots, x_k^m), \quad i = 1, \cdots, m \tag{2.22}$$

生成下一步迭代 $x_{k+1} = (x_{k+1}^1, \cdots, x_{k+1}^m)$。因此，在每一轮迭代中，代价按照循环的顺序依次针对“块坐标”向量 x^i 进行最小化。

自然地，该方法只有在做这样的最小化比较容易的情况下才有实际意义。当 x^i 是标量常常是这样，但也有其他一些 x^i 是多维向量的有意思的情况。另外，该方法可以利用 f 的特殊结构。这种结构的一个例子是某种“稀疏性”，其中 f 是分量函数的和，并且对于每个 i，只有相对少数的分量函数依赖于 x^i，这样就简化了最小化式 (2.22)。下面是一个可以视为块坐标下降法特例的经典算法的例子。

例 2.1.1　并行投影算法。

给定 $\Re^n$ 中的 m 个闭凸集 $X_1, \cdots, X_m$，而我们想找到在它们交集中的一个点。该问题可以等价地写成

$$\begin{aligned}&\text{minimize} \quad && \sum_{i=1}^{m} \|y^i - x\|^2 \\ &\text{subject to} \quad && x \in \Re^n, \ \ y^i \in X_i, \ i = 1, \cdots, m\end{aligned}$$

其中优化变量是 $x, y^1, \cdots, y^m$ (该问题的最优解是交集 $\cap_{i=1}^m X_i$ 中的点，如果交集为非空)。块坐标下降算法按照

$$y_{k+1}^i = P_{X_i}(x_k), \qquad i = 1, \cdots, m$$

在每个向量 $y^1, \cdots, y^m$ 上做并行的迭代。然后按照

$$x_{k+1} = \frac{y_{k+1}^1 + \cdots + y_{k+1}^m}{m}$$

对 x 进行迭代，从而当每个 y^i 在 y_{k+1}^i 处固定的情况下针对 x 来最小化代价函数。

这里是坐标下降法利用可分解结构的另外一个例子。

例 2.1.2　层次分解算法，Hierarchical Decomposition。

考虑如下最优化问题：

$$\begin{aligned}&\text{maximize} \quad && \sum_{i=1}^{m} \big(h_i(y^i) + f_i(x, y^i)\big) \\ &\text{subject to} \quad && x \in X, \qquad y^i \in Y_i, \quad i = 1, \cdots, m\end{aligned}$$

其中 X 和 $Y_i, i = 1, \cdots, m$，均为相应欧氏空间的闭凸子集，而 h_i, f_i 是给定函数，假定为可微。该问题与由 m 个子系统组成的系统的优化框架有关。其代价函数 $h_i + f_i$ 与第 i 个子系统的运行有关。这里 y^i 被视为只影响第 i 个子系统的代价的局部决策变量，而 x 被视为全局变量或者影响所有子系统的协调变量。

块坐标下降法具有如下形式：

$$y_{k+1}^i \in \arg\min_{y^i \in Y_i} \big\{h_i(y^i) + f_i(x_k, y^i)\big\}, \qquad i = 1, \cdots, m$$

$$x_{k+1} \in \arg\min_{x \in X} \sum_{i=1}^{m} f_i(x, y_{k+1}^i)$$

该方法具有自然的物理解释：每轮迭代中，每个子系统优化各自的代价，把全局变量当作固定的当前值，然后协调器针对局部变量的当前值优化全局代价 (而不需要知道子系统的“局部”代价函数 h_i)。

如果没有 f 的特殊结构，那么可微性对于块下降方法的有效性就变得非常关键，这点可以通过简单的例子来验证。我们在第 6 章中的收敛性分析中，还要求 f 具有沿着每个块分量的某种严格凸性，该条件在书 [Zan69] 中最早引入（不具有这类性质的不收敛的反例在 [Pow73] 中给出）。

该方法有几种变形，包含了求解块最小化式 (2.22) 的不同下降算法。另外的变化是块分量按照不规则的顺序迭代，而非固定的循环顺序。事实上，坐标下降法的异步分布式版本方面有重要的理论成果，参见并行和分布式算法的书 [BeT89a] 以及其中的参考资料，也可以参考本书 2.1.6 节和 6.5.2 节的讨论。

2.1.3 不可微问题——次梯度法

我们简要考虑一下凸不可微代价函数 $f:\Re^n\mapsto\Re$ 的最小化问题（非凸和不可微函数的优化要复杂得多，本书不会涉及）。推广最速下降法是有可能的：当 f 在 x_k 处不可微时，我们在 $\|d\|\leqslant 1$ 条件下采用最小化方向导数 $f'(x_k;d)$ 的方向 d_k，即

$$d_k\in\arg\min_{\|d\|\leqslant 1}f'(x_k;d)$$

遗憾的是，该最小化（或者更一般地，寻找下降方向）所花的计算代价可能很高。而且，存在理论上令人不安的困难：受步长准则的影响，该方法可能被卡在远离最优点的地方。图 2.1.7 给出了一个例子，其中步长是按照最小化准则

$$\alpha_k\in\arg\min_{\alpha\geqslant 0}f(x_k+\alpha d_k)$$

选取的。该例中，即使算法还没有遇到 f 为不可微的点，它仍然失效了。这充分说明了凸优化问题中的收敛性问题需要仔细分析，而马虎不得。这里的问题是缺乏连续性：最速下降方向可能在收敛极限附近经历大的甚至是不连续的变化。形成鲜明对照的是，如果 f 在极限处为连续可微，采用最小化步长准则的最速下降法将具有很好的收敛性质。

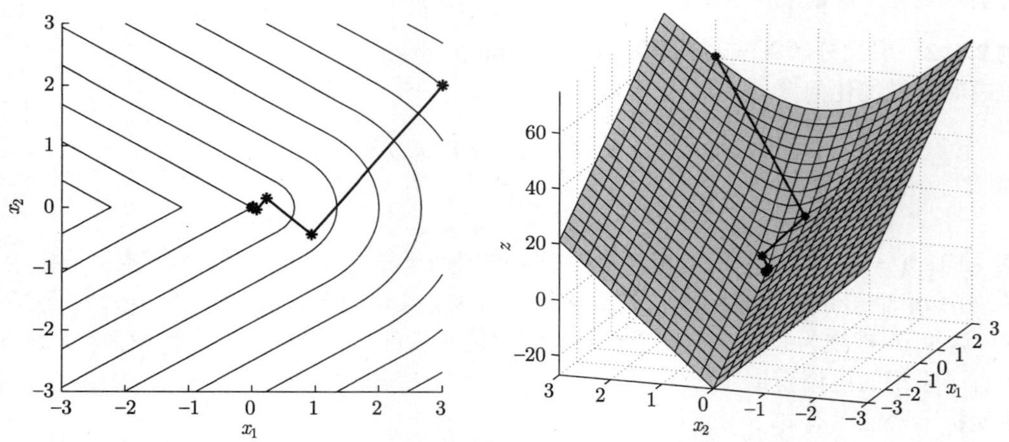

图 2.1.7 对于凸不可微代价函数线最小化步长准则下最速下降法失效的例子 [Wol75]。这里代价函数是二维的 $f(x_1,x_2)=5(9x_1^2+16x_2^2)^{1/2}$，如果$x_1>|x_2|$; $9x_1+16|x_2|$，如果$x_1\leqslant|x_2|$，如图所示。算法生成的迭代过程如图所示，收敛到最最优的点 $(0,0)$

由于代价函数下降的实现具有上述局限性，当 f 为不可微时，常用基于次梯度概念的另外一种不同的下降法。扩充实值函数的次梯度理论在附录 B 的 5.4 节，由教材 [Ber09] 给出。实值凸函数的次梯度性质将在本书 3.1 节详细讨论。

最常用的次梯度法（由 Shor 在 20 世纪 60 年代中期首先在系列论文中提出，后来收录在书 [Sho85]，[Sho98] 中），是在迭代步骤中按如下形式采用 x_k 处的任意一个次梯度向量 g_k，

$$x_{k+1}=x_k-\alpha_k g_k \tag{2.23}$$

其中 α_k 是正的步长。该方法以及其他变形，会在本书第 3 章开始详细讨论。我们将看到尽管它不一定对于 α_k 的任意值都带来代价的下降，但它却具有另外一种下降性质，从而增强了收敛过程：对于任意的非最优点 x_k，它对于充分小的步长 α_k 都满足

$$\mathrm{dist}(x_{k+1}, X^*) < \mathrm{dist}(x_k, X^*)$$

其中 $\mathrm{dist}(x, X^*)$ 表示 x 离开最优解集合 X^* 的最小欧氏距离。

步长准则与收敛速率

次梯度迭代式 (2.23) 方法中有几种选取步长 α_k 的方式。第 3 章会详细讨论。这里简要总结一下：

(a) α_k 选取为正的**常数**，

$$\alpha_k = \alpha, \qquad k = 0, 1, \cdots$$

这种情况下，只能保证近似的收敛性，即收敛到最优点的依赖于 α 大小的一个邻域内。另外，收敛速率可能非常慢。不过，有一种重要的特殊情况可以证明理论结果。该条件称为**锐利最小值**（sharp minimum）条件，即对某个 $\beta > 0$，

$$f^* + \beta \min_{x^* \in X^*} \|x - x^*\| \leqslant f(x), \qquad \forall x \in X \tag{2.24}$$

其中 f^* 是最优值（参见练习 3.10）。我们会在命题 5.1.6 中证明当 f 和 X 是多面体的，如在整数规划问题中产生的对偶问题，该条件是成立的。

(b) α_k 的选择满足逐渐消失条件，即

$$\sum_{k=0}^{\infty} \alpha_k = \infty, \quad \sum_{k=0}^{\infty} \alpha_k^2 < \infty$$

成立，那么可以保证精确收敛，但收敛速率是次线性的，即使是对多面体问题，通常是非常慢。

还有更复杂的基于 f^* 估计的步长准则（更多细节请参见本书 3.2 节，以及 [BNO03]）。除非条件式 (2.24) 成立，相比于其他方法，收敛速率仍然非常慢。另一方面，如果有特殊结构存在，如可加代价问题，次梯度的增量版本（2.1.5 节）表现还是令人满意的。

2.1.4　其他下降法

除了基于梯度或次梯度的方法，像前面的章节一样，还有其他方法来实现代价函数的下降。其中的一种主流方法，可以用于任意的凸代价函数，称为**近端算法**（proximal algorithm）[1]，会在第 5 章详细讨论。该方法融合了代价改进和近似这两种思想。其基本形式是，用二次型项的最小化来近似一个闭的真凸函数（proper convex function）$f : \Re^n \mapsto (-\infty, \infty]$。由

$$x_{k+1} \in \arg\min_{x \in \Re^n} \left\{ f(x) + \frac{1}{2c_k}\|x - x_k\|^2 \right\} \tag{2.25}$$

给出，其中 x_0 是任意的起始点，而 c_k 是正的标量参数（参见图 2.1.8）。该算法的一个基本想法是“正则化”f 的最小化过程：向 f 添加式 (2.25) 二次型项的目的是使之成为具有紧的水平集的严格凸函数，从而具有唯一最小解（参见附录 B 的命题 3.1.1 和命题 3.2.1）。

该算法具有内在的下降特性，使得它可以与其他算法框架进行组合。为看到这一点，注意由于 $x = x_{k+1}$ 处 给出 $f(x) + \frac{1}{2c_k}\|x - x_k\|^2$ 的值低于 $x = x_k$ 处的值，我们有

$$f(x_{k+1}) + \frac{1}{2c_k}\|x_{k+1} - x_k\|^2 \leqslant f(x_k)$$

可知 $\{f(x_k)\}$ 为单调非增，参见图 2.1.8。

[1] 也有的学者翻译为邻近（点）算法。

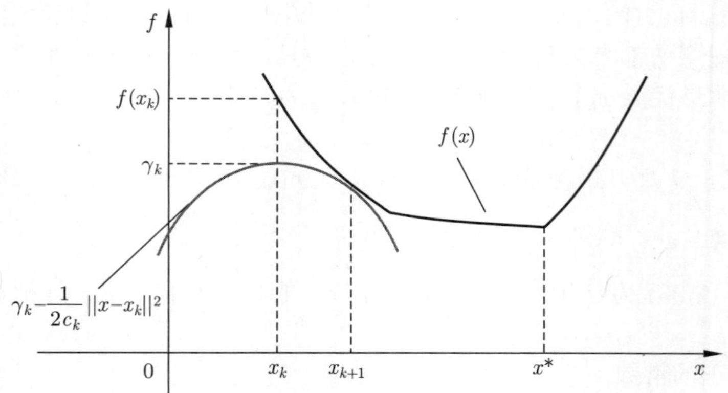

图 2.1.8 近端算法式 (2.25) 及其下降属性的图示。$f(x)+\dfrac{1}{2c_k}\|x-x_k\|^2$ 的最小值在唯一的点 x_{k+1} 处达到。该点是二次型函数 $-\dfrac{1}{2c_k}\|x-x_k\|^2$的图像提升 $\gamma_k = f(x_{k+1})+\dfrac{1}{2c_k}\|x_{k+1}-x_k\|^2$ 量后与 f 的图像刚好相切的位置。由于 $\gamma_k < f(x_k)$，可知除非 x_k 使得 f 达到最小，总有 $f(x_{k+1}) < f(x_k)$ 成立。而 x_k 使得 f 达到最小的充要条件是 $x_{k+1} = x_k$

近端算法有几种变形，会在第 5 章和第 6 章讨论。受求解方便的需求影响，一些变形涉及对近端最小化问题式 (2.25) 的修改。这里是一些例子：

(a) 在式 (2.25) 中采用非二次型近端项 $D_k(x;x_k)$ 来代替 $(1/2c_k)\|x-x_k\|^2$，即，采用迭代

$$x_{k+1} \in \arg\min_{x\in\Re^n}\left\{f(x)+D_k(x;x_k)\right\} \tag{2.26}$$

当 D_k 具有与 f 匹配的特殊结构时，该方法非常有用。

(b) 假定 f 为可微，利用函数 f 在 x_k 处的梯度的线性近似

$$f(x)\approx f(x_k)+\nabla f(x_k)'(x-x_k)$$

则，在式 (2.26) 中，得到迭代

$$x_{k+1} \in \arg\min_{x\in\Re^n}\left\{f(x_k)+\nabla f(x_k)'(x-x_k)+D_k(x;x_k)\right\}$$

当近端项 $D_k(x;x_k)$ 是二次型 $(1/2c_k)\|x-x_k\|^2$ 形式时，该迭代过程可以看作等价于梯度投影迭代式 (2.18)：

$$x_{k+1} = P_X\big(x_k - c_k\nabla f(x_k)\big)$$

不过 D_k 还可以有其他选取方式，导出别的方法，如称为**镜像下降**的算法。

(c) **近端梯度算法** 应用于问题

$$\begin{aligned}&\text{minimize} \quad && f(x)+h(x)\\ &\text{subject to} \quad && x\in\Re^n\end{aligned}$$

其中 $f:\Re^n\mapsto\Re$ 是可微凸函数，而 $h:\Re^n\mapsto(-\infty,\infty]$ 是闭真凸函数。该算法结合了梯度投影法和近端方法的思想。它在近端最小化中把 f 用线性近似进行替换，即

$$x_{k+1} \in \arg\min_{x\in\Re^n}\left\{\nabla f(x_k)'(x-x_k)+h(x)+\frac{1}{2\alpha_k}\|x-x_k\|^2\right\} \tag{2.27}$$

其中 $\alpha_k>0$ 是参数。因此，当 f 是线性函数时，我们就得到最小化 $f+h$ 的近端算法。当 h 是闭凸集的示性函数时，我们就得到梯度投影法。注意算法式 (2.27) 有一个等价的描述方式：

$$z_k = x_k-\alpha_k\nabla f(x_k),\quad x_{k+1}\in\arg\min_{x\in\Re^n}\left\{h(x)+\frac{1}{2\alpha_k}\|x-z_k\|^2\right\} \tag{2.28}$$

这可以通过展开二次型

$$\|x - z_k\|^2 = \left\|x - x_k + \alpha_k \nabla f(x_k)\right\|^2$$

来验证。因此该方法用在 h 的近端步骤代替了在 f 上的梯度步骤。这样做的好处在于与近端算法相比，该方法的近端步骤式 (2.28) 是对 h 做的，而不是对 $f+h$ 做的。如果 h 相对简单，或具有有利的结构（如 h 是 ℓ_1 范数，或到简单约束集的距离），而 f 结构复杂的情况，这种差别还是非常显著的。在不是很苛刻的条件下，可以证明该方法具有代价函数下降属性，只要步长 α 足够小（参见 6.3 节）。

本书 6.7 节，我们要讨论另外一种下降方法，称为**ϵ-下降法**，其目标是避免由于最速下降方向的不连续性带来的困难（参见图 2.1.7）。做法是通过把原点投影到 ϵ-次微分（次微分的一种增广形式）得到下降方向。该方法有理论意义，将用于建立在扩展的 monotropic 规划问题上的强对偶性条件。4.4 节将讨论这类问题具有部分可分结构的重要特例。

最后，我们指出本书将不会涉及其他几种下降法，要么是因为它们和凸性关系不直接，要么因为它们对于本书中强调的大规模问题不太适用。包括不利用导数的直接搜索法，如 Nelder-Mead 单纯形算法 [DeT91]，[Tse95]，[LRW98]，[NaT02]；可行方向法如基于流形次优化的降阶梯度和梯度投影法 [GiM74]，[GMW81]，[MoT89]，以及顺序二次型规划法 [Ber82a]，[Ber99]，[NoW06]。这些方法，有的有丰富的文献和应用，但超出了我们关注的范围。

2.1.5　增量算法

近似梯度法，或更一般的次梯度法，都有一种称为**增量**形式的变体，可用于在闭凸集 X 上对于形如

$$f(x) = \sum_{i=1}^{m} f_i(x)$$

的可加代价函数进行最小化，其中函数 $f_i : \Re^n \mapsto \Re$ 要么可微，要么是凸的但不可微。我们此前在不同场合提到过这类出现在 1.3 节的代价函数。增量方法的想法是沿着分量函数 f_i 的次梯度顺序迭代，处理完每个 f_i 后都对 x 做出中间调整。

增量方法在 m 很大时是有价值的，因为这时若计算完全的次梯度代价会很高。对这类问题，人们希望通过更加廉价的增量步骤来近似推进算法。增量方法也很适合于当 m 很大而分量函数 f_i 依据一定时间次序逐渐已知的问题。于是人们希望已知一个分量的时候就马上做出操作，即按照**在线模式**进行处理，而不必等到其他分量都已知以后。

在一种常用的增量次梯度法中，**迭代被视为 m 个分迭代的循环**。如果 x_k 是 k 次循环后得到的向量，下一次循环得到的向量 x_{k+1} 为

$$x_{k+1} = \psi_{m,k} \tag{2.29}$$

其中从

$$\psi_{0,k} = x_k$$

开始，我们在 m 步之后得到 $\psi_{m,k}$ 如下：

$$\psi_{i,k} = P_X(\psi_{i-1,k} - \alpha_k g_{i,k}), \qquad i = 1, \cdots, m \tag{2.30}$$

其中 $g_{i,k}$ 是 f_i 在 $\psi_{i-1,k}$ 处的次梯度 [或者在可微的情况下是梯度 $\nabla f_i(\psi_{i-1,k})$]。

在该方法的**随机**版本中，第 k 轮迭代中，给定 x_k，从集合 $\{1, \cdots, m\}$ 中随机选取一个下标 i_k，按如下方式产生下一轮迭代 x_{k+1}。

$$x_{k+1} = P_X(x_k - \alpha_k g_{i_k}), \qquad i = 1, \cdots, m \tag{2.31}$$

其中 g_{i_k} 是 f_{i_k} 在 x_k 处的次梯度。这里需要注意所有下标是等概率选取的。事实上，这样的（或其他）随机化方法有收敛速率上的好处，我们会在 6.4.2 中节讨论。我们暂且忽略分量选择的概率，并假定下标按照如式 (2.29)~式 (2.30) 的方式循环选取。

本节中，我们将解释增量方法背后的思想，主要是聚焦在分量函数 f_i 是可微的情况。因此我们考虑的方法在每一步会计算分量梯度 ∇f_i 或许还会计算 Hessian 矩阵 $\nabla^2 f_i$。我们会在 3.2 节给出非增量次梯度方法的分析之后，在 6.4 节讨论 f_i 为不可微情形下的增量方法。

增量梯度法

假定分量函数 f_i 为可微。我们把如下方法称为**增量梯度法**：

$$x_{k+1} = \psi_{m,k} \tag{2.32}$$

其中迭代从 $\psi_{0,k} = x_k$ 开始，经过 m 步，我们生成 $\psi_{m,k}$，

$$\psi_{i,k} = P_X\big(\psi_{i-1,k} - \alpha_k \nabla f_i(\psi_{i-1,k})\big), \qquad i = 1, \cdots, m \tag{2.33}$$

[参见式 (2.29)、式 (2.30)]。下面给出该方法的一个重要特例。连同它的许多变形，在计算机图像处理中有广泛的应用，参见书 [Her09]。

例 2.1.3 Kaczmarz 方法。

令

$$f_i(x) = \frac{1}{2\|c_i\|^2}(c_i'x - b_i)^2, \qquad i = 1, \cdots, m$$

其中 c_i 是 $\Re^n$ 中的给定非零向量，b_i 是给定标量，因此我们要解的是线性最小平方问题。乘到每个平方函数项 $(c_i'x - b_i)^2$ 上的常数项 $1/(2\|c_i\|^2)$ 起到尺寸缩放的作用：包含该项之后，所有分量函数 f_i 的 Hessian 矩阵为

$$\nabla^2 f_i(x) = \frac{1}{\|c_i\|^2} c_i c_i'$$

其迹等于 1。这类归一化处理常用于最小平方问题（参见 [Ber99] 的解释）。增量梯度法式 (2.32)、式 (2.33) 具有形式 $x_{k+1} = \psi_{m,k}$，其中 $\psi_{m,k}$ 是在 m 步之后得到的，

$$\psi_{i,k} = \psi_{i-1,k} - \frac{\alpha_k}{\|c_i\|^2}(c_i'\psi_{i-1,k} - b_i)c_i, \qquad i = 1, \cdots, m \tag{2.34}$$

初始条件为 $\psi_{0,k} = x_k$（参见图 2.1.9）。

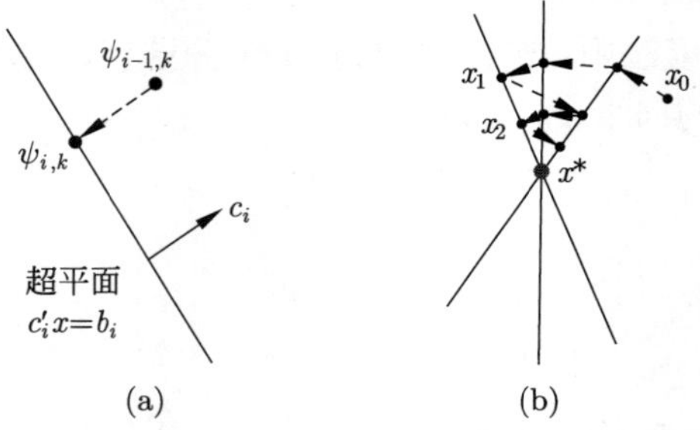

图 2.1.9 具有单位步长 $\alpha_k \equiv 1$ 的 Kaczmarz 方法式 (2.34) 的图示：(a) $\psi_{i,k}$ 是通过把 $\psi_{i-1,k}$ 投影到由单个方程 $c_i'x = b_i$ 定义的超平面上得到的。(b) 当方程组 $c_i'x = b_i$, $i = 1, \cdots, m$ 是相容的，并且有唯一解 x^* 的情况下的收敛过程。这里 $m = 3$，而 x_k 是通过解方程的 k 次循环得到的向量。每轮增量迭代都使得离 x^* 的距离有所下降，直到当前迭代位于由相应方程定义的超平面内

步长 α_k 选取可以有几种不同的方式，如果 α_k 选为恒等于 1，$\alpha_k \equiv 1$，我们就得到 Kaczmarz 方法。该方法可以追溯到 1937 年的文献 [Kac37]，参见图 2.1.9(a)。这种情况下的迭代式 (2.34) 的解释很简单：**$\psi_{i,k}$ 是通过把 $\psi_{i-1,k}$ 投影到由单个方程 $c_i'x = b_i$ 定义的超平面上得到的**。事实上，当 $\alpha_k = 1$ 时，根据式 (2.34)，容易验证 $c_i'\psi_{i,k} = b_i$ 并且 $\psi_{i,k} - \psi_{i,k-1}$ 与该超平面正交，因为它与法向量 c_i 成正比（还有其他相关方法，涉及不同的向子空间或凸集的投影，其中一种归功于 von Neumann 1933 年的工作，参见 6.4.4 节）。如果方程组 $c_i'x = b_i$，$i = 1, \cdots, m$ 是相容的，即具有唯一解 x^*，那么 $\sum_{i=1}^{m} f_i(x)$ 的唯一最小点就是 x^*。在此情况下，对于满足 $0 < \alpha < 2$ 的固定步长 $\alpha_k \equiv \alpha$, 该方法会收敛到 x^*。对于 $\alpha_k \equiv 1$ 情况的收敛过程如图 2.1.9(b) 所示：距离 $\|\psi_{i,k} - x^*\|$ 对于循环 k 中的任意 i 能够保证不会增加，并且对于至少一个 i 会严格减小，因此 x_{k+1} 将比 x_k 更接近 x^*（假定 $x_k \neq x^*$）。一般而言，迭代中方程组求解的次序对于性能有重要影响。特别是，如果顺序是按照特殊方式随机选取的，可以证明收敛会更快，参见 [StV09]。如果方程组

$$c_i'x = b_i, \qquad i = 1, \cdots, m$$

是不相容的，该方法在固定步长下不收敛，参见图 2.1.10。这种情况下，采取逐渐消失的步长 α_k 对于收敛到最优解是必要的。这些收敛性质将在本章稍后部分讨论，也会在第 3 章和第 6 章讨论。

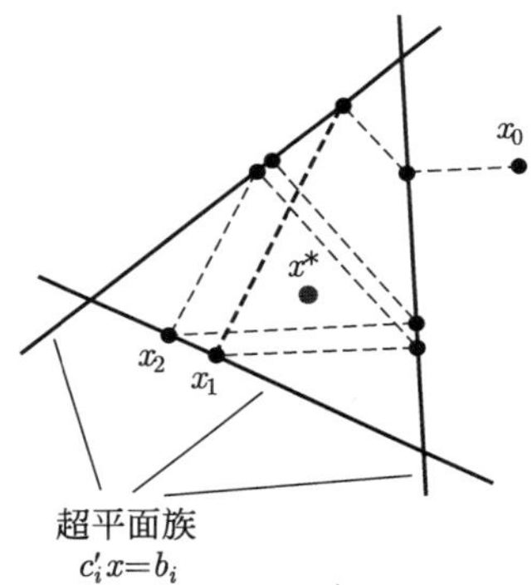

图 2.1.10　具有单位步长 $\alpha_k \equiv 1$ 的 Kaczmarz 方法式 (2.34) 的图示，其中方程组 $c_i'x = b_i$，$i = 1, \cdots, m$ 是不相容的。在本图中展示了三个方程相应的超平面。该方法接近最优解的一个邻域，并开始振荡。如果步长选为 $\alpha \in (0, 1)$ 的常数，除了振荡的幅度随着 α 变小而消失外，类似的行为也会出现

增量方法的收敛性质

增量方法的目的是加快收敛。特别地，我们希望当远离最优解时，增量梯度法的一个循环就达到普通梯度法的几（多到 m）轮迭代的效果（考虑分量 f_i 都具有相似结构的情况）。不过，当接近最优解时，增量方法也许不再同样有效。增量方法在远离收敛阶段的快速性优点对于解的精确性并非极其重要的问题还是有优势的。

确切地说，对比增量和非增量方法时有两个互补的性能问题需要考虑：

(a) **远离收敛阶段的过程**。这里增量方法要快得多。在极端情况下，令 $X = \Re^n$（没有约束条件），取 m 很大而且所有分量 f_i 都相同。那么当步长能够适当地放大 m 倍时，增量方法的计算量为经典的梯度迭代计算量的 $1/m$，却能给出相同的结果。虽然这是一个极端的例子，但它

的确反映出增量方法优势的本质：当远离最小点时，单一分量的梯度大部分情况会指向基本正确的方向。

(b) **接近收敛阶段的过程**。这里增量方法就显得逊色了。比如，假定所有分量 f_i 均为可微函数。那么可以证明非增量梯度投影法在适当假设下以固定步长会收敛，我们会在 6.1 节展示。然而，增量法就要求逐渐消失的步长了，它的最终收敛速率会慢得多。当分量函数 f_i 为不可微时，非增量和增量次梯度法都要求逐渐消失的步长。非增量法要求的迭代轮数似乎要少一些，但每轮迭代包含了所有分量 f_i 的计算，因而计算量要更大，因此，从计算量的角度看，增量法表现更好。

以下给出一个示例。

例 2.1.4 考虑标量线性最小平方问题，其中分量函数 f_i 形如

$$f_i(x) = \frac{1}{2}(c_i x - b_i)^2, \qquad x \in \Re$$

其中 c_i 和 b_i 为给定标量，满足 $c_i \neq 0$，对所有 i 成立。每个分量 f_i 的最小点为

$$x_i^* = \frac{b_i}{c_i}$$

同时最小平方代价函数 $f = \sum_{i=1}^{m} f_i$ 的最小点为

$$x^* = \frac{\sum_{i=1}^{m} c_i b_i}{\sum_{i=1}^{m} c_i^2}$$

可知 x^* 位于分量最小点的范围内

$$R = \left[\min_i x_i^*, \max_i x_i^*\right]$$

并且对于任意位于范围 R 之外的 x，梯度

$$\nabla f_i(x) = (c_i x - b_i) c_i$$

均具有与 $\nabla f(x)$ 相同的正负号（参见图 2.1.11）。因此，当在范围 R 之外时，只要步长 α_k 足够小，增量梯度法

$$\psi_i = \psi_{i-1} - \alpha_k (c_i \psi_{i-1} - b_i) c_i$$

每一步都更接近 x^*。事实上，只要满足

$$\alpha_k \leqslant \min_i \frac{1}{c_i^2}$$

即可。

不过，**对于位于范围 R 之内的 x，增量梯度法循环的第 i 步不一定会取得进展**。只有当现在的点 ψ_{i-1} 不在连接 x_i^* 和 x^* 的区间内时，该方法才会接近 x^*（对于最够小的步长 α_k）。这就引起在 R 内的振荡行为，导致增量梯度法通常不会收敛到 x^*，除非 $\alpha_k \to 0$。现在比较增量梯度法和如下形式的非增量版本：

$$x_{k+1} = x_k - \alpha_k \sum_{i=1}^{m} (c_i x_k - b_i) c_i$$

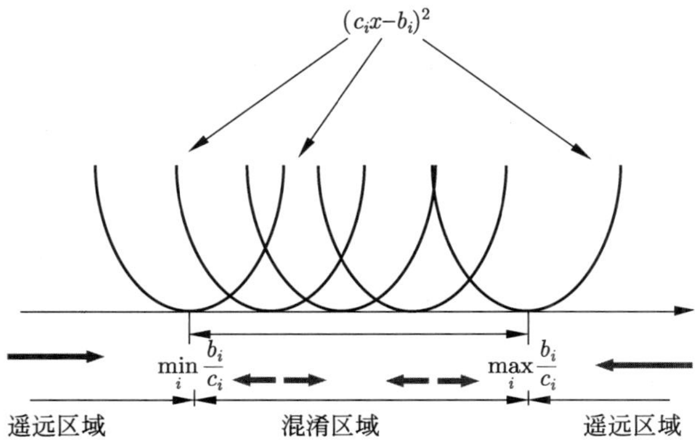

图 2.1.11　当远离最优点时增量方法优势的图示。分量最小点的范围 $R = \left[\min_i x_i^*, \max_i x_i^*\right]$ 带有“混淆区域”的标签。该区域内我们的方法没有指向最优的明确方向。增量梯度循环的第 i 步是最小化 $(c_ix - b_i)^2$ 的梯度步骤，所以如果 x 位于分量最小范围 $R = \left[\min_i x_i^*, \max_i x_i^*\right]$（标记为“遥远区域”），并且步长足够小，迭代会朝向最优解 x^* 前进

可以证明该方法对于满足

$$0 < \alpha \leqslant \frac{1}{\sum_{i=1}^{m} c_i^2}$$

条件的任意固定步长 $\alpha_k \equiv \alpha$ 都收敛。另一方面，对于落在范围 R 之外的 x，非增量法每一轮朝向最优解的推进不一定比增量法的单独一步更快。换句话说，在比较明智的步长选择下，**远离最优点（$\boldsymbol{R}$ 之外）**，增量法遍历分量函数集的一个循环大体上相当于非增量法 m 轮迭代的效果，而后者需要 m 倍分量梯度的计算量。

例 2.1.5　前面的例子假定每个分量函数 f_i 都有一个最小点，使得可以定义出分量最小点的范围。在分量 f_i 没有最小点的情况下，类似的分析也是可以进行的。例如考虑 f 是递增或递减指数函数之和的形式，即

$$f_i(x) = a_i \mathrm{e}^{b_i x}, \qquad x \in \Re$$

其中 a_i 和 b_i 是满足 $a_i > 0$ 和 $b_i \neq 0$ 条件的标量。令

$$I^+ = \{i \mid b_i > 0\}, \qquad I^- = \{i \mid b_i < 0\}$$

并假设 I^+ 和 I^- 具有大致相等数量的成员。再令 x^* 为 $\sum_{i=1}^{m} f_i$ 的最小点。

给定当前点，记作 x_k，考虑增量梯度法，选取某个分量 f_{i_k} 并按照增量作迭代

$$x_{k+1} = x_k - \alpha_k \nabla f_{i_k}(x_k)$$

可知如果 $x_k >> x^*$，当 $i \in I^+$ 时，x_{k+1} 会非常有效地接近 x^*；而当 $i \in I^-$ 时，则会稍微远离 x^* 一点。经过多轮增量迭代，平均下来，如果 $x_k >> x^*$，增量梯度迭代大约是完整梯度迭代速度的一半，而在梯度的计算量上为 $1/m$。当 $x_k << x^*$ 时，情况也一样。另一方面，当 x_k 接近 x^* 时，增量法的优势会减小，类似于之前的例子。事实上，为了使得增量方法收敛，有必要采取逐渐消失的步长，这就导致最终收敛的速率低于具有固定步长的非增量式梯度法。

上述例子假定了 x 为一维，但在许多多维问题中可以看到性质相同的行为。特别地，增量梯度法，通过处理第 i 个分量 f_i，可以在分量函数梯度 $\nabla f_i(\psi_{i-1})$ 与完整代价函数梯度 $\nabla f(\psi_{i-1})$ 夹角小于 $90°$ 的区域内向着最优解前进。如果分量 f_i 之间差别不是很大，这种情况在不是很靠近最优解集的点所在区域很有可能出现。

步长选择

步长 α_k 的选择在增量梯度法的性能方面具有重要的作用。仔细分析一下，事实上迭代的差向量 $x_k - x_{k+1}$ 对应于增量梯度法的一个完整循环，与对应的非增量方法的向量 $\alpha_k \nabla f(x_k)$ 相差一个与步长成比例的偏差项（参见练习 2.6 和练习 2.10）。因此，逐渐消失步长对于收敛到 f 的最小点至关重要。不过，如果步长 α_k 是一个足够小的常数，增量梯度法常会出现特殊的收敛形式。在这种情况下，迭代会收敛到“极限环”，在第 i 轮迭代中循环的 ψ_i 与第 j 轮迭代的 ψ_j 对于 $i \neq j$ 的情形会收敛到不同的极限。每个循环终了得到的迭代序列 $\{x_k\}$ 会收敛，但是迭代得到的极限**未必是最优的**，即使 f 是凸的。当固定步长比较小的时候，该极限会接近最优点 [对于分量 f_i 均为二次型情况的分析，参见练习 2.13(a)，[BeT96]（3.2 节），以及 [Ber99]（1.5 节），其中会证明线性收敛速率]。

实践中，对于给定的迭代轮数（可能是预设的），常用一个固定的步长，然后再把步长减少一定比例，重复上述过程，直到达到了预设的最小步长。另外一种可能性是步长 α_k 以一定的速率衰减到 0[参见式 (2.15)]。这种情况下，在合理的假设条件下，可以证明收敛性，参见练习 2.10。

再有一种情况是使用自适应步长准则，其中步长在该方法检测到算法由于反复进入（和离开）混淆范围而出现振荡时，减少（或增加）步长。理论上存在实现具有良好收敛性质的步长准则（参见 [Gri94]，[Tse98]，[MYF03]）。一种思路是观察增量更新的批量计算过程 $\psi_i, \cdots, \psi_{i+M}$，对于足够大的某个 $M \leqslant m$，将 $\|\psi_i - \psi_{i+M}\|$ 和 $\sum_{\ell=1}^{M} \|\psi_{1+\ell-1} - \psi_{i+\ell}\|$ 做对比。如果这两个数之比较小，则提示方法出现了振荡。

增量梯度和次梯度方法理论成果很丰富，包括收敛性和收敛速率分析，分量次序选取的优化和随机化问题，以及分布式计算方面。另外，它们也可以和其他方法结合，例如和近端算法结合。我们会在 6.4 节讨论它们的性质和扩展。

集成梯度法（Aggregated Gradient Methods）

增量梯度法的另外一种变形称为**增量集成梯度法**，形式如下：

$$x_{k+1} = P_X\left(x_k - \alpha_k \sum_{\ell=0}^{m-1} \nabla f_{i_{k-\ell}}(x_{k-\ell})\right) \tag{2.35}$$

其中 f_{i_k} 是第 k 轮迭代中选出的新分量函数。这里分量下标 i_k 可以是按照循环次序 $[i_k = (k \bmod m) + 1]$ 选出，也可以是按照某种与式 (2.31) 一致的随机方式选出。另外，对于 $k < m$，求和应当进行到 $\ell = k$，而 α 应该用相应的更大的值代替，如 $\alpha_k = m\alpha/(k+1)$。该方法首先由 [BHG08] 提出。它采用增量方式计算梯度，每轮迭代计算一个分量，但它不用单个分量的梯度，而是用总代价梯度 $\nabla f(x_k)$ 的近似，即过去 m 轮迭代中计算的分量梯度之和。

理论分析和实验表明，通过集成分量梯度并在此基础上适当估计全梯度，有可能达到更快的收敛速率，参见原论文 [BHG08]。那里对二次型问题进行了分析，论文 [SLB13] 分析了更一般的收敛性和收敛速率，论文 [Mai13]，[Mai14]，[DCD14] 则提供了更多的计算结果，并描述了相关方法。不过，获得更快收敛性的预期也是有限度的，因为为了获得全梯度，集成分量梯度至少需要扫描一遍（可能要好几遍）所有分量，当 m 很大的时候，所花的时间可能很长。

该集成梯度法的一个缺点是它需要在内存中保留最近的分量梯度，以便在一个新的点处重新计算分量梯度时，在同一个分量的之前的梯度可以从梯度求和式 (2.35) 中舍弃。增量集成梯度法其他实现方法可以减轻该内存问题，方法是周期性地重新计算全梯度，并在梯度可用时，用新的分量梯度代替旧的，参见 [JoZ13]，[ZMJ13]，[XiZ14]。例如，代替式 (2.35) 中的梯度求和

$$s_k = \sum_{\ell=0}^{m-1} \nabla f_{i_{k-\ell}}(x_{k-\ell})$$

该方法采用如下更新的 $\tilde{s}_k$，

$$\tilde{s}_k = \nabla f_{i_k}(x_k) - \nabla f_{i_k}(\tilde{x}_k) + \tilde{s}_{k-1}$$

其中 $\tilde{s}_0$ 是在当前循环的状态下计算出的全梯度，而 $\tilde{x}_k$ 是该全梯度计算的位置。为了得到 $\tilde{s}_k$，我们只需要计算两个梯度的差

$$\nabla f_{i_k}(x_k) - \nabla f_{i_k}(\tilde{x}_k)$$

并把它加到当前全梯度的估计 $\tilde{s}_{k-1}$ 上。这就跳过了昂贵的内存存储步骤，并且如果实现得合适，通常在性能上下降并不明显。特别地，可以证明，对于足够小的步长，收敛速率相比于增量梯度法有较大优势。

带动量的增量梯度法

2.1.1 节讨论的带动量的梯度法或重球法 [参见式 (2.12)] 也有增量版本。它的形式是

$$x_{k+1} = x_k - \alpha_k \nabla f_{i_k}(x_k) + \beta_k(x_k - x_{k-1}) \tag{2.36}$$

其中 f_{i_k} 是第 k 轮迭代选出的分量函数，β_k 是 $[0,1)$ 中的标量，并且我们定义 $x_{-1} = x_0$，参见 [MaS94]，[Tse98]。如之前指出，在一定条件下，类似于上述方法的特定非增量方法具有最优的迭代复杂度性质，参见 6.2 节。不过，还没有这些复杂度最低方法的增量版本。

当 $\beta_k \approx 1$ 时，重球法式 (2.36) 与集成梯度法有关联。特别地，当 $\alpha_k \equiv \alpha$ 且 $\beta_k \equiv \beta$ 时，式 (2.36) 产生的序列满足

$$x_{k+1} = x_k - \alpha \sum_{\ell=0}^{k} \beta^{\ell} \nabla f_{i_{k-\ell}}(x_{k-\ell}) \tag{2.37}$$

[迭代式 (2.35) 和式 (2.37) 都包含对过去梯度分量的逐渐减小的依赖]。因此，重球迭代式 (2.36) 提供了增量集成梯度法式 (2.35) 的近似实现，却没有后者需要内存存储的问题。

对于无约束情况（$X = \Re^n$），进一步把集成梯度法式 (2.35) 和重球法式 (2.36) 结合在一起的办法是构成分量的无穷序列

$$f_1, f_2, \cdots, f_m, f_1, f_2, \cdots, f_m, f_1, f_2, \cdots \tag{2.38}$$

并且把相连的分量块聚合成批次。一种实现的办法是把前序的 p 个梯度（满足 $1 < p < m$）加到当前迭代式 (2.36) 轮次的分量梯度上，就是按照如下方式迭代

$$x_{k+1} = x_k - \alpha_k \sum_{\ell=0}^{p} \nabla f_{i_{k-\ell}}(x_{k-\ell}) + \beta_k(x_k - x_{k-1}) \tag{2.39}$$

这里第 k 轮迭代分量函数 f_{i_k} 是根据序列式 (2.38) 中的排序选出的。这本质上是把问题中的分量重新定义为连续 $p+1$ 个分量之和，并采用增量重球法式 (2.36) 进行近似。相比于集成梯度

法，该方法式 (2.39) 的好处是它只需要在内存记录 p 个之前的分量梯度，并且 p 可以根据给定计算环境的内存限制选取。一般而言，在增量方法中，按照若干分量 f_i 进行分组，该过程常称为**批处理**，倾向于可以减少混淆范围的大小（参见图 2.1.11），对于缩小的混淆范围，对分量梯度的集成就显得没有必要了（参见 [Ber97] 和 [FrS12] 里面关于这个想法的实现和分析）。基于某种进入混淆范围的启发式检测方法，批处理过程还可以通过自适应的方式实现。

随机次梯度法

增量次梯度法与如下最小化期望值的方法有关：

$$f(x) = E\{F(x,w)\}$$

其中 w 是随机变量，$F(\bullet,w):\Re^n \mapsto \Re$ 对于 w 的每个可能的值都是凸函数。在闭凸集 X 上最小化 f 的随机次梯度法如下：

$$x_{k+1} = P_X\big(x_k - \alpha_k g(x_k,w_k)\big) \tag{2.40}$$

其中 w_k 是 w 的一个样本，而 $g(x_k,w_k)$ 是 $F(\bullet,w_k)$ 在 x_k 处的一个次梯度。该方法研究历史很长，也有丰富的理论成果，尤其是在对于 w 的每个取值 $F(\bullet,w)$ 都是可微时（代表性的文献为 [PoT73]，[Lju77]，[KuC78]，[TBA86]，[Pol87]，[BeT89a]，[BeT96]，[Pfl96]，[LBB98]，[BeT00]，[KuY03]，[Bot05]，[BeL07]，[Mey07], [Bor08]，[BBG09]，[Ben09]，[NJL09]，[Bot10]，[BaM11]，[DHS11]，[ShZ12]，[FrG13]，[NSW14]）。它与经典的**随机逼近**（stochastic approximation）算法领域有很强的关联，参见书 [KuC78]，[BeT96]，[KuY03]，[Spa03]，[Mey07]，[Bor08]，[BPP13]。

如果我们把代价的期望值 $E\{F(x,w)\}$ 视为代价函数分量的加权和，那么可以看到随机次梯度法式 (2.40) 与如下最小化有限和 $\sum_{i=1}^{m} f_i$ 的增量次梯度法有联系：

$$x_{k+1} = P_X(x_k - \alpha_k g_{i,k}) \tag{2.41}$$

其中随机性用于分量选取 [参见式 (2.31)]。重要的差别是前者包含了代价分量 $F(x,w)$ 从一个具有统计假设的无穷样本空间进行顺序采样，而后者的代价分量 f_i 的集合是预先给定和有限的。不过，可以把增量次梯度法式 (2.41) 视为对分量函数 f_i 进行均匀随机采样（即 i_k 从下标 $1,\cdots,m$ 中以相等的概率 $1/m$ 并且与之前选择独立抽取）的一种随机次梯度法。

尽管增量和随机次梯度法表面上相似，认为问题

$$\begin{aligned} &\text{minimize} \quad f(x) = \sum_{i=1}^{m} f_i(x) \\ &\text{subject to} \quad x \in X \end{aligned} \tag{2.42}$$

可以作为以下问题：

$$\begin{aligned} &\text{minimize} \quad f(x) = E\{F(x,w)\} \\ &\text{subject to} \quad x \in X \end{aligned}$$

特例的观点是值得怀疑的。

一个理由是一旦我们把有限和问题转化为随机问题，我们就排除了利用有限和结构的可能性，例如利用此前讨论过的集成梯度法。在一定条件下，这些方法提供了比增量和随机梯度法更好的收敛速率保证，并且像我们说明过的，对许多问题非常有效。

另一个理由是有限分量问题式 (2.42) 通常其实是确定性的，把它看作随机问题，会掩盖它的重要特性，例如代价分量的数量 m，或者分量排列和处理的顺序。这些特性有可能被算法加以利用。例如，根据观测问题结构特征，我们可能发现一个比均匀随机顺序更好的特定的或者部分随机的处理分量函数的顺序。

例 2.1.6　考虑一维问题

$$\begin{aligned}&\text{minimize} && f(x)=\frac{1}{2}\sum_{i=1}^{m}(x-w_i)^2\\&\text{subject to} && x\in\Re\end{aligned}$$

其中标量 w_i 由

$$w_i=\begin{cases}1 & \text{如果}i\text{是奇数}\\-1 & \text{如果}i\text{是偶数}\end{cases}$$

给出。假定 m 是偶数，最优解是 $x^*=0$。

带有常用的逐渐消失步长 $\alpha_k=1/(k+1)$ 的增量梯度法在第 k 轮迭代选取分量下标 i_k，并按如下方式更新 x_k，

$$x_{k+1}=x_k-\frac{1}{k+1}(x_k-w_{i_k})$$

从某个初始点 x_0 开始迭代。采用归纳法容易验证

$$x_k=\frac{x_0}{k}+\frac{w_{i_0}+\cdots+w_{i_{k-1}}}{k},\qquad k=1,2,\cdots$$

因此迭代偏差 x_k（因为 $x^*=0$）由两项组成。第一项为偏差项 x_0/k, 独立于 i_k 的选取方法，第二项是偏差项

$$e_k=\frac{w_{i_0}+\cdots+w_{i_{k-1}}}{k}$$

依赖于 i_k 的选取方法。

如果 i_k 在奇数和偶数代价分量上以相等的 1/2 概率独立随机选取，那么 e_k 就是一个方差等于 $1/2k$ 的随机变量。因此，x_k 的标准差就具有阶次 $O(1/\sqrt{k})$。如果 i_k 按照确定的顺序在奇数和偶数分量间交替选取，我们对奇数轮次迭代得到 $e_k=1/k$ 和偶数轮次迭代得到 $e_k=0$，偏差 x_k 的阶次为 $O(1/k)$，这比随机顺序的阶次要低得多。当然，这里对确定性的顺序有利，我们也可能对于不利的确定性顺序得到更差的结果（例如先选取所有奇数分量再选取所有偶数分量）。不过，这里想表达的观点是如果我们采取最小化期望值的视角，那么我们就舍弃了对设计算法可能有用的问题结构信息。

一个相关的实验观察是通过适当混合确定性与随机性顺序选取方法可以得到更好的实际效果。例如，增量方法的一项称为**随机再洗牌**的流行技术，是循环处理分量函数 f_i，在每个循环中选取一个分量，并且在每个循环后随机重排各个分量。这个改变的选取次序具有很好的性质，保证每个分量在 m 个时隙的循环中分配到恰好一个计算时隙（m 增量迭代）。通过比较，均匀采样**平均**为每个分量分配一个计算时隙，但某些分量可能会得不到一个时隙，而其他分量可能得到不止一个时隙。在一个循环内固定的分量分配到的时隙数量不为零的方差可能带来性能的损失，并表明在每个循环后对分量函数随机再洗牌的做法效果会更好。尽管从理论上难以证明这个观察，但有一个有利的证据，即把增量梯度法看作在计算梯度方面具有偏差的一种梯度法（参见练习 2.10）。显然，均匀采样法带来的偏差的方差要大于随机再洗牌方法。粗略地说，如果偏差的方差更大，那么下降的方向就变差，收敛也会变慢。参见 [Bot09], [ReR13] 给出的实验证据。

我们还需要注意，在 6.4 节中会更正式地比较增量方法中的各种分量顺序。我们的分析将表明如果没有可用的特定问题信息帮助选取有利的确定性顺序，均匀随机顺序（每个分量 f_i 在

每轮迭代中以相等的 $1/m$ 概率独立于之前选择的方式选取）具有很好的最坏情况复杂度。结论是对于增量方法，应当尽量利用特定的问题信息来搜索有利的分量函数 f_i 处理顺序，而不是忽略所有的问题信息，简单地采用常用于随机梯度法中的均匀随机采样顺序。不过，如果找不到有利的顺序，随机顺序往往比固定的确定性顺序要好，尽管我们无法保证在给定的实际问题中一定如此；例如，对于某些标准测试问题，某个固定的确定性顺序算法非常快，这就不用对分量进行有利的排列 [Bot09]。

增量牛顿法

考虑如下具有可加性代价函数

$$f(x)=\sum_{i=1}^{m} f_i(x)$$

的无约束最小化问题牛顿法的增量版本，其中函数 $f_i : \Re^n \mapsto \Re$ 为凸二次连续可微。考虑函数 f_i 在向量 $\psi \in \Re^n$ 处的二次型近似 $\tilde{f}_i$，即 f_i 在 ψ 处的二阶泰勒（Taylor）展开：

$$\tilde{f}_i(x;\psi)=\nabla f_i(\psi)'(x-\psi)+\frac{1}{2}(x-\psi)'\nabla^2 f_i(\psi)(x-\psi), \quad \forall x,\psi\in\Re^n$$

类似于牛顿法最小化的是代价函数 [参见式 (2.14)] 在当前点的二次型近似，增量形式的牛顿法最小化分量的二次型近似之和。类似于增量梯度法，我们把每轮迭代看作 m 个子迭代的循环，每次包含一个单独的可加性分量 f_i，其在循环内当前点的梯度和 Hessian 矩阵。特别地，如果 x_k 是 k 个循环后得到的向量，那么下一次循环后得到的向量 x_{k+1} 为

$$x_{k+1}=\psi_{m,k}$$

起始设置为 $\psi_{0,k}=x_k$。我们在 m 步之后得到 $\psi_{m,k}$ 如下：

$$\psi_{i,k}\in\arg\min_{x\in\Re^n}\sum_{\ell=1}^{i}\tilde{f}_\ell(x;\psi_{\ell-1,k}), \qquad i=1,\cdots,m \tag{2.43}$$

如果所有的 f_i 函数都是二次型的，可以看到该方法一次循环就得到问题的解[1]。原因是当 f_i 是二次型时，每个 $f_i(x)$ 和 $\tilde{f}_i(x;\psi)$ 仅相差一个不依赖于 x 的常数。因此差值

$$\sum_{i=1}^{m} f_i(x)-\sum_{i=1}^{m}\tilde{f}_i(x;\psi_{i-1,k})$$

是不依赖于 x 的常数，最小化上述表达式的任意一个都给出相同的结果。

例如，考虑线性最小平方问题，其中

$$f_i(x)=\frac{1}{2}(c_i'x-b_i)^2, \qquad i=1,\cdots,m$$

那么循环中的第 i 次子迭代最小化

$$\sum_{\ell=1}^{i} f_\ell(x)$$

并且当 $i=m$ 时，得到该问题的解（参见图 2.1.12）。这个收敛行为可以同 Kaczmarz 法相对比（参见图 2.1.10）。

---

[1] 这里我们假定生成 $\psi_{m,k}$ 的 m 个二次型最小化问题式 (2.43) 是有解的。为此，一个充分条件是第一个 Hessian 矩阵 $\nabla^2 f_1(x_0)$ 是正定的，这样在每轮迭代中都存在唯一解。为满足此要求，可以给 f_1 加上一个小的正定二次项，如 $\frac{\epsilon}{2}\|x-x_0\|^2$。另一种可能性是把若干分量函数合在一起 (以便保证它们的和在 x_0 处的二次型近似是正定的)，并用它们来代替 f_1。这是一个带来光滑初始化的好主意，因为它保证了算法在初始迭代过程中的相对稳定行为。

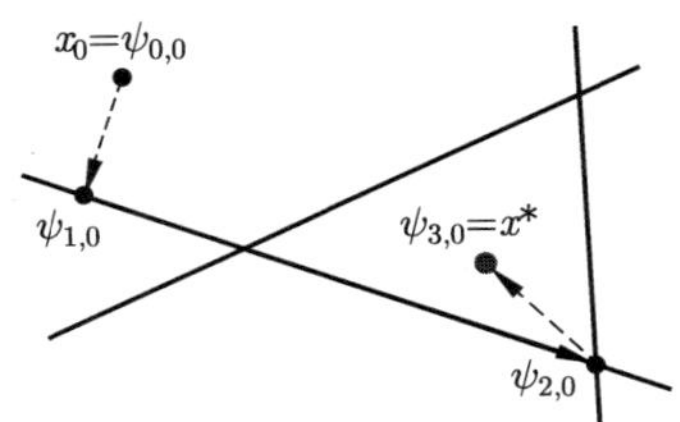

图 2.1.12　对于具有 $m=3$ 个代价函数分量的二维线性最小平方问题的增量牛顿法（与 Kaczmarz 法进行对比，参见图 2.1.10）示意

注意二次型最小化问题式 (2.43) 可以有效求解。为了简单起见，假定 $\tilde{f}_1(x;\psi)$ 是正定二次型，于是对于所有的 i，$\psi_{i,k}$ 作为式 (2.43) 最小化问题的唯一解是有定义的。我们将证明增量牛顿法式 (2.43) 可以通过增量更新公式实现

$$\psi_{i,k}=\psi_{i-1,k}-D_{i,k}\nabla f_i(\psi_{i-1,k}) \tag{2.44}$$

其中 $D_{i,k}$ 由

$$D_{i,k}=\left(\sum_{\ell=1}^{i}\nabla^2 f_\ell(\psi_{\ell-1,k})\right)^{-1} \tag{2.45}$$

给出，并且递推地按如下方式生成

$$D_{i,k}=\left(D_{i-1,k}^{-1}+\nabla^2 f_i(\psi_{i,k})\right)^{-1} \tag{2.46}$$

事实上，根据该方法的定义式 (2.43)，二次型函数 $\sum\limits_{\ell=1}^{i-1}\tilde{f}_\ell(x;\psi_{\ell-1,k})$ 在 $\psi_{i-1,k}$ 处最小化，而它的 Hessian 矩阵是 $D_{i-1,k}^{-1}$，于是我们有

$$\sum_{\ell=1}^{i-1}\tilde{f}_\ell(x;\psi_{\ell-1,k})=\frac{1}{2}(x-\psi_{\ell-1,k})'D_{i-1,k}^{-1}(x-\psi_{\ell-1,k})+\text{常数}$$

于是，通过把 $\tilde{f}_i(x;\psi_{i-1,k})$ 同时加到该表达式两端，可得

$$\begin{aligned}\sum_{\ell=1}^{i}\tilde{f}_\ell(x;\psi_{\ell-1,k})=&\frac{1}{2}(x-\psi_{\ell-1,k})'D_{i-1,k}^{-1}(x-\psi_{\ell-1,k})+\text{常数}+\\&\frac{1}{2}(x-\psi_{i-1,k})'\nabla^2 f_i(\psi_{i-1,k})(x-\psi_{i-1,k})+\nabla f_i(\psi_{i-1,k})'(x-\psi_{i-1,k})\end{aligned}$$

根据定义 $\psi_{i,k}$ 最小化该函数，我们得到式 (2.44)~式 (2.46)。

对 $D_{i,k}$ 的更新公式 (2.46) 常可以利用两个矩阵求和的逆矩阵的简便公式进行有效的实现。特别地，如果 f_i 由

$$f_i(x)=h_i(a_i'x-b_i)$$

给出，其中 $h_i:\Re\mapsto\Re$ 是二次可微凸函数，a_i 是给定向量，b_i 是给定标量，我们有

$$\nabla^2 f_i(\psi_{i-1,k})=\nabla^2 h_i(\psi_{i-1,k})\,a_i a_i'$$

而更新公式 (2.46) 可以写作

$$D_{i,k}=D_{i-1,k}-\frac{D_{i-1,k}a_i a_i' D_{i-1,k}}{\nabla^2 h_i(\psi_{i-1,k})^{-1}+a_i' D_{i-1,k}a_i}$$

这就是著名的可逆矩阵与秩为一的矩阵 Sherman-Morrison 公式（参见附录 A 的 A.1 节的矩阵求逆公式）。

至此，我们考虑了单次循环的增量牛顿法。通过建立原来的分量集合的多重拷贝，并把分量连接起来，可以产生一个大循环。我们把这样的算法实现称为**分量集合扩展**

$$f_1, f_2, \cdots, f_m, f_1, f_2, \cdots, f_m, f_1, f_2, \cdots$$

当把增量牛顿法应用到扩展集合时，它就渐近地相似于此前介绍过的具有逐渐消失步长的标量增量梯度法。事实上，根据式 (2.45)，矩阵 $D_{i,k}$ 基本上与 $1/k$ 成比例衰减。由此可知，增量牛顿法的渐近收敛性质类似于采用逐渐消失步长的增量梯度法的收敛速率阶次 $O(1/k)$。因此，其收敛速率慢于线性。

为了加速算法的收敛，可以采用某种形式的重启机制，使得 $D_{i,k}$ 不收敛于 0。例如 $D_{i,k}$ 可以重新初始化，并在每次循环开始时增大数值。对于 f 具有唯一非奇异最小点 $x^*[\nabla^2 f(x^*)$ 为非奇异的点] 的情况，可以设计具有重启机制的增量牛顿法，使得在 x^* 的邻域内达到线性收敛（如果 x^* 也是所有函数 f_i 的最小点，甚至可以达到超线性）。通过引入衰减因子 $\lambda_k \in (0,1)$，更新公式 (2.46) 还可以修改为

$$D_{i,k} = \left(\lambda_k D_{i-1,k}^{-1} + \nabla^2 f_\ell(\psi_{i,k})\right)^{-1} \tag{2.47}$$

该因子可用于加速方法的实际收敛速率（参见 [Ber96] 对 $\lambda_k \to 1$ 情况的分析，对于 λ_k 是满足 $\lambda < 1$ 的某个常数的情形，可以证明在最优点邻域内的线性收敛率）。

下面的例子给出代价函数 f 包含大量代价分量时该方法行为的说明，就像 f 定义为大量随机样本的评价值的情况。

例 2.1.7 无穷多个代价分量。

考虑问题

$$\begin{aligned} &\text{minimize} \quad && f(x) \overset{\text{def}}{=} \lim_{m\to\infty} \frac{1}{m}\sum_{i=1}^{m} F(x, w_i) \\ &\text{subject to} \quad && x \in \Re^n \end{aligned}$$

其中 $\{w_i\}$ 是从某个集合选出的给定序列，每个函数 $F(\bullet, w_i) : \Re^n \mapsto \Re$ 都是半正定二次型。假定 f 有定义 (即上述极限对于每个 $x \in \Re^n$ 都存在)，并且是正定二次型。这类问题产生于线性回归模型 (参加例子 1.3.1)，包含了通过随机采样得到的无穷多数据。

用于分量的无穷集合 $F(\bullet, w_1), F(\bullet, w_2), \cdots$ 时，增量牛顿法的自然推广产生出序列 $\{x_k^*\}$，其中

$$x_k^* \in \arg\min_{x\in\Re^n} f_k(x) \overset{\text{def}}{=} \frac{1}{k}\sum_{i=1}^{k} F(x, w_i)$$

由于 f 是正定的，并且 f_k 也是如此，当 k 充分大时，我们有 $x_k^* \to x^*$，其中 x^* 是 f 的最小点。收敛速率严格地由向量 x_k^* 接近 x^* 的速率决定，或者等价地决定于 f_k 趋近于 f 的速率。非预期型算法，即在前 k 轮迭代中仅仅利用前 k 个代价分量的算法，不可能达到更快的收敛速率。

形成对照的是，如果我们可以把增量梯度法的自然扩展应用到该问题，收敛速率可能要差很多。那将不但存在由于差异 $(x_k^* - x^*)$ 导致的偏差，而且存在增量梯度法中由于 x_k^* 和第 k 轮迭代 x_k 之间差异 $(x_k^* - x_k)$ 导致的附加偏差，而该偏差消失得很慢，甚至比 $(x_k^* - x^*)$ 更慢。包括此前讨论过的集成梯度法在内的其他基于增量计算的梯度类方法也是如此。

带有对角近似的增量牛顿法

一般而言，如果实现得合适，增量牛顿法常常比增量梯度法在迭代次数意义下要快得多（理论结果显示该结果对两种方法的随机版本成立，参见本章末的文献）。不过，除了二阶导数的计

算外，增量牛顿法的每轮迭代包含了由于式 (2.44)、式 (2.46) 和式 (2.47) 的矩阵向量计算需要的很大的计算开销，因此只适合当 x 的维数 n 较小的问题。

该困难的部分补救措施是用对角阵来近似 $\nabla^2 f_i(\psi_{i,k})$，并且利用式 (2.46) 或式 (2.47) 来递推地更新对角近似 $D_{i,k}$。受非增量梯度法类似对角尺度缩放方案的启发，一种可能的做法是把 $\nabla^2 f_i(\psi_{i,k})$ 的非对角线分量设置为 0。这种情况下，迭代式 (2.44) 就变为增量梯度法的对角线归一化版本，每轮迭代的计算开销变得可以接受（假定所要求的对角线二阶梯度容易计算）。另外一种选择是，给对角线分量乘上接近 1 的步长参数并加上一个小的正的常数（使得对角线与 0 保持一定距离）。一般而言，对于这里考虑的凸问题，该方法在步长选取上需要进行少量实验。

带有约束的增量牛顿法

增量牛顿法还可以推广到如下带有约束条件的形式：

$$\begin{array}{ll}\text{minimize} & \sum_{i=1}^{m} f_i(x)\\ \text{subject to} & x \in X\end{array}$$

其中 $f_i : \Re^n \mapsto \Re$ 是二次连续可微凸函数。如果 X 具有相对简单的形式，如变量的给定上下界，我们可以采用曾经讨论过的双尺度实现，其中矩阵 $D_{i,k}$ 在用于迭代

$$\psi_{i,k} = P_X\big(\psi_{i-1,k} - D_{i,k}\nabla f_i(\psi_{i-1,k})\big)$$

之前进行了部分对角化 [参见式 (2.21) 和式 (2.24)]。

对于更复杂的约束集合

$$X = \bigcap_{i=1}^{m} X_i$$

其中 X_i 是相对简单的成员约束集合（如半平面），还有另外一种可能的做法。即采用增量投影牛顿迭代，投影到单个成员 X_i 上，即采用如下迭代形式：

$$\psi_{i,k} \in \arg\min_{\psi\in X_i}\left\{\nabla f_i(\psi_{i-1,k})'(\psi - \psi_{i-1,k}) + \frac{1}{2}(\psi - \psi_{i-1,k})'H_{i,k}(\psi - \psi_{i-1,k})\right\}$$

其中

$$H_{i,k} = \sum_{\ell=1}^{i} \nabla^2 f_\ell(\psi_{\ell-1,k})$$

注意每个成员 X_i 可以是比较简单的，从而上面的二次型优化问题得到简化，尽管 $H_{i,k}$ 是非对角的。依赖于问题的特殊结构，我们还可以采用把一个二次型子问题的解传给下一个子问题的这类有效方法。

类似方法也适用于如下形式的问题：

$$\begin{array}{ll}\text{minimize} & R(x) + \sum_{i=1}^{m} f_i(x)\\ \text{subject to} & x \in X = \bigcap_{i=1}^{m} X_i\end{array}$$

其中 $R(x)$ 是 ℓ_1 或 ℓ_2 范数形式的正则化函数。则增量投影牛顿迭代具有如下形式：

$$\psi_{i,k} \in \arg\min_{\psi\in X_i}\Big\{R(\psi) + \nabla f_i(\psi_{i-1,k})'(\psi - \psi_{i-1,k}) + \frac{1}{2}(\psi - \psi_{i-1,k})'H_{i,k}(\psi - \psi_{i-1,k})\Big\}$$

其中 X_i 是多面体集合，该问题是一个二次型规划问题。

增量投影到约束集合成员上的想法是对在每轮迭代中对单个代价函数分量利用梯度或许还有 Hessian 矩阵信息的想法的补充。后者会在 6.4.4 节中增量次梯度和增量近端方法的背景下详细讨论。这方面有一些可能的变化，包括在每一轮迭代中选取的代价函数分量和约束条件成员方面可以按照特定的确定性或随机准则。这些增量方法及变形和收敛性分析可以参见论文 [Ned11]，[Ber11]，[WaB13a]。

增量高斯-牛顿法：扩展卡尔曼滤波器

下面考虑类似于增量牛顿法的一种特殊的非线性最小平方问题

$$\begin{aligned}&\text{minimize} \quad \sum_{i=1}^{m} \left\|g_i(x)\right\|^2\\&\text{subject to} \quad x \in \Re^n\end{aligned}$$

其中 $g_i : \Re^n \mapsto \Re^{n_i}$ 是某个可能的非线性函数（参见例子 1.3.1）。如 1.3 节指出的，这是实际中的一个常见问题。

我们引入在向量 $\psi \in \Re^n$ 处对 g_i 进行线性近似的函数 $\tilde{g}_i$：

$$\tilde{g}_i(x;\psi) = \nabla g_i(\psi)'(x-\psi) + g_i(\psi), \qquad \forall x, \psi \in \Re^n$$

其中 $\nabla g_i(\psi)$ 是 g_i 在 ψ 处的 $n \times n_i$ 维的梯度矩阵。类似于增量梯度和牛顿法，我们把每轮迭代看作 m 个子迭代的循环，每个子迭代要求在循环内的当前点处对单个可加性分量做线性化。特别地，如果 x_k 是经过 k 个循环后得到的向量，下一循环得到的向量 x_{k+1} 为

$$x_{k+1} = \psi_{m,k} \tag{2.48}$$

起始条件为 $\psi_{0,k} = x_k$。经过 m 步，我们得到 $\psi_{m,k}$ 如下：

$$\psi_{i,k} \in \arg\min_{x \in \Re^n} \sum_{\ell=1}^{i} \left\|\tilde{g}_\ell(x;\psi_{\ell-1,k})\right\|^2, \qquad i = 1, \cdots, m \tag{2.49}$$

如果所有 g_i 函数都是线性的，我们就有 $\tilde{g}_i(x;\psi) = g_i(x)$，而该问题可以通过单次循环求解。它就等同于增量牛顿法。当函数 g_i 为非线性时，算法与增量牛顿法不同，因为它不包含 g_i 的二阶导数。不过可以看作高斯-牛顿法的增量版本。后者是求解非线性最小平方问题的经典非增量归一化梯度法（参见 [Ber99]1.5 节）。该方法也称为**扩展卡尔曼滤波器**，在动态系统的状态估计和控制中得到广泛应用，是 20 世纪 60 年代中期引入的（同时独立地由 [Dav76] 提出）。

扩展卡尔曼滤波器的实现类似于增量牛顿法。这是因为两者在每轮迭代中都在求解类似的线性最小平方问题 [参见式 (2.43) 和式 (2.49)]。两种方法的收敛行为也是类似的：它们的渐近行为相当于具有逐渐消失步长的增量梯度法的归一化形式。两种方法都主要适合于 x 的维数远小于可加性代价函数的分量数目，使得相关的矩阵-向量运算开销不至于过大。另外，它们的实际收敛速率通过引入衰减因子可以得到加速 [参见式 (2.47)]。收敛性分析、变形和计算实验可以参见 [Ber96]，[MYF03]。

2.1.6 分布式异步迭代算法

现在来考虑本节中讨论过的部分算法对应的异步版本。我们的基本设定是迭代算法，如梯度法或坐标下降法，被切分为若干并行运行在不同处理器上的局部算法。异步算法的主要特点是局部算法不必在预设的时间点上等待预设信息变得可用。因此我们允许某些处理器相对于其他处理器执行更多轮的迭代，也允许某些处理器比别的处理器进行更频繁的通信，并且允许通信延迟是显著的且不可预测。

为了简单起见，考虑可微函数 $f: \Re^n \mapsto \Re$ 的无约束最小化问题。2.1.1 节~2.1.3 节的迭代算法中，有三类是适合于异步分布式计算的。这些异步版本如下：

(a) **梯度法**，其中假设第 i 个坐标 x^i 在时间点子集 $\mathcal{R}_i \subset \{0,1,\cdots\}$ 上进行更新，更新规则为

$$x_{k+1}^i = \begin{cases} x_k^i, & \text{如果}k \notin \mathcal{R}_i \\ x_k^i - \alpha_k \dfrac{\partial f(x_{\tau_{i1}(k)}^1,\cdots,x_{\tau_{in}(k)}^n)}{\partial x^i}, & \text{如果}k \in \mathcal{R}_i, \qquad i=1\cdots,n \end{cases}$$

其中 α_k 是正的步长。这里 $\tau_{ij}(k)$ 是在本次更新时使用的第 j 个坐标被计算出来的时间，时间差 $k-\tau_{ij}(k)$ 通常称为是在时间点 k 上从 j 到 i 的**通信延迟**。在分布式环境中，每个坐标 x^i（或若干坐标组成的块）都可以基于其他处理器上提供的经过一定延迟的坐标值通过一个独立的处理器来进行更新。

(b) **坐标下降法**，我们为了简单起见在这里考虑块大小为 1 的情形，参见式 (2.22)。假定第 i 个标量坐标在时间点子集 $\mathcal{R}_i \subset \{0,1,\cdots\}$ 上进行更新，更新规则为

$$x_{k+1}^i \in \arg\min_{\xi\in\Re} f\left(x_{\tau_{i1}(k)}^1,\cdots,x_{\tau_{i,i-1}(k)}^{i-1},\xi,x_{\tau_{i,i+1}(k)}^{i+1},\cdots,x_{\tau_{in}(k)}^n\right)$$

并且在其他时间点 $k \notin \mathcal{R}_i$ 保持不变（$x_{k+1}^i = x_k^i$）。更新时间点子集 $\mathcal{R}_i$ 和下标 $\tau_{ij}(k)$ 的意思与梯度法情况相同。所采用的分布式环境也与梯度法相似。该迭代描述的运行模型适合的另一种环境是所有计算发生在单台计算机上，但任意数量的坐标同时都可以更新的情况，不过坐标的可能选取顺序是随机的。

(c) **增量梯度法**，对于

$$f(x) = \sum_{i=1}^m f_i(x)$$

的情形。这里第 i 个分量在时间点子集 $\mathcal{R}_i$ 上用来更新 x：

$$x_{k+1} = x_k - \alpha_k \nabla f_i\left(x_{\tau_{i1}(k)}^1,\cdots,x_{\tau_{in}(k)}^n\right), \qquad k \in \mathcal{R}_i$$

其中我们假定每次使用单个分量梯度 ∇f_i（即 $\mathcal{R}_i \cap \mathcal{R}_j = \varnothing$ 对 $i \neq j$ 成立）。$\tau_{ij}(k)$ 的意思同前，梯度 ∇f_i 在 f_i 不可微时可以替换为次梯度。这里整个向量 x 是在中央计算机上更新的，所根据的分量梯度 ∇f_i 是在其他计算机上计算的，经过一定延迟传给中央计算机。为了保证方法的有效性，非常关键的是迭代中使用的所有分量 f_i 具有相同的渐近频率 $1/m$（参见 [NBB01]）。只有当 ∇f_i 的计算比采用前面的增量迭代更新 x_k 要明显更加耗时，采用这类异步实现才有意义。

有些异步算法称为**全异步的**，可以容忍任意长的延迟 $k-\tau_{ij}(k)$，而另外一些算法称为**部分异步的**，只有当延迟存在上界时才能正常工作。这两类算法的收敛机制存在本质差别，分析方法也不同（参见 [BeT89a]，其中第 6 章和第 7 章分别讨论了全异步和部分异步算法，以及各类特殊情形，如梯度和坐标下降法）。全异步算法只在特定情况下有效。这些条件能保证在单个处理器上的任何处理都与计算的整体相一致。例如，为证明（同步）平稳迭代

$$x_{k+1} = G(x_k)$$

的收敛性，只要证明 G 是某个范数意义下的压缩映射（参见附录 A 的 A.4 节）。但对于异步收敛性，事实上需要对于上确界范数 $\|x\|_\infty = \max_{i=1,\cdots,n} |x^i|$ 或加权上确界范数（参见 6.5.2 节）是压缩的。为保证采取固定和充分小的步长 $\alpha_k \equiv \alpha$ 的梯度法的全异步收敛性，需要满足对角占优条件（diagonal dominance condition），参见论文 [Ber83]。对于二次型代价函数的特殊情况

$$f(x) = \frac{1}{2}x'Qx + b'x$$

该条件为 Hessian 矩阵 Q 为对角占优，即，其元素 q_{ij} 满足条件

$$q_{ii} > \sum_{j \neq i}^{n} |q_{ij}|, \qquad i = 1, \cdots, n$$

如果对角占优条件不成立，那么全异步的收敛性很难保证（参见 [BeT89a] 6.3.2 节）。

部分异步算法不需要加权上确界范数压缩结构，但一般要求步长是逐渐消失的，或者是小步长且反比于延迟的大小。基本思想是当延迟有界时，步长如果足够小，异步算法与同步版本会足够相似，使得后者的收敛性质得以保持（参见 BeT89a]，特别是 7.1 节和 7.5 节；还可以参见练习中带偏差的梯度法的收敛性分析）。该收敛机制类似于增量法。因此，增量形式的梯度法、梯度投影，以及坐标下降法都是部分异步实现的自然候选算法，参见 [BeT89a]，第 7 章，[BeT91] 和 [NBB01]。

关于异步算法实现和收敛性分析的进一步的讨论，我们推荐以下文献。对于确定性和随机梯度，坐标下降法，有综述 [BeT91]，论文 [TBA86]，[SaB96]，书 [BeT89a] (第 6 章和第 7 章) 以及 [Bor08]。对于增量梯度和次梯度法，有论文 [NBB01]。对于近期的梯度和坐标下降类分布式部分异步算法，可参见 [NeO09a]，[RRW11]。对于 Kaczmarz 算法的部分异步实现，可参见 [LWS14]。

2.2 近似方法

在凸集 X 上最小化凸函数 $f : \Re^n \mapsto \Re$ 的近似方法，是基于在每轮迭代 k 中，分别用近似的代价函数 F_k 和约束集合 X_k 代替 f 和 X，来求解问题

$$x_{k+1} \in \arg\min_{x \in X_k} F_k(x)$$

在后面的迭代步骤中，F_{k+1} 和 X_{k+1} 是在新的点 x_{k+1} 或者还有更早的点 $x_k, \cdots, x_0$ 基础上进一步细化近似而产生。当然，该方法只有在近似问题比原问题更简单的情况下才有意义。近似方法很多，其目标不同，适合的场合也不同。本节提供一个概述和导引，第 4~6 章会更详细分析这些方法。

2.2.1 多面体近似

多面体近似方法中，F_k 是 f 的多面体近似，而 X_k 是近似 X 的多面体集合。基本思路是近似问题是多面体问题，比原问题更易于求解。该方法包括逐步细化的近似，并最终在极限状态下得到原问题的解。某些情况下，代价 f 和约束集合 X 当中只有一个用多面体进行近似。

在第 4 章中，我们会讨论多面体近似的两种主要方法：**外线性化**（也称为**割平面法**，cutting plane）和**内线性化**（也称为**单纯形剖分法**，simplicial decomposition）。顾名思义，外线性化从外侧近似 epi(f) 和 X，$F_k(x) \leqslant f(x)$ 对所有 x 成立，且 $X_k \supset X$ 成立，用的是有限个超平面的交运算。相对地，内线性化从内侧近似 epi(f) 和 X，$F_k(x) \geqslant f(x)$ 对所有 x 成立, 且满足 $X_k \subset X$，用的是有限条射线或点的凸包。图 2.2.1 说明了凸集和函数的内外线性化过程。

我们在 3.4 节和 4.4 节会证明这两种方法通过共轭和对偶紧密联系在一起：**外近似问题的对偶问题是一个包含 F_k 的共轭函数和 X_k 的示性函数的内近似问题，反之亦然**。事实上，利用该对偶性，内外近似可以组合到一个算法中。

割平面法的一个主要应用是在**Dantzig-Wolfe 分解**中。该方法用于求解具有特殊结构的大规模问题，包括 1.1.1 节的可分性问题（参见 [BeT97]，[Ber99]）。单纯形剖分同样适用于许多

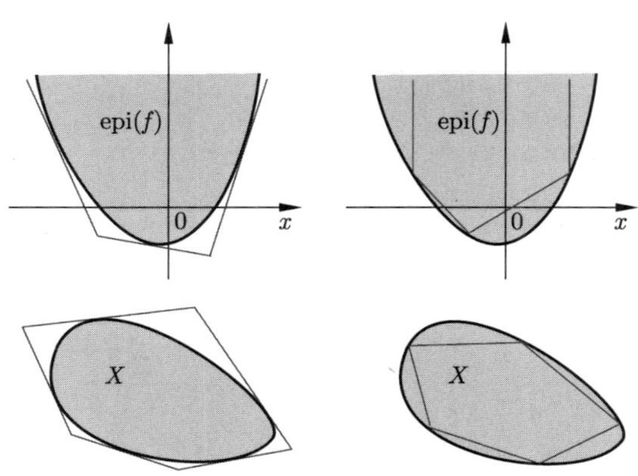

图 2.2.1　凸函数 f 和凸集 X 采用超平面和凸包进行内外线性化的图示

具有特殊结构的应用问题，例如，具有约束集 X 的高维问题，而该集合上最小化线性代价函数相对简单。这样的结构对于采用 2.1.2 节的条件梯度法同样有利（参见第 4 章）。一个主要的例子是例 1.4.5 的多商品流问题。

2.2.2　罚函数、增广拉格朗日法、内点法

一般地，优化问题中，约束的出现会使得算法求解变得复杂，并限制着可用的算法。因此，一个自然的思路是利用对相应的示性函数的近似来消除约束。特别地，我们通过对违反后产生高代价的罚函数来代替约束条件。1.5 节中我们讨论过这样的近似方案，其中利用了精确的不可微罚函数。本节中，我们聚焦在不一定精确的可微罚函数。

为了说明该方法，考虑等式约束问题

$$\begin{aligned} &\text{minimize} \quad f(x) \\ &\text{subject to} \quad x \in X, \quad a_i'x = b_i, \quad i = 1, \cdots, m \end{aligned} \tag{2.50}$$

我们用带有惩罚项的版本

$$\begin{aligned} &\text{minimize} \quad f(x) + c_k \sum_{i=1}^{m} P(a_i'x - b_i) \\ &\text{subject to} \quad x \in X \end{aligned} \tag{2.51}$$

代替该问题，其中 $P(\bullet)$ 是满足以下条件的标量惩罚函数：

$$P(u) = 0 \quad 如果\ u = 0$$

和

$$P(u) > 0 \quad 如果\ u \neq 0$$

标量 c_k 是正的罚函数参数，因此通过把 c_k 增大到 ∞，罚函数问题的解 x_k 趋向于减少约束的违反程度，从而为原问题提供一个精度不断增加的近似。这里对于应用非常重要的一点是 c_k 应当逐渐地增大，运用每个近似问题的最优解作为起点来求解下一个近似问题。不然会出现“病态”的严重数值问题。

一般 P 会选为二次型罚函数

$$P(u) = \frac{1}{2}u^2$$

在这种情况下，带罚函数的问题式 (2.51) 具有如下形式：

$$\begin{aligned}&\text{minimize} \quad f(x)+\frac{c_k}{2}\|Ax-b\|^2\\&\text{subject to} \quad x\in X\end{aligned} \tag{2.52}$$

其中 $Ax=b$ 是方程组 $a_i'x=b_i,\ i=1,\cdots,m$ 的向量形式。

罚函数方法的一种重要提升方式是增广拉格朗日方法，其中我们把包含乘子向量 $\lambda_k\in\Re^m$ 的线性项加到 $P(u)$ 上。于是代替问题式 (2.52)，我们求解问题

$$\begin{aligned}&\text{minimize} \quad f(x)+\lambda_k'(Ax-b)+\frac{c_k}{2}\|Ax-b\|^2\\&\text{subject to} \quad x\in X\end{aligned} \tag{2.53}$$

在求得最小化向量 x_k 之后，按照某个能够得到近似最优对偶解的公式更新乘子 λ_k。如将在第 5 章中讨论的，更新公式的通常选择，具有形式

$$\lambda_{k+1}=\lambda_k+c_k(Ax_k-b) \tag{2.54}$$

该方法也称为**一阶增广拉格朗日法**（也称为**一阶乘子法**）。该方法是主流的通用、高可靠的约束优化方法，也适用于非凸问题。它有丰富的理论成果，与对偶性存在很强的关联，为了提高有效性开发了多种变形，例如二阶乘子更新和增广拉格朗日函数的非精确最小化。在本书的凸规划背景下，增广拉格朗日法具有额外的有利结构。对于**任意**非增序列 $\{c_k\}$，收敛性能够得到保证（对于非凸问题，c_k 必须超过一定的正的阈值）。另外，不要求 $c_k\to\infty$，而这是不包含乘子更新的罚函数所必需的，但这常带来数值问题。

一般而言，罚函数和增广拉格朗日法既可用于不等式约束也可用于等式约束。罚函数可用修改为反映不等式约束的违反惩罚。例如，类比二次型罚函数 $P(u)=\frac{1}{2}u^2$ 的不等式约束为

$$P(u)=\frac{1}{2}\big(\max\{0,u\}\big)^2$$

我们将在 5.2 节中详细讨论这些可能性。

刚才讨论的罚函数法称为**外罚函数法**：这类方法从外侧近似约束集合的示性函数。另一类算法从内侧近似，导出的算法称为内点法。这些方法应用到广泛的问题中，包括线性规划问题。我们会在 6.8 节讨论。

2.2.3 近端算法、束方法和 Tikhonov 正则化方法

近端算法在 2.1.4 节曾简单讨论过，目标是最小化闭的真凸函数 $f:\Re^n\mapsto(-\infty,\infty]$。它的形式是

$$x_{k+1}\in\arg\min_{x\in\Re^n}\left\{f(x)+\frac{1}{2c_k}\|x-x_k\|^2\right\} \tag{2.55}$$

[参见式 (2.25)]，其中 x_0 是任意起始点，而 c_k 是正的标量参数。当参数 c_k 趋向于 ∞ 时，二次型正则化项变得不重要，而近端最小化式 (2.55) 更加接近于 f 的最小化，因此近端算法与近似算法联系更紧密。

我们会在第 5 章中详细讨论近端算法，包括对偶和多面体近似的形式。我们要证明当 f 是约束优化问题式 (2.50) 的对偶函数时，近端算法，通过 Fenchel 对偶性，就成为等价于增广拉格朗日法的乘子迭代 [参见式 (2.54)]。由于任何闭的真凸函数都可用视为适当的凸约束优化问题的对偶函数，可知**近端算法式 (2.55) 本质上等价于增广拉格朗日法**：两个算法是一枚硬币的两面。

当式 (2.55) 中的 f 用多面体或其他函数近似时，近端算法也有几种不同的形式。一种形式是**束方法**（bundle），其中包含了近端和多面体近似想法的组合。目的是简化近端最小化子问题式 (2.25)，例如用二次型规划问题来代替。部分这类方法可以视为 Dantzig-Wolfe 分解的正则化版本（参见 4.3 节）。

另一种类似于近端算法的近似方法称为**Tikhonov 正则化**，其中用如下最小化问题来近似 f 的最小化

$$x_{k+1} \in \arg\min_{x\in\Re^n}\left\{f(x)+\frac{1}{2c_k}\|x\|^2\right\} \tag{2.56}$$

二次型正则化项的引入使得前述问题的代价函数变为严格凸，并保证它具有唯一的最小点。有时式 (2.56) 中的二次型项是做了归一化的，并采用 $\|Sx\|^2$ 的形式，其中 S 是适当的尺寸缩放矩阵。与近端算法式 (2.55) 的区别在于 x_k 并不直接出现在确定 x_{k+1} 的最小化问题中，因此该方法的收敛性是建立在把 c_k 增大到 ∞ 来实现的。与此不同，这对于近端算法并不是必要的。近端算法一般即使当 c_k 保持为常数时仍是收敛的（参见 5.1 节），而且一般收敛更快。类似于近端算法，Tikhonov 正则化也有本质上等价的对偶算法。该算法是一种罚函数法，由对满足 $c_k\to\infty$ 的一系列 $\{c_k\}$，求解二次型惩罚代价函数式 (2.52) 的最小化问题组成。

2.2.4　交替方向乘子法

近端算法体现了导出其他有趣方法的基本思想。特别地，经过适当推广（参见 5.1.4 节），它包含了一种称为**交替方向乘子法**（alternating direction method of multipliers，ADMM）的特殊情况。该方法与增广拉格朗日法类似，但很适合具有特殊结构的重要问题。

ADMM 方法的出发点是考虑 Fenchel 对偶意义下的最小化问题

$$\begin{aligned}&\text{minimize} && f_1(x)+f_2(Ax)\\ &\text{subject to} && x\in\Re^n\end{aligned} \tag{2.57}$$

其中 A 是 $m\times n$ 维矩阵，$f_1:\Re^n\mapsto(-\infty,\infty]$ 和 $f_2:\Re^m\mapsto(-\infty,\infty]$ 是闭真凸函数。我们把问题转化为等价的带约束的最小化问题

$$\begin{aligned}&\text{minimize} && f_1(x)+f_2(z)\\ &\text{subject to} && x\in\Re^n,\ z\in\Re^m,\quad Ax=z\end{aligned} \tag{2.58}$$

并引入增广拉格朗日函数

$$L_c(x,z,\lambda)=f_1(x)+f_2(z)+\lambda'(Ax-z)+\frac{c}{2}\|Ax-z\|^2$$

其中 c 是正的参数。

给定当前迭代的 $(x_k,z_k,\lambda_k)\in\Re^n\times\Re^m\times\Re^m$，ADMM 方法通过首先针对 x 最小化增广拉格朗日函数，然后针对 z 最小化，最后实施乘子更新来产生新的迭代 $(x_{k+1},z_{k+1},\lambda_{k+1})$：

$$x_{k+1}\in\arg\min_{x\in\Re^n}L_c(x,z_k,\lambda_k) \tag{2.59}$$

$$z_{k+1}\in\arg\min_{z\in\Re^m}L_c(x_{k+1},z,\lambda_k) \tag{2.60}$$

$$\lambda_{k+1}=\lambda_k+c(Ax_{k+1}-z_{k+1}) \tag{2.61}$$

相比于增广拉格朗日法，ADMM 的重要优势在于它不涉及针对 x 和 z 的联合最小化。因此，消除了增广拉格朗日函数中惩罚项 $\|Ax-z\|^2$ 带来的 x 和 z 的耦合引起的复杂性。在特殊应用中，ADMM 在结构上适合利用该性质，我们会在 5.4 节讨论。另外，ADMM 的收敛可能慢于增广拉格朗日法，因此它的灵活性和潜在局限性需要进行权衡。

在第 5 章，我们会看到用于最小化问题的近端算法可以视为用于求解多值单调算子方程的广义近端算法的一个特例。尽管我们不会全面展开基于该推广的算法讨论，我们会指出增广拉格朗日法和 ADMM 都是广义近端算法的特例。它们对应于两种不同的多值单调算子。由于这两个算子的差别，这两种方法的性质也有很大差别。例如，与增广拉格朗日法不同（c_k 的选取通常随 k 一起增大以便加速收敛），对 ADMM，从一轮迭代到下一轮，似乎没有通用的好的调整 c 的途径。其次，尽管当两种方法都具有线性收敛速率时，两种方法的实际性能也可能相去甚远。再次，两种方法之间除了表面上的联系之外，它们还具有共同的近端算法渊源的内在联系。

在 6.3 节，我们会讨论 ADMM 同近端相关算法，特别是近端梯度法，之间的另外一方面的联系。我们曾经在 2.1.4 节简要讨论过近端梯度法 [参见式 (2.27)]。事实上，ADMM 和近端梯度法都可以视为求解两个单调算子之和的零点的分裂算法（splitting algorithms）的特例。基本思想是在一轮迭代中把两个算子进行解耦：把一个算子当作近端类型算法处理，同时把另外一个算子当作近端类型或梯度算法处理。这样做，就降低了两个算子耦合带来的复杂性。

2.2.5 不可微问题的平滑方法

一般而言，可微代价函数比不可微代价函数更容易处理，因为前者的算法比后者更成熟和有效。因此，就提出了平滑它们的棱角以消除不可微性的思路。事实上，罚函数同平滑之间存在密切的联系，反映出约束条件和不可微性之间也是密切联系的。这种联系的一个例子如下：

$$\begin{aligned} &\text{minimize} \quad \max\left\{f_1(x),\cdots,f_m(x)\right\} \\ &\text{subject to} \quad x\in\Re^n \end{aligned} \tag{2.62}$$

其中 $f_1,\cdots,f_m$ 是可微函数，可以转化为可微约束问题

$$\begin{aligned} &\text{minimize} \quad z \\ &\text{subject to} \quad f_j(x)\leqslant z,\quad j=1,\cdots,m \end{aligned} \tag{2.63}$$

其中 z 是人工辅助标量变量。当罚函数或增广拉格朗日法用于带约束问题式 (2.63) 时，我们将给出针对最小最大问题式 (2.62) 的一个平滑方法。

下面描述一种获得平滑近似的技术（首先由 [Ber75b] 给出，并在 [Ber77] 中得到推广）。令 $f:\Re^n\mapsto(-\infty,\infty]$ 为闭真凸函数，其共轭函数为 f^*。对于给定的 $c>0$ 和 $\lambda\in\Re^n$，定义

$$f_{c,\lambda}(x)=\inf_{u\in\Re^n}\left\{f(x-u)+\lambda'u+\frac{c}{2}\|u\|^2\right\},\qquad x\in\Re^n \tag{2.64}$$

$\phi_1(u)=f(x-u)$ 和 $\phi_2(u)=\lambda'u+\frac{c}{2}\|u\|^2$ 的共轭函数为 $\phi_1^*(y)=f^*(-y)+y'x$ 和 $\phi_2^*(y)=\frac{1}{2c}\|y-\lambda\|^2$，因此根据 Fenchel 对偶公式，有

$$f_{c,\lambda}(x)=\sup_{y\in\Re^n}\left\{y'x-f^*(y)-\frac{1}{2c}\|y-\lambda\|^2\right\},\qquad x\in\Re^n \tag{2.65}$$

可知在

$$\lim_{c\to\infty}f_{c,\lambda}(x)=f^{**}(x)=f(x),\qquad \forall x,\lambda\in\Re^n$$

的意义下，$f_{c,\lambda}$ 是 f 的近似。由于对偶定理（附录 B 命题 1.6.1），有二次共轭 f^{**} 等于 f。进而，利用 Fenchel 对偶性定理命题 1.2.1(c) 的最优性条件，可以证明 $f_{c,\lambda}$ 对于给定的 c 和 λ 作为 x 的函数是凸的和可微的，在任意 $x\in\Re^n$ 处的梯度 $\nabla f_{c,\lambda}(x)$ 可以从两条途径获得：

(i) 作为向量 $\lambda+cu$，其中 u 是使式 (2.64) 达到下确界的唯一向量。

(ii) 作为唯一达到式 (2.65) 上确界的向量 y。

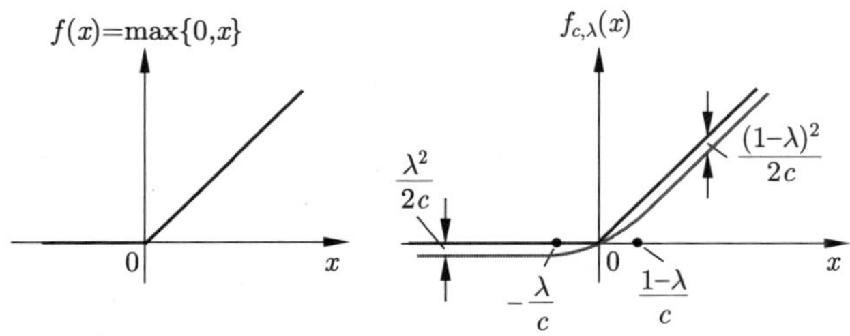

图 2.2.2　函数 $f(x) = \max\{0, x\}$ 平滑的图示。注意当 $c \to \infty$ 时，我们有 $f_{c,\lambda}(x) \to f(x)$ 对所有 $x \in \Re$ 成立，无论 λ 的取值如何

平滑法中对于给定问题，无论是出现在代价函数还是约束函数中，总以平滑近似 $f_{c,\lambda}$ 来代替不光滑的函数 f。注意可能有几个函数 f 被同时光滑化，并且对于每个 f 的实例，可能采用不同的 λ 和 c。这样，我们就得到了近似原问题的可微问题。考虑如下常见的造成不可微问题的函数：

$$f(x) = \max\{0, x\}, \qquad x \in \Re$$

利用式 (2.64) 和式 (2.65) 可以验证

$$f_{c,\lambda}(x) = \begin{cases} x - \dfrac{(1-\lambda)^2}{2c}, & \text{如果}\dfrac{1-\lambda}{c} \leqslant x \\ -\dfrac{\lambda^2}{2c}, & \text{如果} -\dfrac{\lambda}{c} \leqslant x \leqslant \dfrac{1-\lambda}{c} \\ -\dfrac{\lambda^2}{2c}, & \text{如果}x \leqslant -\dfrac{\lambda}{c} \end{cases}$$

参见图 2.2.2。函数 $f(x) = \max\{0, x\}$ 还可以用于构造更复杂的不可微函数，例如

$$\max\{x_1, x_2\} = x_1 + \max\{0, x_1 - x_2\}$$

参见 [Ber82a] 第 3 章。

平滑的增广拉格朗日法

刚描述的平滑技术也可以同增广拉格朗日法结合。例如，令 $f : \Re^n \mapsto (-\infty, \infty]$ 为闭真凸函数，其共轭函数为 f^*。令 $F : \Re^n \mapsto \Re$ 为另一凸函数，而 X 为一闭凸集。考虑问题

$$\begin{aligned} &\text{minimize} \quad F(x) + f(x) \\ &\text{subject to} \quad x \in X \end{aligned}$$

及等价问题

$$\begin{aligned} &\text{minimize} \quad F(x) + f(x-u) \\ &\text{subject to} \quad x \in X,\ u = 0 \end{aligned}$$

对于后一问题应用增广拉格朗日法式 (2.53)、式 (2.54) 得到如下形式的最小化问题

$$(x_{k+1}, u_{k+1}) \in \arg \min_{x \in X,\, u \in \Re^n} \left\{ F(x) + f(x-u) + \lambda_k' u + \frac{c_k}{2} \|u\|^2 \right\}$$

首先对 $u \in \Re^n$ 做最小化，给出

$$x_{k+1} \in \arg \min_{x \in X} \left\{ F(x) + f_{c_k,\lambda_k}(x) \right\}$$

其中 f_{c_k,λ_k} 是平滑后的函数

$$f_{c_k,\lambda_k}(x) = \inf_{u \in \Re^n} \left\{ f(x-u) + \lambda_k' u + \frac{c_k}{2} \|u\|^2 \right\}$$

[参见式 (2.64)]。相应的乘子更新规则式 (2.54) 为

$$\lambda_{k+1} = \lambda_k + c_k u_{k+1}$$

其中

$$u_{k+1} \in \arg\min_{u\in\Re^n} \left\{ f(x_{k+1}-u) + \lambda_k{}'u + \frac{c_k}{2}\|u\|^2 \right\}$$

上述技术可以扩展到用于一般的凸/凹性最小最大问题。令 Z 为 $\Re^m$ 的非空凸集，函数 $\phi:\Re^n\times Z\mapsto\Re$ 满足如下条件，对于每个 $z\in Z$，$\phi(\bullet,z):\Re^n\mapsto\Re$ 均为凸，对于每个 $x\in\Re^n$，$-\phi(x,\bullet):Z\mapsto\Re$ 均为凸。考虑问题

$$\begin{aligned} &\text{minimize} \quad && \sup_{z\in Z}\phi(x,z) \\ &\text{subject to} \quad && x\in X \end{aligned}$$

其中 X 是 $\Re^n$ 的非空闭凸子集。同时考虑等价的问题

$$\begin{aligned} &\text{minimize} \quad && f(x,y) \\ &\text{subject to} \quad && x\in X,\ y=0 \end{aligned}$$

其中 f 是如下形式的闭的凸函数：

$$f(x,y) = \sup_{z\in Z}\left\{\phi(x,z) - y'z\right\}, \qquad x\in\Re^n,\ y\in\Re^m$$

它是若干闭的凸函数的上确界。对该问题的增广拉格朗日最小化问题式 (2.53) 的形式为

$$x_{k+1} \in \arg\min_{x\in X} f_{c_k,\lambda_k}(x)$$

其中 $f_{c,\lambda}:\Re^n\mapsto\Re$ 是如下给定的可微函数

$$f_{c,\lambda}(x) = \min_{y\in\Re^m}\left\{ f(x,y) + \lambda'y + \frac{c}{2}\|y\|^2 \right\}, \qquad x\in\Re^n$$

对应的乘子更新规则式 (2.54) 为

$$\lambda_{k+1} = \lambda_k + c_k y_{k+1}$$

其中

$$y_{k+1} \in \arg\min_{y\in\Re^m}\left\{ f(x_{k+1},y) + \lambda_k'y + \frac{c_k}{2}\|y\|^2 \right\}$$

当然只有当函数 f 具有方便做最小化的形式时，该方法才有意义。

平滑技术与增广拉格朗日法的关系及两者结合的更多讨论参见 [Ber75b]，[Ber77]，[Pap81]，以及教材 [Ber82a] 第 3 章的分析。平滑的各种版本及不同场合的应用可以参见 [Ber73]，[Geo77]，[Pol79]，[Pol88]，[BeT89b]，[PiZ94]，[Nes05]，[Che07]，[OvG14]。本书 6.2 节我们还会看到复杂性分析方面平滑技术作为分析工具的例子。

指数平滑

到目前为止，我们是利用二次型罚函数作为平滑的基础。还可以用其他类型的罚函数。指数函数就是一种常用的方便形式，我们在 6.6 节还有讨论。指数函数相对于二次型函数的优势在于它提供二次可微的近似函数。这对于运用牛顿法求解平滑后的问题非常重要。

例如，函数

$$f(x) = \max\left\{f_1(x),\cdots,f_m(x)\right\}$$

的光滑近似由

$$f_{c,\lambda}(x) = \frac{1}{c}\ln\left\{\sum_{i=1}^m \lambda^i e^{cf_i(x)}\right\} \tag{2.66}$$

给出，其中 $c>0$，而 $\lambda=(\lambda^1,\cdots,\lambda^m)$ 是满足

$$\sum_{i=1}^{m}\lambda^i=1,\qquad \lambda^i>0,\quad \forall i=1,\cdots,m$$

条件的向量。

与近似式 (2.66) 相关，有一种增广拉格朗日法。它包含在 $x\in\Re^n$ 上对给定的 c_k 和 λ_k 最小化函数 $f_{c_k,\lambda_k}(x)$，以得到近似 f 最小点的 x_k。通过设定 $c_{k+1}\geqslant c_k$ 并且不断重复

$$\lambda_{k+1}^i=\frac{\lambda_k^i \mathrm{e}^{c_k f_i(x_k)}}{\sum_{j=1}^{m}\lambda_k^j \mathrm{e}^{c_k f_j(x_k)}},\qquad i=1,\cdots,m \tag{2.67}$$

近似过程得以不断细化[1]。基于使用非二次型罚函数的增广拉格朗日法的一般性收敛性质可以证明产生的序列 $\{x_k\}$ 在较弱的条件下可以收敛到 f 的最小点。参见 [Ber82a] 第 5 章的详细推导。

例 2.2.1　光滑 ℓ_1 正则化。

考虑如下最小平方问题的 ℓ_1 正则化

$$\begin{aligned}&\text{minimize} && \gamma\sum_{j=1}^{n}|x^j|+\frac{1}{2}\sum_{i=1}^{m}(a_i'x-b_i)^2\\ &\text{subject to} && x\in\Re^n\end{aligned}$$

其中 a_i 和 b_i 分别是给定的向量和标量（参见例 1.3.1）。不可微的 ℓ_1 惩罚项可以通过把每一项 $|x^j|$ 写成 $\max\{x^j,-x^j\}$ 并利用式 (2.66) 对其进行平滑，即替换为

$$R_{c,\lambda^j}(x^j)=\frac{1}{c}\ln\left\{\lambda^j\mathrm{e}^{cx^j}+(1-\lambda^j)\mathrm{e}^{-cx^j}\right\}$$

其中 c 和 λ^j 是满足 $c>0$ 和 $\lambda^j\in(0,1)$ 条件的标量（参见图 2.2.3）。然后我们考虑采用指数形式的增广拉格朗日法，在 $\Re^n$ 上最小化二次可微函数

$$\gamma\sum_{j=1}^{n}R_{c_k,\lambda_k^j}(x^j)+\frac{1}{2}\sum_{i=1}^{m}(a_i'x-b_i)^2 \tag{2.68}$$

以获得对最优解的近似 x_k。该近似通过设定 $c_{k+1}\geqslant c_k$ 和不断重复以下迭代：

$$\lambda_{k+1}^j=\frac{\lambda_k^j\mathrm{e}^{c_k x_k^j}}{\lambda_k^j e^{c_k x_k^j}+(1-\lambda_k^j)\mathrm{e}^{-c_k x_k^j}},\qquad j=1,\cdots,n \tag{2.69}$$

而得到细化 [参见式 (2.67)]。注意指数光滑代价函数式 (2.68) 的最小化可以通过增量方法有效求解，如 2.1.5 节的增量梯度法或牛顿法。

如图 2.2.3 所示，根据对或正或负的 x^j 是否希望得到更好的近似，乘子的调整可以选择性地减少偏差

$$|x^j|-R_{c,\lambda^j}(x^j)$$

因此，**把 c_k 增大到无穷并不是必要条件**；即使 c_k 保持在某个正的常数值（参见 [Ber82a] 第 5 章），乘子迭代式 (2.69) 也足以保证收敛。

[1] 有时使用式 (2.67) 的指数函数和其他相关公式，如式 (2.66) 时，可能导致非常大的数和计算溢出错误。这种情况可以考虑采用平移操作以避免大数出现，如在式 (2.67) 的分子和分母上乘以 $\mathrm{e}^{-\beta_k}$，其中

$$\beta_k=\max_{i=1,\cdots,m}\{c_k f_i(x_k)\}$$

类似的想法也适用于式 (2.66)。

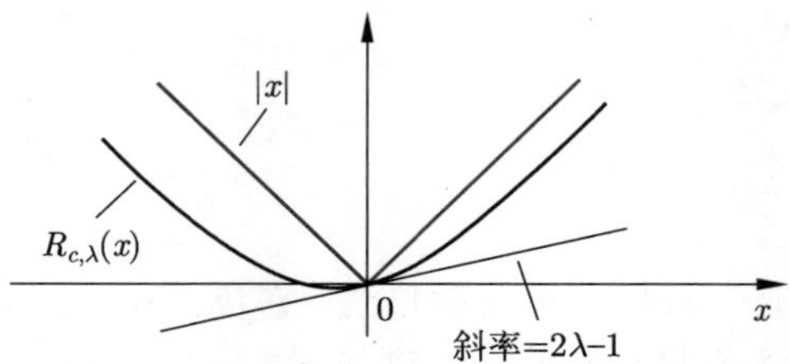

图 2.2.3 绝对值 $|x|$ 的函数指数平滑版本 $R_{c,\lambda}(x)=\frac{1}{c}\ln\left\{\lambda e^{cx}+(1-\lambda)e^{-cx}\right\}$ 的图示。对于给定的乘子 $\lambda\in(0,1)$ 当 $c\to\infty$ 时近似变得渐近精确。通过在 $(0,1)$ 范围内调整乘子 λ，我们也可以达到对 x 或正或负的更好的近似。当 $\lambda\to 1$ (或 $\lambda\to 0$) 时，对于近似 $x\geqslant 0$ (或 $x\leqslant 0$) 变得渐近精确

2.3 注记、文献来源和练习

2.1 节：本章的无约束和带约束优化问题算法方面的总结性材料可以参考如下教材：Zangwill 的 [Zan69]，Polak 的 [Pol71]，Hestenes 的 [Hes75]，Zoutendijk 的 [Zou76]，Shapiro 的 [Sha79]，Gill，Murray，与 Wright 的 [GMW81]，Luenberger 的 [Lue84]，Poljak 的 [Pol87]，Dennis 和 Schnabel 的 [DeS96]，Bertsekas 的 [Ber99]，Kelley 的 [Kel99]，Fletcher 的 [Fle00]，Nesterov 的 [Nes04]，Bazaraa，Shetty 及 Sherali 的 [BSS06]，Nocedal 和 Wright 的 [NoW06]，Ruszczynski 的 [Rus06]，Griva，Nash 及 Sofer 的 [GNS08]，Luenberger 和 Ye 的 [LuY08]。不可微优化问题的特殊算法将在后续章节给出。增量梯度法研究历史很长，特别是对于无约束的情况（$X=\Re^n$）的情况，从 Widrow-Hoff 的最小均方（LMS）法开始 [WiH60]，该工作对后续研究产生了深远影响。这类方法应用也很广，对于神经元网络的训练，它被称为“反向传播法”，包含了非二次型/非凸可微代价分量。该问题的研究文献非常丰富，其中有代表性的工作包括 Rumelhart，Hinton 及 Williams 的论文 [RHW86]，[RHW88]，Becker 和 LeCun 的论文 [BeL88]，Vogl et al. 的 [VMR88] 以及 Saarinen，Bramley 及 Cybenko 的 [SBC91]，还有 Bishop 的书 [Bis95]，Bertsekas 和 Tsitsiklis 的书 [BeT96]，以及 Haykin 的书 [Hay08]。这里的文献与随机梯度法的文献有些重叠，我们在 2.1.5 节中曾经有过说明。

某些形式的增量梯度法的确定性收敛分析在不同的假设和步长准则下在 20 世纪 90 年代的文献中给出，参见 Luo [Luo91]，Grippo [Gri94]，[Gri00]，Luo 和 Tseng [LuT94a]，Mangasarian 和 Solodov [MaS94]，Bertsekas [Ber97]，Solodov [Sol98]，Tseng [Tse98]，以及 Bertsekas 和 Tsitsiklis [BeT00]。近期增量梯度法的理论工作聚焦在 2.1.5 节的集成梯度法方面，还有不可微和带约束问题的推广，与近端算法的结合，以及约束由增量投影来处理的带约束问题（参见 6.4 节和那里的参考文献）。

有几位学者在随机逼近框架内研究了增量牛顿法和相关方法，如 Sakrison [Sak66]，Venter [Ven67]，Fabian [Fab73]，Poljak 和 Tsypkin [PoT80]，[PoT81] 及近期的 Bottou 和 LeCun [BoL05]，以及 Bhatnagar，Prasad 和 Prashanth [BPP13]。这些工作定量描述了随机牛顿法相比于随机梯度法在收敛速率上的优势。确定性增量牛顿法较少得到关注（近期的工作参见 Gurbuzbalaban，Ozdaglar 和 Parrilo [GOP14]）。不过，这类方法允许开展扩展卡尔曼滤波器的确定性分析，即高斯-牛顿法的增量版本（参见 Bertsekas [Ber96]，以及 Moriyama，Yamashita 和 Fukushima [MYF03]）。在动态系统的估计与控制方面的文献中，扩展卡尔曼滤波器的随机分析有很多研究。

这里指出加速增量梯度法理论收敛速率的一种方法，它利用大于 $O(1/k)$ 的步长，并对随机梯度法的迭代进行平均，参见 Ruppert [Rup85]，Poljak 和 Juditsky [PoJ92]，以及教材 Kushner 和 Yin [KuY03])。

2.2 节：前面提到的非线性规划教材包含很多近似方法的材料。特别地，多面体近似的文献非常丰富。该方法可以追溯到非线性和凸规划研究的早期，包含了数据通信和交通网络以及大规模资源分配问题的应用。这些文献会在第 4 章进行综述。

学术专著 Fiacco 和 MacCormick [FiM68]，以及 Bertsekas [Ber82a] 分别聚焦在罚函数和增广拉格朗日法。后者还包含很多关于平滑方法和近端算法的内容，包括非二次型正则化，这会导出增广拉格朗日法中的非二次型惩罚项（例如对数或至少惩罚项）。

近端算法于 20 世纪 70 年代早期由 Martinet [Mar70]，[Mar72] 提出。该算法及扩展方面的文献在 Rockafellar 具有广泛影响的论文 [Roc76a] 之后大量出版，反映出近端思想在凸优化和其他问题上的关键作用。ADMM 法，作为近端方法的特例，由 Glowinskii 与 Morocco [GIM75] 和 Gabay 与 Mercier [GaM76] 提出，后来由 Gabay [Gab79]，[Gab83] 做了进一步发展。该算法及其应用，以及同更一般的算子分裂方法之间的联系的详细讨论参见 5.4 节。近端算法的近期工作聚焦在同其他算法如梯度、次梯度和坐标下降等算法的组合上。部分这些组合方法会在第 5 和第 6 章进行详细讨论。

练习

2.1（二次型代价函数的最速下降法和梯度投影法的收敛速率）

令 f 为二次型代价函数

$$f(x)=\frac{1}{2}x'Qx-b'x$$

其中 Q 为对称正定矩阵，并令 m 和 M 分别为 Q 的最小和最大特征值。考虑 f 在闭凸集 X 上的最小化问题以及具有固定步长 $\alpha<2/M$ 的梯度投影映射

$$G(x)=P_X\big(x-\alpha\nabla f(x)\big)$$

(a) 证明 G 是压缩映射且我们有

$$\big\|G(x)-G(y)\big\|\leqslant\max\big\{|1-\alpha m|,\,|1-\alpha M|\big\}\|x-y\|,\qquad\forall x,y\in\Re^n$$

它的唯一不动点是 f 在 X 上的唯一最小点 x^*。

解答：首先注意到以下投影的非扩张性

$$\big\|P_X(x)-P_X(y)\big\|\leqslant\|x-y\|,\qquad\forall x,y\in\Re^n$$

（利用基于欧氏几何的论证，或者参见 3.2 节的证明）。利用该性质以及梯度公式 $\nabla f(x)=Qx-b$ 可导出

$$\begin{aligned}\big\|G(x)-G(y)\big\|&=\big\|P_X\big(x-\alpha\nabla f(x)\big)-P_X\big(y-\alpha\nabla f(y)\big)\big\|\\&\leqslant\big\|\big(x-\alpha\nabla f(x)\big)-\big(y-\alpha\nabla f(y)\big)\big\|\\&=\big\|(I-\alpha Q)(x-y)\big\|\\&\leqslant\max\big\{|1-\alpha m|,|1-\alpha M|\big\}\|x-y\|\end{aligned}$$

其中 m 和 M 是 Q 的最小和最大特征值。显然，x^* 是 G 的不动点的充要条件是 $x^*=P_X\big(x^*-\alpha\nabla f(x^*)\big)$。根据投影定理，该条件的充要条件为条件 $\nabla f(x^*)'(x-x^*)\geqslant 0$ 对所有 $x\in X$ 成立。

注：该收敛速率估计推广到非二次型强凸可微函数 f 时，最大特征值 M 可以用 ∇f 的 Lipschitz 常数代替，最小特征值可以用 f 的强凸性模量 (modulus) 代替，参见 6.1 节。

(b) 证明最小化 (a) 中界的 α 为

$$\alpha^* = \frac{2}{M+m}$$

此时有

$$\big\|G(x) - G(y)\big\| \leqslant \left(\frac{M/m - 1}{M/m + 1}\right) \|x - y\|$$

注：线性收敛速率估计

$$\|x_{k+1} - x^*\| \leqslant \left(\frac{M/m - 1}{M/m + 1}\right) \|x_k - x^*\|$$

该压缩性质意味着对于具有固定步长的最速下降收敛速率估计是精确的，即存在起始点 x_0 使得上述不等式中的等式对于所有的 k 成立（参见 [Ber99] 2.3 节）。

2.2（**下降不等式**）

本练习研究对于梯度法收敛性分析起着基本作用的不等式。令 X 为凸集，且令 $f : \Re^n \mapsto \Re$ 为满足对某个常数 $L > 0$，使

$$\big\|\nabla f(x) - \nabla f(y)\big\| \leqslant L\|x - y\|, \qquad \forall x, y \in X$$

成立的可微函数。证明

$$f(y) \leqslant f(x) + \nabla f(x)'(y - x) + \frac{L}{2}\|y - x\|^2, \qquad \forall x, y \in X \tag{2.70}$$

证明：令 t 为标量参数且令 $g(t) = f\big(x + t(y - x)\big)$。根据求导的链式法则 $(dg/dt)(t) = \nabla f\big(x + t(y - x)\big)'(y - x)$。因此我们有

$$\begin{aligned}
f(y) - f(x) &= g(1) - g(0) \\
&= \int_0^1 \frac{dg}{dt}(t)\, dt \\
&= \int_0^1 (y - x)'\nabla f\big(x + t(y - x)\big)\, dt \\
&\leqslant \int_0^1 (y - x)'\nabla f(x)\, dt + \left|\int_0^1 (y - x)'\big(\nabla f\big(x + t(y - x)\big) - \nabla f(x)\big)\, dt\right| \\
&\leqslant \int_0^1 (y - x)'\nabla f(x)\, dt + \int_0^1 \|y - x\| \cdot \|\nabla f\big(x + t(y - x)\big) - \nabla f(x)\| dt \\
&\leqslant (y - x)'\nabla f(x) + \|y - x\| \int_0^1 Lt\|y - x\|\, dt \\
&= (y - x)'\nabla f(x) + \frac{L}{2}\|y - x\|^2
\end{aligned}$$

2.3（**具有固定步长的最速下降法收敛性**）

令 $f : \Re^n \mapsto \Re$ 为满足以下条件的可微函数，即对某个常数 $L > 0$ 满足

$$\big\|\nabla f(x) - \nabla f(y)\big\| \leqslant L\|x - y\|, \qquad \forall x, y \in \Re^n \tag{2.71}$$

考虑由以下最速下降迭代生成的序列 $\{x_k\}$

$$x_{k+1} = x_k - \alpha\nabla f(x_k)$$

其中 $0 < \alpha < \frac{2}{L}$。证明如果 $\{x_k\}$ 具有极限点，那么 $\nabla f(x_k) \to 0$，且 $\{x_k\}$ 的每个极限点 $\overline{x}$ 满足 $\nabla f(\overline{x}) = 0$。

证明：利用下降不等式 (2.70) 来证明代价函数在每轮迭代按照如下方式下降：

$$\begin{aligned} f(x_{k+1}) &= f\big(x_k - \alpha\nabla f(x_k)\big) \\ &\leqslant f(x_k) + \nabla f(x_k)'\big(-\alpha\nabla f(x_k)\big) + \frac{\alpha^2 L}{2}\|\nabla f(x_k)\|^2 \\ &= f(x_k) - \alpha\left(1 - \frac{\alpha L}{2}\right)\|\nabla f(x_k)\|^2 \end{aligned}$$

因此，如果 $\{x_k\}$ 有极限点 $\overline{x}$，则有 $f(x_k) \to f(\overline{x})$ 和 $\nabla f(x_k) \to 0$ 成立。这意味着 $\nabla f(\overline{x}) = 0$，因为根据式 (2.71)$\nabla f(\bullet)$ 是连续的。

2.4（Armijo/回溯步长准则）

考虑利用以下迭代进行连续可微函数 $f: \Re^n \mapsto \Re$ 的最小化，

$$x_{k+1} = x_k + \alpha_k d_k$$

其中 d_k 是下降方向。给定满足条件 $0 < \beta < 1$，$0 < \sigma < 1$ 的标量 β 和 σ，且 s_k 满足 $\inf_{k\geqslant 0} s_k > 0$，步长 α_k 按如下方式决定：设定 $\alpha_k = \beta^{m_k}s_k$，其中 m_k 是满足

$$f(x_k) - f(x_k + \beta^m s_k d_k) \geqslant -\sigma\beta^m s_k\nabla f(x_k)'d_k$$

的首个非负整数。假定存在正的标量 c_1, c_2 使得对于所有 k，

$$c_1\big\|\nabla f(x_k)\big\|^2 \leqslant -\nabla f(x_k)'d_k, \qquad \|d_k\|^2 \leqslant c_2\big\|\nabla f(x_k)\big\|^2 \tag{2.72}$$

成立。

(a) 证明步长 α_k 有定义，即如果 $\nabla f(x_k) \neq 0$ 经过有限步下降可以确定该步长。

证明：对于所有 $s > 0$，我们有

$$f(x_k + sd_k) - f(x_k) = s\nabla f(x_k)'d_k + o(s)$$

因此可以写出接受步长 $s > 0$ 的准则

$$s\nabla f(x_k)'d_k + o(s) \leqslant \sigma s\nabla f(x_k)'d_k$$

或者利用式 (2.72)，

$$\frac{o(s)}{s} \leqslant (1-\sigma)c_1\big\|\nabla f(x_k)\big\|^2$$

该条件对于属于某个区间 $(0, \bar{s}_k]$ 的 s 成立。因此，对于满足 $\beta^m s_k \leqslant \bar{s}_k$ 的所有 m 都可以通过测试。

(b) 证明对于生成的序列 $\{x_k\}$ 的每个极限点 $\overline{x}$ 满足 $\nabla f(\overline{x}) = 0$。

证明：反设存在子序列 $\{x_k\}_\mathcal{K}$ 收敛到某个满足条件 $\nabla f(\overline{x}) \neq 0$ 的 $\overline{x}$ 由于 $\{f(x_k)\}$ 式单调不增的，$\{f(x_k)\}$ 要么收敛到有限值或者发散到 $-\infty$。由于 f 是连续的，$f(\overline{x})$ 是 $\{f(x_k)\}$ 的极限点，因此可知整个序列 $\{f(x_k)\}$ 收敛到 $f(\overline{x})$。因此，

$$f(x_k) - f(x_{k+1}) \to 0$$

根据 Armijo 准则的定义和方向 d_k 的下降性质 $\nabla f(x_k)'d_k \leqslant 0$，我们有

$$f(x_k) - f(x_{k+1}) \geqslant -\sigma\alpha_k\nabla f(x_k)'d_k \geqslant 0$$

因此结合上述两个关系，

$$\alpha_k\nabla f(x_k)'d_k \to 0 \tag{2.73}$$

从式 (2.72) 的左侧和假设 $\nabla f(\overline{x}) \neq 0$，可知

$$\limsup_{\substack{k\to\infty\\ k\in\mathcal{K}}} \nabla f(x_k)'d_k < 0 \tag{2.74}$$

结合式 (2.73) 可推出

$$\{\alpha_k\}_{\mathcal{K}} \to 0$$

由于 s_k，作为 α_k 的初始值，存在离开 0 的界，对于大于某个迭代指标 $\overline{k}$ 的所有 $k \in \mathcal{K}$，s_k 至少会下降一次。因此，对于所有满足 $k > \overline{k}$ 条件的 $k \in \mathcal{K}$，我们有

$$f(x_k) - f\big(x_k + (\alpha_k/\beta)d_k\big) < -\sigma(\alpha_k/\beta)\nabla f(x_k)'d_k \tag{2.75}$$

根据式 (2.72) 的右侧，可知 $\{d_k\}_{\mathcal{K}}$ 是有界的，因此 $\{d_k\}_{\overline{\mathcal{K}}}$ 存在子序列 $\{d_k\}_{\mathcal{K}}$ 使

$$\{d_k\}_{\overline{\mathcal{K}}} \to \overline{d}$$

成立，其中 $\overline{d}$ 是某个向量。根据式 (2.75)，有

$$\frac{f(x_k) - f(x_k + \overline{\alpha}_k d_k)}{\overline{\alpha}_k} < -\sigma\nabla f(x_k)'d_k, \qquad \forall k \in \overline{\mathcal{K}},\ k \geqslant \overline{k}$$

其中 $\overline{\alpha}_k = \alpha_k/\beta$。利用中值定理，该关系可以写作

$$-\nabla f(x_k + \tilde{\alpha}_k d_k)'d_k < -\sigma\nabla f(x_k)'d_k, \qquad \forall k \in \overline{\mathcal{K}},\ k \geqslant \overline{k}$$

其中 $\tilde{\alpha}_k$ 是属于区间 $[0, \overline{\alpha}_k]$ 的标量。上述关系中取极限，得到

$$-\nabla f(\overline{x})'\overline{d} \leqslant -\sigma\nabla f(\overline{x})'\overline{d}$$

或者

$$0 \leqslant (1-\sigma)\nabla f(\overline{x})'\overline{d}$$

由于 $\sigma < 1$，可知

$$0 \leqslant \nabla f(\overline{x})'\overline{d}$$

与式 (2.74) 相矛盾。

2.5（最速下降收敛于单一极限 [BGI95]）

令 $f: \Re^n \mapsto \Re$ 为可微凸函数，且假定对于某个 $L > 0$，成立

$$\big\|\nabla f(x) - \nabla f(y)\big\| \leqslant L\,\|x - y\|, \qquad \forall x, y \in \Re^n$$

令 X^* 为 f 的最小点集合，且假定 X^* 为非空。考虑最速下降法

$$x_{k+1} = x_k - \alpha_k \nabla f(x_k)$$

证明 $\{x_k\}$ 在如下两个步长准则条件下都收敛于 f 的一个最小点。

(i) 对于某个 $\epsilon > 0$，有

$$\epsilon \leqslant \alpha_k \leqslant \frac{2(1-\epsilon)}{L}, \qquad \forall k$$

(ii) $\alpha_k \to 0$ 且 $\displaystyle\sum_{k=0}^{\infty} \alpha_k = \infty$。

注：原始文献 [BGI95] 还证明了对于 Armijo 准则的一种形式收敛到单一极限的结论。这个情况与 [Gon00] 的结果有明显差别。那里证明具有精确的线最小化准则的最速下降法即使对于凸代价函数也可能产生具有多个极限点的序列（当然这些极限点都是最优的）。对用于**非凸**连续可微代价函数 f 和 f 的孤立局部最小点（在局部最小点 x^* 的邻域内是唯一）的梯度法，成立“局部捕获”定理。在较弱的条件下该定理断言存在以 x^* 为中心的开球使得序列 $\{x_k\}$ 一旦进入 S_{x^*}，它就会收敛到 x^*（参见 [Ber82a]，命题 1.12，或 [Ber99]，命题 1.2.5 以及相应的参考文献）。

证明概要：考虑步长准则 (i)。根据下降不等式（练习 2.2），我们有对于所有 k 成立

$$f(x_{k+1}) \leqslant f(x_k) - \alpha_k\left(1 - \frac{\alpha_k L}{2}\right)\big\|\nabla f(x_k)\big\|^2 \leqslant f(x_k) - \epsilon^2\big\|\nabla f(x_k)\big\|^2$$

于是 $\{f(x_k)\}$ 为单调非增且收敛。对于所有 k 值将下降关系求和，并取极限 $k \to \infty$，我们得到对于所有 $x^* \in X^*$，有

$$f(x^*) \leqslant f(x_0) - \epsilon^2 \sum_{k=0}^{\infty}\big\|\nabla f(x_k)\big\|^2$$

可知 $\sum\limits_{k=0}^{\infty}\big\|\nabla f(x_k)\big\|^2 < \infty$ 且 $\nabla f(x_k) \to 0$，以及

$$\sum_{k=0}^{\infty}\|x_{k+1} - x_k\|^2 < \infty \tag{2.76}$$

因为 $\nabla f(x_k) = (x_k - x_{k+1})/\alpha_k$。进而 $\{x_k\}$ 的任意极限点都属于 X^*，因为 $\nabla f(x_k) \to 0$ 且 f 是凸的。

利用 f 的凸性，我们有对于所有 $x^* \in X^*$，

$$\begin{aligned}\|x_{k+1} - x^*\|^2 - \|x_k - x^*\|^2 - \|x_{k+1} - x_k\|^2 &= -2(x^* - x_k)'(x_{k+1} - x_k)\\ &= 2\alpha_k(x^* - x_k)'\nabla f(x_k)\\ &\leqslant 2\alpha_k\big(f(x^*) - f(x_k)\big)\\ &\leqslant 0\end{aligned}$$

成立，因而有

$$\|x_{k+1} - x^*\|^2 \leqslant \|x_k - x^*\|^2 + \|x_{k+1} - x_k\|^2, \qquad \forall x^* \in X^* \tag{2.77}$$

下面利用式 (2.76) 和式 (2.77) 以及 Fejér 收敛定理 (附录 A 命题 A.4.6)。根据定理的 (a) 部分，可知 $\{x_k\}$ 是有界的，因此具有极限点 $\overline{x}$，而且根据前面的证明，必然属于 X^*。根据该事实和定理的 (b) 部分，可知 $\{x_k\}$ 收敛到 $\overline{x}$。

步长准则 (ii) 的情形证明类似。利用假定 $\alpha_k \to 0$ 和 $\sum\limits_{k=0}^{\infty}\alpha_k = \infty$，以及下降不等式，可证明 $\nabla f(x_k) \to 0$, 即 $\{f(x_k)\}$ 收敛，以及式 (2.76) 成立。至此，前述证明过程可以直接用过来。

2.6（带有偏差的梯度法的收敛性 [BeT00]）

考虑可微函数 $f: \Re^n \mapsto \Re$ 的无约束最小化问题。令 $\{x_k\}$ 为该方法产生的序列

$$x_{k+1} = x_k - \alpha_k\big(\nabla f(x_k) + w_k\big)$$

其中 α_k 是正的步长，且 w_k 是对正的标量 p 和 q 满足以下条件的偏差向量。

$$\|w_k\| \leqslant \alpha_k\big(q + p\|\nabla f(x_k)\|\big), \qquad k = 0, 1, \cdots \tag{2.78}$$

假定对于某个常数 $L > 0$，我们有

$$\big\|\nabla f(x) - \nabla f(y)\big\| \leqslant L\|x - y\|, \qquad \forall x, y \in \Re^n$$

以及

$$\sum_{k=0}^{\infty}\alpha_k = \infty, \qquad \sum_{k=0}^{\infty}\alpha_k^2 < \infty \tag{2.79}$$

证明要么有 $f(x_k) \to -\infty$，要么 $f(x_k)$ 收敛于一个有限值，且 $\lim\limits_{k\to\infty} \nabla f(x_k) = 0$。进而，$\{x_k\}$ 的每个极限点 $\overline{x}$ 均满足 $\nabla f(\overline{x}) = 0$。

证明概要：下降不等式 (2.70) 给出

$$f(x_{k+1}) \leqslant f(x_k) - \alpha_k \nabla f(x_k)'\big(\nabla f(x_k) + w_k\big) + \frac{\alpha_k^2 L}{2}\big\|\nabla f(x_k) + w_k\big\|^2$$

利用式 (2.78)，我们有

$$\begin{aligned} -\nabla f(x_k)'\big(\nabla f(x_k) + w_k\big) &\leqslant -\big\|\nabla f(x_k)\big\|^2 + \big\|\nabla f(x_k)\big\|\,\|w_k\| \\ &\leqslant -\big\|\nabla f(x_k)\big\|^2 + \alpha_k q\big\|\nabla f(x_k)\big\| + \alpha_k p\big\|\nabla f(x_k)\big\|^2 \end{aligned}$$

以及

$$\begin{aligned} \frac{1}{2}\big\|\nabla f(x_k) + w_k\big\|^2 &\leqslant \big\|\nabla f(x_k)\big\|^2 + \|w_k\|^2 \\ &\leqslant \big\|\nabla f(x_k)\big\|^2 + \alpha_k^2\big(q^2 + 2pq\big\|\nabla f(x_k)\big\| + p^2\big\|\nabla f(x_k)\big\|^2\big) \end{aligned}$$

结合前面的三个关系进行整理，可知

$$\begin{aligned} f(x_{k+1}) \leqslant f(x_k) - \alpha_k(1 - \alpha_k L - \alpha_k p - \alpha_k^3 p^2 L)\big\|\nabla f(x_k)\big\|^2 + \\ \alpha_k^2(q + 2\alpha_k^2 pqL)\big\|\nabla f(x_k)\big\| + \alpha_k^4 q^2 L \end{aligned}$$

由于 $\alpha_k \to 0$，对于常数 c，d 和所有充分大的 k，我们有

$$f(x_{k+1}) \leqslant f(x_k) - \alpha_k c\big\|\nabla f(x_k)\big\|^2 + \alpha_k^2 d\big\|\nabla f(x_k)\big\| + \alpha_k^4 q^2 L$$

利用不等式 $\big\|\nabla f(x_k)\big\| \leqslant 1 + \big\|\nabla f(x_k)\big\|^2$，从上述关系可导出，对于充分大的 k，成立

$$f(x_{k+1}) \leqslant f(x_k) - \alpha_k(c - \alpha_k d)\big\|\nabla f(x_k)\big\|^2 + \alpha_k^2 d + \alpha_k^4 q^2 L$$

应用超鞅收敛定理（Supermartingale Convergence Theorem）（附录 A 命题 A.4.4），并利用假定式 (2.79)，可知要么有 $f(x_k) \to -\infty$ 要么有 $f(x_k)$ 收敛到有限值且 $\sum\limits_{k=0}^{\infty} \alpha_k\big\|\nabla f(x_k)\big\|^2 < \infty$。对于后一种情况，考虑到假设 $\sum\limits_{k=0}^{\infty} \alpha_k = \infty$，必有 $\liminf\limits_{k\to\infty} \|\nabla f(x_k)\| = 0$。这意味着 $\nabla f(x_k) \to 0$。最后一步证明的细节可参见 [BeT00]。该文献还提供了本练习的随机版本。不过该版本的证明思路不同，不依赖超鞅收敛定理。

2.7（对于不可微代价函数的最速下降方向 [BeM71]）

令 $f : \Re^n \mapsto \Re$ 为凸函数，考虑以下问题的解 x 处的最速下降方向

$$\begin{aligned} &\text{minimize} \quad && f'(x;d) \\ &\text{subject to} \quad && \|d\| \leqslant 1 \end{aligned} \tag{2.80}$$

证明该方向为 $-g^*$，其中 g^* 是 $\partial f(x)$ 中范数最小的向量。

证明概要：根据附录 B 命题 5.4.8，$f'(x;\boldsymbol{\cdot})$ 是非空和紧的次微分 $\partial f(x)$ 的支撑函数，即

$$f'(x;d) = \max_{g\in\partial f(x)} d'g, \qquad \forall x, d \in \Re^n$$

由于集合 $\big\{d \mid \|d\| \leqslant 1\big\}$ 和 $\partial f(x)$ 是凸的和紧的，函数 $d'g$ 在其他变量固定时，对每个变量都是线性，根据附录 B 的鞍点定理命题 5.5.3，可知

$$\min_{\|d\|\leqslant 1} \max_{g\in\partial f(x)} d'g = \max_{g\in\partial f(x)} \min_{\|d\|\leqslant 1} d'g$$

并且存在鞍点。对于任意鞍点 (d^*, g^*)，g^*，在 $\partial f(x)$ 上最大化函数 $\min_{\|d\|\leqslant 1} d'g = -\|g\|$，因此，$g^*$ 是在 $\partial f(x)$ 中的唯一最小范数向量。进而，d^* 最小化 $\max_{g\in\partial f(x)} d'g$ 或等价地在 $\|d\| \leqslant 1$ 约束下最小化 $f'(x;d)$ [根据式 (2.80)]（因此它是最速下降方向），并且在 $\|d\| \leqslant 1$ 条件下最小化 $d'g^*$，因此具有

$$d^* = -\frac{g^*}{\|g^*\|}$$

的形式 [除了当 $0 \in \partial f(x)$ 的特殊情况，此时 $d^* = 0$]。

2.8（对于有界约束的双尺度投影方法 [Ber82a]，[Ber82b]）

考虑在集合

$$X = \left\{(x^1, \cdots, x^n) \mid \underline{b}^i \leqslant x^i \leqslant \bar{b}^i,\ i = 1, \cdots, n\right\}$$

上最小化连续可微函数 $f: \Re^n \mapsto \Re$ 的问题，其中 $\underline{b}^i$ 和 $\bar{b}^i$，$i = 1, \cdots, n$ 是给定的向量。该问题的双尺度投影方法具有如下形式：

$$x_{k+1} = P_X\big(x_k - \alpha_k D_k \nabla f(x_k)\big)$$

其中 D_k 是正定对称矩阵。

(a) 试构造 f 和 D_k 的一个例子，使得 x_k 不能在 X 上最小化 f，且 $f(x_{k+1}) > f(x_k)$ 对于 $\alpha_k > 0$ 成立。

(b) 对于给定的 $x_k \in X$，令 $I_k = \{i \mid x_k^i = \underline{b}^i$满足$\partial f(x_k)/\partial x^i > 0$，或$x_k^i = \bar{b}^i$ 满足$\partial f(x_k)/\partial x^i < 0\}$。假定 D_k 对于 I_k 是对角形的，即 $(D_k)_{ij} = (D_k)_{ji} = 0$ 对满足 $i \in I_k$ 和 $j = 1, \cdots, n$，且 $j \neq i$ 条件的情形成立。证明如果 x_k 不是最优的，那么存在 $\bar{\alpha}_k > 0$ 使得 $f(x_{k+1}) < f(x_k)$ 对于所有的 $\alpha_k \in (0, \bar{\alpha}_k]$ 成立。

(c) 假定 D_k 的非对角部分是 $\nabla^2 f(x_k)$ 相应部分的逆。大致论证一下该方法具有超线性收敛速率预期的合理性。

2.9（增量方法-计算练习）

该练习处理线性不等式组 $c_i'x \leqslant b_i$，$i = 1, \cdots, m$ 的（近似求解）问题，其中 $c_i \in \Re^n$ 和 $b_i \in \Re$ 为给定。

(a) 考虑 Kaczmarz 算法的一种形式，其循环运算如下。在每个循环 k 结束时，设置 $x_{k+1} = \psi_{m,k}$，其中 $\psi_{m,k}$ 在 m 步之后得到

$$\psi_{i,k} = \psi_{i-1,k} - \frac{\alpha_k}{\|c_i\|^2} \max\left\{0,\ c_i'\psi_{i-1,k} - b_i\right\} c_i, \qquad i = 1, \cdots, m$$

起始设置为 $\psi_{0,k} = x_k$。证明该算法可以视为对适当选取的某个可微代价函数的增量梯度法。

(b) 对于 $n = 2$ 和 $m = 100$ 情况的两个例子实现 (a) 中的算法。第一个例子，向量 c_i 具有形式 $c_i = (\xi_i, \zeta_i)$，其中 ξ_i，ζ_i，以及 b_i，从 $[-100, 100]$ 中按照均匀分布随机独立选取。第二个例子，向量 c_i 具有形式 $c_i = (\xi_i, \zeta_i)$，其中 ξ_i，ζ_i 从 $[-10, 10]$ 中按照均匀分布随机独立选取，而 b_i 从 $[0, 1000]$ 中按照均匀分布随机独立选取。针对不同的起始点和步长选择，以及对迭代中下标 i 的确定性和随机性的选取，开展实验。按照 2.1 节描述的理论行为解释实验结果。

2.10（增量梯度法的收敛性）

考虑代价函数

$$f(x) = \sum_{i=1}^m f_i(x)$$

的最小化问题，其中 $f_i : \Re^n \mapsto \Re$ 为连续可微，且令 $\{x_k\}$ 为增量梯度法生成的序列。假定对于常数 L, C, D 和所有的 $i = 1, \cdots, m$, 我们都有

$$\big\|\nabla f_i(x) - \nabla f_i(y)\big\| \leqslant L\|x - y\|, \qquad \forall x, y \in \Re^n$$

以及

$$\big\|\nabla f_i(x)\big\| \leqslant C + D\big\|\nabla f(x)\big\|, \qquad \forall x \in \Re^n$$

再假设

$$\sum_{k=0}^{\infty} \alpha_k = \infty, \qquad \sum_{k=0}^{\infty} \alpha_k^2 < \infty$$

证明要么有 $f(x_k) \to -\infty$，要么有 $f(x_k)$ 收敛到一个有限值，且 $\lim_{k\to\infty} \nabla f(x_k) = 0$。进而，$\{x_k\}$ 的每个极限点 $\overline{x}$ 都满足 $\nabla f(\overline{x}) = 0$。

解答要点：思路是把增量梯度法视为带偏差的梯度法，以便应用练习 2.6 的结论。简单起见，我们假定 $m = 2$。$m > 2$ 时证明类似。我们有

$$\psi_1 = x_k - \alpha_k \nabla f_1(x_k), \qquad x_{k+1} = \psi_1 - \alpha_k \nabla f_2(\psi_1)$$

两式相加，得到

$$x_{k+1} = x_k + \alpha_k\big(-\nabla f(x_k) + w_k\big)$$

其中

$$w_k = \nabla f_2(x_k) - \nabla f_2(\psi_1)$$

我们有

$$\|w_k\| \leqslant L\|x_k - \psi_1\| = \alpha_k L\big\|\nabla f_1(x_k)\big\| \leqslant \alpha_k\big(LC + LD\big\|\nabla f(x_k)\big\|\big)$$

因此可以应用练习 2.6，于是可以证明期望的结论。

2.11（带有随机投影的 Kaczmarz 算法的收敛速率 [StV09]）

考虑相容的线性方程组 $c_i'x = b_i$，$i = 1, \cdots, m$，为了方便假设向量 c_i 已经归一化满足 $\|c_i\| = 1$ 对所有 i 成立。Kaczmarz 模型的一个随机版本如下：

$$x_{k+1} = x_k - (c_{i_k}'x - b_{i_k})c_{i_k}$$

其中 i_k 是以等概率 $1/m$ 从集合 $\{1, \cdots, m\}$ 中独立于之前选择的方式随机选取的下标。记 $P(x)$ 为向量 $x \in \Re^n$ 到方程组解集合上的欧氏投影，并令 C 为行为 $c_1, \cdots, c_m$ 构成的矩阵。证明

$$E\big\{\|x_{k+1} - P(x_{k+1})\|^2\big\} \leqslant \left(1 - \frac{\lambda_{min}}{m}\right) E\big\{\|x_k - P(x_k)\|^2\big\}$$

其中 λ_{min} 是矩阵 $C'C$ 的最小特征值。

提示：证明

$$\big\|x_{k+1} - P(x_{k+1})\big\|^2 \leqslant \big\|x_{k+1} - P(x_k)\big\|^2 = \big\|x_k - P(x_k)\big\|^2 - (c_{i_k}'x_{i_k} - b_{i_k})^2$$

并对两侧同时取条件期望以证明

$$\begin{aligned} E\big\{\|x_{k+1} - P(x_{k+1})\|^2 \mid x_k\big\} &\leqslant \big\|x_k - P(x_k)\big\|^2 - \frac{1}{m}\|Cx_k - b\|^2 \\ &\leqslant \left(1 - \frac{\lambda_{min}}{m}\right)\big\|x_k - P(x_k)\big\|^2 \end{aligned}$$

2.12（**增量梯度法的极限环 [Luo91]**）

考虑标量最小平方问题

$$\begin{array}{ll} \text{minimize} & \frac{1}{2}\big((b_1 - x)^2 + (b_2 - x)^2\big) \\ \text{subject to} & x \in \Re \end{array}$$

其中 b_1 和 b_2 是给定的标量，增量梯度法按照

$$x_{k+1} = \psi_k - \alpha(\psi_k - b_2)$$

从 x_k 生成 x_{k+1}，其中

$$\psi_k = x_k - \alpha(x_k - b_1)$$

而 α 是正的步长。假定 $\alpha < 1$，证明 $\{x_k\}$ 和 $\{\psi_k\}$ 分别收敛到极限 $x(\alpha)$ 和 $\psi(\alpha)$。不过，除非 $b_1 = b_2$, $x(\alpha)$ 和 $\psi(\alpha)$ 互不相等，也不等于最小平方解 $x^* = (b_1 + b_2)/2$。验证

$$\lim_{\alpha \to 0} x(\alpha) = \lim_{\alpha \to 0} \psi(\alpha) = x^*$$

2.13（**增量梯度法对线性最小平方问题的收敛性**）

考虑在 $x \in \Re^n$ 上最小化

$$f(x) = \frac{1}{2}\sum_{i=1}^{m} \|z_i - C_i x\|^2$$

的线性最小平方问题，其中向量 z_i 和矩阵 C_i 是给定的。令 x_k 为增量梯度法循环 k 的起始向量。假定增量梯度法循环运行且在循环中按照固定顺序选取分量。因此我们有

$$x_{k+1} = x_k + \alpha_k \sum_{i=1}^{m} C_i'(z_i - C_i \psi_{i-1})$$

其中 $\psi_0 = x_k$，且

$$\psi_i = \psi_{i-1} + \alpha_k C_i'(z_i - C_i \psi_{i-1}), \qquad i = 1, \cdots, m$$

假定 $\sum_{i=1}^{m} C_i' C_i$ 为正定矩阵，并令 x^* 为最优解。于是:

(a) 存在 $\overline{\alpha} > 0$ 使得如果 α_k 对于所有 k 等于某个常数，$\{x_k\}$ 收敛到某个向量 $x(\alpha)$。进而，偏差 $\|x_k - x(\alpha)\|$ 按线性速率收敛到 0。另外，我们有 $\lim_{\alpha \to 0} x(\alpha) = x^*$。

提示：证明从 x_k 开始生成 x_{k+1} 的映射对充分小的 α 是压缩的。

(b) 如果 $\alpha_k > 0$ 对所有 k 成立，且

$$\alpha_k \to 0, \qquad \sum_{k=0}^{\infty} \alpha_k = \infty$$

那么 $\{x_k\}$ 收敛到 x^*。

提示：利用附录 A 的命题 A.4.3。

注：该练习的思想出自 [Luo91]。完整的求解，参见 [BeT96] 3.2 节或 [Ber99] 1.5 节。

2.14（**增量梯度法的线性收敛速率 [Ber99]，[NeB00]**）

本练习给出对于处理加和代价分量的任意顺序，增量梯度法收敛到“混淆范围”的速率（参见图 2.1.11）。我们假定这些分量是正定二次型。考虑增量梯度法

$$x_{k+1} = x_k - \alpha \nabla f_k(x_k) \qquad k = 0, 1, \cdots$$

其中 $f_0, f_1, \cdots$ 为二次型函数，其特征值位于某个区间 $[\gamma, \Gamma]$，其中 $\gamma > 0$。假定对于给定的 $\epsilon > 0$，存在向量 x^* 满足

$$\|\nabla f_k(x^*)\| \leqslant \epsilon, \qquad \forall k = 0, 1, \cdots$$

证明对于所有满足 $0 < \alpha \leqslant 2/(\gamma + \Gamma)$ 条件的 α，生成的序列 $\{x_k\}$ 都收敛到 x^* 的 $2\epsilon/\gamma$-邻域，即

$$\limsup_{k \to \infty} \|x_k - x^*\| \leqslant \frac{2\epsilon}{\gamma}$$

进而，收敛到这个邻域的速率是线性的，

$$\|x_k - x^*\| > \frac{2\epsilon}{\gamma} \implies \|x_{k+1} - x^*\| < \left(1 - \frac{\alpha\gamma}{2}\right) \|x_k - x^*\|$$

而

$$\|x_k - x^*\| \leqslant \frac{2\epsilon}{\gamma} \implies \|x_{k+1} - x^*\| \leqslant \frac{2\epsilon}{\gamma}$$

提示：令 $f_k(x) = \frac{1}{2} x' Q_k x - b_k' x$，其中 Q_k 是正定对称的，并写出式

$$x_{k+1} - x^* = (I - \alpha Q_k)(x_k - x^*) - \alpha \nabla f_k(x^*)$$

其他相关收敛速率的结果，参见 [NeB00] 和 [Sch14a]。

2.15（**近端梯度法，ℓ_1-正则化，以及收缩运算**）

近端梯度迭代式 (2.27) 很适合求解包含近端迭代中引入不可微函数分量的问题。本练习考虑具有 ℓ_1 范数的重要场景。考虑问题

$$\begin{aligned} &\text{minimize} \quad && f(x) + \gamma \|x\|_1 \\ &\text{subject to} \quad && x \in \Re^n \end{aligned}$$

其中 $f : \Re^n \mapsto \Re$ 是可微凸函数，$\|\bullet\|_1$ 是 ℓ_1 范数，且 $\gamma > 0$。近端梯度迭代由梯度步骤

$$z_k = x_k - \alpha \nabla f(x_k)$$

给出，后面是近端步骤

$$x_{k+1} \in \arg\min_{x \in \Re^n} \left\{ \gamma \|x\|_1 + \frac{1}{2\alpha} \|x - z_k\|^2 \right\}$$

[参见式 (2.28)]。证明近端步骤对于 x 的每个坐标 x^i 可以分别执行，并由**收缩运算**（shrinkage operation）给出

$$x_{k+1}^i = \begin{cases} z_k^i - \alpha\gamma & \text{如果 } z_k^i > \alpha\gamma \\ 0 & \text{如果 } |z_k^i| \leqslant \alpha\gamma \\ z_k^i + \alpha\gamma & \text{如果 } z_k^i < -\alpha\gamma \end{cases} \qquad i = 1, \cdots, n$$

注：由于收缩运算倾向于将许多坐标 x_{k+1}^i 设置 0，因此它常产生“稀疏”迭代。

2.16（**利用指数平滑确定非线性不等式的可行性 [Ber82a], p. 314, [Sch82]**）

考虑求解一组不等式约束

$$g_i(x) \leqslant 0, \qquad i = 1, \cdots, m$$

的问题，其中 $g_i : \Re^n \mapsto \Re$ 是凸函数。基于指数惩罚函数的平滑方法是转而求最小化问题

$$f_{c,\lambda}(x) = \frac{1}{c} \ln \sum_{i=1}^{m} \lambda_i \mathrm{e}^{cg_i(x)}$$

其中 $c > 0$ 是一个小的标量，而标量 λ_i, $i = 1, \cdots, m$ 满足条件

$$\lambda_i > 0, \quad i = 1, \cdots, m, \qquad \sum_{i=1}^{m} \lambda_i = 1$$

(a) 证明如果不等式组是可行的（或严格可行），那么最优值是非正的（或相应地严格负的）。如果不等式组为不可行，则

$$\lim_{c \to \infty} \inf_{x \in \Re^n} f_{c,\lambda}(x) = \inf_{x \in \Re^n} \max \left\{ g_1(x), \cdots, g_m(x) \right\}$$

(b) （**计算练习**）应用增量梯度法和增量牛顿法最小化 $\sum_{i=1}^{m} e^{cg_i(x)}$ [这等价于最小化 $f_{c,\lambda}(x)$ 其中取 $\lambda_i \equiv 1/m$]，对于

$$g_i(x) = c_i' x - b_i, \qquad i = 1, \cdots, m$$

的情况，其中 (c_i, b_i) 如练习 2.9(b) 中的两个问题那样随机生成。采用不同的起始点和步长，以及对于迭代中用确定性和随机顺序选取下标 i 进行实验。

(c) 针对最小化问题 $f(x) = \max_{i=1,\cdots,m} g_i(x)$，运用 2.2.5 节的指数平滑方法，如有可能，采用增广拉格朗日迭代式 (2.67) 来更新 λ，重新进行 (b) 部分的实验。比较如下三种运算方法：(1) c 保持不变而 λ 是更新的，(2) c 增大到 ∞ 而 λ 保持不变，以及 (3) c 增大到 ∞ 且 λ 是更新的。

第 3 章　次梯度算法

本章讨论次梯度算法，用于在闭凸集上最小化实值凸函数 $f:\Re^n \mapsto \Re$。其最简单形式如下：

$$x_{k+1} = P_X(x_k - \alpha_k g_k)$$

其中 g_k 是 f 在 x_k 处的任意次梯度，α_k 是一个正的步长，$P_X(\cdot)$ 表示在集合 X 上的欧氏投影。注意与在 2.1.2 节的梯度投影迭代法的相似性：f 在点 x_k 是可微分的，$\nabla f(x_k)$ 是唯一的次梯度，这两种迭代法是完全一样的[1]。

我们首先在 3.1 节综述实值凸函数的次梯度理论，并强调方法的意义和性质。我们也会讨论在对偶和最小最大问题下函数的次梯度计算方法。在 3.2 节，我们提供一种主要形式的次梯度算法的收敛性分析，其中使用了多种步长规则。在 3.3 节，我们讨论包含不同近似情况下的次梯度算法的不同变体。

3.1　实值凸函数的次梯度

给定一个真凸函数 $f:\Re^n \mapsto (-\infty,\infty]$，称 $g \in \Re^n$ 为 f 在 $x \in \mathrm{dom}(f)$ 点处的一个**次梯度**，如果它满足条件

$$f(z) \geqslant f(x) + g'(z-x), \qquad \forall z \in \Re^n \tag{3.1}$$

如图 3.1.1 所示。f 在 $x \in \Re^n$ 的所有次梯度的集合，被称为 f 在 x 处的次微分，用 $\partial f(x)$ 表示。对于 $x \notin \mathrm{dom}(f)$，我们约定 $\partial f(x) = \varnothing$。图 3.1.2 提供了一些次微分的例子。注意，$\partial f(x)$ **是一个闭的凸集**，根据式 (3.1)，它是闭半空间集合的交集（每个 $z \in \Re^n$）。

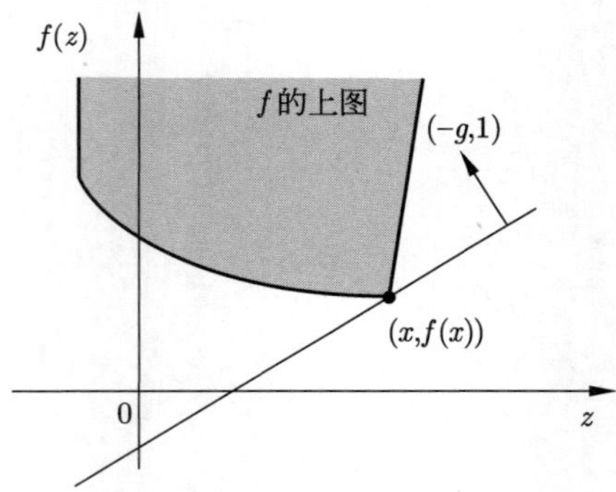

图 3.1.1　次梯度的定义示意图。次梯度不等式 (3.1) 能被写成

$$f(z) - g'z \geqslant f(x) - g'x, \qquad \forall z \in \Re^n$$

因此，如图所示，g 是 f 在 x 点的次梯度，当且仅当 f 的上图的支撑超平面 $\Re^{n+1}$ 有法向量 $(-g,1)$，并通过 $(x,f(x))$ 点

[1] 由于梯度投影方法可以看作将次梯度算法应用于可微分的代价函数里，本节的分析也同样适用于梯度投影方法。然而，如果 f 可微分，为了在每次迭代时降低代价函数值，通常使用步长 α_k。因此基于代价函数下降法，可以考虑更充分的分析，以改进收敛速度和收敛结果。我们将此部分放到了 6.1 节。

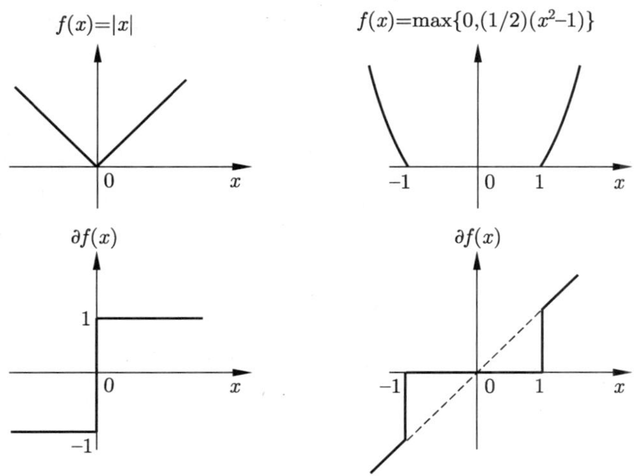

图 3.1.2　关于自变量 x 的某些实值标量凸函数的次微分

通常来说，对于所有 $x \in \mathrm{ri}\big(\mathrm{dom}(f)\big)$（$f$ 定义域的相对内部），$\partial f(x)$ 是非空的。但是在 $\mathrm{dom}(f)$ 相对边界某些点上，有可能存在 $\partial f(x) = \varnothing$ 的情况。扩充实值函数的次梯度的总结请参考附录 B 5.4 节。当 f 是实值函数时，我们能得到更好的结论：$\partial f(x)$ 不仅仅是闭凸集，而且对于所有的 $x \in \Re^n$，它还是非空的紧集。此外，关于此以及相关结果的证明通常情况下比扩充实值函数情况更简单。因此，我们将为 f 是实值（这是算法中最主要的情况）提供一个单独的分析。

最后我们回顾 f 在点 x 的 d 方向上的方向导数的定义：

$$f'(x;d) = \lim_{\alpha \downarrow 0} \frac{f(x+\alpha d) - f(x)}{\alpha} \tag{3.2}$$

（参见附录 B 5.4.4 节）。右边单调非增到 $f'(x;d)$，参见附录 B 命题 5.4.4 或图 3.1.3。

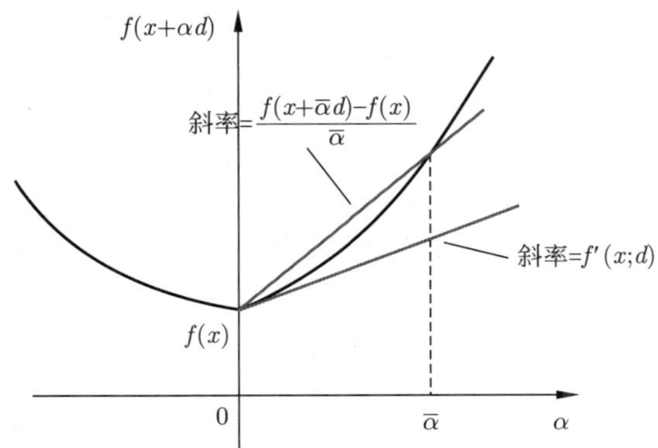

图 3.1.3　凸函数 f 的方向导数示意图。随着 $\alpha \downarrow 0$，比值 $\dfrac{f(x+\alpha d) - f(x)}{\alpha}$ 是单调非增的，并收敛到 $f'(x;d)$

我们的第一个结果展示了一些基本性质，并提供了 $\partial f(x)$ 和 $f'(x;d)$ 的关系。对于扩充实值函数 f，一个更加相关和精确的结果参见附录 B 命题 5.4.8。然而，它的证明更加复杂，并且包含一些 f 是实值函数的情况必要的条件。

命题 3.1.1（次微分和方向导数） 凸函数 $f:\Re^n \mapsto \Re$，对于所有 $x\in\Re^n$，以下成立:

(a) 次微分 $\partial f(x)$ 是非空凸紧集，且有

$$f'(x;d)=\max_{g\in\partial f(x)} g'd, \qquad \forall d\in\Re^n \tag{3.3}$$

即，$f'(x;\cdot)$ 是 $\partial f(x)$ 的支撑函数。特别地，方向导数 $f'(x;\cdot)$ 是实值凸函数。

(b) 如果 f 在 x 点处可微分，梯度为 $\nabla f(x)$，那么 $\nabla f(x)$ 是 x 点的唯一次梯度，我们有 $f'(x;d)=\nabla f(x)'d$。

证明：(a) 首先考虑次梯度的一个性质。次梯度不等式 (3.1) 等价于

$$\frac{f(x+\alpha d)-f(x)}{\alpha}\geqslant g'd, \qquad \forall d\in\Re^n,\ \alpha>0$$

因为左侧的商随着 $\alpha\downarrow 0$ 单调递减到 $f'(x;d)$，可知次梯度不等式等价于 $f'(x;d)\geqslant g'd$，对于所有的 $d\in\Re^n$：

$$g\in\partial f(x) \iff f'(x;d)\geqslant g'd, \qquad \forall d\in\Re^n \tag{3.4}$$

接下来我们证明 $f'(x;\cdot)$ 是实值函数。给定一个 $d\in\Re^n$，考虑标量凸函数 $\phi(\alpha)=f(x+\alpha d)$。考虑 ϕ 的凸性，对于所有 $\alpha>0$ 和 $\beta>0$，

$$\phi(0)\leqslant\frac{\alpha}{\alpha+\beta}\phi(-\beta)+\frac{\beta}{\alpha+\beta}\phi(\alpha)$$

等价于

$$f(x)\leqslant\frac{\alpha}{\alpha+\beta}f(x-\beta d)+\frac{\beta}{\alpha+\beta}f(x+\alpha d)$$

其关系可被写作

$$\frac{f(x)-f(x-\beta d)}{\beta}\leqslant\frac{f(x+\alpha d)-f(x)}{\alpha}$$

注意右侧的商是单调非增的（参见图 3.1.3）。限制 $\alpha\downarrow 0$，有

$$\frac{f(x)-f(x-\beta d)}{\beta}\leqslant f'(x;d)\leqslant\frac{f(x+\alpha d)-f(x)}{\alpha}, \qquad \forall\alpha,\beta>0$$

因此，对于所有 $x,d\in\Re^n$，$f'(x;d)$ 是实值函数。

接下来我们证明 $\partial f(x)$ 是凸的紧集。从式 (3.4) 中看出，$\partial f(x)$ 是闭半平面的交集。

$$\{g\mid f'(x;d)\geqslant g'd\}$$

其中，d 在非零向量 $\Re^n$ 上取值。由此可知，$\partial f(x)$ 是闭凸的。它也不能是无界的，否则，对于一些 $d\in\Re^n$，合适选择 $g\in\partial f(x)$，$g'd$ 将会无界，这与式 (3.4) 矛盾（因为 $f'(x;\cdot)$ 已经被证明是实值）。

接下来我们证明 $\partial f(x)$ 非空。取 $\Re^n$ 中任意 x 和 d，并考虑 $\Re^{n+1}$ 的凸子集

$$C_1=\{(z,w)\mid w>f(z)\}$$

和图 3.1.4 中射线

$$C_2=\{(z,w)\mid w=f(x)+\alpha f'(x;d),\ z=x+\alpha d,\ \alpha\geqslant 0\}$$

因为随着 $\alpha\downarrow 0$，式 (3.2) 右边的商是单调非递增的，并收敛于 $f'(x;d)$（参见图 3.1.3）。我们有，

$$f(x)+\alpha f'(x;d)\leqslant f(x+\alpha d), \qquad \forall\alpha\geqslant 0$$

可知，凸集 C_1 和 C_2 是不相交的。应用超平面分离定理（参见附录 B 命题 1.5.2），我们可以看到存在一个非零向量 $(\mu,\gamma)\in\Re^{n+1}$，使得

$$\gamma w+\mu'z\leqslant\gamma\big(f(x)+\alpha f'(x;d)\big)+\mu'(x+\alpha d), \quad \forall\alpha\geqslant 0,\ z\in\Re^n,\ w>f(z) \tag{3.5}$$

我们不能使 $\gamma>0$，因为选择 w 足够大，左边能够任意大。同样地，如果 $\gamma=0$，式 (3.5) 表明 $\mu=0$，而 (μ,γ) 必须非零，产生矛盾。因此 $\gamma<0$，式 (3.5) 两边同时除以 γ，得到

$$w+(z-x)'(\mu/\gamma)\geqslant f(x)+\alpha f'(x;d)+\alpha(\mu/\gamma)'d,\ \forall\alpha\geqslant 0,\ z\in\Re^n,\ w>f(z) \tag{3.6}$$

采用以上限制，随着 $\alpha\downarrow 0$ 和 $w\downarrow f(z)$，我们得到

$$f(z)\geqslant f(x)+(-\mu/\gamma)'(z-x),\qquad \forall z\in\Re^n$$

表明 $(-\mu/\gamma)\in\partial f(x)$，所以 $(-\mu/\gamma)\in\partial f(x)$，非空。最后，我们证明式 (3.3) 成立。我们在式 (3.6) 中令 $z=x$ 和 $\alpha=1$，让 $w\downarrow f(x)$，我们得到次梯度 $(-\mu/\gamma)$ 满足

$$(-\mu/\gamma)'d\geqslant f'(x;d)$$

和式 (3.4) 一起，可以证明式 (3.3)。后一个方程还表明 $f'(x;\bullet)$ 是凸的，是线性函数集合的上界。

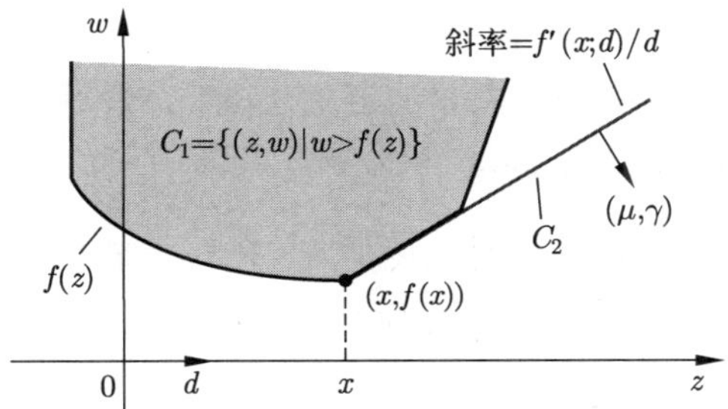

图 3.1.4　命题 3.1.1(a) 中集合 C_1 和 C_2 的超平面分离定理示意图

(b) 由方向导数和梯度的定义可知，如果 f 在 x 点可微，梯度为 $\nabla f(x)$，其方向导数为 $f'(x;d)=\nabla f(x)'d$。因此，从式 (3.3) 看出，$\nabla f(x)$ 是 f 在 x 的唯一次梯度。 □

前面命题的 (b) 部分可以用来证明**如果 f 是凸且可微的，它就是连续可微的**(见练习 3.4)。下面的命题推广了次微分的有界性，并建立了与 Lipschitz 连续性的联系。它在附录 B 中以命题 5.4.2 的形式给出，但考虑到它对我们算法目的的重要性，我们在这里重述它并提供证明。

命题 3.1.2（次微分有界性和 Lipschitz 连续性） $f:\Re^n\mapsto\Re$ 为实值凸函数，X 是 $\Re^n$ 的非空有界子集。

(a) 集合 $\cup_{x\in X}\partial f(x)$ 非空且有界。

(b) f 在 X 上 Lipschitz 连续，

$$\big|f(x)-f(z)\big|\leqslant L\,\|x-z\|,\qquad \forall x,z\in X$$

其中

$$L=\sup_{g\in\cup_{x\in X}\partial f(x)}\|g\|$$

证明：(a) 从命题 3.1.1(a) 可知集合非空。为证明有界，假设相反，存在序列 $\{x_k\}\subset X$ 和无界的序列 $\{g_k\}$，

$$g_k\in\partial f(x_k),\qquad 0<\|g_k\|<\|g_{k+1}\|,\quad k=0,1,\cdots$$

令 $d_k=g_k/\|g_k\|$。因为 $g_k\in\partial f(x_k)$，有

$$f(x_k+d_k)-f(x_k)\geqslant g_k'd_k=\|g_k\|$$

因为 $\{x_k\}$ 和 $\{d_k\}$ 均为有界，因此包含收敛子序列。为不失一般性，我们假设 $\{x_k\}$ 和 $\{d_k\}$ 收敛于某些向量。因此，根据 f 的连续性（参见附录 B 命题 1.3.11），上述关心的左边有界。因此右边有界，与 $\{g_k\}$ 的无界性相矛盾。

(b) 设 x 和 z 是 X 内两点。根据次梯度不等式 (3.1)，对于所有的 $g \in \partial f(x)$，下式成立，

$$f(x) + g'(z - x) \leqslant f(z)$$

所以，

$$f(x) - f(z) \leqslant \|g\| \cdot \|x - z\| \leqslant L\|x - z\|$$

通过交换 x 和 z，我们同样得到

$$f(z) - f(x) \leqslant L \ \|x - z\|$$

结合前两个关系

$$\big|f(x) - f(z)\big| \leqslant L \ \|x - z\|$$

□

下一个命题给出了实值凸函数的次微分的链式法则。该命题是应用于扩充实值函数的更一般结果的一个特例（参见附录 B 命题 5.4.5 和命题 5.4.6），但提出一个更简单的证明。

命题 3.1.3 (a)（链式法则） 假设 F 是凸函数 $h : \Re^m \mapsto \Re$ 和 $m \times n$ 矩阵 A 的复合函数，

$$F(x) = h(Ax), \qquad x \in \Re^n$$

则有

$$\partial F(x) = A'\partial h(Ax) = \big\{A'g \mid g \in \partial h(Ax)\big\}, \qquad x \in \Re^n$$

(b)（和的次微分） 假设 F 是凸函数的和 $f_i : \Re^n \mapsto \Re$，$i = 1, \cdots, m$，

$$F(x) = f_1(x) + \cdots + f_m(x), \qquad x \in \Re^n$$

则有

$$\partial F(x) = \partial f_1(x) + \cdots + \partial f_m(x), \qquad x \in \Re^n$$

证明：(a) 假设 $g \in \partial h(Ax)$。根据命题 3.1.1(a)，有

$$g'Ad \leqslant h'(Ax; Ad) = F'(x; d), \qquad \forall d \in \Re^n$$

其中，使用方向导数时等式成立。因此，

$$(A'g)'d \leqslant F'(x; d), \qquad \forall d \in \Re^n,$$

根据命题 3.1.1(a)，$A'g \in \partial F(x)$，因此 $A'\partial h(Ax) \subset \partial F(x)$。

为证明反向包含，假设会产生矛盾，即存在 $g \in \partial F(x)$ 使得 $g \notin A'\partial h(Ax)$。根据命题 3.1.1(a)，集合 $\partial h(Ax)$ 是紧集。由于线性变换保持凸性和紧性，因此 $A'\partial h(Ax)$ 也是凸紧集。根据附录 B 命题 1.5.3，存在严格分离单例集 $\{g\}$ 和 $A'\partial h(Ax)$ 的超平面，也就是说，存在满足

$$(A'y)'d < c < g'd, \qquad \forall y \in \partial h(Ax)$$

条件的向量 d 和标量 c。因此我们得到

$$\max_{y \in \partial h(Ax)} (Ad)'y < g'd$$

利用等式 $h'(Ax; Ad) = F'(x; d)$ 和命题 3.1.1(a)，有

$$F'(x; d) = h'(Ax; Ad) < g'd$$

这与命题 3.1.1(a) 矛盾。

(b) 令

$$F(x) = h(Ax)$$

其中，$h: \Re^{mn} \mapsto \Re$ 是函数：

$$h(x_1, \cdots, x_m) = f_1(x_1) + \cdots + f_m(x_m)$$

A 是等式 $Ax = (x, \cdots, x)$ 定义的矩阵。然后，从 (a) 部分得出次微分的和公式。 □

在凸集 X 上优化可微凸函数 f，以下命题概括了经典的最优性条件：

$$\nabla f(x^*)'(x - x^*) \geqslant 0, \qquad \forall x \in X$$

（请参阅附录 B 中命题 1.1.8）。该命题可以反过来推广 f 为扩充实值的情况。在这种情况下，最优性条件需要额外的假设：$\mathrm{ri}\big(\mathrm{dom}(f)\big) \cap \mathrm{ri}(X) \neq \varnothing$，或关于 f 或 X 的某些多面体假设；请参阅附录 B 中命题 5.4.7，其证明很简单，但关于扩充实值函数的链式法则更复杂。

命题 3.1.4（最优条件）　向量 x 在凸集 $X \subset \Re^n$ 上最小化凸函数 $f: \Re^n \mapsto \Re$，当且仅当存在一个次梯度 $g \in \partial f(x)$，使得

$$g'(z - x) \geqslant 0, \qquad \forall z \in X$$

证明： 假设对于某些 $g \in \partial f(x)$ 和所有 $g'(z - x) \geqslant 0$，有 $g'(z - x) \geqslant 0$。根据次梯度不等式 (3.1)，对于所有 $z \in X$，我们有 $f(z) - f(x) \geqslant g'(z - x)$，所以对于所有 $z \in X$，$f(z) - f(x) \geqslant 0$，因此 x 在集合 X 上最小化了 f。

相反，假设 x 在集合 X 上最小化 f。考虑 X 在 x 处的可行方向集，即锥

$$W = \{w \neq 0 \mid x + \alpha w \in X \text{ 对于某些} \alpha > 0\}$$

及对偶锥

$$\hat{W} = \{y \mid y'w \geqslant 0, \forall w \in W\}$$

（这等价于 $-W^*$，是所有 y 的集合，而 $-y$ 属于极锥 W^*）。如果 $\partial f(x)$ 和 $\hat{W}$ 有一个相同点，那么我们就可以证明结论了。因此我们假设相反，也就是说，$\partial f(x) \cap \hat{W} = \varnothing$。因为 $\partial f(x)$ 是紧集 [因为 f 是实值函数，命题 3.1.1(a) 成立]，而 $\hat{W}$ 是闭集，因此存在一个超平面严格分离 $\partial f(x)$ 和 $\hat{W}$（参见附录 B 命题 1.5.3），也就是说，存在向量 $d \neq 0$ 和标量 c 使得下式成立：

$$g'd < c < y'd, \qquad \forall g \in \partial f(x),\ y \in \hat{W}$$

因为 $\hat{W}$ 是锥，$\inf_{y \in \hat{W}} y'd$ 是 0 或者 $-\infty$。后面情况不可以，因为它将违反之前的关系。因此，我们有

$$c < 0 \leqslant y'd, \qquad \forall y \in \hat{W} \tag{3.7}$$

与前面的不等式结合时，得到

$$\max_{g \in \partial f(x)} g'd < c < 0$$

因此，使用命题 3.1.1(a)，我们有 $f'(x; d) < 0$，而根据式 (3.7)，我们知道 d 属于 W^* 的极锥，根据极锥定理 [参见附录 B 命题 2.2.1(b)]，它是 W 的闭包。因此，存在一个序列 $\{y_k\} \subset W$ 收敛到 d。因为 $f'(x; \cdot)$ 是连续函数 [根据命题 3.1.1(a)，它是凸实值函数] 和 $f'(x; d) < 0$，因此在某个指标之后，对于所有 k，我们有 $f'(x; y_k) < 0$，这与 x 的最优性相矛盾。 □

图 3.1.5 说明了命题 3.1.4 的最优条件与 X 在 x 处的**正常锥**的关系，该锥由 $N_X(x)$ 表示，

$$N_X(x) = \{g \mid g'(z - x) \leqslant 0, \forall z \in X\}, \qquad x \in X$$

且如果 $x \notin X$，$N_X(x) = \varnothing$。特别地，当且仅当存在 g 使得下式成立，x 才会使 f 最小化：

$$g \in \partial f(x), \qquad -g \in N_X(x) \tag{3.8}$$

请注意，正常锥 $N_X(x)$ 是 X 在点 $x \in X$ 的示性函数 δ_X 的次微分。因此可以看出，在 X 上最小化 f，式 (3.8) 的最优条件的形式与 Fenchel 对偶定理 [命题 1.2.1(c)] 用于函数 $f + \delta_X$ 的最优

条件相同。当然，如果假定 X 是闭集，则可以通过使用 Fenchel 对偶定理来证明命题 3.1.4。然而，与本节中前面结果的情况一样，我们改为提供了一个基于凸集分离定理的更基本的证明。

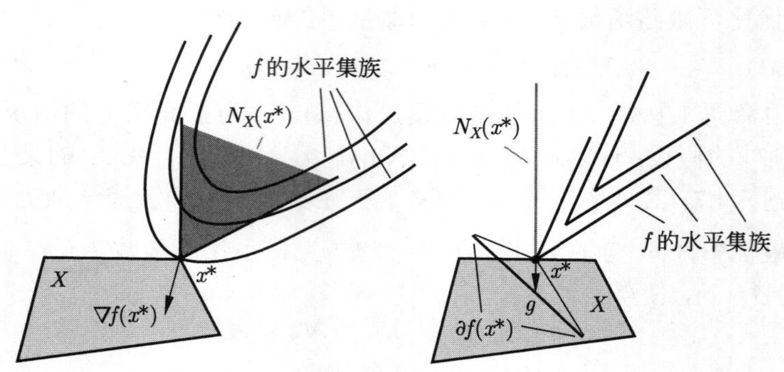

图 3.1.5　命题 3.1.4 最优条件的示意图。左图中 f 可微，最优条件为，$-\nabla f(x^*) \in N_X(x^*)$，其中，$N_X(x^*)$ 是 X 在 x^* 的正常锥, 等价于 $\nabla f(x^*)'(x-x^*) \geqslant 0, \forall x \in X$。在右图中，$f$ 不可微，最优条件为 $-g \in N_X(x^*)$　对于某些$g \in \partial f(x^*)$

次微分的表示

通常来说，$\partial f(x)$ 的表示和计算可能不太容易。但是，一些特殊情况下，这是可能的。

$$f(x) = \sup_{z \in Z} \phi(x,z) \tag{3.9}$$

其中，$x \in \Re^n$, $z \in \Re^m$, $\phi : \Re^n \times \Re^m \mapsto \Re$ 是函数，Z 是 $\Re^m$ 的紧子集，$\phi(\bullet, z)$ 对于每个 $z \in Z$ 是凸和可微的，并且对于每一个 x，$\nabla_x \phi(x, \bullet)$ 在 Z 上是连续的。于是 Danskin 定理 [Dan67] 给出 $\partial f(x)$ 的形式，

$$\partial f(x) = \text{conv}\big\{\nabla_x \phi(x,z) \mid z \in Z(x)\big\}, \qquad x \in \Re^n \tag{3.10}$$

其中，$Z(x)$ 是式 (3.9) 的最大化点集，

$$Z(x) = \left\{ \overline{z} \;\middle|\; \phi(x,\overline{z}) = \max_{z \in Z} \phi(x,z) \right\}$$

证明有些长，因此留作练习。

式 (3.10) 的一个重要的特殊情况是当 Z 为有限集时，f 是 m 个可微分的凸函数 $\phi_1, \cdots, \phi_m$ 的最大值：

$$f(x) = \max\big\{\phi_1(x), \cdots, \phi_m(x)\big\}, \qquad x \in \Re^n$$

于是有

$$\partial f(x) = \text{conv}\big\{\nabla \phi_i(x) \mid i \in I(x)\big\} \tag{3.11}$$

其中，$I(x)$ 是达到最大值的指数 i 的集合，即 $\phi_i(x) = f(x)$。另一个重要的特殊情况是，当 $\phi(\bullet, z)$ 对于所有的 $z \in Z$ 可微，式 (3.9) 中的上确界是在唯一的点上达到，使得 $Z(x)$ 由单个点 $z(x)$ 组成。所以 f 在 x 点可微，

$$\nabla f(x) = \nabla \phi\big(x, z(x)\big)$$

其他相关结果，请参见 [Ber09]，示例 5.4.3、示例 5.4.4、示例 5.4.5。

有关各种相关结果，请参见 [Ber09]，示例 5.4.3、示例 5.4.4、示例 5.4.5。

次梯度的计算

通常来说，如式 (3.10) 所示，在 f 不可微分的点 x 处获得全部次微分 $\partial f(x)$ 可能很复杂：可能很难确定**所有**使式 (3.9) 最大化的点。但是，如果我们只获得单个次梯度，如下一节的次梯度算法中所述，计算通常会更简单。我们用一些例子说明这一点。

例 3.1.1　最小最大问题的次梯度计算。

考虑问题

$$f(x)=\sup_{z\in Z}\phi(x,z) \tag{3.12}$$

其中，$x\in\Re^n$，$z\in\Re^m$，$\phi:\Re^n\times\Re^m\mapsto\Re$ 是函数，Z 是 $\Re^m$ 的紧子集。我们假设 $\phi(\cdot,z)$ 对于 $z\in Z$ 是凸的，因此 f 也是凸的，是凸函数的上确界。对于固定的 $x\in\mathrm{dom}(f)$，我们假设 $z_x\in Z$ 在式 (3.12) 中达到上确界，并且 g_x 是函数 $\phi(\cdot,z_x)$ 在 x 的某个次梯度，即 $g_x\in\partial_x\phi(x,z_x)$。于是，通过使用次梯度不等式，对于所有 $y\in\Re^n$，有

$$f(y)=\sup_{z\in Z}\phi(y,z)\geqslant\phi(y,z_x)\geqslant\phi(x,z_x)+g_x'(y-x)=f(x)+g_x'(y-x)$$

即，g_x 是 f 在 x 处的一个次梯度。因此，

$$g_x\in\partial_x\phi(x,z_x)\implies g_x\in\partial f(x)$$

这个关系提供了一种方便的方法，用于计算 f 在 x 处单个次梯度而几乎不需要额外的计算，一旦找到 $\phi(x,\cdot)$ 中的最大化值 $z_x\in Z$，我们可以方便地使用 $\partial_x\phi(x,z_x)$ 中的任意次梯度。

下一个特别重要的例子是通过次梯度算法求解对偶问题的情形。它表明，当在某个点上计算对偶函数值时，基本不需要额外计算开销，我们就可以获得一个次梯度。

例 3.1.2　对偶问题的次梯度计算。

考虑问题

$$\begin{aligned}&\text{minimize}\quad && f(x)\\&\text{subject to}\quad && x\in X,\quad g(x)\leqslant 0\end{aligned}$$

其中，$f:\Re^n\mapsto\Re$，$g:\Re^n\mapsto\Re^r$ 函数为给定，X 是 $\Re^n$ 子集。考虑对偶问题

$$\begin{aligned}&\text{maximize}\quad && \hat{q}(\mu)\\&\text{subject to}\quad && \mu\geqslant 0\end{aligned}$$

其中，$\hat{q}$ 是凹函数

$$\hat{q}(\mu)=\inf_{x\in X}\left\{f(x)+\mu'g(x)\right\}$$

因此，对偶问题涉及凸函数 $-\hat{q}$ 在 $\mu\geqslant 0$ 上的最小化。请注意，在许多情况下，$\hat{q}$ 是实值的（例如，当 f 和 g 是连续的，而 X 是紧集的时候）。

为了方便地获得 $-\hat{q}$ 在 $\mu\in\Re^r$ 的次梯度，假设在 $x\in X$ 上，x_μ 最小化拉格朗日函数，

$$x_\mu\in\arg\min_{x\in X}\left\{f(x)+\mu'g(x)\right\}$$

那么我们断言 $-g(x_\mu)$ **是** $-\hat{q}$ **在** μ **处的一个次梯度**，即

$$\hat{q}(\nu)\leqslant\hat{q}(\mu)+(\nu-\mu)'g(x_\mu),\qquad\forall\nu\in\Re^r$$

这本质上是前面例子的一种特殊情况，也可以直接验证，对于所有 $\nu\in\Re^r$，

$$\begin{aligned}\hat{q}(\nu) &= \inf_{x\in X}\big\{f(x)+\nu' g(x)\big\}\\ &\leqslant f(x_\mu)+\nu' g(x_\mu)\\ &= f(x_\mu)+\mu' g(x_\mu)+(\nu-\mu)' g(x_\mu)\\ &= \hat{q}(\mu)+(\nu-\mu)' g(x_\mu)\end{aligned}$$

因此，在计算出函数值 $\hat{q}(\mu)$ 之后，获得单个次梯度通常只需很少的额外计算量。

最后让我们讨论另一个基于优化运算的重要微分公式。对于任何闭凸函数 $f:\Re^n\mapsto(-\infty,\infty]$ 及其共轭 f^*，我们有

$$\partial f(x)=\arg\max_{y\in\Re^n}\big\{y'x-f^*(y)\big\},\qquad \forall x\in\Re^n$$

$$\partial f^*(y)=\arg\max_{x\in\Re^n}\big\{x'y-f(x)\big\},\qquad \forall y\in\Re^n$$

这遵循共轭次梯度定理（请参见附录 B 的命题 5.4.3 和命题 5.4.4）。因此，可以通过找到 f^* 的最大化问题的解来获得给定 x 的 f 的次梯度。

3.2 次梯度算法的收敛性分析

在本节中，我们考虑使实值凸函数 $f:\Re^n\mapsto\Re$ 在闭凸集 X 上最小化的次梯度算法。特别是，我们专注于以下形式：

$$x_{k+1}=P_X(x_k-\alpha_k g_k) \tag{3.13}$$

其中，g_k 是 f 在 x_k 的任意次梯度，α_k 是正的步长，而 $P_X(\cdot)$ 表示集合 X 的投影（根据标准欧几里得范数）。这里的一个重要事实是，通过将 $(x_k-\alpha_k g_k)$ 在 X 上投影，我们不会增加与任何可行点的距离，因此也不会增加与任何最优解的距离，即

$$\big\|P_X(x_k-\alpha_k g_k)-x\big\|\leqslant\big\|(x_k-\alpha_k g_k)-x\big\|,\qquad \forall x\in X$$

这是以下投影基本性质的结果。

命题 3.2.1（投影的非扩张性） 令 X 为非空闭凸集。我们有

$$\big\|P_X(x)-P_X(y)\big\|\leqslant\|x-y\|,\qquad \forall x,y\in\Re^n \tag{3.14}$$

证明：根据投影理论（参见附录 B 命题 1.1.9），

$$\big(z-P_X(x)\big)'\big(x-P_X(x)\big)\leqslant 0,\qquad \forall z\in X$$

令 $z=P_X(y)$，则

$$\big(P_X(y)-P_X(x)\big)'\big(x-P_X(x)\big)\leqslant 0$$

类似地，

$$\big(P_X(x)-P_X(y)\big)'\big(y-P_X(y)\big)\leqslant 0$$

根据以上两个不等式，我们有

$$\big(P_X(y)-P_X(x)\big)'\big(x-P_X(x)-y+P_X(y)\big)\leqslant 0$$

通过重新排列和使用 Schwarz 不等式，有

$$\big\|P_X(y)-P_X(x)\big\|^2\leqslant\big(P_X(y)-P_X(x)\big)'(y-x)\leqslant\big\|P_X(y)-P_X(x)\big\|\cdot\|y-x\|$$

结果由此而来。 □

次梯度算法式 (3.13) 的另一个重要特性是，对于任何步长值，新的迭代都可能不会改进代价函数；即，存在 k，我们可能有

$$f\big(P_X(x_k-\alpha g_k)\big)>f(x_k),\qquad \forall\alpha>0$$

（参见图 3.2.1）。但是，如果步长足够小，则**当前解迭代到最优解集的距离会减少**（如图 3.2.2 中所示）。以下命题的 (b) 部分提供了距离减小特性的形式证明，并提供了适当步长范围的估计。

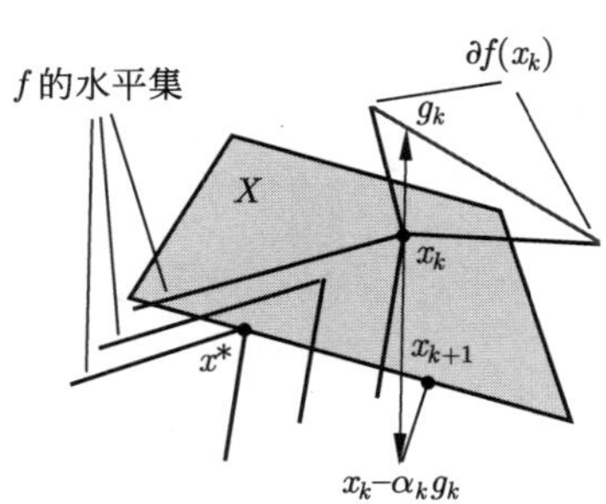

图 3.2.1　不管步长 α_k 的大小如何，对于次梯度 g_k 的特定选择，次梯度算法如何迭代 $P_X(x_k-\alpha_k g_k)$ 都可能不会改进代价函数的示意图

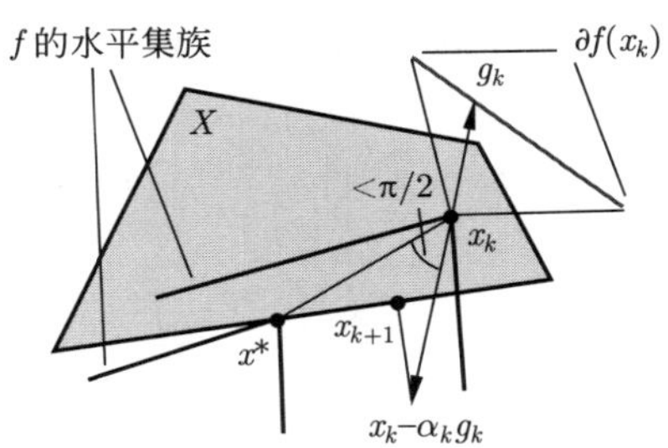

图 3.2.2　在给定非最优 x_k 的情况下，到任何最优解 x^* 的距离都使用次梯度算法来减小，其中以足够小的步长进行迭代。关键点在于，根据次梯度的定义，负次梯度 $-g_k$ 和向量 x^*-x_k 之间的角度小于 $\pi/2$。结果，如果 α_k 足够小，则向量 $x_k-\alpha_k g_k$ 比 x_k 更接近 x^*。通过在 X 的投影，$P_X(x_k-\alpha_k g_k)$ 甚至更接近 x^*

命题 3.2.2　令 $\{x_k\}$ 为次梯度法式 (3.13) 生成的序列，则对于所有 $y\in X$ 和 $k\geqslant 0$，

(a) 有

$$\|x_{k+1}-y\|^2\leqslant\|x_k-y\|^2-2\alpha_k\big(f(x_k)-f(y)\big)+\alpha_k^2\|g_k\|^2$$

(b) 如果 $f(y)<f(x_k)$，对于所有满足

$$0<\alpha_k<\frac{2\big(f(x_k)-f(y)\big)}{\|g_k\|^2}$$

条件的步长 α_k，有

$$\|x_{k+1}-y\|<\|x_k-y\|$$

证明：(a) 使用投影的非扩张性 [参见式 (3.14)]，我们得到，对于所有 $y\in X$ 和 k，

$$\begin{aligned}\|x_{k+1}-y\|^2&=\big\|P_X\left(x_k-\alpha_k g_k\right)-y\big\|^2\\&\leqslant\|x_k-\alpha_k g_k-y\|^2\end{aligned}$$

$$
\begin{aligned}
&= \|x_k - y\|^2 - 2\alpha_k g_k'(x_k - y) + \alpha_k^2 \|g_k\|^2 \\
&\leqslant \|x_k - y\|^2 - 2\alpha_k \big(f(x_k) - f(y)\big) + \alpha_k^2 \|g_k\|^2
\end{aligned}
$$

其中，最后一步是从次梯度不等式得到的。

(b) 根据 (a) 可导出结论。 □

前述命题的 (b) 部分提出了步长规则

$$
\alpha_k = \frac{f(x_k) - f^*}{\|g_k\|^2} \tag{3.15}
$$

其中，f^* 是最优值（假设 $g_k \neq 0$，否则 x_k 是最优解）。此规则将 α_k 选择为命题 3.2.2(b) 中所给范围的中值，

$$
\left(0, \frac{2\big(f(x_k) - f(x^*)\big)}{\|g_k\|^2}\right)
$$

其中，x^* 是任何最优解，并将当前解迭代到 x^* 的距离缩短了。

但是，遗憾的是，步长式 (3.15) 要求我们知道 f^*，这种情况很少见。实际上，要么估计 f^*，要么使用一些更简单的方案来选择步长。最简单的可能是为所有 k 选择相同的 α_k，即对于某些 $\alpha > 0$，$\alpha_k \equiv \alpha$。于是，如果次梯度 g_k 是有界的，即对于某个常数 c 和所有 k，$\|g_k\| \leqslant c$，则命题 3.2.2（a）显示对于所有最优解 x^*，我们有

$$
\|x_{k+1} - x^*\|^2 \leqslant \|x_k - x^*\|^2 - 2\alpha\big(f(x_k) - f^*\big) + \alpha^2 c^2
$$

并且如果

$$
0 < \alpha < \frac{2\big(f(x_k) - f^*\big)}{c^2}
$$

成立，或等价地，如果 x_k 超出水平集

$$
\left\{ x \in X \;\middle|\; f(x) \leqslant f^* + \frac{\alpha c^2}{2} \right\}
$$

那么到 x^* 的距离会减小（参见图 3.2.3）。因此，如果将 α 选得足够小，则该方法的收敛特性令人满意。由于小步长可能会导致缓慢的初始化，因此通常使用此方法的一个变体，即从中等步长 α_k 开始，然后逐步减小到一个小正值 α。其他可能的步长选择包括逐步递减的调整，即 $\alpha_k \to 0$，以及用估算值替换式 (3.15) 中未知的最优值 f^*。我们将在本节接下来内容中介绍这些逐步调整规则。

收敛性分析

现在讨论次梯度算法式 (3.13) 的收敛性。在整个分析过程中，我们用 $\{x_k\}$ 表示相应的生成序列，分别用 f^* 和 X^* 表示最优值和最优解集：

$$
f^* = \inf_{x \in X} f(x), \qquad X^* = \big\{ x \in X \mid f(x) = f^* \big\}
$$

考虑次梯度算法

$$
x_{k+1} = P_X(x_k - \alpha_k g_k)
$$

以及选择步长 α_k 的三种不同类型规则：

(a) 固定的步长。

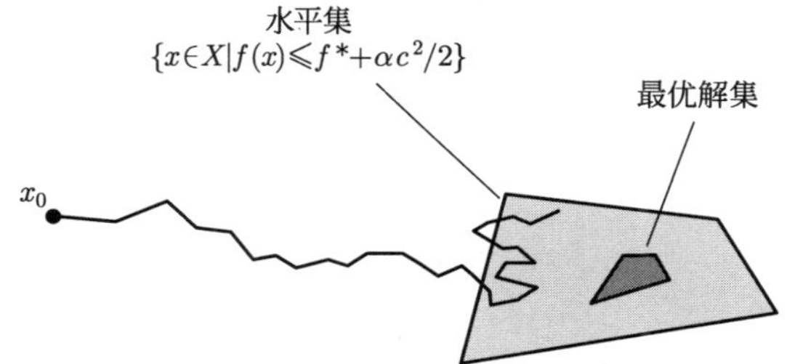

图 3.2.3　假定次梯度范数 $\|g_k\|$ 有界 c，以恒定的步长 α 说明次梯度算法的主要收敛性质示意图。若当前迭代在水平集外时，$\left\{x\in X \,\middle|\, f(x)\leqslant f^*+\dfrac{\alpha c^2}{2}\right\}$，在下一次迭代中与最优解的距离会减小。结果，该方法任意接近（或在内部）此水平集

(b) 逐步缩小步长。

(c) 基于最优值 f^*（参见命题 3.2.2(b)）或者适当的估计值，动态选择步长。

可以在 [NeB00]，[NeB01] 和 [BNO03] 中找到其他步长调整规则以及相关的收敛和收敛速度结果。对于前两个步长调整规则，我们将假设以下内容。

假设 3.2.1（次梯度有界性）存在某个标量 c，满足条件

$$c\geqslant \sup\left\{\|g_k\| \mid k=0,1,\cdots\right\}$$

我们注意到，如果 f 是多面体

$$f(x)=\max_{i=1,\cdots,m}\{a_i'x+b_i\}$$

那么假设 3.2.1 是满足的。这在实践中是一个重要的情形。因为此类函数在任何点 x 处的次微分都是 $\{a_1,\cdots,a_m\}$ [参见式 (3.11)] 的子集的凸包。所以，我们在假设 3.2.1 中使用 $c=\max\limits_{i=1,\cdots,m}\|a_i\|$。满足假设 3.2.1 的另一个重要情况是 X 是紧的 [参见命题 3.2.2(a)]。更一般地，如果可以以某种方式确定 $\{x_k\}$ 为有界，则假设 3.2.1 将成立。

从分析的角度来看，假设 3.2.1 的主要结论是来源于命题 3.2.2 (a) 的不等式

$$\|x_{k+1}-y\|^2\leqslant\|x_k-y\|^2-2\alpha_k\big(f(x_k)-f(y)\big)+\alpha_k^2c^2,\quad \forall y\in X. \tag{3.16}$$

这种类型的不等式允许使用超鞅收敛定理（参见附录 A 的 A.4 节），是本节收敛性证明的核心，也用于下节和 6.4 节中其他类似次梯度算法的收敛性证明。

固定的步长

在次梯度算法中步长不变（即 $\alpha_k\equiv\alpha$）的情况下，如果没有其他假设，我们将无法证明收敛性。如图 3.2.3 中所示，我们只能保证渐近地逼近最小值集合的邻域，其大小将取决于 α。以下命题量化了该邻域的大小，并提供一个算法可以达到的代价值

$$f_\infty=\liminf_{k\to\infty}f(x_k)$$

与最优代价值 f^* 之间偏差的估计。

命题 3.2.3（收敛到邻域内）假设 3.2.1 成立，假设 α_k 为常数，$\alpha_k\equiv\alpha$。

(a) 如果 $f^*=-\infty$，则 $f_\infty=f^*$。

(b) 如果 $f^*>-\infty$，则

$$f_\infty\leqslant f^*+\frac{\alpha c^2}{2}$$

证明：我们同时用反证法证明 (a) 和 (b)。如果结果不成立，必定存在一个 $\epsilon > 0$，使得

$$f_\infty > f^* + \frac{\alpha c^2}{2} + 2\epsilon$$

令 $\hat{y} \in X$，使得

$$f_\infty \geqslant f(\hat{y}) + \frac{\alpha c^2}{2} + 2\epsilon$$

并令 $\bar{k}$ 足够大，使得对于所有 $k \geqslant \bar{k}$，有

$$f(x_k) \geqslant f_\infty - \epsilon$$

通过前面两个关系相加，我们得到，对于所有 $k \geqslant \bar{k}$，有

$$f(x_k) - f(\hat{y}) \geqslant \frac{\alpha c^2}{2} + \epsilon$$

使用式 (3.16)，令 $y = \hat{y}$。我们得到，对于所有 $k \geqslant \bar{k}$，有

$$\begin{aligned} \|x_{k+1} - \hat{y}\|^2 &\leqslant \|x_k - \hat{y}\|^2 - 2\alpha\big(f(x_k) - f(\hat{y})\big) + \alpha^2 c^2 \\ &\leqslant \|x_k - \hat{y}\|^2 - 2\alpha\left(\frac{\alpha c^2}{2} + \epsilon\right) + \alpha^2 c^2 \\ &= \|x_k - \hat{y}\|^2 - 2\alpha\epsilon \end{aligned}$$

于是有

$$\begin{aligned} \|x_{k+1} - \hat{y}\|^2 &\leqslant \|x_k - \hat{y}\|^2 - 2\alpha\epsilon \\ &\leqslant \|x_{k-1} - \hat{y}\|^2 - 4\alpha\epsilon \\ &\cdots \\ &\leqslant \|x_{\bar{k}} - \hat{y}\|^2 - 2(k + 1 - \bar{k})\alpha\epsilon \end{aligned}$$

这对于足够大的 k 不可能成立，导出矛盾。 □

下一个命题给出了迭代次数的估计值，该迭代次数可以保证达到前一命题中给出的阈值误差上界 $\alpha c^2/2$ 的最优水平。可以预期，迭代次数取决于初始点 x_0 到最优解集 X^* 的距离。在以下命题和随后的讨论中，我们定义

$$d(x) = \min_{x^* \in X^*} \|x - x^*\|, \qquad x \in \Re^n$$

命题 3.2.4（收敛率） 假设 3.2.1 成立，假设 α_k 为常数，$\alpha_k \equiv \alpha$，X^* 非空。对于任何正标量 ϵ，有

$$\min_{0 \leqslant k \leqslant K} f(x_k) \leqslant f^* + \frac{\alpha c^2 + \epsilon}{2}$$

其中，

$$K = \left\lfloor \frac{\big(d(x_0)\big)^2}{\alpha\epsilon} \right\rfloor$$

证明：反证法，即对于所有 k，$0 \leqslant k \leqslant K$，有

$$f(x_k) > f^* + \frac{\alpha c^2 + \epsilon}{2}$$

根据这个关系式，以及式 (3.16)，令 $y = x^* \in X^*$ 以及 $\alpha_k = \alpha$。我们有，对于所有 $x^* \in X^*$ 和满足 $0 \leqslant k \leqslant K$ 的 k，

$$\|x_{k+1}-x^*\|^2 \leqslant \|x_k-x^*\|^2-2\alpha\big(f(x_k)-f^*\big)+\alpha^2c^2$$
$$\leqslant \|x_k-x^*\|^2-(\alpha^2c^2+\alpha\epsilon)+\alpha^2c^2$$
$$=\|x_k-x^*\|^2-\alpha\epsilon$$

上述不等式对 $k=0,\cdots,K$ 求和，得出

$$0\leqslant \|x_{K+1}-x^*\|^2\leqslant \|x_0-x^*\|^2-(K+1)\alpha\epsilon, \qquad \forall x^*\in X^*$$

取最小 $x^*\in X^*$，得到

$$(K+1)\alpha\epsilon\leqslant \big(d(x_0)\big)^2$$

这与 K 的定义相悖。 □

通过令 $\alpha=\epsilon/c^2$，从前面的命题中可以看出，我们可以在次梯度算法的 $O(1/\epsilon^2)$ 迭代中获得 ϵ 最优解。等价地，通过 k 轮迭代，我们可以在 $O\big(1/\sqrt{k}\big)$ 代价函数偏差范围内获得最优解。注意，所需的迭代次数与问题的维数 n 无关。

另一个有趣的结果是，在强凸假设下，收敛速度（到合适的邻域）是线性的，如以下命题所示。在 [NeB00] 中可能找到适用于增量次梯度算法和其他步长规则。

命题 3.2.5（线性收敛率）　假设命题 3.2.4 的条件成立，假设对某个 $\gamma>0$，有

$$f(x)-f^*\geqslant \gamma\big(d(x)\big)^2, \qquad \forall x\in X \tag{3.17}$$

并且 $\alpha\leqslant\frac{1}{2\gamma}$。则对于所有 k，有

$$\big(d(x_{k+1})\big)^2\leqslant(1-2\alpha\gamma)^{k+1}\big(d(x_0)\big)^2+\frac{\alpha c^2}{2\gamma}$$

证明：令式 (3.16) 中的 y 为 x_k 的投影，并且 $\alpha_k=\alpha$，左侧使用式 (3.17) 可以得到

$$\big(d(x_{k+1})\big)^2\leqslant\big(d(x_k)\big)^2-2\alpha\big(f(x_k)-f^*\big)+\alpha^2c^2$$
$$\leqslant(1-2\alpha\gamma)\big(d(x_k)\big)^2+\alpha^2c^2$$

由此可以归纳出对于所有 k，

$$\big(d(x_{k+1})\big)^2\leqslant(1-2\alpha\gamma)^{k+1}\big(d(x_0)\big)^2+\alpha^2c^2\sum_{j=0}^{k}(1-2\alpha\gamma)^j$$

进而根据 $\displaystyle\sum_{j=0}^{k}(1-2\alpha\gamma)^j\leqslant\frac{1}{2\alpha\gamma}$ 得到结果。 □

前面的命题表明，该方法线性收敛到满足

$$\big(d(x)\big)^2\leqslant\frac{\alpha c^2}{2\gamma}$$

条件的 $x\in X$ 集合。假设式 (3.17) 是由附录 B 中定义的 f 的强凸性所得到。此外，如果 f 是多面体且 X 是多面体且紧，则条件满足。事实上，需要注意，对于多面体 f 和 X，存在 $\beta>0$ 使得

$$f(x)-f^*\geqslant\beta d(x), \qquad \forall x\in X$$

这项的证明参见第 5 章命题 5.1.6。由于 X 是紧集，则对于某个 $\gamma>0$ 有

$$\beta d(x)\geqslant\gamma\big(d(x)\big)^2, \qquad \forall x\in X$$

因此式 (3.17) 成立。

逐渐消失的步长

接下来，我们考虑以下情况，步长 α_k 衰减到 0，但满足 $\sum_{k=0}^{\infty}\alpha_k=\infty$。这样可以探索解的范围到达无限远，该条件对于收敛是必需的；否则，从远离的起点 x_0 收敛到 X^* 也许是不可能的，例如在 $X=\Re^n$ 和

$$d(x_0)>c\sum_{k=0}^{\infty}\alpha_k$$

的情形，其中 c 是假设 3.2.1 中的常数。满足 $\alpha_k\to 0$ 和 $\sum_{k=0}^{\infty}\alpha_k=\infty$ 的一个普遍选择是

$$\alpha_k=\frac{\beta}{k+\gamma}$$

其中，β 和 γ 是正的标量，通常由一些初步实验确定[1]。

命题 3.2.6（收敛性） 假设 3.2.1 成立，如果 α_k 满足

$$\lim_{k\to\infty}\alpha_k=0,\qquad \sum_{k=0}^{\infty}\alpha_k=\infty$$

则 $f_\infty=f^*$ 成立。此外，如果

$$\sum_{k=0}^{\infty}\alpha_k^2<\infty$$

并且 X^* 非空，则 $\{x_k\}$ 收敛到最优解。

证明：反证法，假设存在 $\epsilon>0$ 使得

$$f_\infty-2\epsilon>f^*$$

那么，存在一个点 $\hat{y}\in X$ 使得

$$f_\infty-2\epsilon>f(\hat{y})$$

令 k_0 足够大使得对于所有 $k\geqslant k_0$，都有

$$f(x_k)\geqslant f_\infty-\epsilon$$

将前两个关系式相加，得到对于所有 $k\geqslant k_0$，有

$$f(x_k)-f(\hat{y})>\epsilon$$

在式 (3.16) 中设 $y=\hat{y}$，使用上述关系，则对于所有 $k\geqslant k_0$，有

$$\|x_{k+1}-\hat{y}\|^2\leqslant\|x_k-\hat{y}\|^2-2\alpha_k\epsilon+\alpha_k^2c^2=\|x_k-\hat{y}\|^2-\alpha_k\left(2\epsilon-\alpha_kc^2\right)$$

由于 $\alpha_k\to 0$，在不失一般性的情况下，我们假定 k_0 足够大，使得

$$2\epsilon-\alpha_kc^2\geqslant\epsilon,\qquad\forall\ k\geqslant k_0$$

因此对于所有 $k\geqslant k_0$，有

$$\|x_{k+1}-\hat{y}\|^2\leqslant\|x_k-\hat{y}\|^2-\alpha_k\epsilon\leqslant\cdots\leqslant\|x_{k_0}-\hat{y}\|^2-\epsilon\sum_{j=k_0}^{k}\alpha_j$$

[1]也可以采用较大的步长，使用一种称为**迭代平均**（**iterate averaging**） 的方法即可，其中保持过去迭代的移动平均值 $\bar{x}_k=\sum_{\ell=0}^{k}\alpha_\ell x_\ell\Big/\sum_{\ell=0}^{k}\alpha_\ell$；参见练习 3.8。

该式对于充分大的 k 不可能成立，这表明与 $f_\infty = f^*$ 矛盾。

假定 X^* 为非空。根据式 (3.16)，有

$$\|x_{k+1} - x^*\|^2 \leqslant \|x_k - x^*\|^2 - 2\alpha_k\big(f(x_k) - f(x^*)\big) + \alpha_k^2 c^2, \forall x^* \in X^* \tag{3.18}$$

从附录 A 命题 A.4.4 的收敛结果中，我们得到对于每个 $x^* \in X^*$，$\|x_k - x^*\|$ 收敛到某个实数，因此 $\{x_k\}$ 是有界的。考虑一个子序列 $\{x_k\}_\mathcal{K}$，使得 $\lim_{k\to\infty,\, k\in\mathcal{K}} f(x_k) = f^*$，并且令 $\overline{x}$ 为 $\{x_k\}_\mathcal{K}$ 的极限点。由于 f 是连续的，因此我们必须有 $f(\overline{x}) = f^*$，因此 $\overline{x} \in X^*$。为了证明整个序列收敛到 $\overline{x}$，我们在等式 (3.18) 中使用 $x^* = \overline{x}$。然后得出 $\|x_k - \overline{x}\|$ 收敛为实数，该实数必须等于 0，因为 $\overline{x}$ 是 $\{x_k\}$ 的极限点。因此，$\overline{x}$ 是 $\{x_k\}$ 的唯一极限点[1]。 □

请注意，该命题表明 $\{x_k\}$ 收敛到最优解（假设存在），这比 $\{x_k\}$ 的所有极限点都是最优的。后一种结论通常是针对可微问题的梯度方法的结果，也可能是非凸问题（参见非线性规划部分，例如 [Ber99]，[Lue84]，[NoW06]）。收敛于唯一极限的证明是基于 f 的凸性。

前面的命题可以被加强，如果假设 X^* 是非空的且 α_k 满足稍强的条件

$$\sum_{k=0}^{\infty} \alpha_k = \infty, \qquad \sum_{k=0}^{\infty} \alpha_k^2 < \infty$$

可以证明 $\{x_k\}$ 收敛到某个最优解，如果对于标量 c，我们有

$$c^2\left(1 + \big(d(x_k)\big)^2\right) \geqslant \|g_k\|^2, \qquad \forall k \geqslant 0 \tag{3.19}$$

代替更强的假设 3.2.1（包括 f 是正定二次的并且 $X = \Re^n$ 情形，这没有包含在假设 3.2.1 中）。这在练习 3.6 有证明，本质上证明相同，不过用另一个依赖于假设（3.19）的不等式代替了式 (3.18)。

动态步长规则

现在我们讨论步长规则

$$\alpha_k = \frac{f(x_k) - f^*}{\|g_k\|^2}, \qquad \forall\, k \geqslant 0 \tag{3.20}$$

假设 $g_k \neq 0$。该规则源于命题 3.2.2(b)[参见式 (3.15)]。当然，知道 f^* 通常是不现实的，但是我们稍后将修改步长，这样就可以用动态更新的估计来代替 f^*。

命题 3.2.7（收敛性）　假设 X^* 非空。如果 α_k 由动态步长规则式 (3.20) 决定，$\{x_k\}$ 收敛到最优解。

证明：由命题 3.2.2(a)，其中 $y = x^* \in X^*$，我们有

$$\|x_{k+1} - x^*\|^2 \leqslant \|x_k - x^*\|^2 - 2\alpha_k\big(f(x_k) - f^*\big) + \alpha_k^2\|g_k\|^2, \quad \forall x^* \in X^*, \quad k \geqslant 0$$

根据 α_k 定义 [参见式 (3.20)]，我们有

$$\|x_{k+1} - x^*\|^2 \leqslant \|x_k - x^*\|^2 - \frac{\big(f(x_k) - f^*\big)^2}{\|g_k\|^2}, \qquad \forall x^* \in X^*, \quad k \geqslant 0$$

这表明 $\{x_k\}$ 是有界的。此外，$f(x_k) \to f^*$，否则，对于适当小的 $\epsilon > 0$ 以及有限的 k，将会有 $\|x_{k+1} - x^*\| \leqslant \|x_k - x^*\| - \epsilon$。因此，对于 $\{x_k\}$ 的极限点 $\overline{x}$，我们有 $\overline{x} \in X^*$，而且因为序列 $\{\|x_k - x^*\|\}$ 非增，所以对于 $x^* \in X^*$，它收敛到 $\|\overline{x} - x^*\|$。如果存在 $\{x_k\}$ 的两个极限点 $\tilde{x}$ 和

[1]请注意，这里的证明与我们用来证明 Fejér 收敛定理的方法本质上相同（参见附录 A 中命题 A.4.6）。事实上我们在证明的最后部分本可以引用该定理。

$\overline{x}$，我们一定有 $\tilde{x} \in X^*$，$\overline{x} \in X^*$ 和 $\|\tilde{x} - x^*\| = \|\overline{x} - x^*\|$，其中 $x^* \in X^*$，而这只有在 $\tilde{x} = \overline{x}$ 的情况下成立。 □

对于大多数实际问题，最优值 f^* 是未知的。在这种情况下，可以通过式 (3.20) 动态调整步长，用近似值代替 f^*。导出逐步调整规则

$$\alpha_k = \frac{f(x_k) - f_k}{\|g_k\|^2}, \qquad \forall\, k \geqslant 0, \qquad \forall k \geqslant 0 \tag{3.21}$$

其中，f_k 是 f^* 的估计值。一种估计 f^* 的可能是通过使用目前获得的代价函数值，将 f_k 设置小于 $\min\limits_{0 \leqslant j \leqslant k} f(x_j)$，如果该算法没有效果，则将 f_k 增大。在 [NeB01] 和 [BNO03] 中展示了一个简单方法，f_k 由

$$f_k = \min_{0 \leqslant j \leqslant k} f(x_j) - \delta_k \tag{3.22}$$

给定，而 δ_k 由

$$\delta_{k+1} = \begin{cases} \theta\delta_k & \text{如果} f(x_{k+1}) \leqslant f_k \\ \max\left\{\beta\delta_k, \delta\right\} & \text{如果} f(x_{k+1}) > f_k \end{cases} \tag{3.23}$$

更新，其中，δ，β 和 θ 是正常数，满足 $\beta < 1$，$\theta \geqslant 1$。

因此，在这该方法中，本质上我们“渴望”达到目标值 f_k 比目前为止所获得的最优值小 δ_k [参见式 (3.22)]。只要达到目标值，我们就增加 δ_k（如果 $\theta > 1$）或保持相同的值（如果 $\theta = 1$）。如果在迭代中未达到目标值，δ_k 将减少到阈值 δ。如果次梯度有界假设 3.2.1 成立，则此阈值可确保式 (3.21) 中步长 α_k 从 0 起始有界。由于式 (3.22)，我们有 $f(x_k) - f_k \geqslant \delta$，因此，$\alpha_k \geqslant \delta/\|g_k\|^2 \geqslant \delta/c^2$。结果是，该方法表现有点类似于固定步长（参见命题 3.2.3），如下述命题所示。

命题 3.2.8（邻域内的收敛性） 假设 α_k 由动态步长规则式 (3.21) 确定，调整步骤为式 (3.22) 和式 (3.23)。如果 $f^* = -\infty$，则

$$\inf_{0 \leqslant j} f(x_j) = f^*$$

而如果 $f^* > -\infty$，则

$$\inf_{0 \leqslant j} f(x_j) \leqslant f^* + \delta$$

证明：反证法。假设

$$f^* + \delta < \inf_{0 \leqslant j} f(x_j) \tag{3.24}$$

每次达到目标值 [即 $f(x_k) \leqslant f_{k-1}$]，当前最优函数值 $\min\limits_{0 \leqslant j \leqslant k} f(x_j)$ 至少减小 δ [参见式 (3.22) 和式 (3.23)]，因此考虑式 (3.24)，仅仅经过有限次数可达到目标值。对于式 (3.23)，经过有限次迭代，δ_k 减小到阈值 δ，并且保持该数值在后续的迭代中，即存在 $\overline{k}$，使得

$$\delta_k = \delta, \qquad \forall k \geqslant \overline{k}$$

选择 $\overline{y} \in X$，使得 $f^* \leqslant f(\overline{y}) \leqslant \inf\limits_{0 \leqslant j} f(x_j) - \delta$；由于式 (3.24)，这是有可能的。然后根据式 (3.22)，我们有

$$f(\overline{y}) \leqslant \inf_{0 \leqslant j} f(x_j) - \delta \leqslant \inf_{0 \leqslant j \leqslant k} f(x_j) - \delta = f_k \leqslant f(x_k) - \delta, \forall k \geqslant \overline{k} \tag{3.25}$$

应用命题 3.2.2(a)，令 $y = \overline{y}$，加上上述关系，我们有

$$\begin{aligned}\|x_{k+1}-\overline{y}\|^2 &\leqslant \|x_k-\overline{y}\|^2 - 2\alpha_k\big(f(x_k)-f(\overline{y})\big) + \alpha_k^2\|g_k\|^2 \\ &\leqslant \|x_k-\overline{y}\|^2 - 2\alpha_k\big(f(x_k)-f_k\big) + \alpha_k^2\|g_k\|^2, \qquad \forall k \geqslant \overline{k}\end{aligned}$$

根据 α_k 的定义 [参见式 (3.21)] 和式 (3.25)，我们有

$$\begin{aligned}\|x_{k+1}-\overline{y}\|^2 &\leqslant \|x_k-\overline{y}\|^2 - 2\left(\frac{f(x_k)-f_k}{\|g_k\|}\right)^2 + \left(\frac{f(x_k)-f_k}{\|g_k\|}\right)^2 \\ &= \|x_k-\overline{y}\|^2 - \left(\frac{f(x_k)-f_k}{\|g_k\|}\right)^2 \\ &\leqslant \|x_k-\overline{y}\|^2 - \frac{\delta^2}{\|g_k\|^2}, \qquad \forall k \geqslant \overline{k}\end{aligned} \tag{3.26}$$

其中，最后一个不等式从式 (3.25) 的右边得到。因此 $\{x_k\}$ 是有界的，这意味着 $\{g_k\}$ 也有界（参见命题 3.1.2）。令 $\bar{c}$ 使得 $\|g_k\| \leqslant \bar{c}$ 对所有 k 成立。式 (3.26) 对 k 求和，我们有

$$\|x_k-\overline{y}\|^2 \leqslant \|x_{\overline{k}}-\overline{y}\|^2 - (k-\overline{k})\frac{\delta^2}{\bar{c}^2}, \qquad \forall k \geqslant \overline{k}$$

这对于充分大的 k 不成立，因此产生矛盾。□

在上述方法的变体中，我们可以使用以下两个规则之一来代替步长规则式 (3.21)，

$$\alpha_k = \frac{f(x_k)-f_k}{\max\{\gamma,\ \|g_k\|^2\}} \quad \text{或者} \quad \alpha_k = \min\left\{\gamma, \frac{f(x_k)-f_k}{\|g_k\|^2}\right\}, \qquad \forall\ k \geqslant 0$$

其中 γ 是常值正标量，f_k 由相同的调整过程式 (3.22)~式 (3.23) 给出。这可以防止实际的潜在困难，即由于 $\|g_k\|$ 的值很小造成 α_k 很大的情况。前面命题的结论在此调整中仍然成立（参见练习 3.9）。

我们最终注意到，本节的收敛性分析，稍加修改即可应用于基于次梯度的相关方法，尤其是下一节的 ϵ-次梯度方法和 6.4 节的增量次梯度和增量近端方法。

3.3　ϵ-次梯度方法

在本节中，我们简要讨论类似次梯度的方法，即使用近似的次梯度代替次梯度。这样做可能出于多方面的原因。例如，在次梯度计算中节省了计算量，或者利用了问题的特殊结构。

给定适当的凸函数 $f: \Re^n \mapsto (-\infty, \infty]$，标量 $\epsilon > 0$，我们称向量 g 为 f 在点 $x \in \mathrm{dom}(f)$ 的**ϵ-次梯度**，如果

$$f(z) \geqslant f(x) + (z-x)'g - \epsilon, \qquad \forall z \in \Re^n \tag{3.27}$$

其中，**ϵ-次微分** $\partial_\epsilon f(x)$ 是 f 在 x 点处所有 ϵ-次梯度的集合。约定对于 $x \notin \mathrm{dom}(f)$，$\partial_\epsilon f(x) = \varnothing$。因此有

$$\partial_{\epsilon_1} f(x) \subset \partial_{\epsilon_2} f(x) \qquad \text{如果} 0 < \epsilon_1 < \epsilon_2$$

和

$$\bigcap_{\epsilon \downarrow 0} \partial_\epsilon f(x) = \partial f(x)$$

若以几何方式解释 ϵ-次梯度，请注意，关系式 (3.27) 可以写成

$$f(z) - z'g \geqslant \big(f(x)-\epsilon\big) - x'g, \qquad \forall z \in \Re^n$$

因此，如图 3.3.1 所示，g 是在 x 点的 ϵ-次梯度，当且仅当 f 的上图被包含在正半平面，该平面属于 $\Re^{n+1}$，具有法向量 $(-g, 1)$ 且通过点 $\big(x, f(x)-\epsilon\big)$。

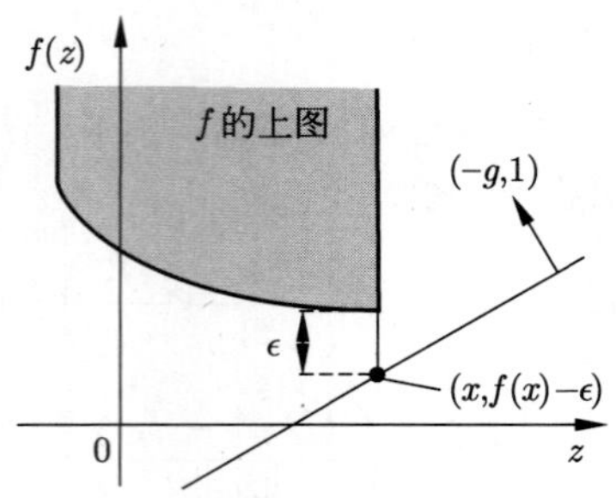

图 3.3.1 凸函数 f 的一个 ϵ-次梯度的示例图。向量 g 是在 $x \in \mathrm{dom}(f)$ 处的一个 ϵ-次梯度，当且仅当存在一个以 $(-g,1)$ 为法向量超平面。该超平面通过点 $(x, f(x)-\epsilon)$，并且将该点与 f 的上图进行分离

图 3.3.2 表明 ϵ-次微分 $\partial_\epsilon f(x)$ 在一维函数下的定义。该图显示如果 f 是闭的，则不同于 $\partial f(x)$，依据非竖直超平面定理（参见附录 B 命题 1.5.8），$\partial_\epsilon f(x)$ 在 $\mathrm{dom}(f)$ 中的所有点处都是非空的，包括 $\mathrm{dom}(f)$ 的相对边界点。作为说明，考虑标量函数 $f(x)=|x|$。可以直接验证，对于 $x \in \Re$ 和 $\epsilon > 0$，我们有

$$\partial_\epsilon f(x) = \begin{cases} \left[-1, -1-\dfrac{\epsilon}{x}\right] & \text{对于} x < -\dfrac{\epsilon}{x} \\ [-1,1] & \text{对于} x \in \left[-\dfrac{\epsilon}{2}, \dfrac{\epsilon}{2}\right] \\ \left[1-\dfrac{\epsilon}{2}, 1\right] & \text{对于} x > \dfrac{\epsilon}{2} \end{cases}$$

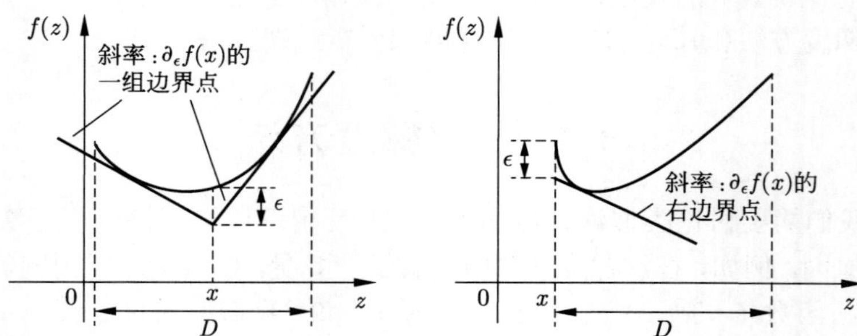

图 3.3.2 ϵ-次微分 $\partial_\epsilon f(x)$ 在一维函数上的示例图：$f:\Re \mapsto (-\infty,\infty]$，是闭的凸函数，有效定义域为 D。ϵ-次微分是一个非空区间，其边界点对应的斜率如图所示。在 $\mathrm{dom}(f)$ 的边界点，这些边界点是 ∞ 或者 $-\infty$（如右图所示）

考虑在闭凸集 X 上，最小化实值凸函数问题 $f:\Re^n \mapsto \Re$，ϵ-次梯度方法为

$$x_{k+1} = P_X(x_k - \alpha_k g_k) \tag{3.28}$$

其中，g_k 是 f 在 x_k 点处的一个 ϵ-次梯度，ϵ_k 是正标量，α_k 是正步长，$P_X(\cdot)$ 是定义在 X 上的投影。因此，方法该方法和次梯度方法一样，只是用 ϵ-次梯度代替次梯度。

下面的例子是在对偶和最小最大问题中使用 ϵ-次梯度。它表明，通过近似最小化，相对于次梯度，ϵ-次梯度节省了计算量。

例 3.3.1 在最小最大问题和对偶问题中 ϵ-次梯度的计算。

例 3.1.1 中，我们考虑最小化

$$f(x) = \sup_{z \in Z} \phi(x, z) \tag{3.29}$$

其中，$x \in \Re^n$，$z \in \Re^m$，Z 是 $\Re^m$ 的子集，$\phi : \Re^n \times \Re^m \mapsto (-\infty, \infty]$ 函数使得 $\phi(\bullet, z)$ 对于每个 $z \in Z$ 都是凸的。在例 3.1.1 中，如果我们在 z 上最大化式 (3.29)，则可以得到在 x 处的次梯度。类似地，如果我们在 z 上取 ϵ 近似最大，则可以得到 x 的 ϵ-次梯度，我们就可以使用 ϵ-次梯度方法。

具体来说，对于固定的 $x \in \mathrm{dom}(f)$，假设 $z_x \in Z$ 在 $\epsilon > 0$ 范围内达到式 (3.29) 上确界，即

$$\phi(x, z_x) \geqslant \sup_{z \in Z} \phi(x, z) - \epsilon = f(x) - \epsilon$$

g_x 是凸函数 $\phi(\bullet, z_x)$ 在 x 的次梯度，即 $g_x \in \partial \phi(x, z_x)$。对于所有 $y \in \Re^n$，我们使用次梯度不等式，

$$f(y) = \sup_{z \in Z} \phi(y, z) \geqslant \phi(y, z_x) \geqslant \phi(x, z_x) + g_x'(y - x) \geqslant f(x) - \epsilon + g_x'(y - x)$$

即 g_x 是 f 在 x 点的一个 ϵ-次梯度。综上，

$$\phi(x, z_x) \geqslant \sup_{z \in Z} \phi(x, z) - \epsilon \ \text{且} g_x \in \partial \phi(x, z_x) \quad \Longrightarrow \quad g_x \in \partial_\epsilon f(x)$$

ϵ-次梯度方法的性质分析与次梯度方法相似，不同之处在于**ϵ-次梯度方法通常收敛到 ϵ-最优集**，其中 $\epsilon = \lim\limits_{k \to \infty} \epsilon_k$，而不是次梯度方法中的最优集。要了解收敛机制，请注意对命题 3.2.2（a）的基本不等式进行了简单的修改。特别是如果 $\{x_k\}$ 是由 ϵ-次梯度方法生成的序列，对于所有的 $y \in X$ 和 $k \geqslant 0$

$$\|x_{k+1} - y\|^2 \leqslant \|x_k - y\|^2 - 2\alpha_k\big(f(x_k) - f(y) - \epsilon_k\big) + \alpha_k^2 \|g_k\|^2$$

用该不等式，带着 ϵ 参数，基本上可以复制 3.2 节的收敛性分析。

举一个例子，考虑 α_k 和 ϵ_k 为常数的情形：存在 $\alpha > 0$，$\alpha_k \equiv \alpha$，存在 $\epsilon > 0$，$\epsilon_k \equiv \epsilon$，如果 ϵ-次梯度 g_k 有界，对于常值 c 和所有 k，有 $\|g_k\| \leqslant c$。对于最优解 x^* 我们得到

$$\|x_{k+1} - x^*\|^2 \leqslant \|x_k - x^*\|^2 - 2\alpha\big(f(x_k) - f^* - \epsilon\big) + \alpha^2 c^2$$

其中，$f^* = \inf_{x \in X} f(x)$ 为最优值 [参见式 (3.16)]。这意味着到最优解 x^* 的距离减少，如果

$$0 < \alpha < \frac{2\big(f(x_k) - f^* - \epsilon\big)}{c^2}$$

或者等价地，如果 x_k 不在水平集

$$\left\{ x \;\middle|\; f(x) \leqslant f^* + \epsilon + \frac{\alpha c^2}{2} \right\}$$

之内（参见图 3.2.3）。与次梯度情况的分析类似，如果

$$\alpha_k \to 0, \qquad \sum_{k=0}^{\infty} \alpha_k = \infty, \qquad \epsilon_k \to \epsilon \geqslant 0$$

我们有

$$\liminf_{k \to \infty} f(x_k) \leqslant f^* + \epsilon$$

（参见命题 3.2.6）。对于动态步长大小规则和其他规则的类似分析，也有一个相关的收敛结果（参见 [NeB10]）。如果我们有 $\epsilon_k \to 0$ 而不是 $\epsilon_k \equiv \epsilon$，则 ϵ-次梯度方法式 (3.28) 的收敛性与普通次梯度方法的收敛性基本相同，两者都适用常数和衰减步长。

与增量次梯度方法的关系

我们在 2.1.5 节讨论了梯度方法的增量变体。该方法适用于在闭凸集 X 上最小化一个可加的代价函数，

$$f(x)=\sum_{i=1}^{m} f_i(x)$$

其中，函数 $f_i:\Re^n\mapsto\Re$ 是可微的。增量次梯度算法的变体也有可能适用于 f_i 是不可微但凸的情况。想法是依次对分量函数 f_i 的次梯度进行求解，在处理完每个 f_i 后立即调整 x。我们在 f_i 不可微的点上使用 f_i 的任意次梯度来代替，如果 f_i 在该点可微时就用梯度。

当代价函数的项数 m 很多时，增量方法非常有意义。进行完整的次梯度计算非常耗时，因此希望通过近似而大量节约计算的增量方法来做。我们将在 6.4 节中详细讨论增量次梯度算法及其与其他方法（例如增量近端方法）的组合。在本节中，我们将讨论最常见的增量次梯度算法，并指出与 ϵ-次梯度算法的联系。

考虑在 $x\in X$ 上最小化 $\sum_{i=1}^{m} f_i$，f_i 是凸实值函数的情况。与 2.1.5 节中的增量梯度方法类似，我们将一个迭代视为 m 个子迭代的循环。如果 x_k 是在 k 个循环后得到的向量，则向量 x_{k+1} 在另外一个循环后得到

$$x_{k+1}=\psi_{m,k}$$

其中，开始为 $\psi_{0,k}=x_k$，我们在 m 步后得到 $\psi_{m,k}$：

$$\psi_{i,k}=P_X(\psi_{i-1,k}-\alpha_k g_{i,k}),\qquad i=1,\cdots,m \tag{3.30}$$

其中，$g_{i,k}$ 是 f_i 在 $\psi_{i-1,k}$ 处的任意次梯度。

为明确与 ϵ-次梯度算法的联系，我们首先注意到，**如果两个向量 x 和 $\overline{x}$ 是彼此接近的，则 $\overline{x}$ 的次梯度可以看作在 x 点的 ϵ-次梯度**，其中 ϵ“很小”。特别地，如果 $g\in\partial f(\overline{x})$，则对于所有 $z\in\Re^n$，我们有

$$\begin{aligned}f(z)&\geqslant f(\overline{x})+g'(z-\overline{x})\\&\geqslant f(x)+g'(z-x)+f(\overline{x})-f(x)+g'(x-\overline{x})\\&\geqslant f(x)+g'(z-x)-\epsilon\end{aligned}$$

其中，

$$\epsilon=\max\big\{0,f(x)-f(\overline{x})\big\}+\|g\|\cdot\|\overline{x}-x\|$$

因此，$g\in\partial f(\overline{x})$ 蕴含 $g\in\partial_\epsilon f(x)$，其中当 $\overline{x}$ 接近 x 时，ϵ 很小。

现在我们从式 (3.30) 观察到在增量次梯度算法的一个循环内的第 i 步包括方向 $g_{i,k}$，该方向是 f_i 在对应向量 $\psi_{i-1,k}$ 处的次梯度。如果步长 α_k 小，则 $\psi_{i-1,k}$ 接近于循环开始时的向量 x_k，因此 $g_{i,k}$ 是 f_i 在 x_k 处的 ϵ_i-次梯度，且 ϵ_i 很小。特别地，为简单起见，假设 $X=\Re^n$，我们有

$$x_{k+1}=x_k-\alpha_k\sum_{i=1}^{m} g_{i,k} \tag{3.31}$$

其中，$g_{i,k}$ 是 f_i 在 $\psi_{i-1,k}$ 的次梯度，所以，对于很小的 ϵ_i（与 α_k 成比例），也是 f_i 在 x_k 处的 ϵ_i-次梯度。因此，根据 ϵ-次梯度的定义，有

$$\sum_{i=1}^{m} g_{i,k}\in\partial_{\epsilon_1}f_1(x_k)+\cdots+\partial_{\epsilon_m}f_m(x_k)\subset\partial_\epsilon f(x_k)$$

其中 $\epsilon=\epsilon_1+\cdots+\epsilon_m$。

从该分析可以得出，增量次梯度迭代式 (3.31) 可以看作是在循环的起点 x_k 处的 ϵ-次梯度迭代。ϵ 的大小取决于步长 α_k 的大小以及函数 f，我们有随着 $\alpha_k \to 0$，$\epsilon \to 0$。结果，当步长满足 $\alpha_k \to 0$，以及 $\sum_{k=0}^{\infty} \alpha_k = \infty$ 时，增量次梯度法的收敛与普通次梯度法相似，并且具有相似的收敛性。如果 α_k 保持恒定，则可以预期会收敛到解的邻域内。这些结果将在稍后详细说明，用一种稍微不同但相关的推理方式。参见 6.4 节，我们还将考虑通过随机化的方法而不是循环方式来选择分量 f_i 进行迭代的方法。

3.4 注记、文献来源和练习

3.1 节： 次梯度在 Fenchel [Fen51] 的工作中至关重要。Danskin [Dan67] 的基本定理提供了一个（不一定是凸的）方向可微函数的最大方向导数公式。当应用于凸函数 f 时，得出 f 的次微分表达式 (3.10)；参见练习 3.5。有一个更通用的公式，它不需要 $\phi(\bullet, z)$ 是可微的。相反，它假定对于紧集 Z 中的每个 z，$\phi(\bullet, z)$ 是扩充实值闭凸函数，即 $\text{int}\big(\text{dom}(f)\big)$，$\text{dom}(f)$ 的内部，为非空，且 ϕ 在集合 $\text{int}\big(\text{dom}(f)\big) \times Z$ 上是连续的。于是对于所有 $x \in \text{int}\big(\text{dom}(f)\big)$，有

$$\partial f(x) = \text{conv}\big\{\partial \phi(x, z) \mid z \in Z_0(x)\big\}$$

其中，对于任意 $z \in Z$，$\partial \phi(x, z)$ 是 $\phi(\bullet, z)$ 在 x 点的次微分；参见作者的学位论文 [Ber71] 命题 A.22。

另一个重要的次微分公式与期望函数的次梯度有关，即

$$f(x) = E\big\{F(x, \omega)\big\}$$

其中 ω 是一个随机变量，在 Ω 中的取值，而 $F(\bullet, \omega) : \Re^n \mapsto \Re$ 是一个实值凸函数，使得 f 是实值的（注意，f 很容易被证明是凸的）。如果 ω 取有限数量的值，概率为 $p(\omega)$，则公式

$$f'(x; d) = E\big\{F'(x, \omega; d)\big\}, \qquad \partial f(x) = E\big\{\partial F(x, \omega)\big\} \tag{3.32}$$

成立，这是因为它可以写成有限和的形式

$$f'(x; d) = \sum_{\omega \in \Omega} p(\omega) F'(x, \omega; d), \qquad \partial f(x) = \sum_{\omega \in \Omega} p(\omega) \partial F(x, \omega)$$

因此命题 3.1.3(b) 适用。但是，即使在 Ω 为无穷的情况下，式 (3.32) 仍然成立，我们用适当的数学描述集值函数的积分 $E\big\{\partial F(x, \omega)\big\}$ 作为积分的集合

$$\int_{\omega \in \Omega} g(x, \omega)\, dP(\omega) \tag{3.33}$$

其中 $g(x, \omega) \in \partial F(x, \omega), \omega \in \Omega$（在此情况下必须解决可测问题）。有关证明和分析，请参见作者论文 [Ber72]，[Ber73]，它们提供了一个 f 可微的充要条件，即使 $F(\bullet, \omega)$ 不可微。在这方面，要注意，如果 ω 是“连续”随机变量，则 ω 在式 (3.33) 中的积分可能会平滑 $F(\bullet, \omega)$ 的不可微性。这个性质可以反过来用于算法中，包括引入可微的优化方法；请参见例子，Yousefian，Nedic 和 Shanbhag [YNS10]，[YNS12]，Agarwal 和 Duchi [AgD11]，Duchi，Bartlett 和 Wainwright [DBW12]，Brown 和 Smith [BrS13]，Abernethy 等 [ALS14]，以及 Jiang 和 Zhang [JiZ14]。

3.2 节： 次梯度算法由 Shor 于 20 世纪 60 年代中期首次提出；Ermoliev 和 Poljak 的工作也非常有影响力。这些工作的描述可以在许多来源中找到，包括 Ermoliev [Erm76]，Shor [Sho85] 和 Poljak [Pol87] 这些书。早期的大量参考书由 Balinski 和 Wolfe [BaW75] 编写。西方文献中关于不可微优化的一些最早的论文出现在此卷中。有许多工作涉及次梯度算法的分析。次梯度算法也有多种变种，主要目标是加速基本方法的收敛（例如 [CFM75]，[Sho85]，[Min86]，[Str97]，[LPS98]，[Sho98]，[ZLW99]，[BLY14]）。

此处给出的分析是作者与 A. Nedić 合作的工作 [NeB00]，[NeB01]，并已用于后续的几本著作 [NBB01]，[NeO09a]，[NeO09b]，[NeB10]，[Ber11]，[Ned11]，[WaB13a]。Bertsekas，Nedić 和 Ozdaglar 所著的书 [BNO03] 包含更广泛的收敛性分析。它涉及更多种步长大小规则，包括用于非增量和增量次梯度算法的动态规则。

3.3 节：ϵ-次梯度算法（参见 3.3 节）已被很多作者研究，包括 Robinson [Rob99]，Auslender 和 Teboulle [AuT04] 以及 Nedić 和 Bertsekas[NeB10]。次梯度算法通常以近似形式实现，当然在次梯度或代价函数计算中存在偏差。与此实现有关的分析，请参见 Nedić 和 Bertsekas [NeB10]，以及 Hu，Yang 和 Sim [HYS15]。对于某些涉及锐利最小值的不可微问题，尽管在次梯度的计算中一直存在偏差，但仍可以获得精确的收敛（请参阅练习 3.10 和 [NeB10]）。此外，将在 6.7 节中讨论基于 ϵ-次微分的其他算法，称为**ϵ-下降算法** 。

如 1.3 节中所述，最小化可加的代价函数的问题 $f(x)=\sum_{i=1}^{m}f_i(x)$（请参见 3.3 节）出现在许多应用中。针对此类问题的增量次梯度算法将在 6.4 节中讨论，详细参考将在第 6 章中给出。对于具有 $X=\bigcap_{i=1}^{m}X_i$, 形式的约束集，我们将考虑增量次梯度算法的扩展，该扩展称为**增量约束投影方法**（incremental constraint projection method），其中成员集 X_i 比 X 本身更适合投影运算，并且约束投影是按照增量方式进行的（请参见 6.4.4 节）。

练习

3.1（计算练习）

考虑无约束最小化函数

$$f(x)=\sum_{i=1}^{m}\max\{0,c_i'x-b_i\}$$

其中，c_i 是在 $\Re^n$ 中给定向量，b_i 是被给定标量。

(a) 验证次梯度法具有形式

$$x_{k+1}=x_k-\alpha_k\sum_{i=1}^{m}g_{i,k}$$

其中，

$$g_{i,k}=\begin{cases}c_i & \text{如果} c_i'x_k>b_i\\ 0 & \text{其他情况}\end{cases}$$

(b) 考虑增量次梯度法，它在循环中操作如下。在循环 k 的最后，我们设置 $x_{k+1}=\psi_{m,k}$，其中，$\psi_{m,k}$ 是 m 步后得到的，

$$\psi_{i,k}=\begin{cases}\psi_{i-1,k}-\alpha_k c_i & \text{如果} c_i'\psi_{i-1,k}>b_i\\ \psi_{i-1,k} & \text{其他情况}\end{cases}\qquad i=1,\cdots,m$$

初始条件为 $\psi_{0,k}=x_k$。通过 $n=2$ 和 $m=100$ 的两个示例，将该方法与 (a) 算法进行比较。在第一个示例中，向量 c_i 为 $c_i=(\xi_i,\zeta_i)$，其中 $c_i=(\xi_i,\zeta_i)$ 以及 b_i 都是从 $[-100,100]$ 均匀分布中随机独立选择。在第二个示例中，向量 c_i 为 $c_i=(\xi_i,\zeta_i)$，其中 ξ_i，ζ_i 是从 $[-10,10]$ 均匀分布中随机独立选择，而 b_i 是从 $[0,1000]$ 均匀分布中随机独立选择。尝试使用不同的起点和步长选择，以及确定性和随机顺序的索引 i 选择进行迭代。在第二个示例的情况下，该方法在什么情况下会在有限的迭代次数停止？

3.2（**带有方向导数的最优条件**）

本练习的目的是根据代价函数的方向导数来表述命题 3.1.4 中最优的充要条件。考虑在凸集 $X \subset \Re^n$ 上凸函数 $f : \Re^n \mapsto \Re$ 的最小化。对于任何 $x \in X$，f 在 x 的可行方向集合定义为凸锥

$$D(x) = \big\{\alpha(\bar{x} - x) \mid \bar{x} \in X,\, \alpha > 0\big\}$$

证明 x 在 X 上最小化 f，当且仅当

$$f'(x;d) \geqslant 0, \qquad \forall d \in D(x) \tag{3.34}$$

注：该条件表示，当且仅当 f 在 x 处没有可行的下降方向时，x 才是最优的。

解答：令 $\overline{D(x)}$ 表示 $D(x)$ 的闭包。通过命题 3.1.4，当且仅当存在 $g \in \partial f(x)$ 时，x 才会在 X 上最小化 f，其中

$$g'd \geqslant 0, \qquad \forall d \in D(x)$$

这就等价于

$$g'd \geqslant 0, \qquad \forall d \in \overline{D(x)}$$

因此，x 在 X 上最小化 f，当且仅当

$$\max_{g \in \partial f(x)} \; \min_{\|d\| \leqslant 1,\, d \in \overline{D(x)}} g'd \geqslant 0$$

由于上面的最小化和最大化问题是在凸紧集上，根据附录 B 中的命题 5.5.3 的鞍点定理，这等价于

$$\min_{\|d\| \leqslant 1,\, d \in \overline{D(x)}} \; \max_{g \in \partial f(x)} g'd \geqslant 0$$

或者，根据命题 3.1.1(a)，

$$\min_{\|d\| \leqslant 1,\, d \in \overline{D(x)}} f'(x;d) \geqslant 0$$

反过来这等价于所需的条件式 (3.34)，因为 $f'(x;\boldsymbol{\cdot})$ 是连续的和凸实值的。

3.3（**扩充实值函数的次微分**）

在实际中出现的扩充实值凸函数通常为以下形式：

$$f(x) = \begin{cases} h(x) & \text{如果} x \in X \\ \infty & \text{如果} x \notin X \end{cases} \tag{3.35}$$

其中，$h : \Re^n \mapsto \Re$ 是实值凸函数，X 是非空凸集。本练习的目的是表明，与 h 为扩充实值情况相比，此类函数的次微分具有良好性质。

(a) 使用命题 3.1.3 和命题 3.1.4 证明对于所有 $x \in X$，次微分非空，且具有形式

$$\partial f(x) = \partial h(x) + N_X(x), \qquad \forall x \in X$$

其中，$N_X(x)$ 是 X 在 $x \in X$ 处的正常锥。

注：如果 h 是实值凸函数，该形式需要假设 $\mathrm{ri}\big(\mathrm{dom}(h)\big) \cap \mathrm{ri}(X) \neq \varnothing$，或者对 h 和 X 的一些多面体条件；参见附录 B 命题 5.4.6。

证明：通过次梯度不等式 (3.1)，当且仅当 x 最小化 $p(z) = h(z) - g'z$，其中 $z \in X$ 时，有 $g \in \partial f(x)$。或者等价地，p 在 x 处的某个次梯度 [即 $\partial h(x) - \{g\}$ 中向量，参见命题 3.1.3] 属于 $-N_X(x)$（参见命题 3.1.4）。

(b) 令 $f(x)=-\sqrt{x}$，如果 $x\geqslant 0$；$f(x)=\infty$，如果 $x<0$。证明 f 是一个闭凸函数，不能被写成式 (3.35) 形式，且在 $x=0$ 处无次梯度。

(c) 证明具有式 (3.35) 形式的 f_i 函数的求和函数，对 h_i 和 X_i 的次微分

$$\partial(f_1+\cdots+f_m)(x)=\partial h_1(x)+\cdots+\partial h_m(x)+N_{X_1\cap\cdots\cap X_m}(x)$$

对于所有的 $x\in X_1\cap\cdots\cap X_m$ 成立。举例说明，在此公式中，我们无法将 $N_{X_1\cap\cdots\cap X_m}(x)$ 替换为 $N_{X_1}(x)+\cdots+N_{X_m}(x)$。

证明：$f_1+\cdots+f_m=h+\delta_X$，其中 $h=h_1+\cdots+h_m$ 以及 $X=X_1\cap\cdots\cap X_m$。作为反例，令 $m=2$ 和 X_1 和 X_2 是以 $(-1,0)$ 和 $(1,0)$ 为中心的单位球。

3.4（梯度和方向导数的连续性）

以下练习提供了凸函数的方向导数和梯度的基本连续性质。令 $f:\Re^n\mapsto\Re$ 为凸函数，并令 $\{f_k\}$ 是一系列凸函数 $f_k:\Re^n\mapsto\Re$，具有性质：$\lim\limits_{k\to\infty} f_k(x_k)=f(x)$，对于每个 $x\in\Re^n$ 和每个收敛到 x 的序列 $\{x_k\}$ 成立。证明对于任意 $x\in\Re^n$ 和 $y\in\Re^n$，任何分别收敛到 x 和 y 的序列 $\{x_k\}$ 和 $\{y_k\}$，有

$$\limsup_{k\to\infty} f_k'(x_k;y_k)\leqslant f'(x;y)$$

此外，如果 f 在 $\Re^n$ 上可微，那么它在 $\Re^n$ 上连续可微。

解答：根据方向导数的定义，对于任何 $\epsilon>0$，存在 $\alpha>0$ 使得

$$\frac{f(x+\alpha y)-f(x)}{\alpha}<f'(x;y)+\epsilon$$

因此，根据式

$$f'(x;y)=\inf_{\alpha>0}\frac{f(x+\alpha y)-f(x)}{\alpha}$$

对于所有足够大的 k，有

$$f_k'(x_k;y_k)\leqslant\frac{f_k(x_k+\alpha y_k)-f_k(x_k)}{\alpha}<f'(x;y)+\epsilon$$

取极限 $k\to\infty$，

$$\limsup_{k\to\infty} f_k'(x_k;y_k)\leqslant f'(x;y)+\epsilon$$

因为 $\epsilon>0$，我们得到 $\limsup\limits_{k\to\infty} f_k'(x_k;y_k)\leqslant f'(x;y)$，如果 f 对于所有 $x\in\Re^n$ 可微。根据命题 3.1.1(b)，对于所有 $x,y\in\Re^n$，我们有 $f'(x;y)=\nabla f(x)'y$。根据刚刚的证明过程，对于收敛到 x 的每个序列 $\{x_k\}$ 和任意 $y\in\Re^n$，有

$$\limsup_{k\to\infty}\nabla f(x_k)'y=\limsup_{k\to\infty} f'(x_k;y)\leqslant f'(x;y)=\nabla f(x)'y$$

用 $-y$ 代替 y，得到

$$-\liminf_{k\to\infty}\nabla f(x_k)'y=\limsup_{k\to\infty}\big(-\nabla f(x_k)'y\big)\leqslant-\nabla f(x)'y$$

联合上述两个关系，对于每个 y，有 $\nabla f(x_k)'y\to\nabla f(x)'y$。这表明 $\nabla f(x_k)\to\nabla f(x)$。因此，$\nabla f(\bullet)$ 连续。

3.5（Danskin 定理）

令 Z 为 $\Re^m$ 的紧子集，并令 $\phi:\Re^n\times Z\mapsto\Re$ 为连续函数，使得 $\phi(\bullet,z):\Re^n\mapsto\Re$ 对于每个 $z\in Z$ 是凸的。

(a) 证明 $f:\Re^n \mapsto \Re$，

$$f(x) = \max_{z\in Z} \phi(x,z) \tag{3.36}$$

是凸的，且方向导数由

$$f'(x;y) = \max_{z\in Z(x)} \phi'(x,z;y) \tag{3.37}$$

给出，其中，$\phi'(x,z;y)$ 是 $\phi(\cdot,z)$ 在 x 点沿 y 方向的方向导数，$Z(x)$ 是式 (3.36) 的最大点集：

$$Z(x) = \left\{ \overline{z} \;\middle|\; \phi(x,\overline{z}) = \max_{z\in Z} \phi(x,z) \right\}$$

此外，式 (3.37) 中的最大值可以取到。特别地，如果 $Z(x)$ 由唯一的点 $\overline{z}$ 组成，且 $\phi(\cdot,\overline{z})$ 在 x 点可微，那么 f 在点 x 可微，且 $\nabla f(x) = \nabla_x \phi(x,\overline{z})$，其中，$\nabla_x \phi(x,\overline{z})$ 是向量，分量为

$$\frac{\partial \phi(x,\overline{z})}{\partial x_i}, \qquad i = 1,\cdots,n$$

(b) 证明如果 $\phi(\cdot,z)$ 对于所有 $z\in Z$ 都可微，且 $\nabla_x \phi(x,\cdot)$ 在 Z 上对于每个 x 都连续，则

$$\partial f(x) = \mathrm{conv}\big\{\nabla_x \phi(x,z) \mid z\in Z(x)\big\}, \qquad \forall x\in\Re^n$$

注意：该部分一个更一般的情况，即不假定 $\phi(\cdot,z)$ 为可微，请参见作者的学位论文 [Ber71] 命题 A.22。

解答: (a) 我们注意到因为 ϕ 连续，Z 为紧集，$Z(x)$ 非空（根据 Weierstrass 定理以及 f 是实函数）。对于任意 $z\in Z(x)$, $y\in\Re^n$ 和 $\alpha>0$，据 f 定义可得

$$\frac{f(x+\alpha y)-f(x)}{\alpha} \geqslant \frac{\phi(x+\alpha y,z)-\phi(x,z)}{\alpha}$$

随 α 减少到 0 取极限，得到 $f'(x;y)\geqslant \phi'(x,z;y)$。因为这是对每个 $z\in Z(x)$ 都成立的，所以

$$f'(x;y) \geqslant \sup_{z\in Z(x)} \phi'(x,z;y), \qquad \forall y\in\Re^n \tag{3.38}$$

接下来，我们将证明反向不等式，并且可以得出上述不等式右边的上确界。为此，固定 x，我们考虑收敛到零的正标量序列 $\{\alpha_k\}$，然后令 $x_k = x+\alpha_k y$。对于每个 k，令 z_k 为 $Z(x_k)$ 中的一个向量。因为 $\{z_k\}$ 属于紧集 Z，它的子序列收敛到某个 $\overline{z}\in Z$。不失一般性，我们假设整个序列 $\{z_k\}$ 收敛到 $\overline{z}$。我们有

$$\phi(x_k,z_k) \geqslant \phi(x_k,z), \qquad \forall z\in Z$$

取极限 $k\to\infty$，并使用 ϕ 的连续性，我们得到

$$\phi(x,\overline{z}) \geqslant \phi(x,z), \qquad \forall z\in Z$$

因此，$\overline{z}\in Z(x)$。我们有

$$f'(x;y) \leqslant \frac{f(x+\alpha_k y)-f(x)}{\alpha_k} \tag{3.39}$$

$$= \frac{\phi(x+\alpha_k y,z_k)-\phi(x,\overline{z})}{\alpha_k} \tag{3.40}$$

$$\leqslant \frac{\phi(x+\alpha_k y,z_k)-\phi(x,z_k)}{\alpha_k} \tag{3.41}$$

$$\leqslant -\phi'(x+\alpha_k y,z_k;-y) \tag{3.42}$$

$$\leqslant \phi'(x+\alpha_k y,z_k;y) \tag{3.43}$$

其中，最后的不等式由 $-f'(x;-y)\leqslant f'(x;y)$ 得到。我们使用练习 3.4 的结论，f_k 定义为 $f_k(\cdot)=\phi(\cdot,z_k)$，且 $x_k = x+\alpha_k y$，得到

$$\limsup_{k\to\infty} \phi'(x+\alpha_k y,z_k;y) \leqslant \phi'(x,\overline{z};y) \tag{3.44}$$

我们取不等式 (3.39) 的极限 $k \to \infty$，使用不等式 (3.44) 得到

$$f'(x;y) \leqslant \phi'(x,\overline{z};y)$$

这个关系式和不等式 (3.38) 一起证明了式 (3.37)。

在 (a) 部分的最后，如果 $Z(x)$ 仅由点 $\overline{z}$ 构成，由可微性假设 ϕ 和式 (3.37) 得到

$$f'(x;y) = \phi'(x,\overline{z};y) = y'\nabla_x\phi(x,\overline{z}), \qquad \forall y \in \Re^n$$

这意味着，$\nabla f(x) = \nabla_x\phi(x,\overline{z})$。

(b) 根据 (a)，我们有

$$f'(x;y) = \max_{z\in Z(x)} \nabla_x\phi(x,z)'y$$

根据命题 3.1.1(a)，

$$f'(x;y) = \max_{z\in \partial f(x)} d'y$$

对于所有 $\overline{z} \in Z(x)$ 和 $y \in \Re^n$，我们有

$$\begin{aligned} f(y) &= \max_{z\in Z} \phi(y,z) \\ &\geqslant \phi(y,\overline{z}) \\ &\geqslant \phi(x,\overline{z}) + \nabla_x\phi(x,\overline{z})'(y-x) \\ &= f(x) + \nabla_x\phi(x,\overline{z})'(y-x) \end{aligned}$$

因此，$\nabla_x\phi(x,\overline{z})$ 是 f 在 x 处的次梯度，这意味着，

$$\operatorname{conv}\big\{\nabla_x\phi(x,z) \mid z \in Z(x)\big\} \subset \partial f(x)$$

为了证明反向包含关系，我们使用超平面分离定理。根据 $\nabla_x\phi(x,\cdot)$ 的连续性和 Z 是紧集，我们知道 $Z(x)$ 是紧的。根据附录 B 命题 1.2.2，$\operatorname{conv}\big\{\nabla_x\phi(x,z) \mid z \in Z(x)\big\}$ 是紧的。如果 $d \in \partial f(x)$ 且 $d \notin \operatorname{conv}\big\{\nabla_x\phi(x,z) \mid z \in Z(x)\big\}$，根据严格分离定理（附录 B 命题 1.5.3），存在 $y \neq 0$ 和 $\gamma \in \Re$，使得

$$d'y > \gamma > \nabla_x\phi(x,z)'y, \qquad \forall z \in Z(x)$$

因此，有

$$d'y > \max_{z\in Z(x)} \nabla_x\phi(x,z)'y = f'(x;y)$$

与命题 3.1.1(a) 矛盾。因此

$$\partial f(x) \subset \operatorname{conv}\big\{\nabla_x\phi(x,z) \mid z \in Z(x)\big\}$$

证毕。

3.6（在较弱条件下带有递减步长的次梯度算法的收敛性）

本练习展示了命题 3.2.6 的增强版本。假设对于某个标量 c，我们有

$$c^2\left(1 + \min_{x^*\in X^*} \|x_k - x^*\|^2\right) \geqslant \|g_k\|^2, \qquad \forall k \tag{3.45}$$

以代替强假设 3.2.1。假设 X^* 非空，且

$$\sum_{k=0}^{\infty} \alpha_k = \infty, \qquad \sum_{k=0}^{\infty} \alpha_k^2 < \infty \tag{3.46}$$

证明 $\{x_k\}$ 收敛到最优解。

简要证明：与命题 3.2.6[参见式 (3.18)] 的证明相似，我们使用命题 3.2.2(a)，令 y 等于任意 $x^* \in X^*$，然后根据假设式 (3.45)，得到

$$\|x_{k+1} - x^*\|^2 \leqslant (1 + \alpha_k^2 c^2)\|x_k - x^*\|^2 - 2\alpha_k\big(f(x_k) - f^*\big) + \alpha_k^2 c^2 \tag{3.47}$$

由于假设式 (3.46)，使用附录 A 命题 A.4.4 的收敛结果，表明 $\{x_k\}$ 有界且 $\liminf\limits_{k\to\infty} f(x_k) = f^*$。从这点出发，可以参考命题 3.2.6 的证明。

3.7（带有动态步长的次梯度算法的收敛率）

考虑次梯度算法 $x_{k+1} = P_X(x_k - \alpha_k g_k)$，带有动态步长规则

$$\alpha_k = \frac{f(x_k) - f^*}{\|g_k\|^2} \tag{3.48}$$

假设最优解集合 X^* 非空，试证明：

(a) $\{x_k\}$ 和 $\{g_k\}$ 序列有界。

证明：假设 x^* 是最优解。根据命题 3.2.2（a），有

$$\|x_{k+1} - x^*\|^2 \leqslant \|x_k - x^*\|^2 - 2\alpha_k\big(f(x_k) - f^*\big) + \alpha_k^2\|g_k\|^2$$

并使用式 (3.48) 中的步长，得到

$$\|x_{k+1} - x^*\|^2 \leqslant \|x_k - x^*\|^2 - \frac{\big(f(x_k) - f^*\big)^2}{\|g_k\|^2} \tag{3.49}$$

因此，

$$\|x_{k+1} - x^*\| \leqslant \|x_k - x^*\|, \qquad \forall k$$

这意味着 $\{x_k\}$ 有界。根据命题 3.1.2，$\{g_k\}$ 也有界。

(b)（**次线性收敛**）我们有

$$\liminf_{k\to\infty} \sqrt{k}\,\big(f(x_k) - f^*\big) = 0$$

证明：采用反证法。假设存在一个 $\epsilon > 0$ 和足够大的 $\overline{k}$，使得 $\sqrt{k}\,\big(f(x_k) - f^*\big) \geqslant \epsilon$，对于所有 $k \geqslant \overline{k}$ 成立。于是

$$\big(f(x_k) - f^*\big)^2 \geqslant \frac{\epsilon^2}{k}, \qquad \forall\, k \geqslant \overline{k}$$

表明

$$\sum_{k=\overline{k}}^{\infty} \big(f(x_k) - f^*\big)^2 \geqslant \epsilon^2 \sum_{k=\overline{k}}^{\infty} \frac{1}{k} = \infty$$

另一方面，对所有 k 应用式 (3.49)，根据 $\{g_k\}$ 有界性，我们有

$$\sum_{k=0}^{\infty} \big(f(x_k) - f^*\big)^2 < \infty$$

导出矛盾。

(c)（**线性收敛**）假设存在标量 $\beta > 0$，使得

$$f^* + \beta\, d(x) \leqslant f(x), \qquad \forall x \in X \tag{3.50}$$

其中，定义 $d(x) = \min_{x^*\in X^*}\|x - x^*\|$。该假设，即**锐利最小**条件，当 f 和 X 是多面体（参见命题 5.1.6）是成立的。满足此条件的问题在一些凸优化算法中具有良好的性质（参见练习 3.10 和第 6 章的练习）。试证明对于所有 k，

$$d(x_{k+1}) \leqslant \rho\, d(x_k)$$

其中，$\rho = \sqrt{1 - \beta^2/\gamma^2}$ 而 γ 是 $\|g_k\|$ 的任意上界，$\gamma > \beta$[参见 (a) 部分]。

证明：根据式 (3.49) 和式 (3.50)，对于所有 k，我们有

$$\big(d(x_{k+1})\big)^2 \leqslant \big(d(x_k)\big)^2 - \frac{\big(f(x_k)-f^*\big)^2}{\|g_k\|^2} \leqslant \big(d(x_k)\big)^2 - \frac{\beta^2\big(d(x_k)\big)^2}{\|g_k\|^2}$$

根据 $\sup_{k\geqslant 0}\|g_k\| \leqslant \gamma$，即可得到结论。

3.8（**利用迭代平均的次梯度算法 [NJL09]**）

次梯度算法

$$x_{k+1} = P_X(x_k - \alpha_k g_k)$$

中步长 α_k 如果选得太大（比如是常数或者违反 $\sum_{k=0}^{\infty}\alpha_k^2 < \infty$），该算法可能不收敛。本练习证明，通过对迭代过程取平均，我们可以使用更大的步长且收敛。令最优解集 X^* 为非空，并假设对于某个标量 c，我们有

$$c \geqslant \sup\big\{\|g_k\| \mid k=0,1,\cdots\big\}, \qquad \forall k \geqslant 0$$

（参见假设 3.2.1）。进而假设 α_k 按如下方式选取：

$$\alpha_k = \frac{\theta}{c\sqrt{k+1}}, \qquad k=0,1,\cdots$$

其中，θ 是正常数。试证明

$$f(\bar{x}_k) - f^* \leqslant c\left(\frac{\min\limits_{x^*\in X^*}\|x_0-x^*\|^2}{2\theta} + \theta\ln(k+2)\right)\frac{1}{\sqrt{k+1}}, \qquad k=0,1,\cdots$$

其中，$\bar{x}_k$ 是迭代的平均，根据

$$\bar{x}_k = \frac{\sum\limits_{\ell=0}^{k}\alpha_\ell x_\ell}{\sum\limits_{\ell=0}^{k}\alpha_\ell}$$

生成。

注：平均方法似乎对步长的选择不太敏感。实际的变体方法包括，使用最近的平均迭代重新计算，以及对最近迭代的一部分进行平均。类似的分析适用于增量方法和随机次梯度算法。

证明概要：定义

$$\delta_k = \frac{1}{2}\min_{x^*\in X^*}\|x_k - x^*\|^2$$

根据命题 3.2.2 (a)，其中 y 等于 x_k 在 X^* 上的投影，得到

$$\delta_{k+1} \leqslant \delta_k - \alpha_k\big(f(x_k)-f^*\big) + \frac{1}{2}\alpha_k^2 c^2$$

从 0 到 k 对该不等式求和，且由 $\delta_{k+1} \geqslant 0$ 得到

$$\sum_{\ell=0}^{k}\alpha_\ell\big(f(x_k)-f^*\big) \leqslant \delta_0 + \frac{1}{2}c^2\sum_{\ell=0}^{k}\alpha_\ell^2$$

除以 $\sum\limits_{\ell=0}^{k}\alpha_\ell$，

$$\frac{\sum_{\ell=0}^{k}\alpha_\ell f(x_k)}{\sum_{\ell=0}^{k}\alpha_\ell} - f^* \leqslant \frac{\delta_0 + \frac{1}{2}c^2\sum_{\ell=0}^{k}\alpha_\ell^2}{\sum_{\ell=0}^{k}\alpha_\ell}$$

f 的凸性表明，

$$f(\bar{x}_k) \leqslant \frac{\sum_{\ell=0}^{k}\alpha_\ell f(x_k)}{\sum_{\ell=0}^{k}\alpha_\ell}$$

联合上述关系，得到

$$f(\bar{x}_k) - f^* \leqslant \frac{\delta_0 + \frac{1}{2}c^2\sum_{\ell=0}^{k}\alpha_\ell^2}{\sum_{\ell=0}^{k}\alpha_\ell}$$

步长替换为 $\alpha_\ell = \theta/\left(c\sqrt{\ell+1}\right)$，有

$$f(\bar{x}_k) - f^* \leqslant \frac{\delta_0 + \frac{1}{2}\theta^2\sum_{\ell=0}^{k}\frac{1}{\ell+1}}{\frac{\theta}{c}\sum_{\ell=0}^{k}\frac{1}{\sqrt{\ell+1}}} \leqslant \frac{\delta_0 + \theta^2\ln(k+2)}{\frac{\theta}{c}\sqrt{k+1}}$$

证毕。

3.9（修改的动态步长规则）

考虑次梯度算法

$$x_{k+1} = P_X(x_k - \alpha_k g_k)$$

其中，步长选择根据两种规则

$$\alpha_k = \frac{f(x_k) - f_k}{\max\left\{\gamma, \|g_k\|^2\right\}} \quad 或者 \quad \alpha_k = \min\left\{\gamma, \frac{f(x_k) - f_k}{\|g_k\|^2}\right\}, \forall k \geqslant 0 \tag{3.51}$$

其中，γ 是正标量，f_k 由式 (3.21) 和式 (3.22) 的动态调整过程给出。试证明命题 3.2.8 的收敛结果仍然成立。

证明概要：采取反证法，就像在命题 3.2.8 中。根据命题 3.2.2(a)，令 $y = \overline{y}$，对于所有 $k \geqslant \overline{k}$，有

$$\begin{aligned}
\|x_{k+1} - \overline{y}\|^2 &\leqslant \|x_k - \overline{y}\|^2 - 2\alpha_k\big(f(x_k) - f(\overline{y})\big) + \alpha_k^2\|g_k\|^2 \\
&\leqslant \|x_k - \overline{y}\|^2 - 2\alpha_k\big(f(x_k) - f(\overline{y})\big) + \alpha_k\big(f(x_k) - f_k\big) \\
&= \|x_k - \overline{y}\|^2 - \alpha_k\big(f(x_k) - f_k\big) - 2\alpha_k\big(f_k - f(\overline{y})\big) \\
&\leqslant \|x_k - \overline{y}\|^2 - \alpha_k\big(f(x_k) - f_k\big)
\end{aligned}$$

因此 $\{x_k\}$ 有界，这表明 $\{g_k\}$ 也有界（参见命题 3.1.2）。令 $\bar{c}$ 使得对于所有 k，$\|g_k\| \leqslant \bar{c}$ 成立。假设 α_k 由式 (3.51) 的第 1 个规则给定。从上述关系中，对于所有 $k \geqslant \bar{k}$，我们有

$$\|x_{k+1} - \overline{y}\|^2 \leqslant \|x_k - \overline{y}\|^2 - \frac{\delta^2}{\max\{\gamma, \bar{c}^2\}}$$

就像命题 3.2.8 证明中一样，这就导出矛盾。如果 α_k 由第 2 个规则式 (3.51) 给定，证明是类似的。

3.10（锐利最小问题中低错误率的次梯度算法 [NeB10]）

考虑在一个闭凸集 X 上，最小化凸函数问题 $f: \Re^n \to \Re$，并假设最优解集 X^* 非空。本练习的目的是为了证明在某些条件下（如果 f 和 X 是多面体的，则可以满足要求），即使在次梯度计算中存在“小”错误，次梯度算法也是收敛的。假设对某个 $\beta > 0$，我们有

$$f^* + \beta d(x) \leqslant f(x), \qquad \forall x \in X \tag{3.52}$$

其中，$f^* = \min\limits_{x \in X} f(x)$ 以及 $d(x) = \min\limits_{x^* \in X^*} \|x - x^*\|$[这是满足锐利最小条件的情形，参见练习 3.7(c)]。考虑迭代

$$x_{k+1} = P_X\big(x_k - \alpha_k(g_k + e_k)\big)$$

其中，对于所有 k，g_k 是 f 在 x_k 处的次梯度，e_k 是满足

$$\|e_k\| \leqslant \epsilon, \qquad k = 0, 1, \cdots$$

的偏差。其中，ϵ 是正标量，且 $\epsilon < \beta$。假设对于某个 $c > 0$，我们有

$$c \geqslant \sup\big\{\|g_k\| \mid k = 0, 1, \cdots\big\}, \qquad \forall k \geqslant 0$$

参考次梯度有界假设 3.2.1。

(a) 试证明如果对于所有 k，α_k 都等于某个常数 α，则

$$\liminf_{k \to \infty} f(x_k) \leqslant f^* + \frac{\alpha\beta(c + \epsilon)^2}{2(\beta - \epsilon)} \tag{3.53}$$

其中，如果

$$\alpha_k \to 0, \qquad \sum_{k=0}^{\infty} \alpha_k = \infty$$

那么 $\liminf_{k \to \infty} f(x_k) = f^*$。

提示：证明

$$d(x_{k+1})^2 \leqslant d(x_k)^2 - 2\alpha_k\big(f(x_k) - f^*\big) + 2\alpha_k\|e_k\|d(x_k) + \alpha_k^2\|\tilde{g}_k\|^2$$

因此，

$$d(x_{k+1})^2 \leqslant d(x_k)^2 - 2\alpha_k\frac{\beta - \|e_k\|}{\beta}\big(f(x_k) - f^*\big) + 2\alpha_k\|e_k\|d(x_k) + \alpha_k^2\|\tilde{g}_k\|^2$$

(b) 使用标量函数 $f(x) = |x|$ 证明估计式 (3.53) 是紧的。

3.11（ϵ-互补松弛和 ϵ-次梯度）

本练习的目的（基于和 P. Tseng 的合作未发表的工作）是展示如何计算可分问题

$$\begin{aligned} &\text{minimize} \quad && \sum_{i=1}^{n} f_i(x_i) \\ &\text{subject to} \quad && \sum_{i=1}^{n} g_{ij}(x_i) \leqslant 0, \quad j = 1, \cdots, r, \qquad \alpha_i \leqslant x_i \leqslant \beta_i, \quad i = 1, \cdots, n \end{aligned}$$

对偶函数的 ϵ-次梯度，其中，$f_i:\Re\mapsto\Re$, $g_{ij}:\Re\mapsto\Re$ 是凸函数。对于 $\epsilon>0$，我们称一对 $(\overline{x},\overline{\mu})$ 解满足**ϵ-互补松弛性**，如果 $\overline{\mu}\geqslant 0$，$\overline{x}_i\in[\alpha_i,\beta_i]$ 对所有 i 成立，且

$$0\leqslant f_i^+(\overline{x}_i)+\sum_{j=1}^r\overline{\mu}_j g_{ij}^+(\overline{x}_i)+\epsilon,\quad \forall i\in I^-,\qquad f_i^-(\overline{x}_i)+\sum_{j=1}^r\overline{\mu}_j g_{ij}^-(\overline{x}_i)-\epsilon\leqslant 0,\quad \forall i\in I^+$$

其中，$I^-=\{i\mid x_i<\beta_i\}$, $I^+=\{i\mid \alpha_i<x_i\}$, f_i^-,g_{ij}^- 和 f_i^+,g_{ij}^+ 分别定义为 f_i, g_{ij} 的左右导数。试证明如果 $(\overline{x},\overline{\mu})$ 满足 ϵ-互补松弛性，则 r 维向量第 j 分量 $\sum_{i=1}^n g_{ij}(\overline{x}_i)$ 是对偶函数 q 在 $\overline{\mu}$ 处的 $\overline{\epsilon}$-次梯度，其中，

$$\overline{\epsilon}=\epsilon\sum_{i=1}^n(\beta_i-\alpha_i)$$

注：ϵ-互补松弛的概念，有时也称为**ϵ-最优化**，在网络优化算法中非常重要，该算法可追溯到拍卖算法 [Ber79]，以及相关的 ϵ-松弛和预流推进方法，参见书籍 [BeT89a]，[Ber98]。

第 4 章　多面体近似算法

本章中，我们讨论在一个闭凸集 X 上最小化实值凸函数 f 的多面体近似方法。在这里，对于每一个 k，我们求解近似问题

$$x_{k+1} \in \arg\min_{x \in X_k} F_k(x)$$

来生成一个序列 x_k。其中 F_k 是近似 f 的多面体函数，而 X_k 是一个近似 X 的多面体集合（在一些变体中，只对 f 或 X 中的一个做近似）。基本思路是原问题被近似为多面体问题，更易于求解。该方法包括逐步细化的近似，并最终在极限状态下得到原问题的解。

我们首先在 4.1 节和 4.2 节讨论多面体近似的两种主要方法。**外线性化**（也称为**割平面法**，cutting plane）和**内线性化**（也称为**单纯形剖分法**，simplicial decomposition）。在 4.3 节中会证明这两种方法通过共轭和对偶紧密联系在一起。在 4.4 节中，当代价函数是两个或更多个凸函数（可能是不可微的）的总和时，我们对多面体近似的框架进行了推广。对偶性在这里起着重要作用：每个广义多面体近似算法都有一个对偶问题，其中外线性化和内线性化是可交换的。

4.4 节的广义多面体近似方法不仅连接了外线性化和内线性化，而且还产生了一类多样化的方法，即利用各种各样的特殊结构。在这方面，有两个特点很重要：

(a) 在求解近似问题的基础上，可以对多个分量函数分别进行线性化。这样能够加快近似计算，并能更好地利用代价函数分量的特殊结构。

(b) 外线性化和内线性化可以同时应用于不同的分量函数。这样可以更加灵活地利用手头问题的特征。

在 4.5 节中，我们考虑了 4.4 节框架里的不同特殊情况，其中一些涉及大规模网络流问题，而在 4.6 节中，我们开发了针对含有锥约束时有效的算法。在这几节中，我们主要关注内线性化算法，尽管基于外线性化的类似对偶算法也是存在的。

4.1　外线性化——割平面法

割平面方法依据是，一个闭凸集可以表示为其支撑半空间的交集（参见附录 B 命题 1.5.4）。其思想是通过有限数量的半空间的交集来近似约束集或代价函数的上图，并通过使用次梯度生成更多的半空间来逐步细化近似。

在本节中，我们考虑的是在一个闭凸集 X 上最小化一个凸函数 $f : \Re^n \mapsto \Re$ 的问题。在最简单的割平面方法中，我们从一个点 $x_0 \in X$ 和一个次梯度 $g_0 \in \partial f(x_0)$ 开始算法。在典型的迭代中，我们求解近似问题

$$\begin{aligned} &\text{minimize} \quad F_k(x) \\ &\text{subject to} \quad x \in X \end{aligned}$$

其中，f 由多面体近似函数 F_k 代替，F_k 用到目前为止生成的点 $x_0, \cdots, x_k$ 和相关的次梯度 $g_0, \cdots, g_k$，且对于所有 $i \leqslant k$，$g_i \in \partial f(x_i)$。

特别地，对于 $k=0,1,\cdots$，我们定义

$$F_k(x)=\max\left\{f(x_0)+(x-x_0)'g_0,\cdots,f(x_k)+(x-x_k)'g_k\right\} \tag{4.1}$$

并计算 x_{k+1} 使得 $F_k(x)$ 在 $x\in X$ 上最小化：

$$x_{k+1}\in\arg\min_{x\in X}F_k(x) \tag{4.2}$$

参见图 4.1.1。我们假设上述 $F_k(x)$ 的最小值对于所有 k 都是可以达到的。对于那些不能被保证的 k(如果 X 无界，在较早期迭代中可能会发生此类情况)，可以在 x 分量上人为设定边界，以便能在一个紧集上求解最小化问题，因此由 Weierstrass 定理将达到最小值。

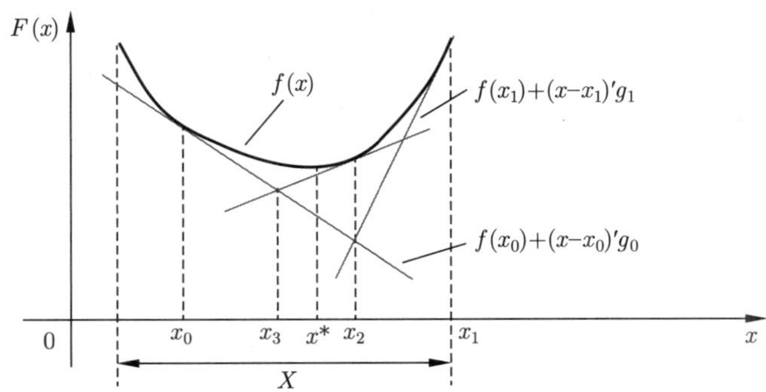

图 4.1.1　割平面法示意图。随着每次新的迭代 x_k，一个新的超平面 $f(x_k)+(x-x_k)'g_k$ 被加到代价函数的多面体近似函数中，其中 g_k 是 f 在 x_k 处的次梯度

下面的命题建立了相关的收敛性。

命题 4.1.1　由割平面法生成的序列 x_k 的每个极限点都是最优解。

证明：由于对于所有的 j，g_j 是 f 在 x_j 的一个次梯度，我们有

$$f(x_j)+(x-x_j)'g_j\leqslant f(x),\qquad \forall x\in X$$

根据 F_k 和 x_k 的定义式 (4.1) 和式 (4.2)，有

$$f(x_j)+(x_k-x_j)'g_j\leqslant F_{k-1}(x_k)\leqslant F_{k-1}(x)\leqslant f(x),\quad \forall x\in X,\ j<k \tag{4.3}$$

假设一个子序列 $\{x_k\}_{\mathcal{K}}$ 收敛到 $\overline{x}$。那么，由于 X 是闭的，我们有 $\overline{x}\in X$，通过使用式 (4.3)，对于所有 k 和所有的 $j<k$，我们得到

$$f(x_j)+(x_k-x_j)'g_j\leqslant F_{k-1}(x_k)\leqslant F_{k-1}(\overline{x})\leqslant f(\overline{x})$$

对 $j\to\infty$,$k\to\infty$, $j<k$, $j\in\mathcal{K}$, $k\in\mathcal{K}$ 取上极限，有

$$\limsup_{\substack{j\to\infty,\,k\to\infty,\,j<k\\ j\in\mathcal{K},\,k\in\mathcal{K}}}\left\{f(x_j)+(x_k-x_j)'g_j\right\}\leqslant \limsup_{k\to\infty,\,k\in\mathcal{K}}F_{k-1}(x_k)\leqslant f(\overline{x}) \tag{4.4}$$

由于 $\{x_k\}_{\mathcal{K}}$ 的子序列是有界的，而在有界集上实值凸函数的次微分集合是有界的（参见命题 3.1.2)，因此，次梯度子序列 $\{g_j\}_{\mathcal{K}}$ 是有界的。而且，我们有

$$\lim_{\substack{j\to\infty,\,k\to\infty,\,j<k\\ j\in\mathcal{K},\,k\in\mathcal{K}}}(x_k-x_j)=0$$

因此

$$\lim_{\substack{j\to\infty,\,k\to\infty,\,j<k\\ j\in\mathcal{K},\,k\in\mathcal{K}}}(x_k-x_j)'g_j=0 \tag{4.5}$$

由于 f 具有连续性，则

$$\lim_{j\to\infty,\,j\in\mathcal{K}}f(x_j)=f(\overline{x}) \tag{4.6}$$

联合式 (4.4)~式 (4.6)，有

$$\limsup_{k\to\infty,\, k\in\mathcal{K}} F_{k-1}(x_k) = f(\overline{x})$$

和式 (4.3) 一起，有

$$f(\overline{x}) \leqslant f(x), \qquad \forall x \in X$$

说明了 $\overline{x}$ 是一个最优解。 □

在实际中，常用的不等式是

$$F_{k-1}(x_k) \leqslant f^* \leqslant \min_{j\leqslant k} f(x_j), \qquad k = 0, 1, \cdots$$

用其来界定最优值 f^*。在此方法中，当上下边界之差

$$\min_{j\leqslant k} f(x_j) - F_{k-1}(x_k)$$

在小的容忍范围内，停止迭代。

一个重要的特殊情况是，当 f 是多面体形式时

$$f(x) = \max_{i\in I} \left\{a_i' x + b_i\right\} \tag{4.7}$$

其中 I 是一个有限指标集，a_i 和 b_i 是分别给定的向量和标量。然后在 $\{a_i \mid i \in I\}$ 上最大化 $a_i' x_k + b_i$ 的任意向量是 f 在 x_k 上的次梯度（参见例子 3.1.1）。我们假设割平面法在第 k 次迭代处选择了这样一个向量，称为 a_{i_k}。我们假设当下式成立时算法终止。

$$F_{k-1}(x_k) = f(x_k)$$

那么，因为 $F_{k-1}(x) \leqslant f(x)$ 对于所有 $x \in X$ 成立，且 x_k 在 X 上最小化了 F_{k-1}，可知，在终止时，x_k 在 X 上最小化了 f，因此是最优的。下面的命题表明，该方法能在有限次收敛，参见图 4.1.2。

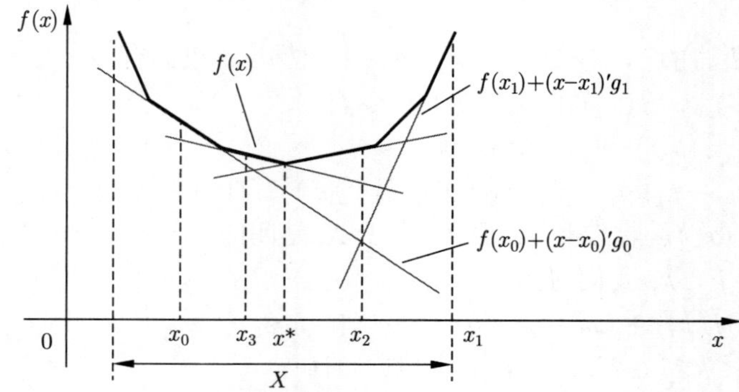

图 4.1.2　在 f 为多面体的情况下，割平面法有限收敛性的示意图。如果 x_k 不是最优的，将会在对应迭代中增加一个新的割平面，而仅有可能出现有限个割平面

命题 4.1.2　假设代价函数 f 是形式为式 (4.7) 的多面体。那么割平面法，以及刚才介绍的次梯度选择和终止规则，能够在有限的迭代次数内获得最优解。

证明：如果 (a_{i_k}, b_{i_k}) 等于在较早的迭代 $j < k$ 时产生的某个参数对 (a_{i_j}, b_{i_j})，则

$$f(x_k) = a_{i_k}' x_k + b_{i_k} = a_{i_j}' x_k + b_{i_j} \leqslant F_{k-1}(x_k) \leqslant f(x_k)$$

其中第一个不等式是由于 $a_{i_j}' x_k + b_{i_j}$ 对应于 F_{k-1} 中的一个超平面，而最后一个不等式是由于 $F_{k-1}(x) \leqslant f(x)$ 对于所有 $x \in X$ 都成立。因此，在上述关系中，等式一直成立，由此可见，如

果参数对 (a_i,b_i), $i\in I$ 已经在之前的迭代中生成过，那么方法就会终止。由于参数对 (a_i,b_i), $i\in I$ 的数量是有限的，该方法肯定在有限次数内终止。 □

尽管命题 4.1.2 表明了有限收敛的性质，但割平面法有几个缺点。

(a) 它可能会迭代较大步长远离最优值，即使是在接近（甚至是在）最优值的情况下，也会导致代价大幅增加。例如，在图 4.1.2 中，$f(x_1)$ 远大于 $f(x_0)$。这种现象被称为**不稳定**，并且还有另一个不良影响，当前点 x_k 可能不是 X 上最小化新的近似代价函数 $F_k(x)$ 的较好起始点。

(b) 当 $k\to\infty$ 时，在割平面近似函数 F_k 中的使用的次梯度数量会无限制地增加，从而在寻找 x_k 中导致一个潜在的规模大而难以优化的问题。为了解决这个问题，我们可以偶尔丢弃一些割平面。为了保证收敛性，只有在代价有所改善的时候才可以这样做，例如，对某个小的正 δ，$f(x_k)\leqslant \min\limits_{j<k} f(x_j)-\delta$ 成立时。但还是要谨慎地丢弃割平面，因为有些割平面以后可能会再次出现。

(c) 收敛速度往往很慢。事实上，对于某些具有挑战性的问题，即使当 f 是多面体时，也应该根据上下限终止，

$$F_{k-1}(x_k)\leqslant \min_{x\in X} f(x)\leqslant \min_{0\leqslant j\leqslant k} f(x_j)$$

而不是等待有限次迭代终止。

为了克服割平面法的一些局限性，人们已经提出了一些变体算法，本节将讨论其中的一些变体。在第 5 章中，我们将讨论其他方法，包括**束方法**，其目的是通过与近似算法的融合来限制不稳定的影响。

部分割平面算法

在某些情况下，代价函数具有形式：

$$f(x)+c(x)$$

其中 $f:X\mapsto\Re$ 和 $c:X\mapsto\Re$ 是凸函数，但其中的一个，比如说 c，是便于优化的，比如说是二次函数。这时只使用 f 的分段线性近似而保持 c 不变可能更好。这就产生了一个部分割平面算法，涉及求解问题

$$\begin{array}{ll}\text{minimize} & F_k(x)+c(x)\\ \text{subject to} & x\in X\end{array}$$

像之前一样

$$F_k(x)=\max\left\{f(x_0)+(x-x_0)'g_0,\cdots,f(x_k)+(x-x_k)'g_k\right\}$$

对于所有的 j，$g_j\in\partial f(x_j)$，而 x_{k+1} 在 $x\in X$ 上最小化 $F_k(x)$：

$$x_{k+1}\in\arg\min_{x\in X}\left\{F_k(x)+c(x)\right\}$$

这个算法的收敛性与前面的相似。特别地，如果 f 是多面体，该方法就会在有限次内终止，参见命题 4.1.2。部分分段近似算法的思想可以推广到两个以上代价函数分量的情况下，并且也会出现在其他场合，并在后面 4.4~4.6 节进行讨论。

线性约束情况

考虑约束集 X 为多面体的情况，其形式为

$$X=\{x\mid c_i'x+d_i\leqslant 0,\ i\in I\}$$

其中 I 是一个有限集，c_i 和 d_i 是分别给定的向量和标量。令

$$p(x)=\max_{i\in I}\{c_i'x+d_i\}$$

问题转化为在 $p(x)\leqslant 0$ 的约束下最大化 $f(x)$。于是可以考虑一个割平面的变体算法，其中函数 f 和 p 被分别替换为多面体近似函数 F_k 和 P_k。

$$x_{k+1}\in \arg\max_{P_k(x)\leqslant 0} F_k(x)$$

像之前一样，

$$F_k(x)=\min\left\{f(x_0)+(x-x_0)'g_0,\cdots,f(x_k)+(x-x_k)'g_k\right\}$$

其中，g_j 是 f 在 x_j 处的一个次梯度。多面体近似函数 P_k 为

$$P_k(x)=\max_{i\in I_k}\{c_i{}'x+d_i\}$$

其中，I_k 是 I 按如下方式生成的子集：I_0 是 I 的一个任意子集，如果 $p(x_k)\leqslant 0$，则 I_k 以 $I_k=I_{k-1}$ 形式由 I_{k-1} 给出，否则在 I_{k-1} 的基础上增加一个或多个满足 $c_i{}'x_k+d_i>0$ 条件的指标 $i\notin I_{k-1}$。

请注意，即使当 f 是线性函数时，这种方法也适用。在这种情况下，不存在代价函数的近似，即 $F_k=f$，将只是约束集的外近似，即 $X\subset\big\{x\mid P_k(x)\leqslant 0\big\}$。

该方法的收敛性与前面的收敛性非常相似。特别地，可以提出并证明类似于命题 4.1.1 和命题 4.1.2 的命题。这种方法还有一些其他版本，其中 X 是一个广义的闭凸集，它将被一个多面体迭代近似。这种类型的变体将在后面的 4.4 节和 4.5 节讨论。

4.2 内线性化——单纯形剖分法

在本节中，对于求解在一个闭凸集 X 上最小化一个凸函数 $f:\Re^n\mapsto\Re$ 的问题, 我们考虑了一种**内部近似**的方法。特别地，我们用一个不断扩充的有限集 $X_k\subset X$ 的凸包来近似 X，这个凸包由 X 的顶点和一个任意的起始点 $x_0\in X$ 组成[1]。在 X_k 中加入新的顶点，是为了保证每次我们在 $\text{conv}(X_k)$ 上最小化 f 时，都能得到代价的改进（除非我们已经达到最优解）。

在本节中，我们假设 $f:\Re^n\mapsto\Re$ 为**可微**的凸代价函数且 X 为**有界多面体约束集**。该方法是在以下两个条件下使用的。

(1) 在 X 上最小化一个线性函数比在 X 上最小化 f 要简单（只有当 f 为非线性时，该方法才有意义）。

(2) 在含有相对较少数量顶点的凸包上最小化 f 比在 X 上最小化 f 要简单。只有当 X 有大量顶点时，该方法才有意义。

有几类重要的大规模问题，例如在通信和运输网络中的问题，其结构满足这些条件（见本节后面关于多商品流问题的讨论，以及本章末尾的参考文献）。

请注意，f 在 m 点 $\tilde{x}_1,\cdots,\tilde{x}_m$ 的凸包上的最小化问题是一个在单纯形上可微的 m 维优化问题：

$$\begin{aligned}&\text{minimize} && \phi(\alpha_1,\cdots,\alpha_m)\overset{\text{def}}{=}f\left(\sum_{j=1}^m\alpha_j\tilde{x}_j\right)\\&\text{subject to} && \sum_{j=1}^m\alpha_j=1,\qquad \alpha_j\geqslant 0,\ j=1,\cdots,m\end{aligned}\tag{4.8}$$

[1]顶点和多面体凸性的相关概念的讨论参见附录 B 2.1 节～2.4 节。

函数 ϕ 从 f 继承了它的光滑性，特别地，如果 f 是两次可微分的，那么 ϕ 也是两次可微分的，上面的问题可以用类似牛顿法的双度量投影（two-metric projection）法来解决。

请注意，上述问题的解可以通过利用 f 中可能存在的特殊结构来简化。例如，如果 $f(x)=h(Ax)$，而计算 Ax 是 $f(x)$ 计算过程中计算量明显最大的部分，那么可以对每一个 j 只计算一次 $\tilde{y}_j = A\tilde{x}_j$，并将问题的代价函数式 (4.8) 写成计算量较小的形式

$$\phi(\alpha_1,\cdots,\alpha_m)=h\left(\sum_{j=1}^{m}\alpha_j\tilde{y}_j\right)$$

这种简化也适用于本章的其他内线性化算法，根据特定的结构，可以利用它来解决 x 维度特别大的问题（参见本节后续关于多商品流问题的讨论）。

在最简单类型的内线性化算法的迭代中（也称为**单纯形剖分**），我们有当前的迭代值 x_k，以及由起点 x_0 和 X 的有限个点组成的有限集合 X_k（初始集合 $X_0=\{x_0\}$）。我们首先通过求解线性问题

$$\begin{aligned}\text{minimize}\quad & \nabla f(x_k)'(x-x_k)\\ \text{subject to}\quad & x\in X\end{aligned}\tag{4.9}$$

来产生 X 的顶点 $\tilde{x}_k$，然后在 X_k 中加入 $\tilde{x}_k$：

$$X_{k+1}=\{\tilde{x}_k\}\cup X_k$$

我们将以下问题

$$\begin{aligned}\text{minimize}\quad & f(x)\\ \text{subject to}\quad & x\in \text{conv}(X_{k+1})\end{aligned}\tag{4.10}$$

的最优解作为 x_{k+1}。注意，这是式 (4.8) 的问题，求解过程如图 4.2.1。

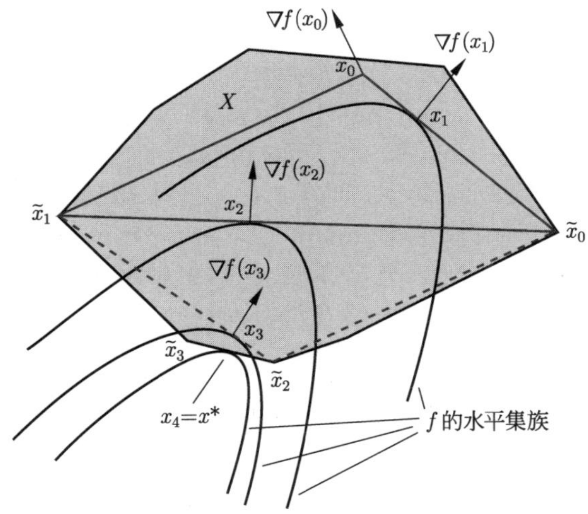

图 4.2.1　单纯形剖分法的连续迭代。例如，图中显示了给定初始点 x_0，以及计算出的顶点 $\tilde{x}_0$，$\tilde{x}_1$，我们将下一次迭代值 x_2 确定为 f 在凸包 $\{x_0,\tilde{x}_0,\tilde{x}_1\}$ 上的最小点。每次迭代时，都会增加一个新的 X 的顶点，经过四次迭代，得到最优解

下面的命题显示了该方法的有限收敛性质。

命题 4.2.1　假设代价函数 f 为凸的可微函数，约束集 X 是有界的、多面体的。那么单纯形剖分法在有限的迭代次数内得到最优解。

证明：对于顶点 $\tilde{x}_k$ 在 $x\in X$ 上最小化 $\nabla f(x_k)'(x-x_k)$ [参见问题式 (4.9)]，有两种可能：

(a) 如果

$$0\leqslant \nabla f(x_k)'(\tilde{x}_k-x_k)=\min_{x\in X}\nabla f(x_k)'(x-x_k)$$

在这种情况下，x_k 在 X 上使 f 最小化，因为它满足最优充要条件（参见附录 B 命题 1.1.8）。

(b)

$$0>\nabla f(x_k)'(\tilde{x}_k-x_k) \tag{4.11}$$

在这种情况下，$\tilde{x}_k\notin \text{conv}(X_k)$ 成立，因为 x_k 在 $x\in \text{conv}(X_k)$ 上最小化了 f，使得对所有 $x\in \text{conv}(X_k)$，$\nabla f(x_k)'(x-x_k)\geqslant 0$ 成立。

由于情况 (b) 不可能无限次出现（$\tilde{x}_k\notin X_k$ 而 X 只有有限个顶点，参见附录 B 命题 2.3.3），情况 (a) 最终一定会出现，所以该方法将在有限次的迭代中找到 f 在 X 上的最小值。 □

单纯形剖分法已被应用于具有适当结构的多类问题。经验表明，这种方法比使用约束集外近似的割平面法需要的迭代次数要少。为了说明这一点，我们注意到，如果 f 是线性的，单纯形剖分法只需要一次迭代就可以结束，而割平面法可能需要非常多的迭代次数才能达到精度要求的解。而且单纯形剖分法并没有表现出割平面法那种典型的不稳定现象。特别地，一旦一个最优解属于 X_k，该方法将在下一次迭代时终止。与此相反，割平面法即使在生成一个最优解后，也可能继续迭代远离该解。

该方法的渐近速度也比条件梯度法更快，条件梯度法与之相似，也可以利用类似的问题结构。事实上，单纯形剖分法和条件梯度法在每次迭代时都需要求解同一个线性代价问题式 (4.9) 来得到 $\tilde{x}_k$。它们的区别仅在于，前者要求在有限个点的凸包上最小化 f[参见问题式 (4.8)]，而后者要求在线段 $[x_k,\tilde{x}_k]$ 上搜索。

单纯形剖分法变体

现在我们来讨论单纯形剖分法的一些变体和扩展。命题 4.2.1 的收敛性证明的实质是，除非已经达到最优解，否则顶点 $\tilde{x}_k$ 不属于 X_k。因此，求顶点 $\tilde{x}_k$ 时没有必要精确求解线性化问题式 (4.9)。其实，只要 $\tilde{x}_k$ 是一个顶点，并且内积 $\nabla f(x_k)'(\tilde{x}_k-x_k)$ 为负值就足够了 [参见式 (4.11)]。这个想法可以用在单纯形剖分法的变体中，即在 $x\in X$ 上非精确地最小化 $\nabla f(x_k)'(x-x_k)$。此外，可以增加多个顶点 $\tilde{x}_k$，只要其满足 $\nabla f(x_k)'(\tilde{x}_k-x_k)<0$ 条件。

该方法还有其他一些变体。例如，为了处理 X 是无界多面体集的情况，可以用额外的约束条件来扩充 X，使其成为有界的（一种替代方法是限定 X 为一个锥，这将在 4.6 节讨论）。还有一些扩展，算法允许使用非多面体约束集，在计算过程中，它将由一些顶点的凸包来近似，参见 4.4 节～4.6 节。最后，一个著名的变体，即**受限单纯形剖分算法**（restricted simplicial decomposition），它允许丢弃已经生成的一些顶点。特别地，给定 f 在 X_{k+1} 上的最小值 x_{k+1} [参见式 (4.10)]，我们可以从 X_{k+1} 中丢弃使得

$$\nabla f(x_{k+1})'(\tilde{x}-x_{k+1})>0$$

成立的所有 $\tilde{x}$ 点，同时可能需要用额外的约束条件

$$\nabla f(x_{k+1})'(x-x_{k+1})\leqslant 0 \tag{4.12}$$

来扩充约束条件集合。这里的想法是，该方法产生的后续点 $x_{k+2},x_{k+3},\cdots$ 的代价都不会大于 x_{k+1} 的，所以它们将满足约束条件式 (4.12)。

事实上，一个更强的结论表明：只要 $\text{conv}(X_{k+1})$ 包含 x_k 和 $\tilde{x}_k$，就可以舍弃任意数量的顶点。证明是基于可行方向的理论（参见 2.1.2 节），因为 $\tilde{x}_k-x_k$ 是 f 的下降方向，如果 x_k 不是

最优的，我们就会有

$$\nabla f(x_k)'(\tilde{x}_k - x_k) = \min_{x \in X} \nabla f(x_k)'(x - x_k) < 0$$

所以可以在 x_k 和 $\tilde{x}_k$ 的之间线段上找到一个改进点。事实上，丢弃**所有**之前的点 $x_0, \tilde{x}_0, \cdots, \tilde{x}_{k-1}$，只用 x_k 来代替它们，与 2.1.2 节中讨论的条件梯度法基本相同。

在 4.5 节中，我们将讨论单纯形剖分法的其他变体和扩展，其中包括允许 f 是不可微的以及 X 不是多面体。我们还将允许存在额外的不等式约束，这些约束没有通过线性化来近似。此外，在 4.6 节中，我们将讨论锥约束的专用单纯形剖分方法，其中锥约束是无界约束的一种情况。

单纯形剖分与多商品流

现在让我们讨论一下例 1.4.5 所描述的网络优化中一个重要应用。如前所述，单纯形剖分非常适合于以下问题：(a) 在 X 上最小化一个线性函数比在 X 上最小化 f 要简单，(b) 在顶点数量相对较少的凸包上最小化 f 比在 X 上最小化 f 要简单。对于例 1.4.5 的多商品网络流问题，这两个条件是明显满足的。

我们有一个起点 - 终点对的集合 W，其中起点和终点是有向图中的不同节点。某种流（例如汽车、材料或信息包）进入起点，必须将其通过网络送达相应的终点，同时使某一代价最小。我们定义 r_w 为输入流量，其中 $w \in W$（给定的正标量）。给定从 w 的起点到终点的某些路径的集合 P_w（可能是全部非循环路径的集合）。我们希望将每个 r_w 划分为路径流 $x_p \geqslant 0$，$p \in P_w$，使得 $\sum_{p \in P_w} x_p = r_w$。优化变量为路径流量 x_p, $p \in P_w$, $w \in W$，我们用 x 表示路径流向量，$x = \{x_p \mid p \in P_w,\ w \in W\}$。我们的问题是

$$\begin{aligned} \text{minimize} \quad & D(x) \overset{\text{def}}{=} \sum_{(i,j)} D_{ij}(F_{ij}) \\ \text{subject to} \quad & \sum_{p \in P_w} x_p = r_w, \quad \forall w \in W \\ & x_p \geqslant 0, \quad \forall p \in P_w,\ w \in W \end{aligned}$$

其中 F_{ij} 是穿过弧段 (i,j) 的总流量：

$$F_{ij} = \sum_{\text{所有包含}(i,j)\text{的路径}p} x_p \tag{4.13}$$

而 D_{ij} 对于每个弧段 (i,j) 是可微的一维单调递增凸函数。

有时 D 可能更复杂，且可能会对总流量 F_{ij} 有额外的约束，但我们只限于上面的问题，即“标准”形式。在 4.5.2 节，我们将讨论更一般的单纯形剖分方法，这些方法可能适用于更复杂的多商品流问题。请注意，代价函数的形式是 $h(Ax)$，其中 x 是路径流向量 x_p，A 是将 x 映射到弧段流向量 F_{ij} 的矩阵。计算 $F = Ax$ 要比计算 $h(F)$ 更复杂，所以在多商品流问题中，存在之前指出的使用单纯形剖分算法的一个重要结构。

该问题的另一个主要结构特征与代价函数在单纯形剖分法的第 k 次迭代 x_k 点处的线性近似

$$\nabla D(x_k)'(x - x_k) = \sum_{w \in W} \sum_{p \in P_w} \sum_{\{(i,j) \mid (i,j) \in p\}} \nabla D_{ij} \left(\sum_{\{p \mid (i,j) \in p\}} x_{p,k} \right) (x_p - x_{p,k})$$

有关。这里 $x_{p,k}$ 表示 x_k 穿过路径 p 的路径流/分量，而“$(i,j)\in p$”表示 (i,j) 是路径 p 的一部分 [在前面的表达式中，我们用到式 (4.13)]。关键是，**在约束集上最小化这个线性近似问题是一个最短路径问题**，它可以用快速算法来求解：弧段 (i,j) 的长度为 $\nabla D_{ij}\left(\sum_{\{p|(i,j)\in p\}} x_{p,k}\right)$，路径 p 的长度为路径上所有弧段的长度之和，而对于每个 $w\in W$，可以分别计算在 $p\in P_w$ 上的最小路径长度。一旦得到了对于每个 w 的最短路径，输入流量 r_w 就将被该最短路径替代，新的顶点 $\tilde{x}_k$ 是这些最短路径流形成的流向量。

我们还注意到，在 X_{k+1} 的顶点的凸包上最小化 D[参见式 (4.10)] 是一个低维问题，可以方便地用类牛顿的双度量投影牛顿法来解决（在实际中，一般只需要很少数量的顶点）。总的来说，多商品流问题结合了所有重要的结构要素，这些要素是有效使用单纯形剖分所必需的。进一步讨论可以参考章末的参考文献，包括替代算法的应用。

4.3 外线性化与内线性化的对偶性

到目前为止我们已经分析了割平面和单纯形剖分方法，现在我们通过对偶性将它们联系起来。为此，我们在本节中定义外线性化和内线性化，并将它们的共轭关系和其他性质描述出来。一个闭的真凸函数 $f:\Re^n\mapsto(-\infty,\infty]$ 的外线性化由一组有限的向量 $\{y_1,\cdots,y_\ell\}$ 组成，且对于每一个 $j=1,\cdots,\ell$ 来说，存在 $y_j\in\partial f(x_j)$ 对某个 $x_j\in\Re^n$ 成立。它由下式给出

$$F(x)=\max_{j=1,\cdots,\ell}\left\{f(x_j)+(x-x_j)'y_j\right\},\qquad x\in\Re^n \tag{4.14}$$

并且在图 4.3.1 的左侧说明了这点。使 $y_j\in\partial f(x_j)$ 成立的选择 x_j，并不一定是唯一的，但会产生相同的函数 $F(x)$：F 的上图由 f 上图的支撑超平面决定，其法线由 y_j 定义，支撑点 x_j 并不重要。特别地，式 (4.14) 可以等价地用 f 的共轭函数 f^* 来写

$$F(x)=\max_{j=1,\cdots,\ell}\left\{x'y_j-f^*(y_j)\right\} \tag{4.15}$$

其推导过程使用关系 $x_j'y_j=f(x_j)+f^*(y_j)$，这是由 $y_j\in\partial f(x_j)$ 推导的（参见附录 B 命题 5.4.3 共轭次梯度定理）。

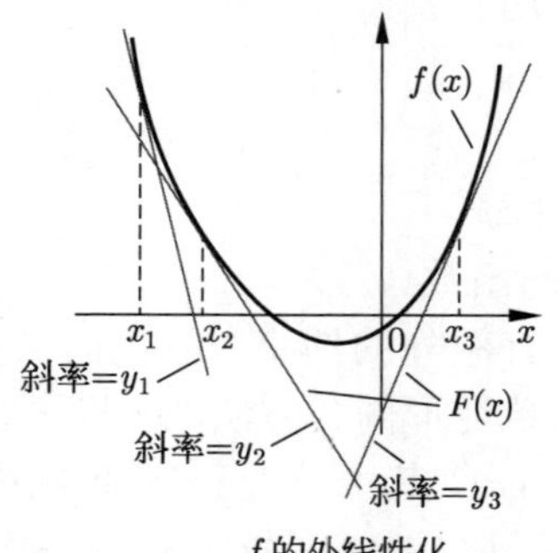

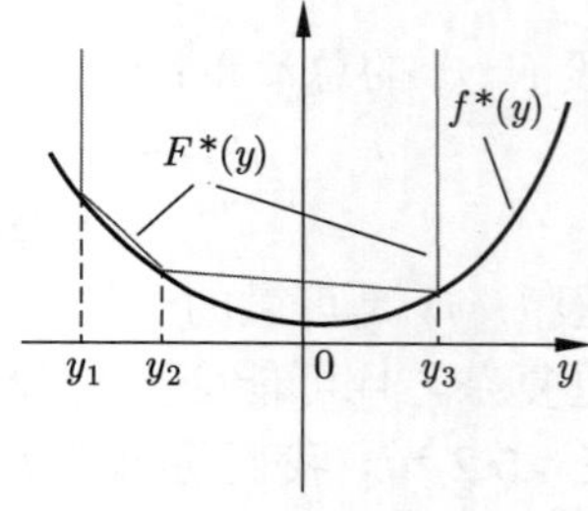

图 4.3.1 凸函数 f 的外线性近似 F 的共轭函数 F^* 的示意图。它由一组有限的“斜率”$y_1,\cdots,y_\ell$ 和相应的点 $x_1,\cdots,x_\ell$ 定义，且对所有 $j=1,\cdots,\ell$，这些点都满足 $y_j\in\partial f(x_j)$。它是 f 的共轭函数 f^* 的内线性化，是分段线性函数，其分段点为 $y_1,\cdots,y_\ell$

请注意，对于所有 x，$F(x)\leqslant f(x)$ 成立，而且对于 f 的任何外近似来说都成立，对于所有 y 来说，共轭函数 F^* 都满足 $F^*(y)\geqslant f^*(y)$。此外，可以看出 F^* 是共轭函数 f^* 的内线性化，

如图 4.3.1 右侧所示。事实上，利用式 (4.15)，我们有

$$\begin{aligned} F^*(y) &= \sup_{x\in\Re^n}\left\{y'x - F(x)\right\} \\ &= \sup_{x\in\Re^n}\left\{y'x - \max_{j=1,\cdots,\ell}\left\{y_j'x - f^*(y_j)\right\}\right\} \\ &= \sup_{\substack{x\in\Re^n,\ \xi\in\Re \\ y_j'x - f^*(y_j)\leqslant\xi,\ j=1,\cdots,\ell}} \left\{y'x - \xi\right\} \end{aligned}$$

根据线性规划对偶性，上式线性规划问题对于 (x,ξ) 的最优值可以用对偶最优值代替，我们通过直接计算可以得到

$$F^*(y) = \begin{cases} \inf\limits_{\substack{\sum_{j=1}^{\ell}\alpha_j y_j = y \\ \alpha_j\geqslant 0,\ \sum_{j=1}^{\ell}\alpha_j = 1}} \sum_{j=1}^{\ell}\alpha_j f^*(y_j) & \text{如果} y\in\operatorname{conv}\big(\{y_1,\cdots,y_\ell\}\big) \\ \infty & \text{其他情况} \end{cases} \tag{4.16}$$

其中 α_j 是约束条件 $y_j'x - f^*(y_j)\leqslant\xi$ 的对偶变量。

从这个公式可以看出，F^* 是 f^* 的一个分段线性近似。其定义域为

$$\operatorname{dom}(F^*) = \operatorname{conv}\big(\{y_1,\cdots,y_\ell\}\big)$$

且在 $y_1,\cdots,y_\ell$ 处有“分段点”。这些分段点处的值等于 f^* 的相应值。特别地，如图 4.3.1 所示，F^* 的上图是 $y_1,\cdots,y_\ell$ 对应的垂直射线组合的凸包：

$$\operatorname{epi}(F^*) = \operatorname{conv}\left(\bigcup_{j=1,\cdots,\ell}\left\{(y_j,w)\mid f^*(y_j)\leqslant w\right\}\right) \tag{4.17}$$

在下文中，闭的真凸函数 f^* 的内线性化由有限集 $\{y_1,\cdots,y_\ell\}$ 定义，这意味着由式 (4.16) 可得出函数 F^*。请注意，并不是所有的集合 $\{y_1,\cdots,y_\ell\}$ 都能通过式 (4.15) 和式 (4.16)，分别定义外线性化和内线性化的共轭对。在我们的框架内：对于每一个 y_j 来说，必须存在 x_j，使得 $y_j\in\partial f(x_j)$，或者等价地，对于所有 j 来说，$\partial f^*(y_j)\neq\varnothing$[这意味着 $y_j\in\operatorname{dom}(f^*)$]。通过交换 f 和 f^*，我们还可以得到一个对偶结论，即对于一个集合 $\{x_1,\cdots,x_\ell\}$ 来说，为了能定义一个闭的真凸函数 f 的内部线性化以及它的共轭函数 f^* 的外线性化，对于所有的 j，必须都满足 $\partial f(x_j)\neq\varnothing$。

4.4　广义多面体近似法

我们现在考虑统一的多面体近似框架。它把结合割平面和单纯形剖分算法结合起来。考虑问题

$$\begin{aligned} &\text{minimize} && \sum_{i=1}^{m} f_i(x_i) \\ &\text{subject to} && x\in S \end{aligned} \tag{4.18}$$

其中

$$x \overset{\text{def}}{=} (x_1,\cdots,x_m)$$

是 $\Re^{n_1+\cdots+n_m}$ 中向量，其分量为 $x_i\in\Re^{n_i}$，$i=1,\cdots,m$，且对每个 i，$f_i:\Re^{n_i}\mapsto(-\infty,\infty]$ 是闭的真凸函数。S 是 $\Re^{n_1+\cdots+n_m}$ 的一个子空间。我们将其称为**扩展单值规划**（extended monotropic program，EMP）[1]。

[1] 单值规划是在 [Roc84] 书中引入和分析的一类问题，是问题式 (4.18) 的特殊情况，其中每个分量 x_i 是一维的 (即 $n_i=1$)。“单值”（monotropic）这个词在希腊语中的意思是“朝一个方向转动”，它使用单一变量的凸函数（如 f_i）的单值特性。

EMP 的一个经典例子是单商品网络优化问题，其中 x_i 代表一个有向图的弧段上的（标量）流，S 是图的循环子空间（参见 [Ber98]）。此外，具有广义线性约束和可加扩展实值凸代价函数的问题也可以转化为 EMP。特别地，问题

$$\begin{aligned} \text{minimize} \quad & \sum_{i=1}^{m} f_i(x_i) \\ \text{subject to} \quad & Ax = b \end{aligned} \tag{4.19}$$

其中 A 为给定矩阵，b 为给定向量，等价于

$$\begin{aligned} \text{minimize} \quad & \sum_{i=1}^{m} f_i(x_i) + \delta_Z(z) \\ \text{subject to} \quad & Ax - z = 0 \end{aligned}$$

其中 z 是人工向量，δ_Z 是集合 $Z = \{z \mid z = b\}$ 的示性函数。这是一个具有约束子空间

$$S = \big\{(x, z) \mid Ax - z = 0\big\}$$

的 EMP 问题。

当所有的分量 x_i 都是一维，且函数 f_i 在 $\mathrm{dom}(f_i)$ 内是线性时，问题式 (4.19) 就会简化为线性问题。当函数 f_i 在 $\mathrm{dom}(f_i)$ 内为半正定二次型，且 $\mathrm{dom}(f_i)$ 为多面体时，问题式 (4.19) 可简化为一个凸二次问题。

请注意，虽然向量 $x_1, \cdots, x_m$ 在代价函数

$$\sum_{i=1}^{m} f_i(x_i)$$

中是独立出现的，但是它们通过子空间约束耦合在一起。这就产生了到 EMP 形式的多种变化形式。例如，考虑形如

$$f(x) = F(x_1, \cdots, x_m) + \sum_{i=1}^{m} f_i(x_i)$$

的代价函数，其中，F 是所有分量 x_i 的闭的真凸函数。那么，引入辅助向量 $z \in \Re^{n_1 + \cdots + n_m}$，在子空间 X 上最小化 f 可以转化为以下问题：

$$\begin{aligned} \text{minimize} \quad & F(z) + \sum_{i=1}^{m} f_i(x_i) \\ \text{subject to} \quad & (x, z) \in S \end{aligned}$$

其中 S 是 $\Re^{2(n_1 + \cdots + n_m)}$ 的子空间

$$S = \big\{(x, x) \mid x \in X\big\}$$

该问题就具有式 (4.18) 的形式。

另一个可以转化为 EMP 形式式 (4.18) 的问题是：

$$\begin{aligned} \text{minimize} \quad & \sum_{i=1}^{m} f_i(x) \\ \text{subject to} \quad & x \in X \end{aligned}$$

其中，$f_i : \Re^n \mapsto (-\infty, \infty]$ 是闭的真凸函数，X 是 $\Re^n$ 的一个子空间。为此，需要引入 x 的 m 份拷贝，即辅助向量 $z_i \in \Re^n$ 被约束为相等，并将问题写成

$$\begin{aligned} &\text{minimize} \quad \sum_{i=1}^{m} f_i(z_i) \\ &\text{subject to} \quad (z_1, \cdots, z_m) \in S \end{aligned}$$

其中 S 是子空间

$$S = \{(x, \cdots, x) \mid x \in X\}$$

由此可见，具有线性约束的凸问题一般可以转化为 EMP。我们将看到这些问题都有一个强而对称的对偶理论，它类似于 Fenchel 对偶性，并构成了多面体近似的对称和通用框架的基础。

对偶问题

为了推导出近似问题的对偶问题，我们引入辅助向量 $z_i \in \Re^{n_i}$，并将 EMP 转换为等价的形式

$$\begin{aligned} &\text{minimize} \quad \sum_{i=1}^{m} f_i(z_i) \\ &\text{subject to} \quad z_i = x_i, \quad i = 1, \cdots, m, \qquad (x_1, \cdots, x_m) \in S \end{aligned} \tag{4.20}$$

然后我们给约束条件 $z_i = x_i$ 分配一个乘子向量 $\lambda_i \in \Re^{n_i}$，从而得到拉格朗日函数

$$L(x_1, \cdots, x_m, z_1, \cdots, z_m, \lambda_1, \cdots, \lambda_m) = \sum_{i=1}^{m} \big(f_i(z_i) + \lambda_i'(x_i - z_i)\big) \tag{4.21}$$

对偶函数为

$$\begin{aligned} q(\lambda) &= \inf_{(x_1, \cdots, x_m) \in S,\, z_i \in \Re^{n_i}} L(x_1, \cdots, x_m, z_1, \cdots, z_m, \lambda_1, \cdots, \lambda_m) \\ &= \inf_{(x_1, \cdots, x_m) \in S} \sum_{i=1}^{m} \lambda_i' x_i + \sum_{i=1}^{m} \inf_{z_i \in \Re^{n_i}} \{f_i(z_i) - \lambda_i' z_i\} \\ &= \begin{cases} \sum_{i=1}^{m} q_i(\lambda_i) & \text{如果}(\lambda_1, \cdots, \lambda_m) \in S^{\perp} \\ -\infty & \text{其他情况} \end{cases} \end{aligned}$$

其中，

$$q_i(\lambda_i) = \inf_{z_i \in \Re^{n_i}} \{f_i(z_i) - \lambda_i' z_i\}, \qquad i = 1, \cdots, m$$

且 $S^{\perp}$ 是 S 的正交子空间。

请注意，因为 q_i 可以写成

$$q_i(\lambda_i) = -\sup_{z_i \in \Re^{n_i}} \{\lambda_i' z_i - f_i(z_i)\}$$

由此可见，$-q_i$ 是 f_i 的共轭，所以根据附录 B 的命题 1.6.1，$-q_i$ 是一个闭的真凸函数。对偶问题为

$$\begin{aligned} &\text{maximize} \quad \sum_{i=1}^{m} q_i(\lambda_i) \\ &\text{subject to} \quad (\lambda_1, \cdots, \lambda_m) \in S^{\perp} \end{aligned} \tag{4.22}$$

或改变符号将最大化转化为最小化

$$\begin{aligned}&\text{minimize} \quad && \sum_{i=1}^{m} f_i^*(\lambda_i)\\ &\text{subject to} \quad && (\lambda_1,\cdots,\lambda_m)\in S^{\perp}\end{aligned} \tag{4.23}$$

其中 f_i^* 是 f_i 的共轭。因此，对偶问题与原问题形式相同。此外，假设函数 f_i 是闭的，当对偶问题被对偶时，就会产生原问题，所以对偶性问题具有对称性，就像 Fenchel 对偶性。我们将在 6.7.3 节和 6.7.4 节中，利用 6.7.2 节的 ϵ-下降算法，进一步讨论 EMP 的对偶性理论。

在本节的分析过程中，我们用 f_{opt} 和 q_{opt} 分别表示原问题式 (4.18) 和对偶问题式 (4.22) 的最优值，除了前面提到 f_i 为凸的假设外，我们还将假设近似条件成立，以保证强对偶条件 $f_{opt}=q_{opt}$。在 6.7 节中，我们将再次讨论 EMP，并利用那里的算法思路推导强对偶性成立的条件。

由于 EMP 式 (4.20) 在形式上可以看作 1.1 节中带有等式约束的凸规划问题的特例，在该情况下可以得到 1.1 节中的相应最优条件（参见命题 1.1.5）。特别地，可以看出，当用于式 (4.21) 时，向量对 (x,λ) 满足拉格朗日最优条件（参见命题 1.1.5(b)）当且仅当 x_i 在下式中达到了下确界。

$$q_i(\lambda_i)=\inf_{z_i\in\Re^{n_i}}\left\{f_i(z_i)-\lambda_i'z_i\right\},\qquad i=1,\cdots,m$$

因此，使用命题 1.1.5(b)，我们得到以下结果。

命题 4.4.1（EMP 最优条件） $-\infty<q_{opt}=f_{opt}<\infty$ 以及 $(x_1^{opt},\cdots,x_m^{opt},\lambda_1^{opt},\cdots,\lambda_m^{opt})$ 是 EMP 问题的原问题和对偶问题的一对最优解，当且仅当

$$(x_1^{opt},\cdots,x_m^{opt})\in S,\qquad (\lambda_1^{opt},\cdots,\lambda_m^{opt})\in S^{\perp}$$

且

$$x_i^{opt}\in\arg\min_{x_i\in\Re^{n_i}}\left\{f_i(x_i)-x_i'\lambda_i^{opt}\right\},\quad i=1,\cdots,m \tag{4.24}$$

请注意，根据共轭次梯度定理（参见附录 B 命题 5.4.3），前面命题中的条件式 (4.24) 等价于以下两个次梯度条件之一。

$$\lambda_i^{opt}\in\partial f_i(x_i^{opt}),\qquad x_i^{opt}\in\partial f_i^*(\lambda_i^{opt}),\qquad i=1,\cdots,m$$

这些条件很重要，因为它们表明，一旦得到 $(x_1^{opt},\cdots,x_m^{opt})$ 或者 $(\lambda_1^{opt},\cdots,\lambda_m^{opt})$，它的对偶可以分别通过 f_i 或 f_i^* 的“微分”来计算。在本章的剩余部分，我们将经常使用前面公式的等价关系，所以我们用图 4.4.1 来说明。

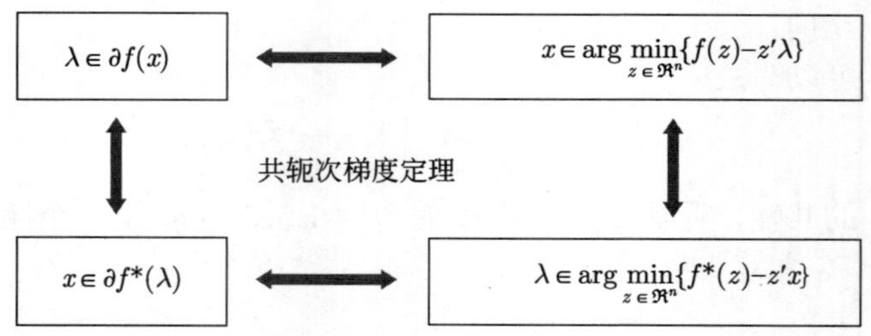

图 4.4.1 闭的真凸函数 f 及其共轭函数 f^* 的等价“微分”公式。所有这四个关系也等价于 $\lambda'x=f(x)+f^*(\lambda)$; 参见共轭次梯度定理 (附录 B 命题 5.4.3)

广义多面体近似法

EMP 形式是一个适用面宽而优雅的算法框架，该框架结合了前面章节的割平面和单纯形剖分法。特别地，通过使用函数 f_i 和 f_i^* 的内线性化或外线性化，可以近似原问题式 (4.18) 和对偶 EMP 问题式 (4.23)。对偶近似问题的最优解将被用来构建更精细的内线性化和外线性化。

我们介绍一种算法，称为**广义多面体近似法**（generalized polyhedral approximation）或 GPA 算法。它使用指标集 $\{1,\cdots,m\}$ 的固定划分：

$$\{1,\cdots,m\} = I \cup \underline{I} \cup \bar{I}$$

这个划分决定了函数 f_i 中哪些是外近似的 (集合 $\underline{I}$)，哪些是内近似的 (集合 $\bar{I}$)。

对于 $i \in \underline{I}$，给定有限集合 $\Lambda_i \subset \text{dom}(f_i^*)$ 使得 $\partial f_i^*(\tilde{\lambda}) \neq \varnothing$ 对于所有 $\tilde{\lambda} \in \Lambda_i$ 都成立，我们考虑 Λ_i 对应的 f_i 外线性化

$$\underline{f}_{i,\Lambda_i}(x_i) = \max_{\tilde{\lambda} \in \Lambda_i} \left\{ \tilde{\lambda}' x_i - f_i^*(\tilde{\lambda}) \right\}$$

它等价于（参见 4.3 节），

$$\underline{f}_{i,\Lambda_i}(x_i) = \max_{\tilde{\lambda} \in \Lambda_i} \left\{ f_i(x_{\tilde{\lambda}}) + \tilde{\lambda}'(x_i - x_{\tilde{\lambda}}) \right\}$$

其中，对于每个 $\tilde{\lambda} \in \Lambda_i$，$x_{\tilde{\lambda}}$ 使得 $\tilde{\lambda} \in \partial f_i(x_{\tilde{\lambda}})$ 成立。

对于 $i \in \bar{I}$，给定有限集 $X_i \subset \text{dom}(f_i)$ 使得 $\partial f_i(\tilde{x}) \neq \varnothing$ 对于所有 $\tilde{x} \in X_i$ 成立，考虑 X_i 对应的 f_i 内线性化，

$$\bar{f}_{i,X_i}(x_i) = \begin{cases} \min\limits_{\{\alpha_{\tilde{x}} \mid \tilde{x} \in X_i\} \in C(x_i, X_i)} \sum\limits_{\tilde{x} \in X_i} \alpha_{\tilde{x}} f_i(\tilde{x}) & \text{如果} x_i \in \text{conv}(X_i) \\ \infty & \text{其他情况} \end{cases}$$

其中，$C(x_i, X_i)$ 是所有带有分量 $\alpha_{\tilde{x}}$, $\tilde{x} \in X_i$ 的向量集合，满足

$$\sum_{\tilde{x} \in X_i} \alpha_{\tilde{x}} \tilde{x} = x_i, \qquad \sum_{\tilde{x} \in X_i} \alpha_{\tilde{x}} = 1, \qquad \alpha_{\tilde{x}} \geqslant 0, \quad \forall \tilde{x} \in X_i$$

[参见式 (4.16)]。正如 4.3 节所述，该函数的上图是射线 $\big\{(x_i, w) \mid f_i(x_i) \leqslant w\big\}$, $x_i \in X_i$ 的凸包（参见图 4.3.1）。

我们假设 $\underline{I}$ 和 $\bar{I}$ 集合中至少有一个是非空的。在迭代开始时，对每个 $i \in \underline{I}$，有一个有限子集 $\Lambda_i \subset \text{dom}(f_i^*)$，对每个 $i \in \bar{I}$，有一个有限子集 $X_i \subset \text{dom}(f_i)$。迭代过程如下。

典型 GPA 算法迭代步骤

步骤 1:（近似问题求解） 对 EMP 问题

$$\begin{aligned} &\text{minimize} \quad && \sum_{i \in I} f_i(x_i) + \sum_{i \in \underline{I}} \underline{f}_{i,\Lambda_i}(x_i) + \sum_{i \in \bar{I}} \bar{f}_{i,X_i}(x_i) \\ &\text{subject to} \quad && (x_1, \cdots, x_m) \in S \end{aligned} \tag{4.25}$$

寻找原问题和对偶问题解对 $(\hat{x}, \hat{\lambda}) = (\hat{x}_1, \hat{\lambda}_1, \cdots, \hat{x}_m, \hat{\lambda}_m)$。其中 $\underline{f}_{i,\Lambda_i}$ 和 $\bar{f}_{i,X_i}$ 分别是 f_i 在 Λ_i 和 X_i 上的外线性化和内线性化。

步骤 2:（终止和扩充的检验） 扩充集合 Λ_i 和 X_i（参见图 4.4.2）

(a) 对于 $i \in \underline{I}$，我们添加一些次梯度 $\tilde{\lambda}_i \in \partial f_i(\hat{x}_i)$ 到 Λ_i 中。

(b) 对于 $i \in \bar{I}$，我们添加一些次梯度 $\tilde{x}_i \in \partial f_i^*(\hat{\lambda}_i)$ 到 X_i 中。

如果没有严格的集合扩充，也就是说，对于所有的 $i \in \underline{I}$，我们都有 $\tilde{\lambda}_i \in \Lambda_i$，以及对于所有的 $i \in \bar{I}$，我们都有 $\tilde{x}_i \in X_i$，算法终止。否则，我们使用扩充后的集合 Λ_i 和 X_i，继续进行下一轮迭代。

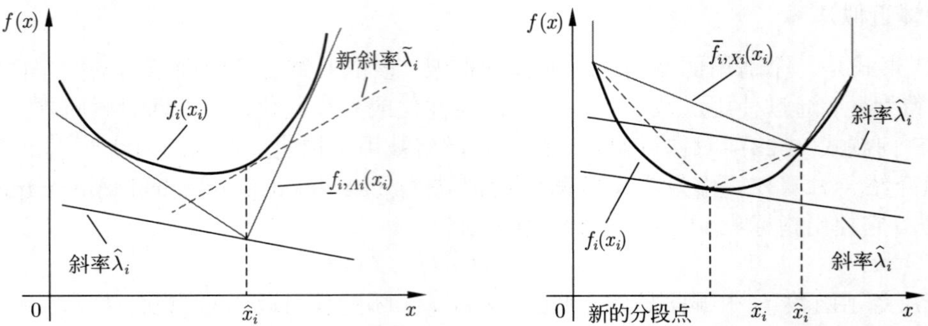

图 4.4.2 我们得到原问题和对偶问题解对 $(\hat{x},\hat{\lambda})=(\hat{x}_1,\hat{\lambda}_1,\cdots,\hat{x}_m,\hat{\lambda}_m)$ 之后的 GPA 算法中扩充步骤示意图。请注意，在图右边，$\tilde{x}_i\in\partial f_i^*(\hat{\lambda}_i)\iff\hat{\lambda}_i\in\partial f_i(\tilde{x}_i)$（参见图 4.4.1 共轭次梯度理论，附录 B 命题 5.4.3)；图左边扩充步骤（寻找 $\tilde{\lambda}_i$)，等价于使得 $\tilde{\lambda}_i$ 满足 $\hat{x}_i\in\partial f_i^*(\tilde{\lambda}_i)$，即求解优化问题：在约束条件 $\lambda_i\in\Re^{n_i}$ 下，最小化 $\{\lambda_i'\hat{x}_i-f_i^*(\lambda_i)\}$。右边扩充步骤（寻找 $\tilde{x}_i$）等价于求解优化问题：在约束条件 $x_i\in\Re^{n_i}$ 下，最大化 $\{\hat{\lambda}_i'x_i-f_i(x_i)\}$。参考图 4.4.1

我们将在随后的命题中表明，如果算法终止，则当前向量 $(\hat{x},\hat{\lambda})$ 就是原问题和对偶问题的一对最优解。如果有严格的集合扩充，并且算法没有终止，我们使用扩充后的集合 Λ_i 和 X_i 继续下一轮迭代。注意，我们隐含地假设，在每次迭代时问题式 (4.25) 的原问题和对偶问题存在最优解。此外，我们假设扩充步骤可以进行，即对所有的 $i\in\underline{I}$，$\partial f_i(\hat{x}_i)\neq\varnothing$ 成立，且对所有的 $i\in\bar{I}$，$\partial f_i^*(\hat{\lambda}_i)\neq\varnothing$ 成立。可能需要对问题做出足够强的假设来保证这一点。

与 4.1 节和 4.2 节的割平面和单纯形剖分方法相比，GPA 算法有两个潜在的优势，这取决于问题的结构：

(a) 细化过程可能会更快，因为在每次迭代中，**会同时添加多个割平面和分段点**（每个函数 f_i 添加一个）。因此，与 4.1 节和 4.2 节的方法相比，在一次迭代中，可以得到一个更精细的近似，而 4.1 节和 4.2 节的方法中只增加一个割平面或顶点。此外，当分量函数 f_i 是标量时，在 f_i 的多面体近似中加入一个割平面/分段点非常简单，因为它需要对每个 f_i 进行一维微分或最小化。当然，如果分量函数的数量 m 很大，保存这些多个割平面和分段点可能会给方法增加很大的开销，在这种情况下，可以使用一种丢弃一些旧的割平面和分段点的方案，类似于约束单纯形剖分算法的情况。

(b) 近似过程可能**保留了代价函数或约束集的一些特殊结构**。例如，如果分量函数 f_i 是标量的，或者具有部分重叠依赖，例如，

$$f(x_1,\cdots,x_m)=f_1(x_1,x_2)+f_2(x_2,x_3)+\cdots+f_{m-1}(x_{m-1},x_m)+f_m(x_m)$$

用 4.1 节的割平面法最小化 f 会导致一般/非结构化的线性规划问题。而相比之下，使用分量函数的分离外近似则会得到具有特殊结构的线性规划，这些问题可以通过专门的方法有效解决，例如网络流算法，或者可以利用问题的稀疏性结构的内点算法。

一般而言，在具有特殊结构的问题有效求解方面，上述两个优点会起到重要作用。

注意 GPA 算法有效使用的两个前提条件。

(1)（部分）线性化的问题式 (4.25) 必须比原问题式 (4.18) 更容易解决。例如，问题式 (4.25) 可能是一个线性规划，而原来的问题可能是非线性的（参见 4.1 节的割平面法）；或者它的维度可能比原来的问题小得多（参见 4.2 节的单纯形剖分法）。

(2) 找出扩充的向量（对应于 $i\in\underline{I}$ 的 $\tilde{\lambda}_i$，以及对应于 $i\in\bar{I}$ 的 $\tilde{x}_i$）一定不能太难。这可以

通过对应于 $i \in \underline{I}$ 的微分 $\tilde{\lambda}_i \in \partial f_i(\hat{x}_i)$，以及对应于 $i \in \bar{I}$ 的微分 $\tilde{x}_i \in \partial f_i^*(\hat{\lambda}_i)$ 来实现。另外，如果这样做对某些函数不方便求解（例如，因为一些 f_i 或 f_i^* 不是以闭形式给出的），我们可以通过以下关系

$$\hat{x}_i \in \partial f_i^*(\tilde{\lambda}_i), \qquad \hat{\lambda}_i \in \partial f_i(\tilde{x}_i)$$

来计算 $\hat{\lambda}_i$ 或 $\tilde{x}_i$（参见图 4.4.1 共轭次梯度定理，附录 B 命题 5.4.3）。这涉及求解优化问题。例如，找到 $\tilde{x}_i$ 使得对于 $i \in \bar{I}$，有 $\hat{\lambda}_i \in \partial f_i(\tilde{x}_i)$，这等价于求解问题

$$\begin{aligned} &\text{maximize} \quad \left\{\hat{\lambda}_i' x_i - f_i(x_i)\right\} \\ &\text{subject to} \quad x_i \in \Re^{n_i} \end{aligned}$$

并且有时并不直接（参见图 4.4.2）。

通常来说，求解线性化问题式 (4.55) 和随后的扩充步骤的可能性，可以指导对内线性化或外线性化函数的选择。如果 x_i 是一维的，就像在可分离型问题中一样，扩充步骤通常是很容易的。

最后我们注意到，在 GPA 算法的实现中，可以利用 EMP 的对偶性。特别地，该算法可以应用于问题式 (4.18) 的对偶问题。

$$\begin{aligned} &\text{minimize} \quad \sum_{i=1}^{m} f_i^*(\lambda_i) \\ &\text{subject to} \quad (\lambda_1, \cdots, \lambda_m) \in S^{\perp} \end{aligned} \tag{4.26}$$

其中 f_i^* 是 f_i 的共轭函数。于是，原问题的内（或外）线性化指标集 $\bar{I}$ 分别成为对偶问题的外（或内）线性化指标集。在每次迭代时，算法都会求解近似的对偶 EMP。

$$\begin{aligned} &\text{minimize} \quad \sum_{i \in I} f_i^*(\lambda_i) + \sum_{i \in \underline{I}} \bar{f}^*{}_{i,\Lambda_i}(\lambda_i) + \sum_{i \in \bar{I}} \underline{f}^*_{i,X_i}(\lambda_i) \\ &\text{subject to} \quad (\lambda_1, \cdots, \lambda_m) \in S^{\perp} \end{aligned} \tag{4.27}$$

其中只需要近似的原 EMP 问题的对偶问题求解 [因为 f_i^* 的外（或内）线性化分别是 f_i 的内（或外）线性化的共轭函数]。因此，该算法在应用于原 EMP 问题或对偶 EMP 问题时产生的结果在数学上是相同的。选择将算法应用于原形式还是对偶形式，仅仅是选择用 f_i 还是用共轭 f_i^* 进行计算更方便的问题。事实上，当算法在扩充步骤中同时使用了原始解 $\hat{x}$ 和对偶解 $\hat{\lambda}$ 时，起始点是在原问题还是在对偶 EMP 问题里就变得没有意义了：最好的办法是将算法应用于原始和对偶 EMP 问题构成的问题对，而不需要指定哪个是原始的哪个是对偶的。

终止性质和收敛性

现在我们来讨论一下 GPA 算法的有效性。为此，我们将使用外近似的两个基本特性。第一个是对于任何闭的真凸函数 f 和 $\underline{f}$，以及向量 $x \in \mathrm{dom}(f)$，我们有如下的结论。

$$\underline{f} \leqslant f, \quad \underline{f}(x) = f(x) \quad \Longrightarrow \quad \partial \underline{f}(x) \subset \partial f(x) \tag{4.28}$$

要证明这一点，对于任意 $g \in \partial \underline{f}(x)$，用次梯度不等式，得到

$$f(z) \geqslant \underline{f}(z) \geqslant \underline{f}(x) + g'(z-x) = f(x) + g'(z-x), \qquad z \in \Re^n$$

这意味着 $g \in \partial f(x)$。第二个性质是，对于 f 的任意外线性化 $\underline{f}_{\Lambda}$，我们有

$$\tilde{\lambda} \in \Lambda, \quad \tilde{\lambda} \in \partial f(x) \quad \Longrightarrow \quad \underline{f}_{\Lambda}(x) = f(x) \tag{4.29}$$

为证明这一点，考虑向量 x_λ，使得 $\lambda \in \partial f(x_\lambda)$, $\lambda \in \Lambda$，并且

$$\underline{f}_{\Lambda}(x) = \max_{\lambda \in \Lambda} \left\{ f(x_\lambda) + \lambda'(x - x_\lambda) \right\} \geqslant f(x_{\tilde{\lambda}}) + \tilde{\lambda}'(x - x_{\tilde{\lambda}}) \geqslant f(x)$$

其中，第二个不等式由 $\tilde{\lambda} \in \partial f(x_{\tilde{\lambda}})$ 得出。由于我们也有 $f \geqslant \underline{f}_{\Lambda}$，得到 $f_{\Lambda}(x) = f(x)$。我们首先来说明算法终止后得到的原问题解和对偶问题解对的最优性。

命题 4.4.2（终止时最优性） 如果 GPA 算法在某次迭代时终止，则对应的原问题解和对偶问题解，即 $(\hat{x}_1, \cdots, \hat{x}_m)$ 和 $(\hat{\lambda}_1, \cdots, \hat{\lambda}_m)$，构成 EMP 问题的原问题和对偶问题的一对最优解。

证明：根据命题 4.4.1，以及 $(\hat{x}_1, \cdots, \hat{x}_m)$ 和 $(\hat{\lambda}_1, \cdots, \hat{\lambda}_m)$ 定义为近似问题式 (4.25) 的原问题和对偶问题最优解对，有

$$(\hat{x}_1, \cdots, \hat{x}_m) \in S, \qquad (\hat{\lambda}_1, \cdots, \hat{\lambda}_m) \in S^{\perp}$$

终止后，由命题 4.4.1 可以得到，对于所有 i，有

$$\hat{\lambda}_i \in \partial f_i(\hat{x}_i) \tag{4.30}$$

由于 $(\hat{x}_1, \cdots, \hat{x}_m)$ 和 $(\hat{\lambda}_1, \cdots, \hat{\lambda}_m)$ 是问题式 (4.25) 的原问题和对偶问题最优解对，所以式 (4.30) 对所有 $i \notin \underline{I} \cup \bar{I}$ 都成立（参见命题 4.4.1）。我们将通过证明它对所有 $i \in \underline{I}$ 都成立来完成证明 ($i \in \bar{I}$ 的证明是通过对偶理论来完成的)。

事实上，固定 $i \in \underline{I}$，并令 $\tilde{\lambda}_i \in \partial f_i(\hat{x}_i)$ 为终止时扩充步骤生成的向量。我们有 $\tilde{\lambda}_i \in \Lambda_i$，这是因为当终止时没有严格的扩充。由于 $\underline{f}_{i,\Lambda_i}$ 是 f_i 的外线性化，由式 (4.29) 可知，$\tilde{\lambda}_i \in \Lambda_i, \tilde{\lambda}_i \in \partial f_i(\hat{x}_i)$ 表明

$$\underline{f}_{i,\Lambda_i}(\hat{x}_i) = f_i(\hat{x}_i)$$

反过来，根据式 (4.28)，表明

$$\partial \underline{f}_{i,\Lambda_i}(\hat{x}_i) \subset \partial f_i(\hat{x}_i)$$

根据命题 4.4.1，我们还可以得到 $\hat{\lambda}_i \in \partial \underline{f}_{i,\Lambda_i}(\hat{x}_i)$，于是 $\hat{\lambda}_i \in \partial f_i(\hat{x}_i)$。 □

与 4.1 节和 4.2 节一样，在函数 f_i, $i \in \bar{I} \cup \underline{I}$ 是多面体的情况下，可以很容易地证明收敛性，假设确保相应的扩充向量 $\tilde{\lambda}_i$ 是从一组有限的顶点中选择的。特别地，假设：

(a) 所有外线性化函数 f_i 都是实值和多面体函数，且对于所有内线性化函数 f_i，共轭函数 f_i^* 都是实值和多面体函数。

(b) 添加到多面体近似中的向量 $\tilde{\lambda}_i$ 和 $\tilde{x}_i$，都是对应于 f_i^* 和 f_i 的有限表示的成员。

于是在每次迭代时有两种可能：要么 $(\hat{x}, \hat{\lambda})$ 是原问题和对偶问题的最优解对，算法终止；要么 f_i 中的一个 $i \in \underline{I} \cup \bar{I}$ 的近似将被改进。由于只有有限的改进次数，因此在有限的迭代次数内就会出现收敛。

如果扩展 4.1 节和 4.2 节的分析，还会得到其他的收敛结果。特别地，令 $(\hat{x}^k, \hat{\lambda}^k)$ 是在第 k 轮迭代时生成的原问题和对偶问题解对，令

$$\tilde{\lambda}_i^k \in \partial f_i(\hat{x}_i^k), \quad i \in \underline{I}, \qquad \tilde{x}_i^k \in \partial f_i^*(\hat{\lambda}_i^k), \quad i \in \bar{I}$$

是相应用于扩充的向量。如果集合 $\bar{I}$ 是空的（没有内近似），并且序列 $\{\tilde{\lambda}_i^k\}$ 对每一个 $i \in \underline{I}$ 都是有界的，那么我们可以很容易地证明 $\{\hat{x}^k\}$ 的每一个极限点都是原问题最优解。要证明这一点，请注意，对于所有 k，$\ell \leqslant k-1$，以及 $(x_1, \cdots, x_m) \in S$，我们有

$$\begin{aligned}\sum_{i \notin \underline{I}} f_i(\hat{x}_i^k) + \sum_{i \in \underline{I}} \left(f_i(\hat{x}_i^\ell) + (\hat{x}_i^k - \hat{x}_i^\ell)'\tilde{\lambda}_i^\ell\right) &\leqslant \sum_{i \notin \underline{I}} f_i(\hat{x}_i^k) + \sum_{i \in \underline{I}} \underline{f}_{i,\Lambda_i^{k-1}}(\hat{x}_i^k) \\ &\leqslant \sum_{i=1}^m f_i(x_i)\end{aligned}$$

令 $\{\hat{x}^k\}_{\mathcal{K}}$ 是一个趋近于向量 $\bar{x}$ 的子序列。取极限 $\ell \to \infty$，$k \in \mathcal{K}$，$\ell \in \mathcal{K}$，$\ell < k$，并利用 f_i 的闭性，我们得到

$$\sum_{i=1}^m f_i(\bar{x}_i) \leqslant \liminf_{k\to\infty,\, k\in\mathcal{K}} \sum_{i\notin \underline{I}} f_i(\hat{x}_i^k) + \liminf_{\ell\to\infty,\, \ell\in\mathcal{K}} \sum_{i\in \underline{I}} f_i(\hat{x}_i^\ell) \leqslant \sum_{i=1}^m f_i(x_i)$$

对于所有的 $(x_1, \cdots, x_m) \in S$ 成立。由此可见，$\bar{x}$ 是原问题最优解，也就是说，$\{\hat{x}^k\}$ 的每个极限点都是最优的。即使不假设序列 $\{\tilde{\lambda}_i^k\}$ 为有界，只要顶点 $\bar{x}_i$ 属于相应函数 f_i 的相对内部，前面的收敛性证明也会成立（这一点从附录 B 命题 5.4.1 的次梯度分解结果可以得出）。

交换原问题和对偶问题角色，我们同样得到 $\underline{I}$ 为空的情况下的收敛结果（无外线性化）：假设序列 $\{\tilde{x}_i^k\}$ 对每一个 $i \in \bar{I}$ 都是有界的，$\{\hat{\lambda}^k\}$ 的每一个顶点都是对偶问题最优解。

最后，我们给出一个来自 [BeY11] 的更一般的收敛结果，它适用于我们同时使用外近似和内近似的混合情况（$\bar{I}$ 和 $\underline{I}$ 都是非空的）。这个证明比前面的要复杂，我们相应的分析请参考 [BeY11]。

命题 4.4.3（GPA 算法的收敛性）　考虑 EMP 问题的 GPA 算法，假设强对偶关系 $-\infty < q_{\text{opt}} = f_{\text{opt}} < \infty$ 成立。令 $(\hat{x}^k, \hat{\lambda}^k)$ 是近似问题在第 k 次迭代时的原问题和对偶问题最优解对，进而令 $\tilde{\lambda}_i^k, i \in \underline{I}$ 和 $\tilde{x}_i^k, i \in \bar{I}$ 是在相应的扩充步骤生成的向量。假设存在收敛的子序列 $\{\hat{x}_i^k\}_{\mathcal{K}}, i \in \underline{I}$, $\{\hat{\lambda}_i^k\}_{\mathcal{K}}, i \in \bar{I}$，使得序列 $\{\tilde{\lambda}_i^k\}_{\mathcal{K}}, i \in \underline{I}$, $\{\tilde{x}_i^k\}_{\mathcal{K}}, i \in \bar{I}$ 是有界的。

(a) 序列 $\{(\hat{x}^k, \hat{\lambda}^k)\}_{\mathcal{K}}$ 的任何极限点都是原问题和对偶问题的一对最优解。

(b) 近似问题的最优值序列收敛于最优值 f_{opt}。

网络优化和单值规划应用

让我们考虑一个有向图，其节点集为 $\mathcal{N}$ 而弧集为 $\mathcal{A}$。一个经典的网络优化问题是最小化代价函数

$$\sum_{a\in\mathcal{A}} f_a(x_a)$$

其中 f_a 是一个标量值闭的真凸函数，x_a 是弧段 $a \in \mathcal{A}$ 的流量。该问题的最小化是在所有属于图的循环子空间 S 的流向量 $x = \{x_a \mid a \in \mathcal{A}\}$ 上进行的（在每个节点上，所有进入的弧段流之和等于所有出去的弧段流之和）。

由于相应的近似 EMP

$$\begin{aligned} &\text{minimize} \quad && \sum_{a\in\mathcal{A}} \bar{f}_{a,X_a}(x_a) \\ &\text{subject to} \quad && x \in S \end{aligned}$$

的结构良好，对所有非线性函数 f_a 使用内线性化的 GPA 算法对这个问题特别有效。其中，对于每个弧段 a，$\bar{f}_{a,X_a}$ 是 f_a 的内近似，对应于有限的分段点集 $X_a \subset \text{dom}(f_a)$。通过适当地引入多条弧段来代替每条弧段，我们可以将这个问题重述为一个线性最小代价网络流问题，可以使用非常快的多项式算法来解决。这些算法，同时具有最优的原向量（流量），产生对偶最优向量（影子价格微分，price differential）（例如，参见 [Ber98]，第 5~7 章）。此外，由于函数 f_a 是标量的，所以扩充步骤非常简单。

内线性化的 GPA 算法的一些优点也适用于单值规划问题 (对于所有的 i，$n_i = 1$)，其关键思想在于扩充步骤的简单性。此外，还有一些有效的算法用于解决相关的近似 EMP 问题的原问题和对偶问题，如失调（out-of-kilter）方法 [Roc84]，[Tse01b] 和 ϵ-松弛方法 [Ber98]，[TsB00]。

4.5 广义单纯形剖分法

本节将着重介绍前面通用算法的一些应用和细节。我们将用单纯形剖分法和问题

$$\begin{aligned} &\text{minimize} && f(x)+c(x) \\ &\text{subject to} && x\in\Re^n \end{aligned} \tag{4.31}$$

作为具体例子，其中 $f:\Re^n\mapsto(-\infty,\infty]$ 和 $c:\Re^n\mapsto(-\infty,\infty]$ 是闭的真凸函数。这个问题可以采用 Fenchel 对偶理论。4.2 节中常规单纯形剖分法（其中 f 是可微分的，c 是一个有界多面体集合的示性函数）是该问题的一个特例。这里我们将主要关注 f 是不可微分的，并且可能是扩展实值函数的情况。

我们将 4.4 节的多面体近似算法应用于如下等价 EMP 问题中。

$$\begin{aligned} &\text{minimize} && f_1(x_1)+f_2(x_2) \\ &\text{subject to} && (x_1,x_2)\in S \end{aligned}$$

其中

$$f_1(x_1)=f(x_1),\qquad f_2(x_2)=c(x_2),\qquad S=\big\{(x_1,x_2)\mid x_1=x_2\big\}$$

请注意，正交子空间的形式为

$$S^\perp=\big\{(\lambda_1,\lambda_2)\mid\lambda_1=-\lambda_2\big\}=\big\{(\lambda,-\lambda)\mid\lambda\in\Re^n\big\}$$

这个 EMP 问题的原问题最优解和对偶最优解的形式为 (x^{opt},x^{opt}) 和 $(\lambda^{opt},-\lambda^{opt})$，并且

$$\lambda^{opt}\in\partial f(x^{opt}),\qquad -\lambda^{opt}\in\partial c(x^{opt})$$

与命题 4.4.1 的最优性条件一致。这样的最优解对 (x^{opt},λ^{opt}) 满足原问题的 Fenchel 对偶理论 [命题 1.2.1(c)] 的充要最优条件。

在一种可能的多面体近似方法中，在典型的迭代中，f_2 被一组分段点 X 的内部线性化所代替，而 f_1 保持不变。迭代完成后，如果 $(\hat\lambda,-\hat\lambda)$ 是对偶问题的最优解，X 将被扩充到包括一个使得 $-\hat\lambda\in\partial f_2(\tilde x)$ 成立的向量 $\tilde x$（参见 4.4 节）。现在我们使用问题式 (4.31) 的形式来转述这种方法。

我们从某个有限集 $X_0\subset\text{dom}(c)$ 开始。在典型的迭代中，给定一个有限集 $X_k\subset\text{dom}(c)$，我们使用下面的三个步骤来计算向量 $x_k,\tilde x_k$，以及利用扩充集合 $X_{k+1}=X_k\cup\{\tilde x_k\}$ 来开始下一次迭代。

最小化 $f+c$ 的典型广义单纯形剖分算法迭代步骤

(1) 求取

$$x_k\in\arg\min_{x\in\Re^n}\big\{f(x)+C_k(x)\big\} \tag{4.32}$$

其中，C_k 是多面体或者内线性化函数，其上图是有限条射线 $\big\{(\tilde x,w)\mid c(\tilde x)\leqslant w\big\}$，$\tilde x\in X_k$ 所组成集合的凸包。

(2) 求取使得

$$\lambda_k\in\partial f(x_k),\qquad -\lambda_k\in\partial C_k(x_k) \tag{4.33}$$

成立的 λ_k。

(3) 求取使得

$$-\lambda_k\in\partial c(\tilde x_k) \tag{4.34}$$

成立的 $\tilde x_k$，并且构成

$$X_{k+1}=X_k\cup\{\tilde x_k\}$$

与 GPA 算法的情况一样，我们假设 f 和 c 满足可以执行上述步骤 (1)~(3) 的条件。特别地，对式 (4.32) 的最小化应用附录 B 中命题 5.4.7 的最优性条件，可以保证在适当的相对内部条件下，步骤 (2) 中次梯度 λ_k 的存在性。

请注意，步骤 (3) 等价于求取

$$\tilde{x}_k \in \arg\min_{x\in\Re^n}\left\{\lambda_k' x + c(x)\right\} \tag{4.35}$$

在某些特殊情况下，这是一个线性或二次规划问题，其中 c 分别是多面体或二次的。请注意，近似问题式 (4.32) 是原问题式 (4.31) 的线性化，其中 c 被 $C_k(x)$ 代替，而 $C_k(x)$ 是 c 的内线性化。更具体地，如果 $X_k=\{\tilde{x}_j \mid j\in J_k\}$，其中 J_k 是一个有限指标集，则 C_k 由以下公式给出

$$C_k(x)=\begin{cases}\displaystyle\inf_{\substack{\sum_{j\in J_k}\alpha_j\tilde{x}_j=x\\ \alpha_j\geqslant 0,\ \sum_{j\in J_k}\alpha_j=1}}\ \sum_{j\in J_k}\alpha_j c(\tilde{x}_j) & \text{如果 } x\in\mathrm{conv}(X_k)\\ \infty & \text{如果 } x\notin\mathrm{conv}(X_k)\end{cases}$$

所以最小化式 (4.32) 实际上涉及变量 $\alpha_j,\ j\in J_k$，而且该式等价于

$$\begin{aligned}&\text{minimize} && f\left(\sum_{j\in J_k}\alpha_j\tilde{x}_j\right)+\sum_{j\in J_k}\alpha_j c(\tilde{x}_j)\\ &\text{subject to} && \sum_{j\in J_k}\alpha_j=1,\quad \alpha_j\geqslant 0,\ j\in J_k\end{aligned} \tag{4.36}$$

该问题的维数是 J_k 的基数，相对于原问题的维数来说，这个维数非常小。

对偶/割平面法的实现

这里还会给出一种对偶实现。它是一种等价的外线性化/割平面法。最小化 $f+c$ 问题的 Fenchel 对偶 [参见式 (4.31)] 是

$$\begin{aligned}&\text{minimize} && f^*(\lambda)+c^*(-\lambda)\\ &\text{subject to} && \lambda\in\Re^n\end{aligned}$$

其中 f^* 和 c^* 分别是 f 和 c 的共轭函数。根据 4.4 节的理论，广义单纯形剖分算法式 (4.32)~式 (4.34) 可被实现，其中用分段线性/割平面外线性化代替 c^*，而保持 f^* 不变，即在迭代 k 次求解以下问题

$$\begin{aligned}&\text{minimize} && f^*(\lambda)+C_k^*(-\lambda)\\ &\text{subject to} && \lambda\in\Re^n\end{aligned} \tag{4.37}$$

其中 C_k^* 是 c^* 的外线性化 (C_k 的共轭)。这个问题是问题式 (4.32)[或等价的低维问题式 (4.36)] 的 (Fenchel) 对偶。

请注意，问题式 (4.37) 的解是满足 $\lambda_k\in\partial f(x_k)$ 和 $-\lambda_k\in\partial C_k(x_k)$ 条件的次梯度 λ_k，其中 x_k 是问题式 (4.32) 的解 [参见式 (4.33)]，而 c^* 在 $-\lambda_k$ 处的对应次梯度是由式 (4.34) 生成的向量 $\tilde{x}_k$，如图 4.5.1 所示。实际上，函数 C_k^* 的形式为

$$C_k^*(-\lambda)=\max_{j\in J_k}\left\{c(-\lambda_j)-\tilde{x}_j'(\lambda-\lambda_j)\right\}$$

其中 λ_j 和 $\tilde{x}_j$ 是向量，它们可以通过使用广义单纯形剖分算法式 (4.32)~式 (4.34) 得到，也可以通过使用它的对偶，即基于解决外近似问题式 (4.37) 的割平面法得到。在 4.1 节开头描述的普通割平面法，是 $f^*(\lambda)\equiv 0$ [或等价地，$f(x)=\infty$ 如果 $x\neq 0$，以及 $f(0)=0$] 的特殊情况。

选择原问题还是对偶问题的实现，取决于函数 f 和 c 的结构。当 f（因此也包括 f^*）不是多面体时，对偶实现可能不值得，因为它需要在每次迭代时解式 (4.37) 的 n 维非线性优化问

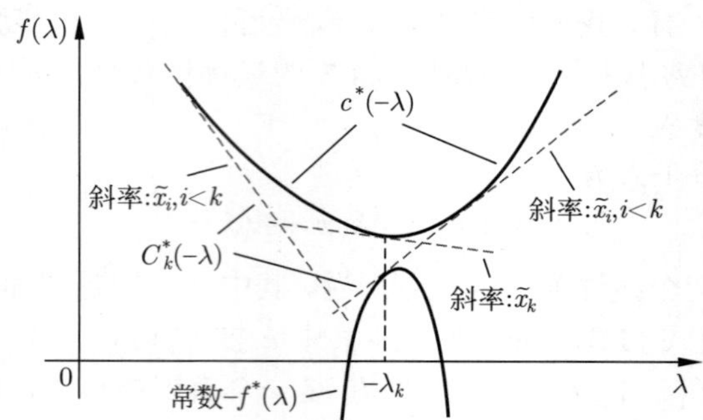

图 4.5.1 最小化两个闭的真凸函数 f 和 c 之和问题的广义单纯形剖分法的割平面实现示意图 [参见式 (4.31)]。在 4.1 节开头描述的普通割平面法，是 $f^*(\lambda) \equiv 0$ 时的特殊情况。在这种情况下，f 是仅由原点组成的集合的示性函数，原问题是求 $c(0)$(c^* 的最优值)

题，而不是式 (4.32) 或式 (4.36) 的典型低维优化。当 f 为多面体时，在扩充步骤，这两种方法都需要求解线性规划问题，它们之间的选择可能取决于用 c 是否比用 c^* 更方便。

4.5.1 代价函数可微情形

让我们首先考虑广义单纯形剖分算法式 (4.32)～式 (4.35)，其中 f 是可微分的，c 是定义域有界的多面体函数。则该方法本质上等同于 4.2 节单纯形剖分法的简单版。特别地，

(a) 当 c 是有界多面体 X 的示性函数，且 $X_0 = \{x_0\}$ 时，该方法可简化为之前的单纯形剖分法式 (4.9) 和式 (4.10)。事实上，步骤 (1) 对应于最小化式 (4.10)，步骤 (2) 通过简单计算可以得到 $\lambda_k = \nabla f(x_k)$，正如式 (4.35) 实现所示，步骤 (3) 对应于求解线性规划式 (4.9) 的解产生新的顶点。

(b) 当 c 是一般多面体函数时，该方法可以被看作之前单纯形剖分法式 (4.9) 和式 (4.10) 求解最小化 $f(x) + w$ 问题的特殊情况，约束条件是 $x \in X$ 和 $(x, w) \in \text{epi}(c)$ [唯一的区别是 $\text{epi}(c)$ 不是有界的，但如果我们假设 $\text{dom}(c)$ 是有界的，或者更一般地假设问题式 (4.32) 有解，那么这就不重要了]。在这种情况下，假设通过求解线性规划式 (4.35) 得到的向量 $\big(\tilde{x}_k, c(\tilde{x}_k)\big)$ 是 $\text{epi}(c)$ 的顶点（参见命题 4.2.1），那么该方法就会在有限次迭代后终止。

对于更一般的情况，即 f 是可微分的，c 是一个（非多面体）凸函数，该方法如图 4.5.2 所示。问题式 (4.32) [或者等价的式 (4.36)] 的解 x_k 的存在性是由 $\text{conv}(X_k)$ 的紧性和 Weierstrass 定理保证的，步骤 (2) 得到 $\lambda_k = \nabla f(x_k)$。问题式 (4.35) 的解的存在性必须由一些假设来保证，例如 c 的定义域是紧的。

4.5.2 代价函数不可微分以及边约束

现在让我们考虑 $f + c$ 的最小化问题 [参见式 (4.31)] 更复杂的情况，其中 f 是扩充实值函数且不可微分。假设

$$\text{ri}\big(\text{dom}(f)\big) \cap \text{conv}(X_0) \neq \varnothing$$

那么式 (4.33) 的次梯度 λ_k 的存在性就由附录 B 中的命题 5.4.7 的最优性条件保证，问题式 (4.32) 的解 x_k 的存在性由 Weierstrass 定理保证，因为 C_k 的定义域是紧的。

当 c 是一个多面体集合 X 的示性函数时，步骤 (2) 的条件变为

$$\lambda_k'(\tilde{x} - x_k) \geqslant 0, \qquad \forall \tilde{x} \in \text{conv}(X_k) \tag{4.38}$$

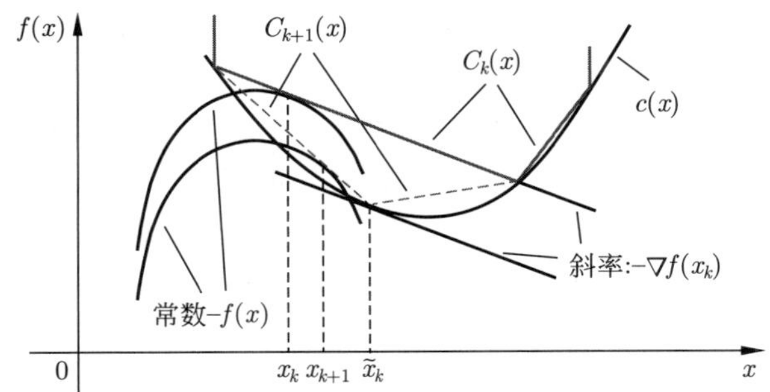

图 4.5.2　在 f 可微分和 c 是一般凸函数的情况下，广义单纯形剖分法的连续迭代示意图。给定 c 的内线性化 C_k，我们将 $f+C_k$ 最小化，得到 x_k（在图形上，我们将 $-f$ 的图形垂直移动，直到它接触到 C_k）。然后我们计算 $\tilde{x}_k$，该点处 $-\nabla f(x_k)$ 是 c 的一个次梯度，我们用它来改进 c 的内线性化 C_{k+1}。最后，我们将 $f+C_{k+1}$ 最小化，得到 x_{k+1}（在图形上，我们将 $-f$ 的图形垂直移动，直到它接触到 C_{k+1} 的图形）

即 $-\lambda_k$ 属于 $\text{conv}(X_k)$ 在 x_k 处的正常锥。图 4.5.3 中说明了这种情况下的方法。假设通过求解线性规划式 (4.35) 得到的向量 $\tilde{x}_k$ 是 X 的一个顶点，它将在有限次终止。原因是，鉴于式 (4.38)，向量 $\tilde{x}_k$ 不属于 X_k（除非 x_k 是最优的），所以 X_{k+1} 是 X_k 的严格扩充。

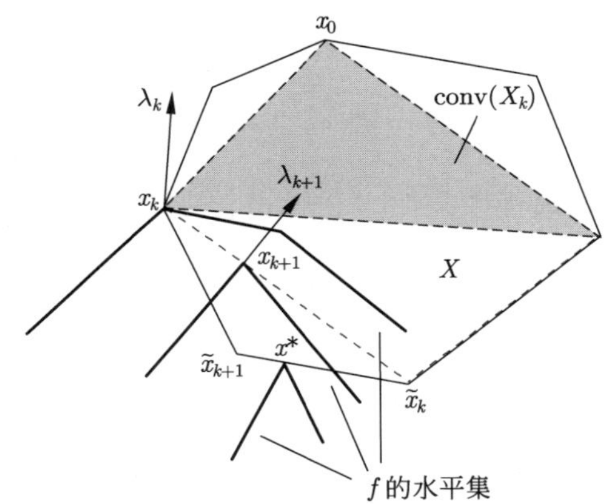

图 4.5.3　广义单纯形剖分法应用于 f 不可微、c 是多面体集合 X 的示性函数的情况的示意图。对于每个轮次 k，我们计算一个次梯度 $\lambda_k \in \partial f(x_k)$，使得 $-\lambda_k$ 位于 $\text{conv}(X_k)$ 在 x_k 的正常锥内，我们用它来生成 X 的一个新的顶点 $\tilde{x}_k$，关系为 $-\lambda_k \in \partial c(\tilde{x}_k)$，参见算法的第（3）步

现在让我们来求解一个次梯度 $\lambda_k \in \partial f(x_k)$，使得 $-\lambda_k \in \partial C_k(x_k)$ [参见式 (4.33)]。这可能是一个困难的问题，因为它可能需要知道关于 $\partial f(x_k)$ 以及 $\partial C_k(x_k)$ 的知识。然而，在特殊情况下，λ_k 可以作为求解最小化问题

$$x_k \in \arg\min_{x\in\Re^n} \left\{ f(x) + C_k(x) \right\} \tag{4.39}$$

的附带结果得到 [参见式 (4.32)]。以下例子说明了这一点。

例 4.5.1　最小最大问题。

考虑最小化 $f+c$，其中 c 是一个闭的凸集 X 的示性函数，并且

$$f(x) = \max\left\{ f_1(x), \cdots, f_r(x) \right\}$$

其中 $f_1, \cdots, f_r : \Re^n \mapsto \Re$ 是可微函数。那么式 (4.39) 最小化的形式是这样的

$$\begin{array}{ll} \text{minimize} & z \\ \text{subject to} & f_j(x) \leqslant z,\ j = 1, \cdots, r, \quad x \in \text{conv}(X_k) \end{array} \tag{4.40}$$

其中 $\text{conv}(X_k)$ 是 X 的多面体内近似。根据命题 1.1.3 的最优性条件，最优解 (x_k, z^*) 连同对偶最优变量 μ_j^*，满足

$$z^* = f(x_k) = \max\left\{f_1(x_k), \cdots, f_r(x_k)\right\}$$

和原问题的可行性

$$x_k \in \text{conv}(X_k), \qquad f_j(x_k) \leqslant z^*, \quad j = 1, \cdots, r$$

拉格朗日最优

$$(x_k, z^*) \in \underset{x \in \text{conv}(X_k),\, z \in \Re}{\arg\min} \left\{\left(1 - \sum_{j=1}^{r} \mu_j^*\right) z + \sum_{j=1}^{r} \mu_j^* f_j(x)\right\} \tag{4.41}$$

以及对偶可行性和互补性松弛条件

$$\mu_j^* \geqslant 0, \qquad \mu_j^* = 0 \ \text{如果} \ \ f_j(x_k) < z^* = f(x_k), \quad j = 1, \cdots, r \tag{4.42}$$

由此可见，

$$\sum_{j=1}^{r} \mu_j^* = 1 \tag{4.43}$$

[否则，式 (4.41) 中的最小值将是 $-\infty$]，并且

$$\left(\sum_{j=1}^{r} \mu_j^* \nabla f_j(x_k)\right)' (x - x_k) \geqslant 0, \qquad \forall x \in \text{conv}(X_k) \tag{4.44}$$

[这就是式 (4.41) 中优化问题的最优性条件]。利用式 (4.42) 和式 (4.43)，可以看出，向量

$$\lambda_k = \sum_{j=1}^{r} \mu_j^* \nabla f_j(x_k) \tag{4.45}$$

是 f 在 x_k 处的次梯度（参见 3.1 节 Danskin 定理）。此外，利用式 (4.44)，可知 $-\lambda_k$ 位于 $\text{conv}(X_k)$ 在 x_k 的正常锥内。

总之，由式 (4.45) 给出的次梯度 λ_k，适合通过求解以下问题：

$$\tilde{x}_k \in \arg\min_{x \in X} \lambda_k' x \tag{4.46}$$

来确定改进约束集 X 的内近似的一个新顶点 $\tilde{x}_k$，参见式 (4.35)。为了得到 λ_k，我们需要

(a) 计算原问题的近似 x_k 作为原问题式 (4.40) 的解。

(b) 同时计算该问题的对偶变量/乘子 μ_j^*。

(c) 利用式 (4.45)。

注意到这种方法比潜在的竞争方法有一个优势：它涉及通常是简单问题（线性规划，如果 X 是多面体）的解，其形式为式 (4.46)，用来生成 X 的新顶点，以及形式为式 (4.40) 的非线性规划的解，这些问题是低维的 [其维数等于 X_k 的顶点数量；参见式 (4.36)]。当每个 f_j 均为二次可微时，后一种问题可以用快速的类牛顿法来解决，比如顺序二次规划（参见 [Ber82a]，[Ber99]，[NoW06]）。

例 4.5.2 带有额外约束的最小最大问题。

考虑比前面例子更一般的情况，其中有限定 f 定义域的额外不等式约束。这就是最小化

$f+c$ 的问题，其中 c 是一个闭凸集 X 的示性函数，而 f 的形式是

$$f(x)=\begin{cases}\max\left\{f_1(x),\cdots,f_r(x)\right\} & 如果g_i(x)\leqslant 0,\ i=1,\cdots,p\\ \infty & 其他情况\end{cases}\tag{4.47}$$

其中 f_j 和 g_i 是凸的可微分函数。这种类型的应用包括带有“额外约束”的多商品流问题 [构成集合 X 的不等式 $g_i(x)\leqslant 0$ 与网络流约束是独立的；参见 4.2 节的讨论]。

类似地，为了计算 λ_k，我们为约束 $g_i(x)\leqslant 0$ 引入对偶变量 $\nu_i^*\geqslant 0$，我们写出拉格朗日最优性和互补松弛性条件。于是，式 (4.44) 的形式为

$$\left(\sum_{j=1}^{r}\mu_j^*\nabla f_j(x_k)+\sum_{i=1}^{p}\nu_i^*\nabla g_i(x_k)\right)'(x-x_k)\geqslant 0,\qquad\forall x\in\mathrm{conv}(X_k)$$

类似于式 (4.45)，可以证明向量

$$\lambda_k=\sum_{j=1}^{r}\mu_j^*\nabla f_j(x_k)+\sum_{i=1}^{p}\nu_i^*\nabla g_i(x_k)$$

是 f 在 x_k 处的一个次梯度，同时我们有 $-\lambda_k\in\partial C_k(x_k)$，如式 (4.33) 所需。一旦在 x_k 基础上同时计算出 λ_k，像前面的例子一样，就可以通过求解问题式 (4.46) 得到 $\tilde{x}_k$，从而添加 $\tilde{x}_k$ 实现对 X 的内近似扩充。

前面两个例子涉及简单的不可微函数 $\max\left\{f_1(x),\cdots,f_r(x)\right\}$，其中 f_i 是可微的。然而，计算 X 的顶点以及利用对偶变量进行相关扩充过程的思想有更广泛的应用。特别地，我们可以通过将其他类型的不可微分或扩展实值代价函数 f 转化为有约束的最小化问题来处理。然后通过使用近似内线性化问题的对偶变量，我们可以计算出满足条件 $\lambda_k\in\partial f(x_k)$ 和 $-\lambda_k\in\partial C_k(x_k)$ 的向量 λ_k，进而可以反过来用于扩充 X_k。

4.6　锥规划的多面体近似

在本节中，我们通过引入额外的锥约束集，扩大 EMP 问题的广义多面体近似算法的应用范围。这是因为前面两节的框架并不适用于代价分量函数是无界集（如锥）的示性函数。这主要有两个原因：

(1) GPA 算法的扩充步骤可能无法通过优化方法来实现，如图 4.4.2，因为优化问题可能没有解。特别是当涉及的函数是一个无界集合的示性函数时，这种情况可能会发生。

(2) GPA 算法的内线性化是通过有限点的凸包来近似一个无界集，而凸包是一个紧集。一个无界多面体集可能提供更有效的近似。

基于此，我们将 4.4 节的广义多面体近似方法扩展到最小化求和问题 $\sum\limits_{i=1}^{m}f_i(x_i)$，其中，$f_i$ 为凸扩充实值函数，约束是 $(x_1,\cdots,x_m)$ 属于给定子空间和闭凸锥的笛卡儿积的交集。为此，我们首先讨论锥线性化的另一种方法，这种方法使用回收（recession）方向而不是点进行扩充。

特别地，给定一个闭凸锥 C 和一个有限子集 $X\subset C$，我们将 cone(X)，即 X 生成的锥（参见附录 B 的 1.2 节），看作 C 的内线性化。它的极锥，cone$(X)^*$，是极锥 C^* 的外线性化（参见图 4.6.1）。这种类型的线性化有两方面的优点：锥是由锥（而不是由紧集）近似的，外线性化和内线性化产生的凸函数与原函数类型相同（锥的示性函数）。

作为分析的第一步，我们引入一些与锥有关的对偶性理论。如果

$$x = P_C(x+\lambda) \qquad \text{且} \qquad \lambda = P_{C^*}(x+\lambda)$$

我们说 (x,λ) 是**一个关于闭凸锥 C 和 C^* 的对偶对**。其中 $P_C(y)$ 和 $P_{C^*}(y)$ 分别表示向量 y 到 C 和 C^* 上的投影。如果 $y = x+\lambda$ 且 (x,λ) 是关于闭凸锥 C 和 C^* 的对偶对，那么我们也称(x,λ) **是向量 y 的对偶对表示**。下面的命题证明，$\big(P_C(y), P_{C^*}(y)\big)$ 是 y 的唯一的对偶对表示，并提供了一个相关的性质，如图 4.6.1 所示。

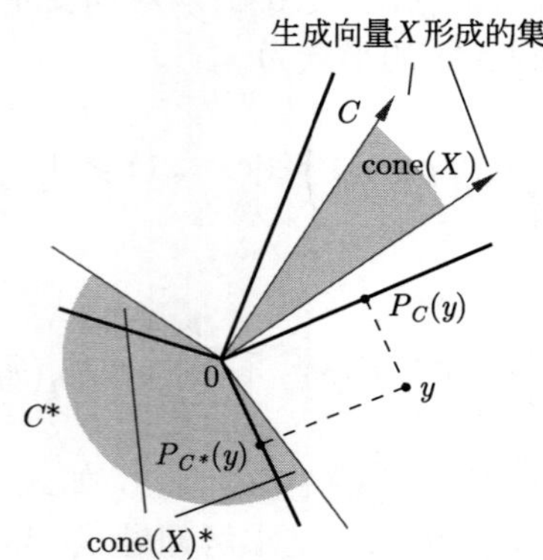

图 4.6.1　cone(X) 示意图，它是由一个锥 C 的子集 X 生成的锥，是 C 的内线性化。极锥 cone$(X)^*$ 是极锥 $C^* = \{y \mid y'x \leqslant 0, \forall x \in C\}$ 的外线性化

命题 4.6.1（锥分解定理）　设 C 是 $\Re^n$ 中的非空闭凸锥，C^* 是其极锥。

(a) 任意向量 $y \in \Re^n$，都有唯一的对偶对表示，即 $\big(P_C(y), P_{C^*}(y)\big)$。

(b) 以下条件是等价的：

(i) (x,λ) 是关于 C 和 C^* 的对偶对。

(ii) $x \in C$, $\lambda \in C^*$, 且 $x \perp \lambda$。

证明：(a) 定义 $\xi = y - P_C(y)$，我们将证明 $\xi = P_{C^*}(y)$。这将会证明 $\big(P_C(y), P_{C^*}(y)\big)$ 是 y 的唯一的对偶对表示，因为根据对偶对定义，向量 y 含有至多一个对偶对表示，即 $\big(P_C(y), P_{C^*}(y)\big)$。当然，根据投影定理（参见附录 B 命题 1.1.9），有

$$\xi'\big(z - P_C(y)\big) \leqslant 0, \qquad \forall z \in C \tag{4.48}$$

因为 C 是锥，有 $(1/2)P_C(y) \in C$ 以及 $2P_C(y) \in C$，令式 (4.48) 中 $z = (1/2)P_C(y)$ 和 $z = 2P_C(y)$，得到

$$\xi' P_C(y) = 0 \tag{4.49}$$

结合式 (4.48) 和式 (4.49)，得到对应所有 $z \in C$，$\xi' z \leqslant 0$ 成立，表明 $\xi \in C^*$。而且，因为 $P_C(y) \in C$，有

$$(y-\xi)'(z-\xi) = P_C(y)'(z-\xi) = P_C(y)'z \leqslant 0, \qquad \forall z \in C^*$$

其中，第二个不等式是根据式 (4.49)。因此 ξ 满足成为投影 $P_{C^*}(y)$ 的充要条件。

(b) 假设性质 (i) 成立，即 x 和 λ 分别是 $x+\lambda$ 在 C 和 C^* 上的投影。那么，同样利用投影定理，我们可以得到

$$x \in C, \qquad \lambda \in C^*, \qquad \big((x+\lambda) - x\big)'x = 0$$

或

$$x \in C, \qquad \lambda \in C^*, \qquad \lambda' x = 0$$

这就是性质 (ii)。

反过来说，假设性质 (ii) 成立。那么，因为 $\lambda \in C^*$，对于所有 $z \in C$，我们有 $\lambda' z \leqslant 0$，因此

$$\big((x+\lambda)-x\big)'(z-x)=\lambda'(z-x)=\lambda' z \leqslant 0, \qquad \forall z \in C$$

其中第二个等式根据 $x \perp \lambda$。因此 x 满足了成为投影 $P_C(x+\lambda)$ 的充要条件。通过对称性，可以得出 λ 是 $P_{C^*}(x+\lambda)$ 的投影。 □

对偶性和最优性条件

我们现在介绍 4.4 节 EMP 问题推广到包括锥约束情况一个版本。它由以下公式给出

$$\begin{aligned}&\text{minimize} \quad \sum_{i=1}^{m} f_i(x_i)+\sum_{i=m+1}^{r} \delta(x_i \mid C_i)\\ &\text{subject to} \quad (x_1,\cdots,x_r) \in S\end{aligned} \tag{4.50}$$

其中 $(x_1,\cdots,x_r)$ 是 $\Re^{n_1+\cdots+n_r}$ 中的向量，其分量 $x_i \in \Re^{n_i}$，$i=1,\cdots,r$，且对每个 i，$f_i:\Re^{n_i} \mapsto (-\infty,\infty]$ 是闭真凸函数。S 是 $\Re^{n_1+\cdots+n_r}$ 的一个子空间。$C_i \subset \Re^{n_i}$，$i=m+1,\cdots,r$，是闭凸锥，$\delta(x_i \mid C_i)$ 表示 C_i 的示性函数。有趣的例子包括 1.2 节的锥规划问题，以及练习中描述的其他一些问题。特别地，也包括代价函数含有一些额外的正齐次函数分量的问题，这些额外分量的上图是锥，例如范数和一般的集合的支撑函数。这种代价函数分量可以用锥约束来表示。

注意，$\delta(\bullet \mid C_i)$ 的共轭是 $\delta(\bullet \mid C_i^*)$，即极锥 C_i^* 的示性函数。因此，根据 4.4 节的 EMP 的对偶理论，对偶问题为

$$\begin{aligned}&\text{minimize} \quad \sum_{i=1}^{m} f_i^*(\lambda_i)+\sum_{i=m+1}^{r} \delta(\lambda_i \mid C_i^*)\\ &\text{subject to} \quad (\lambda_1,\cdots,\lambda_r) \in S^{\perp}\end{aligned} \tag{4.51}$$

与原问题式 (4.50) 具有相同的形式。此外，由于假设 f_i 为闭的真凸函数，而假设 C_i 为闭凸锥，f_i^* 的共轭函数为 $f_i^{**}=f_i$，C_i^* 的极锥为 $(C_i^*)^*=C$。因此当对偶问题取对偶后，就会得到原问题，类似于 4.4 节的 EMP 问题。

用 f_{opt} 和 q_{opt} 表示原问题的最优值和对偶问题最优值。根据命题 1.1.5，(x^{opt},λ^{opt}) 构成原问题和对偶问题的一对最优解的充要条件是它们满足标准的原问题可行性、对偶可行性和拉格朗日最优性条件。通过对这些条件进行类似于 4.4 节的分析，我们得到了以下命题，它与命题 4.4.1 平行。

命题 4.6.2（最优性条件）　我们有 $-\infty < q_{opt} = f_{opt} < \infty$，且 $x^{opt}=(x_1^{opt},\cdots,x_r^{opt})$ 和 $\lambda^{opt}=(\lambda_1^{opt},\cdots,\lambda_r^{opt})$ 分别是原问题式 (4.50) 和对偶问题式 (4.51) 的最优解，当且仅当以下条件成立

$$(x_1^{opt},\cdots,x_r^{opt}) \in S, \qquad (\lambda_1^{opt},\cdots,\lambda_r^{opt}) \in S^{\perp} \tag{4.52}$$

$$x_i^{opt} \in \arg\min_{x_i \in \Re^n}\left\{f_i(x_i)-x_i'\lambda_i^{opt}\right\}, \qquad i=1,\cdots,m \tag{4.53}$$

$$(x_i^{opt},\lambda_i^{opt})\ \text{关于}C_i\ \text{和}C_i^*,\ i=m+1,\cdots,r\text{构成对偶对} \tag{4.54}$$

请注意，根据共轭次梯度定理（参见附录 B 命题 5.4.3），上述命题的条件式 (4.53) 等价于以下两个次梯度条件中的任何一个成立：

$$\lambda_i^{opt} \in \partial f_i(x_i^{opt}), \qquad x_i^{opt} \in \partial f_i^*(\lambda_i^{opt}), \qquad i=1,\cdots,m$$

（参见图 4.4.1）。因此，最优性条件是完全对称的，这与原问题式 (4.50) 和对偶问题式 (4.51) 的对称形式是一致的。

带有锥约束的广义单纯形剖分法

现在我们来描述一种算法，即通过用某些函数 f_i 和锥 C_i 的内线性化来近似问题式 (4.50)。近似问题的原问题和对偶问题的最优解对被用来构造更精细的内线性化。为了简单起见，我们将重点放在纯单纯形剖分方法上（并通过对偶性应用到纯割平面方法上）。可以直接将我们的算法扩展到混合情况下，其中某些分量函数 f_i 或锥 C_i 是被内线性化的，而其他的则是被外线性化的。

我们引入一个固定的子集 $\bar{I} \subset \{1, \cdots, m\}$。它对应于内线性化的函数 f_i。为了符号上的方便，我们用 I 表示 $\bar{I}$ 在 $\{1, \cdots, m\}$ 中的补集

$$\{1, \cdots, m\} = I \cup \bar{I}$$

我们定义[1]

$$I_c = \{m+1, \cdots, r\}$$

在典型的算法迭代中，对于每个 $i \in \bar{I}$，我们有一个有限集 X_i，使得 $\partial f_i(x_i) \neq \varnothing$ 对所有 $x_i \in X_i$ 成立，对于每个 $i \in I_c$，有有限集 $X_i \subset C_i$。迭代过程如下。

带有锥约束的单纯形剖分算法的典型迭代步骤

步骤 1：(近似问题求解) 找出问题

$$\begin{aligned} &\text{minimize} \quad && \sum_{i \in I} f_i(x_i) + \sum_{i \in \bar{I}} \overline{f}_{i,X_i}(x_i) + \sum_{i \in I_c} \delta\big(x_i \mid \text{cone}(X_i)\big) \\ &\text{subject to} \quad && (x_1, \cdots, x_r) \in S \end{aligned} \tag{4.55}$$

的原问题和对偶问题最优解对

$$(\hat{x}, \hat{\lambda}) = (\hat{x}_1, \cdots, \hat{x}_r, \hat{\lambda}_1, \cdots, \hat{\lambda}_r)$$

其中 $\overline{f}_{i,X_i}$ 是 f_i 对应于 X_i 的内线性化，$i \in \bar{I}$。

步骤 2：(终止测试和扩充) 按如下步骤扩充集合 X_i（参见图 4.6.2）

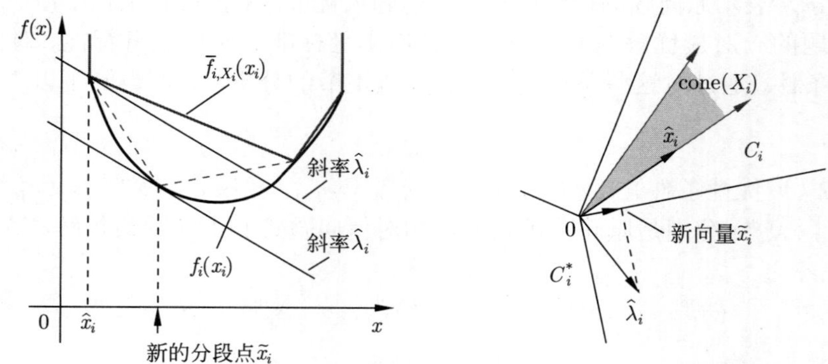

图 4.6.2 当我们得到一个原问题和对偶问题最优解对 $(\hat{x}_1, \cdots, \hat{x}_r, \hat{\lambda}_1, \cdots, \hat{\lambda}_r)$ 后，算法的扩充步骤的示意图。左边的扩充步骤 [寻找 $\tilde{x}_i$ 使得对于 $i \in \bar{I}$，$\tilde{x}_i \in \partial f_i^*(\hat{\lambda}_i)$ 成立] 也相当于寻找满足 $\hat{\lambda}_i \in \partial f_i(\tilde{x}_i)$ 条件的 $\tilde{x}_i$，或者等价地求解优化问题：在约束条件 $x_i \in \Re^{n_i}$ 下，最大化 $\{\hat{\lambda}_i' x_i - f_i(x_i)\}$。在右边的扩充步骤中，对于 $i \in I_c$，我们添加 $\hat{\lambda}_i$ 在 C_i 上的投影 $\tilde{x}_i = P_{C_i}(\hat{\lambda}_i)$ 到 X_i 中

[1] 我们允许 $\bar{I}$ 为空，在这种情况下，没有一个函数 f_i 被内线性化。那么，后续的算法描述和分析中涉及 $i \in \bar{I}$ 的函数 f_i 部分应该直接省略。另外，使用 $I_c = \{m+1, \cdots, r\}$ 也不失一般性，因为没有被线性化锥的示性函数可以包含在函数集 f_i，$i \in I$ 中。

(a) 对于 $i \in \bar{I}$，我们添加任意的次梯度 $\tilde{x}_i \in \partial f_i^*(\hat{\lambda}_i)$ 到 X_i 中。

(b) 对于 $i \in I_c$，我们添加投影 $\tilde{x}_i = P_{C_i}(\hat{\lambda}_i)$ 到 X_i 中。

如果对于所有的 $i \in \underline{I}$，都没有严格的集合扩充，即我们有 $\tilde{x}_i \in X_i$，且对于所有的 $i \in I_c$，我们都有 $\tilde{x}_i = 0$，算法终止。否则，我们使用扩充后的集合 X_i，继续进行下一次迭代。

前面迭代中的扩充过程如图 4.6.2 所示。注意，我们隐含地假设在每次迭代时，问题式 (4.55) 的原问题和对偶问题最优解对是存在的。我们没有规定寻找这样一对解的算法。此外，我们假设扩大步骤可以进行，即对于所有的 $i \in \bar{I}$ 来说，$\partial f_i^*(\hat{\lambda}_i) \neq \varnothing$。为了保证这一点，可能需要对问题进行充分的假设。

对 f_i(图 4.6.2 左) 和 C_i(图右) 的扩充步骤是相关的。事实上，可以验证，投影 $\tilde{x}_i = P_{C_i}(\hat{\lambda}_i)$ 可以通过求解问题

$$\begin{aligned} &\text{maximize} \quad && \left\{\hat{\lambda}_i' x_i - \delta(x_i \mid C_i)\right\} \\ &\text{subject to} \quad && \|x_i\| \leqslant \gamma \end{aligned}$$

的解的正倍数得到，其中 γ 是任意正标量，$\|\bullet\|$ 表示欧几里得范数[1]。这个问题（除了为保证最大值可以达到的规范化条件 $\|x_i\| \leqslant \gamma$ 外）与以下最大化问题相似。

$$\begin{aligned} &\text{maximize} \quad && \left\{\hat{\lambda}_i' x_i - f_i(x_i)\right\} \\ &\text{subject to} \quad && x_i \in \Re^{n_i} \end{aligned}$$

该问题被用于扩充函数 f_i 的分段点集 X_i（参见图 4.6.2）。

请注意，在一些重要的特殊情况下，扩充过程中所需要的在锥上的投影可以方便地得到。例如当 C_i 是一个多面体锥时（在这种情况下，投影是一个二次规划），或者当 C_i 是二阶锥时（参见练习 4.3 和 [FLT02]，[Sch10]），或者在其他情况，包括当 C_i 是半定锥时（见 [BoV04]，8.1.1 节，或者 [HeM11]，[HeM12]）。下面是算法在简单的特殊情况下的展示。

例 4.6.1　锥体上的最小化。

考虑问题

$$\begin{aligned} &\text{minimize} \quad && f(x) \\ &\text{subject to} \quad && x \in C \end{aligned} \tag{4.56}$$

其中 $f : \Re^n \mapsto (-\infty, \infty]$ 是闭的真凸函数，C 是闭凸锥。我们将该问题重新写成式 (4.50) 的基本形式

$$\begin{aligned} &\text{minimize} \quad && f(x_1) + \delta(x_2 \mid C) \\ &\text{subject to} \quad && (x_1, x_2) \in S \stackrel{\text{def}}{=} \left\{(x_1, x_2) \mid x_1 = x_2\right\} \end{aligned} \tag{4.57}$$

原问题和对偶问题最优解对分别是 (x^*, x^*) 和 $(\lambda^*, -\lambda^*)$，这是因为

$$S^\perp = \left\{(\lambda_1, \lambda_2) \mid \lambda_1 + \lambda_2 = 0\right\}$$

通过将我们的算法应用到这种特殊情况，可以看到 $(\hat{x}^k, \hat{x}^k)$ 和 $(\hat{\lambda}^k, -\hat{\lambda}^k)$ 是该算法对应的近似问题的最优原问题解和对偶解，当且仅当

$$\hat{x}^k \in \underset{x \in \text{cone}(X^k)}{\arg\min}\ f(x)$$

---

[1] 为明白这一点，可将问题写作

$$\begin{aligned} &\text{minimize} \quad && -\hat{\lambda}_i' x_i \\ &\text{subject to} \quad && x_i \in C_i,\ \|x_i\|^2 \leqslant \gamma^2 \end{aligned}$$

为约束条件 $\|x_i\|^2 \leqslant \gamma^2$ 引入一个对偶变量 μ，并证明如果 $\hat{\lambda}_i \notin C_i^*$，则最优解为 $\tilde{x}_i = (1/2\mu) P_{C_i}(\hat{\lambda}_i)$。

以及

$$\hat{\lambda}^k \in \partial f(\hat{x}^k), \qquad -\hat{\lambda}^k \in N_{\mathrm{cone}(X^k)}(\hat{x}^k) \tag{4.58}$$

（参见命题 4.6.2）。一旦找到了 $\hat{\lambda}^k$，就可以通过把 $-\hat{\lambda}^k$ 在 C 的投影 $\tilde{x}^k$ 添加到 X^k 来实现对其扩充。这种构造如图 4.6.3 所示。

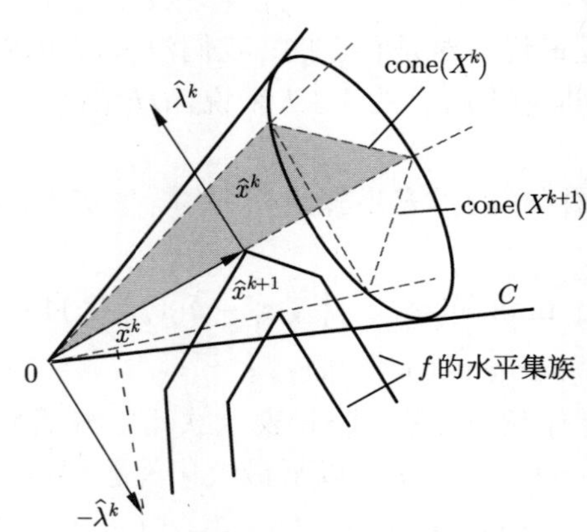

图 4.6.3 广义单纯形剖分法用于在一个锥 C 上的最小化闭真凸函数 f（参见例题 4.6.1）过程的示意图。对于每一个 k，给定子集 $X^k \subset C$，我们在 cone(X^k) 上找到使 f 最小的 $\hat{x}^k$，计算一个次梯度 $\hat{\lambda}^k \in \partial f(\hat{x}^k)$，使得 $-\hat{\lambda}^k$ 属于 $\hat{x}^k$ 处的法向锥 cone(X^k) [参见式 (4.58)]，然后我们用 $\tilde{x}^k$ 扩充 X^k，即 $-\hat{\lambda}^k$ 在 C 上的投影

当 C 是一个由有限方向集 X 生成的锥时，该算法有一个有趣的变体：我们可以将 $\tilde{x}^k$ 表示为 X 中向量的正组合，同时将所有这些向量加到 X^k 中以代替 $\tilde{x}^k$。因为 X 是有限的，可以看出这个算法是有限次终止的。这种可能性的一个例子出现在 ℓ_1-正则化中，其中 C 是 ℓ_1 范数的上图（见练习 4.6）。

收敛性分析

现在我们讨论该算法的收敛性。首先证明，如果它终止，它将收敛到一个最优解上。

命题 4.6.3（终止最优性） 如果本节算法在某次迭代时终止，则对应的原问题解和对偶问题解，$(\hat{x}_1, \cdots, \hat{x}_r)$ 和 $(\hat{\lambda}_1, \cdots, \hat{\lambda}_r)$，构成问题式 (4.50) 的原问题和对偶问题最优解对。

证明：我们证明在终止时，对于原问题式 (4.50) 来说，将满足命题 4.6.2 的三个条件。定义 $(\hat{x}_1, \cdots, \hat{x}_r)$ 和 $(\hat{\lambda}_1, \cdots, \hat{\lambda}_r)$ 为近似问题式 (4.55) 的一个原问题和对偶问题最优解对，得到

$$(\hat{x}_1, \cdots, \hat{x}_r) \in S, \qquad (\hat{\lambda}_1, \cdots, \hat{\lambda}_r) \in S^{\perp}$$

从而满足第一个条件式 (4.52)。终止后，我们有 $P_{C_i}(\hat{\lambda}_i) = 0$，因此 $\hat{\lambda}_i \in C_i^*$ 对所有 $i \in I_c$ 成立。同时从命题 4.6.2 的最优条件出发，应用到近似问题式 (4.55) 中，我们可以得到，对于所有的 $i \in I_c$，$(\hat{x}_i, \hat{\lambda}_i)$ 是对于 cone(X_i) 的 cone$(X_i)^*$ 的对偶对。所以根据命题 4.6.1(b)，$\hat{x}_i \perp \hat{\lambda}_i$ 且 $\hat{x}_i \in C_i$。因此根据命题 4.6.1(b)，$(\hat{x}_i, \hat{\lambda}_i)$ 是关于 C_i 和 C_i^* 的最优解对，并且满足最优条件式 (4.54)。

最后，我们将证明，在终止时，我们有

$$\hat{x}_i \in \partial f_i^*(\hat{\lambda}_i), \qquad \forall i \in I \cup \bar{I} \tag{4.59}$$

根据命题 4.6.2，将得到所需的结论。由于 $(\hat{x}_1, \cdots, \hat{x}_r)$ 和 $(\hat{\lambda}_1, \cdots, \hat{\lambda}_r)$ 是问题式 (4.55) 的原问题和对偶问题最优解对，式 (4.59) 成立（参见命题 4.6.2）。我们将通过证明它对所有的 $i \in \bar{I}$ 都成立来完成此证明。

事实上，固定 $i \in \bar{I}$，令 $\tilde{x}_i \in \partial f_i^*(\hat{\lambda}_i)$ 是终止时由扩充步骤产生的向量，因此 $\tilde{x}_i \in X_i$。由于 $\overline{f}_{i,X_i}$ 是 f_i 的内线性化，因此 $\overline{f}^*_{i,X_i}$ 是 f_i^* 的外线性化，其形式为

$$\overline{f}^*_{i,X_i}(\lambda) = \max_{x \in X_i} \left\{ f_i^*(\lambda_x) + (\lambda - \lambda_x)'x \right\} \tag{4.60}$$

其中向量 λ_x 可以是任意满足 $x \in \partial f_i^*(\lambda_x)$ 条件的向量。因此，$\tilde{x}_i \in X_i$ 和 $\tilde{x}_i \in \partial f_i^*(\hat{\lambda}_i)$ 表明

$$\overline{f}^*_{i,X_i}(\hat{\lambda}_i) = f_i^*(\hat{\lambda}_i)$$

根据式 (4.28)，可以看出

$$\partial \overline{f}^*_{i,X_i}(\hat{\lambda}_i) \subset \partial f_i^*(\hat{\lambda}_i)$$

根据式 (4.53)，我们有 $\hat{x}_i \in \partial \overline{f}^*_{i,X_i}(\hat{\lambda}_i)$，所以 $\hat{x}_i \in \partial f_i^*(\hat{\lambda}_i)$。因此，对于任意的 $i \in \bar{I}$ 式 (4.59) 成立，且命题 4.6.2 中问题式 (4.50) 的所有最优性条件都满足。 □

下述命题是一个收敛性结果，它类似于我们在 4.4 节中展示的纯外线性化情况。

命题 4.6.4（收敛性）　考虑本节的算法在强对偶性条件下 $-\infty < q_{opt} = f_{opt} < \infty$ 的情况。令 $(\hat{x}^k, \hat{\lambda}^k)$ 是在第 k 次迭代时生成的近似问题式 (4.55) 的原问题和对偶问题最优解对，令 $\tilde{x}_i^k$，$i \in \bar{I}$ 是在相应的扩充步骤生成的向量。考虑一个子序列 $\{\hat{\lambda}^k\}_{\mathcal{K}}$ 收敛到向量 $\hat{\lambda}$，则

(a) 对于所有 $i \in I_c$，有 $\hat{\lambda}_i \in C_i^*$。

(b) 如果子序列 $\{\tilde{x}_i^k\}_{\mathcal{K}}, i \in \bar{I}$ 有界，$\hat{\lambda}$ 是对偶问题最优解，内近似问题式 (4.55) 的最优值单调非增地收敛到 f^{opt}，而对偶问题式 (4.55) 的最优值单调非减地收敛到 $-f^{opt}$。

证明：(a) 让我们固定 $i \in I_c$。由于 $\tilde{x}_i^k = P_{C_i}(\hat{\lambda}_i^k)$，子序列 $\{\tilde{x}_i^k\}_{\mathcal{K}}$ 收敛到 $\tilde{x}_i = P_{C_i}(\hat{\lambda}_i)$。我们将证明 $\tilde{x}_i = 0$，并表明 $\hat{\lambda}_i \in C_i^*$。

定义 $X_i^\infty = \bigcup_{k=0}^{\infty} X_i^k$。由于 $\hat{\lambda}_i^k \in \text{cone}(X_i^k)^*$，则对于所有 $x_i \in X_i^k$ 来说，$x_i'\hat{\lambda}_i^k \leqslant 0$，所以 $x_i'\hat{\lambda}_i \leqslant 0$ 对于所有 $x_i \in X_i^\infty$ 成立。由于 $\tilde{x}_i$ 属于 X_i^∞ 的闭包，因此 $\tilde{x}_i'\hat{\lambda}_i \leqslant 0$。另一方面，由于 $\tilde{x}_i = P_{C_i}(\hat{\lambda}_i)$，根据命题 4.6.1(b)，我们有 $\tilde{x}_i'(\hat{\lambda}_i - \tilde{x}_i) = 0$，这与 $\tilde{x}_i'\hat{\lambda}_i \leqslant 0$ 一起，推出 $\|\tilde{x}_i\|^2 \leqslant 0$，或 $\tilde{x}_i = 0$。

(b) 根据 $\overline{f}^*_{i,X_i^k}$ 的定义 [参见式 (4.60)]，得到，对所有 $i \in \bar{I}$ 和满足 $\ell < k$ 条件的 $k, \ell \in \mathcal{K}$，

$$f_i^*(\hat{\lambda}_i^\ell) + (\hat{\lambda}_i^k - \hat{\lambda}_i^\ell)'\tilde{x}_i^\ell \leqslant \overline{f}^*_{i,X_i^k}(\hat{\lambda}_i^k)$$

利用该式以及 $\hat{\lambda}^k k$ 是第 k 个近似对偶问题的最优性，对于所有 $k, \ell \in \mathcal{K}$ 且 $\ell < k$，以及所有使得存在 $\lambda_i \in \text{cone}(X_i^k)^*, i \in I_c$，且 $(\lambda_1, \cdots, \lambda_r) \in S$ 的 $(\lambda_1, \cdots, \lambda_m)$ 来说，可以写出

$$\begin{aligned}\sum_{i \in I} f_i^*(\hat{\lambda}_i^k) + \sum_{i \in \bar{I}} \left(f_i^*(\hat{\lambda}_i^\ell) + (\hat{\lambda}_i^k - \hat{\lambda}_i^\ell)'\tilde{x}_i^\ell \right) &\leqslant \sum_{i \in I} f_i^*(\hat{\lambda}_i^k) + \sum_{i \in \bar{I}} \overline{f}^*_{i,X_i^k}(\hat{\lambda}_i^k) \\ &\leqslant \sum_{i \in I} f_i^*(\lambda_i) + \sum_{i \in \bar{I}} \overline{f}^*_{i,X_i^k}(\lambda_i)\end{aligned}$$

由于 $C_i^* \subset \text{cone}(X_i^k)^*$，因此，我们可以得出

$$\begin{aligned}\sum_{i \in I} f_i^*(\hat{\lambda}_i^k) + \sum_{i \in \bar{I}} \left(f_i^*(\hat{\lambda}_i^\ell) + (\hat{\lambda}_i^k - \hat{\lambda}_i^\ell)'\tilde{x}_i^\ell \right) &\leqslant \sum_{i \in I} f_i^*(\lambda_i) + \sum_{i \in \bar{I}} \overline{f}^*_{i,X_i^k}(\lambda_i) \\ &\leqslant \sum_{i=1}^{m} f_i^*(\lambda_i)\end{aligned} \tag{4.61}$$

对于使得存在 $\lambda_i \in C_i^*, i \in I_c$，且 $(\lambda_1, \cdots, \lambda_r) \in S$ 的所有 $(\lambda_1, \cdots, \lambda_m)$ 成立，其中最后一个不等式成立是因为 $\overline{f}^*_{i,X_i^k}$ 是 f_i^* 的外线性化。

通过在式 (4.61) 中取极限，即 $k, \ell \to \infty$，且 $k, \ell \in \mathcal{K}$，并利用 f_i^* 的下半连续性，即

$$f_i^*(\hat{\lambda}_i) \leqslant \liminf_{\ell \to \infty,\, \ell \in \mathcal{K}} f_i^*(\hat{\lambda}_i^\ell), \qquad i \in I_c$$

我们得到

$$\sum_{i=1}^m f_i^*(\hat{\lambda}_i) \leqslant \sum_{i=1}^m f_i^*(\lambda_i) \tag{4.62}$$

对于所有使得存在 $\lambda_i \in C_i^*, i \in I_c$，且 $(\lambda_1, \cdots, \lambda_r) \in S$ 的 $(\lambda_1, \cdots, \lambda_m)$ 成立。由 (a) 部分可知，对于所有的 $i \in I_c$，我们有 $\hat{\lambda} \in S$ 和 $\hat{\lambda}_i \in C_i^*$。因此，式 (4.62) 表明 $\hat{\lambda}$ 是对偶问题最优解。对偶近似问题 [问题式 (4.55) 的对偶] 的最优值序列是单调非减的（因为外近似是单调改进的），并且收敛到 $-f^{opt}$，因为 $\hat{\lambda}$ 是对偶问题最优解。这个序列与原近似问题式 (4.55) 的最优值序列相反，所以后者的序列是单调非增的，并收敛到 f^{opt}。 □

如同命题 4.4.3（参照 GPA 算法）一样，前面的命题留下了一个问题，即是否存在这样一个收敛的子序列 $\{\hat{\lambda}^k\}_{\mathcal{K}}$，以及相应的子序列 $\{\tilde{x}_i^k\}_{\mathcal{K}}, i \in \bar{I}$，是否有界。这必须针对具体问题单独进行验证。

4.7 注记、文献来源和练习

4.1 节：割平面方法是由 Cheney 和 Goldstein [ChG59]，以及 Kelley [Kel60] 提出的。对于相关方法的分析，见 Ruszczynski [Rus86]，Mifflin [Mif96]，Burke 和 Qian [BuQ98]，Mifflin，Sun 和 Qi [MSQ98]，以及 Bonnans 等 [BGL09]。

4.2 节：单纯形剖分法是 Holloway [Hol74] 为改进条件梯度法而引入的；也可参见 Hohenbalken [Hoh77]、Pang 和 Yu [PaY84]、Hearn 、Lawphongpanich 和 Ventura [HLV87]、Ventura 和 Hearn [VeH93] 和 Patriksson [Pat01]。该方法也是由 Cantor 和 Gerla [CaG74] 在多商品流问题中独立提出的。其中一些参考文献描述了通信和网络运输的应用；也可以参见 Florian 和 Hearn [FlH95]、Patriksson [Pat04] 的综述，非线性规划书 [Ber99]（例 2.1.3 和例 2.1.4），以及 [BeG83]、[BeG92] 中关于梯度投影方法应用的讨论。对偶问题下的单纯形剖分，适用于有大量约束条件的问题（练习 4.4），由 Huizhen Yu 提出，并在论文 [YuR07] 和 [YBR08] 中针对一些大规模参数估计/机器学习问题进行了发展。

4.3 节：外线性化和内线性化之间的对偶关系早已为人们所熟知，特别是在 Dantzig-Wolfe 分解算法 [DaW60] 的背景下，它是一种应用于可分问题的割平面/单纯形分解算法（参见书，如 [Las70]，[BeT97]，[Ber99] 的描述和分析）。我们对这种基于共轭的对偶性的描述参考了 Bertsekas 和 Yu 的论文 [BeY11]。

4.4 节：广义多面体近似算法是由 Bertsekas 和 Yu [BeY11] 提出的，其中有详细的收敛性分析。扩展的单值规划及其对偶理论是在作者论文 [Ber10a] 中描述的，并且将在 6.7 节中详细讨论。

4.5 节：本节的广义单纯形剖分法参考材料沿用了论文 [BeY11]。需要注意的是，目前 2.1 节条件梯度法的扩展是否可以用于不可微的代价函数还属于未知。另一种在多面体集合上最小化不可微凸函数的方法，是基于次梯度的遍历序列和条件次梯度法的概念，由 Larsson、Patriksson 和 Stromberg 给出 (见 [Str97]，[LPS98])。

4.6 节：带锥近似的单纯形剖分算法是一个新的算法，是在本书编写过程中提出来的。

练习

4.1（计算练习）

考虑用割平面法寻找不等式约束 $g_i(x) \leqslant 0,\ i = 1, \cdots, m$, 下的解，其中 $g_i : \Re^n \mapsto \Re$ 是凸函数。将其表述为凸函数的无约束最小化问题

$$f(x) = \max_{i=1,\cdots,m} g_i(x)$$

(a) 给出求解该问题的割平面方法，应确保该方法所有步骤都是有定义的。

(b) 对于 $g_i(x) = c_i'x - b_i,\ n = 2,\ m = 100$ 的情况，实现 (a) 部分的方法。向量 c_i 的形式为 $c_i = (\xi_i, \zeta_i)$，其中 $\xi_i,\ \zeta_i$ 是在 $[-1, 1]$ 内根据均匀分布随机独立采样，而 b_i 在 $[0, 1]$ 内根据均匀分布随机独立采样。该方法是否在有限的迭代次数内收敛？有限次迭代后，该问题是否得到解决？如何利用上下界观察该方法趋向于最优值的过程？

4.2

考虑 4.6 节的锥规划问题式 (4.50)：

$$\begin{aligned} &\text{minimize} \quad && \sum_{i=1}^{m} f_i(x_i) + \sum_{i=m+1}^{r} \delta(x_i \mid C_i) \\ &\text{subject to} \quad && (x_1, \cdots, x_r) \in S \end{aligned}$$

验证对偶问题具有式 (4.51) 的形式：

$$\begin{aligned} &\text{minimize} \quad && \sum_{i=1}^{m} f_i^*(\lambda_i) + \sum_{i=m+1}^{r} \delta(\lambda_i \mid C_i^*) \\ &\text{subject to} \quad && (\lambda_1, \cdots, \lambda_r) \in S^{\perp} \end{aligned}$$

验证命题 4.6.2 的最优性条件。

4.3（二阶锥的投影）

考虑 $\Re^n$ 中的二阶锥：

$$C = \left\{ (x_1, \cdots, x_n) \,\middle|\, x_n \geqslant \sqrt{x_1^2 + \cdots + x_{n-1}^2} \right\}$$

以及给定向量 $\bar{x} = (\bar{x}_1, \cdots, \bar{x}_n)$ 在 C 上的欧氏投影问题。令 $\bar{z} \in \Re^{n-1}$ 为向量 $\bar{z} = (\bar{x}_1, \cdots, \bar{x}_{n-1})$。证明投影 $\hat{x}$，由以下公式给出：

$$\hat{x} = \begin{cases} \bar{x} & \text{如果} \|z\| \leqslant \bar{x}_n \\ \frac{\|\bar{z}\| + \bar{x}_n}{2} \left(\frac{\bar{z}}{\|\bar{z}\|}, 1 \right) & \text{如果} \|z\| > \bar{x}_n,\ \|\bar{z}\| + \bar{x}_n > 0 \\ 0 & \text{如果} \|z\| > \bar{x}_n,\ \|\bar{z}\| + \bar{x}_n \leqslant 0 \end{cases}$$

注：这个公式的推导，需参考其他锥的投影公式的推导，见 [Sch10]。

4.4（对偶锥单纯形剖分和原约束聚合）

在这个练习中，使用 4.6 节的锥近似算法，将单纯形剖分方法应用于一个带有约束的优化问题的对偶问题。考虑问题

$$\begin{aligned} &\text{minimize} \quad && f(x) \\ &\text{subject to} \quad && Ax \leqslant 0, \qquad x \in X \end{aligned}$$

其中，$f:\Re^n \mapsto \Re$ 是凸函数，X 是凸集，而 A 是 $m\times n$ 矩阵。

(a) 试导出以下对偶问题

$$\begin{array}{ll}\text{maximize} & h(\xi)\\ \text{subject to} & \xi\in C\end{array}$$

其中，

$$h(\xi)=\inf_{x\in X}\left\{f(x)+\xi' x\right\}$$

C 是锥体 $\{A'\mu \mid \mu\geqslant 0\}$。它是 $\{x \mid Ax\leqslant 0\}$ 的极锥。

(b) 假设 (a) 中对偶问题的锥 C 是由一个多面体锥近似的，其形式为

$$\overline{C}=\text{cone}(\overline{\xi}_1,\cdots,\overline{\xi}_m)$$

其中，$\overline{\xi}_1,\cdots,\overline{\xi}_m$ 是 C 中的 m 个向量。证明所得到的近似问题是以下问题的对偶

$$\begin{array}{ll}\text{minimize} & f(x)\\ \text{subject to} & \overline{\mu}_i' Ax\leqslant 0,\quad i=1,\cdots,m,\qquad x\in X\end{array}$$

其中，$\overline{\mu}_i$ 满足 $\overline{\mu}_i\geqslant 0$ 和 $\overline{\xi}_i=A'\overline{\mu}_i$。同时证明这个近似问题的约束集是原问题的外线性化，并解释约束 $\overline{\mu}_i' Ax\leqslant 0$ 为聚合不等式约束（即约束的非负组合）。

(c) 解释为什么 (a) 和 (b) 部分的对偶性是 4.6 节锥近似对偶性框架的特例。

(d) 将 (a) 和 (b) 部分的分析推广到用 $Ax\leqslant b$ 代替约束条件 $Ax\leqslant 0$ 的情形。

提示：推导如下形式的对偶问题。

$$\begin{array}{ll}\text{maximize} & h(\xi)-\zeta\\ \text{subject to} & (\xi,\zeta)\in C\end{array}$$

其中，$h(\xi)=\inf\limits_{x\in X}\left\{f(x)+\xi' x\right\}$ 且 C 是锥体 $\left\{(A'\mu,b'\mu)\mid \mu\geqslant 0\right\}$。

4.5（带有向量求和约束的锥单纯形剖分）

4.6 节的算法和分析适用于约束集涉及紧集和锥体交集的情况，这些情况可以分别进行内线性化（紧集约束可以通过函数 f_i 表示为示性函数）。本习题处理的就是类似的情况，即约束集是紧集和锥的向量之和，可以分别进行线性化。请描述如何将 4.6 节的算法应用到如下问题

$$\begin{array}{ll}\text{minimize} & f(x)\\ \text{subject to} & x\in X+C\end{array}$$

其中，集合 X 是紧集，C 是闭凸锥。

提示：将问题写成如下形式：

$$\begin{array}{ll}\text{minimize} & f(x_1)+\delta(x_2|X)+\delta(x_3|C)\\ \text{subject to} & x_1=x_2+x_3\end{array}$$

这是式 (4.50) 的形式，其中

$$S=\left\{(x_1,x_2,x_3)\mid x_1=x_2+x_3\right\}$$

4.6（正齐次函数的锥多面体近似 $-\ell_1$ 正则化）

我们回顾一下，如果一个扩充实值函数的上图是锥体，那么该函数就被称为正齐次函数（Positively Homogeneous Functions，参见附录 B 的 1.6 节）；范数和一般集合的支撑函数都是这类函数的特例。考虑最小化一个闭的真凸函数 $f+h$，其中 h 为正齐次。

(a) 证明该问题等价于

$$\begin{array}{ll}\text{minimize} & f(x)+w\\ \text{subject to} & (x,w)\in \text{epi}(h)\end{array}$$

并说明如何应用 4.6 节的锥多面体近似（参见例 4.6.1）。

(b)（ℓ_1 **范数的锥近似**）考虑问题

$$\begin{array}{ll}\text{minimize} & f(x)+\|x\|_1\\ \text{subject to} & x\in \Re^n\end{array}$$

其中，$f:\Re^n\mapsto\Re$ 是凸函数，和等价问题

$$\begin{array}{ll}\text{minimize} & f(x)+w\\ \text{subject to} & (x,w)\in C\end{array}$$

其中，$C\subset\Re^{n+1}$ 是锥体 $C=\big\{(x,w)\mid \|x\|_1\leqslant w\big\}$。说明如何应用例 4.6.1 的算法，讨论一个有限次终止的变体，即只用由坐标方向 $(e_i,1)$ 生成的锥来近似锥体 C，其中 $e_i=(0,\cdots,0,1,0,\cdots,0)$，1 在第 i 个位置上。

第 5 章　近端算法

在本章中，我们将继续讨论最小化凸函数 f 的迭代近似方法。其中生成的序列 x_k 是通过在每个轮次 k 中求解一个近似问题

$$x_{k+1} \in \arg\min_{x\in\Re^n} F_k(x)$$

而得到，其中 F_k 是近似 f 的函数。不过，与第 4 章不同，F_k 不是多面体函数。相反，F_k 是通过以当前迭代 x_k 为中心的二次正则项加到 f 上得到的，同时有一个正标量参数 c_k 作为权重。这是一个基础算法，具有广泛的扩展性，也可以与第 3 章和第 4 章的次梯度和多面体近似方法以及 3.3 节的增量方法结合使用。

我们将在 5.1 节中推出该方法的基本理论，为本章的后续章节和第 6 章讨论的相关方法奠定基础。在 5.2 节中，我们考虑该算法的对偶版本，引出用于约束优化的增广拉格朗日方法。在 5.3 节中，我们讨论算法的变体，其中包括与第 4 章中的多面体近似方法的组合。在 5.4 节中，我们推出另一种增广的拉格朗日方法，即乘子的交替方向方法，非常适合于某些特殊的具有大规模结构的问题。在第 6 章中，我们将结合梯度和次梯度方法重新研究近端算法，并推出正则化项不是二次项的广义版本。

5.1　近端算法基础理论

在本节中，我们考虑使用近似方法最小化闭的真凸函数 $f:\Re^n \mapsto (-\infty,\infty]$，其中通过添加正则项来修改 f。具体来说，我们考虑以下算法：

$$x_{k+1} \in \arg\min_{x\in\Re^n} \left\{ f(x) + \frac{1}{2c_k}\|x-x_k\|^2 \right\} \tag{5.1}$$

其中 x_0 是任意起点，而 c_k 是正的标量；见图 5.1.1。这就是**近端算法**（proximal algorithm），也称为近端最小化算法或近端点算法、邻近点算法）。

正则化程度由参数 c_k 控制。对于较小的 c_k，x_{k+1} 倾向于以收敛速度较慢为代价保持接近 x_k。收敛机制在图 5.1.2 中说明，$\|x-x_k\|^2$ 使每次迭代中最小化的函数具有严格凸性，并且有着紧的水平集。这保证了 x_{k+1} 是式 (5.1) 唯一的最小点 [参见附录 B 中的命题 3.1.1 和命题 3.2.1；同时在 [Ber09] 的第 3 章中还讨论了最小值的存在性]。

显然，该算法仅对可从正则化中受益的相关问题有用。然而事实证明，许多有趣的问题都属于此类，并且通常以意想不到的多种方式出现。特别是正如我们将在本章和第 6 章中看到的那样，近端算法及其变体的创造性应用以及对偶性思想可以消除约束和不可微性，从而使第 4 章的线性近似方法具有稳定的性质，并能更有效地利用特殊的问题结构。

5.1.1　收敛性分析

我们在本节中展现近端算法出色的收敛性，首先从以下两个命题中得出一些初步结果。

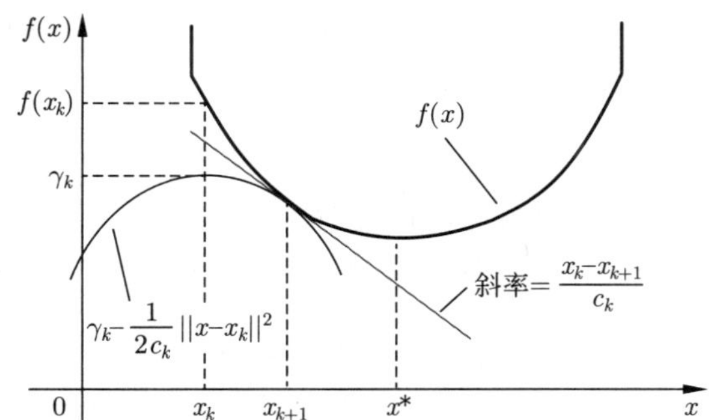

图 5.1.1　近端算法式 (5.1) 的几何图示。如图所示，$f(x)+\dfrac{1}{2c_k}\|x-x_k\|^2$ 的最小值在唯一的点 x_{k+1} 处到达。在此图中，γ_k 是标量，使得 $-\dfrac{1}{2c_k}\|x-x_k\|^2$ 的曲线被抬高到刚好接触 f。斜率 $\dfrac{x_k-x_{k+1}}{c_k}$ 是 $f(x)$ 和 $-\dfrac{1}{2c_k}\|x-x_k\|^2$ 在最小点 x_{k+1} 处的共同次梯度，参照 Fenchel 对偶定理（命题 1.2.1）

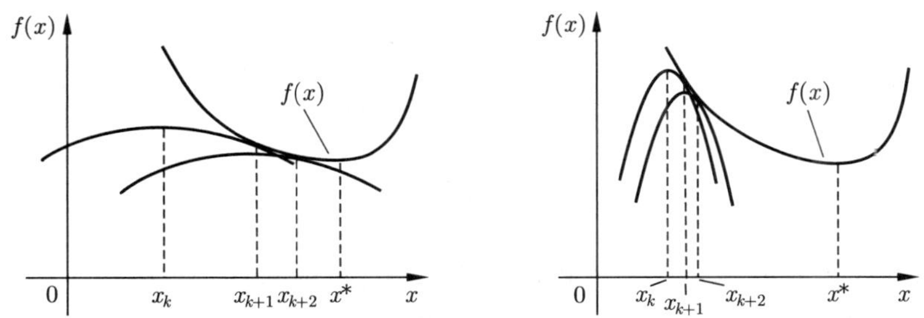

图 5.1.2　参数 c_k 在近端算法的收敛过程中的作用示意图。在左图中，c_k 取值较大，二次项的图是“平缓”的，该方法朝着最优解快速更新。在右图中，c_k 取值较小，二次项的图是“指向性”的，该方法更新缓慢

命题 5.1.1　若 x_k 和 x_{k+1} 是近端算法的两个连续迭代中的最小点，则

$$\frac{x_k-x_{k+1}}{c_k}\in\partial f\left(x_{k+1}\right)\tag{5.2}$$

证明： 因为函数

$$f(x)+\frac{1}{2c_k}\|x-x_k\|^2$$

在 x_{k+1} 处最小化，原点一定属于其在 x_{k+1} 处的次微分，即

$$\partial f\left(x_{k+1}\right)+\frac{x_{k+1}-x_k}{c_k}$$

（参考附录 B 中的命题 5.4.6，因为二次项是实值，所以其相对内部条件得到满足）。当且仅当原点属于上述集合时，期望的关系式 (5.2) 成立。 □

前述命题可以从图 5.1.1 看到具体的运算步骤。值得注意的是从 x_k 到 x_{k+1} 的移动“几乎”就是次梯度步骤 [在式 (5.2) 中如果用 $\partial f(x_k)$ 代替 $\partial f(x_{k+1})$]。这一事实将在以后为近端算法与次梯度方法的组合提供基础（请参见 6.4 节）。

通常，从任何非最优点 x_k 开始，每次迭代都会降低代价函数值，这是因为从算法定义的最小化 [参见式 (5.1)] 开始，通过设置 $x = x_k$，我们有

$$f(x_{k+1}) + \frac{1}{2c_k}\|x_{k+1} - x_k\|^2 \leqslant f(x_k)$$

以下命题提供了一个不等式，其表明与任何最优解的距离在迭代中会减小。此不等式类似于命题 3.2.2(a) 中关于次梯度法定义的基本不等式（但更加适用）。

命题 5.1.2（三项不等式） 考虑一个闭的真凸函数 $f: \Re^n \mapsto (-\infty, \infty]$，对于任意 $x_k \in \Re^n$ 和 $c_k > 0$，近端算法式 (5.1) 成立。则对于任意的 $y \in \Re^n$，我们有

$$\|x_{k+1} - y\|^2 \leqslant \|x_k - y\|^2 - 2c_k\left(f(x_{k+1}) - f(y)\right) - \|x_k - x_{k+1}\|^2 \tag{5.3}$$

证明：我们有

$$\begin{aligned}\|x_k - y\|^2 &= \|x_k - x_{k+1} + x_{k+1} - y\|^2 \\ &= \|x_k - x_{k+1}\|^2 + 2(x_k - x_{k+1})'(x_{k+1} - y) + \|x_{k+1} - y\|^2\end{aligned}$$

由式 (5.2) 和次梯度的定义，可得

$$\frac{1}{c_k}(x_k - x_{k+1})'(x_{k+1} - y) \geqslant f(x_{k+1}) - f(y)$$

通过此关系乘以 $2c_k$ 并将其添加到先前的关系中，可得出结果。 □

用 f^* 来表示最优值

$$f^* = \inf_{x \in \Re^n} f(x)$$

（也可能是负无穷），然后定义 X^* 为 f 的最小点集合（可能为空），

$$X^* = \arg\min_{x \in \Re^n} f(x)$$

以下是近端算法的基本收敛性结果。

命题 5.1.3（收敛性） 令 $\{x_k\}$ 为由近端算法生成的序列。则，若 $\sum\limits_{k=0}^{\infty} c_k = \infty$ 成立，就会有

$$f(x_k) \downarrow f^*$$

且若 X^* 为非空，则 $\{x_k\}$ 必收敛到 X^* 中的某一点。

证明：因为 x_{k+1} 最小化函数 $f(x) + \frac{1}{2c_k}\|x - x_k\|^2$，通过令 $x = x_k$，我们有

$$f(x_{k+1}) + \frac{1}{2c_k}\|x_{k+1} - x_k\|^2 \leqslant f(x_k), \quad \forall k$$

$\{f(x_k)\}$ 为单调非增。因此 $f(x_k) \downarrow f_\infty$，这里 f_∞ 是标量或者负无穷，并且满足 $f_\infty \geqslant f^*$。

从式 (5.3) 中可以看出，对于所有的 $y \in \Re^n$，

$$\|x_{k+1} - y\|^2 \leqslant \|x_k - y\|^2 - 2c_k\left(f(x_{k+1}) - f(y)\right) \tag{5.4}$$

通过这个不等式从 $k = 0$ 加到 $k = N$，可以得到

$$\|x_{N+1} - y\|^2 + 2\sum_{k=0}^{N} c_k\left(f(x_{k+1}) - f(y)\right) \leqslant \|x_0 - y\|^2, \quad \forall y \in \Re^n, N \geqslant 0$$

因此

$$2\sum_{k=0}^{N} c_k\left(f(x_{k+1}) - f(y)\right) \leqslant \|x_0 - y\|^2, \quad \forall y \in \Re^n, N \geqslant 0$$

取极限 $N \to \infty$，我们有

$$2\sum_{k=0}^{\infty} c_k \left(f\left(x_{k+1}\right) - f(y)\right) \leqslant \left\|x_0 - y\right\|^2, \quad \forall y \in \Re^n \tag{5.5}$$

反设 $f_\infty > f^*$，且令 $\hat{y}$ 满足条件

$$f_\infty > f(\hat{y}) > f^*$$

因为 $\{f\left(x_k\right)\}$ 单调非增，所以

$$f\left(x_{k+1}\right) - f(\hat{y}) \geqslant f_\infty - f(\hat{y}) > 0$$

根据假设 $\sum_{k=0}^{\infty} c_k = \infty$，将 $y = \hat{y}$ 代入式 (5.5) 会导出矛盾，因此 $f_\infty = f^*$。

考虑 X^* 为非空的情况，并令 x^* 为 X^* 中的任意一点。将 $y = x^*$ 代入式 (5.5) 可得

$$\left\|x_{k+1} - x^*\right\|^2 \leqslant \left\|x_k - x^*\right\|^2 - 2c_k\left(f\left(x_{k+1}\right) - f\left(x^*\right)\right), \quad k = 0, 1, \cdots \tag{5.6}$$

由此可得 $\left\|x_k - x^*\right\|^2$ 为单调非增，因此 $\{x_k\}$ 为有界。如果 $\bar{x}$ 是 $\{x_k\}$ 的一个极限点，那么

$$f(\bar{x}) \leqslant \liminf_{k\to\infty, k\in\mathcal{K}} f\left(x_k\right) = f^*$$

对于任意子列 $\{x_k\}_{\mathcal{K}} \to \bar{x}$，因为 $\{f\left(x_k\right)\}$ 单调递减到 f^* 且 f 是闭的，因此 $\bar{x}$ 必属于 X^*。最后根据式 (5.6)，x_k 到每个 $x^* \in X^*$ 中的距离为单调非增，因此 $\{x_k\}$ 必收敛到 X^* 中的唯一点。 □

请注意上述命题的一些显著特征。即使 X^* 为空或 $f^* = -\infty$ 也会收敛。此外，当 X^* 为非空时，会发生收敛到 X^* 中某一点的情况。

5.1.2　收敛的速率

以下命题描述了近端算法的收敛速度如何取决于 c_k 的大小以及 f 在最优解集附近的增长阶次（见图 5.1.3）。

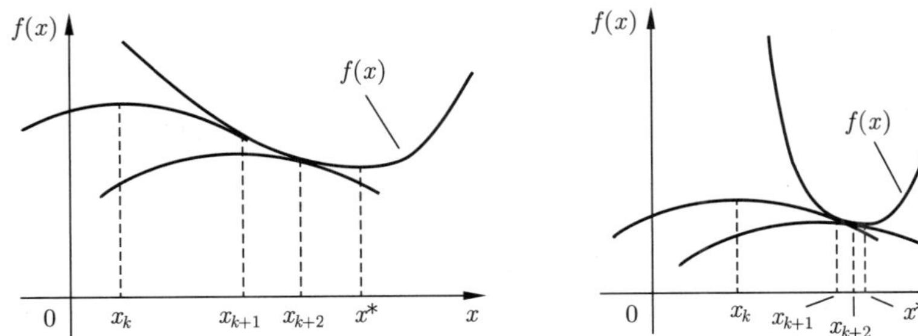

图 5.1.3　近端算法的收敛速度 f 增长特性影响的示意图。在左图中，f 缓慢增长，收敛缓慢。在右图中，f 快速增长，收敛速度很快

命题 5.1.4（收敛速率）　假设 X^* 为非空且对于给定的标量 $\beta > 0$, $\delta > 0$ 和 $\gamma \geqslant 1$，我们有

$$f^* + \beta(d(x))^\gamma \leqslant f(x), \quad \forall\ \text{满足} d(x) \leqslant \delta \text{ 的 } \quad x \in \Re^n \tag{5.7}$$

其中

$$d(x) = \min_{x^* \in X^*} \left\|x - x^*\right\|$$

同时假设

$$\sum_{k=0}^{\infty} c_k = \infty$$

由近端算法式 (5.1) 生成的序列 x_k 由命题 5.1.3 保证收敛到 X^* 中的某个点。于是：

(a) 对于所有足够大的 k，如果 $\gamma > 1$，我们有

$$d(x_{k+1}) + \beta c_k \left(d(x_{k+1})\right)^{\gamma-1} \leqslant d(x_k) \tag{5.8}$$

如果 $\gamma = 1$，且 $x_{k+1} \notin X^*$，我们有

$$d(x_{k+1}) + \beta c_k \leqslant d(x_k) \tag{5.9}$$

(b)（超线性收敛）令 $1 < \gamma < 2$，并且对于所有的 k，都有 $x_k \notin X^*$，那么如果 $\inf\limits_{k\geqslant 0} c_k > 0$，则有

$$\limsup_{k\to\infty} \frac{d(x_{k+1})}{\left(d(x_k)\right)^{1/(\gamma-1)}} < \infty$$

(c)（线性收敛）假设 $\gamma = 2$ 且对于所有的 k，都有 $x_k \notin X^*$，则若 $\lim\limits_{k\to\infty} c_k = \bar{c}$ 满足 $\bar{c} \in (0, \infty)$，则有

$$\limsup_{k\to\infty} \frac{d(x_{k+1})}{d(x_k)} \leqslant \frac{1}{1+\beta\bar{c}}$$

而若 $\lim\limits_{k\to\infty} c_k = \infty$，则有

$$\lim_{k\to\infty} \frac{d(x_{k+1})}{d(x_k)} = 0$$

(d)（次线性收敛）假设 $\gamma > 2$，则有

$$\limsup_{k\to\infty} \frac{d(x_{k+1})}{d(x_k)^{2/\gamma}} < \infty$$

证明：(a) 图 5.1.4 直观展示了证明的思路。因为结论显然适用于 $x_{k+1} \in X^*$ 的情况，我们假设 $x_{k+1} \notin X^*$，用 $\hat{x}_{k+1}$ 和 $\hat{x}_k$ 分别表示 x_{k+1} 和 x_k 到 X^* 上的投影。从次梯度关系式 (5.2)，我们有

$$f(x_{k+1}) + \frac{1}{c_k}(x_k - x_{k+1})'(\hat{x}_{k+1} - x_{k+1}) \leqslant f(\hat{x}_{k+1}) = f^*$$

根据 $\{x_k\}$ 收敛到 X^* 中某个点的假设以及式 (5.7) 可知对于充分大的 k，

$$f^* + \beta\left(d(x_{k+1})\right)^{\gamma} \leqslant f(x_{k+1})$$

成立。将前面两个关系相加，我们得到

$$\beta c_k \left(d(x_{k+1})\right)^{\gamma} \leqslant (x_{k+1} - \hat{x}_{k+1})'(x_k - x_{k+1}) \tag{5.10}$$

我们还有等式

$$\|x_{k+1} - \hat{x}_{k+1}\|^2 - (x_{k+1} - \hat{x}_{k+1})'(x_{k+1} - \hat{x}_k) = (x_{k+1} - \hat{x}_{k+1})'(\hat{x}_k - \hat{x}_{k+1})$$

同时因为 $\hat{x}_{k+1}$ 是 x_{k+1} 到 X^* 上的投影，并且 $\hat{x}_k \in X^*$，根据投影定理，以上表达式为非正。因此我们有

$$\|x_{k+1} - \hat{x}_{k+1}\|^2 \leqslant (x_{k+1} - \hat{x}_{k+1})'(x_{k+1} - \hat{x}_k)$$

将其与式 (5.10) 相加，通过 Schwarz 不等式，得到

$$\begin{aligned}\|x_{k+1} - \hat{x}_{k+1}\|^2 + \beta c_k \left(d(x_{k+1})\right)^{\gamma} &\leqslant (x_{k+1} - \hat{x}_{k+1})'(x_k - \hat{x}_k) \\ &\leqslant \|x_{k+1} - \hat{x}_{k+1}\|\,\|x_k - \hat{x}_k\|\end{aligned}$$

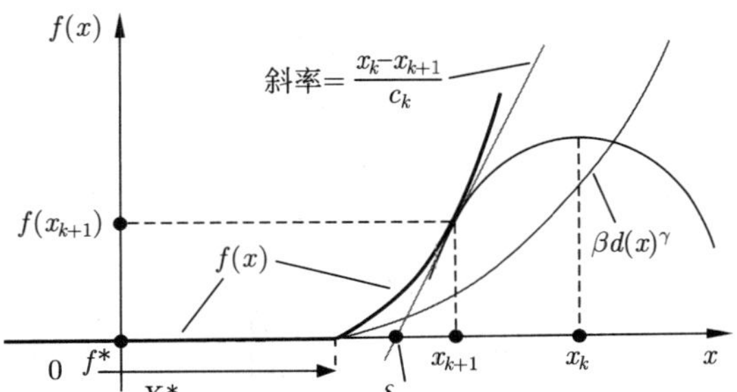

图 5.1.4　一维情况下估计式 $d(x_{k+1})+\beta c_k(d(x_{k+1}))^{\gamma-1}\leqslant d(x_k)$ 的图示，参见式 (5.8)。使用假设式 (5.7) 以及三角不等式，我们有 $\beta(d(x_{k+1}))^\gamma\leqslant f(x_{k+1})-f^*=\dfrac{x_k-x_{k+1}}{c_k}\cdot(x_{k+1}-\delta_{k+1})\leqslant\dfrac{d(x_k)-d(x_{k+1})}{c_k}\cdot d(x_{k+1})$，其中 δ_{k+1} 是图中的标量。对不等式两边消去 $d(x_{k+1})$，就可以得到式 (5.8)

通过除以 $\|x_{k+1}-\hat{x}_{k+1}\|$（因为我们假设 $x_{k+1}\notin X^*$ 所以一定非零），式 (5.8) 和式 (5.9) 成立。

(b) 因为 $\gamma<2$，当 $d(x_{k+1})$ 充分小的时候，$d(x_{k+1})$ 被 $\beta c_k d((x_{k+1}))^{\gamma-1}$ 所控制，所以根据式 (5.8)，结论成立。

(c) 因为 $\gamma=2$，式 (5.8) 可以转化为

$$(1+\beta c_k)\,d(x_{k+1})\leqslant d(x_k)$$

因此结论成立。

(d) 对于所有充分大的 k，我们有

$$\beta(d(x_{k+1}))^\gamma\leqslant f(x_{k+1})-f^*\leqslant\frac{d(x_k)^2}{2c_k}$$

这个不等式是根据假设式 (5.7)，以及命题 5.1.2 在 y 等于 x_k 到 X^* 上的投影时推导出的。　□

命题 5.1.4 表明，当式 (5.7) 的增长阶次 γ 升高时，收敛速度会变慢。一个重要的界限是 $\gamma=2$；这种情况下，如果 c_k 仍然有界，迭代到 X^* 的距离至少以线性速率减小，甚至在 $c_k\to\infty$ 的时候，以更快的超线性速率降低。通常如果 c_k 随 k 增加而不是保持恒定会加速收敛，这在 $\gamma=2$ 时表述的最为清晰 [参见命题 5.1.4(c)]。$1<\gamma<2$ 时，收敛的速率大于线性（超线性）[参见命题 5.1.4(b)]，$\gamma>2$ 时，收敛的速率通常比 $\gamma=2$ 时要小，并且示例展示了 $d(x_k)$ 可能会次线性地收敛到 0，比任何几何级数都慢 [参见命题 5.1.4(d)]。

线性收敛的阈值 $\gamma=2$ 与正则项的二次增长特性有关。这个命题的广义版本可以用于非二次正则化函数的近端算法做类似的证明（请参见 [KoB76] 和 [Ber82a] 3.5 节以及 6.6 节中的例 6.6.5）。此处，线性收敛的阈值与正则化函数的增长阶次有关。

当 $\gamma=1$ 时，f 具有**锐利最小值**，这是我们在第 3 章中曾遇到的有利情况，这使得近端算法为有限收敛。以下命题中对此进行了说明（另请参见图 5.1.5）。

命题 5.1.5（有限收敛性）　假设 f 的最小点集合 X^* 为非空，且存在标量 $\beta>0$ 使得

$$f^*+\beta d(x)\leqslant f(x),\quad\forall x\in\Re^n \tag{5.11}$$

成立，其中 $d(x)=\min\limits_{x^*\in X^*}\|x-x^*\|$，则若 $\sum\limits_{k=0}^{\infty}c_k=\infty$，近端算法式 (5.1) 会在有限的时间内收敛到 X^*（比如存在 $\bar{k}>0$ 使得对于所有的 $k\geqslant\bar{k}$ 都有 $x_k\in X^*$）。此外，如果 $c_0\geqslant d(x_0)/\beta$，算法会在一步之内收敛（比如 $x_1\in X^*$）。

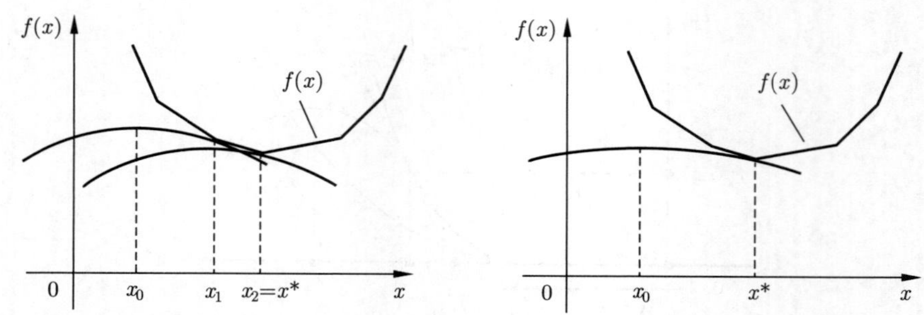

图 5.1.5 在锐利最小值的情况下，当 $f(x)$ 在最优解集附近线性增长时（例如，当 f 是多面体函数时），近端算法的有限收敛性。在右图中，对于充分大的 c_0，算法会在单次迭代之后收敛

证明： 当 $\gamma=1$ 时，对所有 $\delta>0$，命题 5.1.4 的假设式 (5.7) 成立，所以式 (5.9) 给出

$$d\left(x_{k+1}\right)+\beta c_k \leqslant d\left(x_k\right), \quad \text{如果} x_{k+1} \notin X^* \tag{5.12}$$

如果 $\sum_{k=0}^{\infty} c_k=\infty$，并且对于所有的 k，$x_k \notin X^*$，通过式 (5.12) 对所有的 k 相加，会导出矛盾。因此当 k 充分大时，必有 $x_k \in X^*$，同时如果有 $c_0 \geqslant d\left(x_0\right)/\beta$，式 (5.12) 在 $k=0$ 时不能成立，所以我们必有 $x_1 \in X^*$。 □

也可以使用不依赖于命题 5.1.4 和式 (5.9) 的更简单的方法来证明命题 5.1.5 的一步收敛性。事实上，假设 $x_0 \notin X^*$，令 $\hat{x}_0$ 为 x_0 在 X^* 上的投影，并且考虑函数

$$\tilde{f}(x)=f^*+\beta d(x)+\frac{1}{2c_0}\left\|x-x_0\right\|^2 \tag{5.13}$$

其在 $\hat{x}_0$ 处的次微分由命题 3.1.3(b) 的求和公式得到

$$\begin{aligned}
\partial \tilde{f}\left(\hat{x}_0\right) &=\left\{\beta \xi \frac{x_0-\hat{x}_0}{\left\|x_0-\hat{x}_0\right\|}+\frac{1}{c_0}\left(\hat{x}_0-x_0\right) \mid \xi \in[0,1]\right\} \\
&=\left\{\left(\frac{\beta \xi}{d\left(x_0\right)}-\frac{1}{c_0}\right)\left(x_0-\hat{x}_0\right) \mid \xi \in[0,1]\right\}
\end{aligned}$$

因此，如果 $c_0 \geqslant d\left(x_0\right)/\beta$，那么 $0 \in \partial \tilde{f}\left(\hat{x}_0\right)$，因此 $\hat{x}_0$ 使得 $\tilde{f}(x)$ 最小化，再根据式 (5.11) 和式 (5.13)，我们得到

$$\tilde{f}(x) \leqslant f(x)+\frac{1}{2c_0}\left\|x-x_0\right\|^2, \quad \forall x \in \Re^n$$

其中等式在 $x=\hat{x}_0$ 时成立，可知 $\hat{x}_0$ 在 $x \in X$ 上最小化

$$f(x)+\frac{1}{2c_0}\left\|x-x_0\right\|^2$$

因此 $\hat{x}_0$ 等于近端算法的第一次迭代点 x_1。

增长性条件式 (5.11) 如图 5.1.6 所示。下面的命题表明，当 f 是多面体函数并且 X^* 非空时该条件成立。

命题 5.1.6（多面体函数的锐利（sharp）最小值条件） 令 $f: \Re^n \mapsto(-\infty, \infty]$ 是多面体函数，且假设 f 最小点集合 X^* 为非空。则存在标量 $\beta>0$ 使得

$$f^*+\beta d(x) \leqslant f(x), \quad \forall x \notin X^*$$

成立，其中 $d(x)=\min\limits_{x^* \in X^*}\left\|x-x^*\right\|$。

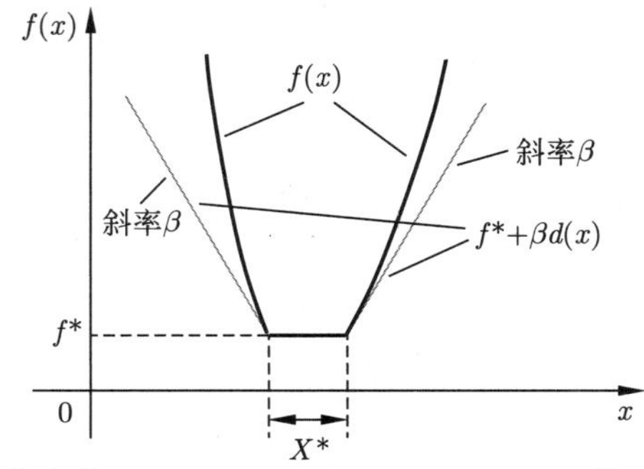

图 5.1.6　锐利最小值条件 $f^* + \beta d(x) \leqslant f(x),\quad \forall x \in \Re^n$ 的示意图 [参见式 (5.11)]

证明：我们首先假设 f 在定义域中是线性的，然后再进行推广。于是存在 $a \in \Re^n$，使得对于所有的 $x, \hat{x} \in \mathrm{dom}(f)$，都有

$$f(x) - f(\hat{x}) = a'(x - \hat{x})$$

对于任意的 $x \in X^*$，令 S_x 为 d 向量构成的锥体，而 d 既在 X^* 于 x 处的法锥 $N_{X^*}(x)$ 中，同时对于足够小的 $\alpha > 0$，也是可行方向，即 $x + \alpha d \in \mathrm{dom}(f)$。因为 X^* 和 $\mathrm{dom}(f)$ 是多面体集，遍历 X^* 中所有 x，仅存在数量有限的锥体 S_x。因此存在有限个非零向量集合 $\{c_j \mid j \in J\}$，使得对于任意的 $x \in X^*$，S_x 要么等于 $\{0\}$，要么是由子集 $\{c_j \mid j \in J_x\}$ 生成的锥体，其中 $J = \bigcup\limits_{x \in X^*} J_x$。此外，对于所有的 $x \in X^*$ 和满足 $\|d\| = 1$ 条件的 $d \in S_x$，以及满足 $\sum\limits_{i \in J_x} \gamma_j \geqslant \bar{\gamma}$ 且 $\bar{\gamma} = 1/\max\limits_{j \in J} \|c_j\|$ 条件的标量 $\gamma_i \geqslant 0$，我们有

$$d = \sum_{j \in J_x} \gamma_j c_j$$

我们可以推导出对于所有的 $j \in J$，因为对某个 $x \in X$ 有 $c_j \in S_x$，所以 $a'c_j > 0$。

对于所有的满足 $x \notin X^*$ 的 $x \in \mathrm{dom}(f)$，令 $\hat{x}$ 为 x 到 X^* 上的投影，于是向量 $x - \hat{x}$ 属于 $S_{\hat{x}}$，我们有

$$f(x) - f(\hat{x}) = a'(x - \hat{x}) = \|x - \hat{x}\| \frac{a'(x - \hat{x})}{\|x - \hat{x}\|} \geqslant \beta \|x - \hat{x}\|$$

其中 $\beta = \bar{\gamma} \min\limits_{j \in J} a'c_j$。因为 J 是有限的，我们有 $\beta > 0$，并且对于 f 在定义域 $\mathrm{dom}(f)$ 内为线性的情况，这意味着期望的结论。

现在假设 f 具有如下的形式：

$$f(x) = \max_{i \in I} \{a_i'x + b_i\},\quad \forall x \in \mathrm{dom}(f)$$

其中 I 是一个有限集，并且 a_i 和 b_i 分别是向量和标量。令

$$Y = \{(x, z) \mid z \geqslant f(x), x \in \mathrm{dom}(f)\}$$

同时考虑如下函数：

$$g(x, z) = \begin{cases} z & \text{如果}(x, z) \in Y \\ \infty & \text{其他情况} \end{cases}$$

其中 g 是多面体函数且在 $\mathrm{dom}(g)$ 内是线性的。此外，它的最小点集合是

$$Y^* = \{(x, z) \mid x \in X^*, z = f^*\}$$

并且它的最小值为 f^*。

将已经得到的结论应用于函数 g，对于给定的 $\beta > 0$，我们有

$$f^* + \beta\hat{d}(x,z) \leqslant g(x,z), \quad \forall (x,z) \notin Y^*$$

其中

$$\hat{d}(x,z) = \min_{(x^*,z^*)\in Y^*} \left(\|x-x^*\|^2 + |z-z^*|^2\right)^{1/2} = \min_{x^*\in X^*} \left(\|x-x^*\|^2 + |z-f^*|^2\right)^{1/2}$$

因为

$$\hat{d}(x,z) \geqslant \min_{x\in X^*} \|x-x^*\| = d(x)$$

我们有

$$f^* + \beta d(x) \leqslant g(x,z), \quad \forall (x,z) \notin Y^*$$

并针对任何固定的 x，取右侧在 z 上的下确界，

$$f^* + \beta d(x) \leqslant f(x), \quad \forall x \notin X^*$$

□

从前面的讨论和图示可以看出，选择较大的 c 值可以提高近端算法的收敛速度。但是随着 c 的增加，相应的正则化效果会降低，这可能会对近端最小化产生不利影响。在实践中，通常建议从中等的 c 值开始，并在随后的近端最小化中逐渐增加该值。c 可以增加多快取决于用于求解相应的近端最小化问题的方法。如果使用类似牛顿法的快速方法，则 c 的快速增加速率（例如乘以 5~10 倍）是可能的，近端最小化迭代次数会较少。如果改为使用相对较慢的一阶方法，则最好将 c 保持在一个中等值，该值通常由反复试验确定。

5.1.3 梯度解释

对于一个固定且为正的 c，通过考虑如下函数可以获得对近端迭代一种有趣的解释

$$\phi_c(z) = \inf_{x\in\Re^n} \left\{ f(x) + \frac{1}{2c}\|x-z\|^2 \right\} \tag{5.14}$$

我们有

$$\inf_{x\in\Re^n} f(x) \leqslant \phi_c(z) \leqslant f(z), \quad \forall z \in \Re^n$$

由此可以得出 f 和 ϕ_c 的最小点集是重合的（这也可以从图 5.1.7 中给出的近端最小化的几何解释中明显看出）。以下命题表明 ϕ_c 是凸微分函数，并可以得出其梯度。

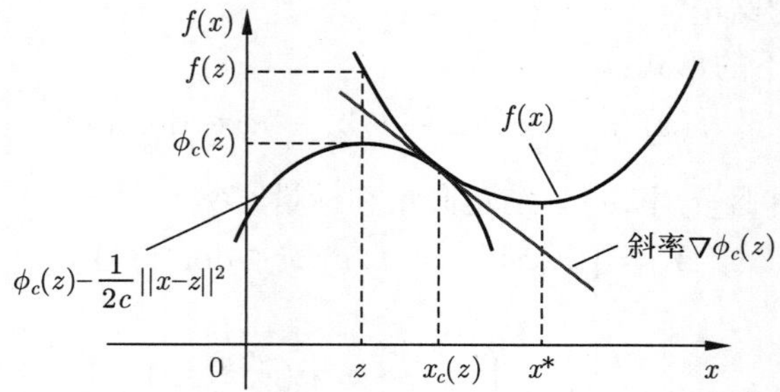

图 5.1.7 函数 $\phi_c(z) = \inf_{x\in\Re^n} \left\{ f(x) + \frac{1}{2c}\|x-z\|^2 \right\}$ 的示意图。对于所有的 $z \in \Re^n$，我们有 $\phi_c(z) \leqslant f(z)$，并且在 f 的最小点处，ϕ_c 与 f 的取值相同。我们还有 $\nabla\phi_c(z) = \dfrac{z - x_c(z)}{c}$；参见命题 5.1.7

命题 5.1.7　式 (5.14) 中的函数 ϕ_c 是凸的且是可微分的，并且我们有

$$\nabla\phi_c(z) = \frac{z - x_c(z)}{c} \quad \forall z \in \Re^n \tag{5.15}$$

其中 $x_c(z)$ 是式 (5.14) 唯一的最小点，并且

$$\nabla\phi_c(z) \in \partial f\left(x_c(z)\right), \quad \forall z \in \Re^n$$

证明：我们首先注意到 ϕ_c 是凸的，因为它是通过部分最小化函数 $f(x) + \dfrac{1}{2c}\|x - z\|^2$ 得到的，而该函数关于 (x, z) 是凸的（参见附录 B 中的命题 3.3.1）。此外 ϕ_c 是实值的，因为式 (5.14) 中的下确界是可以达到的。

让我们固定 z，并且为了叙述方便，定义 $\bar{z} = x_c(z)$。为证明 ϕ_c 是可微的，且具有给定的梯度形式，我们注意到根据命题 3.1.4 的最优性条件，当且仅当 z 达到式

$$\phi_c(y) - v'y = \inf_{x\in\Re^n}\left\{f(x) + \frac{1}{2c}\|x - y\|^2\right\} - v'y$$

在 $y \in \Re^n$ 上的最小值时，有 $v \in \partial\phi_c(z)$，或者等价地 $0 \in \partial\phi_c(z) - v$。等价地，$v \in \partial\phi_c(z)$ 成立，当且仅当 $(\bar{z}, z)$ 达到函数

$$F(x, y) = f(x) + \frac{1}{2c}\|x - y\|^2 - v'y$$

在 $(x, y) \in \Re^{2n}$ 上的最小值。这等价于 $(0, 0) \in \partial F(\bar{z}, z)$，或者

$$0 \in \partial f(\bar{z}) + \frac{\bar{z} - z}{c}, \quad v = \frac{z - \bar{z}}{c} \tag{5.16}$$

[在最后一步中，用到把 F 视为 f 和可微函数

$$\frac{1}{2c}\|x - y\|^2 - v'y$$

之和以及表达式

$$\partial F(x, y) = \{(g, 0) \mid g \in \partial f(x)\} + \left\{\frac{x - y}{c}, \frac{y - x}{c} - v\right\}$$

参照附录 B 中的命题 5.4.6。] 式 (5.16) 右式唯一地定义了 v，因此 v 是 ϕ_c 在 z 处唯一的次梯度，并且根据式 (5.15)，它具有 $v = (z - \bar{z})/c$ 的形式，从式 (5.16) 的左边，我们也可以推出 $v = \nabla\phi_c(z) \in \partial f\left(x_c(z)\right)$。 □

使用梯度公式 (5.15)，我们可以看到近端迭代可以写成

$$x_{k+1} = x_k - c_k\nabla\phi_{c_k}(x_k) \tag{5.17}$$

所以**它是一个最小化 ϕ_{c_k} 的梯度下降迭代的过程**，每一步的步长都等于 c_k。该解释为算法的工作机制提供了更全面的介绍，并为各种加速方案（基于梯度和类似牛顿法的方案）奠定了基础，尤其这个过程与增广拉格朗日方法有关，细节将在 5.2 节中讨论。我们将在下一个小节中说明如何使用最大为 $2c_k$ 的步长代替式 (5.17) 中的 c_k。此外，使用外推方案修改步长 c_k 已被证明在使用拉格朗日方法的约束优化中是有益的（请参见 [Ber82a]，2.3.1 节）。

5.1.4　不动点解释、超松弛与推广

现在，我们将讨论近端算法与求取欧几里得范数意义下非扩张映射不动点的迭代之间的联系。第一步，我们会把最小化 f 的问题看作特殊类型映射的不动点问题。

对于一个标量 $c > 0$ 和闭的真凸函数 $f : \Re^n \mapsto (-\infty, \infty]$，考虑由下式定义的（单值）映射 $P_{c,f} : \Re^n \mapsto \Re^n$

$$P_{c,f}(z) = \arg\min_{x\in\Re^n}\left\{f(x) + \frac{1}{2c}\|x - z\|^2\right\}, \quad z \in \Re^n \tag{5.18}$$

该式称为关于 c 和 f 的**近端算子**。$P_{c,f}$ 的不动点集合与 f 的最小点集重合，同时近端算法可以写作

$$x_{k+1}=P_{c_k,f}\left(x_k\right)$$

它可以视为不动点迭代。这个新视角会引发一些有用的灵感和推广形式。

关键的思路基于由

$$N_{c,f}(z)=2P_{c,f}(z)-z,\quad z\in\Re^n \tag{5.19}$$

给出的映射 $N_{c,f}:\Re^n\mapsto\Re^n$。我们可以通过下式来直观表达该映射：

$$P_{c,f}(z)=\frac{N_{c,f}(z)+z}{2}$$

所以 $P_{c,f}(z)$ 是**连接线段** $N_{c,f}(z)$ **和** z **的中点**。因此，$N_{c,f}(z)$ 称为**反射算子**。这里有一些重要的事实：

(a) $N_{c,f}$ 的不动点集合等同于 $P_{c,f}$ 的不动点集合，因此也等同于 f 的最小点集。同时就像我们马上要证明的，$N_{c,f}$ 映射是一个非扩张映射，即

$$\left\|N_{c,f}\left(z_1\right)-N_{c,f}\left(z_2\right)\right\|\leqslant\left\|z_1-z_2\right\|,\quad\forall z_1,z_2\in\Re^n$$

因此对于任意的 x，$N_{c,f}(x)$ 与 f 最小值集合的距离至少同 x 一样。

(b) 插值迭代

$$x_{k+1}=\left(1-\alpha_k\right)x_k+\alpha_k N_{c,f}\left(x_k\right) \tag{5.20}$$

收敛到 $N_{c,f}$ 的不动点，其中插值参数 α_k 满足 $\alpha_k\in[\epsilon,1-\epsilon]$，对某个标量 $\epsilon>0$ 和所有的 k 成立。这里假定 $N_{c,f}$ 至少有一个不动点（这是马上要叙述的插值非扩张迭代收敛的经典推论）。

(c) 根据 $N_{c,f}$ 的定义 [详见式 (5.19)]，前面的插值迭代式 (5.20) 可以写作

$$x_{k+1}=\left(1-2\alpha_k\right)x_k+2\alpha_k P_{c,f}\left(x_k\right) \tag{5.21}$$

并且对于 $\alpha_k\equiv1/2$ 的特殊情况，给出近端算法 $x_{k+1}=P_{c,f}\left(x_k\right)$。因此，可以得到近似算法的推广形式，该形式取决于参数 α_k，可以进行外推（当 $1/2<\alpha_k<1$ 时）或内插（当 $0<\alpha_k<1/2$ 时）。

现在，我们通过以下两个命题来证明刚才陈述的事实。为此，我们注意到对于任意 $z\in\Re^n$，近端迭代 $P_{c,f}(z)$ 都被唯一地定义，并且有

$$\bar{z}=P_{c,f}(z)\Rightarrow z=\bar{z}+cv\ \text{对某个}v\in\partial f(\bar{z})\text{成立} \tag{5.22}$$

因为上面的右侧是 $\bar{z}$ 最优化近端最小化式 (5.18) 定义的 $P_{c,f}(z)$ 的必要条件。同时相反的形式也成立，即

$$z=\bar{z}+cv\ \text{对某个}v\in\partial f(\bar{z})\ \text{成立，且}\bar{z}\in\Re^n\quad\Rightarrow\quad\bar{z}=P_{c,f}(z) \tag{5.23}$$

因为上面的左侧是 $\bar{z}$ 满足在近端最小化中唯一最优的充分条件。陈述两个关系式 (5.22) 和式 (5.23) 的等价方法是，**任意的** $z\in\Re^n$ **都能被唯一地写作**

$$z=\bar{z}+cv\qquad\text{其中}\bar{z}\in\Re^n,v\in\partial f(\bar{z}) \tag{5.24}$$

而且向量 $\bar{z}$ **等同于** $P_{c,f}(z)$

$$\bar{z}=P_{c,f}(z)$$

根据式 (5.19)，我们还得到了 $N_{c,f}$ 对应的公式

$$N_{c,f}(z)=2P_{c,f}(z)-z=2\bar{z}-(\bar{z}+cv)=\bar{z}-cv \tag{5.25}$$

图 5.1.8 说明了上述关系并提供了近端算法的图形化解释。以下命题验证了 N_{cf} 的非扩张属性。

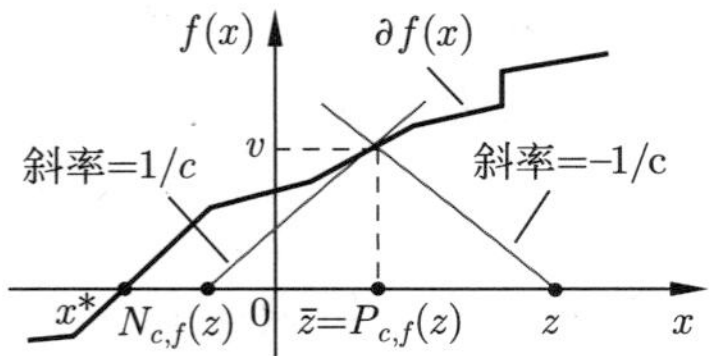

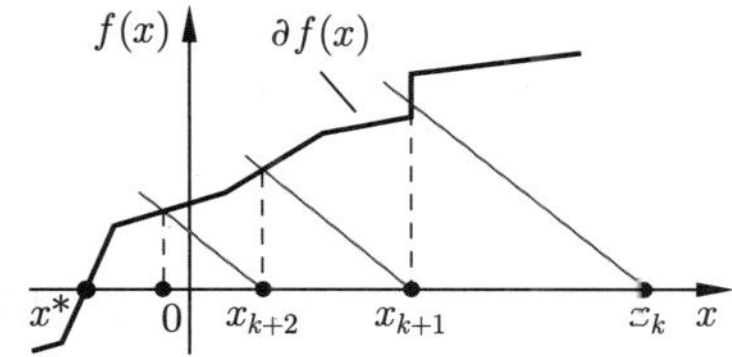

图 5.1.8　左图提供了针对一维问题的向量 z 的近端迭代的图示。穿过 z 且具有斜率 $-1/c$ 的线在唯一点 v 截取（单调）次微分映射 $\partial f(x)$ 的图，对应于由近端迭代 $P_{c,f}(z)$ 产生的唯一矢量 $\bar{z}$[参见式 (5.22)~式 (5.24)]。左图还说明了反射算子 $N_{c,f}(z) = 2P_{c,f}(z) - z$。迭代 $P_{c,f}(z)$ 位于 z 和 $N_{c,f}(z)$ 的中点 [参见式 (5.25)]。请注意，z 和 $N_{c,f}(z)$ 之间的所有点至少与 z 一样接近 x^*。右图展示了近端迭代 $x_{k+1} = P_{c,f}(x_k)$

命题 5.1.8　对于任意 $c > 0$ 和闭的真凸函数 $f : \Re^n \mapsto (-\infty, \infty]$，映射

$$N_{c,f}(z) = 2P_{c,f}(z) - z$$

[参见式 (5.18) 和式 (5.19)]是非扩张的，即

$$\|N_{c,f}(z_1) - N_{c,f}(z_2)\| \leqslant \|z_1 - z_2\|, \quad \forall z_1, z_2 \in \Re^n$$

此外，任何插值映射 $(1-\alpha)z + \alpha N_{c,f}(z)$，$\alpha \in [0,1]$（包括对应于 $\alpha = 1/2$ 的近端算子 $P_{c,f}$）是非扩张的。

证明：考虑任意的 $z_1, z_2 \in \Re$，并将其表示为

$$z_1 = \bar{z}_1 + cv_1, \quad z_2 = \bar{z}_2 + cv_2$$

满足

$$\bar{z}_1 = P_{c,f}(z_1), \quad v_1 \in \partial f(\bar{z}_1), \quad \bar{z}_2 = P_{c,f}(z_2), \quad v_2 \in \partial f(\bar{z}_2)$$

参见式 (5.24)。那么我们有

$$\begin{aligned}\|z_1 - z_2\|^2 &= \|(\bar{z}_1 + cv_1) - (\bar{z}_2 + cv_2)\|^2 \\ &= \|\bar{z}_1 - \bar{z}_2\|^2 + 2c(\bar{z}_1 - \bar{z}_2)'(v_1 - v_2) + c^2\|v_1 - v_2\|^2\end{aligned} \tag{5.26}$$

并且，根据式 (5.25)，

$$N_{c,f}(z_1) = \bar{z}_1 - cv_1, \quad N_{c,f}(z_2) = \bar{z}_2 - cv_2$$

可知

$$\begin{aligned}\|N_{c,f}(z_1) - N_{c,f}(z_2)\|^2 &= \|(\bar{z}_1 - cv_1) - (\bar{z}_2 - cv_2)\|^2 \\ &= \|\bar{z}_1 - \bar{z}_2\|^2 - 2c(\bar{z}_1 - \bar{z}_2)'(v_1 - v_2) + c^2\|v_1 - v_2\|^2\end{aligned} \tag{5.27}$$

通过从式 (5.27) 中减去式 (5.26)，可以得到

$$\|N_{c,f}(z_1) - N_{c,f}(z_2)\|^2 = \|z_1 - z_2\|^2 - 4c(\bar{z}_1 - \bar{z}_2)'(v_1 - v_2)$$

如果我们可以证明右侧的内积为非负，就可以证明 $N_{c,f}$ 的非扩张性。事实上，这可以通过用次梯度的定义来表示

$$f(\bar{z}_2) \geqslant f(\bar{z}_1) + (\bar{z}_2 - \bar{z}_1)'v_1, \quad f(\bar{z}_1) \geqslant f(\bar{z}_2) + (\bar{z}_1 - \bar{z}_2)'v_2$$

而得到。因此，通过把这两个关系相加，我们有

$$(\bar{z}_1 - \bar{z}_2)'(v_1 - v_2) \geqslant 0 \tag{5.28}$$

结论得证。最后，$N_{c,f}$ 的非扩张性明确蕴含了插值映射的非扩张性。　□

现在，我们将使用 Krasnosel'skii-Mann 定理，该定理表明非扩张映射的不动点可以通过插值迭代求得。该定理在附录 A 中得到了证明和直观的解释（命题 A.4.2）。为了方便起见，我们在此复述该定理。

命题 5.1.9（非扩张迭代的 Krasnosel'skii-Mann 定理） 考虑欧几里得范数 $\|\cdot\|$ 意义下的非扩张映射 $T:\Re^n\mapsto\Re^n$，即

$$\|T(x)-T(y)\|\leqslant\|x-y\|,\quad\forall x,y\in\Re^n$$

并且它至少有一个不动点。则迭代

$$x_{k+1}=(1-\alpha_k)\,x_k+\alpha_k T\,(x_k) \tag{5.29}$$

从任何的 $x_0\in\Re^n$ 出发都能收敛到 T 的一个不动点，其中对于所有的 k 来说，$\alpha_k\in[0,1]$ 并且 $\sum\limits_{k=0}^{\infty}\alpha_k\,(1-\alpha_k)=\infty$。

通过对 $T=N_{c,f}$ 应用前面的定理，我们得到以下命题。

命题 5.1.10（近端算法中的步长松弛） 迭代式

$$x_{k+1}=x_k+\gamma_k\,(P_{c,f}\,(x_k)-x_k) \tag{5.30}$$

一定会收敛到 f 的一个最小点，其中对于任意的 k 以及标量 $\epsilon>0$，$\gamma_k\in[\epsilon,2-\epsilon]$，假定 f 存在至少一个最小点。

证明：根据定义

$$N_{c,f}\,(x_k)=2P_{c,f}\,(x_k)-x_k$$

式 (5.30) 的迭代等价于

$$x_{k+1}=(1-\alpha_k)\,x_k+\alpha_k N_{c,f}\,(x_k)$$

其中 $\gamma_k=2\alpha_k$。因为 $N_{c,f}$ 的不动点是 f 的最小点，通过将 $T=N_{c,f}$ 代入命题 5.1.9，结论得证。 □

在迭代式 (5.30) 中，参数 c 是常数，但是推广的情况是可能的，对于变化的 c_k 情形，

$$x_{k+1}=x_k+\gamma_k\,(P_{c_k,f}\,(x_k)-x_k) \tag{5.31}$$

的收敛性也是可以证明的，只要 $\inf_{k\geqslant0}c_k>0$ 成立 [有关当前的最小化，请参见 [Ber75d]，以及 [EcB92] 更一般情况的讨论]。这是基于以下事实：只要 $c>0$，$N_{c,f}$ 的不动点集就不依赖于 c。请注意，对于 $\gamma_k\equiv1$ 的情况，可以得到近端算法 $x_{k+1}=P_{c_k,f}\,(x_k)$。

另一个重要的事实是，根据以下事实

$$\nabla\phi_{c_k}\,(x_k)=\frac{x_k-P_{c_k,f}\,(x_k)}{c_k}$$

[参见式 (5.17)]，迭代式 (5.31) 也可以写成梯度迭代式

$$x_{k+1}=x_k-\gamma_k c_k\nabla\phi_{c_k}\,(x_k)$$

其中

$$\phi_c(z)=\inf_{x\in\Re^n}\left\{f(x)+\frac{1}{2c}\|x-z\|^2\right\}$$

[参见式 (5.14)]。由于通常可以通过智能的步长选择来改善梯度方法的性能，这就促进了旨在加速收敛的步长选择方案研究。

事实证明，通过连接 x_k 和 $P_{c,f}(x_k)$ 的区间进行外推，我们总是可以获得比 $P_{c,f}(x_k)$ 更接近最优解集 X^* 的点。也就是说，对于满足 $P_{c,f}(x) \notin X^*$ 条件的每个 x，总存在 $\gamma_k \in (1,2)$ 使得

$$\min_{x^* \in X^*} \|x + \gamma(P_{c,f}(x) - x) - x^*\| < \min_{x^* \in X^*} \|P_{c,f}(x) - x^*\| \tag{5.32}$$

成立。这可以通过简单的几何分析来得出（参见图 5.1.9）。因此只要我们知道如何有效地在 $\gamma_k \in (1,2)$ 范围内进行选取，**近端算法始终可以受益于超松弛**。可以考虑通过探索确定 $\gamma_k \in (1,2)$ 的常量值，该常量相对于 $\gamma_k \equiv 1$ 会加快收敛。当 c_k 保持恒定时，这可能会很好实现。在 [Ber75d] 和 [Ber82a] 中给出了更系统地选取变化的 c_k 的建议。在 [Ber82a] 中在 (1,2) 之间选取的超松弛参数由以下公式定义：

$$\gamma_k = 2\left(1 - \frac{c_k}{\beta + 2c_k}\right)$$

其中 β 是通过给定问题的实验确定的值为正的标量。

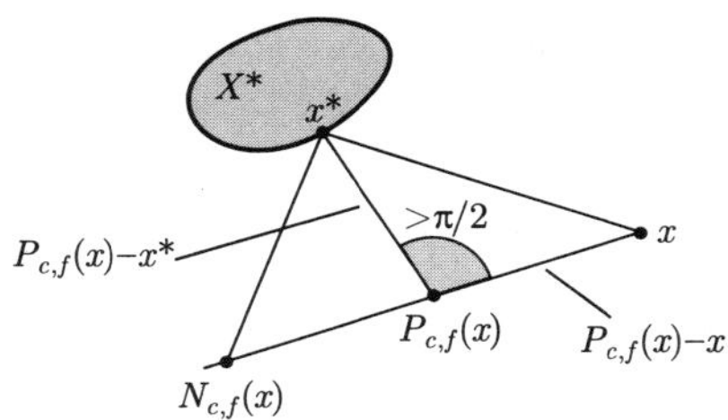

图 5.1.9　假设 $P_{c,f}(x)$ 并非最优，近端算法中的超松弛可以产生比 $P_{c,f}(x)$ 更接近 X^* 中任意点的迭代点的几何论证。令 x' 为 X' 与 $P_{c,f}(x)$ 的最小距离的点。迭代 $P_{c,f}(x)$ 位于 x 和 $N_{c,f}(x)$ 中点 [参见式 (5.19)]。根据命题 5.1.1，向量 $\frac{1}{c}(x - P_{c,f}(x))$ 是 f 在 $P_{c,f}(x)$ 处的次梯度，从而 $\frac{1}{c}(x - P_{c,f}(x))'(x^* - P_{c,f}(x)) \leqslant f(x^*) - f(P_{c,f}(x)) < 0$，因此 $P_{c,f}(x) - x$ 与 $P_{c,f}(x) - x^*$ 之间的夹角严格大于 $\pi/2$。从三角形几何学中可以得出，在连接 $P_{c,f}(x)$ 和 $N_{c,f}(x)$ 的区间中存在某些点，它们相对于 $P_{c,f}(x)$ 更接近 x^*，因此存在 $\gamma \in (1,2)$ 使得式 (5.32) 成立

近端算法的推广

前面的分析可以推广到处理**如何求得多值映射** $M : \Re^n \mapsto 2^{\Re^n}$ **的零点的问题**。该映射将向量 $x \in \Re^n$ 映射到子集 $M(x) \subset \Re^n$。M 的零点指满足 $0 \in M(x^*)$ 条件的向量 x^*。例如，使凸函数 $f : \Re^n \mapsto (-\infty, \infty]$ 最小化的问题等价于求得多值映射 $M(x) = \partial f(x)$ 的零点。但是，在其他重要应用中，M 可能不是凸函数的次微分映射，例如单调变分不等式的解（请参阅本章末尾的参考资料）。

回顾前面的分析，我们发现它基本上概括了从情况 $M(x) = \partial f(x)$ 到一般多值映射 $M : \Re^n \mapsto 2^{\Re^n}$ 的情况，只要 M 具有以下两个属性：

(a) 任何向量 $x \in \Re^r$ 都可以用唯一的一种方式写成

$$x = \bar{x} + cv \quad 其中 \bar{x} \in \Re^n, v \in M(\bar{x}) \tag{5.33}$$

[参见式 (5.24)]，这对于将 x 映射到 $\bar{x}$ 的映射 $P_{c,f}$ 是必需的，相应的映射为

$$N_{c,f}(x) = 2P_{c,f}(x) - x, \quad x \in \Re^n$$

[参见式 (5.19)]被良好地定义为单值映射。

(b) 我们有

$$\begin{aligned} &(x_1 - x_2)'(v_1 - v_2) \geqslant 0, \quad \forall x_1, x_2 \in \mathrm{dom}(M) \\ &且 v_1 \in M(x_1), v_2 \in M(x_2) \end{aligned} \tag{5.34}$$

其中

$$\mathrm{dom}(M) = \{x \mid M(x) \neq \varnothing\}$$

（假定为非空）。此特性称为 M 的**单调性**，用于证明映射 $N_{c,f}$ 在命题 5.1.8[参照式 (5.28)] 中为非扩张。

可以证明，当且仅当 M 是**最大单调的**，即在式 (5.34) 的意义下，它是单调的，并且其图 $\{(x,v) \mid v \in M(x)\}$ 并不严格包含在 $\Re^n$ 上任何其他单调映射的图中[1]（可以证明次微分映射是最大单调的；证明可以在多个文献来源中找到，比如 [Roc66]，[Roc70]，[RoW98]，[Bac11]）。最大单调映射相关的近端算法和相关主题已在文献中得到了广泛处理，我们将参考这些文献作进一步讨论；请参阅本章末尾的参考文献。

总而言之，近端算法完全适用于求得最大单调多值映射 $M : \Re^n \mapsto 2^{\Re^n}$ 零点 [满足 $0 \in M(x^*)$ 条件的向量 x^*] 的问题。其形式为

$$x_{k+1} = x_k - cv_k$$

参见图 5.1.10，其中 v_k 是满足 $v \in M(x_{k+1})$ 条件的 v 唯一的点。如果 M 是单值映射，我们有 $x_{k+1} = x_k - cM(x_{k+1})$，或者

$$x_{k+1} = (I + cM)^{-1}(x_k)$$

其中 I 是单位矩阵，$(I + cM)^{-1}$ 是映射 $I + cM$ 的逆。此外，该算法更一般的版本中，允许使用步长 $\gamma_k \in (0,2)$，

$$x_{k+1} = x_k - \gamma_k c v_k$$

使用带有 $\gamma_k > 1$ 的适当的超松弛方案，有可能减小与映射 M 所有零点的距离。本节的分析很容易扩展到更一般的情况中。在此分析中，只有一个困难点我们没有处理而是指向参考文献：映射 M 在最大单调性情况下属性 (a) 和 (b) 的等价性。

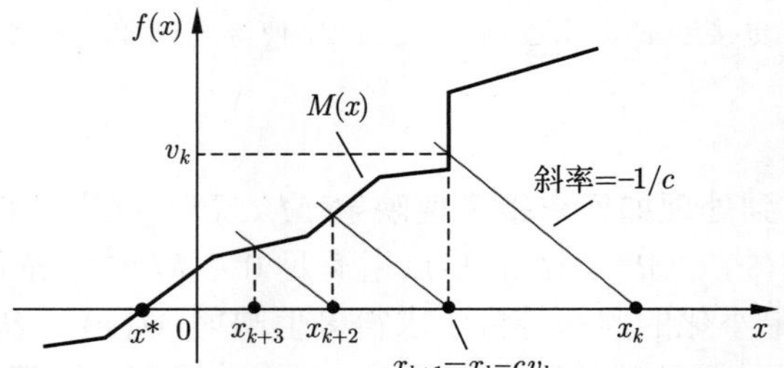

图 5.1.10　求得最大单调多值映射 $M : \Re^n \mapsto 2^{\Re^n}$ 一个零点的近端算法的一维图解。这里的重要事实是 M 的最大单调性意味着每个 $x_k \in \Re^n$ 可以唯一表示为 $x_k = x_{k+1} + cv_k$，其中 $v_k \in M(x_{k+1})$

5.2　对偶近端算法

在本节中，我们将基于 Fenchel 对偶性，推出近端算法的等价对偶实现。然后，我们将以特殊方式运用该结果，导出一种流行的约束优化算法，即增广拉格朗日方法。

[1]注意单调性式 (5.34) 和表示式 (5.33) 对于某个 $x \in \Re^n$ 的存在性意味着该表示的唯一性 [如果 $x = \overline{x}_1 + cv_1 = \overline{x}_2 + cv_2$，那么 $0 \leqslant (\overline{x}_1 - \overline{x}_2)'(v_1 - v_2) = -\dfrac{1}{c}\|\overline{x}_1 - \overline{x}_2\|^2$，于是 $\overline{x}_1 = \overline{x}_2$]。因此 M 的最大单调性等价于单调性和对于每个 $x \in \Re^n$，存在式 (5.33) 形式的表示，这很容易可视化（参见图 5.1.10），但很难证明（参见 [Min62] 最早的工作，或者后续的工作 [Bre73]，[RoW98]，[BaC11]）。

我们回想一下 5.1 节的近端算法：

$$x_{k+1} \in \arg\min_{x\in\Re^n}\left\{f(x)+\frac{1}{2c_k}\|x-x_k\|^2\right\} \tag{5.35}$$

其中 $f:\Re^n\mapsto(-\infty,\infty]$ 是闭的真凸函数，x_0 是任意初始点，$\{c_k\}$ 是正标量参数序列。我们注意到上面的最小化形式适用 1.2 节的 Fenchel 对偶理论，其中函数被定义为

$$f_1(x)=f(x),\quad f_2(x)=\frac{1}{2c_k}\|x-x_k\|^2$$

我们可以将 Fenchel 对偶问题写作

$$\begin{aligned}&\text{minimize} && f_1^*(\lambda)+f_2^*(-\lambda)\\ &\text{subject to} && \lambda\in\Re^n\end{aligned} \tag{5.36}$$

其中 f_1^* 和 f_2^* 分别是 f_1 和 f_2 的共轭函数。我们有

$$f_2^*(\lambda)=\sup_{x\in\Re^n}\{x'\lambda-f_2(x)\}=\sup_{x\in\Re}\left\{x'\lambda-\frac{1}{2c_k}\|x-x_k\|^2\right\}=x_k'\lambda+\frac{c_k}{2}\|\lambda\|^2$$

其中最后一个等式是因为注意到对 x 取上确界在 $x=x_k+c_k\lambda$ 处达到。引入 f^*，即 f 的共轭函数，

$$f_1^*(\lambda)=f^*(\lambda)=\sup_{x\in\Re^n}\{x'\lambda-f(x)\}$$

代入式 (5.36)，我们看到对偶问题式 (5.36) 可以写作

$$\begin{aligned}&\text{minimize} && f^*(\lambda)-x_k'\lambda+\frac{c_k}{2}\|\lambda\|^2\\ &\text{subject to} && \lambda\in\Re^n\end{aligned} \tag{5.37}$$

我们还注意到这里不存在对偶间隙，因为 f_2 和 f_2^* 是实值的，故满足 Fenchel 对偶定理 [命题 1.2.1(a),(b)] 的相对内部条件。实际上，由于原始问题和对偶问题都涉及具有紧水平集的严格凸约束函数，因此存在唯一的原始和对偶最优解。

令 λ_{k+1} 为最小化问题式 (5.37) 的唯一解。于是 λ_{k+1} 连同 x_{k+1} 一起满足命题 1.2.1(c) 最优性的充要条件：

$$\lambda_{k+1}\in\partial f_1(x_{k+1}),\quad -\lambda_{k+1}\in\partial f_2(x_{k+1}) \tag{5.38}$$

根据 f_2 的形式，上面的第二个关系给出

$$\lambda_{k+1}=\frac{x_k-x_{k+1}}{c_k} \tag{5.39}$$

参见图 5.2.1。一旦知道 λ_{k+1}，就可以用该式求出式 (5.35) 的原始近端迭代点 x_{k+1}。

$$x_{k+1}=x_k-c_k\lambda_{k+1} \tag{5.40}$$

因此，可以得到近端算法的对偶实现。在此算法中，我们首先解决 Fenchel 对偶问题式 (5.37) 以获得最优对偶解 λ_{k+1}，然后用式 (5.40) 得到最优原始 Fenchel 解 x_{k+1}，而不是求解近端迭代式 (5.35) 中涉及的 Fenchel 原始问题。

对偶近端算法：求得

$$\lambda_{k+1}\in\arg\min_{\lambda\in\Re^n}\left\{f^*(\lambda)-x_k'\lambda+\frac{c_k}{2}\|\lambda\|^2\right\} \tag{5.41}$$

然后设置

$$x_{k+1}=x_k-c_k\lambda_{k+1} \tag{5.42}$$

图 5.2.2 中说明了对偶算法。请注意，随着 x_k 收敛到 f 的最小点 x^*，同时有 λ_k 收敛到 0。因此，对偶迭代式 (5.41) 的目的不是要使 f^* 最小，而是要找到 f^* 在 0 处的次梯度，从而使 f 最小 [参见附录 B 中的命题 5.4.4(b)]。特别地，我们有

$$\lambda_{k+1}\in\partial f(x_{k+1}),\quad x_{k+1}\in\partial f^*(\lambda_{k+1}),\quad \forall k\geqslant 0$$

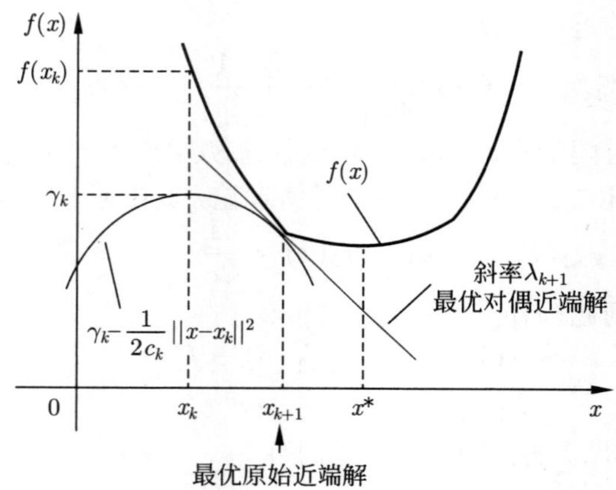

图 5.2.1 最优性条件 $\lambda_{k+1}=\dfrac{x_k-x_{k+1}}{c_k}$ 的示意图，参见式 (5.39)，以及原始和对偶近端解之间的关系

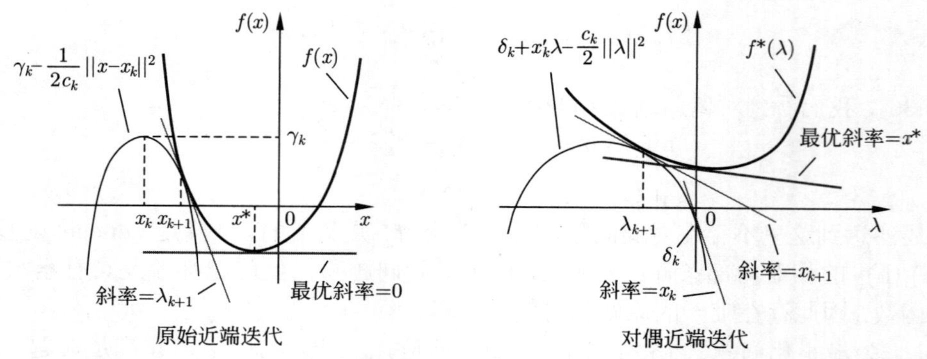

图 5.2.2 原始和对偶近端算法的图示。原始算法旨在找到 x^*，即 f 的最小点。对偶算法旨在求出 x^* 作为 f^* 在 0 处的次梯度 [参照附录 B 中的命题 5.4.4(b)]

[上式中左式参见式 (5.38)，右式参见共轭次梯度定理（附录 B 中的命题 5.4.3）]并且因为 λ_k 收敛到 0 且 x_k 收敛到 f 的最小点 x^*，我们有

$$0\in\partial f(x^*),\quad x^*\in\partial f^*(0)$$

假设使用完全相同的初始点 x_0 和惩罚参数序列 $\{c_k\}$，近端算法的原始形式和对偶实现在数学上是等价的，并生成相同的序列。二者哪一个更好取决于式 (5.35) 和式 (5.41) 哪个最小化更容易，即 f 或其共轭 f^* 是否具有更方便的结构。在下一节中，我们将讨论对偶近端算法更方便求解的情况，并导出增广拉格朗日方法。

增广拉格朗日方法

现在，我们将近端算法应用于约束优化问题的对偶问题。我们将展示相应的对偶近端算法如何导出增广拉格朗日方法。这类方法之所以受欢迎是因为它们可以通过一系列更简单的无约束（或更少约束）的优化问题来解决约束优化问题，这样就可以使用快速可靠的算法（例如牛顿法、准牛顿法和共轭梯度法）。增广的拉格朗日方法也可以用于平滑不可微分的代价函数，如 2.2.5 节中所述，以及非线性规划教材 [Ber82a] 所讨论的。该书是有关增广的拉格朗日、相关平滑技术和顺序二次规划方法的综合文献。

考虑带约束的最小化问题：

$$\begin{aligned} &\text{minimize} \quad f(x) \\ &\text{subject to} \quad x \in X, \quad Ax = b \end{aligned} \tag{5.43}$$

其中 $f : \Re^n \mapsto (-\infty, \infty]$ 是凸函数，X 是凸集，A 是 $m \times n$ 矩阵，同时 $b \in \Re^m$[1]。

考虑相应的原始函数和对偶函数：

$$p(u) = \inf_{x \in X, Ax-b=u} f(x), \quad q(\lambda) = \inf_{x \in X} \{f(x) + \lambda'(Ax - b)\}$$

我们假设 p 是闭且真的，并且最优值 $p(0)$ 是有限的，因此除符号变化外，q 和 p 是互为共轭的 [即 $-q(-\lambda)$ 是 $p(u)$ 的共轭凸函数，参见附录 B 中 4.2 节中的讨论]，并且没有对偶间隙。

让我们将近端算法应用于最大化 q 的对偶问题，其形式为[2]

$$\lambda_{k+1} \in \arg\max_{\lambda \in \mathbb{R}^m} \left\{ q(\lambda) - \frac{1}{2c_k} \|\lambda - \lambda_k\|^2 \right\}$$

鉴于 q 与 p 之间的共轭关系，可知对偶近端算法式 (5.41) 和式 (5.42) 的形式为[3]

$$u_{k+1} \in \arg\min_{u \in \Re^m} \left\{ p(u) + \lambda_k' u + \frac{c_k}{2} \|u\|^2 \right\} \tag{5.44}$$

即式 (5.41)，且

$$\lambda_{k+1} = \lambda_k + c_k u_{k+1} \tag{5.45}$$

即式 (5.42)，参见图 5.2.3。

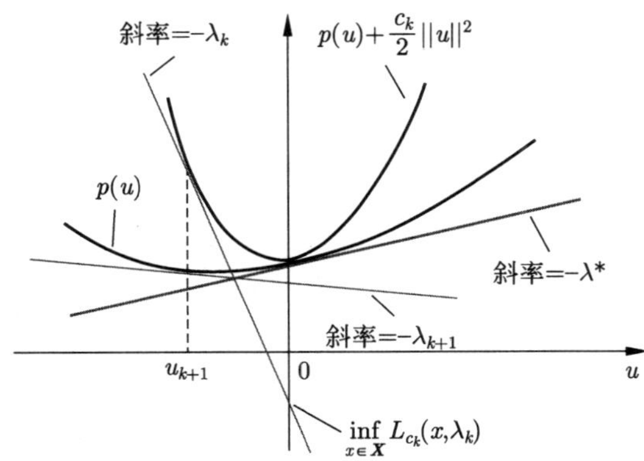

图 5.2.3　对偶近端最小化

$$u_{k+1} \in \arg\min_{u \in \Re^m} \left\{ p(u) + \lambda_k' u + \frac{c_k}{2} \|u\|^2 \right\} \tag{5.46}$$

及增广拉格朗日算法中更新过程 $\lambda_{k+1} = \lambda_k + c_k u_{k+1}$ 的几何解释。从最小化式 (5.46) 我们有

$$0 \in \partial p(u_{k+1}) + \lambda_k + c_k u_{k+1}$$

因此如图所示，向量 u_{k+1} 位于 $u = u_{k+1}$ 处，使得 $-\lambda_k$ 是 $p(u) + \frac{c_k}{2}\|u\|^2$ 的次梯度。通过合并最后两个关系，我们得到 $-\lambda_{k+1} \in \partial p(u_{k+1})$，如图所示。最小化问题式 (5.46) 的最优值等于 $\inf_{x \in X} L_{c_k}(x, \lambda_k)$，并且可以给出图中的几何解释

---

[1] 为方便起见，我们专注在线性等式约束，但这里的分析可以拓展到凸不等式约束（参见后续讨论）。特别地，具有 $a_j'x \leqslant b_j$ 形式的约束通过引入辅助变量 z^j 及可以吸收到集合 X 中的约束 $z^j \geqslant 0$ 可以转化为等式约束 $a_j'x + z^j = b_j$。

[2] 本节不幸出现了符号上的难以避免的混淆，因为原始近端算法用于对偶问题 $\max_\lambda q(\lambda)$（即最小化负的对偶函数 $-q$），而对偶近端算法涉及 $-q$ 的共轭，其自变量是摄动向量 u。因此对偶变量 λ 对应于前面章节中的原始向量 x，而摄动向量 u 对应于前面章节中的对偶向量 λ。

[3] 这里考虑了必要的符号和变量替换，因此 $f \sim -q, x \sim -\lambda, x_k \sim -\lambda_k, f^* \sim p$，且 u 是 p 的自变量。

为了实现此算法，我们为任意 $c>0$ 引入**增广拉格朗日函数**

$$L_c(x,\lambda)=f(x)+\lambda'(Ax-b)+\frac{c}{2}\|Ax-b\|^2,\quad x\in\Re^n,\lambda\in\Re^m$$

并根据 p 的定义将最小化问题式 (5.44) 改写为

$$\begin{aligned}&\inf_{u\in\Re^m}\left\{\inf_{x\in X,Ax-b=u}\{f(x)\}+\lambda_k'u+\frac{c_k}{2}\|u\|^2\right\}\\&=\inf_{u\in\Re^m}\inf_{x\in X,Ax-b=u}\left\{f(x)+\lambda_k'(Ax-b)+\frac{c_k}{2}\|Ax-b\|^2\right\}\\&=\inf_{x\in X}\left\{f(x)+\lambda_k'(Ax-b)+\frac{c_k}{2}\|Ax-b\|^2\right\}\\&=\inf_{x\in X}L_{c_k}(x,\lambda_k)\end{aligned}$$

该式中 u 和 x 的最小化是相关的，我们有

$$u_{k+1}=Ax_{k+1}-b$$

其中 x_{k+1} 是在 X 上最小化 $L_{c_k}(x,\lambda_k)$ 的任意向量（我们假设这样的向量存在，同时保证了最小化 u_{k+1} 的存在，因为最小化问题式 (5.44) 有解，最小化 x_{k+1} 的存在性不能得到保证，必须独立验证或者做出相应的假设）。

使用前面的 u_{k+1} 表达式，我们看到应用于对偶函数 q 最大化的对偶近端算法式 (5.44) 和式 (5.45)，从任意初始向量 λ_0 开始，根据下式进行迭代：

$$\lambda_{k+1}=\lambda_k+c_k(Ax_{k+1}-b)$$

其中 x_{k+1} 是在 X 上最小化 $L_{c_k}(x,\lambda_k)$ 的任意向量。这个方法被称为**增广拉格朗日算法**或**乘子算法**。

增广拉格朗日算法：

求取

$$x_{k+1}\in\arg\min_{x\in X}L_{c_k}(x,\lambda_k)\tag{5.47}$$

之后设置

$$\lambda_{k+1}=\lambda_k+c_k(Ax_{k+1}-b)\tag{5.48}$$

增广拉格朗日算法的收敛性质是从近端算法的相应性质得出的（参见 5.1 节）。序列 $\{q(\lambda_k)\}$ 收敛到最优对偶值，而 $\{\lambda_k\}$ 收敛到最优对偶解，前提是存在这样的解（参见命题 5.1.3）。此外，当 q 为多面体函数时，可以得到有限次数的迭代收敛性（参见命题 5.1.5）。

假设存在对偶最优解，并且 $\{\lambda_k\}$ 收敛到这样的解，我们还可以断言生成的序列 $\{x_k\}$ 的每个极限点都是原始问题式 (5.43) 的最优解。为证明这一点，注意，根据更新公式 (5.48)，我们得到

$$Ax_{k+1}-b\to 0;\quad c_k(Ax_{k+1}-b)\to 0$$

此外，我们有

$$L_{c_k}(x_{k+1},\lambda_k)=\min_{x\in X}\left\{f(x)+\lambda_k'(Ax-b)+\frac{c_k}{2}\|Ax-b\|^2\right\}$$

上述关系给出

$$\limsup_{k\to\infty}f(x_{k+1})=\limsup_{k\to\infty}L_{c_k}(x_{k+1},\lambda_k)\leqslant f(x),\qquad \text{对满足}Ax=b\text{ 的}\forall x\in X\text{成立}$$

因此，如果 $x^*\in X$ 是 $\{x_k\}$ 的极限点，我们得到

$$f(x^*)\leqslant f(x),\qquad \text{对满足}Ax=b\text{ 的}\forall x\in X\text{成立}$$

以及 $Ax^*=b$（鉴于 $Ax_{k+1}-b\to 0$）。因此，所生成序列 $\{x_k\}$ 的任何极限点 x^* 都是原始问题式 (5.43) 的最优解。我们在以下命题中总结了前面的讨论。

命题 5.2.1（增广拉格朗日算法的收敛性质） 考虑由增广拉格朗日算法式 (5.47) 和式 (5.48) 生成的序列 $\{(x_k,\lambda_k)\}$。假设 $\sum_{k=0}^{\infty} c_k=\infty$。将其应用于问题式 (5.43)，此外，原始函数 p 是闭的且真的，并且最优值 $p(0)$ 是有限的，则对偶函数序列 $\{q(\lambda_k)\}$ 收敛到原始和对偶共同的最优值。此外，如果对偶问题至少具有一个最优解，则以下成立：

(a) 序列 $\{\lambda_k\}$ 收敛到最优对偶解。此外，如果 q 是多面体函数，则可以得到有限次数的迭代收敛。

(b) $\{x_k\}$ 的每个极限点都是原始问题式 (5.43) 的最优解。

请注意，不能保证 $\{x_k\}$ 具有极限点，实际上如果对偶最优解存在，即使原始问题式 (5.43) 没有最优解，对偶序列 $\{\lambda_k\}$ 也将收敛。作为示例，读者可以验证对于二维/单个约束问题 $f(x)=e^{x^1}, x^1+x^2=0, x^1\in\Re, x^2\geqslant 0$ 对偶最优解是 $\lambda^*=0$，但没有原始最优解。对于此问题，增广拉格朗日算法将生成的序列 $\{\lambda_k\}$ 和 $\{x_k\}$ 满足条件 $\lambda_k\to 0$ 和 $x_k^1\to-\infty$，而 $f(x_k)\to f^*=0$。

线性和非线性不等式约束

在增广拉格朗日方法中，处理不等式约束的最简单方法是通过使用其他非负变量将它们转化为等式约束。特别地，考虑具有线性不等式约束 $Ax\leqslant b$ 的问题的版本，我们将其写为

$$\begin{array}{ll}\text{minimize} & f(x)\\ \text{subject to} & x\in X,\quad a_1'x\leqslant b_1,\cdots,a_r'x\leqslant b_r\end{array}\tag{5.49}$$

其中 $f:\Re^n\mapsto(-\infty,\infty]$ 是凸函数，并且 X 是凸集。可以将此问题转化为等式约束问题

$$\begin{array}{ll}\text{minimize} & f(x)\\ \text{subject to} & x\in X,\quad z\geqslant 0,\quad a_1'x+z^1=b_1,\cdots,a_r'x+z^r=b_r\end{array}\tag{5.50}$$

其中 $z=(z^1,\cdots,z^r)$ 是辅助变量构成的向量。

用于该问题的增广拉格朗日方法涉及对于序列 $\mu=(\mu^1,\cdots,\mu^r)$ 和 $c>0$ 的如下形式的最小化问题

$$\min_{x\in X,z\geqslant 0}\bar{L}_c(x,z,\mu)=f(x)+\sum_{j=1}^{r}\left\{\mu^j\left(a_j'x-b_j+z^j\right)+\frac{c}{2}\left|a_j'x-b_j+z^j\right|^2\right\}$$

这类最小化问题的求解，可以首先将 $\bar{L}_c(x,z,\mu)$ 在 $z\geqslant 0$ 上做最小化，得到

$$L_c(x,\mu)=\min_{z\geqslant 0}\bar{L}_c(x,z,\mu)$$

然后在 $x\in X$ 上最小化 $L_c(x,\mu)$。一个关键的事实是：**针对每个固定的** x，**第一个关于** z **的最小化可以获得闭式解**，从而给出 $L_c(x,\mu)$ 的闭式表达式。

事实上，我们有

$$\min_{z\geqslant 0}\bar{L}_c(x,z,\mu)=f(x)+\sum_{j=1}^{r}\min_{z^j\geqslant 0}\left\{\mu^j\left(a_j'x-b_j+z^j\right)+\frac{c}{2}\left|a_j'x-b_j+z^j\right|^2\right\}\tag{5.51}$$

大括号中的函数是 z^j 的二次型。其受约束的最小值为 $\hat{z}^j=\max\{0,\tilde{z}^j\}$，其中 $\tilde{z}^j$ 是导数为零的无约束最小值。导数为 $\mu^j+c\left(a_j'x-b_j+\tilde{z}^j\right)$，因此我们得到

$$\hat{z}^j=\max\left\{0,\tilde{z}^j\right\}=\max\left\{0,-\left(\frac{\mu^j}{c}+a_j'x-b_j\right)\right\}$$

记

$$g_j^+\left(x,\mu^j,c\right)=\max\left\{a_j'x-b_j,-\frac{\mu^j}{c}\right\} \tag{5.52}$$

我们有 $a_j'x-b_j+\hat{z}^j=g_j^+\left(x,\mu^j,c\right)$。上式代入式 (5.51)，我们得到 $L_c(x,\mu)=\min\limits_{z\geqslant 0}\bar{L}_c(x,z,\mu)$ 的闭式表达式：

$$L_c(x,\mu)=f(x)+\sum_{j=1}^{r}\left\{\mu^j g_j^+\left(x,\mu^j,c\right)+\frac{c}{2}\left(g_j^+\left(x,\mu^j,c\right)\right)^2\right\} \tag{5.53}$$

经计算，此处留给读者，我们也可以将这个表达式写成：

$$L_c(x,\mu)=f(x)+\frac{1}{2c}\sum_{j=1}^{r}\left\{\left(\max\left\{0,\mu^j+c\left(a_j'x-b_j\right)\right\}\right)^2-\left(\mu^j\right)^2\right\} \tag{5.54}$$

我们可以将其视为不等式约束问题式 (5.49) 的增广拉格朗日函数。

从前面的推导可以看出，针对不等式约束问题式 (5.49) 的增广拉格朗日方法由以下形式的最小化序列组成

$$\begin{aligned}&\text{minimize} && L_{c_k}\left(x,\mu_k\right)\\&\text{subject to} && x\in X\end{aligned}$$

其中 μ_k 的迭代关系为

$$\mu_{k+1}^j=\mu_k^j+c_k g_j^+\left(x_k,\mu_k^j,c_k\right),\quad j=1,\cdots,r$$

上式可以等效地写成

$$\mu_{k+1}^j=\max\left\{0,\mu_k^j+c_k\left(a_j'x_k-b_j\right)\right\},\quad j=1,\cdots,r$$

注意惩罚项

$$\frac{1}{2c}\left\{\left(\max\left\{0,\mu^j+c\left(a_j'x-b_j\right)\right\}\right)^2-\left(\mu^j\right)^2\right\}$$

对应于式 (5.54) 中的第 j 个不等式约束，它是凸的，并且对 x 是连续可微的（见图 5.2.4）。但是，它的 Hessian 矩阵对于所有的满足 $a_j'x-b_j=-\mu^j/c$ 的 x 是不连续的，因此这可能会在最小化 $L_c(x,\mu)$ 方面存在困难，尤其是在使用类牛顿法的情况下，这就针对不等式约束引出了替代的二次可微的增广拉格朗日方法（请参见 6.6 节）。

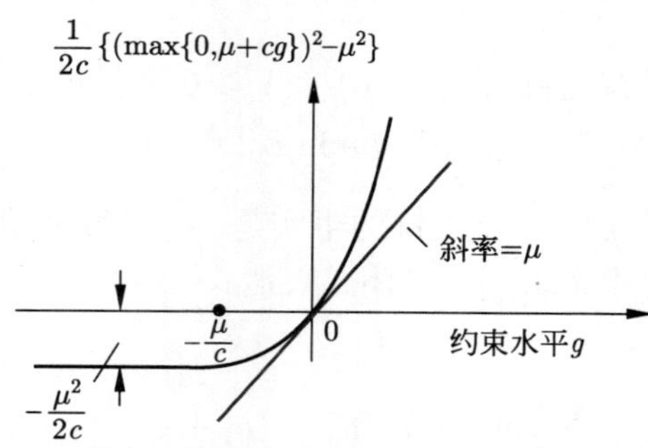

图 5.2.4 单个不等式约束 $g(x)\leqslant 0$ 的二次惩罚项形式

总之，针对不等式约束问题式 (5.49) 的增广拉格朗日方法包含一系列最小化

$$\begin{aligned}&\text{minimize} && L_{c_k}\left(x,\mu_k\right)\\&\text{subject to} && x\in X\end{aligned}$$

其中 $L_{c_k}(x,\mu_k)$ 由式 (5.53) 或式 (5.54) 给出，$\{\mu_k\}$ 是如上所述更新的序列，$\{c_k\}$ 是满足 $\sum_{k=0}^{\infty} c_k=\infty$ 条件的正罚参数序列。由于该方法与应用于相应的等式约束问题式 (5.50) 的等式约束方法等价，因此我们对较早的收敛结果（参见命题 5.2.1）做出显然的修改即可。

我们最后注意到，问题式 (5.49) 中的线性约束替换为以下非线性不等式约束的问题，存在类似的增广拉格朗日方法

$$g_1(x)\leqslant 0,\cdots,g_r(x)\leqslant 0$$

该方法与上面的方法具有相同的形式，其中式 g_j^+ 被定义为

$$g_j^+\left(x,\mu^j,c\right)=\max\left\{g_j(x),-\frac{\mu^j}{c}\right\}$$

参见式 (5.52)（推导非常类似；参见 [Ber82a]）。特别地，该方法包括增广拉格朗日的连续最小化

$$L_{c_k}(x,\mu_k)=f(x)+\sum_{j=1}^{r}\left\{\mu_k^j g_j^+\left(x,\mu_k^j,c_k\right)+\frac{c_k}{2}\left(g_j^+\left(x,\mu_k^j,c_k\right)\right)^2\right\}$$

以求得 x_k，乘子 μ_k 通过如下迭代进行更新

$$\mu_{k+1}^j=\mu_k^j+c_k g_j^+\left(x_k,\mu_k^j,c_k\right),\quad j=1,\cdots,r$$

参见本章末尾的参考文献。请注意，如果 f 和 g_j 对 x 是连续可微的，那么 $L_{c_k}(\cdot,\mu_k)$ 也是连续可微的，同时如果 f 和 g_j 是凸的，那么 $L_{c_k}(\cdot,\mu_k)$ 也是凸的。

增广拉格朗日算法的变体

增广拉格朗日算法是一种出色的通用约束最小化方法，适用于比此处讨论的问题更多的一般问题。例如，它可以用于具有非凸的代价和约束函数的可微问题。它也可以用在凸优化和非凸优化的平滑方法中（参见 2.2.5 节）。

这些性质及其与对偶性的联系是由于二次惩罚的凸化作用，即使在非凸问题的情况下也是如此。进一步的讨论超出了我们的关注范围，可参见非线性规划教科书 [Ber82a]，该书着重于增广拉格朗日方法和其他拉格朗日算子方法。

该算法还体现了丰富的结构，具有许多变体。特别地，让我们关注“惩罚”对偶函数 q_c：

$$q_c(\lambda)=\max_{y\in\Re^m}\left\{q(y)-\frac{1}{2c}\|y-\lambda\|^2\right\}\tag{5.55}$$

于是，根据命题 5.1.7，q_c 是可微的，我们有

$$\nabla q_c(\lambda)=\frac{y_c(\lambda)-\lambda}{c}\tag{5.56}$$

其中 $y_c(\lambda)$ 是式 (5.55) 中达到最大值的唯一向量。由于 $y_{c_k}(\lambda_k)=\lambda_{k+1}$，我们使用式 (5.48) 和式 (5.56) 得到

$$\nabla q_{c_k}(\lambda_k)=\frac{\lambda_{k+1}-\lambda_k}{c_k}=Ax_{k+1}-b$$

乘子 λ_k 的更新可以写成梯度迭代：

$$\lambda_{k+1}=\lambda_k+c_k\nabla q_{c_k}(\lambda_k)$$

[参见式 (5.17)]。

这种解释引出了基于更快的牛顿法或准牛顿法的变体，以最大化 q_c，其最大点对于任意的 $c>0$，都与 q 保持一致。(到现在为止所描述的算法又被称为**一阶乘子法**，以区别于牛顿类的方法，后者也被称为**二阶乘子法**。) 沿该思路有很多算法，其中有些算法不精确地最小化增广拉格朗日函数以提高计算效率。这种方法的分析可参见 [Ber82a] 和本章结尾处引用的其他文献。

最后，我们注意到，由于近端算法可以推广到使用非二次正则化函数的情况，因此可以相应地推广对偶近端算法，从而也可以相应地推广增广拉格朗日方法（参见 6.6 节和 [Ber82a]，第 5 章）。

该方法的一个难题是，即使代价函数是可分的，由于涉及二次项 $\|Ax-b\|^2$，增广拉格朗日函数 $L_c(\bullet,\lambda)$ 通常也是不可分的。不过，通过使用块坐标下降法，有可能在某种程度上处理可分性的损失，如下面来自 [BeT89a] 的示例所示。

例 5.2.1 可加代价问题。

考虑以下问题：

$$\begin{aligned}&\text{minimize} && \sum_{i=1}^{m} f_i(x)\\ &\text{subject to} && x\in\bigcap_{i=1}^{m} X_i\end{aligned}$$

其中 $f_i:\Re^n\mapsto\Re$ 是凸函数，而 X_i 是闭的，具有非空交集的凸集。作为特殊情况，此问题包含 1.3 节中给出的几个例子，例如正则回归、分类和最大似然问题。

我们引入辅助变量 $z^i, i=1,\cdots,m$，考虑等价问题

$$\begin{aligned}&\text{minimize} && \sum_{i=1}^{m} f_i\left(z^i\right)\\ &\text{subject to} && x=z^i,\quad z^i\in X_i,\quad i=1,\cdots,m\end{aligned}\tag{5.57}$$

并应用增广拉格朗日方法以对应的乘子向量 λ^i 来消除约束条件 $z^i=x$。该方法采用以下形式

$$\lambda_{k+1}^i=\lambda_k^i+c_k\left(x_{k+1}-z_{k+1}^i\right),\quad i=1,\cdots,m\tag{5.58}$$

其中 x_{k+1} 和 $z_{k+1}^i, i=1,\cdots,m$ 是问题

$$\begin{aligned}&\text{minimize} && \sum_{i=1}^{m}\left(f_i\left(z^i\right)+\lambda_k^i\left(x-z^i\right)+\frac{c_k}{2}\left\|x-z^i\right\|^2\right)\\ &\text{subject to} && x\in\Re^n,\quad z^i\in X_i,\quad i=1,\cdots,m\end{aligned}$$

的解。

请注意，x 和向量 z^i 之间存在耦合，因此，不能将此问题分解为独立于某些变量的最小化问题。另一方面，该问题具有笛卡儿乘积约束集，并且该结构适合于应用块坐标下降方法，该方法每次一个分量地循环最小化代价函数。特别地，我们可以考虑通过迭代式

$$x:=\frac{\sum_{i=1}^{m} z^i}{m}-\frac{\sum_{i=1}^{m}\lambda_k^i}{mc_k}\tag{5.59}$$

使 $x\in\Re^n$ 最小化增广拉格朗日函数，然后通过迭代式

$$z^i\in\arg\min_{z^i\in X_i}\left\{f_i\left(z^i\right)-\lambda_k^i z^i+\frac{c_k}{2}\left\|x-z^i\right\|^2\right\},\quad i=1,\cdots,m\tag{5.60}$$

针对 $z^i\in X_i$ 最小化增广拉格朗日函数，并重复该过程直到收敛到增广拉格朗日函数的最小点，然后再进行式 (5.58) 形式的乘子更新。

在前面的示例中，增广拉格朗日函数的最小化利用了问题的结构，但在执行乘子更新式 (5.58) 之前，需要进行无数次式 (5.59) 和式 (5.60) 的循环最小化迭代。实际上，不需要精确地收敛到增广拉格朗日函数的最小点，在乘子更新之前仅执行 x 和 z^i 中有限数量的最小化循环即可。特别是，存在具有良好的收敛特性的增广型拉格朗日方法的改进版本，允许在某些终止条件下进行非精确的最小化（参见 [Ber82a] 和随后的参考文献，例如 [EcB92]，[Eck03] 以及 [EkS13]）。在 5.4 节中，我们将讨论乘子的交替方向方法，这是一种略有不同的方法，它基于增广拉格朗日思想，并且在更新乘子向量之前仅执行一次 x 和 z^i 的最小化循环。

5.3　线性化近端算法

在本节中，我们将考虑在闭凸集 X 上最小化实值凸函数 $f: \Re^n \mapsto \Re$，并结合第 4 章近端算法和多面体近似方法。如 4.1 节所述，割平面方法的缺点之一是不稳定现象，该方法可能会距离当前点过远，代价函数值的表现会大大退步。限制这种影响的一种方法是，在多面体函数近似中添加一个正则化项 $p_k(x)$，该项会惩罚与某个参考点 y_k 的较大偏差。因此，在这类方法中，

$$x_{k+1} \in \arg\min_{x \in X} \{F_k(x) + p_k(x)\} \tag{5.61}$$

类似于割平面法，

$$F_k(x) = \max\left\{f(x_0) + (x - x_0)' g_0, \cdots, f(x_k) + (x - x_k)' g_k\right\}$$

类似于近端算法，

$$p_k(x) = \frac{1}{2c_k} \|x - y_k\|^2$$

其中 c_k 是正标量参数；对于 $y_k = x_k$ 的情况，参见图 5.3.1。我们将 $p_k(x)$ 称为**近端项**，并将其中心 y_k 作为**近端中心**（可能与 x_k 不同，原因将在后面说明）。

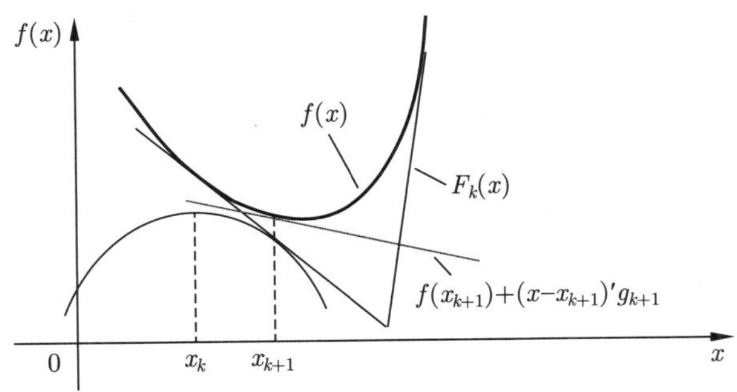

图 5.3.1　具有外部线性化的近端算法图示。x_{k+1} 是负近端项的图（升高了一定量）首先与 F_k 的图接触的点。根据 x_{k+1} 处 f 的次梯度 g_{k+1} 添加新的割平面。请注意，近端项减少了不稳定性的影响：x_{k+1} 趋于更接近 x_k，距离为 $\|x_{k+1} - x_k\|$，取决于近端项的大小，即惩罚参数 c_k

该方法的思想是为割平面法提供稳定性的措施，但以在每次迭代中解决更困难的子问题为代价（例如，在 X 是多面体的情况下，以二次规划代替线性规划）。我们可以将迭代式 (5.61) 视为割平面法和近端方法的组合。在 5.3.1 节中，我们会首先讨论近端中心是当前迭代点 ($y_k = x_k$) 的情况。在 5.3.2 节中，我们讨论 y_k 的替代选择，旨在进一步提高稳定性。

5.3.1 近端割平面法

我们考虑通过近端类算法，在闭凸集 X 上最小化实值凸函数 $f:\Re^n\mapsto\Re$，其中 f 用割平面近似 F_k 代替，从而简化相应的近端最小化过程。在典型的迭代步骤中，我们执行近端迭代，目的是最小化 f 当前的多面体近似

$$F_k(x)=\max\left\{f\left(x_0\right)+\left(x-x_0\right)'g_0,\cdots,f\left(x_k\right)+\left(x-x_k\right)'g_k\right\} \tag{5.62}$$

然后计算 x_{k+1} 处 f 的次梯度 g_{k+1}，相应地更新 F_k，并重复该过程。我们称其为**近端割平面法**。这正是式 (5.61) 给出的方法，在每次迭代中，针对所有的 k，将近端中心重置到当前点 $y_k=x_k$；参见图 5.3.1。

近端割平面法

求取

$$x_{k+1}\in\arg\min_{x\in X}\left\{F_k(x)+\frac{1}{2c_k}\|x-x_k\|^2\right\} \tag{5.63}$$

其中 F_k 是式 (5.62) 给出的外近似函数，c_k 是正标量参数。然后基于 $f\left(x_{k+1}\right)$ 和次梯度

$$g_{k+1}\in\partial f\left(x_{k+1}\right)$$

引入新的割平面来细化近似。

在这种情况下，如果 $x_{k+1}=x_k$，则该方法终止。式 (5.62) 和式 (5.63) 意味着

$$f\left(x_k\right)=F_k\left(x_k\right)\leqslant F_k(x)+\frac{1}{2c_k}\|x-x_k\|^2\leqslant f(x)+\frac{1}{2c_k}\|x-x_k\|^2,\quad \forall x\in X$$

因此 x_k 是近端算法终止的点，由命题 5.1.3 可知它必然是最优的。但是请注意，除非 f 和 X 是多面体的，否则算法不可能在有限次迭代终止。

根据我们已知的方法，易知该方法的收敛性。思路是 F_k 至少在生成的迭代点附近渐近地“收敛”到 f，因此渐近地该算法本质上变成为近端算法，并继承了相应的收敛特性。特别地，我们可以证明，如果最优解集 X^* 是非空的，则近端割平面法式 (5.63) 生成的序列 $\{x_k\}$ 会收敛到 X^* 中的某个点。该证明基于割平面法（参见命题 4.1.1）和近端算法（参见命题 5.1.3）的收敛性，此处不会给出详细证明。

在 f 和 X 是多面体的情况下，收敛到最优解的过程是有限次数的迭代，如以下命题所示。这是割平面和近端方法的有限收敛性的结果。

命题 5.3.1（近端割平面方法的有限终止特性） 对于 f 和 X 为多面体的情况，考虑近端割平面方法，其中

$$f(x)=\max_{i\in I}\left\{a_i'x+b_i\right\}$$

I 是有限指标集，并且 a_i 和 b_i 分别是给定的向量和标量。假设最优解集是非空的，并且每次迭代添加到割平面近似表示中的次梯度是某个向量 a_i，其中 $i\in I$。则该方法将在有限步内终止于一个最优解。

证明：由于只有有限个向量 a_i 需要添加，最终多面近似值 F_k 将不会改变，即 $F_k=F_{\bar{k}}$ 对所有 $k>\bar{k}$ 都成立。因此对于 $k\geqslant\bar{k}$，该方法将成为使 $F_{\bar{k}}$ 最小化的近端算法，因此由命题 5.1.5，将终止到点 $\bar{z}$，该点在 $x\in X$ 上使 $F_{\bar{k}}$ 最小化。同时，没有新向量添加到近似函数 F_k，我们将结束在 X 上最小化 f 的割平面法的迭代过程。这意味着割平面法迭代必定终止，且终止于 f 在 X 上的最小点。 □

近端割平面方法旨在相较于普通割平面法提高稳定性，但它有一些缺点：

(a) 在选择参数 c_k 时可能存在一个折中的困难。特别是，只能通过选择一个较小的 c_k 来可实现稳定性，因为对于较大的 c_k 值，变化量 $x_{k+1}-x_k$ 可能很大。事实上，对于足够大的 c_k，该方法在单次最小化中可找到 X 上 F_k 精确最小值（请参阅命题 5.1.5），与一般割平面方法完全相同，从而无法提供任何稳定性！另一方面，即使 f 是多面体函数，甚至是线性函数，c_k 的较小值也会导致收敛速度变慢（参见图 5.1.2）。

(b) 在近似函数 F_k 中使用的次梯度的数量可能会变得非常大，在这种情况下，在式 (5.63) 中求解二次规划可能会变得非常耗时。

这些缺点引出了称为束方法的算法变体，我们将在下面进行讨论。主要区别在于，为了确保一定程度的稳定性，仅在使 f 最小化方面取得足够进展之后，才选择性地更新近端中心。

5.3.2　束方法

在束方法的基本形式中，迭代点 x_{k+1} 是通过在 X 上最小化 f 的割平面近似 F_k 与二次近端项 $p_k(x)$ 之和来得到

$$x_{k+1} \in \arg\min_{x\in X}\{F_k(x)+p_k(x)\} \tag{5.64}$$

p_k 的近端中心不必为 x_k（如在近端割平面法中），而是过去的某个迭代点 $x_i, i\leqslant k$。

在该方法的一个版本中，F_k 由下式给出

$$F_k(x)=\max\left\{f\left(x_0\right)+\left(x-x_0\right)' g_0,\cdots,f\left(x_k\right)+\left(x-x_k\right)' g_k\right\} \tag{5.65}$$

而 $p_k(x)$ 的形式为

$$p_k(x)=\frac{1}{2c_k}\left\|x-y_k\right\|^2$$

其中 $y_k\in\{x_i\mid i\leqslant k\}$。在计算 x_{k+1} 之后，新的近端中心 y_{k+1} 设置为 x_{k+1} 或保持不变（$y_{k+1}=y_k$），根据是按照某种测试准则，是否已经取得“足够的进展”。这种测试的一个例子是：

$$f\left(y_k\right)-f\left(x_{k+1}\right)\geqslant\beta\delta_k$$

其中 β 是 $\beta\in(0,1)$ 中的固定标量，且

$$\delta_k=f\left(y_k\right)-\left(F_k\left(x_{k+1}\right)+p_k\left(x_{k+1}\right)\right)$$

于是

$$y_{k+1}=\begin{cases} x_{k+1} & \text{如果} f\left(y_k\right)-f\left(x_{k+1}\right)\geqslant\beta\delta_k \\ y_k & \text{如果} f\left(y_k\right)-f\left(x_{k+1}\right)<\beta\delta_k \end{cases} \tag{5.66}$$

而初始值为 $y_0=x_0$。在束方法中，将 y_{k+1} 更新为 x_{k+1} 的迭代称为**实质性步骤**，而 $y_{k+1}=y_k$ 的迭代称为**空步骤**。

标量 δ_k 如图 5.3.2 所示。由于 $f(y_k)=F_k\left(y_k\right)$[参见式 (5.65)]，$\delta_k$ **表示从** y_k **移至** x_{k+1} **时近端目标函数** F_k+p_k **的减小量**。如果目标函数的真实减小量

$$f\left(y_k\right)-f\left(x_{k+1}\right)$$

不超过 δ_k 的 β 比例（或者如图 5.3.2 的右侧那样甚至是负数），这表明近端目标函数和真实目标函数之间存在较大差异以及相关的不稳定性。导致该算法通过空步骤放弃从 y_k 到 x_{k+1} 的移动 [参见式 (5.66)]，仅通过添加与 x_{k+1} 对应的新平面来提高割平面的近似度。否则，它将执行那个实质性步骤，并保证测试式 (5.66) 能够真正改善代价。

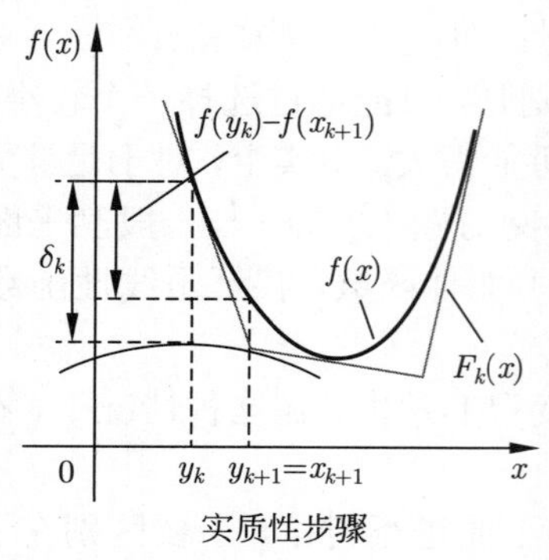

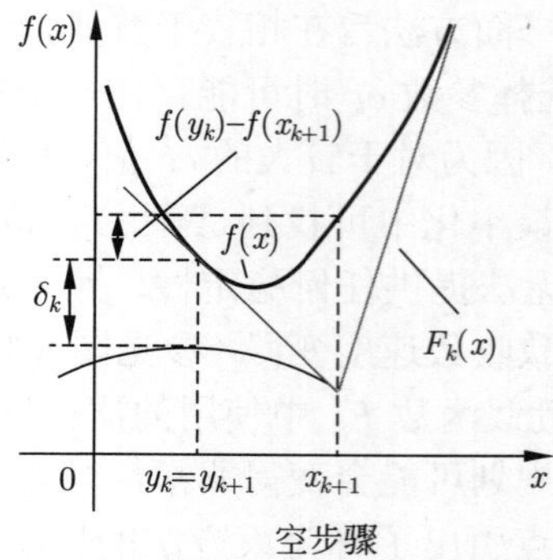

图 5.3.2 束方法中实质性步骤或空步骤的测试式 (5.66) 的示意图。它基于 $\delta_k = f(y_k) - (F_k(x_{k+1}) + p_k(x_{k+1})) = (F_k(y_k) + p_k(y_k)) - (F_k(x_{k+1}) + p_k(x_{k+1}))$，近端代价的降低。除非终止，它总是正的。当且仅当真实代价的减少 $f(y_k) - f(x_{k+1})$ 超过近端代价减少量 δ_k 的 β 比例，实质性步骤得以执行

重要的一点是，如果 $x_{k+1} \neq y_k$ 则 $\delta_k > 0$。实际上，因为

$$F_k(x_{k+1}) + p_k(x_{k+1}) \leqslant F_k(y_k) + p_k(y_k) = F_k(y_k)$$

并且 $F_k(y_k) = f(y_k)$，我们有

$$0 \leqslant f(y_k) - (F_k(x_{k+1}) + p_k(x_{k+1})) = \delta_k$$

等号仅在 $x_{k+1} = y_k$ 时成立。

如果 $x_{k+1} = y_k$，该方法终止；在这种情况下，式 (5.64) 和式 (5.65) 意味着

$$f(y_k) + p_k(y_k) = F_k(y_k) + p_k(y_k) \leqslant F_k(x) + p_k(x) \leqslant f(x) + p_k(x), \quad \forall x \in X$$

因此 y_k 是近端算法终止点，因此一定是最优的。当然，除非 f 和 X 是多面体，有限步终止不太可能。

上述束方法的收敛性分析与割平面法和近端方法的相应分析相似。想法是，该方法在每一个实质性步骤中都会取得“实质性”进展。此外，不可能无限地执行空步骤，因为在这种情况下，对 f 的多面体近似将变得越来越准确，代价的真实降低量将收敛到近端代价的降低量。于是，由于 $\beta < 1$，针对实质性步骤的测试最终将通过，因此可以使用此事实构造收敛性证明。在 f 和 X 是多面体的情况下，该方法是有限收敛的，类似于近端和近端割平面法的情况（参见命题 5.1.5 和 5.3.1）。

命题 5.3.2（束方法的有限终止性） 对于 X 和 f 是多面体的情况，考虑束方法：

$$f(x) = \max_{i \in I}\{a_i'x + b_i\}$$

其中 I 是一个有限指标集，而 a_i 和 b_i 分别是给定的向量和标量。假设最优解集是非空的，并且在每次迭代中添加到割平面近似的次梯度是向量 $a_i, i \in I$ 中的一个。则方法将在有限步以后终止于最优解。

证明：由于要添加的向量 a_i 只有有限多个，最终多面近似函数 F_k 将不会改变，即对于所有 $k > \bar{k}$ 都有 $F_k = F_{\bar{k}}$。于是，对于所有 $k > \bar{k}$，都有 $F_k(x_{k+1}) = f(x_{k+1})$ 成立，因为否则会将新的割平面添加到 F_k。因此，对于 $k > \bar{k}$，

$$
\begin{aligned}
f\left(y_k\right)-f\left(x_{k+1}\right) &= f\left(y_k\right)-F_k\left(x_{k+1}\right) \\
&= f\left(y_k\right)-\left(F_k\left(x_{k+1}\right)+p_k\left(x_{k+1}\right)\right)+p_k\left(x_{k+1}\right) \\
&= \delta_k+p_k\left(x_{k+1}\right) \\
&\geqslant \beta \delta_k
\end{aligned}
$$

因此，根据式 (5.66)，该方法将对所有 $k>\bar{k}$ 执行实质性步骤，并且将与近端割平面法变得完全相同，后者由命题 5.3.1 可知具有有限收敛性。 □

舍弃旧的次梯度

前面我们提到过，割平面法的缺点之一是，近似函数 F_k 中使用的次梯度数量可能会变得非常大。通过测试式 (5.66) 进行的实质/空步骤的进度监视也可以用于舍弃一些累积的割平面。例如，在实质性步骤结束时，将近端中心 y_k 更新为 $y_{k+1}=x_{k+1}$ 后，我们可以舍弃一部分割平面。

当然，保留某些切割平面可能是有用的，特别是在 y_{k+1} 处于“起作用”或“接近起作用”状态的割平面，即满足 $i \leqslant k$ 且线性化误差

$$
F_k\left(y_{k+1}\right)-\left(f\left(x_i\right)+\left(y_{k+1}-x_i\right)' g_i\right)
$$

分别为 0 或接近 0 的割平面。本质上该方法的有效性在于 $\{f\left(y_k\right)\}$ 是一个单调递减序列，近端中心更新过程中有“足够大”的代价下降。

从 y_k 到 x_{k+1} 执行实质性步骤后，一种极端的做法是舍弃所有过去的次梯度。于是，在计算 x_{k+1} 处的次梯度 g_{k+1} 之后，下一次迭代变为

$$
x_{k+2} \in \arg \min_{x \in X}\left\{f\left(x_{k+1}\right)+g_{k+1}'\left(x-x_{k+1}\right)+\frac{1}{2 c_{k+1}}\left\|x-x_{k+1}\right\|^2\right\}
$$

可知我们有

$$
x_{k+2}=P_X\left(x_{k+1}-c_{k+1} g_{k+1}\right)
$$

其中 $P_X(\bullet)$ 表示到 X 上的投影，因此在实质性步骤后丢弃所有过去的次梯度后，下一个迭代是步长等于 c_{k+1} 的正常次梯度迭代。

另一种可能是，经过实质性步骤，用单个割平面代替所有割平面：该超平面穿过 $\left(x_{k+1}, F_k\left(x_{k+1}\right)\right)$ 并将函数 $F_k(x)$ 和 $\gamma_k-\frac{1}{2 c_k}\left\|x-y_k\right\|^2$ 的上图分离，其中

$$
\gamma_k=F_k\left(x_{k+1}\right)+\frac{1}{2 c_k}\left\|x_{k+1}-y_k\right\|^2
$$

（参见图 5.3.3）。该割平面为

$$
F_k\left(x_{k+1}\right)+\hat{g}_k'\left(x-x_{k+1}\right) \tag{5.67}
$$

其中 $\hat{g}_k$ 定义为

$$
\hat{g}_k=\frac{y_k-x_{k+1}}{c_k} \tag{5.68}
$$

于是下一步迭代将仅使用两个割平面执行：由式 (5.67) 和式 (5.68) 给出的割平面和从 x_{k+1} 得到的新的割平面

$$
f\left(x_{k+1}\right)+g_{k+1}'\left(x-x_{k+1}\right)
$$

其中 $g_{k+1} \in \partial f\left(x_{k+1}\right)$。

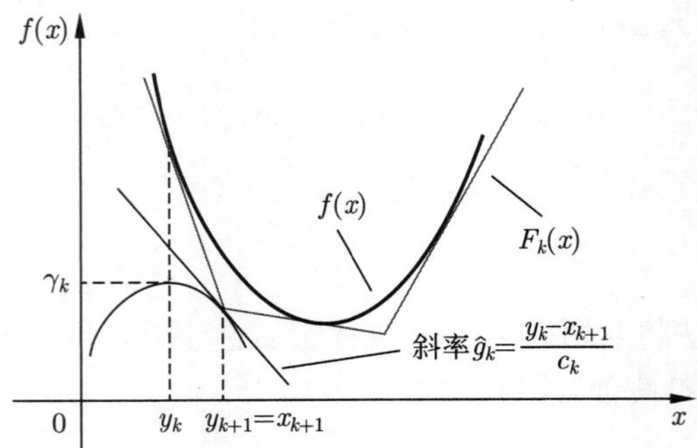

图 5.3.3 割平面 $F_k(x_{k+1})+\hat{g}_k'(x-x_{k+1})$ 图示，其中 $\hat{g}_k=\dfrac{y_k-x_{k+1}}{c_k}$。可以证明“斜率”$\hat{g}_k$ 可表示为 x_{k+1} 处“起作用”的次梯度的凸组合

向量 $\hat{g}_k$ 有时被称为“聚合次梯度”，因为可以证明它是过去的次梯度 $g_0,\cdots,g_k$ 的凸组合。这可以从图 5.3.3 看出，也可以通过使用二次规划对偶性论证加以验证。

束方法还有许多其他变体，旨在提高效率和利用特殊结构。读者可以从参考文献找到相关讨论和分析。

5.3.3 近端内部线性化方法

在 5.3.2 节中，我们看到可以将近端算法与外部线性化结合起来以产生近端割平面法及其束版本。在本节中，我们使用对偶组合，涉及对偶近端算法式 (5.41) 和式 (5.42) 和内部线性化（外部线性化的对偶）。这就产生了另一种方法，该方法通过 Fenchel 对偶性与 5.3.1 节的近端割平面算法相连（见图 5.3.4）。

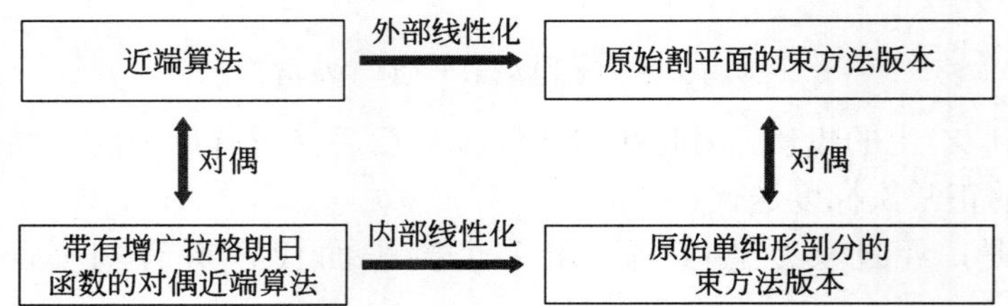

图 5.3.4 近端和近端割平面法及其对偶的关系。对偶算法是通过应用 Fenchel 对偶定理（命题 1.2.1）获得的，同时考虑了外部和内部线性化之间的共轭关系（请参见 4.3 节）

让我们回顾一下最小化闭凸集 X 上的实值凸函数 $f:\Re^n\mapsto\Re$ 的近端割平面法。典型的迭代包括对 f 的当前割平面近似

$$F_k(x)=\max\left\{f(x_0)+(x-x_0)'g_0,\cdots,f(x_k)+(x-x_k)'g_k\right\}+\delta_X(x) \tag{5.69}$$

的近端最小化，其中对所有 i 有 $g_i\in\partial f(x_i)$，且 δ_X 是 X 的示性函数。因此，

$$x_{k+1}\in\arg\min_{x\in\Re^n}\left\{F_k(x)+\frac{1}{2c_k}\|x-x_k\|^2\right\}$$

其中 c_k 是正标量参数。然后计算 x_{k+1} 处 f 的次梯度 g_{k+1}，相应地更新 F_{k+1}，然后重复此步骤。

该算法有一个对偶版本，类似于 5.2 节。特别地，我们可以使用 Fenchel 对偶性来实现共轭函数方面的先前的近端最小化 [参见式 (5.41)]。因此，这种最小化的 Fenchel 对偶可以写作 [参见式 (5.37)]

$$\begin{aligned}&\text{minimize} \quad F_k^*(\lambda) - x_k'\lambda + \frac{c_k}{2}\|\lambda\|^2 \\ &\text{subject to} \quad \lambda \in \Re^n,\end{aligned} \tag{5.70}$$

其中 F_k^* 是 F_k 的共轭数。一旦在此计算出了对偶近端迭代中唯一的最小化点 λ_{k+1}，就可以更新 x_k 如下：

$$x_{k+1} = x_k - c_k\lambda_{k+1}$$

[参见式 (5.42)]。然后通过“微分”获得 x_{k+1} 处 f 的次梯度 g_{k+1}，同时用来更新 F_k。

近端内部线性化方法

求取

$$\lambda_{k+1} \in \arg\min_{\lambda\in\Re^n}\left\{F_k^*(\lambda) - x_k'\lambda + \frac{c_k}{2}\|\lambda\|^2\right\} \tag{5.71}$$

并且设置

$$x_{k+1} = x_k - c_k\lambda_{k+1} \tag{5.72}$$

其中 F_k^* 是式 (5.69) 的外近似函数 F_k 的共轭，同时 c_k 是正标量参数。然后通过引入基于 $f(x_{k+1})$ 的新割平面和次梯度

$$g_{k+1} \in \partial f(x_{k+1})$$

来构造更精细的近似函数 F_{k+1} 和 F_{k+1}^*。

注意，新的次梯度 g_{k+1} 还可以作为达到共轭关系

$$f(x_{k+1}) = \sup_{\lambda\in\Re^n}\left\{x_{k+1}'\lambda - f^*(\lambda)\right\}$$

上确界的向量求得，其中 f^* 是 f 的共轭函数，因为

$$g_{k+1} \in \partial f(x_{k+1}) \quad \text{当且仅当} \quad g_{k+1} \in \arg\max_{\lambda\in\Re^n}\left\{x_{k+1}'\lambda - f^*(\lambda)\right\} \tag{5.73}$$

（请参见附录 B 中命题 5.4.3 的共轭次梯度定理）。如果求“微分” $g_{k+1} \in \partial f(x_{k+1})$ 不方便，则上述最大化方法可能更可取。

单纯形剖分实现

现在为了简单起见，假设没有约束，即 $X = \Re^n$，我们将讨论前述计算的细节。根据 4.3 节，F_k^*（f 的外部线性近似 F_k 的共轭）是 f^* 的分段线性（内部）近似，其定义域为

$$\text{dom}(F_k^*) = \text{conv}(\{g_0, \cdots, g_k\}),$$

其“分段点”位于 $g_i, i = 0, \cdots, k$。特别地，根据 4.3 节中共轭 F_k^* 的公式，式 (5.71) 的对偶近端优化具有

$$\begin{aligned}&\text{minimize} \quad \sum_{i=0}^k \alpha_i f^*(g_i) - x_k'\sum_{i=0}^k \alpha_i g_i + \frac{c_k}{2}\left\|\sum_{i=0}^k \alpha_i g_i\right\|^2 \\ &\text{subject to} \quad \sum_{i=0}^k \alpha_i = 1, \quad \alpha_i \geqslant 0, i = 0, \cdots, k\end{aligned} \tag{5.74}$$

的形式。如果 $\left(\alpha_0^k, \cdots, \alpha_k^k\right)$ 达到最小值，那么式 (5.71) 和式 (5.72) 就给出

$$\lambda_{k+1} = \sum_{i=0}^k \alpha_i^k g_i, \quad x_{k+1} = x_k - c_k\sum_{i=0}^k \alpha_i^k g_i \tag{5.75}$$

如果方便，下一个次梯度 $g_{k+1} \in \partial f(x_{k+1})$ 也可以从最大化

$$g_{k+1} \in \arg\max_{\lambda \in \Re^n} \left\{ x_{k+1}' \lambda - f^*(\lambda) \right\} \tag{5.76}$$

中求得，参见式 (5.73)。如图 5.3.5 所示，g_{k+1} 提供了新的分段点，并改进了对 f^* 的内部近似。

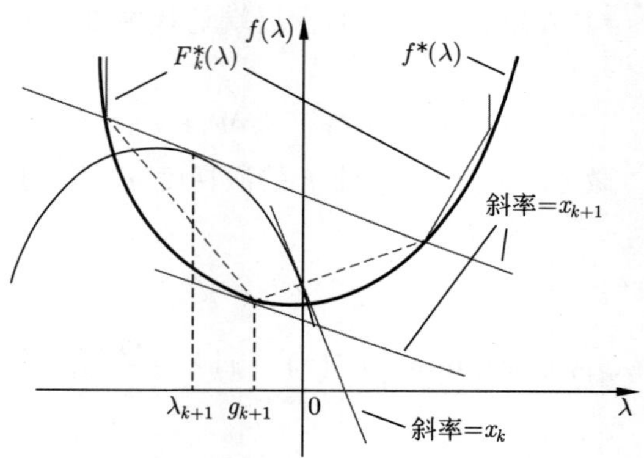

图 5.3.5　近端单纯形剖分算法一步迭代的图示。近端最小化确定 F_k^* 的“斜率” x_{k+1}，然后通过最大化 $g_{k+1} \in \arg\max_{\lambda \in \Re^n} \left\{ x_{k+1}' \lambda - f^*(\lambda) \right\}$ 确定下一个次梯度/分段点 g_{k+1}，即在 g_{k+1} 处，x_{k+1} 是 f^* 的次梯度

我们把由式 (5.74)～式 (5.76) 定义的算法称为**近端单纯形剖分法**。请注意，该算法的所有计算涉及的都是共轭函数 f^* 而不是 f。因此，如果使用 f^* 比使用 f 更方便，近端单纯形剖分法将优于近端割平面法。同时请注意，近端算法的两个线性近似版本之间的对偶性是 4.4 节的广义多面体近似框架的特例。

问题式 (5.74) 也可以不针对共轭函数 f^* 来表达。因为 g_i 是 f 在 x_i 的次梯度，因此我们有

$$f^*(g_i) = x_i' g_i - f(x_i), \quad i = 0, \cdots, k$$

根据共轭次梯度定理（附录 B 中的命题 5.4.3），该问题可以等价地写为二次规划问题

$$\begin{aligned} &\text{minimize} \quad && \sum_{i=0}^{k} \alpha_i \left((x_i - x_k)' g_i - f(x_i) \right) + \frac{c_k}{2} \left\| \sum_{i=0}^{k} \alpha_i g_i \right\|^2 \\ &\text{subject to} \quad && \sum_{i=0}^{k} \alpha_i = 1, \quad \alpha_i \geqslant 0, i = 0, \cdots, k \end{aligned}$$

于是可以由式 (5.75) 得到向量 λ_{k+1} 和 x_{k+1}。而 g_{k+1} 可以从微分 $g_{k+1} \in \partial f(x_{k+1})$ 得到。这种形式的算法可以看作经典 Dantzig-Wolfe 分解方法的正则化版本（请参见 [Ber99]，6.4.1 节）。

我们还可以考虑近端单纯形剖分法的束版本，实际上，这对于避免 5.3.1 节末尾讨论的那种困难可能是必不可少的。为此，我们需要进行测试以区分实质性步骤和空步骤，在实质性步骤中通过式 (5.75) 更新 x_k，在空步骤中保持 x_k 不变，只是添加对 $(g_{k+1}, f^*(g_{k+1}))$ 到 f^* 到当前的内部近似函数。

最后，在另一条推广思路方面，可以针对代价函数具有可加性的问题，将近端算法及其束版本与 4.4 节～4.6 节中的广义多面体近似算法相结合。当多面体近似和正则化都有益时，此类组合显然有效且有用，但这方面迄今为止尚未进行分析或系统性测试。

5.4　交替方向乘子法

在本节中，我们讨论一种与 5.2 节增广拉格朗日方法有关的算法，该算法非常适用于涉及可分性和大量分量函数求和的特殊结构。该算法使用交替的最小化来解耦在增广的拉格朗日函数内耦合的变量集，被称为**交替方向乘子法或 ADMM**。该名称源于与求解微分方程时用到的交替方向法的相似性（有关说明，请参见 [FoG83]）。

例 5.4.1 涉及可加代价问题，说明了 ADMM 的解耦过程。

例 5.4.1　可加代价问题-续。

考虑如下问题：

$$\begin{aligned}&\text{minimize} \quad \sum_{i=1}^{m} f_i(x)\\&\text{subject to} \quad x \in \bigcap_{i=1}^{m} X_i\end{aligned} \tag{5.77}$$

其中 $f_i : \Re^n \mapsto \Re$ 是凸函数，而 X_i 是具有非空交集的闭凸集。如例 5.4.1 所示，我们可以通过引入辅助变量 $z^i, i=1,\cdots,m$ 和等式约束 $x=z^i$ 来将其重写为等式约束问题：

$$\begin{aligned}&\text{minimize} \quad \sum_{i=1}^{m} f_i\left(z^i\right)\\&\text{subject to} \quad x=z^i, \quad z^i \in X_i, \quad i=1,\cdots,m\end{aligned}$$

[参见式 (5.57)]。

为说明针对此问题采用 ADMM 的好处，让我们回顾一下针对约束 $x=z^i$ 引入乘子 λ^i 的增广拉格朗日方法（参见例 5.2.1）。在此方法的典型迭代中，我们通过计算 x_{k+1} 和 $z_{k+1}^i, i=1,\cdots,m$ 来解决问题

$$\begin{aligned}&\text{minimize} \quad \sum_{i=1}^{m}\left(f_i\left(z^i\right)+\lambda_k^{i}\left(x-z^i\right)+\frac{c_k}{2}\left\|x-z^i\right\|^2\right)\\&\text{subject to} \quad x \in \Re^n, \quad z^i \in X_i, \quad i=1,\cdots,m\end{aligned} \tag{5.78}$$

[参见式 (5.58)，式 (5.47)]，然后根据下式更新乘子

$$\lambda_{k+1}^i=\lambda_k^i+c_k\left(x_{k+1}-z_{k+1}^i\right), \quad i=1,\cdots,m$$

式 (5.78) 中的最小化可以通过交替最小化 x 和 z_i（块坐标下降法），而乘子 λ^i 可以（通常）在对 x 和 z^i 进行多次更新（足以在适当的精度内最小化增广拉格朗日函数）之后再进行更新。

一个有趣的变体是在更新乘子之前，仅对 x 和 z^i 执行少量的最小化步骤。在极端情况下，仅执行一次最小化，该方法采用以下形式：

$$x_{k+1}=\frac{\sum_{i=1}^{m} z_k^i}{m}-\frac{\sum_{i=1}^{m} \lambda_k^i}{m c_k} \tag{5.79}$$

$$z_{k+1}^i \in \arg \min_{z^i \in X_i}\left\{f_i\left(z^i\right)-\lambda_k^{i\prime} z^i+\frac{c_k}{2}\left\|x_{k+1}-z^i\right\|^2\right\}, \quad i=1,\cdots,m \tag{5.80}$$

[参见式 (5.59)，式 (5.60)]，然后按照

$$\lambda_{k+1}^i=\lambda_k^i+c_k\left(x_{k+1}-z_{k+1}^i\right), \quad i=1,\cdots,m \tag{5.81}$$

更新乘子 [参见式 (5.58)]。因此，乘子迭代是在仅对 x 和 $(z^1,\cdots,z^m)$ 中一个（已解耦的）变量执行块坐标下降迭代之后进行。这正是专门针对此示例的 ADMM 算法。

前面的例子还说明了 ADMM 的另一个优点。解耦过程通常使得算法非常适合并行和分布式处理的计算（例如，参见 [BeT89a]，[WeO13]）。本节介绍的许多例子都能看到这一点。

现在，我们将描述 ADMM 并讨论其收敛特性。我们从 Fenchel 对偶框架下的最小化问题

$$\begin{aligned} &\text{minimize} \quad f_1(x) + f_2(Ax) \\ &\text{subject to} \quad x \in \Re^n \end{aligned} \tag{5.82}$$

开始。其中 A 是 $m \times n$ 矩阵，$f_1 : \Re^n \mapsto (-\infty, \infty]$ 和 $f_2 : \Re^m \mapsto (-\infty, \infty]$ 是闭的真凸函数。我们假设存在可行解。将此问题转化为等价的约束最小化问题

$$\begin{aligned} &\text{minimize} \quad f_1(x) + f_2(z) \\ &\text{subject to} \quad x \in \Re^n, z \in \Re^m, \quad Ax = z \end{aligned} \tag{5.83}$$

并引入它的增广拉格朗日函数

$$L_c(x, z, \lambda) = f_1(x) + f_2(z) + \lambda'(Ax - z) + \frac{c}{2}\|Ax - z\|^2$$

给定当前迭代变量 $(x_k, z_k, \lambda_k) \in \Re^n \times \Re^m \times \Re^m$，ADMM 算法首先针对 x，然后针对 z 最小化增广拉格朗日数，最后执行乘子更新，来生成新的迭代变量 $(x_{k+1}, z_{k+1}, \lambda_{k+1})$：

$$x_{k+1} \in \arg\min_{x \in \Re^n} L_c(x, z_k, \lambda_k) \tag{5.84}$$

$$z_{k+1} \in \arg\min_{z \in \Re^m} L_c(x_{k+1}, z, \lambda_k) \tag{5.85}$$

$$\lambda_{k+1} = \lambda_k + c(Ax_{k+1} - z_{k+1}) \tag{5.86}$$

在 ADMM 中惩罚参数 c 保持固定。这与增广拉格朗日方法的情况相反（为了加速收敛，通常 c_k 随 k 而增大），似乎没有通用的方法从一个迭代到下一个迭代来调整 c。请注意，前面给出的针对可加代价问题式 (5.77) 的迭代式 (5.79)～式 (5.81) 是上述迭代的特例，其中取 $z = (z^1, \cdots, z^m)$。

我们还可以为密切相关的问题

$$\begin{aligned} &\text{minimize} \quad f_1(x) + f_2(z) \\ &\text{subject to} \quad x \in X, \quad z \in Z, \quad Ax + Bz = d \end{aligned} \tag{5.87}$$

设计 ADMM 算法，其中 $f_1 : \Re^n \mapsto \Re, f_2 : \Re^m \mapsto \Re$ 是凸函数，X 和 Z 是闭的凸集，而 A，B 和 d 分别是适当尺寸的矩阵和向量。于是对应的增广拉格朗日函数为

$$L_c(x, z, \lambda) = f_1(x) + f_2(z) + \lambda'(Ax + Bz - d) + \frac{c}{2}\|Ax + Bz - d\|^2 \tag{5.88}$$

而 ADMM 迭代采用类似的形式 [参见式 (5.84)～式 (5.86)]：

$$x_{k+1} \in \arg\min_{x \in X} L_c(x, z_k, \lambda_k) \tag{5.89}$$

$$z_{k+1} \in \arg\min_{z \in Z} L_c(x_{k+1}, z, \lambda_k) \tag{5.90}$$

$$\lambda_{k+1} = \lambda_k + c(Ax_{k+1} + Bz_{k+1} - d) \tag{5.91}$$

对于某些问题，这种形式可能比式 (5.84)～式 (5.86) 的 ADMM 迭代更方便。尽管这两种形式在本质上是等价的。

ADMM 算法相较于增广拉格朗日法的重要优势在于，它相对于 x 和相对于 z 单独做最小化。因此，消除了在惩罚项 $\|Ax - z\|^2$ 或惩罚项 $\|Ax + Bz - d\|^2$ 中 x 和 z 耦合导致的复杂性。以下是这种优势的另一个例证。

例 5.4.2　求集合交集中的一个点。

给定 $\Re^n$ 中的 m 个闭凸集 $X_1,\cdots,X_m$，我们求出它们的交集中的一个点。我们把该问题写成式 (5.83) 的形式，其中 x 定义为 $x=(x^1,\cdots,x^m)$，

$$f_1(x)\equiv 0,\quad f_2(z)\equiv 0,\quad x\in X_1\times\cdots\times X_m,\quad Z=\Re^n$$

并且约束 $Ax=z$ 代表方程组

$$x^i=z,\quad i=1,\cdots,m$$

增广拉格朗日函数为

$$L_c\left(x^1,\cdots,x^m,z,\lambda^1,\cdots,\lambda^m\right)=\sum_{i=1}^{m}\lambda^{i'}\left(x^i-z\right)+\frac{c}{2}\sum_{i=1}^{m}\left\|x^i-z\right\|^2$$

参数 c 不会影响算法，因为它只会引起乘子 λ^i 做 $1/c$ 的缩放，因此不失一般性假设 $c=1$。然后，通过配方，我们可以将增广拉格朗日函数写作

$$L_1\left(x^1,\cdots,x^m,z,\lambda^1,\cdots,\lambda^m\right)=\frac{1}{2}\sum_{i=1}^{m}\left\|x^i-z+\lambda^i\right\|^2-\frac{1}{2}\sum_{i=1}^{m}\left\|\lambda^i\right\|^2$$

根据式 (5.89)～式 (5.91)，可知相应的 ADMM 算法对 x^i 进行如下迭代

$$x_{k+1}^i=P_{X_i}\left(z_k-\lambda_k^i\right),\quad i=1,\cdots,m$$

然后根据下式来迭代 z，

$$z_{k+1}=\frac{x_{k+1}^1+\lambda_{k+1}^1+\cdots+x_{k+1}^m+\lambda_{k+1}^m}{m}$$

最后根据下式迭代乘子

$$\lambda_{k+1}^i=\lambda_k^i+x_{k+1}^i-z_{k+1},\quad i=1,\cdots,m$$

除了变量 x^i 和 z 的迭代解耦之外，请注意 X_i 上的投影也可以并行执行。

在 $m=2$ 的特殊情况下，我们可以把约束简写为 $x^1=x^2$，在这种情况下，增广拉格朗日函数的形式是

$$L_c\left(x^1,x^2,\lambda\right)=\lambda'\left(x^1-x^2\right)+\frac{c}{2}\left\|x^1-x^2\right\|^2$$

假设以上 $c=1$，对应的 ADMM 迭代为

$$x_{k+1}^1=P_{X_1}\left(x_k^2-\lambda_k\right)$$
$$x_{k+1}^2=P_{X_2}\left(x_{k+1}^1+\lambda_k\right)$$
$$\lambda_{k+1}=\lambda_k+x_{k+1}^1-x_{k+1}^2$$

另一方面，ADMM 提供的灵活性要付出代价。一个主要缺点是，相对于前面小节的增广拉格朗日方法，实际收敛速度慢得多。可以证明两种方法在有利的情况下对于乘数更新都具有线性收敛率（例如，对于增广的拉格朗日，请参见 [Ber82a]；对于 ADMM，请参见 [HoL13]，[DaY14a]，[DaY14b]，[GiB14]）。但是，仅凭理论结果来比较它们似乎是困难的，因为它们收敛的几何过程不同，而且必须适当考虑乘子更新的计算量。这样分析可知，仅仅因为 ADMM 比增广拉格朗日方法更频繁地更新乘子，不一定说明它解决问题需要的计算时间更少。比较这两种方法的另一个考虑因素是，虽然 ADMM 有效地将 x 和 z 的最小化解耦，增广拉格朗日方法仍可具有实现上的灵活性，便于利用给定问题的结构：

(a) 增广拉格朗日函数的最小化可以通过多种方法来完成（不仅仅是块坐标下降）。其中一些方法可能非常适合问题的结构。

(b) 不必精确地进行增广拉格朗日函数的最小化，并且其精度可以通过理论上合理且易于实施的终止标准轻松控制。

(c) 惩罚参数 c 的调整可以在增广拉格朗日方法中使用，但是在 ADMM 中显然没有通用的方法。特别地，通过 c 增加到 ∞，通常可以在增广拉格朗日方法中实现超线性或有限收敛 [参见假设 5.1.4(b) 和假设 5.1.5]。

因此，总的来说，ADMM 和增广拉格朗日方法的相对性能优点似乎在实践中取决于具体问题。

收敛性分析

现在，我们分析 ADMM 迭代式 (5.84)~式 (5.86) 的收敛性。以下命题给出了主要的收敛结果。命题的证明比较冗长，可以在 [BeT89a]3.4 节（命题 4.2）中找到（可以在线访问）。[BPC11] 中针对 ADMM 迭代式 (5.89)~式 (5.91) 给出了该证明的一个变形，建立了本质上相同的收敛结果。

命题 5.4.1（ADMM 的收敛性） 考虑问题式 (5.82) 并假定存在一对原始和对偶最优解，并且要么 $\mathrm{dom}\,(f_1)$ 是紧的，要么 $A'A$ 是可逆的。则

(a) 由 ADMM（式 (5.84)~式 (5.86)）生成的序列 $\{x_k, z_k, \lambda_k\}$ 有界，并且 $\{x_k\}$ 的每个极限点都是问题式 (5.83) 的最优解。此外，$\{\lambda_k\}$ 收敛到最优对偶解。

(b) 残差序列 $\{Ax_k - z_k\}$ 收敛到 0，并且如果 $A'A$ 是可逆的，则 $\{x_k\}$ 收敛到最优原始解。

[EcB92]中给出了另一种分析方法，该方法将 ADMM 与 5.1.4 节中的广义近端算法联系起来。该思路更有启发性，并且是基于 5.1.4 节中讨论的近端算法的不动点视角。特别地，它将 ADMM 视为求解对应于共轭函数 f_1^* 和 f_2^* 的反射算子组合的不动点的一种算法。建立插值非扩展迭代的收敛性的 Krasnosel'skii-Mann 定理（命题 5.1.9）适用于此不动点算法（根据命题 5.1.8 每个反射算子都是非扩张的）。

这个分析思路表明，尽管有相似之处，ADMM 实际上并不是对向量 x 和 z 使用循环最小化的增广拉格朗日方法的近似版本。相反，这两种方法都可以看作是近端算法的精确版本，涉及相同的不动点收敛机制，但采用了不同的映射（因此收敛速度也不同）。完整的证明有些冗长，但是我们将在练习 5.5 中提供证明的概要和一些关键点。

5.4.1 机器学习中的应用

我们在前面提到了 ADMM 在例 5.4.1 的可加代价问题中的应用。机器学习中的 ℓ_1-正则化和 1.3 节中的最大似然问题都是该问题的特例。这里再给出类似情况的一些例子。

例 5.4.3 基搜索问题。

考虑问题

$$\begin{aligned} &\text{minimize} && \|x\|_1 \\ &\text{subject to} && Cx = b \end{aligned}$$

其中 $\|\cdot\|_1$ 是 $\Re^n$ 中的 ℓ_1 范数，C 是给定的 $m \times n$ 矩阵，并且 b 是 $\Re^m$ 中的向量。这是例 1.4.2 的基搜索问题，我们将其重新表示为

$$\begin{aligned} &\text{minimize} && f_1(x) + f_2(z) \\ &\text{subject to} && x = z \end{aligned}$$

其中 f_1 是集合 $\{x \mid Cx = b\}$ 的示性函数，$f_2(z) = \|z\|_1$。增广拉格朗日函数为

$$L_c(x,z,\lambda) = \begin{cases} \|z\|_1 + \lambda'(x-z) + \dfrac{c}{2}\|x-z\|^2 & \text{如果} Cx = b \\ \infty & \text{如果} Cx \neq b \end{cases}$$

ADMM 迭代 (式 (5.84)~式 (5.86)) 的形式为

$$x_{k+1} \in \arg\min_{Cx=b} \left\{ \lambda_k' x + \frac{c}{2}\left\|x - z_k\right\|^2 \right\}$$

$$z_{k+1} \in \arg\min_{z\in\Re^n} \left\{ \|z\|_1 - \lambda_k' z + \frac{c}{2}\left\|x_{k+1} - z\right\|^2 \right\}$$

$$\lambda_{k+1} = \lambda_k + c\left(x_{k+1} - z_{k+1}\right)$$

z 的迭代也可以写成

$$z_{k+1} \in \arg\min_{z\in\Re^n} \left\{ \|z\|_1 + \frac{c}{2}\left\| x_{k+1} - z + \frac{\lambda_k}{c} \right\|^2 \right\} \tag{5.92}$$

式 (5.92) 中对 z 的最小化形式在 ℓ_1-正则化问题中很常见。容易验证该问题的求解可以通过如下定义的所谓**收缩运算**（**shrinkage operation**）给出。即对于任意的 $\alpha > 0$ 和 $w = (w^1, \cdots, w^m) \in \Re^m$，

$$S(\alpha, w) \in \arg\min_{z\in\Re^m} \left\{ \|z\|_1 + \frac{1}{2\alpha}\|z - w\|^2 \right\} \tag{5.93}$$

其分量定义为

$$S^i(\alpha, w) = \begin{cases} w^i - \alpha & \text{如果} w^i > \alpha \\ 0 & \text{如果} |w^i| \leqslant \alpha \\ w^i + \alpha, & \text{如果} w^i < -\alpha \end{cases} \quad i = 1, \cdots, m \tag{5.94}$$

于是式 (5.92) 中对 z 的最小化可用收缩运算表示为

$$z_{k+1} = S\left(\frac{1}{c}, x_{k+1} + \frac{\lambda_k}{c}\right)$$

例 5.4.4　ℓ_1-正则化。

考虑问题

$$\begin{aligned} &\text{minimize} && f(x) + \gamma\|x\|_1 \\ &\text{subject to} && x \in \Re^n \end{aligned}$$

其中 $f: \Re^n \mapsto (-\infty, \infty]$ 是闭的真凸函数，而 γ 是正标量。例 1.3.2 的 ℓ_1-正则化问题，包括 f 为二次函数的 lasso 问题，都是该问题的特例。我们将该问题重新写为

$$\begin{aligned} &\text{minimize} && f_1(x) + f_2(z) \\ &\text{subject to} && x = z \end{aligned}$$

其中 $f_1(x) = f(x)$ 和 $f_2(z) = \gamma\|z\|_1$，增广拉格朗日函数为

$$L_c(x,z,\lambda) = f(x) + \gamma\|z\|_1 + \lambda'(x-z) + \frac{c}{2}\|x-z\|^2$$

ADMM 迭代 (式 (5.84)~式 (5.86)) 的形式为

$$x_{k+1} \in \arg\min_{x\in\Re^n} \left\{ f(x) + \lambda_k' x + \frac{c}{2}\left\|x - z_k\right\|^2 \right\}$$

$$z_{k+1} \in \arg\min_{z\in\Re^n} \left\{ \gamma\|z\|_1 - \lambda_k' z + \frac{c}{2}\left\|x_{k+1} - z\right\|^2 \right\}$$

$$\lambda_{k+1} = \lambda_k + c\left(x_{k+1} - z_{k+1}\right)$$

z 的迭代也可以写成收缩运算 (式 (5.93) 和式 (5.94)) 表达的闭式形式：

$$z_{k+1}=S\left(\frac{\gamma}{c},x_{k+1}+\frac{\lambda_k}{c}\right)$$

例 5.4.5 最小绝对偏差问题。

考虑问题

$$\begin{array}{ll}\text{minimize} & \|Cx-b\|_1\\ \text{subject to} & x\in\Re^n\end{array}$$

其中 C 是秩为 n 的 $m\times n$ 矩阵，而 $b\in\Re^m$ 是给定的向量。这是例 1.3.1 中最小绝对偏差问题。我们将其重新表述为

$$\begin{array}{ll}\text{minimize} & f_1(x)+f_2(z)\\ \text{subject to} & Cx-b=z\end{array}$$

其中

$$f_1(x)\equiv 0,\quad f_2(z)=\|z\|_1$$

在这里，增广拉格朗日函数被修改为包括常数向量 b[参见式 (5.88)]，由下式给出

$$L_c(x,z,\lambda)=\|z\|_1+\lambda'(Cx-z-b)+\frac{c}{2}\|Cx-z-b\|^2$$

ADMM 迭代 (式 (5.84)~式 (5.86)) 的形式为

$$x_{k+1}=(C'C)^{-1}C'\left(z_k+b-\frac{\lambda_k}{c}\right)$$
$$z_{k+1}\in\arg\min_{z\in\Re^m}\left\{\|z\|_1-\lambda_k'z+\frac{c}{2}\|Cx_{k+1}-z-b\|^2\right\}$$
$$\lambda_{k+1}=\lambda_k+c\,(Cx_{k+1}-z_{k+1}-b)$$

设置 $\bar\lambda_k=\lambda_k/c$，迭代可以写成更简洁的形式

$$x_{k+1}=(C'C)^{-1}C'\left(z_k+b-\bar\lambda_k\right)$$
$$z_{k+1}\in\arg\min_{z\in\Re^m}\left\{\|z\|_1+\frac{c}{2}\left\|Cx_{k+1}-z-b+\bar\lambda_k\right\|^2\right\}\tag{5.95}$$
$$\bar\lambda_{k+1}=\bar\lambda_k+Cx_{k+1}-z_{k+1}-b$$

式 (5.95) 中 z 的最小化用收缩运算表示为

$$z_{k+1}=S\left(\frac{1}{c},Cx_{k+1}-b+\bar\lambda_k\right)$$

5.4.2 ADMM 在可分问题上的应用

在本节中，我们考虑

$$\begin{array}{ll}\text{minimize} & \displaystyle\sum_{i=1}^m f_i\left(x^i\right)\\ \text{subject to} & \displaystyle\sum_{i=1}^m A_ix^i=b,\quad x^i\in X_i,\quad i=1,\cdots,m\end{array}\tag{5.96}$$

形式的可分问题，其中 $f_i:\Re^{n_i}\mapsto\Re$ 是凸函数，X_i 是闭凸集，而 A_i 和 b 为给定。我们经常提到，该问题的结构非常适合应用分解方法。由于 ADMM 的主要吸引人之处在于它使增广拉格朗日函数优化计算解耦，因此很自然地考虑将其应用于该问题。

容易想到构造如下形式的增广拉格朗日函数

$$L_c\left(x^1,\cdots,x^m,\lambda\right)=\sum_{i=1}^m f_i\left(x^i\right)+\lambda'\left(\sum_{i=1}^m A_ix^i-b\right)+\frac{c}{2}\left\|\sum_{i=1}^m A_ix^i-b\right\|^2$$

同时使用一个类似于 ADMM 的迭代，其中我们按照顺序 $x^1,\cdots,x^m$ 依次最小化 L_c，即

$$x_{k+1}^i\in\arg\min_{x^i\in X_i} L_c\left(x_{k+1}^1,\cdots,x_{k+1}^{i-1},x^i,x_k^{i+1},\cdots,x_k^m,\lambda_k\right),\quad i=1,\cdots,m \tag{5.97}$$

并在这些最小化步骤之后进行乘子迭代

$$\lambda_{k+1}=\lambda_k+c\left(\sum_{i=1}^m A_ix_{k+1}^i-b\right) \tag{5.98}$$

很久以前，从重要论文 [StW75] 开始就以各种形式提出了这种类型的方法，并引发了相当多的进一步研究。当时的背景与 ADMM 无关（当时尚不为人所知），但其出发点都类似于 ADMM 的想法：解决增广拉格朗日方法中惩罚项所引起的变量耦合问题。

当只有一个分量 $m=1$ 时，可以得到增广拉格朗日方法。当只有两个分量 $m=2$ 时，上述方法等价于 ADMM (式 (5.89)~式 (5.91))，因此具有相应的收敛性质。另一方面，当 $m>2$ 时，该方法不是我们已经讨论过的 ADMM 的特例，并且不具有类似的收敛性保证。实际上在 [CHY13] 中已针对 $m=3$ 给出了收敛性的反例。该参考文献显示迭代式 (5.89)~式 (5.91) 在其他实质上更强的假设下才收敛。相关的收敛结果在 [HoL13] 中也得到证明，但也有基于其他更强的假设。另请参见 [WHM13]。

接下来，我们将给出一个 ADMM 算法（首先在 [BeT89a] 的 3.4 节和例 4.4 中给出），它与迭代式 (5.97) 和式 (5.98) 类似，并且符合命题 5.4.1 的收敛条件，除了该命题的假设不需要任何附加条件。该算法的设计是通过将可分问题写成符合 Fenchel 框架式 (5.82) 的特殊问题，并应用具有收敛性的 ADMM 式 (5.84)~式 (5.86)。

我们通过引入辅助变量 $z^1,\cdots,z^m$ 将问题式 (5.96) 改写为

$$\begin{aligned}\text{minimize}\quad & \sum_{i=1}^m f_i\left(x^i\right)\\ \text{subject to}\quad & A_ix^i=z^i,\quad x^i\in X_i,\quad i=1,\cdots,m\\ & \sum_{i=1}^m z^i=b\end{aligned} \tag{5.99}$$

记 $x=\left(x^1,\cdots,x^m\right),z=\left(z^1,\cdots,z^m\right)$，我们将 $X=X_1\times\cdots\times X_m$ 视为 x 的约束集，同时将

$$Z=\left\{z\,\middle|\,\sum_{i=1}^m z^i=b\right\}$$

作为 z 的约束集，并为每个等式约束 $A_ix^i=z^i$ 引入乘子向量 p^i。增广拉格朗日函数形如

$$L_c(x,z,p)=\sum_{i=1}^m\left(f_i\left(x^i\right)+\left(A_ix^i-z^i\right)'p^i+\frac{c}{2}\left\|A_ix^i-z^i\right\|^2\right),x\in X,z\in Z$$

同时 ADMM 式 (5.84)~式 (5.86) 可以表示为

$$x_{k+1}^i\in\arg\min_{x^i\in X_i}\left\{f_i\left(x^i\right)+\left(A_ix^i-z_k^i\right)'p_k^i+\frac{c}{2}\left\|A_ix^i-z_k^i\right\|^2\right\},i=1,\cdots,m \tag{5.100}$$

$$z_{k+1} \in \arg\min_{\sum_{i=1}^{m} z^i = b} \left\{ \sum_{i=1}^{m} \left(A_i x_{k+1}^i - z^i\right)' p_k^i + \frac{c}{2} \left\| A_i x_{k+1}^i - z^i \right\|^2 \right\} \tag{5.101}$$

$$p_{k+1}^i = p_k^i + c\left(A_i x_{k+1}^i - z_{k+1}^i\right), \quad i = 1, \cdots, m \tag{5.102}$$

现在我们将展示如何简化该算法。首先，通过为约束 $\sum_{i=1}^{m} z^i = b$ 引入乘子向量 λ_{k+1}，以闭合形式求得式 (5.101) 针对 z 的最小值。并且证明从更新公式 (5.102) 得到的乘子 p_{k+1}^i 都等于 λ_{k+1}。为此，我们注意到与最小化问题式 (5.101)，对应的拉格朗日函数为

$$\sum_{i=1}^{m} \left(\left(A_i x_{k+1}^i - z^i\right)' p_k^i + \frac{c}{2} \left\| A_i x_{k+1}^i - z^i \right\|^2 + \lambda_{k+1}' z^i \right) - \lambda_{k+1}' b$$

通过将其相对于 z^i 的梯度设置为零，我们可以看到最小化向量 z_{k+1}^i 由下面 λ_{k+1} 的表达式给出

$$z_{k+1}^i = A_i x_{k+1}^i + \frac{p_k^i - \lambda_{k+1}}{c} \tag{5.103}$$

关键是我们可以将该等式写成

$$\lambda_{k+1} = p_k^i + c\left(A_i x_{k+1}^i - z_{k+1}^i\right), \quad i = 1, \cdots, m$$

所以从式 (5.102) 我们可以导出

$$p_{k+1}^i = \lambda_{k+1}, \quad i = 1, \cdots, m$$

因此，在算法的过程中，**所有乘子 p^i 都被更新为一个公共值：问题式 (5.101) 的约束 $\sum_{i=1}^{m} z^i = b$ 的乘子 λ_{k+1}**。

现在，我们利用这一事实来简化 ADMM 算法式 (5.100)~式 (5.102)。给定 z_k 和 λ_k（对于所有 i 都等于 p_k^i），我们首先从增广拉格朗日函数最小化问题式 (5.100) 求得 x_{k+1}

$$x_{k+1}^i \in \arg\min_{x^i \in X_i} \left\{ f_i\left(x^i\right) + \left(A_i x^i - z_k^i\right)' \lambda_k + \frac{c}{2} \left\| A_i x^i - z_k^i \right\|^2 \right\} \tag{5.104}$$

为了从增广拉格朗日函数最小化问题式 (5.101) 求得 z_{k+1} 和 λ_{k+1}，我们用未知项 λ_{k+1} 来重新将 z_{k+1}^i 表示为

$$z_{k+1}^i = A_i x_{k+1}^i + \frac{\lambda_k - \lambda_{k+1}}{c} \tag{5.105}$$

[参见式 (5.103)]，然后通过满足最小化问题式 (5.101) 中的约束 $\sum_{i=1}^{m} z_{k+1}^i = b$ 求得 λ_{k+1}。因此，通过在 $i = 1, \cdots, m$ 上对式 (5.105) 求和，我们得到

$$\lambda_{k+1} = \lambda_k + \frac{c}{m} \left(\sum_{i=1}^{m} A_i x_{k+1}^i - b \right) \tag{5.106}$$

然后，根据式 (5.105) 得到 z_{k+1}。

总结起来，该算法的迭代包括按顺序依次应用的三个公式，式 (5.104)、式 (5.106) 和式 (5.105)。可以任意选择初次迭代所需向量 λ_0 和 z_0。这是一个正确的 ADMM 算法，在数学上等价于算法式 (5.100)~式 (5.102)，因此根据命题 5.4.1 该算法的收敛性得到保证。它像迭代式 (5.97) 和式 (5.98) 一样简单，但是，正如我们前面提到的，对于 $m > 2$ 的情况，该算法并没有理论保证。

例 5.4.6　带约束的 ADMM。

考虑如下问题：

$$\begin{array}{ll}\text{minimize} & f_1(x)+f_2(Ax)\\ \text{subject to} & Ex=d,\quad x\in X\end{array}$$

它与标准格式式 (5.82) 的不同之处在于包括凸集约束 $x\in X$ 和线性等式约束 $Ex=d$，其中 E 和 d 分别是给定矩阵和向量。我们将此问题转换为可分形式式 (5.96)，如下所示：

$$\begin{array}{ll}\text{minimize} & f_1\left(x^1\right)+f_2\left(x^2\right)\\ \text{subject to} & \begin{pmatrix}A\\ E\end{pmatrix}x^1+\begin{pmatrix}-I\\ 0\end{pmatrix}x^2=\begin{pmatrix}0\\ d\end{pmatrix},\quad x^1\in X,x^2\in\Re^m\end{array}$$

将乘子 λ 和 μ 分配给两个等式约束，然后应用算法式 (5.104)~ 式 (5.106)，并使用如下符号：

$$z_k^1=\begin{pmatrix}z_k^{11}\\ z_k^{12}\end{pmatrix},\quad z_k^2=\begin{pmatrix}z_k^{21}\\ z_k^{22}\end{pmatrix}$$

我们得到以下迭代过程：

$$x_{k+1}^1\in\arg\min_{x^1\in X}\left\{f_1\left(x^1\right)+\left(Ax^1-z_k^{11}\right)'\lambda_k+\left(Ex^1-z_k^{12}\right)'\mu_k+\right.$$
$$\left.\frac{c}{2}\left(\left\|Ax^1-z_k^{11}\right\|^2+\left\|Ex^1-z_k^{12}\right\|^2\right)\right\}$$

$$x_{k+1}^2\in\arg\min_{x^2\in\Re^n}\left\{f_2\left(x^2\right)-\left(x^2+z_k^{21}\right)'\lambda_k-\left(z_k^{22}\right)'\mu_k+\right.$$
$$\left.\frac{c}{2}\left(\left\|x^2+z_k^{21}\right\|^2+\left\|z_k^{22}\right\|^2\right)\right\}$$

$$\lambda_{k+1}=\lambda_k+\frac{c}{2}\left(Ax_{k+1}^1-x_{k+1}^2\right)$$

$$\mu_{k+1}=\mu_k+\frac{c}{2}\left(Ex_{k+1}^1-d\right)$$

$$z_{k+1}^1=\begin{pmatrix}A\\ E\end{pmatrix}x_{k+1}^1+\frac{1}{c}\begin{pmatrix}\lambda_k-\lambda_{k+1}\\ \mu_k-\mu_{k+1}\end{pmatrix}$$

$$z_{k+1}^2=\begin{pmatrix}-I\\ 0\end{pmatrix}x_{k+1}^2+\frac{1}{c}\begin{pmatrix}\lambda_k-\lambda_{k+1}\\ \mu_k-\mu_{k+1}\end{pmatrix}$$

请注意，该算法保持了 ADMM 的主要特性：在增广拉格朗日函数最小化问题中，代价函数的分量 f_1 和 f_2 被解耦了。

乘子迭代式 (5.106) 还有一种更细致的形式（参见 [BeT89a] 的例 4.4）其中乘子 λ_k 的坐标 λ_k^j 根据下式进行更新：

$$\lambda_{k+1}^j=\lambda_k^j+\frac{c}{m_j}\left(\sum_{i=1}^m A_ix_{k+1}^i-b\right),\quad j=1,\cdots,r \tag{5.107}$$

其中 r 是矩阵 A_i 的行维数，m_j 是第 j 行为非零的子矩阵 A_i 的数量。用式 (5.107) 中依赖于 j 的步长 c/m_j 代替式 (5.106) 中的步长 c/m 可以视为对角线缩放的一种形式。算法的式 (5.104)、式 (5.105) 和式 (5.107) 的推导与式 (5.104)~式 (5.106) 给出的推导几乎相同。思路是向量 z_k^i 表

示最优状态下 A_ix^i 的相应分量的估计。但是，如果由于 A_i 的某些行为 0 而导致其中某些成分为 0，则 z_k^i 的对应值最好将其设置为 0 而不是估计。如果我们重复算法式 (5.104)~式 (5.106) 的先前推导，但不引入已知为 0 的 z^i 分量，则通过简单的计算乘子迭代式 (5.107)。

最后注意，ADMM 可以应用于可分问题式 (5.96) 的对偶问题，并产生相似的分解算法。思路是基于对偶问题具有例 5.4.1 中讨论的形式，可以方便地应用 ADMM。即使在原始问题具有某些非线性不等式约束的情况下，该方法也适用（参见 [Fuk92]）。此书还讨论了与 [Spi83]，[Spi85] 的部分逆方法的联系）。

5.5 注释、文献来源和练习

5.1 节：近端算法是 Martinet [Mar70]，[Mar72] 以一种适用于凸优化和单调变分不等式问题的形式引入的。旨在寻找最大单调算子零点的一般版本（请参见 5.1.4 节）在 Rockafellar [Roc76a]，[Roc76b] 的工作基础上引起了广泛关注，该工作以 Minty [Min62]，[Min64] 的工作为基础。

连同其特殊情况和变体一起，一些学者对近端算法进行了分析，包括与增广拉格朗日方法的联系、收敛性和收敛速度问题，以及涉及替代步长调整规则、近似实现、特殊情况和归纳的各种扩展非凸问题（参见 Brezis 和 Lions [BrL78]，Spingarn [Spi83]，[Spi785]，Luque [Luq84]，Golshtein [Gol85]，Lawrence 和 Spingarn [LaS87]，Lemaire [Lem89]，Rockafellar 和 Wets [RoW91]，Tseng [Tse91b]，Eckstein 和 Bertsekas [EcB92]，Guler [Gul92]）。有关的教科书，请参见 Rockafellar 和 Wets [RoW98]，Facchinei 和 Pang [FaP03]，以及 Bauschke 和 Combettes [BaC11]，其中包括许多参考资料。

此处给出的收敛速率分析（命题 5.1.4）归功于 Kort 和 Bertsekas[KoB76]，并在专著 [Ber82a]（5.4 节）中以更一般的形式进行了广泛讨论，其中正则项可以是非二次的（在这种情况下，正则项的增长阶次也会影响收敛速率；请参见 6.6 节）。特别地，如果使用带 $1 < \rho < 2$ 的正则化项 $\|x - x_k\|^\rho$ 代替二次的 $\|x - x_k\|^2$，收敛阶次为 $1/(\rho-1)(\gamma-1)$，其中 γ 为 f 的增长阶次（参见命题 5.1.4）。因此，当 $\gamma = 2$ 时，可以实现超线性收敛。有限的计算实验（在 [KoB76] 中描述了其中的一些实验）表明，值 $\rho < 2$ 在某些问题中可能是有益的。有关命题 5.1.4(c) 的线性收敛结果的扩展，适用于找到最大单调算子的零点，请参见 Luque [Luq84]。

Poljak 和 Tretjakov[PoT74]，以及 Bertsekas[Ber75a] 使用不同的方法和假设，分别证明了应用于多面体函数（命题 5.1.5）的近端算法的有限终止性，我们这里的分析中采用了这些方法。

5.2 节：Hestenes [Hes69]、Powell [Pow69] 以及 Haarhoff 和 Buys [HaB70] 在非线性环境中独立提出了增广拉格朗日算法。这些论文几乎没有分析，也没有提到与对偶和近端算法存在任何关系。这种关系在 Rockafellar [Roc73]，[Roc76b] 中有详细的阐明分析。作者在 [Ber75c]，[Ber76b]，[Ber76c] 中研究了非凸可微问题下算法的收敛性和收敛速率，以及包括不精确增广拉格朗日函数最小化和乘子的二阶方法在内的变体。与之相关的后期进展是由 Kort 和 Bertsekas 在论文 [KoB72]，[KoB76] 中引入的非二次增广拉格朗日方法，其中包括将在 6.6 节中进行讨论的指数方法。随后的工作很多，有一些代表性的参考文献与近端算法有关，包括 Robinson [Rob99]，Pennanan [Pen02]，Eckstein [Eck03]，Iusem，Pennanan 和 Svaiter [IPS03]，以及 Eckstein 和 Silva [EcS13]。

有关增广拉格朗日函数的综述文献，请参见 Bertsekas [Ber76b]、Rockafellar [Roc76c] 和 Iusem [Ius99]。在大多数非线性规划教科书中，也可以找到对细节程度有所不同的增广拉格朗日方法的讨论。在作者的研究专著 [Ber82a] 中，对凸和非凸约束问题均采用增广拉格朗日方法进行了广泛的讨论，其中包括对平滑和顺序二次规划 (又称序列二次规划) 算法的分析，以及对该主题早期历史的详细参考。Bertsekas 和 Tsitsiklis[BeT89a] 的分布式算法专著讨论了增广拉格朗日函数在具有特殊结构的大型问题类型中的应用，这些问题包括可分问题和具有可加代价函数的问题。最近，在机器学习和信号处理应用中使用增广拉格朗日算法、近端和平滑方法已经引起了相当大的兴趣。参见例如 Osher 等的 [OBG05]、Yin 等的 [YOG08] 以及 Goldstein 和 Osher [GoO09]。

5.3 节：5.3.1 节和 5.3.3 节的近端割平面和单纯形分解算法可以看作是经典 Dantzig-Wolfe 分解算法的正则化版本（参见 [Las70]，[BeT97]，[Ber99]）。随着正则项逐渐减少到零（$c_k \to \infty$），在极限条件下可以得到后面的算法。

有关束方法的介绍，请参见 Hiriart-Urrutu 和 Lemarechal [HiL93] 和 Bonnans 的书 [BGL06]，这本书提供了许多参考。相关方法，请参见 Ruszczynski [Rus86]、Lemaréchal 和 Sagastizábal [LeS93]，Mifflin [Mif96]，Burke 和 Qian [BuQ98]，Mifflin，Sun 和 Qi [MSQ98]，Frangioni [Fra02] 和 Teo [TVS10]。

在凸算法优化文献中，“束”一词的使用有几种不同的含义，可能会造成一些混淆。据我们所知，它是 1975 年由 Wolfe [Wol75] 提出的，描述了用于在下降类型的特定算法的环境中计算下降方向的次梯度的集合，该场景与割平面或近端最小化无关。随后，它在 20 世纪 70 年代和 20 世纪 80 年代早期出现在相关的下降环境中。术语“束方法”的含义在 20 世纪 80 年代中逐渐改变，现在通常与我们在 5.3.2 节中描述的镇定近端割平面方法相关。

5.4 节：ADMM 是 Glowinskii 和 Morocco[GIM75] 以及 Gabay 和 Mercier [GaM76] 首先提出的，并由 Gabay [Gab79]，[Gab83] 进一步发展。它是由 Lions 和 Mercier [LiM79] 推广的，他们指出了与求解微分方程的交替方向法之间的联系。Fortin 和 Glowinskii [FoG83] 讨论了该方法及其在大规模边值问题中的应用。

关于 ADMM 的最新文献非常丰富，无法在此进行详细综述（在本书出版之前的两年中，在 Google Scholar 搜索中出现了成千上万篇相关论文）。兴趣激增很大程度上是由于 ADMM 在特殊问题（例如我们在 5.4.1 节中讨论过的机器学习问题）中提供的灵活性所致。

在我们的讨论中，遵循了 Bertsekas 和 Tsitsiklis [BeT89a] 的分析（给出了 ADMM 解决 5.4.2 节中的可分问题），还有部分参考了论文 Eckstein 和 Bertsekas [EcB92]（ADMM 与 5.1.4 节的近端算法的一般形式的联系，并给出了推广情况，其中包括外推和不精确最小化）。特别地，论文 [EcB92] 表明，近端算法的一般形式包含一个特殊情况，即 Douglas-Ratchford 分裂算法，该算法用于求得 Lions 和 Mercier [LiM79] 提出的两个最大单调算子之和的零点。后者算法以 ADMM 为特例，如 Gabay [Gab83] 所示。

练习

5.1（**基于信任区域的近端算法**）

考虑使用以下迭代代替近端算法：

$$x_{k+1} \in \arg\min_{\|x-x_k\| \leqslant \gamma_k} f(x)$$

其中 $\{\gamma_k\}$ 是一个正标量序列。试用对偶变量将此算法与近端算法关联起来。尤其是要给出条件，使得在该条件下有一个近端算法，在适当的惩罚参数序列 $\{c_k\}$ 下，从同一点 x_0 开始生成相同的迭代序列 $\{x_k\}$。

5.2（**近端算子的压缩性质 [Roc76a]**）

考虑一个多值映射 $M : \Re^n \mapsto 2^{\Re^n}$，将向量 $x \in \Re^n$ 映射到子集 $M(x) \subset \Re^n$。假定 M 具有以下两个属性：

(1) 任何向量 $z \in \Re^n$ 都可以用一种精确的方式写成

$$z = \bar{z} + cv \quad \text{其中} \bar{z} \in \Re^n, v \in M(\bar{z}) \tag{5.108}$$

[参见式 (5.33)]。（如 5.1.4 节中所述，如果 M 具有最大单调性，则这一点是成立的。）

(2) 对于某个 $\sigma > 0$，我们有

$$(x_1 - x_2)'(v_1 - v_2) \geqslant \sigma \|x_1 - x_2\|^2, \quad \forall x_1, x_2 \in \text{dom}(M)$$
$$\text{且} v_1 \in M(x_1), v_2 \in M(x_2)$$

其中 $\text{dom}(M) = \{x \mid M(x) \neq \varnothing\}$（假定为非空）。（这称为**强单调性**条件。）

试证明将 z 映射到式 (5.108) 的唯一向量 $\bar{z}$ 的近端算子 $P_{c,f}$ 是关于欧氏范数的压缩映射，而且事实上有

$$\|P_{c,f}(z_1) - P_{c,f}(z_2)\| \leqslant \frac{1}{1 + c\sigma} \|z_1 - z_2\|, \quad \forall z_1, z_2 \in \Re^n$$

注：虽然涉及压缩的映射的不动点迭代具有线性收敛速度，但反之则不成立。特别地，命题 5.1.4(c) 给出了一个条件，在该条件下，近端算法具有线性收敛速度。但是，这种情况不能保证近端算子 $P_{c,f}$ 是相对于任何特定范数为压缩。例如，f 的所有最小点都是 $P_{c,f}$ 的不动点，但命题 5.1.4(c) 的条件不排除 f 具有多个最小点的可能性。关于命题 5.1.4(c) 的推广，也请参见 [Luq84]，该推广适用于最大单调算子的情况以及其他相关的收敛速率结果。

提示：考虑多值映射

$$\bar{M}(z) = M(z) - \sigma z$$

且对于任意 $\bar{c} > 0$，令 $\bar{P}_{\bar{c},f}(z)$ 为满足条件 $z = \bar{z} + \bar{c}(v - \sigma z)$ 的唯一向量 $\bar{z}$。请注意，$\bar{M}$ 是单调的，因此根据 5.1.4 节中的理论，$\bar{P}_{\bar{c},f}$ 为非扩张。请验证

$$P_{c,f}(z) = \bar{P}_{\bar{c},f}\left((1 + c\sigma)^{-1} z\right), \quad z \in \Re^n$$

其中 $\bar{c} = c(1 + c\sigma)^{-1}$，并利用 $\bar{P}_{\bar{c},f}$ 的非扩张性。

5.3（**部分近端算法 [Ha90]，[BeT94a]，[IbF96]**）

本练习的目的是推出类似于近端但使用部分正则化，即，仅涉及 x 坐标子集的二次正则项。对于 $c > 0$，令 ϕ_c 为 $\Re^n$ 下定义的实值凸函数

$$\phi_c(z) = \min_{x \in X} \left\{ f(x) + \frac{1}{2c} \|x - z\|^2 \right\}$$

其中 f 是闭凸集 X 上的凸函数。令 $x^1, \cdots, x^n$ 表示向量 x 的分量，并令 I 是指标集 $\{1, \cdots, n\}$ 的子集。对于任意 $z = (z^1, \cdots, z^n) \in \Re^n$，考虑满足下式的向量 $\bar{z}$

$$\bar{z} \in \arg\min_{x \in X} \left\{ f(x) + \frac{1}{2c} \sum_{i \in I} \left| x^i - z^i \right|^2 \right\} \tag{5.109}$$

(a) 试证明对于给定的 z，可以通过两步过程

$$\tilde{z} \in \arg\min_{\{x \mid x^i = z^i, i \in I\}} \phi_c(x)$$

$$\bar{z} \in \arg\min_{x \in X} \left\{ f(x) + \frac{1}{2c}\|x - \tilde{z}\|^2 \right\}$$

得到迭代值 $\bar{z}$。

(b) 解释 $\tilde{z}$ 如何成为和 $z^i, i \notin I$ 有关的块坐标近端下降迭代的结果，并证明

$$\phi_c(\bar{z}) \leqslant f(\bar{z}) \leqslant \phi_c(z) \leqslant f(z)$$

注： 如迭代式 (5.109) 中那样，部分正则化可能会更好地近似原始问题，并且如果 f 对于 x 的某些分量而言“表现良好”（$i \notin I$ 条件下的分量 x^i），则可以加速收敛。

5.4（近端割平面法的收敛性）

试证明如果最优解集 X^* 是非空的，则近端割平面方法式 (5.69) 生成的序列 $\{x_k\}$ 收敛到 X^* 中的某点。

5.5（ADMM 的不动点解释）

考虑 5.4 节的 ADMM 框架，令 $d_1 : \Re^m \mapsto (-\infty, \infty]$ 和 $d_2 : \Re^m \mapsto (-\infty, \infty]$ 为函数

$$d_1(\lambda) = \sup_{x \in \Re^n} \left\{ \lambda' A x - f_1(x) \right\}, \qquad d_2(\lambda) = \sup_{z \in \Re^m} \left\{ (-\lambda)' z - f_2(z) \right\}$$

并注意 Fenchel 问题式 (5.82) 的对偶问题是最小化 $d_1 + d_2$[参见式 (5.36) 或命题 1.2.1]。令 $N_1 : \Re^m \mapsto \Re^m$ 和 $N_2 : \Re^m \mapsto \Re^m$ 分别对应于 d_1 和 d_2 的反射算子 [参见式 (5.19)]。

(a) 试证明 $N_1 \cdot N_2$ 的复合算子的不动点集是

$$\{\lambda - cv \mid v \in \partial d_1(\lambda), -v \in \partial d_2(\lambda)\} \tag{5.110}$$

参见图 5.5.1。

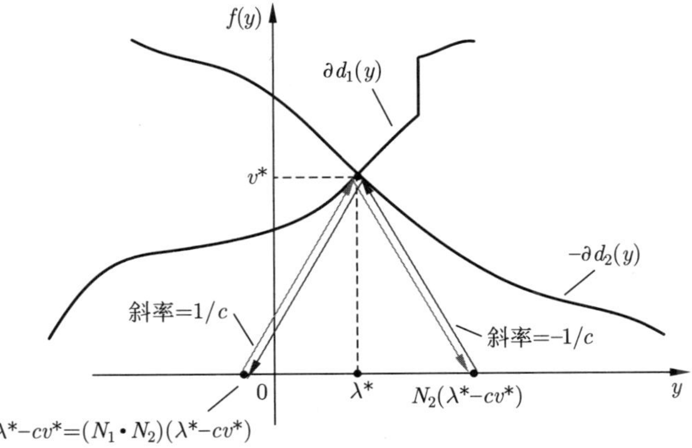

图 5.5.1　映射 $N_1 \cdot N_2$ 及其不动点的图示（参见练习 5.5）。所示向量 λ^* 是最小化 $d_1 + d_2$ 对偶问题的最优解，且根据最优性条件，对于某个 v^*，我们有 $v^* \in \partial d_1(\lambda^*)$ 和 $v^* \in -\partial d_2(\lambda^*)$。可以看到 $\lambda^* - cv^*$ 是 $N_1 \cdot N_2$ 的不动点，反过来该映射的不动点也具有这样的形式（在图中，根据图 5.1.8 的图解过程，将 N_2 应用于 $\lambda^* - cv^*$，并将 N_1 应用于结果，我们最终回到 $\lambda^* - cv^*$）

(b) 试证明插值不动点迭代式

$$y_{k+1} = (1 - \alpha_k) y_k + \alpha_k (N_1 \cdot N_2)(y_k) \tag{5.111}$$

其中 $\alpha_k \in [0,1]$，对于所有的 k 和 $\sum_{k=0}^{\infty}\alpha_k(1-\alpha_k)=\infty$，均收敛到 $N_1 \bullet N_2$ 的不动点。此外当 $\alpha_k \equiv 1/2$ 时，此迭代等价于 ADMM，参见图 5.5.2。

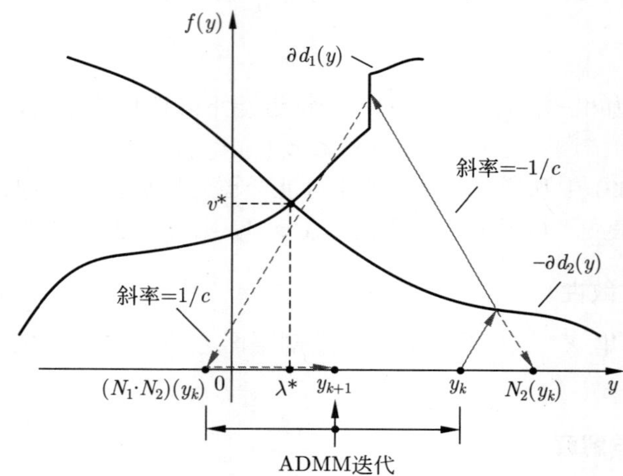

图 5.5.2　插值不动点迭代式 (5.111) 的示意图。从 y_k 开始，我们得到 $(N_1 \bullet N_2)(y_k)$，如图所示：首先计算 $N_2(y_k)$（参见图 5.1.8）。然后应用 N_1 来计算 $(N_1 \bullet N_2)(y_k)$，最后在 y_k 和 $(N_1 \bullet N_2)(y_k)$ 之间进行插值，其中使用参数 $\alpha_k \in (0,1)$。当插值参数为 $\alpha_k \equiv 1/2$ 时，我们得到 ADMM 迭代，即 y_k 和 $(N_1 \bullet N_2)$ 之间的中点，展示在图中的 y_{k+1}。迭代收敛到 $(N_1 \bullet N_2)$ 的不动点 y^*，当写成 $y^*=\lambda^*-cv^*$ 形式时，就给出一个对偶最优解 λ^*

提示和注释： 我们有 $N_1(z)=\bar{z}-cv$，其中 $\bar{z}\in\Re^m$ 以及 $v\in\partial d_1(\bar{z})$ 是通过分解 $z=\bar{z}+cv$ 得到。同时 $N_2(z)=\bar{z}-cv$，其中 $\bar{z}\in\Re^m$ 和 $v\in\partial d_2(\bar{z})$ 是通过分解 $z=\bar{z}+cv$ 得到 [参见式 (5.25)]。(a) 部分表明求得 $N_1 \bullet N_2$ 的不动点等价于寻找满足最小化 d_1+d_2 最优性条件的两个向量 λ^* 和 v^*，然后计算 λ^*-cv^*（假设满足强对偶性的条件）。关于原始问题，我们会得到

$$A'\lambda^* \in \partial f_1(x^*) \text{ 且 } -\lambda^* \in \partial f_2(Ax^*)$$

以及等价条件

$$x^* \in \partial f_1^*(A'\lambda^*) \text{ 且 } Ax^* \in \partial f_2^*(-\lambda^*)$$

其中 x^* 是任何最优的原始解 [参照命题 1.2.1(c)]。此外，我们有 $v^*=-Ax^*$。

为证 (a) 部分，请注意，对于任意 z 我们有

$$N_2(z)=\bar{z}_2-cv_2,\text{ 其中 } z=\bar{z}_2+cv_2 \text{ 且 } v_2\in\partial d_2(\bar{z}_2) \tag{5.112}$$

这也意味着

$$N_1(N_2(z))=\bar{z}_1-cv_1,\text{ 其中 } \bar{z}_2-cv_2=\bar{z}_1+cv_1 \text{ 且 } v_1\in\partial d_1(\bar{z}_1) \tag{5.113}$$

因此根据式 (5.112) 和式 (5.113)，z 是 $N_1 \bullet N_2$ 的不动点，当且仅当

$$z=\bar{z}_2+cv_2=\bar{z}_1-cv_1$$

同时根据式 (5.113)，我们有

$$\bar{z}_2-cv_2=\bar{z}_1+cv_1$$

最后两个关系给出 $\bar{z}_1=\bar{z}_2$ 和 $v_1=-v_2$。因此记 $\lambda=\bar{z}_1=\bar{z}_2$ 和 $v=v_1=-v_2$，z 是 $N_1 \bullet N_2$ 的不动点当且仅当它有着形式 $\lambda+cv$，其中 $v\in\partial d_1(\lambda)$ 以及 $-v\in\partial d_2(\lambda)$，验证了式 (5.110) 为不动点集合。

对于 (b) 部分，请注意，由于 N_1 和 N_2 都是非扩张的（请参见命题 5.1.8）复合映射 $N_1 \cdot N_2$ 是非扩张的。因此，基于 Krasnosel'skii-Mann 定理（命题 5.1.9），插值不动点迭代式 (5.111) 收敛到 $N_1 \cdot N_2$ 的不动点，从任意 $y_0 \in \Re^n$ 开始，且假设 $N_1 \cdot N_2$ 至少有一个不动点（见图 5.5.2）。

$\alpha_k \equiv 1/2$ 时，我们得到 ADMM 的验证有些复杂，但是思路很明确。如 5.2 节所示，通常近端迭代可以对偶实现为涉及共轭函数的增广拉格朗日最小化。因此，d_2（或 d_1）的近端迭代分别是涉及 f_1（或者 f_2）的增广拉格朗日迭代的对偶。因此，映射 $N_1 \cdot N_2$ 的不动点迭代（近端迭代重要的组成部分）可以通过针对 f_1 的增广拉格朗日迭代，随后针对 f_2 再做增广拉格朗日迭代来实现，与 ADMM 的特征保持一致。有关详细推导，请参见 [EcB92] 或 [Eck12]。

第 6 章　其他算法主题

在本章中，我们考虑一些算法主题，这些主题补充了前几章对下降和近似方法的讨论。在 6.1 节中，我们扩展了对用于 2.1.1 节和 2.1.2 节的可微优化的下降算法的讨论，尤其是梯度投影方法。然后，我们专注于阐明与凸优化问题有关的一些计算复杂性问题，在 6.2 节中，我们基于外推思想推导了算法，这些算法在迭代复杂性方面是最优的。这些算法针对可微问题而推出，并且可以通过平滑框架扩展到不可微情况。

在对 6.2 节中的最优算法进行分析之后，我们将在 6.3 节～6.5 节中讨论主要基于下降方法的其他算法。这些部分的共同主题是将优化过程分为一系列更简单的优化过程，以利用问题的特殊结构。更简单的优化过程将循序渐进地处理代价函数的各分量，约束集的各组成部分或优化向量 x 的各分量。特别地，在 6.3 节中，我们讨论近端梯度方法，以最小化可微函数（通过梯度方法处理）与不可微函数（通过近端方法处理）之和。在 6.4 节中，我们讨论 3.3 节的增量次梯度算法与近端方法的组合，这些方法提示了增量方法的灵活性和可靠性。在 6.5 节中，我们讨论经典的块坐标下降方法，其许多变体以及分布式异步计算的相关问题。

在 6.6 节～6.8 节中，我们有选择地描述几种算法，以补充前面的部分。特别是在 6.6 节中，我们将近端算法推广为使用非二次正则项，例如熵函数，并得到相应的增广拉格朗日算法。在 6.7 节中，我们重点介绍 ϵ-下降方法，这是一种基于 ϵ-次梯度的下降算法，该方法可用于为 4.4 节从算法上讨论的扩展单值规划问题建立强对偶性，我们使用的工具是多面体近似框架。最后，在 6.8 节中，我们讨论内点法及其在线性和锥规划问题中的应用。

在本章中，我们对各种方法的介绍并不总是像在前面的章节中那样全面。这样做的部分原因是篇幅限制，另一个原因是某些方法还在发展过程中，关于其特性和优点尚未完全定型。

6.1　梯度投影法

在本节中，我们重点介绍一种基本方法，该方法已在前面若干场合简要介绍过。具体来说，我们考虑的是梯度投影方法，

$$x_{k+1} = P_X\left(x_k - \alpha_k \nabla f\left(x_k\right)\right) \tag{6.1}$$

其中 $f : \Re^n \mapsto \Re$ 是一个连续可微函数，X 是闭凸集，而 $\alpha_k > 0$ 是步长。我们在 2.1.2 节中概述了它的一些特性，以及它与可行方向法的联系。在本节中，我们将仔细研究其收敛性和收敛速率及实现。

梯度投影法的下降特性

对于 f 是可微的情况，梯度投影法可以看作 3.2 节中次梯度法的特例，因此那里给出的收敛分析包括了这里的情况。但是，当 f 为可微时，与不可微情况相比，可以证明强的收敛性和收敛速率结论。此外，由于可以使用更多样性的步长选取规则，因此在应用该方法方面具有更大的灵活性。根本原因是我们可以基于迭代代价函数下降来实现梯度投影方法，即如果 x_k 不是最优的，可以选择 α_k 使得

$$f\left(x_{k+1}\right) < f\left(x_k\right)$$

相比之下，正如我们在 3.2 节中看到的那样，当 f 为不可微，并且使用任意次梯度向量代替梯度时，这是不可能的。

对于给定的 $x_k \in X$，让我们考虑**投影弧线**（projection arc）

$$x_k(\alpha) = P_X\left(x_k - \alpha \nabla f\left(x_k\right)\right), \quad \alpha > 0 \tag{6.2}$$

参见图 6.1.1。这是由步长 α 参数化的下一步迭代的可能点集合。以下命题表明，对于所有 $\alpha > 0$，除非 $x_k(\alpha) = x_k$（这是 x_k 最优性条件），向量 $x_k(\alpha) - x_k$ 是可行的下降方向，即 $\nabla f\left(x_k\right)'\left(x_k(\alpha) - x_k\right) < 0$。

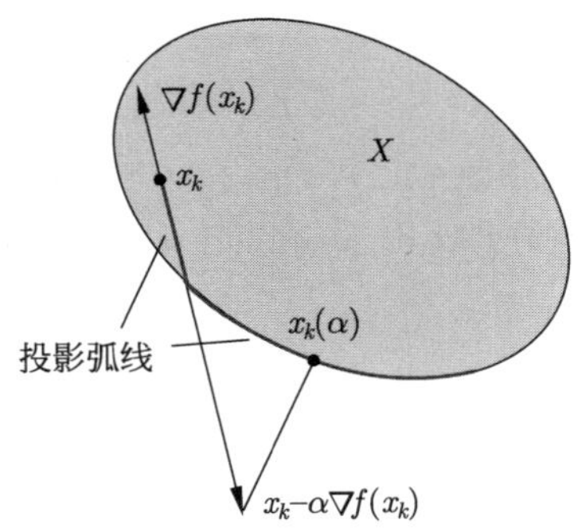

图 6.1.1　投影弧线 $x_k(\alpha) = P_X\left(x_k - \alpha \nabla f\left(x_k\right)\right)$，$\alpha > 0$ 的示意图。它是从 x_k 开头，并由 $\alpha \in (0, \infty)$ 定义的连续参数化曲线

命题 6.1.1（下降属性）　令 $f: \Re^n \mapsto \Re$ 为连续可微函数，令 X 为闭凸集，则对于所有 $x_k \in X$ 和 $\alpha > 0$：

(a) 如果 $x_k(\alpha) \neq x_k$，则 $x_k(\alpha) - x_k$ 是 x_k 处的可行下降方向。特别地，我们有

$$\nabla f\left(x_k\right)'\left(x_k(\alpha) - x_k\right) \leqslant -\frac{1}{\alpha}\left\|x_k(\alpha) - x_k\right\|^2, \quad \forall \alpha > 0 \tag{6.3}$$

(b) 如果 $x_k(\alpha) = x_k$ 对于某个 $\alpha > 0$，则 x_k 满足在 X 上最小化 f 的必要条件，

$$\nabla f\left(x_k\right)'\left(x - x_k\right) \geqslant 0, \quad \forall x \in X \tag{6.4}$$

证明：(a) 根据投影定理（附录 B 中命题 1.1.9），我们有

$$\left(x_k - \alpha \nabla f\left(x_k\right) - x_k(\alpha)\right)'\left(x - x_k(\alpha)\right) \leqslant 0, \quad \forall x \in X \tag{6.5}$$

因此，通过设置 $x = x_k$，我们可以得到式 (6.3)。

(b) 如果 $x_k(\alpha) = x_k$ 对于某个 $\alpha > 0$ 成立，则式 (6.5) 变为式 (6.4)。　□

对固定步长的收敛性

梯度投影法中保证代价函数下降的最简单方法是将步长固定在一个恒定但足够小的值 $\alpha > 0$，但是在这种情况下，必须假定 f 具有 Lipschitz 连续梯度，即对于某个常数 L，我们有[1]

$$\|\nabla f(x) - \nabla f(y)\| \leqslant L\|x - y\|, \quad \forall x, y \in X \tag{6.6}$$

基于任意 $x \in \Re^n$ 处的梯度，通过 f 的线性近似，该条件可用于为其提供 f 的二次函数/上界，定义为

$$\ell(y; x) = f(x) + \nabla f(x)'(y - x), \quad x, y \in \Re^n \tag{6.7}$$

下面的命题和图 6.1.2 对此进行了说明。

[1] 如果该条件不成立，则该方法对于任意常数步长选择 α 不一定收敛。这可以从标量例子 $f(x) = |x|^{3/2}$（该方法在最小点 $x^* = 0$ 附近振荡，因为梯度在 x^* 附近增长过快）。为保证收敛性，需要采用保证代价函数下降的其他步长准则。

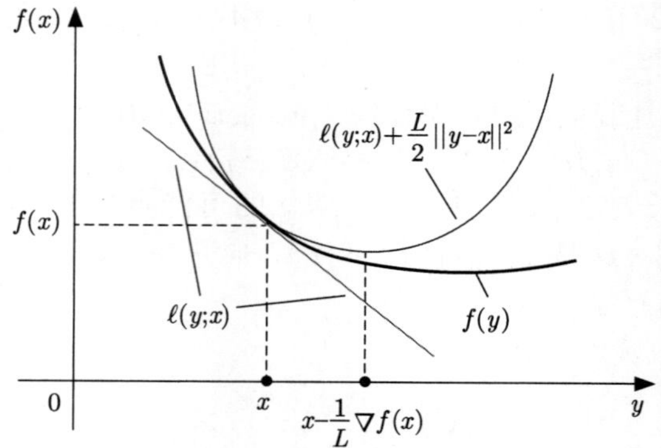

图 6.1.2 下降引理的可视化（参见命题 6.1.2）。Lipschitz 常数 L 作为 f 的“曲率”的上限，因此二次函数 $\ell(y;x)+\frac{L}{2}\|y-x\|^2$ 是 $f(y)$ 的上限。具有步长 $\alpha=1/L$ 的最速下降迭代 $x-\frac{1}{L}\nabla f(x)$ 最小化此上限

命题 6.1.2（下降引理） 令 $f:\Re^n\mapsto\Re$ 为连续可微函数，其梯度满足 Lipschitz 条件式 (6.6)，并令 X 为闭凸集。则对于所有 $x,y\in X$，我们有

$$f(y)\leqslant\ell(y;x)+\frac{L}{2}\|y-x\|^2 \tag{6.8}$$

证明：令 t 为标量参数，同时令 $g(t)=f(x+t(y-x))$。链式规则给出

$$(\mathrm{d}g/\mathrm{d}t)(t)=(y-x)'\nabla f(x+t(y-x))$$

因此我们有

$$\begin{aligned}
f(y)-f(x)&=g(1)-g(0)\\
&=\int_0^1\frac{\mathrm{d}g}{\mathrm{d}t}(t)\mathrm{d}t\\
&=\int_0^1(y-x)'\nabla f(x+t(y-x))\mathrm{d}t\\
&\leqslant\int_0^1(y-x)'\nabla f(x)\mathrm{d}t+\left|\int_0^1(y-x)'(\nabla f(x+t(y-x))-\nabla f(x))\mathrm{d}t\right|\\
&\leqslant\int_0^1(y-x)'\nabla f(x)\mathrm{d}t+\int_0^1\|y-x\|\cdot\|\nabla f(x+t(y-x))-\nabla f(x)\|\mathrm{d}t\\
&\leqslant(y-x)'\nabla f(x)+\|y-x\|\int_0^1 Lt\|y-x\|\mathrm{d}t\\
&=(y-x)'\nabla f(x)+\frac{L}{2}\|y-x\|^2
\end{aligned}$$

其中对于第二个不等式，我们使用了 Schwarz 不等式，对于第三个不等式，我们使用了 Lipschitz 条件式 (6.6)。 □

我们可以基于上述下降引理断言在 $(0,2/L)$ 范围内的固定步长会带来代价函数的下降，从而保证收敛性。该结论将在下述经典收敛性结果中给予证明，其不要求 f 的凸性。

命题 6.1.3 令 $f:\Re^n \mapsto \Re$ 为连续可微函数，令 X 为闭凸集。假定 ∇f 满足 Lipschitz 条件式 (6.6)，并考虑梯度投影迭代

$$x_{k+1} = P_X\left(x_k - \alpha \nabla f\left(x_k\right)\right)$$

其中步长 α 是 $(0, 2/L)$ 范围内的常数。则迭代生成的序列 $\{x_k\}$ 的每一极限点 $\bar{x}$ 均满足最优性条件

$$\nabla f(\bar{x})'(x - \bar{x}) \geqslant 0, \quad \forall x \in X$$

证明： 由式 (6.8) 代入 $y = x_{k+1}$，我们有

$$\begin{aligned} f\left(x_{k+1}\right) &\leqslant \ell\left(x_{k+1}; x_k\right) + \frac{L}{2}\left\|x_{k+1} - x_k\right\|^2 \\ &= f\left(x_k\right) + \nabla f\left(x_k\right)'\left(x_{k+1} - x_k\right) + \frac{L}{2}\left\|x_{k+1} - x_k\right\|^2 \end{aligned}$$

同时根据命题 6.1.1 [参见式 (6.3)]，我们有

$$\nabla f\left(x_k\right)'\left(x_{k+1} - x_k\right) \leqslant -\frac{1}{\alpha}\left\|x_{k+1} - x_k\right\|^2$$

通过结合以上两个关系，有

$$f\left(x_{k+1}\right) \leqslant f\left(x_k\right) - \left(\frac{1}{\alpha} - \frac{L}{2}\right)\left\|x_{k+1} - x_k\right\|^2 \tag{6.9}$$

由于 $\alpha \in (0, 2/L)$，梯度投影法式 (6.1) 会降低每次迭代的代价函数值。因此，如果 $\bar{x}$ 是子列 $\{x_k\}_{\mathcal{K}}$ 的极限，则我们有 $f\left(x_k\right) \downarrow f(\bar{x})$，并由式 (6.9)，得

$$\left\|x_{k+1} - x_k\right\| \rightarrow 0$$

因此

$$P_X(\bar{x} - \alpha \nabla f(\bar{x})) - \bar{x} = \lim_{k \rightarrow \infty, k \in \mathcal{K}}\left(x_{k+1} - x_k\right) = 0$$

由命题 6.1.1(b)，这意味着 $\bar{x}$ 满足最优性条件。 □

与近端算法的联系

现在，我们将考虑梯度投影法的收敛速率。作为该方向分析的第一步，我们先建立与 5.1 节近端算法的联系。以下引理表明，梯度投影迭代式 (6.1) 也可以看作是应用于线性近似函数 $\ell(\cdot; x_k)$（加上 X 的示性函数）的近端算法中的一步迭代，其中惩罚参数等于步长 α_k（见图 6.1.3）。

命题 6.1.4 令 $f:\Re^n \mapsto \Re$ 为连续可微函数，令 X 为闭凸集。则对于所有 $x \in X$ 和 $\alpha > 0$，

$$P_X(x - \alpha \nabla f(x))$$

是使得以下优化问题达到最小值的唯一向量

$$\min_{y \in X}\left\{\ell(y; x) + \frac{1}{2\alpha}\|y - x\|^2\right\}$$

证明： 根据 ℓ 的定义 [参见式 (6.7)]，对于所有 $x, y \in \Re^n$ 和 $\alpha > 0$，我们有

$$\begin{aligned} \ell(y; x) + \frac{1}{2\alpha}\|y - x\|^2 &= f(x) + \nabla f(x)'(y - x) + \frac{1}{2\alpha}\|y - x\|^2 \\ &= f(x) + \frac{1}{2\alpha}\|y - (x - \alpha \nabla f(x))\|^2 - \frac{\alpha}{2}\|\nabla f(x)\|^2 \end{aligned}$$

梯度投影迭代 $P_X(x - \alpha \nabla f(x))$ 在 $y \in X$ 上最小化上式的右侧，因此它也使上式左侧最小。 □

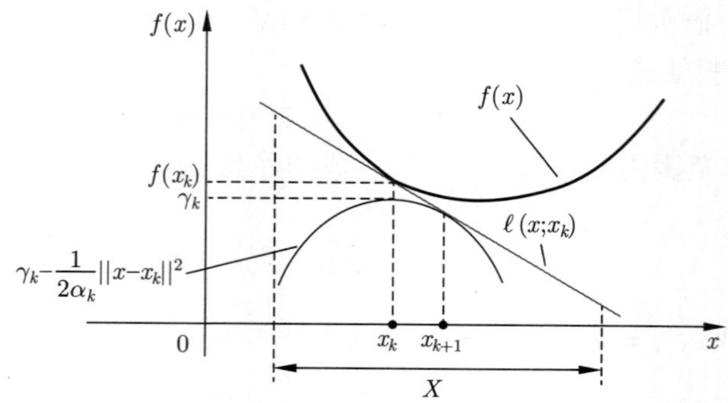

图 6.1.3 梯度投影法与近端算法的关系示意图，参见命题 6.1.4。梯度投影迭代 x_{k+1} 与以 $\ell(\cdot;x_k)$ 代替 f 的近端迭代相同

与近端算法之间的联系揭示了如下结论。该结论是命题 5.1.2 三项不等式的应用。

命题 6.1.5 令 $f:\Re^n\mapsto\Re$ 为连续可微函数，令 X 为闭凸集。对于梯度投影法式 (6.1) 的迭代点 x_k，考虑点所构成的弧线

$$x_k(\alpha)=P_X\left(x_k-\alpha\nabla f\left(x_k\right)\right),\quad \alpha>0$$

则对于任意的 $y\in\Re^n$ 以及 $\alpha>0$，我们有

$$\|x_k(\alpha)-y\|^2\leqslant\|x_k-y\|^2-2\alpha\left(\ell\left(x_k(\alpha);x_k\right)-\ell\left(y;x_k\right)\right)-\|x_k-x_k(\alpha)\|^2 \tag{6.10}$$

证明： 基于对命题 6.1.4 的近端解释，我们可以应用命题 5.1.2，并将 f 替换为 $\ell(\cdot;x_k)$ 加上 X 的示性函数，同时用 α 替换 C_k。针对该命题的三项不等式给出式 (6.10)。 □

最终固定步长准则

尽管固定步长准则很简单，但是它需要用到 Lipschitz 常数 L。实际上还有别的步长选取准则，来处理 L 以及能保证代价降低的步长范围 $(0,2/L)$ 是未知的情形。这里我们以步长 $\alpha>0$ 开始，它是对参数范围 $(0,2/L)$ 的中点 $1/L$ 的猜测，然后我们继续使用 α，并根据

$$x_{k+1}=P_X\left(x_k-\alpha\nabla f\left(x_k\right)\right)$$

生成迭代点，只要条件

$$f\left(x_{k+1}\right)\leqslant\ell\left(x_{k+1};x_k\right)+\frac{1}{2\alpha}\|x_{k+1}-x_k\|^2 \tag{6.11}$$

成立。一旦在某个迭代中违反了此条件，我们就将 α 减小一定的比例，并重复迭代数次，直到式 (6.11) 满足为止。

根据下降引理（命题 6.1.2），如果 $\alpha\leqslant 1/L$，则条件式 (6.11) 满足。因此，在经过一定次数的迭代后，在后续迭代中，条件式 (6.11) 将始终得到满足，α 将保持为某个固定值 $\bar{\alpha}>0$。我们将此称为**最终固定步长准则**。下述命题表明，使用该规则可以保证代价函数的下降。

命题 6.1.6 令 $f:\Re^n\mapsto\Re$ 为连续可微函数，令 X 为闭凸集。假设 ∇f 满足 Lipschitz 条件式 (6.6)。对于梯度投影方法式 (6.1) 给定的迭代点 x_k，考虑点的弧线

$$x_k(\alpha)=P_X\left(x_k-\alpha\nabla f\left(x_k\right)\right),\quad \alpha>0$$

则不等式

$$f\left(x_k(\alpha)\right)\leqslant\ell\left(x_k(\alpha);x_k\right)+\frac{1}{2\alpha}\|x_k(\alpha)-x_k\|^2 \tag{6.12}$$

蕴含代价下降性质

$$f\left(x_k(\alpha)\right) \leqslant f\left(x_k\right)-\frac{1}{2\alpha}\left\|x_k(\alpha)-x_k\right\|^2 \tag{6.13}$$

进而不等式 (6.12) 对所有的 $\alpha \in (0,1/L]$ 都成立。

证明：通过在式 (6.10) 中设定 $y=x_k$，并根据 $\ell\left(x_k;x_k\right)=f\left(x_k\right)$ 进行整理，我们有

$$\ell\left(x_k(\alpha);x_k\right) \leqslant f\left(x_k\right)-\frac{1}{\alpha}\left\|x_k(\alpha)-x_k\right\|^2$$

如果不等式 (6.12) 成立，则可以将其添加到前面的关系中从而给出式 (6.13)。同样，下降引理（命题 6.1.2）表明对所有 $\alpha \in (0,1/L]$ 不等式 (6.12) 都成立。□

凸代价函数的收敛性和收敛速率

现在我们将证明梯度投影法对于凸代价函数的收敛性，并在梯度 Lipschitz 条件式 (6.6) 下推导其收敛速率。事实上，凸性带来的好处是可以证明比非凸情况（参见命题 6.1.3）更强的收敛性结论。特别地，只要最优解集是非空的，我们就可以证明整个迭代序列 $\{x_k\}$ 会收敛到最优解[1]。相反，如果 f 没有凸性，命题 6.1.3 断言 $\{x_k\}$ 的所有极限点都满足最优性条件，但是并没有极限的唯一性结论。

我们将假定步长满足某些条件，特别地假设步长是 $(0,1/L]$ 范围内的常数，或者如前所述满足最终固定步长准则。

命题 6.1.7　令 $f:\Re^n \mapsto \Re$ 为凸可微函数，令 X 为闭凸集。假设 ∇f 满足 Lipschitz 条件式 (6.6)，并且 f 在 X 上的最小点集合 X^* 是非空的。令 $\{x_k\}$ 为由梯度投影法式 (6.1) 使用最终固定步长准则或更一般地如下步长准则生成，即对某个 $\bar{\alpha}>0$ 满足对于所有 k，$\alpha_k \downarrow \bar{\alpha}$，我们有

$$f\left(x_{k+1}\right) \leqslant \ell\left(x_{k+1};x_k\right)+\frac{1}{2\alpha_k}\left\|x_{k+1}-x_k\right\|^2 \tag{6.14}$$

成立。则 $\{x_k\}$ 收敛到 X^* 中的某个点，同时

$$f\left(x_{k+1}\right)-f^* \leqslant \frac{\min\limits_{x^* \in X^*}\left\|x_0-x^*\right\|^2}{2(k+1)\bar{\alpha}}, \quad k=0,1,\cdots \tag{6.15}$$

证明：通过应用命题 6.1.5，其中选取 $\alpha=\alpha_k$ 和 $y=x^*$，而 $x^* \in X^*$，我们有

$$\begin{aligned}&\ell\left(x_{k+1};x_k\right)+\frac{1}{2\alpha_k}\left\|x_{k+1}-x_k\right\|^2\\&\leqslant \ell\left(x^*;x_k\right)+\frac{1}{2\alpha_k}\left\|x^*-x_k\right\|^2-\frac{1}{2\alpha_k}\left\|x^*-x_{k+1}\right\|^2\end{aligned}$$

结合式 (6.14)，我们得到对所有 $x^* \in X^*$，

$$\begin{aligned}f\left(x_{k+1}\right) &\leqslant \ell\left(x^*;x_k\right)+\frac{1}{2\alpha_k}\left\|x^*-x_k\right\|^2-\frac{1}{2\alpha_k}\left\|x^*-x_{k+1}\right\|^2\\&\leqslant f\left(x^*\right)+\frac{1}{2\alpha_k}\left\|x^*-x_k\right\|^2-\frac{1}{2\alpha_k}\left\|x^*-x_{k+1}\right\|^2\end{aligned} \tag{6.16}$$

其中最后一个不等式，用到了 f 的凸性和梯度不等式：

$$f\left(x^*\right)-\ell\left(x^*;x_k\right)=f\left(x^*\right)-f\left(x_k\right)-\nabla f\left(x_k\right)'\left(x^*-x_k\right) \geqslant 0$$

---

[1] 我们在 3.2 节的分析中已经看到过该结果的形式，即具有逐渐消失步长的次梯度法是收敛的。在那里我们用到超鞅和 Fejér 收敛定理。类似的想法也适用于梯度投影法。

因此，记 $e_k = f(x_k) - f^*$，我们从式 (6.16) 可以推出，对于所有的 k 和 $x^* \in X^*$，

$$\|x^* - x_{k+1}\|^2 \leqslant \|x^* - x_k\|^2 - 2\alpha_k e_{k+1} \tag{6.17}$$

将 k 替换为 $k-1, \cdots, 0$，反复利用此关系，并求和，我们得到对所有的 k 和 $x^* \in X^*$ 有

$$0 \leqslant \|x^* - x_{k+1}\|^2 \leqslant \|x^* - x_0\|^2 - 2(\alpha_0 e_1 + \cdots + \alpha_k e_{k+1})$$

因此，由于 $\alpha_0 \geqslant \alpha_1 \geqslant \cdots \geqslant \alpha_k \geqslant \bar{\alpha}$ 和 $e_1 \geqslant e_2 \geqslant \cdots \geqslant e_{k+1}$（参见命题 6.1.6），我们有

$$2\bar{\alpha}(k+1)e_{k+1} \leqslant \|x^* - x_0\|^2$$

在上述关系中取 $x^* \in X^*$ 的最小值，我们得到式 (6.15)。最后由式 (6.17) 得到 $\{x_k\}$ 是有界的，并且由于 $e_k \to 0$，它的每个极限点都必须属于 X^*。同时根据式 (6.17)，x_k 到每个 $x^* \in X^*$ 中的距离单调非增，因此 $\{x_k\}$ 不会有多个极限点，而是必会收敛到 X^* 中的某个点。 □

命题 6.1.6 中证明的 $\{f(x_k)\}$ 的单调递减属性 [参见式 (6.13)] 有一个重要的推论。假设 Lipschitz 条件式 (6.6) 只在水平集

$$X_0 = \{x \in X \mid f(x) \leqslant f(x_0)\}$$

成立，而不是在 X 中成立，则它可以用来证明命题 6.1.7 的收敛结果。原因是在命题假设下，迭代 x_k 保持在初始水平集 X_0 之内，而前面分析仍然成立。这使得我们可以把该命题应用于诸如 $|x|^3$ 的代价函数，这种情况下，当 X 为无界时，Lipschitz 条件式 (6.6) 不成立。

强凸性条件下的收敛速率

命题 6.1.7 表明，梯度投影法的代价函数偏差以 $O(1/k)$ 速率收敛到 0。但这是在除了 ∇f 的 Lipschitz 连续性以外没有任何其他条件下成立的。如 2.1.1 节所示，当 f 在最优解集合附近满足增长条件时，可以证明更快的收敛速率。在 f 的增长至少为二次的情况下，可以证明线性收敛速率，事实上，如果 f 是**强凸的，则梯度投影映射**

$$G_\alpha(x) = P_X(x - \alpha\nabla f(x)) \tag{6.18}$$

在 $0 < \alpha < 2/L$ **时是压缩映射**。让我们在这里回顾一下，可微凸函数 f 是 $\Re^n$ 上具有系数 $\sigma > 0$ 的强凸函数，如果

$$(\nabla f(x) - \nabla f(y))'(x - y) \geqslant \sigma\|x - y\|^2, \quad \forall x, y \in \Re^n \tag{6.19}$$

参见附录 B 的 1.1 节。请注意，通过应用 Schwarz 不等式约束为上式左侧内积提供估界，该条件蕴含

$$\|\nabla f(x) - \nabla f(y)\| \geqslant \sigma\|x - y\|, \quad \forall x, y \in \Re^n \tag{6.20}$$

因此，如果 ∇f 还满足常数为 L 的 Lipschitz 条件，我们必有 $L \geqslant \sigma$[1]。

以下命题证明了梯度投影映射的压缩特性。

命题 6.1.8（强凸性下的压缩特性） 令 $f: \Re^n \mapsto \Re$ 为凸可微函数，令 X 为闭凸集。假设 ∇f 满足 Lipschitz 条件

$$\|\nabla f(x) - \nabla f(y)\| \leqslant L\|x - y\|, \quad \forall x, y \in \Re^n \tag{6.21}$$

对于某个 $L > 0$ 成立，并且它在 $\Re^n$ 上是强凸的，这意味着对于某个 $\sigma \in (0, L]$，它满足式 (6.19)。则式 (6.18) 中的梯度投影映射 G_α 满足

$$\|G_\alpha(x) - G_\alpha(y)\| \leqslant \max\{|1 - \alpha L|, |1 - \alpha\sigma|\}\|x - y\|, \quad \forall x, y \in \Re^n$$

并且对于所有 $\alpha \in (0, 2/L)$ 均为压缩映射。

[1] 一条相关但不同的性质是当 f 及其共轭函数 f^* 都是实值函数时，f 的强凸性等价于 f^* 梯度的 Lipschitz 连续性（参见 [RoW98]，命题 12.60 中更一般的结论）。

我们首先证明以下初步结果，该结果提供了可微凸函数与梯度的 Lipschitz 连续性和强凸性有关的几条有用性质。

命题 6.1.9　令 $f:\Re^n \mapsto \Re$ 为凸可微函数，并假定 ∇f 满足 Lipschitz 条件式 (6.21)。

(a) 对于所有的 $x,y\in\Re^n$，我们有

(i) $f(x)+\nabla f(x)'(y-x)+\dfrac{1}{2L}\|\nabla f(x)-\nabla f(y)\|^2\leqslant f(y)$

(ii) $(\nabla f(x)-\nabla f(y))'(x-y)\geqslant \dfrac{1}{L}\|\nabla f(x)-\nabla f(y)\|^2$

(iii) $(\nabla f(x)-\nabla f(y))'(x-y)\leqslant L\|x-y\|^2$

(b) 如果 f 是强凸的，即对于某个 $\sigma\in(0,L]$，式 (6.19) 成立，则对于所有 $x,y\in\Re^n$，我们有

$$(\nabla f(x)-\nabla f(y))'(x-y)\geqslant \frac{\sigma L}{\sigma+L}\|x-y\|^2+\frac{1}{\sigma+L}\|\nabla f(x)-\nabla f(y)\|^2$$

证明：(a) 为证明 (i)，首先固定 $x\in\Re^n$ 并令 ϕ 为函数

$$\phi(y)=f(y)-\nabla f(x)'y,\quad y\in\Re^n \tag{6.22}$$

我们有

$$\nabla\phi(y)=\nabla f(y)-\nabla f(x) \tag{6.23}$$

因此对于 y，ϕ 在 $y=x$ 处取得最小值，同时我们有

$$\phi(x)\leqslant\phi\left(y-\frac{1}{L}\nabla\phi(y)\right),\quad \forall y\in\Re^n \tag{6.24}$$

此外由式 (6.23) 可以得出，$\nabla\phi$ 是 Lipschitz 连续的，具有常数 L，因此通过应用下降引理（命题 6.1.2），以 ϕ 代替 f，以 $y-\dfrac{1}{L}\nabla\phi(y)$ 代替 y，同时以 y 代替 x，我们有

$$\begin{aligned}\phi\left(y-\frac{1}{L}\nabla\phi(y)\right)&\leqslant\phi(y)+\nabla\phi(y)'\left(-\frac{1}{L}\nabla\phi(y)\right)+\frac{L}{2}\left\|\frac{1}{L}\nabla\phi(y)\right\|^2\\&=\phi(y)-\frac{1}{2L}\|\nabla\phi(y)\|^2\end{aligned}$$

将此不等式与式 (6.24) 相结合，我们得到

$$\phi(x)+\frac{1}{2L}\|\nabla\phi(y)\|^2\leqslant\phi(y)$$

通过使用表达式 (6.22) 和式 (6.23)，我们可以获得所需的结果。

为证 (ii)，我们两次使用 (i)，将 x 和 y 的角色互换，然后相加以获得所需的关系。类似地，我们两次使用下降引理（命题 6.1.2），将 x 和 y 的角色互换，然后相加得到 (iii)。

(b) 如果 $\sigma=L$，则结果将 (a) 部分的 (ii) 与式 (6.20) 相结合就可以导出结论。这是强凸假设的结果。对于 $\sigma<L$ 的情况，考虑函数

$$\phi(x)=f(x)-\frac{\sigma}{2}\|x\|^2$$

我们将证明由

$$\nabla\phi(x)=\nabla f(x)-\sigma x \tag{6.25}$$

定义的函数 $\nabla\phi$ 是 Lipschitz 连续的，且常数为 $L-\sigma$。为此，基于 (i) 和练习 6.1 的 (v) 之间的等价关系，只要证明

$$\big(\nabla\phi(x)-\nabla\phi(y)\big)'(x-y)\leqslant(L-\sigma)\|x-y\|^2,\qquad\forall x,y\in\Re^n$$

或者，利用 $\nabla\phi$ 的表达式 (6.25)，只要证明

$$\big(\nabla f(x)-\nabla f(y)-\sigma(x-y)\big)'(x-y)\leqslant (L-\sigma)\|x-y\|^2 \qquad \forall x,y\in\Re^n$$

即可。该关系可等价地写作

$$\big(\nabla f(x)-\nabla f(y)\big)'(x-y)\leqslant L\|x-y\|^2, \qquad \forall x,y\in\Re^n$$

而根据 (a) 部分的 (iii)，这是成立的。

在证明了 $\nabla\phi$ 是 Lipschitz 连续的，且具有常数 $L-\sigma$ 后，我们把 (a) 部分的 (ii) 用于函数 ϕ 得到

$$(\nabla\phi(x)-\nabla\phi(y))'(x-y)\geqslant \frac{1}{L-\sigma}\|\nabla\phi(x)-\nabla\phi(y)\|^2$$

在这种关系中使用 $\nabla\phi$ 的表达式 (6.25)，得到

$$(\nabla f(x)-\nabla f(y)-\sigma(x-y))'(x-y)\geqslant \frac{1}{L-\sigma}\|\nabla f(x)-\nabla f(y)-\sigma(x-y)\|^2$$

在展开二次项和合并同类项后，可以验证其等价于所需关系。 □

我们注意到，命题 6.1.9(a) 适用于更强版本，即属性 (i)~(iii) 都等价于 ∇f 满足 Lipschitz 条件式 (6.21)；参见练习 6.1。现在我们来完成梯度投影映射的压缩特性的证明。

命题 6.1.8 的证明：对于所有 $x,y\in\Re^n$，根据投影的非扩张性质（参见命题 3.2.1）我们有

$$\begin{aligned}\|G_\alpha(x)-G_\alpha(y)\|^2&=\|P_X(x-\alpha\nabla f(x))-P_X(y-\alpha\nabla f(y))\|^2\\&\leqslant\|(x-\alpha\nabla f(x))-(y-\alpha\nabla f(y))\|^2\end{aligned}$$

展开右式的二次方项，并利用命题 6.1.9(b)，Lipschitz 条件式 (6.6) 和强凸性条件式 (6.20)，我们得到

$$\begin{aligned}\|G_\alpha(x)-G_\alpha(y)\|^2&\leqslant\|x-y\|^2-2\alpha(\nabla f(x)-\nabla f(y))'(x-y)+\\&\quad\ \alpha^2\|\nabla f(x)-\nabla f(y)\|^2\\&\leqslant\|x-y\|^2-\frac{2\alpha\sigma L}{\sigma+L}\|x-y\|^2-\frac{2\alpha}{\sigma+L}\|\nabla f(x)-\nabla f(y)\|^2+\\&\quad\ \alpha^2\|\nabla f(x)-\nabla f(y)\|^2\\&=\left(1-\frac{2\alpha\sigma L}{\sigma+L}\right)\|x-y\|^2+\\&\quad\ \alpha\left(\alpha-\frac{2}{\sigma+L}\right)\|\nabla f(x)-\nabla f(y)\|^2\\&\leqslant\left(1-\frac{2\alpha\sigma L}{\sigma+L}\right)\|x-y\|^2+\\&\quad\ \alpha\max\left\{L^2\left(\alpha-\frac{2}{\sigma+L}\right),\sigma^2\left(\alpha-\frac{2}{\sigma+L}\right)\right\}\|x-y\|^2\\&=\max\left\{(1-\alpha L)^2,(1-\alpha\sigma)^2\right\}\|x-y\|^2\end{aligned}\tag{6.26}$$

由此得到期望的不等式。 □

请注意，由式 (6.26) 的最后式子可知，当

$$\alpha=\frac{2}{\sigma+L}$$

时，可得到最小的压缩系数。当使用该最优步长 α 时，可以通过在式 (6.26) 中替换得出，对于所有 $x, y \in \Re^n$，都有

$$\|G_\alpha(x) - G_\alpha(y)\| \leqslant \sqrt{1 - \frac{4\sigma L}{(\sigma + L)^2}}\|x - y\| = \left(\frac{\dfrac{L}{\sigma} - 1}{\dfrac{L}{\sigma} + 1}\right)\|x - y\|$$

对于二次函数，我们可以观察到该收敛速率估计与 2.1.1 节和练习 2.1 结果的相似性：比率 L/σ 充当问题**条件数**的作用。实际上，对于正定二次函数 f，我们可以分别将 f 的 Hessian 的最大和最小特征值用作 L 和 σ。

其他步长准则

除了固定步长准则和最终固定步长准则之外，在实践中还经常使用其他几种梯度投影步长准则，并且不需要 ∇f 满足 Lipschitz 条件式 (6.6)。我们将描述并总结其中一些性质。

一种可能性是采用满足以下条件的逐渐消失步长 α_k，

$$\lim_{k \to \infty} \alpha_k = 0, \quad \sum_{k=0}^{\infty} \alpha_k = \infty, \quad \sum_{k=0}^{\infty} \alpha_k^2 < \infty$$

使用此步长准则时，梯度投影法的收敛行为与相应的次梯度方法非常类似。特别地，根据命题 3.2.6 和后续讨论（参见练习 3.6），如果存在标量 c 使得

$$c^2\left(1 + \min_{x^* \in X^*} \|x_k - x^*\|^2\right) \geqslant \sup\left\{\|\nabla f(x_k)\|^2 \mid k = 0, 1, \cdots\right\}$$

成立，则梯度投影方法收敛到某个 $x^* \in X^*$（假设 X^* 是非空的）。此性质不需要梯度 Lipschitz 条件式 (6.6)；例如，采用消失步长的梯度投影法对标量函数 $f(x) = |x|^{3/2}$ 收敛到 $x^* = 0$，但在固定步长的情况下不收敛。请注意，如果 f 不是凸的，则逐渐消失步长收敛的标准结果是，$\{x_k\}$ 的每个极限点 $\bar{x}$ 都满足 $\nabla f(\bar{x}) = 0$，并且无法保证极限点的存在和唯一性。逐渐消失步长准则的缺点是，即使在最有利的条件下，例如 f 是正定二次函数，它也会导致次线性收敛速率，而在这种情况下，可以证明固定步长准则可以达到线性收敛速率（请参见第 2 章练习 2.1）。

另一种步长选择的可能性是基于代价函数下降，即

$$f(x_{k+1}) < f(x_k)$$

来减小步长和进行线搜索。事实上，如果对于某个 $\alpha > 0$，$x_k(\alpha) \neq x_k$，可以证明（参见 [Ber99]2.3.2 节）存在 $\bar{\alpha}_k > 0$ 使得

$$f(x_k(\alpha)) < f(x_k), \quad \forall \alpha \in (0, \bar{\alpha}_k] \tag{6.27}$$

成立。因此，存在一个逐步减小的步长 $\alpha \in (0, \bar{\alpha}_k]$，可以带来代价函数值的减小。步长减小和线搜索规则的引入是为了克服固定步长准则和最终固定步长准则的不足：在某些方向上 ∇f 的增长率可能很快，需要较小的步长以确保代价函数下降，而在其他方向上 ∇f 的增长率可能很慢，需要较大的步长才能取得实质性进展。线搜索的一种形式适合解决这个困难。

线搜索规则有很多变体。有些版本使用精确的线搜索，目的是找到可以最大限度地改进代价的步长 α_k；这些规则最适合无约束情况，可以通过某种插值方法和其他一维算法来实现（请参见非线性规划教材，例如 [Ber99]，[Lue84]，[NoW06]）。对于受约束的问题，主要使用步长减小准则：通过一些启发式过程（可能是通过某些实验获得的固定常数，或者是基于多项式插值方案的粗线搜索）来选择初始步长。然后逐步减小此步长大小，直到通过代价降低测试为止。

最受欢迎的一种步长下降准则是沿着点集合

$$x_k(\alpha) = P_X\left(x_k - \alpha\nabla f\left(x_k\right)\right), \quad \alpha > 0$$

搜索合适的步长。参见式 (6.2)。这是 [Ber76a] 中提出的**沿投影弧线的 Armijo 准则**，它是 2.1 节中给出的无约束问题的 Armijo 准则的推广。它具有形式

$$\alpha_k = \beta^{m_k} s_k$$

其中 m_k 是第一个使得

$$f\left(x_k\right) - f\left(x_k\left(\beta^m s_k\right)\right) \geqslant \sigma\nabla f\left(x_k\right)'\left(x_k - x_k\left(\beta^m s_k\right)\right) \tag{6.28}$$

成立的整数 m，其中 $\beta \in (0,1)$ 和 $\sigma \in (0,1)$ 是常数，而 $s_k > 0$ 是初始步长。因此，步长大小 α_k 通过多次减少 s_k 直到不等式 (6.28) 得到满足来得到（见图 6.1.4）。此步长准则具有很强的收敛性质。特别地，可以证明，对于凸函数 f，如果在 X 上其最小点集合 X^* 为非空，并且初始步长为远离 0 的 s_k，它会收敛到某个 $x^* \in X^*$，而不需要梯度 Lipschitz 条件式 (6.6)。证明在 [GaB84] 中给出，不是很简单；也可参见教材 [Ber99]2.3.2 节（原始论文 [Ber76a] 针对 X 是非负象限的特殊情况，以及 Lipschitz 条件式 (6.6) 成立，而 X 是任何闭的凸集的情况给出了一个更简单的收敛证明）。在 [Dun81]，[Dun87] 中给出了相关渐近收敛率结果，涉及 f 增长率以及针对约束集的存在进行的适当修改。

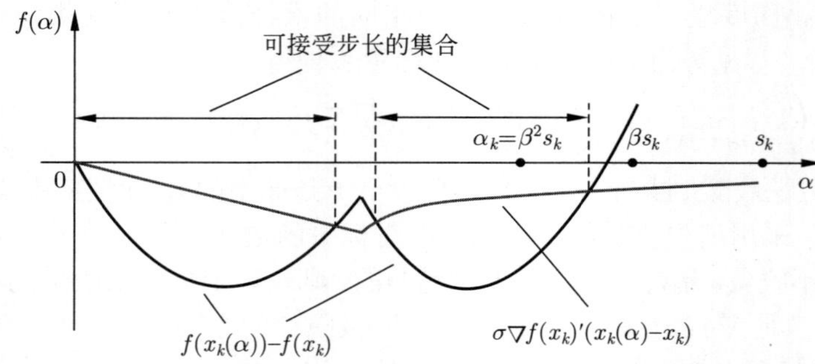

图 6.1.4 沿投影弧线由 Armijo 准则进行测试的一系列点的示意图。在此图中，经过两次失败的测试，获得的 α_k 值为 $\beta^2 s_k$

前面的 Armijo 准则要求，每次减小步长大小时，都会执行对 X 的投影运算。虽然在 X 很简单的情况下（例如，由变量的下限和/或上限组成的盒子约束）可能不会涉及太多开销，但是也有 X 更复杂的情况。此时可能需要使用类似 Armijo 的准则。在这里我们首先根据下式使用梯度投影来确定可行的下降方向 d_k，

$$d_k = P_X\left(x_k - s\nabla f\left(x_k\right)\right) - x_k$$

其中 s 是固定的正标量 [参见命题 6.1.1(a)]，然后设置

$$x_{k+1} = x_k + \beta^m k d_k$$

其中 $\beta \in (0,1)$ 是固定标量，而 m_k 是符合下式的第一个非负整数 m，

$$f\left(x_k\right) - f\left(x_k + \beta^m d_k\right) \geqslant -\beta^m \nabla f\left(x_k\right)' d_k$$

我们沿着直线 $\{x_k + \gamma d_k \mid \gamma > 0\}$ 进行搜索，方法是依次尝试逐步调整 $\gamma = 1, \beta, \beta^2, \cdots$，直到对于 $m = m_k$ 上述不等式得到满足。尽管此准则可能更易于实现[1]，但在投影迭代上运行较准则式 (6.28) 具有以下优点：它倾向于将迭代保持在约束集的边界上，因此倾向于更早识别出起作

[1]沿着直线搜索比沿着投影弧线搜索更为简单的一个例子是代价函数具有形式 $f(x) = h(Ax)$，其中 A 为满足以下条件的矩阵，即对于给定的 x，向量 $y = Ax$ 的计算远比 $h(y)$ 的计算要复杂。

用的约束。当 $X=\Re^n$ 时，上述两个 Armijo 准则是一致的，并且与 2.1.1 节中为无约束最小化给出的 Armijo 准则相同。

对于凸代价函数，可以证明两个 Armijo 准则都可以保证收敛到唯一的极限点/最优解，而无须梯度 Lipschitz 条件式 (6.6)；参见 [Ius03] 并与练习 2.5 中的注释进行比较。当 f 不是凸的而是可微的时候，使用这些准则的标准收敛结果断言 $\{x_k\}$ 的每个极限点 $\bar{x}$ 都满足最优性条件

$$\nabla f(\bar{x})'(x-\bar{x})\geqslant 0,\quad \forall x\in X$$

但是没有断言极限点的存在或唯一性（参见命题 6.1.3）。进一步的讨论可以参考非线性规划的文献。

复杂度问题和梯度投影

现在，我们以一定的普遍性角度考虑

$$\begin{array}{ll}\text{minimize} & f(x)\\ \text{subject to} & x\in X\end{array}$$

形式的优化问题的计算复杂性问题，其中 $f:\Re^n\mapsto\Re$ 是凸的，而 X 是闭凸集。我们用 f^* 表示最优值，并且始终假设存在最优解。我们将旨在描述具有良好性能保证的算法，意思是它们（在最坏的情况下）达到给定的最优解的允许范围内需要的迭代次数相对较少。

给定某个 $\epsilon>0$，假设我们要估计特定算法所需的迭代次数，以获得代价在最优值 ϵ 范围以内的解。如果我们可以证明方法生成的任何序列 $\{x_k\}$ 的以下性质，即对于任何 $\epsilon>0$，我们都有

$$\min_{k\leqslant c/\epsilon^p} f\left(x_k\right)\leqslant f^*+\epsilon$$

其中 c 和 p 是正常数，我们就称该方法具有**迭代复杂度** $O\left(\frac{1}{\epsilon^p}\right)$（常数 c 可能取决于问题数据和起点 x_0）。或者，如果我们可以证明

$$\min_{\ell\leqslant k} f\left(x_\ell\right)\leqslant f^*+\frac{c}{k^q}$$

其中 c 和 q 是正常数，我们称该方法具有$O\left(\frac{1}{k^q}\right)$ **阶的代价函数偏差**。

通常认为，如果常数 c 不依赖于问题的维度 n，则该算法对于 n 很大的问题具有一定的优势。该观点倾向于使用简单的类似于梯度/次梯度的方法，而不是每次迭代的开销高达 $O(n^2)$ 或 $O(n^3)$ 的复杂的共轭方向或类似于牛顿法的方法。在本章中，我们将专注于迭代复杂度独立于 n 的算法，并且我们随后对复杂度估计的所有引用都隐含地假设了这一点[1]。

---

[1]在本节和下节中基于我们的复杂度及偏差估计考虑各种梯度或次梯度法对比像共轭梯度法、牛顿类方法或增量方法等其他方法的相对优势时，有些注意事项。首先是我们的复杂度估计包含了未知常数，这些常数的大小可能会影响到不同算法之间的理论比较结果。其次，根据线性规划的单纯形法与椭球法的经验，证明算法的好的（差的）理论复杂度，并不总是对应好的（差的）实际表现，至少对于连续优化问题最坏情况下复杂度（而不是某种平均复杂度）分析是这样。

我们的分析的另外一方面不足在于没有考虑大规模问题常具备的特殊问题结构。例如代价函数的一种典型结构是 $f(x)=h(Ax)$，其中 A 是对于给定的 x 向量 $y=Ax$ 的计算远比计算 $h(y)$ 更为复杂的矩阵。对于这类问题，在共轭方向法以及单纯形剖分方法中的低维问题求解中，通过线最小化计算步长是相对便捷的。

本节中收敛偏差估计中没有考虑的特殊问题结构的另外一个例子是，由大量分量求和构成的代价函数。我们在 2.1.5 节中已经论证了增量方法非常适合此类代价函数，而本节及后面两节的非增量型方法则不是很合适。事实上，对于代价函数中的大量分量，常常经过遍历所有分量的很少几次迭代增量方法就已经收敛了。在如此少的迭代次数情况下，迭代复杂度的概念就变得没有意义了。增量和非增量方法的进一步详细讨论，参见 [AgB14]。

例如，我们提到次梯度法，可以证明该方法的复杂度为 $O\left(1/\epsilon^2\right)$，或等价地，具有 $O(1/\sqrt{k})$ 阶偏差（请参见命题 3.2.3 之后的讨论）。另一方面，命题 6.1.7 表明，为了使算法获得满足下式的向量 x_k，

$$f\left(x_k\right) \leqslant f^* + \epsilon$$

它需要 $k \geqslant O(1/\epsilon)$ 次迭代，偏差是 $O(1/k)$ 阶的。因此，当将梯度投影方法应用于具有 Lipschitz 连续梯度的凸代价函数时，迭代复杂度为 $O(1/\epsilon)$[1]。

例 6.1.1 考虑下式给出的标量函数 f 的无约束最小化

$$f(x)=\begin{cases}\dfrac{1}{2}|x|^2 & \text{如果}|x| \leqslant \epsilon \\ \epsilon|x|-\dfrac{\epsilon^2}{2} & \text{如果}|x|>\epsilon\end{cases}$$

其中 $\epsilon>0$（参见图 6.1.5）。这里 Lipschitz 条件式 (6.6) 中的常数是 $L=1$，对于任意的 $x_k>\epsilon$，我们都有 $\nabla f\left(x_k\right)=\epsilon$。因此，步长为 $\alpha=1/L=1$ 的梯度迭代的形式为

$$x_{k+1}=x_k-\frac{1}{L}\nabla f\left(x_k\right)=x_k-\epsilon$$

因此，要到达 $x^*=0$ 的 ϵ 邻域内所需要的迭代次数为 $\left|x_0\right|/\epsilon$。要到达最优代价 $f^*=0$ 的 ϵ 范围内的迭代次数也与 $1/\epsilon$ 成正比。

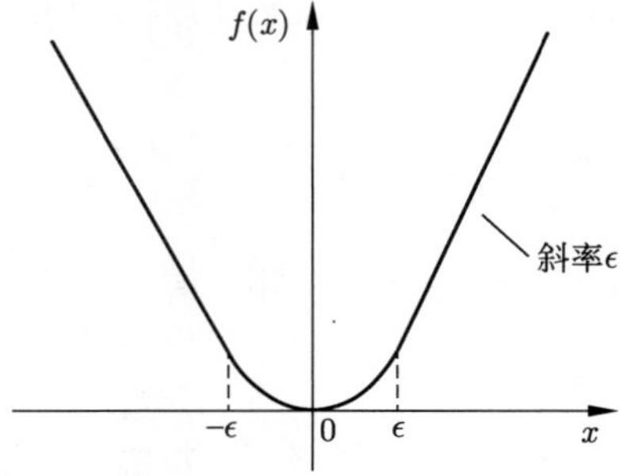

图 6.1.5 例 6.1.1 的可微代价函数 f。它对于 $|x| \leqslant \epsilon$ 是二次的，对于 $|x|>\epsilon$ 是线性的。梯度 Lipschitz 常数为 $L=1$

在 6.2 节中，我们将讨论梯度投影方法的一种变体，该方法采用了复杂的外推机制，并且迭代复杂度改进为 $O(1/\sqrt{\epsilon})$。可以证明 $O(1/\sqrt{\epsilon})$ 是一个精确的估计，即对于 Lipschitz 连续梯度具有凸代价函数的问题，它是我们可以做到的最好情况（请参见 [Nes04] 第 2 章）。

6.2 外推梯度投影

在本节中，我们讨论一种降低梯度投影方法迭代复杂度的方法。对例 6.1.1 的仔细研究表明，尽管在 $|x| \leqslant \epsilon$ 的区域内要使步长小于 2，以确保该方法收敛，但在该区域之外的较大步

[1] 如我们在 2.1.1 节和 2.1.2 节指出，最速下降法和梯度投影法的渐近收敛速率还依赖于最小点邻域中代价函数的增长速率。$O(1/\epsilon)$ 迭代复杂度估计假定在最坏情况下没有正的阶次增长。对于存在唯一的最小点 x^* 的情况，这意味着不存在标量 $\beta>0$，$\delta>0$ 和 $\gamma>1$ 使得

$$\beta\left\|x-x^*\right\|^\gamma \leqslant f(x)-f\left(x^*\right), \qquad \text{对于满足}\left\|x-x^*\right\| \leqslant \delta\text{的}\forall x$$

成立。在实际问题中这不太可能成立。

长将加速收敛。在 2.1.1 节中，我们简要讨论了一种加速方案，即动量梯度法或重球法，其形式为

$$x_{k+1} = x_k - \alpha \nabla f(x_k) + \beta (x_k - x_{k-1})$$

并将外推项 $\beta (x_k - x_{k-1})$ 添加到梯度更新中，其中 $x_{-1} = x_0$ 和 β 是满足 $0 < \beta < 1$ 的标量。

具有相似性质的一种算法变体将外推和梯度步骤分开，如下所示：

$$\begin{aligned} y_k &= x_k + \beta (x_k - x_{k-1}) \quad (\text{外推步骤}) \\ x_{k+1} &= y_k - \alpha \nabla f(y_k) \quad (\text{梯度步骤}) \end{aligned} \tag{6.29}$$

当应用于前面的例子的函数时，该方法收敛到最优值，并且更快地到达最优点的邻域：可以验证对于起点 $x_0 >> 1$ 和 $x_k > \epsilon$ 的情况，其形式为 $x_{k+1} = x_k - \epsilon_k$，其中 $\epsilon \leqslant \epsilon_k < \epsilon/(1-\beta)$。事实上，通过外推通常可以提高梯度投影法的实际性能。但是，对于该例子，该方法仍然具有 $O(1/\epsilon)$ 迭代复杂度，因为对于 $x_0 >> 1$，达到 $x_k < \epsilon$ 所需的迭代次数是 $O((1-\beta)/\epsilon)$。可以通过验证对于 $x_k >> 1$，有

$$x_{k+1} - x_k = \beta (x_k - x_{k-1}) - \epsilon$$

因此，近似地 $|x_{k+1} - x_k| \approx \epsilon/(1-\beta)$ 成立。

实际上，对于具有 Lipschitz 连续梯度的凸代价函数，可以通过更强大的外推技术来改进迭代复杂性。接下来我们将证明需要用按照适当选取的速率收敛到 1 的动态变化的 β_k 来代替固定的外推因子 β。不幸的是，至少基于本节的分析框架，很难给出关于这个条件的一个直观解释（以不同视角提供直观解释其他思路可参见 [Nes04]）。

6.2.1　具有最优迭代复杂度的算法

我们将考虑 β 值变化的梯度/外推方法式 (6.29) 的带约束版本，它用于如下问题：

$$\begin{aligned} &\text{minimize} \quad f(x) \\ &\text{subject to} \quad x \in X \end{aligned} \tag{6.30}$$

其中 $f : \Re^n \mapsto \Re$ 是凸且可微的，而 X 是闭凸集。我们将假设 f 具有 Lipschitz 连续梯度 [参见式 (6.6)]，并且 f 在 X 上的最小点集合 X^* 是非空的。

该方法有如下的形式：

$$\begin{aligned} y_k &= x_k + \beta_k (x_k - x_{k-1}) \quad (\text{外推步骤}) \\ x_{k+1} &= P_X (y_k - \alpha \nabla f(y_k)) \quad (\text{梯度投影步骤}) \end{aligned} \tag{6.31}$$

其中 $P_X(\bullet)$ 表示到 X 上的投影，$x_{-1} = x_0$ 且 $\beta_k \in (0,1)$，参见图 6.2.1。该方法与 2.1.1 节中讨论的重球法和 PARTAN 方法类似，但有一些重要的区别：它适用于带约束的问题，并且可以交换迭代中的外推和梯度投影的次序。

以下命题表明，通过 β_k 的适当选取，该方法具有迭代复杂度 $O(1/\sqrt{\epsilon})$ 或等价 $O(1/k^2)$ 阶偏差。特别地，我们用到

$$\beta_k = \frac{\theta_k (1 - \theta_{k-1})}{\theta_{k-1}}, \quad k = 0, 1, \cdots \tag{6.32}$$

其中序列 $\{\theta_k\}$ 满足 $\theta_0 = \theta_1 \in (0,1]$，并且

$$\frac{1 - \theta_{k+1}}{\theta_{k+1}^2} \leqslant \frac{1}{\theta_k^2}, \quad k = 0, 1, \cdots \tag{6.33}$$

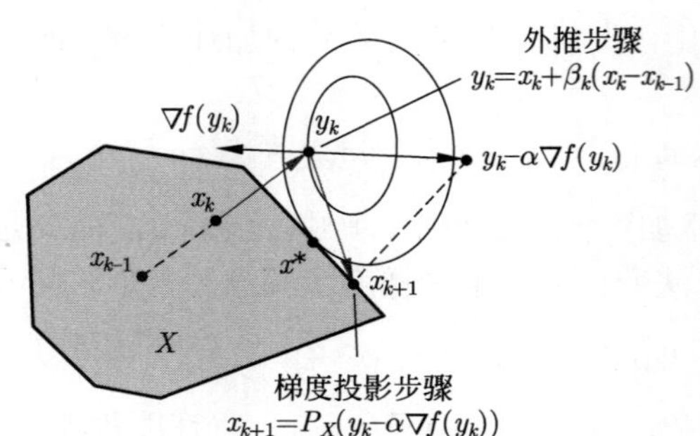

图 6.2.1 带有外推的两步法式 (6.31) 的示意图

例如，可以验证一个可能的选择是

$$\beta_k=\begin{cases}0 & \text{如果}k=0\\ \dfrac{k-1}{k+2} & \text{如果}k=1,2,\cdots\end{cases}\qquad \theta_k=\begin{cases}1 & \text{如果}k=-1\\ \dfrac{2}{k+2} & \text{如果}k=0,1,\cdots\end{cases}$$

我们将假定步长大小为 $\alpha=1/L$，但结果也可以适用于命题 6.1.7 的步长逐步减小准则。一种可能是使用 6.1 节的最终固定步长准则。我们将从某个步长 $\alpha>0$ 开始，然后维持同样大小的 α 并根据下式进行迭代

$$x_{k+1}=P_X\left(x_k-\alpha\nabla f\left(x_k\right)\right)$$

只要

$$f\left(x_{k+1}\right)\leqslant\ell\left(x_{k+1};y_k\right)+\frac{1}{2\alpha}\left\|x_{k+1}-y_k\right\|^2 \tag{6.34}$$

条件满足。一旦在某次迭代中违反了此条件，我们将 α 减小一定比例，并进行必要次数的重复迭代直到式 (6.34) 被满足。与梯度投影的情况类似，如果 $\alpha\leqslant 1/L$，条件式 (6.34) 将得到满足，并且在经过一定次数的减小后，将在每个后续迭代中通过测试式 (6.34)，且 α 将在某个值 $\bar{\alpha}>0$ 处保持固定。使用该步长准则，我们可以处理常量 L 未知的情况，于是下面的证明可以进行修改以证明该变体具有 $O\left(1/k^2\right)$ 阶偏差。

命题 6.2.1 令 $f:\Re^n\mapsto\Re$ 为凸可微函数，令 X 为闭凸集。假定 ∇f 满足 Lipschitz 条件式 (6.6)，并且 X 上 f 的最小点集合 X^* 为非空。令 $\{x_k\}$ 为算法式 (6.31) 生成的序列，其中 $\alpha=1/L$ 且 β_k 满足式 (6.32) 和式 (6.33)。则
$\lim\limits_{k\to\infty} d\left(x_k\right)=0$，并且

$$f\left(x_k\right)-f^*\leqslant\frac{2L}{(k+1)^2}\left(d\left(x_0\right)\right)^2,\quad k=1,2,\cdots$$

其中我们记

$$d(x)=\min_{x^*\in X^*}\left\|x-x^*\right\|,\quad x\in\Re^n$$

证明：我们引入序列

$$z_k=x_{k-1}+\theta_{k-1}^{-1}\left(x_k-x_{k-1}\right),\quad k=0,1,\cdots \tag{6.35}$$

其中 $x_{-1}=x_0$，因此 $z_0=x_0$。注意到根据式 (6.31) 和式 (6.32)，z_k 可以被重写为

$$z_k=x_k+\theta_k^{-1}\left(y_k-x_k\right),\quad k=1,2,\cdots \tag{6.36}$$

固定的 $k \geqslant 0$ 和 $x^* \in X^*$，并且令

$$y^* = (1-\theta_k)\, x_k + \theta_k x^*$$

利用式 (6.8)，我们有

$$f(x_{k+1}) \leqslant \ell(x_{k+1}; y_k) + \frac{L}{2}\|x_{k+1} - y_k\|^2 \tag{6.37}$$

其中我们用到记号

$$\ell(u; w) = f(w) + \nabla f(w)'(u-w), \quad \forall u, w \in \Re^n$$

因为 x_{k+1} 是 $y_k - (1/L)\nabla f(y_k)$ 在 X 上的投影，它在 $y \in X$ 上使

$$\ell(y; y_k) + \frac{L}{2}\|y - y_k\|^2$$

最小化，因此根据命题 6.1.5，我们有

$$\ell(x_{k+1}; y_k) + \frac{L}{2}\|x_{k+1} - y_k\|^2 \leqslant \ell(y^*; y_k) + \frac{L}{2}\|y^* - y_k\|^2 - \frac{L}{2}\|y^* - x_{k+1}\|^2$$

将上述关系与式 (6.37) 结合，可以得到

$$\begin{aligned}
f(x_{k+1}) \leqslant\, & \ell(y^*; y_k) + \frac{L}{2}\|y^* - y_k\|^2 - \frac{L}{2}\|y^* - x_{k+1}\|^2 \\
=\, & \ell((1-\theta_k)\, x_k + \theta_k x^*; y_k) + \frac{L}{2}\|(1-\theta_k)\, x_k + \theta_k x^* - y_k\|^2 - \\
& \frac{L}{2}\|(1-\theta_k)\, x_k + \theta_k x^* - x_{k+1}\|^2 \\
=\, & \ell((1-\theta_k)\, x_k + \theta_k x^*; y_k) + \frac{\theta_k^2 L}{2}\left\|x^* + \theta_k^{-1}(x_k - y_k) - x_k\right\|^2 - \\
& \frac{\theta_k^2 L}{2}\left\|x^* + \theta_k^{-1}(x_k - x_{k+1}) - x_k\right\|^2 \\
=\, & \ell((1-\theta_k)\, x_k + \theta_k x^*; y_k) + \frac{\theta_k^2 L}{2}\|x^* - z_k\|^2 - \\
& \frac{\theta_k^2 L}{2}\|x^* - z_{k+1}\|^2 \\
\leqslant\, & (1-\theta_k)\, \ell(x_k; y_k) + \theta_k \ell(x^*; y_k) + \frac{\theta_k^2 L}{2}\|x^* - z_k\|^2 - \\
& \frac{\theta_k^2 L}{2}\|x^* - z_{k+1}\|^2
\end{aligned}$$

其中最后一个等式来自式 (6.35) 和式 (6.36)，最后一个不等式来自 $\ell(\cdot; y_k)$ 的凸性。根据不等式

$$\ell(x_k; y_k) \leqslant f(x_k)$$

我们有

$$f(x_{k+1}) \leqslant (1-\theta_k)\, f(x_k) + \theta_k \ell(x^*; y_k) + \frac{\theta_k^2 L}{2}\|x^* - z_k\|^2 - \frac{\theta_k^2 L}{2}\|x^* - z_{k+1}\|^2$$

最终，通过重新排列，可以得到

$$\begin{aligned}
& \frac{1}{\theta_k^2}(f(x_{k+1}) - f^*) + \frac{L}{2}\|x^* - z_{k+1}\|^2 \\
\leqslant\, & \frac{1-\theta_k}{\theta_k^2}(f(x_k) - f^*) + \frac{L}{2}\|x^* - z_k\|^2 - \frac{f^* - \ell(x^*; y_k)}{\theta_k}
\end{aligned}$$

通过按照 $k = 0, 1, \cdots$ 累加不等式，同时使用如下不等式：

$$\frac{1-\theta_{k+1}}{\theta_{k+1}^2} \leqslant \frac{1}{\theta_k^2}$$

我们得到

$$\frac{1}{\theta_k^2}\left(f\left(x_{k+1}\right)-f^*\right)+\sum_{i=0}^{k} \frac{f^*-\ell\left(x^*; y_i\right)}{\theta_i} \leqslant \frac{L}{2}\left\|x^*-z_0\right\|^2$$

由 $x_0=z_0$，$f^*-\ell\left(x^*; y_i\right) \geqslant 0$ 以及 $\theta_k \leqslant 2/(k+2)$，同时在所有 $x^* \in X^*$ 上取最小值，可得

$$f\left(x_{k+1}\right)-f^* \leqslant \frac{2L}{(k+2)^2}\left(d\left(x_0\right)\right)^2$$

从而命题得证。 □

6.2.2 不可微代价问题——平滑框架

前面的分析适用于可微代价函数。不过，该分析方法可以扩展到 f 是实值且凸但不可微的情况，方法是使用平滑技术将不可微问题转换为可微问题[1]。通过这种方式，可以达到 $O(1/\epsilon)$ 的迭代复杂度，这远快于次梯度法的 $O\left(1/\epsilon^2\right)$ 的复杂度。思路是用光滑的 ϵ-近似函数来代替不可微的凸代价函数，该函数的梯度是 Lipschitz 连续且常数为 $L=O(1/\epsilon)$。通过应用前面给出的最优方法，可以得到 ϵ- 最优解，其迭代复杂度为 $O(1/\epsilon)$ 或等价地具有 $O(1/k)$ 阶偏差。

我们将考虑凸函数 $f_0: \Re^n \mapsto \Re$ 如下特殊形式

$$f_0(x)=\max_{u \in U}\left\{u' A x-\phi(u)\right\} \tag{6.38}$$

的平滑技术，其中 U 是 $\Re^m$ 的凸的紧子集，$\phi: U \mapsto \Re$ 是凸的且在 U 上连续，而 A 是 $m \times n$ 矩阵。请注意，f_0 只是矩阵 A 和

$$\tilde{\phi}(u)=\begin{cases}\phi(u) & \text{如果} u \in U \\ \infty & \text{如果} u \notin U\end{cases}$$

的共轭函数的复合函数。因此式 (6.38) 形式的凸函数 f_0 范围非常广。我们引入严格凸且可微的函数 $p: \Re^m \mapsto \Re$。令 u_0 为 p 在 U 上的唯一最小点，即

$$u_0 \in \arg \min_{u \in U} p(u)$$

我们假设 $p\left(u_0\right)=0$ 并且 p 在 U 上具有强凸性，且强凸性的模数 (modulus) 为 σ，即

$$p(u) \geqslant \frac{\sigma}{2}\left\|u-u_0\right\|^2$$

例如二次函数 $p(u)=\frac{\sigma}{2}\left\|u-u_0\right\|^2$，但还有其他函数（其他例子请参见 [Nes05] 的论文，其中还允许 p 为不可微且仅在 U 上有定义）。

对于参数 $\epsilon>0$，考虑式

$$f_\epsilon(x)=\max_{u \in U}\left\{u' A x-\phi(u)-\epsilon p(u)\right\}, \quad x \in \Re^n \tag{6.39}$$

同时注意到 f_ϵ 在如下定义上是 f_0 的一致近似函数

$$f_\epsilon(x) \leqslant f_0(x) \leqslant f_\epsilon(x)+p^* \epsilon, \quad \forall x \in \Re^n \tag{6.40}$$

其中

$$p^*=\max_{u \in U} p(u)$$

下面的命题表明 f_ϵ 也是光滑的，并且其梯度是 Lipschitz 连续且 Lipschitz 常数与 $1/\epsilon$ 成比例。

---

[1]如 2.25 节指出，平滑是处理不可微问题常用的一种有效技术。它可以是基于可微罚函数或是增广拉格朗日函数法（参见论文 [Ber75b]，[Ber77]，以及教材 [Ber82a] 的第 3 章和第 5 章）。不过本节中，平滑技术用于辅助复杂性分析（结合 6.2.1 节中的外推梯度投影法），并不作为实际有效算法推荐。

命题 6.2.2　对于所有 $\epsilon > 0$，式 (6.39) 定义的函数 f_ϵ 在 $\Re^n$ 上是凸的且可微的，且梯度为

$$\nabla f_\epsilon(x) = A' u_\epsilon(x)$$

其中 $u_\epsilon(x)$ 是在式 (6.39) 中达到最大值的唯一向量。此外，我们有

$$\|\nabla f_\epsilon(x) - \nabla f_\epsilon(y)\| \leqslant \frac{\|A\|^2}{\epsilon\sigma}\|x-y\|, \quad \forall x, y \in \Re^n$$

证明：我们首先注意到，鉴于 p 的强凸性（这意味着 p 是严格凸的），式 (6.39) 中的最大点具有唯一性。此外，f_ϵ 等于 $f^*(A'x)$，其中 f^* 为下列函数的共轭

$$\phi(u) + \epsilon p(u) + \delta_U(u)$$

其中 δ_U 是 U 的示性函数。由共轭次梯度定理（附录 B 中的命题 5.4.3）可知，f_ϵ 是凸的，并且具有梯度

$$\nabla f_\epsilon(x) = A' u_\epsilon(x)$$

考虑任意向量 $x, y \in \Re^n$ 并令 g_x 和 g_y 分别是 ϕ 在 $u_\epsilon(x)$ 和 $u_\epsilon(y)$ 的次梯度。由次梯度不等式，我们有

$$\phi(u_\epsilon(y)) - \phi(u_\epsilon(x)) \geqslant g_x'(u_\epsilon(y) - u_\epsilon(x))$$

$$\phi(u_\epsilon(x)) - \phi(u_\epsilon(y)) \geqslant g_y'(u_\epsilon(x) - u_\epsilon(y))$$

将上面两个不等式相加，我们得到

$$(g_x - g_y)'(u_\epsilon(x) - u_\epsilon(y)) \geqslant 0 \tag{6.41}$$

根据最大优化问题式 (6.39) 的最优性条件，我们有

$$(Ax - g_x - \epsilon\nabla p(u_\epsilon(x)))'(u_\epsilon(y) - u_\epsilon(x)) \leqslant 0$$
$$(Ay - g_y - \epsilon\nabla p(u_\epsilon(y)))'(u_\epsilon(x) - u_\epsilon(y)) \leqslant 0$$

将这两个不等式相加，然后利用 ϕ 的凸性以及 p 的强凸性，我们有

$$\begin{aligned}(x-y)'A'(u_\epsilon(x) - u_\epsilon(y)) \geqslant & \big(g_x - g_y + \epsilon(\nabla p(u_\epsilon(x)) - \nabla p(u_\epsilon(y))\big)' \\ & (u_\epsilon(x) - u_\epsilon(y)) \\ \geqslant & \epsilon(\nabla p(u_\epsilon(x)) - \nabla p(u_\epsilon(y)))'(u_\epsilon(x) - u_\epsilon(y)) \\ \geqslant & \epsilon\sigma\|u_\epsilon(x) - u_\epsilon(y)\|^2\end{aligned}$$

其中的第二个不等式是由式 (6.41) 推出，之后的第三个不等式是由强凸函数的标准性质推出，因此

$$\begin{aligned}\|\nabla f_\epsilon(x) - \nabla f_\epsilon(y)\|^2 &= \|A'(u_\epsilon(x) - u_\epsilon(y))\|^2 \\ &\leqslant \|A'\|^2\|u_\epsilon(x) - u_\epsilon(y)\|^2 \\ &\leqslant \frac{\|A'\|^2}{\epsilon\sigma}(x-y)'A'(u_\epsilon(x) - u_\epsilon(y)) \\ &\leqslant \frac{\|A'\|^2}{\epsilon\sigma}\|x-y\|\,\|A'(u_\epsilon(x) - u_\epsilon(y))\| \\ &= \frac{\|A\|^2}{\epsilon\sigma}\|x-y\|\,\|\nabla f_\epsilon(x) - \nabla f_\epsilon(y)\|\end{aligned}$$

命题得证。　□

现在我们考虑闭凸集 X 上函数

$$f(x)=F(x)+f_0(x)$$

的最小化问题，其中 f_0 由式 (6.38) 给出，而 $F:\Re^n\mapsto\Re$ 是凸的可微函数，且梯度满足 Lipschitz 条件

$$\|\nabla F(x)-\nabla F(y)\|\leqslant L\|x-y\|,\quad \forall x,y\in X \tag{6.42}$$

我们用平滑近似

$$\tilde{f}(x)=F(x)+f_\epsilon(x)$$

来代替 f，并注意 $\tilde{f}$ 与 f 的偏差一致地最多不超过 $p^*\epsilon$ [参见式 (6.40)]，并具有 Lipschitz 连续梯度且 Lipschitz 常数 $L+L_\epsilon=O(1/\epsilon)$。因此，通过应用算法式 (6.31) 并应用命题 6.2.1，可知我们可以找到一个解 $\tilde{x}\in X$ 使得 $f(\tilde{x})\leqslant f^*+p^*\epsilon$ 成立，并且有着如下的迭代次数。

$$O\left(\sqrt{\left(L+\|A\|^2/\epsilon\sigma\right)/\epsilon}\right)=O(1/\epsilon)$$

6.3 近端梯度法

在本节中，我们将考虑如下问题：

$$\begin{array}{ll}\text{minimize} & f(x)+h(x)\\ \text{subject to} & x\in\Re^n\end{array} \tag{6.43}$$

其中 $f:\Re^n\mapsto\Re$ 是可微凸函数，而 $h:\Re^n\mapsto(-\infty,\infty]$ 是闭的真凸函数。大部分情况下，我们将假设 f 具有 Lipschitz 连续梯度，即对于某个 $L>0$，

$$\|\nabla f(x)-\nabla f(y)\|\leqslant L\|x-y\|,\quad \forall x,y\in\Re^n \tag{6.44}$$

我们将讨论一种称为**近端梯度**的算法，该算法结合了梯度投影法和近端算法的思想。它在近端最小化中用线性近似来代替 f，即

$$x_{k+1}\in\arg\min_{x\in\Re^n}\left\{\ell\left(x;x_k\right)+h(x)+\frac{1}{2\alpha_k}\left\|x-x_k\right\|^2\right\} \tag{6.45}$$

其中 $\alpha_k>0$ 是一个标量参数，如 6.1 节和 6.2 节所述，我们用

$$\ell(y;x)=f(x)+\nabla f(x)'(y-x),\quad x,y\in\Re^n$$

来表示 f 在 x 处的线性近似。因此，如果 f 是线性函数，我们就得到最小化 $f+h$ 的近端算法。如果 h 为闭凸集的示性函数，那么根据命题 6.1.4 就得到梯度投影法。由于近端最小化式 (6.45) 中具有二次项，因此可以得到唯一的最小点，并且算法可以明确定义。

该方法在 $f+h$ 不适合近端最小化而只保留 h（加上线性函数）适合近端最小化时，利用了问题的结构。由此产生的好处是，我们可以尽可能多地利用近端最小化来处理代价函数，与梯度法相比，它更为通用（允许不可微和/或扩展的实值代价函数），并且更“稳定”（它基本上不限制步长 α）。一个典型的例子是 h 是正则化函数的情况，例如 ℓ_1 范数，可以通过收缩运算以闭合的形式进行近端迭代（请参见 5.4.1 节中的讨论）。

迭代式 (6.45) 的一种表达方式是将其写作两步过程：

$$z_k=x_k-\alpha_k\nabla f\left(x_k\right),\quad x_{k+1}\in\arg\min_{x\in\Re^n}\left\{h(x)+\frac{1}{2\alpha_k}\left\|x-z_k\right\|^2\right\} \tag{6.46}$$

这可以通过展开二次项

$$\left\|x-z_k\right\|^2=\left\|x-x_k+\alpha_k\nabla f\left(x_k\right)\right\|^2$$

来验证。因此，**该方法将 f 上的梯度步骤与 h 上的近端步骤交替进行**。图 6.3.1 说明了此两步过程[1]。

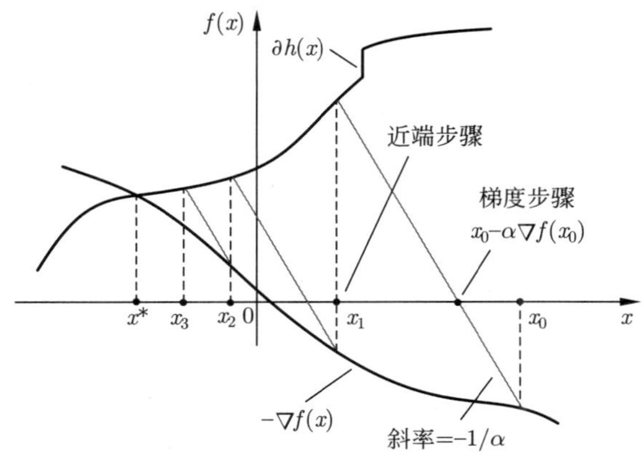

图 6.3.1　通过两步过程式 (6.46) 实现近端梯度法的示意图。我们从 x_0 开始计算 $x_0-\alpha\nabla f(x_0)$ 如图所示的梯度更新步骤。从该向量开始，我们按照所示的近端步长计算（参见 5.1.4 节中图 5.1.8 的近端迭代的几何解释）。假设 ∇f 是 Lipschitz 连续的（因此 ∇f 沿各个方向斜率有界）并且 α 足够小，则该方法将朝着最优解 x^* 更新。当 $f(x)\equiv 0$ 时，我们得到近端算法；当 h 是闭凸集的示性函数时，我们得到梯度投影法

先前的观察表明，该方法的收敛性和收敛速率特性与梯度投影法和近端法相应特性密切相关。特别地，让我们考虑固定步长，$\alpha_k\equiv\alpha$ 的情况，此时迭代变为

$$x_{k+1}=P_{\alpha,h}\left(G_\alpha\left(x_k\right)\right) \tag{6.47}$$

其中 G_α 是梯度法的映射，

$$G_\alpha(x)=x-\alpha\nabla f(x)$$

而 $P_{\alpha,h}$ 是与 α 和 h 对应的近端映射

$$P_{\alpha,h}(z)\in\arg\min_{x\in\Re^n}\left\{h(x)+\frac{1}{2\alpha}\|x-z\|^2\right\} \tag{6.48}$$

[参见式 (6.46)]。可知迭代旨在收敛到复合映射 $P_{\alpha,h}\cdot G_\alpha$ 的不动点。

现在让我们指出一个重要的事实：$P_{\alpha,h}\cdot G_\alpha$ **的不动点与 $f+h$ 的最小点是一致的**。这是由**在复合迭代式 (6.47) 中的梯度映射和近端映射使用相同的参数** α保证的。为证明这一点，注意到 x^* 是 $P_{\alpha,h}\cdot G_\alpha$ 的不动点当且仅当

$$\begin{aligned}x^*&\in\arg\min_{x\in\Re^n}\left\{h(x)+\frac{1}{2\alpha}\left\|x-G_\alpha\left(x^*\right)\right\|^2\right\}\\&=\arg\min_{x\in\Re^n}\left\{h(x)+\frac{1}{2\alpha}\left\|x-\left(x^*-\alpha\nabla f\left(x^*\right)\right)\right\|^2\right\}\end{aligned}$$

成立。该式成立当且仅当以上最小化的函数 x^* 处的次微分包含 0 时：

$$0\in\partial h\left(x^*\right)+\frac{1}{2\alpha}\nabla\left(\left\|x-\left(x^*-\alpha\nabla f\left(x^*\right)\right)\right\|^2\right)\Bigg|_{x=x^*}=\partial h\left(x^*\right)+\nabla f\left(x^*\right)$$

[1]基于两个或更多的相对简单映射组成的算法映射，其中每个映射可能只包含部分问题数据，常称为是**分裂算法**。这些算法在优化问题和线性或非线性方程求解问题中有着广泛的应用，因为它们可以很好地利用许多类型的实际问题的特殊结构。因此，近端梯度法和我们讨论过的 ADMM 等算法，都可以看作是分裂算法的特例。

这是 x^* 最小化 $f+h$ 的充分必要条件[1]。

关于算法的收敛性，我们从命题 5.1.8 知道 $P_{\alpha,h}$ 是非扩张映射，因此如果映射 G_α 对应于收敛算法，近端梯度算法很可能是收敛的，因为它是非扩张映射和收敛算法构成的复合映射。如果 G_α 是欧几里得意义下的压缩映射，则尤其如此（参见命题 6.1.8，因为 f 的强凸性假设），同时 $P_{\alpha,h}\cdot G_\alpha$ 也是欧几里得压缩映射。于是算法式 (6.47) 以线性速率收敛到 $f+h$ 的唯一最小点（由 G_α 和 $P_{\alpha,h}$ 的压缩模量的乘积确定）。不过，就像未进行尺度缩放的梯度和梯度投影法那样，即使存在强凸性，近端梯度法对于某些问题可能非常慢。这很容易通过简单的例子说明。

收敛性分析

近端梯度法的分析结合了近端和梯度投影算法的分析要素。特别是，利用命题 5.1.2，我们有以下三项不等式。

命题 6.3.1 令 $f:\Re^n\mapsto\Re$ 为可微凸函数，令 $h:\Re^n\mapsto(-\infty,\infty]$ 为闭的真凸函数，对于近端梯度法式 (6.45) 的给定迭代序列 x_k，考虑点所构成的弧线

$$x_k(\alpha)\in\arg\min_{x\in\Re^n}\left\{\ell(x;x_k)+h(x)+\frac{1}{2\alpha}\|x-x_k\|^2\right\},\quad \alpha>0$$

则对于所有 $y\in\Re^n$ 和 $\alpha>0$，我们有

$$\begin{aligned}\|x_k(\alpha)-y\|^2\leqslant\|x_k-y\|^2-&\\ &2\alpha\left(\ell\left(x_k(\alpha);x_k\right)+h\left(x_k(\alpha)\right)-\ell\left(y;x_k\right)-h(y)\right)-\\ &\|x_k-x_k(\alpha)\|^2\end{aligned}\tag{6.49}$$

下一命题表明，可以通过一定的不等式测试来保证代价函数的下降，这对于所有步长大小在 $(0,1/L]$ 范围内的情况都自动成立。

命题 6.3.2 令 $f:\Re^n\mapsto\Re$ 为可微凸函数，令 $h:\Re^n\mapsto(-\infty,\infty]$ 是一个闭的真凸函数，并假设 ∇f 满足 Lipschitz 条件式 (6.44)。对于近端梯度法式 (6.45) 产生的迭代序列 x_k，考虑点所构成的弧线

$$x_k(\alpha)\in\arg\min_{x\in\Re^n}\left\{\ell(x;x_k)+h(x)+\frac{1}{2\alpha}\|x-x_k\|^2\right\},\quad \alpha>0$$

则对于所有的 $\alpha>0$，不等式

$$f\left(x_k(\alpha)\right)\leqslant\ell\left(x_k(\alpha);x_k\right)+\frac{1}{2\alpha}\|x_k(\alpha)-x_k\|^2\tag{6.50}$$

意味着代价下降性质

$$f\left(x_k(\alpha)\right)+h\left(x_k(\alpha)\right)\leqslant f\left(x_k\right)+h\left(x_k\right)-\frac{1}{2\alpha}\|x_k(\alpha)-x_k\|^2\tag{6.51}$$

此外，不等式 (6.50) 对所有 $\alpha\in(0,1/L]$ 都成立。

证明：通过在公式中设置 $y=x_k$，利用 $\ell\left(x_k;x_k\right)=f\left(x_k\right)$ 的事实，并进行整理，我们有

$$\ell\left(x_k(\alpha);x_k\right)+h\left(x_k(\alpha)\right)\leqslant f\left(x_k\right)+h\left(x_k\right)-\frac{1}{\alpha}\|x_k(\alpha)-x_k\|^2$$

---

[1] 该论证表明在近端梯度法中的梯度和近端部分采用不同的参数 α 的做法是不正确的。这样强调了为了加速收敛用其他映射（包括对角或牛顿尺度变换，或外推等）代替 G_α 和 $P_{\alpha,h}$ 时必须满足的约束条件。

如果不等式 (6.50) 成立，则可以将其添加到上述关系中就给出式 (6.51)。同样，下降引理命题 6.1.2 意味着对所有 $\alpha \in (0, 1/L]$，不等式 (6.50) 都成立。 □

上述两个命题的证明即使在 f 是非凸的（但仍可连续微分）的情况下也是成立的。这表明即使没有 f 的凸性，近端梯度法也具有良好的收敛性。现在，我们将证明与梯度投影法的命题 6.1.7 相平行的收敛性和收敛速率结果，其证明也是类似的（练习中给出了其他一些收敛速率的结果）。以下结果适用于 $\alpha_k \equiv \alpha \leqslant 1/L$ 的固定步长准则和类似于 6.1 节中的**最终固定步长准则**。使用此准则，我们从一个步长 $\alpha_0 > 0$ 开始，它是对 $1/L$ 的估算，在保持此步长不变的情况下，按照

$$x_{k+1} \in \arg\min_{x \in \Re^n} \left\{ \ell(x; x_k) + h(x) + \frac{1}{2\alpha_k} \|x - x_k\|^2 \right\}$$

生成迭代序列，只要条件

$$f(x_{k+1}) \leqslant \ell(x_{k+1}; x_k) + \frac{1}{2\alpha_k} \|x_{k+1} - x_k\|^2 \tag{6.52}$$

成立。一旦在某次迭代 k 违反了此条件，我们就将 α_k 减小一定比例，并根据式 (6.52) 成立的需要多次重复。根据命题 6.3.2，此准则可保证代价函数下降，并保证在有限次迭代后 α_k 将保持恒定。

命题 6.3.3　令 $f : \Re^n \mapsto \Re$ 为可微凸函数，令 $h : \Re^n \mapsto (-\infty, \infty]$ 为闭的真凸函数，假设 ∇f 满足 Lipschitz 条件式 (6.44)，并且 $f + h$ 的最小点集合 X^* 为非空，令 $\{x_k\}$ 为近端梯度算法式 (6.45) 使用最终固定步长准则或任何满足如下条件的步长准则所生成的序列，即对于某个 $\bar{\alpha} > 0$，$\alpha_k \downarrow \bar{\alpha}$ 且对所有 k 都满足

$$f(x_{k+1}) \leqslant \ell(x_{k+1}; x_k) + \frac{1}{2\alpha_k} \|x_{k+1} - x_k\|^2 \tag{6.53}$$

则 $\{x_k\}$ 收敛到 X^* 中的某个点，对于所有 $k = 0, 1, \cdots$，我们有

$$f(x_{k+1}) + h(x_{k+1}) - \min_{x \in \Re^n} \{f(x) + h(x)\} \leqslant \frac{\min_{x^* \in X^*} \|x_0 - x^*\|^2}{2(k+1)\bar{\alpha}} \tag{6.54}$$

证明：通过使用命题 6.3.1，对于所有的 $x \in \Re^n$，我们有

$$\begin{aligned} &\ell(x_{k+1}; x_k) + h(x_{k+1}) + \frac{1}{2\alpha_k} \|x_{k+1} - x_k\|^2 \\ &\quad \leqslant \ell(x; x_k) + h(x) + \frac{1}{2\alpha_k} \|x - x_k\|^2 - \frac{1}{2\alpha_k} \|x - x_{k+1}\|^2 \end{aligned}$$

令 $x = x^*$，其中 $x^* \in X^*$，然后与式 (6.53) 相加，我们得到

$$\begin{aligned} f(x_{k+1}) + h(x_{k+1}) &\leqslant \ell(x^*; x_k) + h(x^*) + \\ &\quad \frac{1}{2\alpha_k} \|x^* - x_k\|^2 - \frac{1}{2\alpha_k} \|x^* - x_{k+1}\|^2 \\ &\leqslant f(x^*) + h(x^*) + \\ &\quad \frac{1}{2\alpha_k} \|x^* - x_k\|^2 - \frac{1}{2\alpha_k} \|x^* - x_{k+1}\|^2 \end{aligned} \tag{6.55}$$

其中最后一个不等式用到

$$f(x^*) - \ell(x^*; x_k) = f(x^*) - f(x_k) - \nabla f(x_k)'(x^* - x_k) \geqslant 0$$

因此，记

$$e_k = f(x_k) + h(x_k) - \min_{x\in\Re^n}\{f(x)+h(x)\}$$

由式 (6.55)，我们得到对于所有的 k 以及 $x^* \in X^*$，

$$\|x^* - x_{k+1}\|^2 \leqslant \|x^* - x_k\|^2 - 2\alpha_k e_{k+1} \tag{6.56}$$

将 k 替换为 $k-1,\cdots,0$，反复使用上述关系，我们得到

$$0 \leqslant \|x^* - x_{k+1}\|^2 \leqslant \|x^* - x_0\|^2 - 2(\alpha_0 e_1 + \cdots + \alpha_k e_{k+1})$$

所以因为 $\alpha_0 \geqslant \alpha_1 \geqslant \cdots \geqslant \alpha_k \geqslant \bar{\alpha}$ 且 $e_1 \geqslant e_2 \geqslant \cdots \geqslant e_{k+1}$（参见命题 6.3.2），我们有

$$2\bar{\alpha}(k+1)e_{k+1} \leqslant \|x^* - x_0\|^2$$

在 $x^* \in X^*$ 上取最小，我们得到式 (6.54)。最后通过式 (6.56)，可得 $\{x_k\}$ 是有界的，并且因为 $e_k \to 0$，其每个极限点都必属于 X^*。此外，根据式 (6.56)，x_k 到每个 $x^* \in X^*$ 的距离都是单调非增的，因此 $\{x_k\}$ 不能有多个极限点，并且必收敛到 X^* 中的某个点。 □

对偶近端梯度算法

近端梯度算法也可以应用于 Fenchel 对偶问题

$$\begin{aligned}&\text{minimize } f_1^*(-A'\lambda) + f_2^*(\lambda)\\&\text{subject to } \lambda \in \Re^m\end{aligned} \tag{6.57}$$

其中 f_1 和 f_2 是闭的真凸函数，f_1^* 和 f_2^* 是它们的共轭函数

$$f_1^*(-A'\lambda) = \sup_{x\in\Re^n}\{(-\lambda)'Ax - f_1(x)\} \tag{6.58}$$

$$f_2^*(\lambda) = \sup_{x\in\Re^n}\{\lambda' x - f_2(x)\} \tag{6.59}$$

其中，A 是 $m\times n$ 矩阵。注意，相对于 1.2 节和 5.4 节的公式，我们已经改变了 λ 的正负号 [问题没有改变，这对于最小化 $f_1(x) + f_2(Ax)$ 仍然是对偶的，但是通过符号的这种反转，我们将得到更方便的公式]。对偶问题的近端梯度法包括首先使用函数 $f_1^*(-A'\lambda)$ 应用梯度步骤，然后使用函数 $f_2^*(\lambda)$ 进行近端迭代 [参见式 (6.46)]。我们将其称为**对偶近端梯度算法**，并将证明它具有类似于 5.4 节 ADMM 的原始实现。

要应用该算法，当然必须假设函数 $f_1^*(-A'\lambda)$ 是可微的。我们通过使用附录 B 的命题 5.4.4(a)，可以看出，这等价于要求对所有 $\lambda\in\Re^m$ 式 (6.58) 的上确界是唯一可取到的。此外，使用链式规则，可以在任意 $\lambda\in\Re^m$ 处，求得 $f_1^*(-A'\lambda)$ 的梯度为

$$-A\left(\arg\min_{x\in\Re^n}\{f_1(x) + \lambda' Ax\}\right)$$

因此，近端梯度算法的梯度步骤为

$$\bar{\lambda}_k = \lambda_k + \alpha_k A x_{k+1} \tag{6.60}$$

其中 α_k 为步长，并且

$$x_{k+1} = \arg\min_{x\in\Re^n}\{f_1(x) + \lambda_k' Ax\} \tag{6.61}$$

算法的近端迭代有如下的形式：

$$\lambda_{k+1} \in \arg\min_{\lambda\in\Re^m}\left\{f_2^*(\lambda) + \frac{1}{2\alpha_k}\left\|\lambda - \bar{\lambda}_k\right\|^2\right\}$$

根据对偶近端算法的理论（参见 5.2 节），可以使用增广的拉格朗日类型最小化对偶实现近端步骤：首先求取

$$z_{k+1} \in \arg\min_{z\in\Re^m}\left\{f_2(z) - \bar{\lambda}_k' z + \frac{\alpha_k}{2}\|z\|^2\right\} \tag{6.62}$$

之后使用如下的迭代得到

$$\lambda_{k+1}=\bar{\lambda}_k-\alpha_k z_{k+1} \tag{6.63}$$

对偶近端梯度算法式 (6.60)~式 (6.63) 是适用于 Fenchel 对偶问题式 (6.57) 的近端梯度算法的有效实现。如果梯度 $f_1^*(-A'\lambda)$ 是 Lipschitz 连续的，而 α_k 是足够小的常数或由最终恒定步长准则选取，根据命题 6.3.3，可保证算法的收敛性。

有趣的是，该算法与用于最小化 $f_1(x)+f_2(Ax)$ 的 ADMM 具有相似性（后者可用于更一般的情况，因为它不需要 f_1^* 是可微的）。事实上，我们可以通过组合式 (6.60) 和式 (6.63) 重写算法式 (6.60)~式 (6.63)，使得

$$\lambda_{k+1}=\lambda_k+\alpha_k\left(Ax_{k+1}-z_{k+1}\right)$$

其中 x_{k+1} 使得拉格朗日函数

$$x_{k+1}=\arg\min_{x\in\Re^n}\left\{f_1(x)+\lambda_k'\left(Ax-z_k\right)\right\} \tag{6.64}$$

最小化。同时根据式 (6.60) 和式 (6.62)，我们可以证明 z_{k+1} 使得增广拉格朗日函数

$$z_{k+1}\in\arg\min_{z\in\Re^m}\left\{f_2(z)+\lambda_k'\left(Ax_{k+1}-z\right)+\frac{\alpha_k}{2}\left\|Ax_{k+1}-z\right\|^2\right\}$$

最小化。

除了在式 (6.64) 中相对于 x 最小化拉格朗日函数而不是增广拉格朗日之外，该对偶近端梯度算法与 ADMM 的唯一其他区别是对步长的大小存在限制 [由给定式 $f_1^*(-A'\lambda)$ 的梯度的 Lipschitz 常数大小限制，参见命题 6.3.2]。注意，在 ADMM 算法中可以自由选择惩罚参数，但是（与增广拉格朗日方法相反）不清楚如何选择该参数以加速收敛，因此这三个近端方法：近端梯度法、ADMM 和增广拉格朗日法，具有相似之处，也有相对优势和劣势，它们之间的选择在很大程度上取决于给定问题的结构。

近端牛顿法

近端梯度法允许直接地将牛顿法和准牛顿法尺度归一化结合进来，类似于最速下降法和梯度投影法。尺度调整的版本采用以下形式：

$$x_{k+1}\in\arg\min_{x\in\Re^n}\left\{\ell\left(x;x_k\right)+h(x)+\frac{1}{2}\left(x-x_k\right)'H_k\left(x-x_k\right)\right\} \tag{6.65}$$

其中 H_k 是正定对称矩阵。

对于 $H_k=\nabla^2 f\left(x_k\right)$ 的特殊情况，可以通过两步过程来解释此迭代，如图 6.3.2 所示（假设 Hessian 存在并且是正定的）。在这种情况下，可以得到类似牛顿法的迭代，有时称为**近端牛顿法**。在 H_k 是单位矩阵的倍数：$H_k=\dfrac{1}{\alpha_k}I$ 的情况下，可以得到之前的近端梯度法式 (6.45)。

注意，当 $H_k=\nabla^2 f\left(x_k\right)$ 和 h 是闭凸集 X 的示性函数时，算法式 (6.65) 退化为带约束的牛顿法，如果进一步还有 $X=\Re^n$ 时，就和经典形式的牛顿法完全相同。也可以使用更简单的尺度变换（例如对角线形）或不需要计算二阶导数的尺度变换，例如有限记忆的类牛顿框架。通常，可以有效地利用针对 $h(x)\equiv 0$ 或 h 是给定集合的示性函数的情况推出的无约束和约束牛顿型方案的框架。

各种步长准则也可以结合到尺度归一矩阵 H_k 中，以确保基于诸如代价函数下降机制的收敛性，并在某些条件下保证超线性收敛性。特别地，当 f 为正定二次型并且选择 H_k 作为 f 的 Hessian 矩阵（具有单位步长）时，该方法可以在单次迭代找到最优解。进一步的分析和讨论请参见文献。

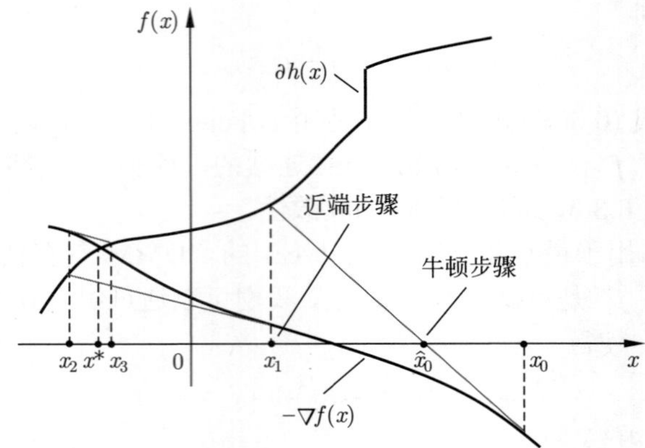

图 6.3.2 近端牛顿迭代的几何解释。给定 x_k，则通过最小化 $\hat{f}(x, x_k) + h(x)$ 得到下一步迭代的 x_{k+1}，其中

$$\hat{f}(x, x_k) = \ell(x; x_k) + \frac{1}{2}(x - x_k)' \nabla^2 f(x_k)(x - x_k)$$

是 f 在 x_k 的二阶近似值，因此 x_{k+1} 满足

$$0 \in \partial h(x_{k+1}) + \nabla f(x_k) + \nabla^2 f(x_k)(x_{k+1} - x_k) \tag{6.66}$$

可以证明，可以通过两步过程来生成 x_{k+1}：首先执行牛顿步骤，获得 $\hat{x}_k = x_k - (\nabla^2 f(x_k))^{-1} \nabla f(x_k)$，然后是近端迭代

$$x_{k+1} \in \arg\min_{x \in \Re^n} \left\{ h(x) + \frac{1}{2}(x - \hat{x}_k)' \nabla^2 f(x_k)(x - \hat{x}_k) \right\}$$

要证明这一点，写出上述最小化的最优性条件，并证明它与式 (6.66) 一致。注意，当 $h(x) \equiv 0$ 时，我们得到纯的牛顿法形式。如果将 $\nabla^2 f(x_k)$ 替换为正定对称矩阵 H_k，我们将得到近端准牛顿法

带外推的近端梯度法

沿着 6.2 节的相应最优复杂度梯度投影方法思路 [参见式 (6.31)]，发展出带外推的近端梯度法，该方法采用以下形式：

$$y_k = x_k + \beta_k(x_k - x_{k-1}) \quad (\text{外推步骤})$$

$$z_k = y_k - \alpha_k \nabla f(y_k) \quad (\text{梯度步骤})$$

$$x_{k+1} \in \arg\min_{x \in \Re^n} \left\{ h(x) + \frac{1}{2\alpha_k} \|x - z_k\|^2 \right\} \quad (\text{近端步骤})$$

其中 $x_{-1} = x_0$ 并且 $\beta_k \in (0, 1)$。外推参数 β_k 的选择与 6.2 节相同。

该方法可以看作分裂算法，并且可以使用与没有外推的方法相似的论证和分析来证明其合理性。特别地，可以看出，x^* 最小化 $f + h$ 当且仅当 (x^*, x^*) 为先前迭代的不动点 [可以被看作是将 (x_k, x_{k-1}) 映射到 (x_{k+1}, x_k)]。由于该算法由非扩张近端映射和带外推的收敛梯度法组成，因此与没有外推的情况类似，该算法是收敛的。事实上，这可以通过参考文献中的严格分析来证明。

适当地选择固定步长 α 和参数 β_k，此方法的复杂度类似于 6.2 节描述的最优算法的复杂度。它的分析是基于结合本节和前面章节的论证（参见 [BeT09b]，[BeT10]，[Tse08]），并且收敛速率的结果类似于命题 6.2.1。因此，对于具有 Lipschitz 连续梯度的凸函数 f，该方法可达到可能的最优迭代复杂度 $O(1/\sqrt{\epsilon})$。

6.4　增量次梯度近端法

在本节中我们考虑大量分量函数之和构成的代价函数的最小化问题：

$$\begin{aligned}&\text{minimize} \quad \sum_{i=1}^{m} f_i(x)\\&\text{subject to} \quad x \in X\end{aligned}$$

其中 $f_i : \Re^n \mapsto \Re$, $i = 1, \cdots, m$，是凸实值函数，X 是闭凸集。对该问题，我们已在 2.1.5 节和 3.3 节中考虑了增量梯度和次梯度法，现在考虑对近端算法的扩展。其最简形式为

$$x_{k+1} \in \arg\min_{x \in X} \left\{ f_{i_k}(x) + \frac{1}{2\alpha_k} \|x - x_k\|^2 \right\} \tag{6.67}$$

其中 i_k 是在 $\{1, \cdots, m\}$ 中取值的指标，其选择方式将在稍后讨论，$\{\alpha_k\}$ 是正标量序列。该方法与近端算法的关系和 3.3 节中的增量次梯度方法与 3.2 节中的非增量次梯度方法的关系相同。

这里的动机是，在分量的有利结构下，可以得到近端迭代式 (6.67) 的闭式或相对简单的形式。在这种情况下，因为近端迭代通常更稳定，它可能比梯度或次梯度迭代更可取。例如在非增量形式下，对任意选择的 α_k，近端迭代基本都会收敛，但梯度类型的方法并非如此。

不幸的是，尽管代价函数的某些分量可能适合近端迭代，但其他分量可能因为难以最小化式 (6.67) 而并不适合。这使我们考虑使用梯度/次梯度和近端迭代的组合。事实上，这是我们在之前章节中讨论近端梯度和相关分裂算法 (splitting algorithms) 的动机。

出于类似考虑，我们在本节中采用统一的算法框架。框架中包括增量梯度、次梯度、近端方法及其组合，来突出它们的通用结构和行为。我们关注如下形式的问题：

$$\begin{aligned}&\text{minimize} \quad F(x) \overset{\text{def}}{=} \sum_{i=1}^{m} F_i(x)\\&\text{subject to} \quad x \in X\end{aligned} \tag{6.68}$$

其中对所有的 i，

$$F_i(x) = f_i(x) + h_i(x) \tag{6.69}$$

$f_i : \Re^n \mapsto \Re$ 和 $h_i : \Re^n \mapsto \Re$ 是实值凸函数，X 是非空闭凸集。

我们的算法形式如下：

$$z_k \in \arg\min_{x \in X} \left\{ f_{i_k}(x) + \frac{1}{2\alpha_k} \|x - x_k\|^2 \right\} \tag{6.70}$$

$$x_{k+1} = P_X\big(z_k - \alpha_k \tilde{\nabla} h_{i_k}(z_k)\big) \tag{6.71}$$

其中 $\tilde{\nabla} h_{i_k}(z_k)$ 是 h_{i_k} 在 z_k 处的任意次梯度[1]。

注意，因为式 (6.70) 中的最小值唯一，迭代是可明确定义 (well-defined) 的；因为 h_{i_k} 是实值，次微分 $\partial h_{i_k}(z_k)$ 是非空的。还要注意，作为特殊情况，我们通过将所有的 f_i 或所有的 h_i 均取为恒等于零，可以分别得到次梯度迭代和近端迭代。

迭代式 (6.70) 和式 (6.71) 将两个序列 $\{z_k\}$ 和 $\{x_k\}$ 维持在约束集 X 内，但对于近端迭代或次梯度迭代，放松此约束可能更方便，这样可以简化计算。由此，可得到算法

[1] 为了同时使用可微和不可微函数时便于表示，我们将使用 $\tilde{\nabla} h(x)$ 表示凸函数 h 在点 x 处的次梯度。下文中将详细说明从 $\partial h(x)$ 中选择次梯度的方法。

$$z_k \in \arg\min_{x\in\Re^n}\left\{f_{i_k}(x)+\frac{1}{2\alpha_k}\|x-x_k\|^2\right\} \tag{6.72}$$

$$x_{k+1}=P_X\big(z_k-\alpha_k\tilde{\nabla}h_{i_k}(z_k)\big) \tag{6.73}$$

其中，近端迭代中的约束 $x\in X$ 被略去，还可得到算法

$$z_k=x_k-\alpha_k\tilde{\nabla}h_{i_k}(x_k) \tag{6.74}$$

$$x_{k+1}\in\arg\min_{x\in X}\left\{f_{i_k}(x)+\frac{1}{2\alpha_k}\|x-z_k\|^2\right\} \tag{6.75}$$

其中，次梯度迭代中的到 X 上投影被略去。在近端迭代和次梯度迭代中也可以使用不同的步长序列，但是为了简化符号，我们不讨论这种算法。

以下命题的 (a) 部分是有关增量近端迭代的关键事实。它显示了该迭代与增量次梯度迭代密切相关，唯一的区别是次梯度是在迭代的终点而不是起点进行计算的。命题的 (b) 部分是三项不等式，如 5.1 节所示（参见命题 5.1.2）。它在我们的收敛分析中将起很大作用，为方便起见在此进行重述。

命题 6.4.1 令 $f:\Re^n\mapsto(-\infty,\infty]$ 为闭的真凸函数，令 X 为非空闭凸集，使 $\mathrm{ri}(X)\cap\mathrm{ri}\big(\mathrm{dom}(f)\big)\neq\varnothing$ 成立。对任意 $x_k\in\Re^n$ 和 $\alpha_k>0$，考虑近端迭代

$$x_{k+1}\in\arg\min_{x\in X}\left\{f(x)+\frac{1}{2\alpha_k}\|x-x_k\|^2\right\} \tag{6.76}$$

(a) 该迭代可记作

$$x_{k+1}=P_X\big(x_k-\alpha_k\tilde{\nabla}f(x_{k+1})\big) \tag{6.77}$$

其中 $\tilde{\nabla}f(x_{k+1})$ 是 f 在 x_{k+1} 处的某个次梯度。

(b) 对任意 $y\in\Re^n$，我们有

$$\begin{aligned}\|x_{k+1}-y\|^2&\leqslant\|x_k-y\|^2-2\alpha_k\big(f(x_{k+1})-f(y)\big)-\|x_k-x_{k+1}\|^2\\&\leqslant\|x_k-y\|^2-2\alpha_k\big(f(x_{k+1})-f(y)\big)\end{aligned} \tag{6.78}$$

证明：(a) 我们利用 f，$(1/2\alpha_k)\|x-x_k\|^2$ 和 X 的示性函数三者之和的次梯度的公式（参见附录 B 中的命题 5.4.6），以及 0 属于最优点 x_{k+1} 处的次梯度的条件。我们得到，当且仅当下式成立时，式 (6.76) 成立。

$$\frac{1}{\alpha_k}(x_k-x_{k+1})\in\partial f(x_{k+1})+N_X(x_{k+1}) \tag{6.79}$$

其中 $N_X(x_{k+1})$ 是 X 在 x_{k+1} 处的法向锥（normal cone）[对所有的 $x\in X$，使 $y'(x-x_{k+1})\leqslant0$ 成立的向量集 y，也就是 X 的示性函数在 x_{k+1} 处的次梯度；参见 3.1 节]。该式成立当且仅当

$$x_k-x_{k+1}-\alpha_k\tilde{\nabla}f(x_{k+1})\in N_X(x_{k+1})$$

对某个 $\tilde{\nabla}f(x_{k+1})\in\partial f(x_{k+1})$ 成立，由投影定理 (附录 B 中的命题 1.1.9)，当且仅当式 (6.77) 成立时上式成立。

(b) 参见命题 5.1.2。 □

基于命题 6.4.1(a)，我们发现所有的迭代，式 (6.70)~式 (6.71)，式 (6.72)~式 (6.73) 和式 (6.74)~式 (6.75)，均可被写作增量次梯度的格式：

迭代式 (6.70)~式 (6.71) 可被写作

$$z_k=P_X\big(x_k-\alpha_k\tilde{\nabla}f_{i_k}(z_k)\big),\qquad x_{k+1}=P_X\big(z_k-\alpha_k\tilde{\nabla}h_{i_k}(z_k)\big) \tag{6.80}$$

迭代式 (6.72)~式 (6.73) 可被写作

$$z_k = x_k - \alpha_k \tilde{\nabla} f_{i_k}(z_k), \qquad x_{k+1} = P_X\big(z_k - \alpha_k \tilde{\nabla} h_{i_k}(z_k)\big) \tag{6.81}$$

迭代式 (6.74)~式 (6.75) 可被写作

$$z_k = x_k - \alpha_k \tilde{\nabla} h_{i_k}(x_k), \qquad x_{k+1} = P_X\big(z_k - \alpha_k \tilde{\nabla} f_{i_k}(x_{k+1})\big) \tag{6.82}$$

注意到在上述所有的更新中，次梯度 $\tilde{\nabla} h_{i_k}$ 可以是 h_{i_k} 的次微分中的**任意**向量，然而次梯度 $\tilde{\nabla} f_{i_k}$ 必须是 f_{i_k} 的次微分中由命题 6.4.1(a) 确定的**特定**向量。还注意到迭代式 (6.81) 可写作

$$x_{k+1} = P_X\big(x_k - \alpha_k \tilde{\nabla} F_{i_k}(z_k)\big)$$

类似在 X 上最小化代价函数

$$F(x) = \sum_{i=1}^{m} F_i(x)$$

的增量次梯度法 [参见式 (6.68)]，唯一的区别是 F_{i_k} 的次梯度是在 z_k 处而不是 x_k 处计算的。

影响该方法有效性的一个重要问题是选择分量 $\{f_i, h_i\}$ 进行迭代的顺序。在本节中，我们考虑并分析两种可能顺序的收敛性：

(1) **循环顺序**，其中 $\{f_i, h_i\}$ 以固定的确定顺序 $1, \cdots, m$ 开始，因此 i_k 等于（k 模 m）加 1。一个连续的迭代区域包含

$$\{f_1, h_1\}, \cdots, \{f_m, h_m\}$$

按该顺序，一次称为一个**循环**。我们假设步长 α_k 在一个周期内不变（对所有满足 $i_k = 1$ 的 k 我们有 $\alpha_k = \alpha_{k+1} = \cdots = \alpha_{k+m-1}$）。

(2) **基于均匀采样的随机顺序**，其中在每次迭代中，通过在所有分量对上进行服从均匀分布的随机采样获得一个分量对 $\{f_i, h_i\}$，采样与算法的历史无关。

重要的是，在循环的情况下，一次循环中需要包含所有的分量；在随机的情况下，需要根据均匀分布采样。否则一些分量将比其他分量更频繁地被采样，从而导致收敛过程出现偏差，并收敛到错误的极限。

在 2.1.5 节中讨论的另一种在增量方法中常用的技术是在每次循环后随机重排各分量函数的顺序。像前面的两种方法一样，这种替代的顺序选择方案可以带来收敛性，且在实践中效果很好。然而，它的收敛速率似乎更难分析。在本节中，我们将重点放在易于分析的随机均匀采样顺序上，并展示其相对循环顺序的优势。

还存在不规则且可能是分布式的增量方案，可以在两次近端迭代之间进行多个次梯度迭代，反之也可。此外，只要所有分量都以相同的长期频率进行采样，就可以根据算法的进程确定分量选择的顺序。

在本节的后续部分，我们用 F^* 表示问题式 (6.68) 的最优值：

$$F^* = \inf_{x \in X} F(x)$$

用 X^* 表示最优解集 (可能为空集)：

$$X^* = \big\{x^* \mid x^* \in X,\ F(x^*) = F^*\big\}$$

另外，对于非空闭凸集 X，我们用 $\mathrm{dist}(\bullet; X)$ 表示由

$$\mathrm{dist}(x; X) = \min_{z \in X} \|x - z\|, \qquad x \in \Re^n$$

给出的距离函数。

6.4.1 循环顺序法的收敛性

我们首先在循环顺序下讨论。我们更关注序列 $\{x_k\}$ 而不是 $\{z_k\}$，当 $X \neq \Re^n$ 时，在迭代式 (6.81) 和式 (6.82) 中，序列 $\{z_k\}$ 不需要在 X 中。总而言之，该想法是为了证明在 x_k 附近的点（例如，在 z_k 而不是 x_k）处取 f_i 或 h_i 的次梯度带来的影响是不重要的，且只要与算法相关的某些次梯度在范数上均以某个常数为界，该影响会随着步长 α_k 的减小而减少。这类似于 3.3 节中非正式描述的增量梯度方法的收敛机制。在本节中，我们使用以下假设。

假设 6.4.1（对迭代式 (6.80) 和式 (6.81)） 存在常数 $c \in \Re$ 使对所有的 k 满足

$$\max\left\{\|\tilde{\nabla} f_{i_k}(z_k)\|, \|\tilde{\nabla} h_{i_k}(z_k)\|\right\} \leqslant c \tag{6.83}$$

此外，对于所有标记为循环开始的 k（即所有的 $k > 0$ 且 $i_k = 1$），对所有的 $j = 1, \cdots, m$，我们有

$$\max\left\{f_j(x_k) - f_j(z_{k+j-1}),\, h_j(x_k) - h_j(z_{k+j-1})\right\} \leqslant c\,\|x_k - z_{k+j-1}\| \tag{6.84}$$

假设 6.4.2（对迭代式 (6.82)） 存在常数 $c \in \Re$ 使对所有的 k 满足

$$\max\left\{\|\tilde{\nabla} f_{i_k}(x_{k+1})\|, \|\tilde{\nabla} h_{i_k}(x_k)\|\right\} \leqslant c \tag{6.85}$$

此外，对于所有标记为循环开始的 k（即所有的 $k > 0$ 且 $i_k = 1$），对所有的 $j = 1, \cdots, m$，我们有

$$\max\left\{f_j(x_k) - f_j(x_{k+j-1}),\, h_j(x_k) - h_j(x_{k+j-1})\right\} \leqslant c\,\|x_k - x_{k+j-1}\| \tag{6.86}$$

$$f_j(x_{k+j-1}) - f_j(x_{k+j}) \leqslant c\,\|x_{k+j-1} - x_{k+j}\| \tag{6.87}$$

注意到若对每个 i 和 k，存在 x_k 处 f_i 的次梯度和 x_k 处 h_i 的次梯度，两者范数均以 c 为界，则条件式 (6.84) 满足。上述假设成立的条件如下。

(a) 对算法式 (6.80)：f_i 和 h_i 在集合 X 上是 Lipschitz 连续的。

(b) 对算法式 (6.81) 和式 (6.82)：f_i 和 h_i 在整个空间 $\Re^n$ 上是 Lipschitz 连续的。

(c) 对所有算法式 (6.80)，式 (6.81) 和式 (6.82)：f_i 和 h_i 是多面体函数 [这是 (a) 和 (b) 的一个特例]。

(d) 序列 $\{x_k\}$ 和 $\{z_k\}$ 是有界的（因为实值且凸的 f_i 和 h_i 在任意包含 $\{x_k\}$ 和 $\{z_k\}$ 的有界集合上 Lipschitz 连续）。

以下命题提供了一个关键估计来揭示这些方法的收敛机制。

命题 6.4.2 令 $\{x_k\}$ 为由式 (6.80)~式 (6.82) 中任一算法生成的序列，且使用循环顺序选择分量。那么对所有的 $y \in X$ 和所有标记循环开始的 k（即所有满足 $i_k = 1$ 的 k），我们有

$$\|x_{k+m} - y\|^2 \leqslant \|x_k - y\|^2 - 2\alpha_k\big(F(x_k) - F(y)\big) + \alpha_k^2 \beta m^2 c^2 \tag{6.88}$$

其中 $\beta = \dfrac{1}{m} + 4$。

证明：我们先证明在算法式 (6.80) 和式 (6.81) 上的结果，再指出在算法式 (6.82) 上必要的修改。使用命题 6.4.1(b)，我们有对所有的 $y \in X$ 和 k 满足

$$\|z_k - y\|^2 \leqslant \|x_k - y\|^2 - 2\alpha_k\big(f_{i_k}(z_k) - f_{i_k}(y)\big) \tag{6.89}$$

另外，使用投影的非扩张性，

$$\big\|P_X(u) - P_X(v)\big\| \leqslant \|u - v\|, \qquad \forall u, v \in \Re^n$$

以及次梯度的定义和式 (6.83)，我们得到对所有的 $y \in X$ 和 k，有

$$\begin{aligned}\|x_{k+1}-y\|^2 &= \left\|P_X\big(z_k-\alpha_k\tilde{\nabla}h_{i_k}(z_k)\big)-y\right\|^2\\ &\leqslant \|z_k-\alpha_k\tilde{\nabla}h_{i_k}(z_k)-y\|^2\\ &= \|z_k-y\|^2-2\alpha_k\tilde{\nabla}h_{i_k}(z_k)'(z_k-y)+\alpha_k^2\left\|\tilde{\nabla}h_{i_k}(z_k)\right\|^2\\ &\leqslant \|z_k-y\|^2-2\alpha_k\big(h_{i_k}(z_k)-h_{i_k}(y)\big)+\alpha_k^2c^2 \end{aligned} \tag{6.90}$$

结合式 (6.89) 和式 (6.90)，使用定义 $F_j=f_j+h_j$，我们有

$$\begin{aligned}\|x_{k+1}-y\|^2 &\leqslant \|x_k-y\|^2-2\alpha_k\big(f_{i_k}(z_k)+h_{i_k}(z_k)-f_{i_k}(y)-h_{i_k}(y)\big)+\alpha_k^2c^2\\ &= \|x_k-y\|^2-2\alpha_k\big(F_{i_k}(z_k)-F_{i_k}(y)\big)+\alpha_k^2c^2 \end{aligned} \tag{6.91}$$

现在令 k 标记周期的开始（即 $i_k=1$），则在迭代 $k+j-1,\ j=1,\cdots,m$ 时，根据假设的循环顺序，所选的分量为 $\{f_j,h_j\}$。因此，我们可以用 $k+1,\cdots,k+m-1$ 替换 k 后重复之前的不等式，并相加得到

$$\|x_{k+m}-y\|^2\leqslant\|x_k-y\|^2-2\alpha_k\sum_{j=1}^{m}\big(F_j(z_{k+j-1})-F_j(y)\big)+m\alpha_k^2c^2$$

或等价地，由 $F=\sum\limits_{j=1}^{m}F_j$，

$$\begin{aligned}\|x_{k+m}-y\|^2 &\leqslant \|x_k-y\|^2-2\alpha_k\big(F(x_k)-F(y)\big)+m\alpha_k^2c^2\\ &\quad +2\alpha_k\sum_{j=1}^{m}\big(F_j(x_k)-F_j(z_{k+j-1})\big)\end{aligned} \tag{6.92}$$

之后剩余的证明将研究上式最后一项的合适界限。

由式 (6.84)，对 $j=1,\cdots,m$，我们有

$$F_j(x_k)-F_j(z_{k+j-1})\leqslant 2c\,\|x_k-z_{k+j-1}\| \tag{6.93}$$

还有

$$\begin{aligned}\|x_k-z_{k+j-1}\| &\leqslant \|x_k-x_{k+1}\|+\cdots+\|x_{k+j-2}-x_{k+j-1}\|\\ &\quad +\|x_{k+j-1}-z_{k+j-1}\|\end{aligned} \tag{6.94}$$

且根据算法式 (6.80) 和式 (6.81) 的定义，投影的非扩张性和式 (6.83)，上式右边除最后一项以 $\alpha_k c$ 为界外，其余每一项均以 $2\alpha_k c$ 为界。因此式 (6.94) 给出 $\|x_k-z_{k+j-1}\|\leqslant\alpha_k(2j-1)c$，加上式 (6.93)，有

$$F_j(x_k)-F_j(z_{k+j-1})\leqslant 2\alpha_k c^2(2j-1) \tag{6.95}$$

结合式 (6.92) 和式 (6.95)，我们有

$$\|x_{k+m}-y\|^2\leqslant\|x_k-y\|^2-2\alpha_k\big(F(x_k)-F(y)\big)+m\alpha_k^2c^2+4\alpha_k^2c^2\sum_{j=1}^{m}(2j-1)$$

最后可得

$$\|x_{k+m}-y\|^2\leqslant\|x_k-y\|^2-2\alpha_k\big(F(x_k)-F(y)\big)+m\alpha_k^2c^2+4\alpha_k^2c^2m^2$$

这是式 (6.88) 在 $\beta=\dfrac{1}{m}+4$ 时的形式。

对算法式 (6.82)，使用假设 6.4.2 进行类似讨论。代替式 (6.89)，使用投影的非扩张性、次梯度的定义和式 (6.85)，对所有的 $y\in X$ 和 $k\geqslant 0$，我们得到

$$\|z_k-y\|^2\leqslant\|x_k-y\|^2-2\alpha_k\big(h_{i_k}(x_k)-h_{i_k}(y)\big)+\alpha_k^2c^2 \tag{6.96}$$

使用命题 6.4.1(b) 代替式 (6.90)，我们有

$$\|x_{k+1}-y\|^2 \leqslant \|z_k-y\|^2 - 2\alpha_k\big(f_{i_k}(x_{k+1}) - f_{i_k}(y)\big) \tag{6.97}$$

结合这些等式，类似式 (6.91)，我们得到

$$\begin{aligned}\|x_{k+1}-y\|^2 &\leqslant \|x_k-y\|^2 - 2\alpha_k\big(f_{i_k}(x_{k+1}) + h_{i_k}(x_k) - f_{i_k}(y) - h_{i_k}(y)\big) + \alpha_k^2c^2\\ &= \|x_k-y\|^2 - 2\alpha_k\big(F_{i_k}(x_k) - F_{i_k}(y)\big) + \alpha_k^2c^2 +\\ &\quad 2\alpha_k\big(f_{i_k}(x_k) - f_{i_k}(x_{k+1})\big)\end{aligned} \tag{6.98}$$

如前所述，我们用 k 标记周期的开始（即 $i_k=1$）。我们用 $k+1,\cdots,k+m-1$ 替换 k 后重复之前的不等式，并相加得到 [类似于式 (6.92)]

$$\begin{aligned}\|x_{k+m}-y\|^2 \leqslant\ & \|x_k-y\|^2 - 2\alpha_k\big(F(x_k) - F(y)\big) + m\alpha_k^2c^2 +\\ & 2\alpha_k\sum_{j=1}^{m}\big(F_j(x_k) - F_j(x_{k+j-1})\big) +\\ & 2\alpha_k\sum_{j=1}^{m}\big(f_j(x_{k+j-1}) - f_j(x_{k+j})\big)\end{aligned} \tag{6.99}$$

我们现在使用假设 6.4.1 给出式 (6.99) 中两个和的界。由式 (6.86)，我们有

$$\begin{aligned}F_j(x_k) - F_j(x_{k+j-1}) &\leqslant 2c\|x_k - x_{k+j-1}\|\\ &\leqslant 2c\big(\|x_k - x_{k+1}\| + \cdots + \|x_{k+j-2} - x_{k+j-1}\|\big)\end{aligned}$$

且由式 (6.85) 和算法的定义，上式右侧的每个范数项均以 $2\alpha_k c$ 为界，

$$F_j(x_k) - F_j(x_{k+j-1}) \leqslant 4\alpha_k c^2(j-1)$$

同样由式 (6.85) 和式 (6.108)，以及投影的非扩张性，我们有

$$f_j(x_{k+j-1}) - f_j(x_{k+j}) \leqslant c\,\|x_{k+j-1} - x_{k+j}\| \leqslant 2\alpha_k c^2$$

结合之前的关系并相加，我们得到

$$\begin{aligned}&2\alpha_k\sum_{j=1}^{m}\big(F_j(x_k) - F_j(x_{k+j-1})\big) + 2\alpha_k\sum_{j=1}^{m}\big(f_j(x_{k+j-1}) - f_j(x_{k+j})\big)\\ &\leqslant 8\alpha_k^2c^2\sum_{j=1}^{m}(j-1) + 4\alpha_k^2c^2m\\ &= 4\alpha_k^2c^2(m^2-m) + 4\alpha_k^2c^2m\\ &= \left(4+\frac{1}{m}\right)\alpha_k^2c^2m^2\end{aligned}$$

与式 (6.99) 结合，得到式 (6.88)。 □

此外，命题 6.4.2 保证在循环次序下，给出循环起始的迭代 x_k 和比 x_k 代价更低的任一点 $y\in X$（例如最优点），该算法在循环结束时将产生比 x_k 更接近 y 的点 x_{k+m}，提供的步长 α_k 满足

$$\alpha_k < \frac{2\big(F(x_k) - F(y)\big)}{\beta m^2c^2}$$

特别是，对任意 $\epsilon>0$，假设存在最优解 x^*，或者我们在最优值的 $\dfrac{\alpha_k\beta m^2c^2}{2}+\epsilon$ 范围内

$$F(x_k) \leqslant F(x^*) + \frac{\alpha_k\beta m^2c^2}{2} + \epsilon$$

或者到 x^* 的平方距离将严格减少至少 $2\alpha_k\epsilon$，

$$\|x_{k+m} - x^*\|^2 < \|x_k - x^*\|^2 - 2\alpha_k\epsilon$$

因此，使用命题 6.4.2，我们可以提供各种类型的收敛结果。例如，对固定步长（$\alpha_k \equiv \alpha$），可以收敛到最优点的邻域，如以下命题所述，该邻域随 $\alpha \to 0$ 缩小到 0。

命题 6.4.3　令 $\{x_k\}$ 为式 (6.80)~式 (6.82) 中任一算法在循环顺序选择分量下生成的序列，令步长 α_k 固定为正常数 α。

(a) 若 $F^* = -\infty$，则

$$\liminf_{k\to\infty} F(x_k) = F^*$$

(b) 若 $F^* > -\infty$，则

$$\liminf_{k\to\infty} F(x_k) \leqslant F^* + \frac{\alpha\beta m^2c^2}{2}$$

其中 c 和 β 是命题 6.4.2 中的常数。

证明：我们同时证明 (a) 和 (b)。若结果不成立，必定存在 $\epsilon > 0$ 满足

$$\liminf_{k\to\infty} F(x_{km}) - \frac{\alpha\beta m^2c^2}{2} - 2\epsilon > F^*$$

令 $\hat{y} \in X$ 满足

$$\liminf_{k\to\infty} F(x_{km}) - \frac{\alpha\beta m^2c^2}{2} - 2\epsilon \geqslant F(\hat{y})$$

令 k_0 足够大以至于对所有的 $k \geqslant k_0$，我们有

$$F(x_{km}) \geqslant \liminf_{k\to\infty} F(x_{km}) - \epsilon$$

通过结合前面两个关系，我们得到对所有的 $k \geqslant k_0$

$$F(x_{km}) - F(\hat{y}) \geqslant \frac{\alpha\beta m^2c^2}{2} + \epsilon$$

使用命题 6.4.2 在 $y = \hat{y}$ 时的情形，结合上述关系，对所有 $k \geqslant k_0$，我们得到

$$\begin{aligned}\|x_{(k+1)m} - \hat{y}\|^2 &\leqslant \|x_{km} - \hat{y}\|^2 - 2\alpha\big(F(x_{km}) - F(\hat{y})\big) + \beta\alpha^2m^2c^2 \\ &\leqslant \|x_{km} - \hat{y}\|^2 - 2\alpha\epsilon\end{aligned}$$

该关系意味着对所有 $k \geqslant k_0$，

$$\|x_{(k+1)m} - \hat{y}\|^2 \leqslant \|x_{(k-1)m} - \hat{y}\|^2 - 4\alpha\epsilon \leqslant \cdots \leqslant \|x_{k_0} - \hat{y}\|^2 - 2(k+1-k_0)\alpha\epsilon$$

对充分大的 k 不成立，于是产生矛盾。□

下一个命题给出了为保证最优性达到之前命题给出的阈值范围 $\alpha\beta m^2c^2/2$ 所需的迭代次数估计。

命题 6.4.4　假设 X^* 非空。令 $\{x_k\}$ 为命题 6.4.3 生成的序列，则对任意 $\epsilon > 0$，我们有

$$\min_{0\leqslant k\leqslant N} F(x_k) \leqslant F^* + \frac{\alpha\beta m^2c^2 + \epsilon}{2} \tag{6.100}$$

其中 N 由下式给出。

$$N = m\left\lfloor \frac{\mathrm{dist}(x_0; X^*)^2}{\alpha\epsilon} \right\rfloor \tag{6.101}$$

证明：采取反证法，假设式 (6.100) 不成立，则对所有满足 $0 \leqslant km \leqslant N$ 的 k，我们有

$$F(x_{km}) > F^* + \frac{\alpha\beta m^2c^2 + \epsilon}{2}$$

通过在命题 6.4.2 中使用该关系，并用 α 代替 α_k，y 为 X^* 中离 x_{km} 距离最小的向量，对所有满足 $0 \leqslant km \leqslant N$ 的 k，我们得到

$$\begin{aligned}\text{dist}(x_{(k+1)m}; X^*)^2 &\leqslant \text{dist}(x_{km}; X^*)^2 - 2\alpha\big(F(x_{km}) - F^*\big) + \alpha^2\beta m^2c^2 \\ &\leqslant \text{dist}(x_{km}; X^*)^2 - (\alpha^2\beta m^2c^2 + \alpha\epsilon) + \alpha^2\beta m^2c^2 \\ &= \text{dist}(x_{km}; X^*)^2 - \alpha\epsilon\end{aligned}$$

将 $k = 0, \cdots, \dfrac{N}{m}$ 时的上述不等式相加，我们得到

$$\text{dist}(x_{N+m}; X^*)^2 \leqslant \text{dist}(x_0; X^*)^2 - \left(\frac{N}{m} + 1\right)\alpha\epsilon$$

因此

$$\left(\frac{N}{m} + 1\right)\alpha\epsilon \leqslant \text{dist}(x_0; X^*)^2$$

这与 N 的定义矛盾。 □

根据命题 6.4.4，为了得到与最优值相差在 $O(\epsilon)$ 之内的代价函数值，$\alpha\beta m^2c^2$ 项的阶数也必须为 $O(\epsilon)$，因此 α 的阶数必须为 $O(\epsilon/m^2c^2)$，又由式 (6.101)，必需的迭代次数 N 为 $O(m^3c^2/\epsilon^2)$，则必需的循环数为 $O\big((mc)^2/\epsilon^2\big)$。这与非增量次梯度法的估计类型相同 [即 $O(1/\epsilon^2)$，将一个循环作为非增量法的一次迭代，将 mc 作为整个代价函数 F 的 Lipschitz 常数]，并未显示此处给出的增量梯度法的任何优势。然而，在 6.5 节中，我们对使用随机次序选择分量函数的增量梯度法展示更有利的迭代复杂度估计。

逐渐消失步长准则的精确收敛性

对于步长 α_k 减少到零的情况，我们也可以得到精确的收敛结果。该方法是，如上所示，在固定步长 α 下我们可以到达最优的 $O(\alpha)$ 邻域内，因此在逐渐消失的步长 α_k 下，我们应该能达到最优解的任意小邻域内。然而，为做到这一点，α_k 不应减小得太快，而应满足 $\sum_{k=0}^{\infty}\alpha_k = \infty$（因此该方法在需要时可以探索解的范围到达无限远）。

命题 6.4.5 令 $\{x_k\}$ 为由式 (6.80)～式 (6.82) 中任一算法在循环顺序的分量选择下生成的序列，令步长 α_k 满足

$$\lim_{k\to\infty}\alpha_k = 0, \qquad \sum_{k=0}^{\infty}\alpha_k = \infty$$

则

$$\liminf_{k\to\infty} F(x_k) = F^*$$

此外，若 X^* 非空且

$$\sum_{k=0}^{\infty}\alpha_k^2 < \infty$$

则 $\{x_k\}$ 收敛到某个 $x^* \in X^*$。

证明：对第一部分，只需证

$$\liminf_{k\to\infty} F(x_{km}) = F^*$$

采用反证法。反设存在 $\epsilon > 0$ 使

$$\liminf_{k\to\infty} F(x_{km}) - 2\epsilon > F^*$$

则存在点 $\hat{y} \in X$ 使得

$$\liminf_{k\to\infty} F(x_{km}) - 2\epsilon > F(\hat{y})$$

令 k_0 足够大以至于对所有的 $k \geqslant k_0$，我们有

$$F(x_{km}) \geqslant \liminf_{k\to\infty} F(x_{km}) - \epsilon$$

通过结合上述两个关系，我们得到对所有的 $k \geqslant k_0$，有

$$F(x_{km}) - F(\hat{y}) > \epsilon$$

通过令命题 6.4.2 中的 $y = \hat{y}$，并使用上述关系，对所有的 $k \geqslant k_0$，我们有

$$\begin{aligned}\|x_{(k+1)m} - \hat{y}\|^2 &\leqslant \|x_{km} - \hat{y}\|^2 - 2\alpha_{km}\epsilon + \beta\alpha_{km}^2 m^2 c^2\\ &= \|x_{km} - \hat{y}\|^2 - \alpha_{km}\left(2\epsilon - \beta\alpha_{km} m^2 c^2\right)\end{aligned}$$

由于 $\alpha_k \to 0$，不失一般性，我们可以假设 k_0 足够大以至于

$$2\epsilon - \beta\alpha_k m^2 c^2 \geqslant \epsilon, \qquad \forall\ k \geqslant k_0$$

因此对所有的 $k \geqslant k_0$，我们有

$$\|x_{(k+1)m} - \hat{y}\|^2 \leqslant \|x_{km} - \hat{y}\|^2 - \alpha_{km}\epsilon \leqslant \cdots \leqslant \|x_{k_0 m} - \hat{y}\|^2 - \epsilon \sum_{\ell=k_0}^{k} \alpha_{\ell m}$$

该式在 k 充分大时不成立。因此 $\liminf\limits_{k\to\infty} F(x_{km}) = F^*$。为证明命题的第二部分，注意到命题 6.4.2 中，对每个 $x^* \in X^*$ 和 $k \geqslant 0$，我们有

$$\begin{aligned}\|x_{(k+1)m} - x^*\|^2 \leqslant \|x_{km} - x^*\|^2 - 2\alpha_{km}\big(F(x_{km}) - F(x^*)\big) +\\ \alpha_{km}^2 \beta m^2 c^2\end{aligned} \tag{6.102}$$

若 $\sum\limits_{k=0}^{\infty} \alpha_k^2 < \infty$，附录 A 中的命题 A.4.4 意味着，对每个 $x^* \in X^*$，$\|x_{(k+1)m} - x^*\|$ 收敛到某个实数，因此 $\{x_{(k+1)m}\}$ 有界。考虑使

$$\liminf_{k\to\infty} F(x_{km}) = F^*$$

成立的子序列 $\{x_{(k+1)m}\}_{\mathcal{K}}$。令 $\overline{x}$ 为 $\{x_k\}_{\mathcal{K}}$ 的极限点。由于 F 连续，我们必有 $F(\overline{x}) = F^*$，因此 $\overline{x} \in X^*$。在式 (6.102) 中令 $x^* = \overline{x}$，可得出 $\|x_{(k+1)m} - \overline{x}\|$ 收敛到一个实数，因为 $\overline{x}$ 是 $\{x_{(k+1)m}\}$ 的极限点，该实数必为 0。因此 $\overline{x}$ 是 $\{x_{(k+1)m}\}$ 的唯一极限点。

最后，为了证明整个序列 $\{x_k\}$ 也收敛到 $\overline{x}$，注意到由式 (6.83) 和式 (6.85)，以及迭代式 (6.80)~式 (6.82) 的形式，我们有 $\|x_{k+1} - x_k\| \leqslant 2\alpha_k c \to 0$。由于 $\{x_{km}\}$ 收敛到 $\overline{x}$，可得出 $\{x_k\}$ 也收敛到 $\overline{x}$。 □

6.4.2　随机顺序法的收敛性

在本节中我们讨论随机分量选择顺序和固定步长 α 下的收敛性。迭代式 (6.80)，式 (6.81) 和式 (6.82) 的随机版本分别为

$$z_k = P_X\big(x_k - \alpha\tilde{\nabla} f_{\omega_k}(z_k)\big), \qquad x_{k+1} = P_X\big(z_k - \alpha\tilde{\nabla} h_{\omega_k}(z_k)\big) \tag{6.103}$$

$$z_k = x_k - \alpha\tilde{\nabla} f_{\omega_k}(z_k), \qquad x_{k+1} = P_X\big(z_k - \alpha\tilde{\nabla} h_{\omega_k}(z_k)\big) \tag{6.104}$$

$$z_k = x_k - \alpha\tilde{\nabla} h_{\omega_k}(x_k), \qquad x_{k+1} = P_X\big(z_k - \alpha\tilde{\nabla} f_{\omega_k}(x_{k+1})\big) \tag{6.105}$$

其中 $\{\omega_k\}$ 是随机变量序列，从指标集 $\{1,\cdots,m\}$ 中取值。

在本节中，我们假设以下内容。

假设 6.4.3 [对迭代式 (6.103) 和式 (6.104)]

(a) $\{\omega_k\}$ 是每个元素都在 $\{1,\cdots,m\}$ 中均匀分布的随机变量序列，因此对每个 k，ω_k 与历史 $\{x_k, z_{k-1}, x_{k-1}, \cdots, z_0, x_0\}$ 独立。

(b) 存在常数 $c\in\Re$ 使对所有的 k，对所有的 $i=1,\cdots,m$，下式以概率 1 成立，

$$\max\big\{\|\tilde{\nabla} f_i(z_k^i)\|, \|\tilde{\nabla} h_i(z_k^i)\|\big\} \leqslant c \tag{6.106}$$

$$\max\big\{f_i(x_k) - f_i(z_k^i),\, h_i(x_k) - h_i(z_k^i)\big\} \leqslant c\|x_k - z_k^i\| \tag{6.107}$$

其中 z_k^i 为近端迭代结果，若 ω_k 为 i，迭代从 x_k 开始，在迭代式 (6.103) 的情况下，有

$$z_k^i \in \arg\min_{x\in X}\left\{f_i(x) + \frac{1}{2\alpha_k}\|x - x_k\|^2\right\}$$

而在迭代式 (6.104) 的情况下，有

$$z_k^i \in \arg\min_{x\in\Re^n}\left\{f_i(x) + \frac{1}{2\alpha_k}\|x - x_k\|^2\right\}$$

假设 6.4.4 [对迭代式 (6.105)]

(a) $\{\omega_k\}$ 是每个元素都在 $\{1,\cdots,m\}$ 中均匀分布的随机变量序列，因此对每个 k，ω_k 与历史 $\{x_k, z_{k-1}, x_{k-1}, \cdots, z_0, x_0\}$ 独立。

(b) 存在常数 $c\in\Re$ 使对所有的 k，下式以概率 1 成立，

$$\max\big\{\|\tilde{\nabla} f_i(x_{k+1}^i)\|, \|\tilde{\nabla} h_i(x_k)\|\big\} \leqslant c, \qquad \forall i=1,\cdots,m \tag{6.108}$$

$$f_i(x_k) - f_i(x_{k+1}^i) \leqslant c\|x_k - x_{k+1}^i\|, \qquad \forall i=1,\cdots,m \tag{6.109}$$

其中 x_{k+1}^i 为迭代结果，若 ω_k 为 i，迭代从 x_k 开始，即

$$x_{k+1}^i = P_X\big(z_k^i - \alpha_k\tilde{\nabla} f_i(x_{k+1}^i)\big)$$

其中

$$z_k^i = x_k - \alpha_k\tilde{\nabla} h_i(x_k)$$

注意，若 f_i 和 h_i 在 x_k 处存在的范数小于等于 c 的次梯度，则条件式 (6.107) 满足。因此条件式 (6.106) 和式 (6.107) 相似，主要区别在于第一个适用于 f_i 和 h_i 在 z_k^i 处的“斜率”而第二个适用于 f_i 和 h_i 在 x_k 处的“斜率”。与假设 6.4.1 的情况相同，这些条件由 f_i 和 h_i 的 Lipschitz 连续假设保证。本节中随机算法的收敛性分析比循环顺序对应的收敛性分析更复杂一些，且依赖于超鞅收敛定理（附录 A 中的命题 A.4.5）。下面的命题针对固定步长的情况，且与循环顺序情况的命题 6.4.3 相似。

命题 6.4.6 令 $\{x_k\}$ 为随机增量方法式 (6.103)~式 (6.105) 之一生成的序列，且令步长 α_k 固定为正常数 α。

(a) 若 $F^* = -\infty$，则下式以概率 1 成立

$$\inf_{k \geqslant 0} F(x_k) = F^*$$

(b) 若 $F^* > -\infty$，则下式以概率 1 成立

$$\inf_{k \geqslant 0} F(x_k) \leqslant F^* + \frac{\alpha \beta m c^2}{2}$$

其中 $\beta = 5$。

证明：先考虑算法式 (6.103) 和式 (6.104)，通过将命题 6.4.2 证明过程中的 F_{i_k} 替换为 F_{ω_k}[参见式 (6.91)]，我们有

$$\|x_{k+1} - y\|^2 \leqslant \|x_k - y\|^2 - 2\alpha\big(F_{\omega_k}(z_k) - F_{\omega_k}(y)\big) + \alpha^2 c^2, \quad \forall y \in X, \quad k \geqslant 0$$

在给定随机变量集合 $\mathcal{F}_k = \{x_k, z_{k-1}, \cdots, z_0, x_0\}$ 的情况下取两侧的条件期望，又因为 ω_k 以 $1/m$ 的等概率从 $i = 1, \cdots, m$ 中取值，对所有的 $y \in X$ 和 k，我们有

$$\begin{aligned} E\big\{\|x_{k+1} - y\|^2 \mid \mathcal{F}_k\big\} &\leqslant \|x_k - y\|^2 - 2\alpha E\big\{F_{\omega_k}(z_k) - F_{\omega_k}(y) \mid \mathcal{F}_k\big\} + \alpha^2 c^2 \\ &= \|x_k - y\|^2 - \frac{2\alpha}{m} \sum_{i=1}^{m} \big(F_i(z_k^i) - F_i(y)\big) + \alpha^2 c^2 \\ &= \|x_k - y\|^2 - \frac{2\alpha}{m}\big(F(x_k) - F(y)\big) + \alpha^2 c^2 + \\ &\quad \frac{2\alpha}{m} \sum_{i=1}^{m} \big(F_i(x_k) - F_i(z_k^i)\big) \end{aligned} \tag{6.110}$$

通过使用式 (6.106) 和式 (6.107)，有

$$\sum_{i=1}^{m} \big(F_i(x_k) - F_i(z_k^i)\big) \leqslant 2c \sum_{i=1}^{m} \|x_k - z_k^i\| = 2c\alpha \sum_{i=1}^{m} \|\tilde{\nabla} f_i(z_k^i)\| \leqslant 2m\alpha c^2$$

通过结合上两个关系，我们得到

$$\begin{aligned} E\big\{\|x_{k+1} - y\|^2 \mid \mathcal{F}_k\big\} &\leqslant \|x_k - y\|^2 - \frac{2\alpha}{m}\big(F(x_k) - F(y)\big) + 4\alpha^2 c^2 + \alpha^2 c^2 \\ &= \|x_k - y\|^2 - \frac{2\alpha}{m}\big(F(x_k) - F(y)\big) + \beta \alpha^2 c^2 \end{aligned} \tag{6.111}$$

其中 $\beta = 5$。

上式对算法式 (6.105) 也成立。为证明，注意到式 (6.98) 意味着对所有的 $y \in X$，

$$\begin{aligned} \|x_{k+1} - y\|^2 \leqslant{}& \|x_k - y\|^2 - 2\alpha\big(F_{\omega_k}(x_k) - F_{\omega_k}(y)\big) + \alpha^2 c^2 + \\ & 2\alpha\big(f_{\omega_k}(x_k) - f_{\omega_k}(x_{k+1})\big) \end{aligned} \tag{6.112}$$

类似式 (6.110)，我们得到

$$\begin{aligned} E\big\{\|x_{k+1} - y\|^2 \mid \mathcal{F}_k\big\} \leqslant{}& \|x_k - y\|^2 - \frac{2\alpha}{m}\big(F(x_k) - F(y)\big) + \alpha^2 c^2 + \\ & \frac{2\alpha}{m} \sum_{i=1}^{m} \big(f_i(x_k) - f_i(x_{k+1}^i)\big) \end{aligned} \tag{6.113}$$

由式 (6.109)，我们有

$$f_i(x_k) - f_i(x_{k+1}^i) \leqslant c\|x_k - x_{k+1}^i\|$$

由式 (6.108) 和投影的非扩张性,

$$\begin{aligned}\|x_k - x_{k+1}^i\| &\leqslant \left\|x_k - z_k^i + \alpha\tilde{\nabla} f_i(x_{k+1}^i)\right\| \\ &= \left\|x_k - x_k + \alpha\tilde{\nabla} h_i(x_k) + \alpha\tilde{\nabla} f_i(x_{k+1}^i)\right\| \\ &\leqslant 2\alpha c\end{aligned}$$

结合上述不等式,我们得到 $\beta = 5$ 时的式 (6.111)。

让我们固定正标量 γ,考虑由下式定义的水平集 L_γ

$$L_\gamma = \begin{cases} \left\{x \in X \mid F(x) < -\gamma + 1 + \dfrac{\alpha\beta mc^2}{2}\right\} & 若F^* = -\infty \\ \left\{x \in X \mid F(x) < F^* + \dfrac{2}{\gamma} + \dfrac{\alpha\beta mc^2}{2}\right\} & 若F^* > -\infty \end{cases}$$

令 $y_\gamma \in X$ 使下式成立

$$L_\gamma = \begin{cases} -\gamma & 若F^* = -\infty \\ F^* + \dfrac{1}{\gamma} & 若F^* > -\infty \end{cases}$$

注意到通过构造,$y_\gamma \in L_\gamma$。定义新过程 $\{\hat{x}_k\}$,该过程除了 x_k 进入水平集 L_γ 时以 $\hat{x}_k = y_\gamma$ 终止外,其余与 $\{x_k\}$ 相同。我们现在将论证对任意固定的 γ,$\{\hat{x}_k\}$(因此同理 $\{x_k\}$)最终将进入 L_γ,这证明了 (a) 和 (b) 两部分。

使用式 (6.111) 并代入 $y = y_\gamma$,我们有

$$E\left\{\|\hat{x}_{k+1} - y_\gamma\|^2 \mid \mathcal{F}_k\right\} \leqslant \|\hat{x}_k - y_\gamma\|^2 - \frac{2\alpha}{m}\big(F(\hat{x}_k) - F(y_\gamma)\big) + \beta\alpha^2 c^2$$

通过上式有

$$E\left\{\|\hat{x}_{k+1} - y_\gamma\|^2 \mid \mathcal{F}_k\right\} \leqslant \|\hat{x}_k - y_\gamma\|^2 - v_k \tag{6.114}$$

其中

$$v_k = \begin{cases} \dfrac{2\alpha}{m}\big(F(\hat{x}_k) - F(y_\gamma)\big) - \beta\alpha^2 c^2 & 若\hat{x}_k \notin L_\gamma \\ 0 & 若\hat{x}_k = y_\gamma \end{cases}$$

后续论证的思路是证明只要 $\hat{x}_k \notin L_\gamma$,标量 v_k(作为过程的度量)就是严格正且存在与 0 保持一定距离的下界。

(a) 令 $F^* = -\infty$。则若 $\hat{x}_k \notin L_\gamma$,我们有

$$\begin{aligned}v_k &= \frac{2\alpha}{m}\big(F(\hat{x}_k) - F(y_\gamma)\big) - \beta\alpha^2 c^2 \\ &\geqslant \frac{2\alpha}{m}\left(-\gamma + 1 + \frac{\alpha\beta mc^2}{2} + \gamma\right) - \beta\alpha^2 c^2 \\ &= \frac{2\alpha}{m}\end{aligned}$$

既然对 $\hat{x}_k \in L_\gamma$,有 $v_k = 0$,我们有对所有的 k,$v_k \geqslant 0$,再通过式 (6.114) 和超鞅收敛定理(附录 A 中的命题 A.4.5),$\sum_{k=0}^{\infty} v_k < \infty$ 意味着对充分大的 k,式 $\hat{x}_k \in L_\gamma$ 以概率 1 成立。因此,在原始过程中我们有

$$\inf_{k\geqslant 0} F(x_k) \leqslant -\gamma + 1 + \frac{\alpha\beta mc^2}{2}$$

以概率 1 成立。令 $\gamma \to \infty$，我们得到 $\inf\limits_{k\geqslant 0} F(x_k) = -\infty$ 以概率 1 成立。

(b) 令 $F^* > -\infty$。则若 $\hat{x}_k \notin L_\gamma$，我们有

$$\begin{aligned} v_k &= \frac{2\alpha}{m}\big(F(\hat{x}_k) - F(y_\gamma)\big) - \beta\alpha^2c^2 \\ &\geqslant \frac{2\alpha}{m}\left(F^* + \frac{2}{\gamma} + \frac{\alpha\beta mc^2}{2} - F^* - \frac{1}{\gamma}\right) - \beta\alpha^2c^2 \\ &= \frac{2\alpha}{m\gamma} \end{aligned}$$

因此，对所有的 k，$v_k \geqslant 0$，再通过超鞅收敛定理（附录 A 中的命题 A.4.5），我们有 $\sum\limits_{k=0}^{\infty} v_k < \infty$。这意味着对充分大的 k，有 $\hat{x}_k \in L_\gamma$，因此在原始过程中，有

$$\inf_{k\geqslant 0} F(x_k) \leqslant F^* + \frac{2}{\gamma} + \frac{\alpha\beta mc^2}{2}$$

以概率 1 成立。令 $\gamma \to \infty$，我们得到 $\inf\limits_{k\geqslant 0} F(x_k) \leqslant F^* + \alpha\beta mc^2/2$。 □

通过结合命题 6.4.6(b) 与 6.4.3(b)，我们发现当 $F^* > -\infty$ 且步长 α 为常数时，随机方法式 (6.103)，式 (6.104)，式 (6.105) 与它们非随机的对应方法相比，有更小的偏差上界（相差 m 倍）。事实上，有一个增量次梯度方法的具体例子（请参见 [BNO03]，第 514 页），该例子可以用于证明命题 6.4.3 的界是不可改进的，因为对不利的问题/循环顺序情形，我们有 $\liminf\limits_{k\to\infty} F(x_k) - F^* = O(\alpha m^2c^2)$。相反，根据命题 6.4.6(b)，随机方法将对任意问题以概率 1 进入 $O(\alpha mc^2)$ 的范围内。因此，采用随机算法时，我们不会冒不幸选中糟糕的循环顺序的风险。下面的命题提供了一个相关的结果，该结果可用来与非随机方法的命题 6.4.4 相比较。

命题 6.4.7　假设 X^* 非空。令 $\{x_k\}$ 是与命题 6.4.6 相同方式生成的子序列。则对任意 $\epsilon > 0$，我们有下式以概率 1 成立

$$\min_{0\leqslant k\leqslant N} F(x_k) \leqslant F^* + \frac{\alpha\beta mc^2 + \epsilon}{2} \tag{6.115}$$

其中 N 为满足下式的随机变量

$$E\{N\} \leqslant m\,\frac{\text{dist}(x_0; X^*)^2}{\alpha\epsilon} \tag{6.116}$$

证明： 令 $\hat{y}$ 为 X^* 中的某个固定向量。定义新过程 $\{\hat{x}_k\}$，该过程除进入水平集

$$L = \left\{ x \in X \;\middle|\; F(x) < F^* + \frac{\alpha\beta mc^2 + \epsilon}{2} \right\}$$

时在 $\hat{y}$ 处终止外，均与 $\{x_k\}$ 相同。类似命题 6.4.6 的证明 [参照式 (6.111)，其中 y 取为 X^* 中 $\hat{x}_k$ 的最近邻点]，对于过程 $\{\hat{x}_k\}$ 我们得到对所有 k，有

$$\begin{aligned} E\big\{\text{dist}(\hat{x}_{k+1}; X^*)^2 \mid \mathcal{F}_k\big\} &\leqslant E\big\{\|\hat{x}_{k+1} - y\|^2 \mid \mathcal{F}_k\big\} \\ &\leqslant \text{dist}(\hat{x}_k; X^*)^2 - \frac{2\alpha}{m}\big(F(\hat{x}_k) - F^*\big) + \beta\alpha^2c^2 \\ &= \text{dist}(\hat{x}_k; X^*)^2 - v_k \end{aligned} \tag{6.117}$$

其中 $\mathcal{F}_k = \{x_k, z_{k-1}, \cdots, z_0, x_0\}$ 且

$$v_k = \begin{cases} \dfrac{2\alpha}{m}\big(F(\hat{x}_k) - F^*\big) - \beta\alpha^2 c^2 & \text{若}\hat{x}_k \notin L \\ 0 & \text{其他情况} \end{cases}$$

在 $\hat{x}_k \notin L$ 的情况下，我们有

$$v_k \geqslant \frac{2\alpha}{m}\left(F^* + \frac{\alpha\beta mc^2 + \epsilon}{2} - F^*\right) - \beta\alpha^2 c^2 = \frac{\alpha\epsilon}{m} \tag{6.118}$$

由超鞅收敛定理（附录 A 中的命题 A.4.5），根据式 (6.117) 我们有 $\sum_{k=0}^{\infty} v_k < \infty$ 以概率 1 成立，因此对所有的 $k \geqslant N$ 有 $v_k = 0$，其中 N 为随机变量。因此 $\hat{x}_N \in L$ 以概率 1 成立，这意味着在原始过程中，我们有

$$\min_{0 \leqslant k \leqslant N} F(x_k) \leqslant F^* + \frac{\alpha\beta mc^2 + \epsilon}{2}$$

以概率 1 成立。此外，通过取式 (6.117) 中的总期望，我们得到对任意 k，

$$\begin{aligned} E\big\{\mathrm{dist}(\hat{x}_{k+1}; X^*)^2\big\} &\leqslant E\big\{\mathrm{dist}(\hat{x}_k; X^*)^2\big\} - E\{v_k\} \\ &\leqslant \mathrm{dist}(\hat{x}_0; X^*)^2 - E\left\{\sum_{j=0}^{k} v_j\right\} \end{aligned}$$

其中后一个不等式我们使用了 $\hat{x}_0 = x_0$ 与 $E\big\{\mathrm{dist}(\hat{x}_0; X^*)^2\big\} = \mathrm{dist}(\hat{x}_0; X^*)^2$。因此，令 $k \to \infty$，再使用 v_k 的定义和式 (6.118)，

$$\mathrm{dist}(\hat{x}_0; X^*)^2 \geqslant E\left\{\sum_{k=0}^{\infty} v_k\right\} = E\left\{\sum_{k=0}^{N-1} v_k\right\} \geqslant E\left\{\frac{N\alpha\epsilon}{m}\right\} = \frac{\alpha\epsilon}{m}E\{N\}$$

□

与命题 6.4.6 类似，命题 6.4.4 和命题 6.4.7 的对比再次表明了随机方法的一个优势：在相同的**期望**迭代次数下，与确定性的对应方法相比，它们可以做到更小的偏差范围（相差 m 倍）。但需要注意的是，之前的评估是基于对上界的估计，对于给定的问题可能并不精确 [即使如之前所提到的，在最坏情况的问题选择下，命题 6.4.3(b) 的界是不可改进的；参见 [BNO03]，第 514 页]。此外，基于最坏情况值和期望值的对比可能并不严格有效。特别是，尽管命题 6.4.4 提供了在 N 上的上界估计，但命题 6.4.7 提供了在 $E\{N\}$ 上的上界估计，这并不完全相同。然而，到目前为止，已获得的实验结果看起来是支持这种对比结论的。

最后对于逐渐消失步长的情况，我们给出了与循环顺序中命题 6.4.5 相对应的下述命题。

命题 6.4.8 令 $\{x_k\}$ 为随机增量法式 (6.103)~式 (6.105) 生成的一个序列，令步长 α_k 满足

$$\lim_{k\to\infty} \alpha_k = 0, \qquad \sum_{k=0}^{\infty} \alpha_k = \infty$$

则下式以概率 1 成立

$$\liminf_{k\to\infty} F(x_k) = F^*$$

此外，若 X^* 非空且

$$\sum_{k=0}^{\infty} \alpha_k^2 < \infty$$

则 $\{x_k\}$ 以概率 1 收敛到某个 $x^* \in X^*$。

证明：第一部分的证明与命题 6.4.5 的对应部分几乎相同。为证明第二部分，类似命题 6.4.6，我们得到对所有的 k 和所有的 $x^* \in X^*$，有

$$E\{\|x_{k+1} - x^*\|^2 \mid \mathcal{F}_k\} \leqslant \|x_k - x^*\|^2 - \frac{2\alpha_k}{m}\big(F(x_k) - F^*\big) + \beta\alpha_k^2 c^2 \tag{6.119}$$

[参照式 (6.111)，将其中的 α 和 y 分别替换成 α_k 和 x^*]，其中

$$\mathcal{F}_k = \{x_k, z_{k-1}, \cdots, z_0, x_0\}$$

根据超鞅收敛定理 [附录 A 中的命题 A.4.5]，对每个 $x^* \in X^*$，存在概率为 1 的样本轨道集合 Ω_{x^*}，其中的每个样本轨道满足

$$\sum_{k=0}^{\infty} \frac{2\alpha_k}{m}\big(F(x_k) - F^*\big) < \infty \tag{6.120}$$

且序列 $\big\{\|x_k - x^*\|\big\}$ 收敛。

令 $\{v_i\}$ 为在 X^* 上稠密的相对内部 $\mathrm{ri}(X^*)$ 的一个可数子集 [因为 $\mathrm{ri}(X^*)$ 是 X^* 的仿射包的一个相对开子集，这种集合存在。这种集合的一个例子是 X^* 与形式为 $x^* + \sum_{i=1}^{p} r_i\xi_i$ 的向量集的交集，其中 $\xi_1, \cdots, \xi_p$ 是 X^* 的仿射包的基向量，r_i 为有理数]。再令 Ω_{v_i} 为之前定义的与 v_i 相对应的样本轨道集。交集

$$\overline{\Omega} = \bigcap_{i=1}^{\infty} \Omega_{v_i}$$

具有概率 1，因为它的补集 $\overline{\Omega}^c$ 等于 $\cup_{i=1}^{\infty}\Omega_{v_i}^c$ 且

$$\mathrm{Prob}\left(\bigcup_{i=1}^{\infty}\Omega_{v_i}^c\right) \leqslant \sum_{i=1}^{\infty}\mathrm{Prob}\left(\Omega_{v_i}^c\right) = 0$$

对 $\overline{\Omega}$ 中的每条样本轨道，所有序列 $\{\|x_k - v_i\|\}$ 收敛，因此 $\{x_k\}$ 有界，通过命题的第一部分 [或式 (6.120)] 有 $\liminf\limits_{k\to\infty} F(x_k) = F^*$。因此，$\{x_k\}$ 在 X^* 中有极限点 $\overline{x}$。因为 $\{v_i\}$ 在 X^* 中是稠密的，对每个 $\epsilon > 0$，均存在 $v_{i(\epsilon)}$ 使 $\|\overline{x} - v_{i(\epsilon)}\| < \epsilon$。因为 $\{\|x_k - v_{i(\epsilon)}\|\}$ 收敛且 $\overline{x}$ 是 $\{x_k\}$ 的极限点，我们有 $\lim\limits_{k\to\infty} \|x_k - v_{i(\epsilon)}\| < \epsilon$，因此

$$\limsup_{k\to\infty} \|x_k - \overline{x}\| \leqslant \lim_{k\to\infty} \|x_k - v_{i(\epsilon)}\| + \|v_{i(\epsilon)} - \overline{x}\| < 2\epsilon$$

通过取 $\epsilon \to 0$，得出 $x_k \to \overline{x}$。 □

6.4.3　在特定结构问题上的应用

现在，我们将说明本节中的方法对某些特定结构问题的应用。

ℓ_1-正则化

让我们考虑 ℓ_1-正则化问题

$$\begin{aligned} &\text{minimize} \quad \gamma\|x\|_1 + \tfrac{1}{2}\sum_{i=1}^{m}(c_i'x - b_i)^2 \\ &\text{subject to} \quad x \in \Re^n \end{aligned} \tag{6.121}$$

其中 γ 为正标量，x^j 为 x 的第 j 个坐标（参见例 1.3.1）。使用近端算法便于处理正则项：

$$z_k \in \arg\min_{x\in\Re^n}\left\{\gamma\,\|x\|_1 + \frac{1}{2\alpha_k}\|x - x_k\|^2\right\}$$

该近端迭代可分解为 n 个一维最小化问题

$$z_k^j \in \arg\min_{x^j \in \Re} \left\{ \gamma\,|x^j| + \frac{1}{2\alpha_k}|x^j - x_k^j|^2 \right\}, \qquad j = 1, \cdots, n$$

可以得到闭式解

$$z_k^j = \begin{cases} x_k^j - \gamma\alpha_k & 若\gamma\alpha_k \leqslant x_k^j \\ 0 & 若 -\gamma\alpha_k < x_k^j < \gamma\alpha_k, \\ x_k^j + \gamma\alpha_k & 若 x_k^j \leqslant -\gamma\alpha_k \end{cases} \qquad j = 1, \cdots, n \tag{6.122}$$

参照 5.4.1 节中讨论的收缩运算 (shrinkage operation)。

因此，本节的增量算法非常适合解决 ℓ_1-正则化问题。第 k 次增量迭代可以包含选择一对 (c_{i_k}, b_{i_k}) 并执行形式为式 (6.122) 的近端迭代来获得 z_k，再进行从 z_k 开始的在 $\frac{1}{2}(c'_{i_k}x - b_{i_k})^2$ 分量上的梯度迭代：

$$x_{k+1} = z_k - \alpha_k c_{i_k}(c'_{i_k} z_k - b_{i_k})$$

该算法是算法式 (6.80)~式 (6.82) 在 $f_i(x)$ 为 $\gamma\|x\|_1$（我们使用该函数的 m 个副本）且 $h_i(x) = \frac{1}{2}(c'_i x - b_i)^2$ 时的特殊形式（此处 $X = \Re^n$，三种算法相同）。

最后，让我们注意到作为替代方案，近端迭代式 (6.122) 可以被某个指标 j 对应的 $\gamma\,|x^j|$ 上的近端迭代替代，其中所有的指标在增量迭代中循环选取。随机选择数对 (c_{i_k}, b_{i_k}) 也是一种可用的方法，特别是在数据具有自然的随机解释的情况下。

增量和分布式增广拉格朗日方法

现在，我们将在大规模可分问题和增量近端方法的背景下，重新讨论 5.2 节中的增广拉格朗日方法。考虑可分约束的最小化问题

$$\begin{aligned} &\text{minimize} && \sum_{i=1}^m f_i(x^i) \\ &\text{subject to} && x^i \in X_i, \quad i = 1, \cdots, m, \quad \sum_{i=1}^m (A_i x^i - b_i) = 0 \end{aligned} \tag{6.123}$$

其中 $f_i : \Re^{n_i} \mapsto \Re$ 为凸函数（n_i 为正整数，可能取决于 i），X_i 为 $\Re^{n_i}$ 的非空闭凸子集，A_i 为给定的 $r \times n_i$ 矩阵，$b_i \in \Re^r$ 为给定的向量。为了简单起见，我们关注线性等式约束，但该分析也可以扩展到凸不等式约束。

类似我们在 1.1.1 节中对可分问题的讨论，对偶函数为

$$q(\lambda) = \inf_{x^i \in X_i,\, i=1,\cdots,m} \left\{ \sum_{i=1}^m \big(f_i(x^i) + \lambda'(A_i x^i - b_i) \big) \right\}$$

通过在 x 各分量上分解该最小化，可将其通过求和形式表示为

$$q(\lambda) = \sum_{i=1}^m q_i(\lambda)$$

其中

$$q_i(\lambda) = \inf_{x^i \in X_i} \left\{ f_i(x^i) + \lambda'(A_i x^i - b_i) \right\} \tag{6.124}$$

最大化对偶函数 $q(\lambda)$ 的经典方法是一种梯度方法，该方法可追溯到 [Eve63]（参见 [Las70] 或 [Ber99]（6.2.2 节）以讨论），然而该方法只能用于 q_i 可微的情况。假设固定步长 $\alpha > 0$，该方法形式为

$$\lambda_{k+1} = \lambda_k + \alpha \sum_{i=1}^{m} \nabla q_i(\lambda_k)$$

其中的梯度 $\nabla q_i(\lambda_k)$ 由下式得到

$$\nabla q_i(\lambda_k) = A_i x_k^i - b_i, \qquad i = 1, \cdots, m$$

其中 x_k^i 由下式在 $x^i \in X_i$ 上取极小得到

$$f_i(x^i) + \lambda_k'(A_i x^i - b_i)$$

参见式 (6.124) 和例 3.1.2。因此，该方法利用了问题的可分性，并且非常适合于分布式计算，可在独立的处理器上并行计算梯度 $\nabla q_i(\lambda_k)$。然而，对 q_i 的可微性要求很强 [它等价于式 (6.124) 的下确界对所有 λ 在唯一点上取到]，并且该方法的收敛性较为脆弱。我们将考虑可以对偶方式实现（参照 5.2 节）的增量近端方法，该实现使用带有可分解的增广拉格朗日函数的最小化，并且具有更可靠的收敛性质。

在这里，我们注意到对偶问题

$$\begin{aligned} &\text{maximize} \quad && \sum_{i=1}^{m} q_i(\lambda) \\ &\text{subject to} \quad && \lambda \in \Re^r \end{aligned}$$

具有适用增量近端法的合适形式 [参见式 (6.67)][1]。特别地，增量近端算法在经过 m 次迭代之后将当前向量 λ_k 更新为新向量 λ_{k+1}：

$$\lambda_{k+1} = \psi_k^m \tag{6.125}$$

其中从 $\psi_k^0 = \lambda_k$ 开始，我们在 m 次如下近端步骤后可以获得 ψ_k^m

$$\psi_k^i = \arg\max_{\lambda \in \Re^r} \left\{ q_i(\lambda) - \frac{1}{2\alpha_k} \|\lambda - \psi_k^{i-1}\|^2 \right\}, \qquad i = 1, \cdots, m \tag{6.126}$$

其中 α_k 为正参数。

现在我们回顾近端和增广拉格朗日函数最小化之间的 Fenchel 对偶关系，这在 5.2 节中进行了讨论。基于该关系，可以根据原始问题的数据将近端增量更新式 (6.126) 写作

$$\psi_k^i = \psi_k^{i-1} + \alpha_k (A_k^i x_k^i - b_i) \tag{6.127}$$

其中 x_k^i 从最小化下式中获得

$$x_k^i \in \arg\min_{x^i \in X_i} L_{\alpha_k, i}(x^i, \psi_k^{i-1}) \tag{6.128}$$

且 $L_{\alpha_k,i}$ 是“增量的”增广拉格朗日函数

$$L_{\alpha_k,i}(x^i, \lambda) = f_i(x^i) + \lambda'(A_i x^i - b_i) + \frac{\alpha_k}{2} \|A_i x^i - b_i\|^2 \tag{6.129}$$

该算法允许在增广拉格朗日框架内进行分解，但这在 5.2 节的标准增广拉格朗日方法中无法实现，因为将该惩罚项

$$\frac{c}{2} \left\| \sum_{i=1}^{m} (A_i x^i - b_i) \right\|^2$$

加入到拉格朗日函数中破坏了它的可分性。

[1] 算法式 (6.67) 需要函数 $-q_i$ 具有公共的有效定义域 (effective domain)，且为闭凸集。例如若 q_i 为实值，当 X_i 为紧集时该情况成立。在不常见的情况下 $-q_i$ 具有取决于 i 且/或非闭的有效域，上述收敛性分析不适用，需要进行修改。

我们注意到，该算法具有适用于分布式异步实现的合适结构，具体方法请参见 2.1.6 节中的讨论。特别地，增广拉格朗日函数的最小化式 (6.128) 可以在独立的处理器上完成，每个处理器通过使用式 (6.127) 形式的增量迭代，基于在中央处理器/协调器处更新的乘子向量 λ 来更新单个分量 x^i。

最后，我们注意到，对于 5.4.2 节中的可分问题，该算法与 ADMM 具有相似性。后一种算法不是增量算法，这可能是一个缺点，但它使用固定的惩罚参数，这可能是一个优点。其他的不同在于 ADMM 维持变量 z^i 的迭代，而该变量近似等于式 (6.123) 的约束水平 b_i，并且涉及乘子迭代过程的平均形式。

6.4.4 增量约束投影法

在本节中，我们考虑涉及复杂约束集问题的增量方法，而这些问题很难用投影或近端算法处理。特别地，我们考虑以下问题，

$$\begin{aligned}&\text{minimize} \quad f(x)\\&\text{subject to} \quad x\in\bigcap_{i=1}^{m}X_i\end{aligned}\tag{6.130}$$

其中 $f:\Re^n\mapsto\Re$ 为凸代价函数，X_i 为闭凸集，且其具有便于投影或近端迭代的相对简单的形式。

虽然问题式 (6.130) 不涉及分量函数之和，但可以使用基于距离的精确罚函数将其转换为这类问题。特别地，考虑问题

$$\begin{aligned}&\text{minimize} \quad f(x)+c\sum_{i=1}^{m}\text{dist}(x;X_i)\\&\text{subject to} \quad x\in\Re^n\end{aligned}\tag{6.131}$$

其中 c 为正罚因子。那么对于 Lipschitz 连续的 f 和充分大的 c，问题式 (6.130) 与式 (6.131) 等价，如以下命题所示，这在 1.5 节中给出了证明（参见命题 1.5.3）。

命题 6.4.9 令 $f:\Re^n\mapsto\Re$ 为函数，令 $X_i,\ i=0,1,\cdots,m$ 为交集非空的 $\Re^n$ 的闭子集族。假设 f 在 X_0 上 Lipschitz 连续。则存在标量 $\bar{c}>0$ 使对所有的 $c\geqslant\bar{c}$，在 $\bigcap_{i=0}^{m}X_i$ 上最小化 f 的集合与在 X_0 上最小化

$$f(x)+c\sum_{i=1}^{m}\text{dist}(x;X_i)$$

的集合一致。

根据上述命题，在 $X_0=\Re^n$ 情况下，我们可以用求解附加代价的问题式 (6.131) 来代替求解原问题式 (6.130)，前面几节中的增量算法适用于该问题（假设选择了充分大的 c）。特别地，让我们考虑算法式 (6.80)~式 (6.82)，其中 $X=\Re^n$，算法包含在函数 $c\,\text{dist}(x;X_i),\ i=1,\cdots,m$ 中之一上进行的近端迭代，和随后在 f 上进行的次梯度迭代。这里的关键事实是近端迭代

$$z_k\in\arg\min_{x\in\Re^n}\left\{c\,\text{dist}(x;X_{i_k})+\frac{1}{2\alpha_k}\|x-x_k\|^2\right\}\tag{6.132}$$

涉及 x_k 在 X_{i_k} 上的投影，以及后续进行的插值，如图 6.4.1 所示。从下面的命题中可以看出这一点。

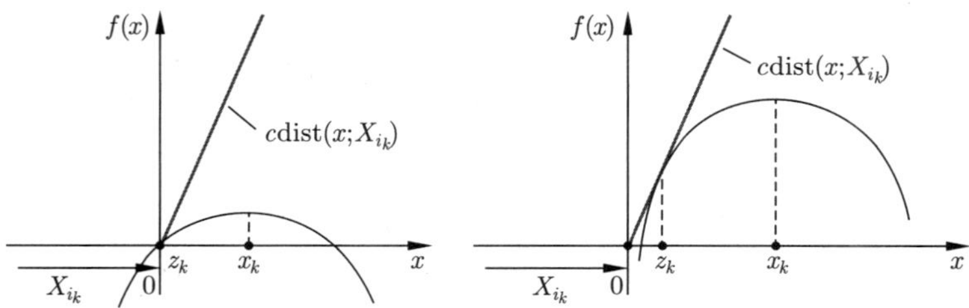

图 6.4.1　在集合 X_{i_k} 上距离函数 $\text{dist}(x;X_{i_k})$ 近端迭代的示意图：

$$z_k \in \arg\min_{x\in\Re^n}\left\{\text{dist}(x;X_{i_k})+\frac{1}{2\alpha_k}\|x-x_k\|^2\right\}$$

在图的左边，我们有

$$\alpha_k c \geqslant \text{dist}(x_k;X_{i_k})$$

且 z_k 等于 x_k 在 X_{i_k} 上的投影。在图的右边，我们有

$$\alpha_k c < \text{dist}(x_k;X_{i_k})$$

且 z_k 通过计算 x_k 在 X_{i_k} 上的投影，再根据式 (6.133) 插值获得

命题 6.4.10　令 z_k 为近端迭代式 (6.132) 生成的向量。若 $x_k\in X_{i_k}$ 则 $z_k=x_k$；而若 $x_k\notin X_{i_k}$，则

$$z_k=\begin{cases}(1-\beta_k)x_k+\beta_k P_{X_{i_k}}(x_k) & 若\beta_k<1\\ P_{X_{i_k}}(x_k) & 若\beta_k\geqslant 1\end{cases}\tag{6.133}$$

其中

$$\beta_k=\frac{\alpha_k c}{\text{dist}(x_k;X_{i_k})}$$

证明：$x_k\in X_{i_k}$ 的情况是显然的，因此假设 $x_k\notin X_{i_k}$。从式 (6.132) 中代价函数的性质，可知 z_k 是一个位于 x_k 和 $P_{X_{i_k}}(x_k)$ 之间线段上的向量。因此存在两种可能：要么

$$z_k=P_{X_{i_k}}(x_k)\tag{6.134}$$

要么 $z_k\notin X_{i_k}$，此时令式 (6.132) 中代价函数在 z_k 处的梯度为 0，则有

$$c\frac{z_k-P_{X_{i_k}}(z_k)}{\left\|z_k-P_{X_{i_k}}(z_k)\right\|}=\frac{1}{\alpha_k}(x_k-z_k)$$

该式意味着 x_k，z_k 和 $P_{X_{i_k}}(z_k)$ 共线，因此 $P_{X_{i_k}}(z_k)=P_{X_{i_k}}(x_k)$ 且

$$z_k=x_k-\frac{\alpha_k c}{\text{dist}(x_k;X_{i_k})}\big(x_k-P_{X_{i_k}}(x_k)\big)=(1-\beta_k)x_k+\beta_k P_{X_{i_k}}(x_k)\tag{6.135}$$

通过计算并对比式 (6.132) 中代价函数在每种可能式 (6.134) 和式 (6.135) 下的值，我们可以确定当且仅当 $\beta_k<1$ 时式 (6.135) 给出更低的代价。□

现在让我们考虑问题

$$\begin{aligned}&\text{minimize} && \sum_{i=1}^m\big(f_i(x)+h_i(x)\big)\\ &\text{subject to} && x\in\bigcap_{i=1}^m X_i\end{aligned}\tag{6.136}$$

基于上述分析，我们可以将此问题转换为无约束最小化问题

$$\begin{array}{ll}\text{minimize} & \sum_{i=1}^{m}\big(f_i(x)+h_i(x)+c\,\text{dist}(x;X_i)\big)\\ \text{subject to} & x\in\Re^n\end{array}$$

其中 c 充分大。增量次梯度近端算法式 (6.82) 可应用到该问题上。在第 k 次迭代，首先对代价分量 h_{i_k} 执行次梯度迭代，

$$y_k = x_k - \alpha_k \tilde{\nabla} h_{i_k}(x_k) \tag{6.137}$$

其中 $\tilde{\nabla} h_{i_k}(x_k)$ 表示 h_{i_k} 在 x_k 处的某个次梯度。然后，对代价分量 f_{i_k} 执行近端迭代，

$$z_k \in \arg\min_{x\in\Re^n}\left\{f_{i_k}(x)+\frac{1}{2\alpha_k}\|x-y_k\|^2\right\} \tag{6.138}$$

最后，对约束距离分量 $c\,\text{dist}(\bullet;X_{i_k})$ 按照命题 6.4.10 执行近端迭代 [参见式 (6.133)]，

$$x_{k+1}=\begin{cases}(1-\beta_k)z_k+\beta_k P_{X_{i_k}}(z_k) & 若\beta_k<1\\ P_{X_{i_k}}(z_k) & 若\beta_k\geqslant 1\end{cases} \tag{6.139}$$

其中

$$\beta_k=\frac{\alpha_k c}{\text{dist}(z_k;X_{i_k})} \tag{6.140}$$

若 $\text{dist}(z_k;X_{i_k})=0$，则约定 $\beta_k=\infty$。可以随机地或根据循环规则来选择指标 i_k。我们之前的收敛分析直接扩展到每个指标 i 具有三个代价函数分量的情况。此外，可按照任何顺序执行次梯度、近端和投影运算。

注意到罚因子 c 可以取任意大，且只要

$$\alpha_k c\geqslant \text{dist}(z_k;X_{i_k})$$

就不影响算法，此时 $\beta_k\geqslant 1$[参见式 (6.140)]。因此我们可以持续增大 c 使 $\beta_k\geqslant 1$，使其达到某个“非常大”的阈值。这样看来，实际上我们可以在式 (6.139) 中使用始终等于 1 的步长 β_k，从而得到简化的算法

$$y_k = x_k - \alpha_k \tilde{\nabla} h_{i_k}(x_k)$$
$$z_k \in \arg\min_{x\in\Re^n}\left\{f_{i_k}(x)+\frac{1}{2\alpha_k}\|x-y_k\|^2\right\}$$
$$x_{k+1}=P_{X_{i_k}}(z_k)$$

其中不涉及参数 c。事实上，该算法已在论文 [WaB13a] 中进行了分析。已经证明了用于选择代价函数分量和约束分量的各种随机和循环采样方案的收敛性。

虽然该算法不依赖罚因子 c，但其当前的收敛性证明需要依赖附加条件。即所谓的**线性正则**(linear regularity) 条件，对于某些 $\eta>0$，

$$\left\|x-P_{\bigcap_{i=1}^{m}X_i}(x)\right\|\leqslant \eta\max_{i=1,\cdots,m}\big\|x-P_{X_i}(x)\big\|,\qquad \forall x\in\Re^n$$

其中 $P_Y(x)$ 表示向量 x 到集合 Y 上的投影。特别地，若所有集合 X_i 均为多面体，则该性质满足。相反，算法式 (6.137)~式 (6.139) 不需要此条件，而是使用（大的）c 值来防止出现式 (6.140) 中标量 β_k 变得小于 1 的罕见情况，这需要根据式 (6.139) 进行插值，以确保收敛。

最后，我们提一下一个非常适合使用增量约束投影方法的相关问题。即问题

$$\begin{array}{ll}\text{minimize} & f(x)+c\sum_{j=1}^{r}\max\big\{0,g_j(x)\big\}\\ \text{subject to} & x\in\bigcap_{i=1}^{m}X_i\end{array}$$

该问题是用不可微的惩罚项 $c\max\{0, g_j(x)\}$ 替换形式为 $g_j(x) \leqslant 0$ 的凸不等式约束后得到的，其中 $c > 0$ 是惩罚因子（参见 1.5 节）。可能使用的增量方法的每次迭代，可以是对 f 进行次梯度迭代，或者选择一个违反的约束（如果有）对相应函数 g_j 执行次梯度迭代，或者选择一个集合 X_i 对其进行插值投影。

6.5　坐标下降法

在本节中，我们将考虑在 2.1.2 节中简要讨论的块坐标下降方法。我们关注问题

$$\begin{aligned} &\text{minimize} && f(x) \\ &\text{subject to} && x \in X \end{aligned}$$

其中 $f: \Re^n \mapsto \Re$ 为可微凸函数，X 为闭集 $X_1, \cdots, X_m$ 的笛卡儿积：

$$X = X_1 \times X_2 \times \cdots \times X_m$$

其中 X_i 为 $\Re^{n_i}$ 的子集（尽管最常见的情况是对所有 i 均有 $n_i = 1$，我们仍允许 $n_i > 1$）。向量 x 被划分为

$$x = (x^1, x^2, \cdots, x^m)$$

其中每个 x^i 是 x 被约束在 X_i 中的一个“块分量”，因此约束 $x \in X$ 对所有的 $i = 1, \cdots, m$ 等价于 $x^i \in X_i$。

与前两节的近端梯度法和增量法类似，其思想是利用问题的特殊结构将整体的优化过程拆分为一系列更简单的优化过程。不过，在块坐标下降法中，围绕 x 的分量 x^i 的优化更简单，而不是如近端梯度和增量方法中优化 f 的分量或 X 的分量。

块坐标下降法的最常见形式定义如下：给定当前迭代点 $x_k = (x_k^1, \cdots, x_k^m)$，我们生成下一个迭代点 $x_{k+1} = (x_{k+1}^1, \cdots, x_{k+1}^m)$，这依据于

$$x_{k+1}^i \in \arg\min_{\xi \in X_i} f(x_{k+1}^1, \cdots, x_{k+1}^{i-1}, \xi, x_k^{i+1}, \cdots, x_k^m), \quad i = 1, \cdots, m \tag{6.141}$$

其中，我们假设上述最小化问题至少有一个最优解。因此，在每次迭代中，以循环顺序最小化每个块分量 x_k^i 的代价，其中每次最小化合并了先前最小化的结果。自然，如果等式 (6.141) 中的最小化较简单，则该方法具有实际意义。该情况通常发生于每个 x^i 均为标量时，但还有其他一些有趣的情况，其中 x^i 是多维的。

坐标下降法具有迭代代价函数下降的特征，因此具有良好的理论基础，且通常便于使用。特别地，当坐标块为一维时，下降方向不需要特殊的计算。此外，如果代价函数是块分量之间具有“松散耦合”的函数之和（即每个块分量仅出现在总和中的几个函数中），则沿每个块分量的最小值的计算可能被简化。有利于使用块坐标下降的另一种结构是代价函数涉及形式为 $h(Ax)$ 的项时，其中 A 是一个矩阵，因此计算 $y = Ax$ 比计算 $h(y)$ 要昂贵得多；这简化了块分量的最小化。

以下命题给出了该方法的基本收敛结果。实际上，有必要做出一个假设，即式 (6.141) 中的最小值在唯一的点处达到。当所有其他块分量保持固定时，如果 f 在每个块分量中严格凸，则该假设满足。稍后我们将讨论该算法的一个版本，该版本涉及二次正则化并且不需要此假设。虽然所陈述的命题适用于凸优化问题，但与本节的框架一致，该证明也适用于仅使用 f 的连续可微性而不使用其凸性的情况（请参见下述命题之后的命题）。

命题 6.5.1（块坐标下降的收敛性） 令 $f:\Re^n\mapsto\Re$ 是凸且可微的，令 $X=X_1\times X_2\times\cdots\times X_m$，其中 X_i 是闭且凸的。进一步假设对每个 $x=(x^1,\cdots,x^m)\in X$ 与 i，

$$f(x^1,\cdots,x^{i-1},\xi,x^{i+1},\cdots,x^m)$$

被视为 ξ 的函数，在 X_i 上有唯一的最小点。令 $\{x_k\}$ 为块梯度下降法式 (6.141) 生成的序列。则 $\{x_k\}$ 的每个极限点都在 X 上最小化 f。

证明：记

$$z_k^i=\left(x_{k+1}^1,\cdots,x_{k+1}^i,x_k^{i+1},\cdots,x_k^m\right)$$

使用该方法中的定义式 (6.141)，我们得到

$$f(x_k)\geqslant f(z_k^1)\geqslant f(z_k^2)\geqslant\cdots\geqslant f(z_k^{m-1})\geqslant f(x_{k+1}),\qquad\forall k\tag{6.142}$$

令 $\bar{x}=\left(\bar{x}^1,\cdots,\bar{x}^m\right)$ 为序列 $\{x_k\}$ 的一个极限点，因为 X 是闭集，可知 $\bar{x}\in X$。式 (6.142) 意味着序列 $\big\{f(x_k)\big\}$ 收敛到 $f(\bar{x})$。我们将证明 $\bar{x}$ 满足最优性条件

$$\nabla f(\bar{x})'(x-\bar{x})\geqslant 0,\qquad\forall x\in X$$

参见附录 B 中的命题 1.1.8。

令 $\{x_{k_j}\mid j=0,1,\cdots\}$ 为 $\{x_k\}$ 收敛到 $\bar{x}$ 的一个子序列。由算法的定义式 (6.141) 和式 (6.142)，我们有

$$f(x_{k_{j+1}})\leqslant f(z_{k_j}^1)\leqslant f(x^1,x_{k_j}^2,\cdots,x_{k_j}^m),\qquad\forall x^1\in X_1$$

取 j 趋于无穷的极限，我们得到

$$f(\bar{x})\leqslant f(x^1,\bar{x}^2,\cdots,\bar{x}^m),\qquad\forall x^1\in X_1\tag{6.143}$$

使用附录 B 中命题 1.1.8 的最优性条件，我们得到

$$\nabla_1 f(\bar{x})'(x^1-\bar{x}^1)\geqslant 0,\qquad\forall x^1\in X_1$$

其中 $\nabla_i f$ 表示 f 关于分量 x^i 的梯度。

现在，证明的思路是证明 $\{z_{k_j}^1\}$ 随着 $j\to\infty$ 收敛到 $\bar{x}$，因此通过使用 $\{z_{k_j}^1\}$ 代替 $\{x_{k_j}\}$ 来重复前面的过程，我们有

$$\nabla_2 f(\bar{x})'(x^2-\bar{x}^2)\geqslant 0,\qquad\forall x^2\in X_2$$

我们可以继续类似步骤，得到对所有 $i=1,\cdots,m$

$$\nabla_i f(\bar{x})'(x^i-\bar{x}^i)\geqslant 0,\qquad\forall x^i\in X_i$$

成立。通过对这些不等式求和，并利用集合 X 的笛卡儿积结构，可以得到对所有 $x\in X$ 有 $\nabla f(\bar{x})'(x-\bar{x})\geqslant 0$，从而完成证明。

为了证明 $\{z_{k_j}^1\}$ 随 $j\to\infty$ 收敛到 $\bar{x}$，我们采用反证法，假设其不成立，或者等价地有 $\{z_{k_j}^1-x_{k_j}\}$ 不收敛到 0。令

$$\gamma_{k_j}=\|z_{k_j}^1-x_{k_j}\|$$

通过对子序列 $\{k_j\}$ 施加可能的限制，我们可以假设存在 $\overline{\gamma}>0$ 使得对所有的 j 有 $\gamma_{k_j}\geqslant\overline{\gamma}$。令

$$s_{k_j}^1=\left(z_{k_j}^1-x_{k_j}\right)/\gamma_{k_j}$$

因此，$z_{k_j}^1=x_{k_j}+\gamma_{k_j}s_{k_j}^1$，$\|s_{k_j}^1\|=1$，且 $s_{k_j}^1$ 仅在第一个块分量上非 0。注意到 $s_{k_j}^1$ 属于一个紧集，因此其有极限点 $\bar{s}^1$。通过进一步限制 $\{k_j\}$ 的子序列，我们假设 $s_{k_j}^1$ 收敛到 $\bar{s}^1$。让我们固定 $\epsilon\in[0,1]$。因为 $0\leqslant\epsilon\overline{\gamma}\leqslant\gamma_{k_j}$，向量 $x_{k_j}+\epsilon\overline{\gamma}s_{k_j}^1$ 处在连接 x_{k_j} 和 $x_{k_j}+\gamma_{k_j}s_{k_j}^1=z_{k_j}^1$ 的线段上，且因为 X 为凸集，该向量属于 X。利用 f 在 x_{k_j} 到 $z_{k_j}^1$ 的区间内单调非增的事实（由 f 的凸性），我们得到

$$f\left(z_{k_j}^1\right)=f\left(x_{k_j}+\gamma_{k_j}s_{k_j}^1\right)\leqslant f\left(x_{k_j}+\epsilon\overline{\gamma}s_{k_j}^1\right)\leqslant f\left(x_{k_j}\right)$$

因为 $f(x_k)$ 收敛到 $f(\bar{x})$，式 (6.142) 证明了 $f(z^1_{k_j})$ 也收敛到 $f(\bar{x})$。取 j 趋于无穷时的极限，我们得到

$$f(\bar{x}) \leqslant f\big(\bar{x} + \epsilon\overline{\gamma}\bar{s}^1\big) \leqslant f(\bar{x})$$

我们得出结论，对于每个 $\epsilon \in [0,1]$，$f(\bar{x}) = f\big(\bar{x} + \epsilon\overline{\gamma}\bar{s}^1\big)$。因为 $\overline{\gamma}\bar{s}^1 \neq 0$ 并通过式 (6.143)，$\bar{x}^1$ 达到 $f(x^1, \bar{x}^2, \cdots, \bar{x}^m)$ 在 $x^1 \in X_1$ 的最小值，这与 f 被视为第一个块分量的函数时有唯一最小点的假设相矛盾。该矛盾表明 $z^1_{k_j}$ 收敛到 $\bar{x}$，如前所述，这证明了对所有 $x^2 \in X_2$，有 $\nabla_2 f(\bar{x})'(x^2 - \bar{x}^2) \geqslant 0$。

通过在之前的证明过程中用 $\{z^1_{k_j}\}$ 代替 $\{x_{k_j}\}$，用 $\{z^2_{k_j}\}$ 代替 $\{z^1_{k_j}\}$，我们可以证明对所有的 $x^3 \in X_3$，有 $\nabla_3 f(\bar{x})'(x^3 - \bar{x}^3) \geqslant 0$，类似地，对所有的 $x^i \in X_i$ 和 i，有 $\nabla_i f(\bar{x})'(x^i - \bar{x}^i) \geqslant 0$。□

上述命题适用于凸优化问题。不过，它的证明可以简单地推广到只使用 f 的连续可微性而不使用其凸性。为此，需要一个额外的假设（沿每个坐标单调减小到最小值），如以下来源于 [Ber99]2.7 节的命题所述。

命题 6.5.2（块坐标下降的收敛性-非凸情况）　令 $f : \Re^n \mapsto \Re$ 连续可微，并令 $X = X_1 \times X_2 \times \cdots \times X_m$，其中 X_i 是闭且凸的。进一步假设对每个 $x = (x^1, \cdots, x^m) \in X$ 和 i，

$$f(x^1, \cdots, x^{i-1}, \xi, x^{i+1}, \cdots, x^m) \tag{6.144}$$

被视为 ξ 的函数，在 X_i 上有唯一最小点 $\bar{\xi}$，且在从 x^i 到 $\bar{\xi}$ 的区间上是单调非增的。令 $\{x_k\}$ 为由块坐标下降法式 (6.141) 生成的序列。则 $\{x_k\}$ 的每个极限点 $\bar{x}$ 对所有 $x \in X$ 满足最优条件 $\nabla f(\bar{x})'(x - \bar{x}) \geqslant 0$。

该命题的证明与命题 6.5.1 的证明几乎相同，在正确的位置使用单调非增性假设代替 f 的凸性即可。在 [Ber99] 的 2.7 节中也讨论了另一个假设，在该假设下，可以通过类似的证明来得出命题 6.5.2 的结论：集合 X_i 是紧的（以及凸的），且对每个 i 和 $x \in X$，当所有其他块分量保持固定时，第 i 个块分量 ξ 的函数式 (6.144) 会在 X_i 上达到唯一的最小点。

1.3 节中描述的非负矩阵分解问题是一个重要例子，其中代价函数作为每个块分量的函数是凸的，而对于整个块分量集不是凸的。对于此问题，仅在两个块分量的情况下适用特殊的收敛性结果，不要求两个块分量最小化中最小点的唯一性。该结果可以通过命题 6.5.1 和命题 6.5.2 证明的变体来导出；参见 [GrS99] 和 [GrS00]。

6.5.1　坐标下降法的变体

坐标下降法有许多变体，其目的是提高效率，应用于特定的结构和分布式计算环境。我们在此处和练习中描述了一些可能性，参考文献中有更详细的分析。

(a) 我们可以**在对偶问题的背景下应用坐标下降法**。这通常很方便，因为对偶约束集通常具有所需的笛卡儿积结构（例如 X 可能是非负象限）。在 [Hil57] 中给出了这种用于二次规划的早期算法。为了进行进一步的讨论和扩展，请参见 [BeT89a] 的 3.4.1 节，[Ber99] 的 6.2.1 节，[CeZ97] 和 [Her09] 等书籍，以及其中引用的参考文献。对于对偶环境中的其他应用，包括单商品网络流量优化问题，参见论文 [BHT87]，[TsB87]，[TsB90]，[TsB91]，[Aus92]。

(b) 存在一个**坐标下降与近端算法的组合**，其目的是规避命题 6.5.1 中对“最小点唯一性”假设的需要；请参见 [Tse91a]，[Aus92]，[GrS00]。该方法是通过循环应用坐标迭代

$$x^i_{k+1} \in \arg\min_{\xi \in X_i} \left\{ f(x^1_{k+1}, \cdots, x^{i-1}_{k+1}, \xi, x^{i+1}_k, \cdots, x^m_k) + \frac{1}{2c}\|\xi - x^i_k\|^2 \right\}$$

获得的，其中 c 为正标量。假设 f 是凸且可微的，可以看出，序列 $\{x_k\}$ 的每个极限点都是全局最小点。通过将命题 6.5.1 的结果应用于如下代价函数

$$F(x,y)=f(x)+\frac{1}{2c}\|x-y\|^2$$

可以很容易地证明这一点。

(c) 前面的坐标下降与近端算法的组合是更一般方法的特例，代替精确地执行坐标最小化

$$x_{k+1}^i\in\arg\min_{\xi\in X_i}f(x_{k+1}^1,\cdots,x_{k+1}^{i-1}\xi,x_k^{i+1},\cdots,x_k^m)$$

[参见式 (6.141)]，我们选择执行下降算法的一个或多个迭代来解决这种最小化问题。除了上面 (b) 部分的近端算法之外，还有**与其他下降算法的组合**，包括条件梯度、梯度投影和双度量投影 (two-metric projection) 方法。这里的一个关键事实是，在遍历所有块分量之后，保证了代价函数是下降的。可参见 [Lin07]，[LJS12]，[Spa12]，[Jag13]，[BeT13]，[RHL13]，[RHZ14]，[RiT14]。

(d) 当 f 是凸的但不可微时，坐标下降法可能会失败，因为可能存在非最优点，从这些点开始，不可能沿任何一个标量坐标使代价函数下降。例如，考虑在 $x^1,x^2\geqslant 0$ 上最小化 $f(x^1,x^2)=x^1+x^2+2|x^1-x^2|$。在 $x^1=x^2>0$ 的点 (x^1,x^2) 处，坐标下降法不会取得任何进展。

然而，存在一个重要的特例，其中 f 的不可微性不重要，且在每个非最优点处，都可以在标量坐标方向中找到下降方向。在 **f 的不可微部分为可分**的情况下，即 f 具有以下形式

$$f(x)=F(x)+\sum_{i=1}^{n}G_i(x^i)\tag{6.145}$$

其中 F 是凸且可微的，每个 G_i 是第 i 个块分量的函数，是凸的但不一定是可微的；请参见练习 6.10 的简短讨论，以及 [Aus76]，[Tse01a]，[TsY09]，[FHT10]，[Tse10]，[Nes12]，[RHL13]，[SaT13]，[BST14]，[HCW14]，[RiT14] 的详细分析。这种代价函数的坐标下降方法也可以与 6.3 节的近端梯度法的思想结合起来。参见 [FeR12]，[QSG13]，[LLX14]，[LiW14]，[RiT14]。在涉及 ℓ_1-正则化的机器学习问题中引起特别关注的情况是 $\sum\limits_{i=1}^{n}G_i(x^i)$ 是 ℓ_1 范数的正数倍。

(e) 对于 f 是凸且不可微但不是可分形式 [式 (6.145)] 的情况，可以采用坐标下降法，但需要进行大量的修改和特殊假设。在一种被称为**拍卖和 ϵ-松弛**(auction and ϵ-relaxation) 的可能方法中，坐标搜索是非单调的，这意味着即使增大代价函数值也可以允许更改单个坐标。特别是，当坐标增加（或减小）时，将其设置为 $\epsilon>0$（或 $-\epsilon$，各坐标分别设置）加上使该坐标上的代价函数最小的值。对于（单个商品的）网络特殊结构，包括分配、最大流量、线性代价转运 (linear cost transshipment) 以及带有和不带收益的凸可分网络流量问题，存在这类具有良好计算复杂性的合理算法，可以达到或接近 ϵ 足够小的最优解；参见论文 [Ber79]，[Ber92]，[BPT97a]，[BPT97b]，[Ber98]，[TsB00]，书籍 [BeT89a]，[Ber91]，[BeT97]，[Ber98]以及此处引用的参考文献。

另一种处理不可微代价的替代方法是，在带来代价函数改善时使用（精确）坐标下降，否则计算更复杂的下降方向（多个坐标方向的线性组合）。对于线性网络优化问题的（单一商品）对偶问题，后者下降方向可以有效地计算（它是适当选择的坐标方向的总和）。这个想法引出了快速算法，称为**松弛方法**(relaxation methods)；参见论文 [Ber81]，[Ber85]，[BeT94b] 和书籍 [BeT89a]，[Ber91]，[Ber98]。实际上，大多数迭代使用单个坐标方向，并且很少需要计算上更复杂的多坐标方向。这种方法也已应用于具有增益的网络流问题 [BeT88] 和凸网络流问题 [BHT87]，并且可能会更广泛地应用于可有效计算多坐标下降方向的特殊结构问题。

(f) 改善坐标下降方法的收敛特性的一种可能方法是使用**不规则顺序代替固定循环顺序**进行坐标选择。通常可以简单地确定这种方法的收敛性：只要存在整数 M，使得每个块成分在每 M 组连续迭代中至少迭代一次，则对于迭代顺序可能任意的方法，就可以证明命题 6.5.1 的结论。证明类似于命题 6.5.1 的证明。

引起人们广泛关注的加速收敛的想法是在每次迭代的坐标选择中使用**随机化**。参见 [Spa03]，[StV09]，[LeL10]，[Nee10]，[Nes12]，[LeS13]，[NeC13]。在这些情况下，这些参考文献已经以各种方式解决了一个重要的问题，即该方法的收敛速率是否可以提高。尤其是，论文 [Nes12] 中有关随机坐标选择的复杂性分析引起了人们的极大兴趣。

另一种可能性是使用确定性坐标选择规则，该规则的目的是确定好的坐标，从而导致代价大幅改进。这种类型的一个经典方法是 **Gauss-Southwell 顺序**，它在每次迭代时都选择最陡下降的坐标方向（具有最小方向导数的坐标）。尽管这需要一些开销来进行坐标选择，但基于分析和实际经验，与循环或随机选择相比，它导致更快的收敛（更少的迭代）[DRT11]，[ScF14]，[请参见练习 6.11(b)]。

(g) 一种更极端的不规则方法是**分布式异步版本**，它可以在不同处理器上并发执行最小化坐标分量运算。[BeT89a] 一书（6.3.5 节）讨论了异步算法可以提高算法收敛速率的情况。下一节将讨论异步坐标下降法的收敛性。

6.5.2 分布式异步坐标下降法

现在，我们将考虑不动点算法的分布式异步实现，这是坐标下降的一种特殊情况。从处理器之间通信延迟的大小不受限制的意义上说，实现是**完全异步的**(totally asynchronous)；参见 2.1.6 节的术语。本节中的分析基于作者的论文 [Ber83]（有关完全异步算法的广泛研究，请参见 [BeT89a]，[BeT91]，[FrS00]）。另一种分析方法适用于**部分异步**(partially asynchronous) 算法，对于这些算法，必须限制通信延迟的大小。此处将不考虑此类算法；参见 [TBA86]，[BeT89a] 了解类似梯度的方法，参见 [BeT89a] 了解网络流算法，参见 [TBT90] 了解非扩张迭代，以及参见 [LiW14]，该算法研究坐标下降方法时比本节的限制条件要少（不假定算法映射 (algorithmic map) 的上确界范数压缩 (sup-norm contraction) 性质）。

让我们考虑通过将固定不动点算法 (stationary fixed point algorithm) 分成几个在不同处理器上同时运行的局部算法来并行化。正如我们在 2.1.6 节中讨论的那样，在异步算法中，局部算法不必在预设的点等到预设的信息后再变成可用状态。因此，一些处理器可能比其他处理器执行更多的迭代，而处理器之间的通信延迟可能是不可预测的。可以通过分布式异步迭代很好地建模的另一个实际环境是，所有计算都在单个计算机上进行，但一次可以同时更新任何数量的坐标，且坐标选择的顺序可能是随机的。

考虑到这种情况，我们提出一个抽象不动点问题的异步分布式解决方案模型，形式为 $x = F(x)$，其中 F 是给定函数。我们将 x 表示为 $x = (x^1, \cdots, x^m)$，其中 $x^i \in R^{n_i}$，n_i 为正整数。因此 $x \in \Re^n$，其中 $n = n_1 + \cdots + n_m$，且 F 将 $\Re^n$ 映射到 $\Re^n$。我们用 $F_i : \Re^n \mapsto \Re^{n_i}$ 表示 F 的第 i 个分量，因此 $F(x) = \big(F_1(x), \cdots, F_m(x)\big)$。我们的计算框架涉及 m 个互连的处理器，其中第 i 个通过应用对应的映射 F_i 更新 x^i 的第 i 个分量。因此，在（同步）分布式不动点算法中，处理器 i 在时间 t 进行如下迭代

$$x_{t+1}^i = F_i(x_t^1, \cdots, x_t^m), \qquad \forall i = 1, \cdots, m \tag{6.146}$$

为了适应分布式算法框架及其复杂的符号 (overloaded notation)，我们将使用下标 t 表示某些（但不是全部）处理器更新其相应分量的迭代或时间，为涉及所有处理器的计算阶段保留指

标 k，并保留上标 i 表示分量/处理器指标。

在算法的异步版本中，处理器 i 仅为所选迭代子集 $\mathcal{R}_i$ 中的 t 更新 x^i，使用其他处理器延迟 $t-\tau_{ij}(t)$ 提供的分量 x^j，$j\neq i$，

$$x_{t+1}^i=\begin{cases} F_i\left(x_{\tau_{i1}(t)}^1,\cdots,x_{\tau_{im}(t)}^m\right) & 若 t\in\mathcal{R}_i \\ x_t^i & 若 t\notin\mathcal{R}_i \end{cases} \tag{6.147}$$

这里 $\tau_{ij}(t)$ 是计算此更新中使用的第 j 个坐标的时间，差 $t-\tau_{ij}(t)$ 被称为在时间 t 从 j 到 i 的通信延迟。

我们在 2.1.6 节中曾指出，坐标下降法是这种算法的一个特例，其中我们假设第 i 个标量坐标在时间 $\mathcal{R}_i\subset\{0,1,\cdots\}$ 的子集上根据

$$x_{t+1}^i\in\arg\min_{\xi\in\Re}f\left(x_{\tau_{i1}(t)}^1,\cdots,x_{\tau_{i,i-1}(t)}^{i-1},\xi,x_{\tau_{i,i+1}(t)}^{i+1},\cdots,x_{\tau_{im}(t)}^m\right)$$

更新，若 $t\notin\mathcal{R}_i$，则保持不变 ($x_{k+1}^i=x_k^i$)。此处我们可以不失一般性地假设将每个标量坐标分配给一个单独的处理器。原因是更新标量坐标块的物理处理器可以由虚拟处理器块代替，将每个虚拟处理器分配到一个标量坐标，并同时更新其坐标。

为了讨论异步算法式 (6.147) 的收敛性，我们引入以下假设。

假设 6.5.1 持续改进与信息更新。

(1) 处理器 i 更新 x^i 的时间集合 $\mathcal{R}_i$ 对每个 $i=1,\cdots,m$ 都是无限的。

(2) 对所有的 $i,j=1,\cdots,m$，都有 $\lim\limits_{t\to\infty}\tau_{ij}(t)=\infty$。

假设 6.5.1 是自然的，且其对于有关该算法的任何一种收敛结果都是必不可少的。特别地，条件 $\tau_{ij}(t)\to\infty$ 保证有关处理器更新的过时信息最终将从计算中清除。当然假设 $\tau_{ij}(t)$ 随 t 单调增加也是自然的，但是此假设对于随后的分析不是必需的。

我们希望证明 $\{x_t\}$ 收敛到 F 的不动点，为此，我们针对 [Ber83] 的完全异步迭代采用以下收敛定理。该定理已作为 [BeT89a]（第 6 章）中处理完全异步迭代的基础，包括坐标下降和异步的基于梯度的优化算法。

命题 6.5.3（异步收敛定理） 设 F 有唯一的不动点 x^*，令假设 6.5.1 成立，并假设存在一系列非空子集 $\{S(k)\}\subset\Re^n$ 满足

$$S(k+1)\subset S(k),\quad k=0,1,\cdots$$

且若 $\{y_k\}$ 是满足 $y_k\in S(k)$ 的序列，对所有 $k\geqslant 0$，有 $\{y_k\}$ 收敛到 x^*。进一步做如下假设：

(1) **同步收敛条件**：我们有

$$F(x)\in S(k+1),\qquad \forall x\in S(k),\ k=0,1,\cdots$$

(2) **箱条件**：对所有的 k，$S(k)$ 是如下形式的笛卡儿积：

$$S(k)=S_1(k)\times\cdots\times S_m(k)$$

其中 $S_i(k)$ 是 $\Re^{n_i}$ 的子集，$i=1,\cdots,m$。

则对于每个初始向量 $x_0\in S(0)$，由异步算法式 (6.147) 生成的序列 $\{x_t\}$ 收敛到 x^*。

证明：为了解释证明的思想，我们注意到，给定条件意味着通过将 F 应用到 $x\in S(k)$ 更新任何分量 x^i，而其他所有分量不变，会得到 $S(k)$ 中的向量。因此，一旦经过足够的时间以至于延迟变得“无关紧要”，则在 x 进入 $S(k)$ 之后，它将停留在 $S(k)$ 之中。而且，一旦分量 x^i 进

入子集 $S_i(k)$ 且延迟变得“无关紧要”，则在 x^i 第一次迭代到 $x \in S(k)$ 时，x^i 会永久性地进入较小的子集 $S_i(k+1)$ 中。一旦每个分量 $x^i, i=1,\cdots,m$ 进入 $S_i(k+1)$，则由箱条件整个向量 x 将在 $S(k+1)$ 之内。因此，迭代从 $S(k)$ 开始，最终进入 $S(k+1)$ 并继续迭代，由于假设中 $\{S(k)\}$ 的性质，迭代逐点收敛到 x^*。

考虑到这个想法，我们通过归纳证明，对于每个 $k \geqslant 0$，存在时间 t_k 使得

(1) 对所有 $t \geqslant t_k$ 有 $x_t \in S(k)$。

(2) 对所有 i 和 $t \geqslant t_k$ 的 $t \in \mathcal{R}_i$，我们有

$$\left(x^1_{\tau_{i1}(t)}, \cdots, x^m_{\tau_{im}(t)}\right) \in S(k)$$

[换句话说，一段时间后，所有不动点估计都将在 $S(k)$ 中，且迭代式 (6.147) 中使用的所有估计均从 $S(k)$ 出发。]

对于 $k=0$，因为 $x_0 \in S(0)$，归纳假设成立。假设上述命题对 k 是正确的，我们将证明存在一个具有所需性质的时间 t_{k+1}。对每个 $i=1,\cdots,m$，令 $t(i)$ 为 $\mathcal{R}_i$ 中第一个使 $t(i) \geqslant t_k$ 的元素。则通过同步收敛条件，我们有 $F(x_{t(i)}) \in S(k+1)$，意味着（根据箱条件）

$$x^i_{t(i)+1} \in S_i(k+1)$$

类似地，对每个 $t \in \mathcal{R}_i$，$t \geqslant t(i)$，我们有 $x^i_{t+1} \in S_i(k+1)$。在 $\mathcal{R}_i$ 的元素之间，x^i_t 不改变。因此，

$$x^i_t \in S_i(k+1), \qquad \forall t \geqslant t(i)+1$$

令 $t'_k = \max\limits_i\{t(i)\}+1$。则使用箱条件，我们有

$$x_t \in S(k+1), \qquad \forall t \geqslant t'_k$$

最后，根据假设 6.5.1，我们有随 $t \to \infty$，$t \in \mathcal{R}_i$，$\tau_{ij}(t) \to \infty$，我们可以选择一个充分大以至于使 $\tau_{ij}(t) \geqslant t'_k$ 对所有 i, j 成立，且 $t \geqslant t_{k+1}$ 时 $t \in \mathcal{R}_i$ 的时间 $t_{k+1} \geqslant t'_k$。则我们有，对所有满足 $t \geqslant t_{k+1}$，且 $j=1,\cdots,m$ 的 $t \in \mathcal{R}_i$，$x^j_{\tau_{ji}(t)} \in S_j(k+1)$，这（根据箱条件）意味着

$$\left(x^1_{\tau_{i1}(t)}, \cdots, x^m_{\tau_{im}(t)}\right) \in S(k+1)$$

归纳完成。□

图 6.5.1 说明了前面的收敛定理的假设。应用该定理的主要问题是确定集合序列 $\{S(k)\}$ 并验证命题 6.5.3 的假设。这些假设成立有两个主要的场合。第一个是当 $S(k)$ 是加权上确界范数

$$\|x\|^w_\infty = \max_{i=1,\cdots,n}\left|\frac{x^i}{w^i}\right|$$

意义下以 x^* 为中心的球体，其中 $w=(w^1,\cdots,w^n)$ 是正权重向量（如下面的命题所示）。第二种情况基于单调性条件，在动态规划算法中特别有用，可参见论文 [Ber82c]，[BeY10] 和书籍 [Ber12]，[Ber13]。图 6.5.2 说明了实现异步收敛的机制。

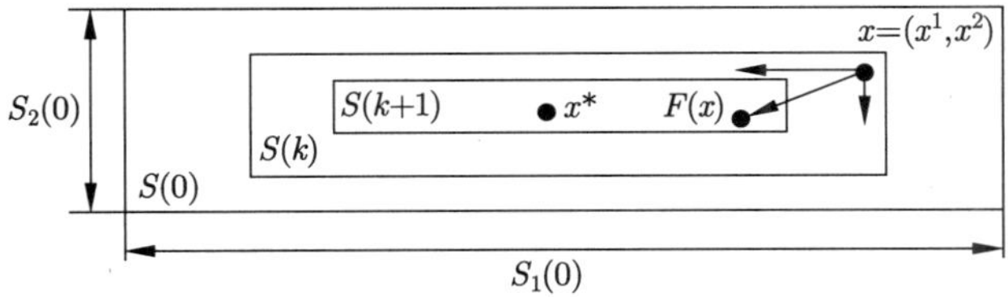

图 6.5.1　异步收敛定理条件的几何解释。有一个嵌套的箱序列 $\{S(k)\}$，该序列对所有 $x \in S(k)$ 有 $F(x) \in S(k+1)$

作为例子，让我们在加权上确界范数压缩假设下应用前面的收敛定理。

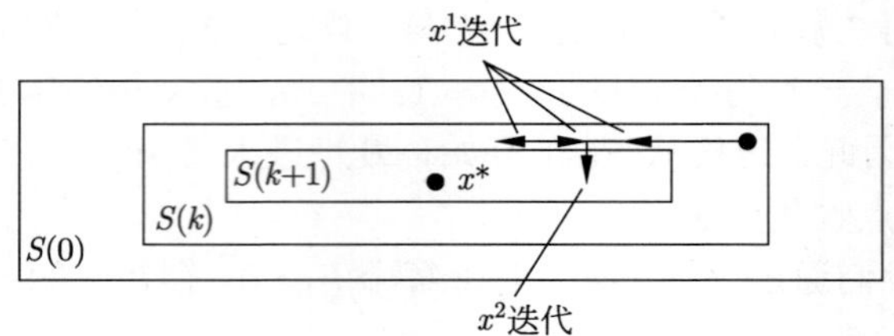

图 6.5.2 异步收敛机制的几何解释。对单个分量 x^i 进行迭代，保持 x 在 $S(k)$ 中，同时将 x^i 移动到 $S(k+1)$ 的对应分量 $S_i(k+1)$ 中，并在后续的迭代中一直保持。一旦对所有分量 x^i 进行了至少一次迭代，就保证了迭代在 $S(k+1)$ 中

命题 6.5.4 令 F 为关于加权上确界范数 $\|\cdot\|_\infty^w$ 的系数 (modulus) 为 $\rho<1$ 的压缩映射，令假设 6.5.1 成立。则由异步算法式 (6.147) 生成的序列 $\{x_t\}$ 逐点收敛到 x^*。

证明：我们将命题 6.5.3 应用到

$$S(k)=\{x\in\Re^n\mid\|x_k-x^*\|_\infty^w\leqslant\rho^k\|x_0-x^*\|_\infty^w\},\qquad k=0,1,\cdots$$

由于 F 是具有系数 ρ 的压缩映射，同步收敛条件成立。因为 F 是加权范数压缩，箱条件也成立，则有该结果。 □

可以在一些有趣的特殊情况下验证上述命题的压缩性质。特别地，令 F 线性且形式为

$$F(x)=Ax+b$$

其中 A 和 b 为给定的 $n\times n$ 矩阵和 $\Re^n$ 中的向量。让我们定义矩阵 $|A|$，其分量是 A 中分量的绝对值，并令 $\sigma(|A|)$ 表示 $|A|$ 的谱半径（$|A|$ 的特征值模中的最大模）。可以证明，当且仅当 $\sigma(|A|)<1$ 时，F 是关于某些加权上确界范数的压缩映射。可以在几个来源中找到对此的证明，包括 [BeT89a] 第 2 章和推论 6.2。另一个重要的事实是当且仅当

$$\sum_{j=1}^n|a_{ij}|<1\qquad\forall i=1,\cdots,n$$

时，F 是关于（非加权）上确界范数 $\|\cdot\|_\infty$ 的压缩映射，其中 a_{ij} 为 A 的分量。为了说明该性质，注意到 Ax 的第 i 个分量满足

$$\big|(Ax)_i\big|\leqslant\sum_{j=1}^n|a_{ij}|\,|x_j|\leqslant\sum_{j=1}^n|a_{ij}|\,\|x\|_\infty$$

因此 $\|Ax\|_\infty\leqslant\rho\|x\|_\infty$，其中 $\rho=\max_i\sum_{j=1}^n|a_{ij}|<1$。这证明了 A（因此对 F 也成立）是关于 $\|\cdot\|_\infty$ 的压缩映射。类似的方法可证明反过来也成立。

我们最后注意到该定理的一些扩展。可以使 F 随时间变化，所以我们用映射序列 F_k，$k=0,1,\cdots$ 代替 F。则若所有的 F_k 有共同的不动点，该定理的结论成立（详见 [BeT89a]）。另一个扩展是允许 F 具有多个不动点，并引入一个假设，粗略地说，$\bigcap_{k=0}^\infty S(k)$ 是所有不动点的集合。则结论为 $\{x_t\}$ 的任意极限点为不动点。

6.6 广义近端法

近端算法允许很多扩展，这在特定应用领域中可能特别有用，例如推理和信号处理。此外，该算法也适用于非凸问题，但带有一些不可避免的局限性。该算法最小化函数 $f:\Re^n\mapsto$

$(-\infty, \infty]$ 的一般形式是

$$x_{k+1} \in \arg\min_{x\in\Re^n} \left\{ f(x) + D_k(x, x_k) \right\} \tag{6.148}$$

其中 $D_k : \Re^{2n} \mapsto (-\infty, \infty]$ 为正则项，代替了近端算法中的二次项

$$\frac{1}{2c_k}\|x - x_k\|^2$$

我们假设 $D_k(\cdot, x_k)$ 对每个 x_k 为闭的真（扩充实值）凸函数。

如图 6.6.1 所示，可以类似近端方法给出算法式 (6.148) 的图形解释。该图以及 5.1 节的收敛性和收敛速率结果提供了有关在 f 是闭的真凸函数时算法预期行为类型的定性参考。特别是，在 D_k 的适当假设下，我们希望能够证明（参见命题 5.1.3）。

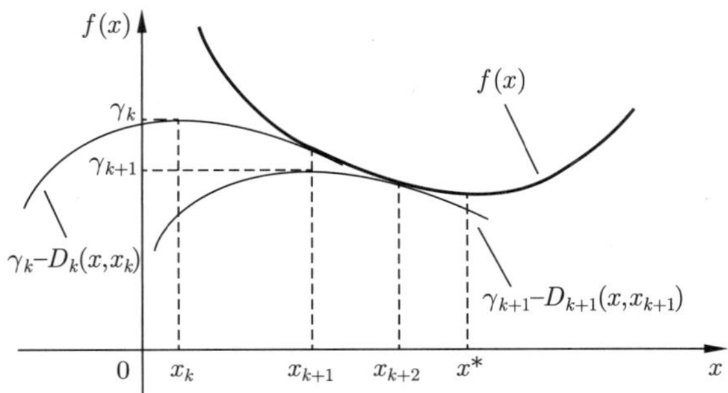

图 6.6.1　凸代价函数 f 的广义近端算法式 (6.148) 的示意图。正则化项是凸的，但不必是二次的或实值。在此图中，γ_k 是使 $-D_k(\cdot, x_k)$ 的图像恰好上升到触及 f 图像的标量

例 6.6.1　熵最小化算法。

让我们考虑

$$D_k(x, y) = \frac{1}{c_k}\sum_{i=1}^{n} x^i \left(\ln\left(\frac{x^i}{y^i}\right) - 1 \right)$$

的情况，其中 x^i 和 y^i 分别为 x 和 y 的标量分量。此正则化项基于标量函数 $\phi: \Re \mapsto (-\infty, \infty]$，由

$$\phi(x) = \begin{cases} x\big(\ln(x) - 1\big) & 若x > 0 \\ 0 & 若x = 0 \\ \infty & 若x < 0 \end{cases} \tag{6.149}$$

给出，称为**熵函数**，如图 6.6.2 所示。注意 ϕ 仅对非负参数是有限的。

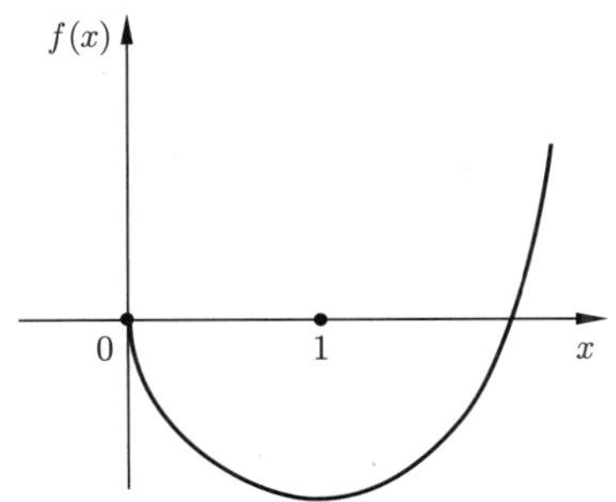

图 6.6.2　熵函数式 (6.149) 的示意图

使用熵函数的近端算法由

$$x_{k+1} \in \arg\min_{x\in\Re^n}\left\{f(x)+\frac{1}{c_k}\sum_{i=1}^{n}x^i\left(\ln\left(\frac{x^i}{x_k^i}\right)-1\right)\right\} \tag{6.150}$$

给出，其中 x_k^i 为 x_k 的第 i 个坐标；参见图 6.6.3。因为对数仅对正参数是有限的，所以该算法要求对所有 i 有 $x_0^i>0$，且必须生成严格位于正象限内的序列。因此，该算法仅可用于上述最小值可明确定义且保证在正象限内可达到最小值的函数 f。

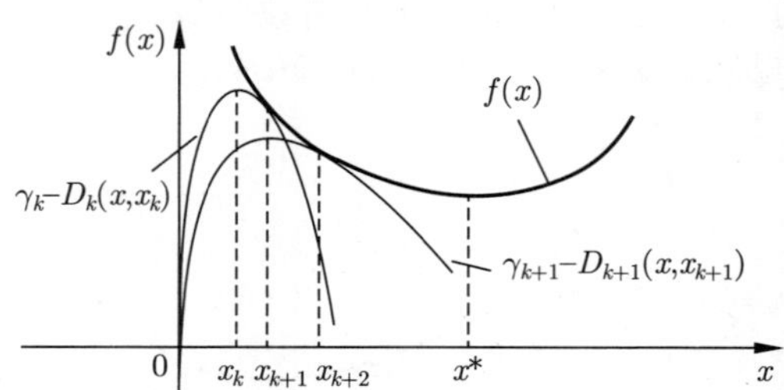

图 6.6.3 熵最小化算法式 (6.150) 的示意图

基于到目前为止我们已经考虑过的相应应用，我们可以想象出非二次正则化的近端方法在各种算法环境中的性质和一些潜在应用。如下：

(a) **对偶近端算法**，基于 Fenchel 对偶定理（命题 1.2.1）对最小化式 (6.148) 的应用；参见 5.2 节。

(b) 带有非二次罚函数的**增广拉格朗日方法**。在这里，增广拉格朗日函数将与 $D_k(\bullet,x_k)$ 的共轭相关联；参见 5.2 节。我们将在本节后面讨论一个例子，该例子涉及具有指数罚函数（熵函数的共轭）的增广拉格朗日函数。

(c) 与**多面体近似**的组合。近端割平面和束算法的直接扩展涉及非二次正则项；参见 5.3 节。

(d) **增量次梯度近端方法**的扩展；参见 6.4 节。这些扩展同样很简单。

(e) **带有“非二次度量”的梯度投影算法**。我们将在本节后面讨论这种算法的例子，即所谓的镜像下降法。

原则上我们也可以考虑将该方法应用于非凸代价函数 f。然而，在这种情况下，其行为可能很复杂且/或不可靠，如图 6.6.4 中所示。一个重要的问题是，是否对于所有 k 都达到了近端迭代式 (6.148) 的最小值；如果没有，假定 f 是凸的，即使 D_k 是二次的 [例如 $f(x)=-\|x\|^3$ 且 $D_k(x,x_k)=\|x-x_k\|^2$]，这也不能自动得到保证。为了简化阐述，我们将在整个讨论过程中假设最小值都是达到了的；在一些情况下这是可以保证的，例如，如果 f 是闭的真凸的，而 $D_k(\bullet,x_k)$ 是闭的且强制的 (coercive)[满足随 $\|x\|\to\infty$ 有 $D_k(x,x_k)\to\infty$]，且对所有的 k，其有效定义域与 dom(f) 相交（请参见附录 B 中的命题 3.2.3）。

现在让我们引入 D_k 的两个条件，即使 f 不是凸的，这些条件也可以保证算法具有良好的行为。第一个是“稳定性”，从而将 D_k 加到 f 上不会鼓励离开 x_k：

$$D_k(x,x_k)\geqslant D_k(x_k,x_k), \qquad \forall x\in\Re^n,\ k=0,1,\cdots \tag{6.151}$$

在这种情况下，我们确保了该算法具有代价改善的性质。事实上，我们有

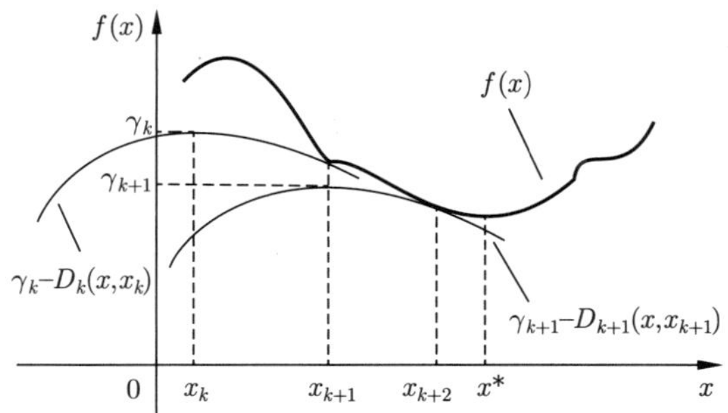

图 6.6.4　在非凸代价函数 f 的情况下，广义近端算法式 (6.148) 的示意图

$$\begin{aligned} f(x_{k+1}) &\leqslant f(x_{k+1}) + D_k(x_{k+1}, x_k) - D_k(x_k, x_k) \\ &\leqslant f(x_k) + D_k(x_k, x_k) - D_k(x_k, x_k) \\ &= f(x_k) \end{aligned} \tag{6.152}$$

其中第一个不等式来自式 (6.151)，第二个不等式来自算法的定义式 (6.148)。条件式 (6.151) 也保证了

$$x^* \in \arg\min_{x \in \Re^n} f(x) \implies x^* \in \arg\min_{x \in \Re^n} \big\{f(x) + D_k(x, x^*)\big\}$$

在这种情况下，我们假设算法停止。

不过，为了使该算法可靠，还需要一个附加条件，以确保当在 X^*，即 f 的（全局）最小集以外时，它会产生严格的代价改进。这样的一个条件是算法只能在 X^* 内的点停止，即

$$x_k \in \arg\min_{x \in \Re^n} \big\{f(x) + D_k(x, x_k)\big\} \implies x_k \in X^* \tag{6.153}$$

在这种情况下，当 $x_k \notin X^*$ 时，式 (6.154) 计算过程的第二个不等式是严格的，这意味着

$$f(x_{k+1}) < f(x_k), \qquad 若 x_k \notin X^* \tag{6.154}$$

保证条件式 (6.153) 的一组假设是：

(a) f 是凸的。

(b) $D_k(\bullet, x_k)$ 满足式 (6.151)，且是凸的并在 x_k 处可微。

(c) 我们有

$$\mathrm{ri}\big(\mathrm{dom}(f)\big) \cap \mathrm{ri}\big(\mathrm{dom}(D_k(\bullet, x_k))\big) \neq \varnothing \tag{6.155}$$

为了说明这一点，注意到若

$$x_k \in \arg\min_{x \in \Re^n} \big\{f(x) + D_k(x, x_k)\big\}$$

根据 Fenchel 对偶定理（命题 1.2.1），则存在对偶最优解 λ^*，使得 $-\lambda^*$ 是 $D_k(\bullet, x_k)$ 在 x_k 处的次梯度，从而 $\lambda^* = 0$[由式 (6.151)]，以及 λ^* 是 f 在 x_k 的次梯度，因此 x_k 会最小化 f。请注意，如果 $D_k(\bullet, x_k)$ 是不可微的，则条件式 (6.153) 可能会失效。例如，如果 $f(x) = \dfrac{1}{2}\|x\|^2$ 且 $D_k(x, x_k) = \frac{1}{c}\|x - x_k\|$，则对任意 $c > 0$，点 $x_k \in [-1/c, 1/c]$ 最小化 $f(\bullet) + D_k(\bullet, x_k)$。还可以举出简单的例子来说明相对内部条件对于保证条件式 (6.153) 至关重要。

我们在以下命题中总结了上述讨论。

命题 6.6.1　在条件式 (6.151) 和式 (6.153) 下，假设对每个 k，均可达到 $f(x) + D_k(x, x_k)$ 对 x 的最小点，则算法

$$x_{k+1} \in \arg\min_{x \in \Re^n} \big\{f(x) + D_k(x, x_k)\big\} \tag{6.156}$$

在每次迭代中严格改善 f 的值，其中 x_k 不是 f 的全局最小值，算法在 f 的全局最小点处停止。

当然，对于算法式 (6.156) 而言，代价改善是一个可靠的属性，但不能保证收敛到全局最小值，尤其是当 f 是凸的时（参见图 6.6.5）。因此，尽管在前面的命题中建立了下降特性，但是该算法的收敛性还是有问题的。实际上，即使 f 被假定为凸的并且具有非空的最小值集 X^* 也一样。这里需要一些额外的条件，但是我们将不再进一步探讨此问题；参见例如 [ChT93]，[Teb97]。

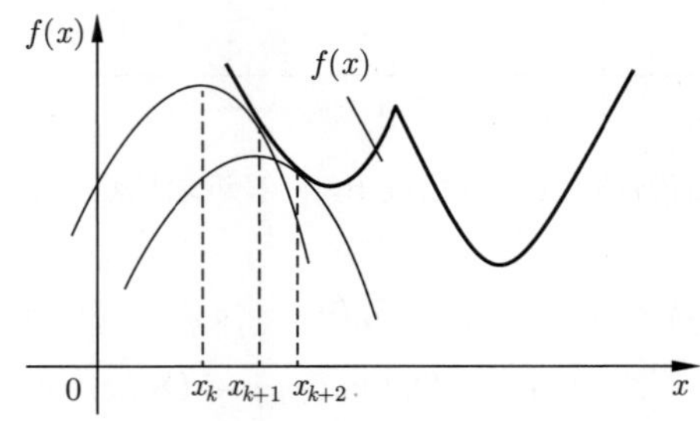

图 6.6.5　广义近端算法式 (6.156) 收敛到非全局的局部极小点的情况示意图。在此示例中，如果正则化项 $D_k(\cdot, x_k)$ 足够"平坦"，则将收敛到全局最小点

若 f 非凸，那么困难可能很大。首先，由于代价函数 $f(\cdot) + D_k(\cdot, x_k)$ 可能不是凸的，式 (6.156) 中的全局最小点可能难以计算。其次，该算法可以收敛到非全局最小点的 f 局部极小点，见图 6.6.5。如图所示，如果正则化项 $D_k(\cdot, x_k)$ 相对"平坦"，则有助于收敛到全局最小点。然而即使 f 具有局部极小点且该算法在 f 的局部极小点或附近开始（参见图 6.6.6），该算法也可能根本不会收敛。不过，该算法仍被用来解非凸问题，当然通常是基于启发式的。

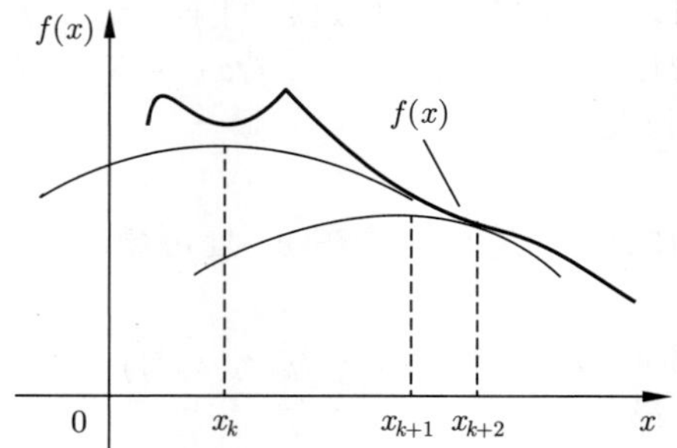

图 6.6.6　广义近端算法式 (6.156) 即使从局部最小值 f 开始，也会导致发散的情况示意图

一些例子

在本节后面的内容中，我们将给出一些广义近端算法式 (6.156) 的应用示例，这些示例适用于 f 闭且真凸的情况。我们将不提供收敛分析，而是给出参考文献。

例 6.6.2　Bregman 距离函数。

令 $\psi : \Re^n \mapsto (-\infty, \infty]$ 为在 $\mathrm{int}\big(\mathrm{dom}(\psi)\big)$ 上可微的凸函数，并对所有 $x, y \in \mathrm{int}\big(\mathrm{dom}(\psi)\big)$ 定义

$$D_k(x, y) = \frac{1}{c_k}\big(\psi(x) - \psi(y) - \nabla\psi(y)'(x - y)\big) \tag{6.157}$$

其中 c_k 为正罚参数。这称为 **Bregman 距离函数**，且在论文 [CeZ92] 和书籍 [CeZ97] 中结合类似近端的算法进行了分析。注意到在 $\psi(x)=\frac{1}{2}\|x\|^2$ 的情况下，我们有

$$D_k(x,y)=\frac{1}{c_k}\left(\frac{1}{2}\|x\|^2-\frac{1}{2}\|y\|^2-y'(x-y)\right)=\frac{1}{2c_k}\|x-y\|^2$$

因此，特殊情况包括了近端算法的二次正则项。

类似地，当 $\psi(x)=\sum_{i=1}^{n}\psi_i(x^i)$ 时，其中

$$\psi_i(x^i)=\begin{cases}x^i\ln(x^i) & 若x^i>0\\ 0 & 若x^i=0\\ \infty & 若x^i<0\end{cases}$$

且梯度 $\nabla\psi_i(x^i)=\ln(x^i)+1$，我们由式 (6.157) 得到函数

$$D_k(x,y)=\frac{1}{c_k}\sum_{i=1}^{n}\left(x^i\left(\ln\left(\frac{x^i}{y^i}\right)-1\right)+y^i\right)$$

除了因为不依赖于 x 而无关紧要的常数项 $\frac{1}{c_k}\sum_{i=1}^{n}y^i$ 外，这是例 6.6.1 的熵最小化算法中使用的正则化函数。

注意到，由于 ψ 的凸性，条件式 (6.151) 成立。此外，由于 $D_k(\bullet,x_k)$ 的可微性（来源于 ψ 的可微性），当 f 凸时，条件式 (6.153) 也成立。

例 6.6.3　指数增广拉格朗日方法。

考虑带约束的最小化问题

$$\begin{aligned}&\text{minimize} && f(x)\\ &\text{subject to} && x\in X,\quad g_1(x)\leqslant 0,\cdots,g_r(x)\leqslant 0\end{aligned}$$

其中 $f,g_1,\cdots,g_r:\Re^n\mapsto\Re$ 为凸函数，X 为闭凸集。考虑对应的原始和对偶函数

$$p(u)=\inf_{x\in X,\,g(x)\leqslant u}f(x),\qquad q(\mu)=\inf_{x\in X}\left\{f(x)+\mu'g(x)\right\}$$

我们假设 p 是闭的，因此无对偶间隙，且除了符号变化外，q 和 p 互为共轭 [即 $p(u)=(-q)^*(-u)$；参见附录 B 中的 4.2 节]。

让我们考虑例 6.6.1 的熵最小化算法，该算法应用于在 $\mu\geqslant 0$ 上最大化对偶函数。它由

$$\mu_{k+1}\in\arg\max_{\mu\geqslant 0}\left\{q(\mu)-\frac{1}{c_k}\sum_{j=1}^{r}\mu^j\left(\ln\left(\frac{\mu^j}{\mu_k^j}\right)-1\right)\right\}\tag{6.158}$$

给出，其中 μ^j 和 μ_k^j 分别表示 μ 和 μ_k 的第 j 个坐标，且其与

$$D_k(\mu,\mu_k)=\frac{1}{c_k}\sum_{j=1}^{r}\mu^j\left(\ln\left(\frac{\mu^j}{\mu_k^j}\right)-1\right)$$

对应。

现在，我们考虑近端迭代式 (6.158) 的对偶实现（参阅 5.2 节）。它基于 Fenchel 对偶问题，即在 $u\in\Re^r$ 上最小化

$$(-q)^*(-u)+D_k^*(u,\mu_k)$$

其中 $(-q)^*$ 与 $D_k^*(\bullet,\mu_k)$ 分别为 $(-q)$ 和 $D_k(\bullet,\mu_k)$ 的共轭。由于 $(-q)^*(-u)=p(u)$，可知对偶近端迭代为

$$u_{k+1}\in\arg\min_{u\in\Re^n}\left\{p(u)+D_k^*(u,\mu_k)\right\} \tag{6.159}$$

并根据 Fenchel 对偶定理（命题 1.2.1）的最优条件，式 (6.158) 的原始最优解由

$$\mu_{k+1}=\nabla D_k^*(u_{k+1},\mu_k) \tag{6.160}$$

给出。

为了计算 D_k^*，我们首先注意到熵函数

$$\phi(x)=\begin{cases} x\big(\ln(x)-1\big) & 若x>0\\ 0 & 若x=0\\ \infty & 若x<0\end{cases}$$

的共轭是指数函数 $\phi^*(u)=\mathrm{e}^u$[为了证明这一点，只需计算 $\sup_x\{x'u-\mathrm{e}^u\}$，即指数 e^u 的共轭，并证明它等于 $\phi(x)$]。因此，函数

$$D_k^j(\mu^j,\mu_k^j)=\frac{1}{c_k}\mu_k^j\phi\left(\frac{\mu^j}{\mu_k^j}\right)$$

的共轭可以写作

$$\sup_{\mu^j}\left\{\mu^j u^j-\frac{1}{c_k}\mu_k^j\phi\left(\frac{\mu^j}{\mu_k^j}\right)\right\}=\frac{1}{c_k}\mu_k^j\sup_{\nu^j}\left\{\nu^j(c_ku^j)-\phi(\nu^j)\right\}=\frac{1}{c_k}\mu_k^j\phi^*(c_ku^j)$$

它等于

$$\frac{1}{c_k}\mu_k^j\mathrm{e}^{c_ku^j}$$

由于我们有

$$D_k(\mu,\mu_k)=\sum_{j=1}^r\frac{1}{c_k}\mu_k^j\phi\left(\frac{\mu^j}{\mu_k^j}\right)=\sum_{j=1}^r D_k^j(\mu^j,\mu_k^j)$$

可知它的共轭是

$$D_k^*(u,\mu_k)=\frac{1}{c_k}\sum_{j=1}^r\mu_k^j\mathrm{e}^{c_ku^j} \tag{6.161}$$

因此近端最小化式 (6.159) 可写成

$$u_{k+1}\in\arg\min_{u\in\Re^n}\left\{p(u)+\frac{1}{c_k}\sum_{j=1}^r\mu_k^j\mathrm{e}^{c_ku^j}\right\}$$

与 5.2 节中具有二次罚函数的增广拉格朗日方法相似，前面的最小化可以写作

$$u_{k+1}\in\arg\min_{u\in\Re^n}\left\{\inf_{x\in X,\,g(x)\leqslant u}\left\{f(x)+\frac{1}{c_k}\sum_{j=1}^r\mu_k^j\mathrm{e}^{c_ku^j}\right\}\right\}$$

可以看出 $u_{k+1}=g(x_k)$，其中 x_k 由最小化

$$\min_{x\in X}\left\{f(x)+\frac{1}{c_k}\sum_{j=1}^r\mu_k^j\mathrm{e}^{c_kg_j(x)}\right\}$$

得到，或等价地，通过最小化对应的增广拉格朗日函数：

$$x_k\in\arg\min_{x\in X}L_{c_k}(x,\mu_k)=\arg\min_{x\in X}\left\{f(x)+\frac{1}{c_k}\sum_{j=1}^r\mu_k^j\mathrm{e}^{c_kg_j(x)}\right\} \tag{6.162}$$

得到。由式 (6.160) 和式 (6.161)，以及 $u_{k+1}=g(x_k)$，可以得到对应的乘子迭代为

$$\mu_{k+1}^j=\mu_k^j\mathrm{e}^{c_kg_j(x_k)},\qquad j=1,\cdots,r \tag{6.163}$$

图 6.6.7 中描述了式 (6.162) 中加在 f 上以形成增广拉格朗日函数的指数惩罚。与不等式约束对应的二次项相反，它是二次可微的，当使用类似牛顿法的方法来最小化增广拉格朗日函数时，这可能是一个重要的实际优势，具体情况取决于考虑的问题。

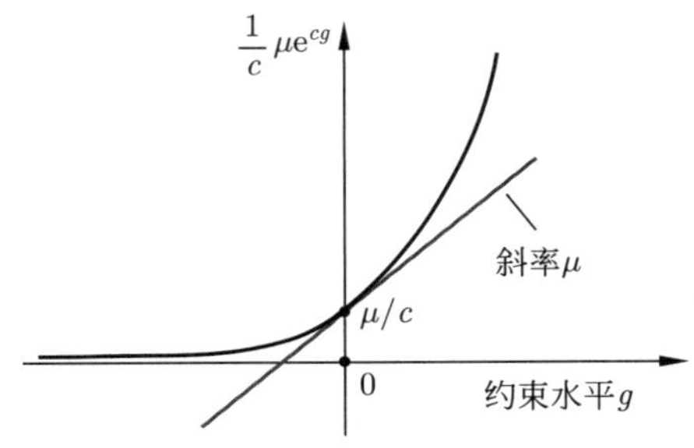

图 6.6.7　指数罚函数示意图

总体来说，指数增广拉格朗日方法包括形式为式 (6.162) 的顺序最小化，然后是形式为式 (6.163) 的乘子迭代。该方法为熵最小化算法的对偶（且与其等价），这与 5.2 节中具有二次罚函数的增广拉格朗日方法是具有二次正则化的近端算法的对偶（且与其等价）相同。

指数增广拉格朗日方法和等价的熵最小化算法的收敛性质均与对应的二次形式问题相似。然而，这里的分析更复杂一些，这是因为当坐标 μ_k^j 中的一个趋于零时，相应的指数惩罚项趋于 0，而对应熵的分数项 μ^j/μ_k^j 趋于 ∞。该分析还适用于不可微函数的指数平滑；参见 2.2.5 节的讨论。进一步讨论可参见本章末尾引用的文献。

例 6.6.4　受控最小化算法。

通过将代价函数吸收到正则项中，可以得到广义近端算法式 (6.156) 的等效形式（称为**受控最小化** (Majorization-Minimization) 算法）。这引出算法

$$x_{k+1} \in \arg\min_{x\in\Re^n} M_k(x, x_k) \tag{6.164}$$

其中 $M_k : \Re^{2n} \mapsto (-\infty, \infty]$ 满足如下条件

$$M_k(x, x) = f(x), \qquad \forall x \in \Re^n,\ k = 0, 1, \cdots \tag{6.165}$$

$$M_k(x, x_k) \geqslant f(x_k), \qquad \forall x \in \Re^n,\ k = 0, 1, \cdots \tag{6.166}$$

通过定义

$$D_k(x, y) = M_k(x, y) - M_k(x, x)$$

我们有

$$M_k(x, x_k) = f(x) + D_k(x, x_k)$$

因此算法式 (6.164) 可以写成广义近端形式式 (6.156)。此外，条件式 (6.166) 等价于保证代价改善的条件式 (6.151)，这也严格地假设了

$$x_k \in \arg\min_{x\in\Re^n} M_k(x, x_k) \implies x_k \in X^* \tag{6.167}$$

其中 X^* 是期望的收敛点集，参见式 (6.153) 和命题 6.6.1。

作为例子，考虑函数

$$f(x) = R(x) + \|Ax - b\|^2$$

的无约束最小化，其中 A 是 $m \times n$ 矩阵，b 是 $\Re^m$ 中的向量，$R : \Re^n \mapsto \Re$ 是非负值凸正则化函数。假设 D 是使 $D - A'A$ 为正定的任意对称矩阵（例如 D 可以是单位阵的充分大倍数）。我们定义

$$M(x, y) = R(x) + \|Ay - b\|^2 + 2(x - y)'A'(Ay - b) + (x - y)'D(x - y)$$

并注意 M 满足条件 $M(x,x)=f(x)$[参见式 (6.165)]，以及条件对所有 x 和 k，$M(x,x_k)\geqslant f(x_k)$ 成立 [参见式 (6.166)]。这是因为

$$\begin{aligned}M(x,y)-f(x)&=\|Ay-b\|^2-\|Ax-b\|^2+\\&\quad 2(x-y)'A'(Ay-b)+(x-y)'D(x-y)\\&=(x-y)'(D-A'A)(x-y)\end{aligned}\tag{6.168}$$

当 D 是单位矩阵 I 时，通过缩放 A，我们可以使矩阵 $I-A'A$ 为正定，且由式 (6.168)，我们有

$$M(x,y)=R(x)+\|Ax-b\|^2-\|Ax-Ay\|^2+\|x-y\|^2$$

这种 M 形式的受控最小化算法已在信号处理应用中广泛使用。

例 6.6.5 具有幂正则化的近端算法—超线性收敛。

考虑一般的近端算法

$$x_{k+1}\in\arg\min_{x\in\Re^n}\big\{f(x)+D_k(x,x_k)\big\}\tag{6.169}$$

其中 $D_k:\Re^{2n}\mapsto\Re$ 是正则化项，其随到近端中心的距离以 ρ 次幂增长，其中 ρ 为满足 $\rho>1$ 的任意标量（代替了二次正则化例子中的 $\rho=2$）：

$$D_k(x,x_k)=\frac{1}{c_k}\sum_{i=1}^{n}\phi(x^i-x_k^i)\tag{6.170}$$

其中 c_k 为正参数，且 ϕ 是在 0 附近以 $\rho>1$ 阶增长的标量凸函数，例如

$$\phi(x^i-x_k^i)=\frac{1}{\rho}|x^i-x_k^i|^{\rho}\tag{6.171}$$

我们将证明，虽然该算法对所有 $\rho>1$ 均具有令人满意的收敛特性，**只要在最优解附近 ρ 大于 f 的增长阶数，它就可以实现超线性收敛**。即使在 c_k 保持固定的情况下，这也会在自然条件下发生。这是在 [KoB76] 中首先获得的经典结果（另参见 [Ber82a] 的 5.4 节和 [BeT94a]，我们将在后续推导中进行介绍）。

我们假设 $f:\Re^n\mapsto(-\infty,\infty]$ 是具有非空最小点集 X^* 的闭凸函数。我们还假设对某些标量 $\beta>0$，$\delta>0$ 和 $\gamma>1$，我们有

$$f^*+\beta\big(d(x)\big)^{\gamma}\leqslant f(x),\qquad\forall x\in\Re^n\ \text{且满足}\ d(x)\leqslant\delta\tag{6.172}$$

其中

$$d(x)=\min_{x^*\in X^*}\|x-x^*\|$$

（参见命题 5.1.4 的假设）。此外，我们要求 $\phi:\Re\mapsto\Re$ 是严格凸的，连续可微的，并且满足以下条件：

$$\phi(0)=0,\quad\nabla\phi(0)=0,\quad\lim_{z\to-\infty}\nabla\phi(z)=-\infty,\quad\lim_{z\to\infty}\nabla\phi(z)=\infty$$

且对于某个标量 $M>0$，我们有

$$0\leqslant\phi(z)\leqslant M\,|z|^{\rho},\qquad\forall z\in[-\delta,\delta]\tag{6.173}$$

一个例子是式 (6.171) 中的 ρ 次幂函数 ϕ。由于我们要关注收敛速率，因此假设该方法在以下意义上收敛：

$$d(x_k)\to0,\qquad f(x_k)\to f^*,\qquad\|x_{k+1}-x_k\|\to0\tag{6.174}$$

其中 f^* 为最优值（f 在较为一般的条件下的收敛性证明在 [KoB76]，[Ber82a] 和 [BeT94a] 中给出）。

让我们记 X^* 中离 x_k 距离最短的向量为 $\bar{x}_k$。令 η 是一个用 ℓ_2 范数来给出 ℓ_ρ 范数上界的常数：

$$\left(\sum_{i=1}^n |x^i|^\rho\right)^{1/\rho} = \|x\|_\rho \leqslant \eta\,\|x\|_2, \qquad x \in \Re^n$$

根据近端最小化式 (6.169)、式 (6.170) 的形式，并利用式 (6.173)、式 (6.174)，对于所有充分大，并满足 $|x_{k+1}^i - x_k^i| \leqslant \delta$ 条件的 k，都有

$$\begin{aligned}
f(x_{k+1}) - f^* &\leqslant f(x_{k+1}) + \frac{1}{c_k}\sum_{i=1}^n \phi(x_{k+1}^i - x_k^i) - f^* \\
&\leqslant f(\bar{x}_k) + \frac{1}{c_k}\sum_{i=1}^n \phi(\bar{x}_k^i - x_k^i) - f^* \\
&= \frac{1}{c_k}\sum_{i=1}^n \phi(\bar{x}_k^i - x_k^i) \\
&\leqslant \frac{M}{c_k}\sum_{i=1}^n |\bar{x}_k^i - x_k^i|^\rho \\
&= \frac{M}{c_k}\|\bar{x}_k - x_k\|_\rho^\rho \\
&\leqslant \frac{\eta^\rho M}{c_k} d(x_k)^\rho
\end{aligned} \tag{6.175}$$

并且根据增长假设式 (6.172)，对于所有充分大，以及满足 $d(x_k) \leqslant \delta$ 条件的 k 都有

$$d(x_k) \leqslant \left(\frac{f(x_k) - f^*}{\beta}\right)^{1/\gamma} \tag{6.176}$$

通过组合式 (6.175) 和式 (6.176)，我们得到

$$f(x_{k+1}) - f^* \leqslant \frac{\eta^\rho M}{c_k}\left(\frac{f(x_k) - f^*}{\beta}\right)^{\rho/\gamma}$$

因此若 $\rho > \gamma$，收敛率是超线性的。特别是在 f 是强凸从而 $\gamma = 2$ 的特殊情况下，当 $\rho > 2$ 时，$\{f(x_k)\}$ 超线性收敛到 f^* [如果 $\rho = 2$ 且 $c_k \to \infty$，也可以达到超线性收敛，参见命题 5.1.4(c)]。

近端算法式 (6.169)、式 (6.170) 的对偶是通过 Fenchel 对偶性获得的增广拉格朗日方法。这种方法的计算经验 [KoB76] 表明，当 $\rho > \gamma$ 时，其渐近收敛速率确实非常快。同时使用阶次 $\rho > 2$ 正则化而不是 $\rho = 2$ 可能会更复杂，因为接近 0 处正则化程度效果减弱了。如果在近端最小化中使用一阶方法进行正则化，复杂程度可能会很高。另一方面，如果可以使用类似牛顿法的方法，使用 $\rho > 2$ 可能获得更好的结果。

例 6.6.6　镜像下降法。

考虑一般问题

$$\begin{aligned} &\text{minimize} && f(x) \\ &\text{subject to} && x \in X \end{aligned}$$

其中 $f : \Re^n \mapsto \Re$ 为凸函数，X 是闭凸集。前面我们提到次梯度投影法

$$x_{k+1} = P_X\big(x_k - \alpha_k \tilde{\nabla} f(x_k)\big)$$

其中 $\tilde{\nabla} f(x_k)$ 为 f 在 x_k 处的次梯度，可以等价地写作

$$x_{k+1} \in \arg\min_{x \in X} \left\{ \tilde{\nabla} f(x_k)'(x - x_k) + \frac{1}{2\alpha_k} \|x - x_k\|^2 \right\}$$

参见命题 6.1.4。这种形式的方法类似于近端算法，不同之处在于 $f(x)$ 被其线性化版本

$$f(x_k) + \tilde{\nabla} f(x_k)'(x - x_k)$$

代替，且步长 α_k 起到了罚因子的作用。

如果我们也将二次项

$$\frac{1}{2\alpha_k} \|x - x_k\|^2$$

用非二次近端项 $D_k(x, x_k)$ 代替，我们就得到次梯度投影法的一个版本，称为**镜像下降法**（Mirror Descent）。它具有

$$x_{k+1} \in \arg\min_{x \in X} \left\{ \tilde{\nabla} f(x_k)'(x - x_k) + D_k(x, x_k) \right\}$$

的形式。此方法的一个优点是，使用线性化代替 f 可以简化上面针对特殊结构问题的最小化。

例如，考虑在单位单纯形

$$X = \left\{ x \geqslant 0 \;\middle|\; \sum_{i=1}^{n} x^i = 1 \right\}$$

上最小化 $f(x)$。镜像下降法的一种特殊情况，称为**熵下降**（entropic descent），使用例 6.6.1 中的熵正则化函数，其形式为

$$x_{k+1} \in \arg\min_{x \in X} \sum_{i=1}^{n} \left(\tilde{\nabla}_i f(x_k) x^i + \frac{1}{\alpha_k} \left(x^i \ln \left(\frac{x^i}{x_k^i} \right) - 1 \right) \right)$$

其中 $\tilde{\nabla}_i f(x_k)$ 是 $\tilde{\nabla} f(x_k)$ 的分量。可证明可以按以下闭式完成此最小化：

$$x_{k+1}^i = \frac{x_k^i \mathrm{e}^{-\alpha_k \tilde{\nabla}_i f(x_k)}}{\sum_{j=1}^{n} x_k^j \mathrm{e}^{-\alpha_k \tilde{\nabla}_j f(x_k)}}, \qquad i = 1, \cdots, n$$

因此，与相应的梯度投影迭代相比，它每次迭代所涉及的开销更少，后者需要在单位单纯形上进行投影，相应的近端迭代也一样。

当 f 可微时，镜像下降法的收敛特性与梯度投影方法的相似，尽管取决于当前的问题和 $D_k(x, x_k)$ 的性质，分析可能会更加复杂。当 f 不可微时，可以进行与次梯度投影法类似的分析；参见 [BeT03]。有关该方法的扩展和进一步分析，请参见综述文章 [JuN11a]，[JuN11b] 以及其中引用的参考文献。

6.7 ϵ-下降和扩展单值规划

在本节中，我们将回到针对不可微代价函数的代价函数下降的概念，即我们在 2.1.3 节中讨论过的部分。我们注意到在使用最速下降方向时存在理论困难，这是因为需要将原点投影到次微分上。在本节中，我们着重于 ϵ-次微分，理论上来说这是更合理的下降算法。随后，我们以一种不寻常的方式使用了这些算法：结合广义多面体近似，对 4.4 节中讨论的扩展单值规划 (extended monotropic programming) 问题进行强对偶分析。

6.7.1　ϵ-次梯度

2.1.3 节的讨论指出了次梯度和方向导数的一些缺陷：异常可能发生在方向导数不连续的点附近，以及在定义域的相对边界的点处，那里次微分可能为空。这使我们尝试通过使用 ϵ-次微分来纠正这些缺陷，结果证明其具有更好的连续性。

我们回顾 3.3 节。给定真凸函数 $f : \Re^n \mapsto (-\infty, \infty]$ 和标量 $\epsilon > 0$，若

$$f(z) \geqslant f(x) + (z-x)'g - \epsilon, \qquad \forall z \in \Re^n \tag{6.177}$$

我们将向量 g 称为 f 在点 $x \in \mathrm{dom}(f)$ 处的 **ϵ-次梯度**。**ϵ-次微分** $\partial_\epsilon f(x)$ 是 f 在 x 处所有 ϵ-次梯度的集合，按照惯例，对于 $x \notin \mathrm{dom}(f)$，有 $\partial_\epsilon f(x) = \varnothing$。可以得到

$$\partial_{\epsilon_1} f(x) \subset \partial_{\epsilon_2} f(x) \qquad 若 0 < \epsilon_1 < \epsilon_2$$

且

$$\bigcap_{\epsilon \downarrow 0} \partial_\epsilon f(x) = \partial f(x)$$

现在，我们将更详细地讨论 ϵ-次梯度的性质，以期在代价函数下降算法中使用它们。

ϵ-次梯度和共轭函数

我们先给出 ϵ-次微分作为某个共轭函数的水平集的性质。考虑真凸函数 $f : \Re^n \mapsto (-\infty, \infty]$，对任意 $x \in \mathrm{dom}(f)$，考虑 f 的 x-平移，即函数 f_x

$$f_x(d) = f(x+d) - f(x), \qquad \forall d \in \Re^n$$

f_x 的共轭，由

$$f_x^*(g) = \sup_{d \in \Re^n} \big\{ d'g - f(x+d) + f(x) \big\} \tag{6.178}$$

给出。由于次梯度的定义可写作

$$g \in \partial f(x) \qquad 当且仅当 \qquad \sup_{d \in \Re^n} \big\{ g'd - f(x+d) + f(x) \big\} \leqslant 0$$

从式 (6.178) 中可以看到 $\partial f(x)$ 可以被描述为 f_x^* 的 0-水平集：

$$\partial f(x) = \big\{ g \mid f_x^*(g) \leqslant 0 \big\} \tag{6.179}$$

类似地，由式 (6.178)，可以看到

$$\partial_\epsilon f(x) = \big\{ g \mid f_x^*(g) \leqslant \epsilon \big\} \tag{6.180}$$

现在，我们将使用上述事实来讨论 $\partial_\epsilon f(x)$ 的非空性和紧性问题。

我们首先观察到，作为 d 的函数，f_x^* 的共轭是 $(\mathrm{cl}\, f)(x+d) - f(x)$（参见附录 B 的命题 1.6.1）。因此根据共轭的定义，对 $d = 0$，我们得到

$$(\mathrm{cl}\, f)(x) - f(x) = \sup_{g \in \Re^n} \big\{ -f_x^*(g) \big\}$$

因为 $(\mathrm{cl}\, f)(x) \leqslant f(x)$，我们有 $0 \leqslant \inf_{g \in \Re^n} f_x^*(g)$ 且

$$\inf_{g \in \Re^n} f_x^*(g) = 0 \qquad 当且仅当 \qquad (\mathrm{cl}\, f)(x) = f(x) \tag{6.181}$$

由式 (6.179) 和式 (6.180) 得出，对于每个 $x \in \mathrm{dom}(f)$，存在两种值得关注的情况：

(a) $(\mathrm{cl}\, f)(x) = f(x)$。则我们有

$$\partial f(x) = \arg\min_{g \in \Re^n} f_x^*(g) = \big\{ g \mid f_x^*(g) = 0 \big\}$$

$$\partial_\epsilon f(x) = \big\{ g \mid f_x^*(g) \leqslant \epsilon \big\}$$

在这种情况下，尽管 $\partial f(x)$ 可能为空，$\partial_\epsilon f(x)$ 总是非空的。

(b) $(\mathrm{cl}\, f)(x) < f(x)$。在这种情况下，$\partial f(x)$ 为空，且当

$$\epsilon < f(x) - (\mathrm{cl}\, f)(x)$$

时 $\partial_\epsilon f(x)$ 也为空。

现在，我们在下面的命题中将总结 ϵ-次微分的主要性质。(b) 部分在图 6.7.1 中进行了说明，并将作为之后引入 ϵ-下降方法的基础。请注意，这部分与第 3 章的命题 3.1.1(a) 和附录 B 的命题 5.4.8 中给出的次微分支撑函数公式之间的关系。

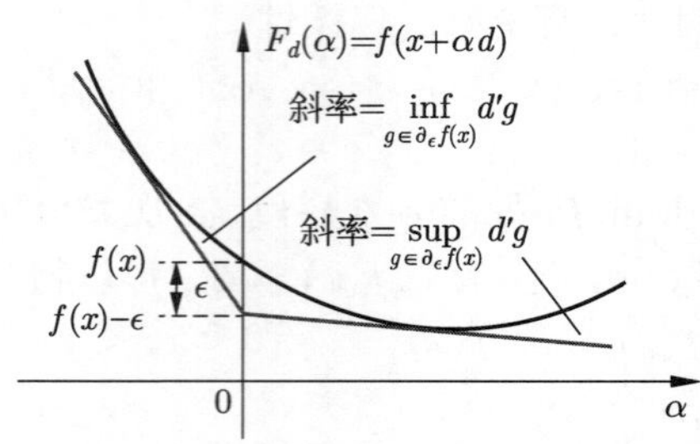

图 6.7.1　闭凸函数 $f:\Re\mapsto(-\infty,\infty]$ 的 ϵ-次微分沿方向的图示。该图显示了沿方向 d 的函数 f，从点 $x\in\mathrm{dom}(f)$ 开始，即一维函数

$$F_d(\alpha)=f(x+\alpha d)$$

如命题 6.7.1(b) 所示，支撑 F_d 的图且通过 $\big(0,f(x)-\epsilon\big)$ 的平面的最小和最大斜率为

$$\inf_{g\in\partial_\epsilon f(x)} d'g \quad 和 \quad \sup_{g\in\partial_\epsilon f(x)} d'g$$

它们也是 ϵ-次微分 $\partial_\epsilon F_d(0)$ 的两个端点

命题 6.7.1　令 $f:\Re^n\mapsto(-\infty,\infty]$ 为真凸函数，令 ϵ 为正标量。对每个 $x\in\mathrm{dom}(f)$，以下性质成立：

(a) ϵ-次微分 $\partial_\epsilon f(x)$ 是一个闭凸集。

(b) 若 $(\mathrm{cl}\,f)(x)=f(x)$，则 $\partial_\epsilon f(x)$ 非空，且其支撑函数由

$$\sigma_{\partial_\epsilon f(x)}(d)=\sup_{g\in\partial_\epsilon f(x)} d'g=\inf_{\alpha>0}\frac{f(x+\alpha d)-f(x)+\epsilon}{\alpha},\quad d\in\Re^n$$

给出。

(c) 若 f 为实值，$\partial_\epsilon f(x)$ 非空且紧。

证明：(a) 我们已经证明了 $\partial_\epsilon f(x)$ 为函数 f_x^* 的 ϵ-水平集 [参见式 (6.180)]。由于 f_x^* 作为共轭函数，是闭且凸的，因此 $\partial_\epsilon f(x)$ 是闭且凸的。

(b) 由式 (6.180) 和式 (6.181)，$\partial_\epsilon f(x)$ 是 f_x^* 的 ϵ-水平集，而

$$\inf_{g\in\Re^n} f_x^*(g)=0$$

由此可见 $\partial_\epsilon f(x)$ 非空。此外，通过附录 B 1.6 节中对支撑函数的讨论，$\partial_\epsilon f(x)$ 的支撑函数 $\sigma_{\partial_\epsilon f(x)}$ 是由 $f_x^*-\epsilon$ 的共轭生成的闭函数，即 $f_x+\epsilon$。因此，$\mathrm{epi}\big(\sigma_{\partial_\epsilon f(x)}\big)$ 由原点和集合

$$\bigcup_{\alpha>0}\alpha^{-1}\,\mathrm{epi}(f_x+\epsilon)=\bigcup_{\alpha>0}\big\{(\alpha^{-1}z,\alpha^{-1}w)\mid f_x(z)+\epsilon\leqslant w\big\}$$

组成。因此，

$$\sigma_{\partial_\epsilon f(x)}(d)=\inf_{\substack{\alpha^{-1}z=d,\ f_x(z)+\epsilon\leqslant w\\ \alpha>0}}\alpha^{-1}w=\inf_{\alpha>0}\alpha^{-1}\big(f_x(\alpha d)+\epsilon\big)$$

这是我们所期望的结果。

(c) 如果 f 是实值，那么根据命题 3.1.1(a)，对于所有 x，$\partial f(x)$ 是非空且紧的，因此 f_x^* 的 0-水平集是非空且紧的，这意味着所有水平集都是紧的。根据式 (6.180)，$\partial_\epsilon f(x)$ 是 f_x^* 的 ϵ-水平集，因此它是非空且紧的。 □

6.7.2　ϵ-下降方法

现在，我们将讨论使用 ϵ-次梯度的迭代代价函数下降算法。令 $f:\Re^n \mapsto (-\infty,\infty]$ 是要最小化的真凸函数。

若

$$\inf_{\alpha>0} f(x+\alpha d) < f(x) - \epsilon$$

或换句话说，保证 f 的值沿着方向 d 至少下降 ϵ，我们将方向 d 称为 $x \in \operatorname{dom}(f)$ **处的 ϵ-下降方向**，其中 ϵ 为正标量。注意到根据命题 6.7.1(b)，假设

$$(\operatorname{cl} f)(x) = f(x)$$

我们有

$$\sigma_{\partial_\epsilon f(x)}(d) = \sup_{g\in\partial_\epsilon f(x)} d'g = \inf_{\alpha>0} \frac{f(x+\alpha d) - f(x) + \epsilon}{\alpha}, \qquad d \in \Re^n$$

因此

$$\text{当且仅当} \quad \sup_{g\in\partial_\epsilon f(x)} d'g < 0 \quad \text{时 } d \text{ 是 } \epsilon\text{-下降方向} \tag{6.182}$$

如图 6.7.2 所示，以下命题的 (b) 部分说明了如何尽量地获得 ϵ 下降方向。

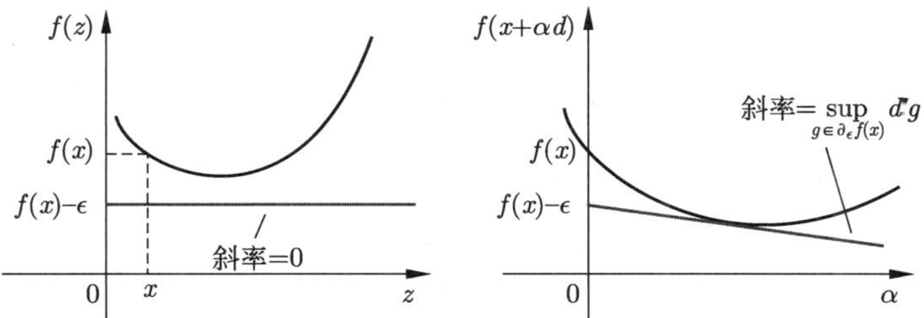

图 6.7.2　$\partial_\epsilon f(x)$ 与 ϵ-下降方向 [参见式 (6.182)] 之间关系的示意图。在左图中，我们有

$$f(x) \leqslant \inf_{z\in\Re^n} f(z) + \epsilon$$

或等价地，穿过 $(x, f(x)-\epsilon)$ 的水平超平面 [垂直于 $(0,1)$] 在其上半空间中包含 f 的上图，或等价地，$0 \in \partial_\epsilon f(x)$。在这种情况下，不存在 ϵ-下降方向。在右图中，d 为 ϵ-下降方向，这是因为图示斜率为负 [参见命题 6.7.1(b)]

命题 6.7.2　令 $f:\Re^n \mapsto (-\infty,\infty]$ 为真凸函数，ϵ 为正标量，$x \in \operatorname{dom}(f)$ 满足 $(\operatorname{cl} f)(x) = f(x)$。则

(a) 当且仅当

$$f(x) \leqslant \inf_{z\in\Re^n} f(z) + \epsilon$$

时，我们有 $0 \in \partial_\epsilon f(x)$。

(b) 当且仅当存在 ϵ-下降方向时，我们有 $0 \notin \partial_\epsilon f(x)$。特别地，若 $0 \notin \partial_\epsilon f(x)$，向量 $-\overline{g}$ 是 ϵ 下降方向，其中

$$\overline{g} \in \arg\min_{g\in\partial_\epsilon f(x)} \|g\|$$

证明：(a) 根据定义，当且仅当对所有 $z \in \Re^n$，有 $f(z) \geqslant f(x) - \epsilon$，也即等价于 $\inf_{z\in\Re^n} f(z) + \epsilon \geqslant f(x)$ 时，$0 \in \partial_\epsilon f(x)$ 成立。

(b) 若存在 ϵ-下降方向，则根据 (a) 部分，我们有 $0 \notin \partial_\epsilon f(x)$。向量 $\overline{g}$ 是原点在闭凸集 $\partial_\epsilon f(x)$ 上的投影，鉴于假设 $(\mathrm{cl}\, f)(x) = f(x)$[参见命题 6.7.1(b)]，该集合非空。根据投影定理（附录 B 中的命题 1.1.9），有

$$0 \leqslant (g - \overline{g})'\overline{g}, \qquad \forall g \in \partial_\epsilon f(x)$$

或

$$\sup_{g \in \partial_\epsilon f(x)} (-\overline{g})'g \leqslant -\|\overline{g}\|^2 < 0$$

其中最后一个不等式来自假设 $0 \notin \partial_\epsilon f(x)$。根据式 (6.182)，这意味着 $-\overline{g}$ 是一个 ϵ-下降方向。□

前面的命题包含将 f 最小化到 ϵ 偏差内的迭代算法的要素。此算法称为 **ϵ-下降方法**，与 2.1.3 节中简要讨论的最速下降方法相似，但由于它适用于扩充实值函数，因此更通用，且有更好的理论收敛性。在第 k 次迭代，若不存在 ϵ-下降方向，算法停止，此时 x_k 是一个 ϵ-最优解；否则令

$$x_{k+1} = x_k + \alpha_k d_k \tag{6.183}$$

其中 d_k 为一个 ϵ-下降方向，且 α_k 为使代价函数减少至少 ϵ 的正步长：

$$f(x_k + \alpha_k d_k) \leqslant f(x_k) - \epsilon$$

因此，假设 f 有下界，算法可以保证找到 ϵ-最优解；若 f 无下界，则产生序列 $\{x_k\}$，$f(x_k) \to -\infty$。

注意到根据命题 6.7.2(a)，当且仅当 $0 \in \partial_\epsilon f(x_k)$ 时算法停止。可以通过寻找原点在 $\partial_\epsilon f(x_k)$ 上的投影 g_k 来检查 $g_k = 0$ 是否成立。但是，如果 $g_k \neq 0$，则根据命题 6.7.2(b)，$-g_k$ 是 ϵ-下降方向，可以用作迭代式 (6.183) 中的方向 d_k。通常，任何 ϵ-下降方向 d_k 均可以使用，并且要验证 ϵ-下降性质，只需检查

$$\sup_{g \in \partial_\epsilon f(x_k)} d_k' g < 0$$

[参见式 (6.182)]。

ϵ-下降方法的缺点是，在典型的迭代中，可能需要 $\partial_\epsilon f(x_k)$ 的显式表示，这可能很难获得。这激发了一种变体，其中用比 $\partial_\epsilon f(x_k)$ 更容易计算的集合 $A(x_k)$ 来近似 $\partial_\epsilon f(x_k)$。在此变体中，给定 $A(x_k)$，迭代式 (6.183) 中使用的方向为 $d_k = -g_k$，其中 g_k 是原点在 $A(x_k)$ 上的投影。可以考虑两种类型的方法：

(a) **外部近似方法**。此处 $\partial_\epsilon f(x_k)$ 由使

$$\partial_\epsilon f(x_k) \subset A(x_k) \subset \partial_{\gamma\epsilon} f(x_k)$$

成立的集合 $A(x)$ 来近似，其中 γ 是满足 $\gamma > 1$ 的标量，若 $g_k = 0$[等价于 $0 \in A(x_k)$]，该方法停止，且由命题 6.7.2(a) 得出 x_k 在最优解的 $\gamma\epsilon$ 之内。若 $g_k \neq 0$，由命题 6.7.2(b) 得出通过选择合适的步长 α_k，我们可以沿方向 $d_k = -g_k$ 移动来降低代价函数，且至少降低 ϵ。因此，对于固定的 $\epsilon > 0$[1]并假定 f 有下界，可以保证该方法以有限的迭代次数终止到 $\gamma\epsilon$-最优解。除了计算值外，该方法还将用于分析目的，为下一部分中扩展单值规划问题提供强对偶结果。

(b) **内部近似方法**。这里 $A(x_k)$ 是在 x_k 处有限数量的 ϵ-次梯度的凸包，因此它是 $\partial_\epsilon f(x_k)$ 的子集。该类型的一种方法增量地生成 ϵ-次微分的近似 $A(x_k)$，每次一个元素，但不需要显式表示完整的 ϵ-次微分 $\partial_\epsilon f(x)$ 甚至是微分 $\partial f(x)$。相反，它要求我们能够在任何 x 处计算 $\partial f(x)$ 的单个（任意）元素。该方法在 [Lem74] 中提出，并在 [HiL93] 中进行了详细描述。在本书中我们将不作进一步考虑。

[1] 此处译者添加了大于 0 这个条件。

基于外部近似的 ϵ-下降

现在我们将讨论 ϵ-下降方法的外部近似实现。这个想法是用易于计算且/或易于投影的外部近似 $A(x)$ 代替 $\partial_\epsilon f(x)$。为了达到这个目的，通常有必要利用代价函数的某些特殊结构。在下面的内容中，我们对 f 由函数 $f = f_1 + \cdots + f_m$ 组成的重要例子考虑使用外部近似方法。下一个命题表明，我们可以使用 ϵ-次微分的向量和的闭包来作为近似：

$$A(x) = \text{cl}\big(\partial_\epsilon f_1(x) + \cdots + \partial_\epsilon f_m(x)\big)$$

[请注意，此处不要求集合族 $\partial_\epsilon f_i(x)$ 的向量和是闭的；参见附录 B 1.4 节的讨论。]

命题 6.7.3　令 f 为 m 个闭凸函数 $f_i : \Re^n \mapsto (-\infty, \infty]$，$i = 1, \cdots, m$ 的和：

$$f(x) = f_1(x) + \cdots + f_m(x)$$

并令 ϵ 为正标量，对任意向量 $x \in \text{dom}(f)$，我们有

$$\partial_\epsilon f(x) \subset \text{cl}\big(\partial_\epsilon f_1(x) + \cdots + \partial_\epsilon f_m(x)\big) \subset \partial_{m\epsilon} f(x) \tag{6.184}$$

证明：我们首先注意到，根据命题 6.7.1(b)，ϵ-次微分 $\partial_\epsilon f_i(x)$ 是非空的。令 $g_i \in \partial_\epsilon f_i(x)$ 对 $i = 1, \cdots, m$ 成立，则有

$$f_i(z) \geqslant f_i(x) + g_i'(z - x) - \epsilon, \qquad \forall z \in \Re^n,\ i = 1, \cdots, m$$

通过对所有的 i 求和，我们得到

$$f(z) \geqslant f(x) + (g_1 + \cdots + g_m)'(z - x) - m\epsilon, \qquad \forall z \in \Re^n$$

因此 $g_1 + \cdots + g_m \in \partial_{m\epsilon} f(x)$，由此可见

$$\partial_\epsilon f_1(x) + \cdots + \partial_\epsilon f_m(x) \subset \partial_{m\epsilon} f(x)$$

因为 $\partial_{m\epsilon} f(x)$ 是闭的，这证明了式 (6.184) 的右侧。

为了证明式 (6.184) 的左侧，使用反证法，即假设存在 $g \in \partial_\epsilon f(x)$ 使得

$$g \notin \text{cl}\big(\partial_\epsilon f_1(x) + \cdots + \partial_\epsilon f_m(x)\big)$$

根据严格分离定理（附录 B 中的命题 1.5.3），存在一个严格分离 g 与集合 $\text{cl}\big(\partial_\epsilon f_1(x) + \cdots + \partial_\epsilon f_m(x)\big)$ 的超平面。因此，存在向量 d 和标量 b 使得

$$d'(g_1 + \cdots + g_m) < b < d'g, \qquad \forall g_1 \in \partial_\epsilon f_1(x), \cdots, g_m \in \partial_\epsilon f_m(x)$$

由此我们得到

$$\sup_{g_1 \in \partial_\epsilon f_1(x)} d'g_1 + \cdots + \sup_{g_m \in \partial_\epsilon f_m(x)} d'g_m < d'g$$

且由命题 6.7.1(b)，

$$\inf_{\alpha > 0} \frac{f_1(x + \alpha d) - f_1(x) + \epsilon}{\alpha} + \cdots + \inf_{\alpha > 0} \frac{f_m(x + \alpha d) - f_m(x) + \epsilon}{\alpha} < d'g$$

令 $\alpha_1, \cdots, \alpha_m$ 为使

$$\frac{f_1(x + \alpha_1 d) - f_1(x) + \epsilon}{\alpha_1} + \cdots + \frac{f_m(x + \alpha_m d) - f_m(x) + \epsilon}{\alpha_m} < d'g \tag{6.185}$$

成立的正标量，且令

$$\overline{\alpha} = \frac{1}{1/\alpha_1 + \cdots + 1/\alpha_m}$$

由 f_i 的凸性，分式 $\big(f_i(x + \alpha d) - f_i(x)\big)/\alpha$ 在 α 上单调非增。因此，由于 $\alpha_i \geqslant \overline{\alpha}$，我们有

$$\frac{f_i(x + \alpha_i d) - f_i(x)}{\alpha_i} \geqslant \frac{f_i(x + \overline{\alpha} d) - f_i(x)}{\overline{\alpha}}, \qquad i = 1, \cdots, m$$

且由式 (6.185) 与 $\overline{\alpha}$ 的定义我们得到

$$\begin{aligned}d'g &> \frac{f_1(x+\alpha_1 d)-f_1(x)+\epsilon}{\alpha_1}+\cdots+\frac{f_m(x+\alpha_m d)-f_m(x)+\epsilon}{\alpha_m}\\ &\geqslant \frac{f_1(x+\overline{\alpha}d)-f_1(x)+\epsilon}{\overline{\alpha}}+\cdots+\frac{f_m(x+\overline{\alpha}d)-f_m(x)+\epsilon}{\overline{\alpha}}\\ &= \frac{f(x+\overline{\alpha}d)-f(x)+\epsilon}{\overline{\alpha}}\\ &\geqslant \inf_{\alpha>0}\frac{f(x+\alpha d)-f(x)+\epsilon}{\alpha}\end{aligned}$$

因为 $g\in\partial_\epsilon f(x)$，这与命题 6.7.1(b) 矛盾，这证明了式 (6.184) 的左侧。 □

集合 $\partial_\epsilon f_1(x)+\cdots+\partial_\epsilon f_m(x)$ 可能缺少闭性，这表明在实施该方法时存在实际困难。特别是，为了找到 ϵ-下降方向，通常会在 $g_i\in\partial_\epsilon f_i(x)$，$i=1,\cdots,m$ 上最小化 $\|g_1+\cdots+g_m\|$，但是该问题可能不存在最优解。因此，可能难以通过计算检查下式是否成立

$$0\in \mathrm{cl}\big(\partial_\epsilon f_1(x)+\cdots+\partial_\epsilon f_m(x)\big)$$

该式是对 x 的 $m\epsilon$-最优性测试。向量和 $\partial_\epsilon f_1(x)+\cdots+\partial_\epsilon f_m(x)$ 的闭性可能可以在各种假设（例如，附录 B 1.4 节中给出的假设；同样参见 6.7.4 节）下得到保证。

如果 f 是易于计算或近似 ϵ-次微分的凸函数之和，则可以用命题 6.7.3 来近似 $\partial_\epsilon f(x)$。以下是一个说明示例。

例 6.7.1 求解可分问题的 ϵ-下降法。

考虑优化问题

$$\begin{aligned}&\text{minimize} && \sum_{i=1}^n f_i(x_i)\\ &\text{subject to} && x\in P\end{aligned}$$

其中 $x=(x_1,\cdots,x_n)$，每个 $f_i:\Re\mapsto\Re$ 均为标量分量 x_i 的凸函数，P 为多面体集，形式为

$$P=P_1\cap\cdots\cap P_r$$

且

$$P_j=\{x\mid a_j'x\leqslant b_j\},\qquad j=1,\cdots,r$$

其中 a_j 为向量，b_j 为标量。该问题可以写作

$$\begin{aligned}&\text{minimize} && \sum_{i=1}^n f_i(x_i)+\sum_{j=1}^r \delta_{P_j}(x)\\ &\text{subject to} && x\in\Re^n\end{aligned}$$

其中 δ_{P_j} 为 P_j 的示性函数。

代价函数的 ϵ-次微分不容易计算，但可以通过区间的向量和来近似。特别是，可以使用定义来验证 δ_{P_j} 的 ϵ-次微分为

$$\partial_\epsilon\delta_{P_j}(x)=\big\{\gamma a_j\mid 0\leqslant\gamma,\ \gamma(b_j-a_j'x)\leqslant\epsilon\big\},\qquad \forall x\in P_j$$

这是 $\Re^n$ 的一个区间。类似地，可以看出 $\partial_\epsilon f_i(x_i)$ 是第 i 个轴上的紧区间。因此

$$\sum_{i=1}^n\partial_\epsilon f_i(x_i)+\sum_{i=1}^m\partial_\epsilon\delta_{P_i}(x)$$

是区间的向量和，它是一个多面体集，因此是闭的。因此根据命题 6.7.3，它可以被用作 $\partial_\epsilon f(x)$ 的外部近似。在相应的 ϵ-下降方法的每次迭代中，对该向量和进行投影以获得 ϵ-下降方向需要对二次规划进行求解，这取决于具体问题，可能是易于处理的。

6.7.3　扩展单值规划的对偶性

我们现在回到 4.4 节中的扩展单值规划（简称 EMP）：

$$\begin{aligned}&\text{minimize} \quad \sum_{i=1}^{m} f_i(x_i)\\&\text{subject to} \quad x \in S\end{aligned} \tag{6.186}$$

其中

$$x \stackrel{\text{def}}{=} (x_1, \cdots, x_m)$$

是 $\Re^{n_1+\cdots+n_m}$ 中的向量，具有分量 $x_i \in \Re^{n_i}$，$i = 1, \cdots, m$，且 $f_i : \Re^{n_i} \mapsto (-\infty, \infty]$ 对每个 i，均为闭的真凸函数，S 为 $\Re^{n_1+\cdots+n_m}$ 的一个子空间。

对偶问题在 4.4 节中曾给出。它的形式为

$$\begin{aligned}&\text{minimize} \quad \sum_{i=1}^{m} f_i^*(\lambda_i)\\&\text{subject to} \quad \lambda \in S^{\perp}\end{aligned} \tag{6.187}$$

在本节中，我们将使用 ϵ-下降方法作为分析工具来获得强对偶性的条件。

令 f^* 和 q^* 分别为原始问题和对偶问题式 (6.186) 和式 (6.187) 的最优值，且注意到由弱对偶性，我们有 $q^* \leqslant f^*$。引入向量 $x = (x_1, \cdots, x_m)$ 的函数 $\overline{f}_i : \Re^{n_1+\cdots+n_m} \mapsto (-\infty, \infty]$，由

$$\overline{f}_i(x) = f_i(x_i), \qquad i = 1, \cdots, m$$

定义。注意到 $\overline{f}_i$ 和 f_i 的 ϵ-次微分由

$$\partial_\epsilon \overline{f}_i(x) = \big\{(0, \cdots, 0, \lambda_i, 0, \cdots, 0) \mid \lambda_i \in \partial_\epsilon f_i(x_i)\big\}, \quad i = 1, \cdots, m \tag{6.188}$$

关联，其中 $(0, \cdots, 0, \lambda_i, 0, \cdots, 0)$ 的非零元素在第 i 个分量。下面的命题给出了强对偶性的条件。

命题 6.7.4（EMP 的强对偶性）　假设 EMP 式 (6.186) 可行，且对所有可行解 x 和所有的 $\epsilon > 0$，集合

$$T(x, \epsilon) = S^{\perp} + \partial_\epsilon \overline{f}_1(x) + \cdots + \partial_\epsilon \overline{f}_m(x)$$

是闭的，则 $q^* = f^*$。

证明：若 $f^* = -\infty$，则由弱对偶性 $q^* = f^*$，因此我们可以假设 $f^* > -\infty$。令 X 为原始问题的可行集：

$$X = S \cap \left(\bigcap_{i=1}^{m} \text{dom}(\overline{f}_i) \right)$$

我们基于次微分的外部近似将 ϵ-下降方法应用于最小化函数

$$f = \delta_S + \sum_{i=1}^{m} \overline{f}_i = \delta_S + \sum_{i=1}^{m} f_i$$

其中 δ_S 是 S 的示性函数，对所有 $x \in S$ 和 $\epsilon > 0$，有 $\partial_\epsilon \delta_S(x) = S^{\perp}$。在这个方法中，我们从向量 $x^0 \in X$ 开始，生成序列 $\{x^k\} \subset X$。在第 k 次迭代，给出当前迭代 x^k，我们在集合 $T(x^k, \epsilon)$（由假设该集合是闭的）上找到最小范数向量 w^k。若 $w^k = 0$，方法停止，则验证了 $0 \in \partial_{(m+1)\epsilon} f(x^k)$[参见式 (6.184) 的右侧]。若 $w^k \neq 0$，我们生成形式为 $x^{k+1} = x^k - \alpha_k w^k$ 的向量 $x^{k+1} \in X$，满足

$$f(x^{k+1}) < f(x^k) - \epsilon$$

因为 $0 \notin T(x^k, \epsilon)$，且由命题 6.7.3 有 $0 \notin \partial_\epsilon f(x^k)$，该向量一定存在。因为 $f(x^k) \geqslant f^*$ 且在证明的当前阶段我们已经假设了 $f^* > -\infty$，该方法一定会在某个具有使 $0 \in T(x, \epsilon)$ 的向量 $x = (x_1, \cdots, x_m)$ 处停止迭代。因此 $\partial_\epsilon \overline{f}_1(x) + \cdots + \partial_\epsilon \overline{f}_m(x)$ 中的向量必定属于 $S^\perp$。由式 (6.188)，必定存在向量

$$\lambda_i \in \partial_\epsilon f_i(x_i), \qquad i = 1, \cdots, m$$

使得

$$\lambda = (\lambda_1, \cdots, \lambda_m) \in S^\perp$$

由 ϵ-次梯度的定义我们有

$$f_i(x_i) \leqslant -f_i^*(\lambda_i) + \lambda_i' x_i + \epsilon, \qquad i = 1, \cdots, m$$

通过对 i 求和，并使用 $x \in S$ 和 $\lambda \in S^\perp$ 的事实，我们得到

$$\sum_{i=1}^m f_i(x_i) \leqslant -\sum_{i=1}^m f_i^*(\lambda_i) + m\epsilon$$

因为 x 是原始可行的，且 $-\sum_{i=1}^m f_i^*(\lambda_i)$ 是在 λ 处的对偶值，则有

$$f^* \leqslant q^* + m\epsilon$$

取 $\epsilon \to 0$ 的极限，我们得到 $f^* \leqslant q^*$，由弱对偶关系 $q^* \leqslant f^*$，我们得到 $f^* = q^*$。 □

6.7.4 强对偶性的特殊情况

现在我们描述一些满足命题 6.7.4 中强 EMP 对偶性的假设的特殊情况。我们首先注意到，由式 (6.188)，若 $\partial_\epsilon f_i(x_i)$ 是紧的，则集合 $\partial_\epsilon \overline{f}_i(x)$ 是紧的，而如果 $\partial_\epsilon f_i(x_i)$ 是多面体，则集合 $\partial_\epsilon \overline{f}_i(x)$ 也是多面体。由于紧集和多面体集的向量和是闭的（请参见附录 B 1.4 节末尾的讨论），如果**每个集合 $\partial_\epsilon f_i(x_i)$ 均为紧集或多面体集，则 $T(x, \epsilon)$ 是闭的，且由命题 6.7.4，我们有 $q^* = f^*$**。此外，根据附录 B 中命题 5.4.1，如果 $x_i \in \operatorname{int}\big(\operatorname{dom}(f_i)\big)$（如 f_i 是实值的情况），则 $\partial f_i(x_i)$ 是紧的，因此 $\partial_\epsilon f_i(x_i)$ 也是。此外，如果 f_i 是多面体的 [是多面体函数的水平集，参见式 (6.180)]，则 $\partial_\epsilon f_i(x_i)$ 是多面体的。正如我们现在所描述的，还有一些其他值得注意的特殊情况，其中 $\partial_\epsilon f_i(x_i)$ 是多面体的。

其中一种特殊情况是，当 f_i 依赖于 x 的单个标量分量时，例如在单值规划问题中。以下定义介绍了一个更一般的情况。

定义 6.7.1 我们称一个闭的真凸函数 $h : \Re^n \mapsto (-\infty, \infty]$**本质上是一维的**，若其形式为

$$h(x) = \overline{h}(a'x)$$

其中 a 为 $\Re^n$ 中的向量，且 $\overline{h} : \Re \mapsto (-\infty, \infty]$ 为标量闭真凸函数。

以下命题为我们的目的建立了主要的关联属性。

命题 6.7.5 令 $h : \Re^n \mapsto (-\infty, \infty]$ 为闭，真凸且本质上是一维的函数。则对所有的 $x \in \operatorname{dom}(h)$ 与 $\epsilon > 0$，ϵ-次微分 $\partial_\epsilon h(x)$ 非空且是多面体的。

证明： 令 $h(x) = \overline{h}(a'x)$，其中 a 为 $\Re^n$ 中的向量，$\overline{h}$ 为标量闭真凸函数。若 $a = 0$，则 h 为常数函数，且 $\partial_\epsilon h(x)$ 等于 $\{0\}$，是一个多面体集。因此，我们可以假设 $a \neq 0$。我们注意到 $\lambda \in \partial_\epsilon h(x)$ 当且仅当

$$\overline{h}(a'z) \geqslant \overline{h}(a'x) + (z - x)'\lambda - \epsilon, \qquad \forall z \in \Re^n$$

将 λ 写成 $\lambda=\xi a+v$ 的形式，其中 $\xi\in\Re$ 且 $v\perp a$，我们有

$$\overline{h}(a'z)\geqslant\overline{h}(a'x)+(z-x)'(\xi a+v)-\epsilon,\qquad\forall z\in\Re^n$$

通过取 $z=\gamma a+\delta v$，$\gamma,\delta\in\Re$ 与使 $\gamma\|a\|^2\in\mathrm{dom}(\overline{h})$ 的 γ，我们得到对所有 $\delta\in\Re$,

$$\overline{h}\big(\gamma\|a\|^2\big)\geqslant\overline{h}(a'x)+(\gamma a+\delta v-x)'\lambda-\epsilon=\overline{h}(a'x)+(\gamma a-x)'\lambda-\epsilon+\delta v'\lambda$$

因为 $v'\lambda=\|v\|^2$ 且 δ 可任意大，该关系意味着 $v=0$，因此有每个 $\lambda\in\partial_\epsilon h(x)$ 都必须为 a 的标量倍。因为 $\partial_\epsilon h(x)$ 也是闭凸集，其必为 $\Re^n$ 的非空闭区间，因此是一个多面体。□

以下定义描述了另一个值得关注的特殊情况。

定义 6.7.2　我们称闭的真凸函数 $h:\Re^n\mapsto(-\infty,\infty]$**定义域为一维的**，若 $\mathrm{dom}(h)$ 的仿射包是一个点或一条线，即

$$\mathrm{aff}\big(\mathrm{dom}(h)\big)=\{\gamma a+b\mid\gamma\in\Re\}$$

其中 a 和 b 是 $\Re^n$ 中的向量。

以下命题与命题 6.7.5 相似。

命题 6.7.6　令 $h:\Re^n\mapsto(-\infty,\infty]$ 是一个闭的真凸且定义域为一维的函数。则对于所有 $x\in\mathrm{dom}(h)$ 和 $\epsilon>0$，ϵ-次微分 $\partial_\epsilon h(x)$ 非空且为多面体。

证明：根据定义 6.7.2，用 a 和 b 表示与 h 定义域相关的向量，我们有 $\lambda\in\partial_\epsilon h(\overline{\gamma}a+b)$，当且仅当

$$h(\gamma a+b)\geqslant h(\overline{\gamma}a+b)+(\gamma-\overline{\gamma})a'\lambda-\epsilon,\qquad\forall\gamma\in\Re$$

或等价地，当且仅当 $a'\lambda\in\partial_\epsilon\overline{h}(\overline{\gamma})$，其中 $\overline{h}$ 是一维凸函数

$$\overline{h}(\gamma)=h(\gamma a+b),\qquad\gamma\in\Re$$

因此，

$$\partial_\epsilon h(\overline{\gamma}a+b)=\big\{\lambda\mid a'\lambda\in\partial_\epsilon\overline{h}(\overline{\gamma})\big\}$$

因为 $\partial_\epsilon\overline{h}(\overline{\gamma})$ 是非空闭区间（因为 h 是闭的，$\overline{h}$ 是闭的），可知 $\partial_\epsilon h(\overline{\gamma}a+b)$ 是非空多面体 [若 $a=0$，它等于 $\Re^n$，若 $a\neq 0$，它是两个多面体集（区间 $\big\{\gamma a\mid\gamma\|a\|^2\in\partial_\epsilon\overline{h}(\overline{\gamma})\big\}$ 和与 a 正交的子空间）的向量和]。□

通过结合前面的两个命题与命题 6.7.4，我们得到以下内容。

命题 6.7.7　假设 EMP 式 (6.186) 可行，且每个函数 f_i 均为实值，或是多面体，或本质上为一维，或定义域为一维，则 $q^*=f^*$。

事实证明，本质上为一维的函数和定义域为一维的函数之间存在共轭关系，因此它们的定义域的仿射包是一个子空间。在下面的命题中可以看出这一点，它建立了更一般的联系，这是达到我们的目的所需要的。

命题 6.7.8　(a) 本质上为一维的函数的共轭是定义域为一维的函数，因此其定义域的仿射包是子空间。

(b) 定义域为一维的函数的共轭是本质上为一维的函数和线性函数的和。

证明：(a) 令 $h:\Re^n\mapsto(-\infty,\infty]$ 为本质上为一维的函数，因此

$$h(x)=\overline{h}(a'x)$$

其中 a 是 $\Re^n$ 中的向量，且 $\overline{h}:\Re\mapsto(-\infty,\infty]$ 是一个标量闭真凸函数。如果 $a=0$，则 h 是常数函数，因为其域是 $\{0\}$，其共轭定义域是一维的。因此，我们可以假设 $a\neq 0$。我们有若 λ 在 a 张成的一维子空间之外，共轭函数

$$h^*(\lambda)=\sup_{x\in\Re^n}\left\{\lambda'x-\overline{h}(a'x)\right\} \tag{6.189}$$

取值为无穷大，这意味着 h^* 是具有所需性质且定义域是一维的函数。事实上，令 λ 的形式为 $\lambda=\xi a+v$，其中 ξ 是标量，v 是满足 $v\perp a$ 的非零向量。如果我们在式 (6.189) 中取 $x=\gamma a+\delta v$，其中 γ 使得 $\gamma\|a\|^2\in\mathrm{dom}(\overline{h})$，我们得到

$$\begin{aligned}h^*(\lambda)&=\sup_{x\in\Re^n}\left\{\lambda'x-\overline{h}(a'x)\right\}\\&\geqslant\sup_{\delta\in\Re}\left\{(\xi a+v)'(\gamma a+\delta v)-\overline{h}\big(\gamma\|a\|^2\big)\right\}\\&=\xi\gamma\|a\|^2-\overline{h}\big(\gamma\|a\|^2\big)+\sup_{\delta\in\Re}\left\{\delta\|v\|^2\right\}\end{aligned}$$

因此有 $h^*(\lambda)=\infty$。

(b) 令 $h:\Re^n\mapsto(-\infty,\infty]$ 定义域为一维的，因此存在向量 a 和 b 有

$$\mathrm{aff}\big(\mathrm{dom}(h)\big)=\{\gamma a+b\mid\gamma\in\Re\}$$

若 $a=b=0$，h 的定义域为 $\{0\}$，因此其共轭函数是取值为 $-h(0)$ 的常数函数且本质上为一维的。若 $b=0$ 且 $a\neq 0$，则共轭函数是

$$h^*(\lambda)=\sup_{x\in\Re^n}\left\{\lambda'x-h(x)\right\}=\sup_{\gamma\in\Re}\left\{\gamma a'\lambda-h(\gamma a)\right\}$$

因此 $h^*(\lambda)=\overline{h}^*(a'\lambda)$，其中 $\overline{h}^*$ 是标量函数 $\overline{h}(\gamma)=h(\gamma a)$ 的共轭。因为 $\overline{h}$ 是闭的真凸函数，对 $\overline{h}^*$ 也一样成立，且有 h^* 本质上为一维。最后，考虑 $b\neq 0$ 的情况。我们转变思路，记 $h(x)=\hat{h}(x-b)$，其中 $\hat{h}$ 函数满足其定义域的仿射包是 a 张成的子空间。$\hat{h}$ 的共轭本质上为一维（根据前面的论证），h 的共轭是通过向其中加上 $b'\lambda$ 来获得的。 □

现在，我们考虑对偶问题，并得出类似于命题 6.7.7 的对偶结果。如果函数的共轭是实值，则称该函数为**协有限**(co-finite)。如果将命题 6.7.7 应用于对偶问题式 (6.187)，我们将获得以下结果。

命题 6.7.9 假设对偶 EMP 式 (6.187) 可行。进一步假设每个 f_i 为协有限，或是多面体的，或本质上为一维，或定义域为一维。则 $q^*=f^*$。

在单值规划问题的特殊情况下，函数 f_i 本质上为一维（它们取决于单个标量分量 x_i），命题 6.7.7 和命题 6.7.9 会产生以下命题。这是单值规划的主要结果。

命题 6.7.10（单值规划强对偶性） 考虑单值规划问题，即 EMP 在对所有 i 有 $n_i=1$ 的特殊情况。假设该问题是可行的，或它的对偶问题是可行的。则 $q^*=f^*$。

证明： 这是命题 6.7.7 和命题 6.7.9 的结果，且当 $n_i=1$ 时，函数 f_i 与 q_i 本质上为一维。将命题 6.7.7 应用到原始问题，表明在原始问题可行的假设下有 $q^*=f^*$。将命题 6.7.9 应用到对偶问题，表明在对偶问题可行的假设下有 $q^*=f^*$。 □

前面的结果可用于在各种特殊情况下建立 $q^*=f^*$ 的条件，包括多商品流问题（参见例 1.4.5)；参见 [Ber10a]。

6.8　内　点　法

让我们考虑不等式约束问题，形式为

$$\begin{array}{ll} \text{minimize} & f(x) \\ \text{subject to} & x \in X, \quad g_j(x) \leqslant 0, \quad j = 1, \cdots, r \end{array} \tag{6.190}$$

其中 f 和 g_j 为实值凸函数，X 为闭凸集。集合内部（相对于 X）由不等式约束

$$S = \big\{x \in X \mid g_j(x) < 0,\, j = 1, \cdots, r\big\}$$

定义，且假设其非空。

在内点法中，我们将在内部集 S 中定义的函数 $B(x)$ 添加到代价中。此函数称为**障碍函数**(barrier function)，它是连续的，且随着约束 $g_j(x)$ 中的任何一个从负值接近 0，都趋于 ∞。障碍函数的一个常见例子是**对数**，

$$B(x) = -\sum_{j=1}^{r} \ln\big\{-g_j(x)\big\}$$

另一个例子是**倒数**，

$$B(x) = -\sum_{j=1}^{r} \frac{1}{g_j(x)}$$

注意，这两个函数都是凸的，因为约束函数 g_j 是凸的。图 6.8.1 说明了 $B(x)$ 的形式。

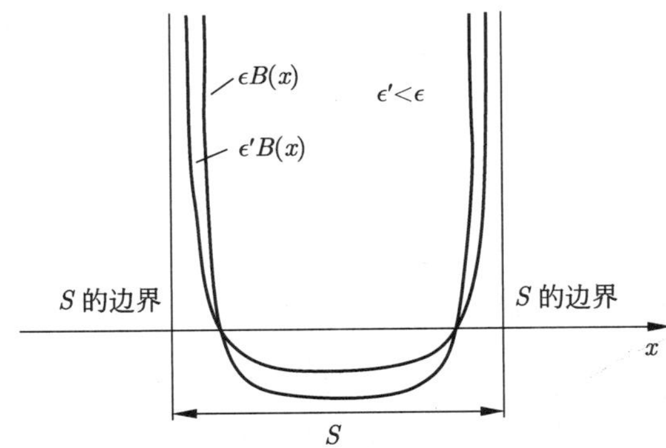

图 6.8.1　障碍函数的形式。对所有内点 $x \in S$，随着 $\epsilon \to 0$，障碍项 $\epsilon B(x)$ 趋于零

障碍函数法(barrier method) 通过引入参数序列 $\{\epsilon_k\}$

$$0 < \epsilon_{k+1} < \epsilon_k, \quad k = 0, 1, \cdots, \qquad \epsilon_k \to 0$$

来定义。它包括求得

$$x_k \in \arg\min_{x \in S} \big\{f(x) + \epsilon_k B(x)\big\}, \qquad k = 0, 1, \cdots \tag{6.191}$$

由于障碍函数仅在内部集合 S 上定义，因此用于此最小化的任何方法的连续迭代都必须是内部点。

若 $X = \Re^n$，可以使用无约束的方法，如适当步长的牛顿法，以确保所有迭代在 S 内。事实上，由于牛顿法与**病态性**(ill-conditioning) 有关，即一种与最小化式 (6.191) 的困难有关的现象（参见图 6.8.2 和例如 [Ber99] 中的非线性规划进行讨论），牛顿方法经常被建议使用。注意对于所有内部点 $x \in S$，障碍项 $\epsilon_k B(x)$ 都随 $\epsilon_k \to 0$ 趋于零。因此，就内部点而言，障碍项变得越来越无关紧要，则逐步允许 x_k 越来越接近 S 的边界（如果原始约束问题的解位于 S 的边界上，则应该如此）。图 6.8.2 说明了收敛过程，以下命题给出了主要的收敛结果。

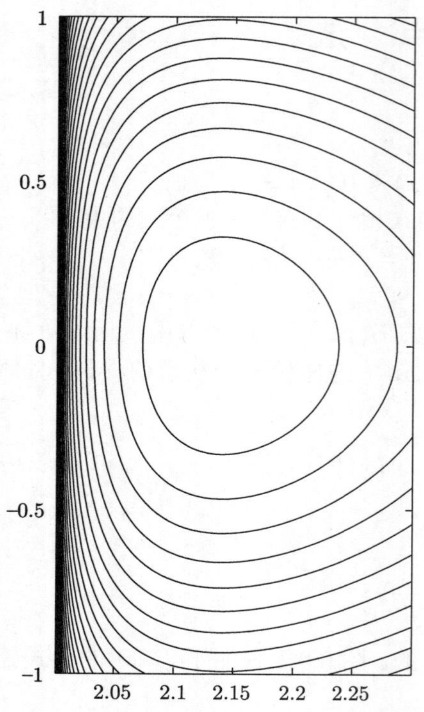

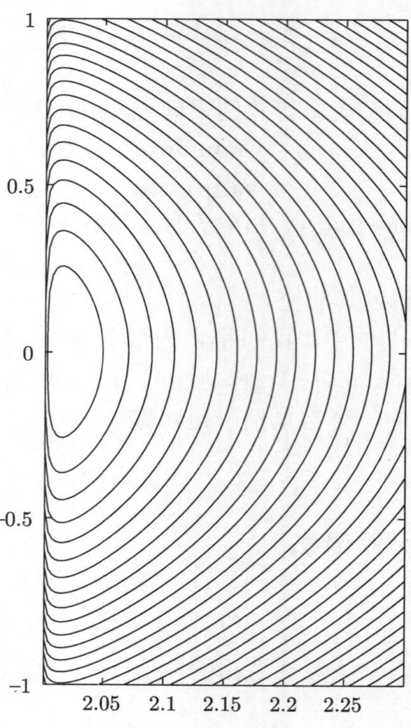

图 6.8.2 针对具有最优解 $x^* = (2,0)$ 的问题

$$\begin{aligned}&\text{minimize} \quad f(x) = \frac{1}{2}\big((x^1)^2 + (x^2)^2\big)\\&\text{subject to} \quad 2 \leqslant x^1\end{aligned}$$

的障碍函数法的收敛过程图示以及扩充了障碍函数的代价函数水平集的图示。对使用对数障碍函数 $B(x) = -\ln(x^1 - 2)$ 的情况，我们有

$$x_k \in \arg\min_{x^1>2}\left\{\frac{1}{2}\big((x^1)^2 + (x^2)^2\big) - \epsilon_k \ln(x^1 - 2)\right\} = \big(1 + \sqrt{1+\epsilon_k}\,, 0\big)$$

因此随着 ϵ_k 减小，无约束最小点 x_k 接近带约束的最小点 $x^* = (2,0)$。该图显示了 $\epsilon = 0.3$（左侧）和 $\epsilon = 0.03$（右侧）的 $f(x) + \epsilon B(x)$ 的水平集。随着 $\epsilon_k \to 0$，由于病态问题（水平集在 x_k 附近变得非常细长），x_k 的计算变得更加困难

命题 6.8.1 障碍函数法生成的序列 $\{x_k\}$ 的每个极限点都是原始约束问题式 (6.190) 的全局最小点。

证明： 令 $\{\overline{x}\}$ 为序列 $\{x_k\}_{k\in\mathcal{K}}$ 的极限点。若 $\overline{x} \in S$，由 B 在 S 中的连续性我们有

$$\lim_{k\to\infty,\, k\in\mathcal{K}} \epsilon_k B(x_k) = \lim_{k\to\infty} \epsilon_k B(\overline{x}) = 0$$

而若 $\overline{x}$ 在 S 的边界上，我们有 $\lim\limits_{k\to\infty,\, k\in\mathcal{K}} B(x_k) = \infty$。无论是哪种情况，我们可得到

$$\liminf_{k\to\infty} \epsilon_k B(x_k) \geqslant 0$$

这意味着

$$\liminf_{k\to\infty,\, k\in\mathcal{K}} \big\{f(x_k) + \epsilon_k B(x_k)\big\} = f(\overline{x}) + \liminf_{k\to\infty,\, k\in\mathcal{K}} \big\{\epsilon_k B(x_k)\big\} \geqslant f(\overline{x}) \tag{6.192}$$

因为 $x_k \in S$ 且 X 是闭集，向量 $\overline{x}$ 是原始问题式 (6.190) 的可行点。若 $\overline{x}$ 非全局最小，存在可行向量 x^* 使 $f(x^*) < f(\overline{x})$，因此 [因为根据线段原理（附录 B 中的命题 1.3.1）可以通过内部集

合 S 任意接近 x^*] 也存在内点 $\tilde{x} \in S$ 使 $f(\tilde{x}) < f(\overline{x})$。现在我们根据 x_k 的定义有

$$f(x_k) + \epsilon_k B(x_k) \leqslant f(\tilde{x}) + \epsilon_k B(\tilde{x}), \qquad k = 0, 1, \cdots$$

通过取 $k \to \infty$ 且 $k \in \mathcal{K}$ 的极限，结合式 (6.192) 也意味着 $f(\overline{x}) \leqslant f(\tilde{x})$。这是一个矛盾，因此证明了 $\overline{x}$ 是原始问题的全局最优解。 □

使用障碍函数作为约束的近似值的想法已经以几种不同的方式被使用于生成位于约束集内部的连续迭代的方法。这些方法通常称为**内点法**，并已广泛应用于线性、二次和锥规划问题。对数障碍函数在许多方法中一直很重要。在接下来的两节中，我们将讨论一些针对特殊结构问题的方法。特别是，在 6.8.1 节中，我们将详细讨论线性规划的原始 - 对偶方法，这是解决线性规划最常用的方法之一。在 6.8.2 节中，我们将简要介绍锥规划问题的内点法。在 6.8.3 节中，我们将结合割平面法和内点法。

6.8.1　线性规划的原始-对偶法

让我们考虑线性规划

$$\begin{aligned} &\text{minimize} \quad c'x \\ &\text{subject to} \quad Ax = b, \qquad x \geqslant 0 \end{aligned} \tag{LP}$$

其中 $c \in \Re^n$，$b \in \Re^m$ 为给定向量，A 为秩为 m 的 $m \times n$ 矩阵。附录 B 中 5.2 节给出的对偶问题为

$$\begin{aligned} &\text{minimize} \quad b'\lambda \\ &\text{subject to} \quad A'\lambda \leqslant c \end{aligned} \tag{DP}$$

如附录 B 5.2 节所述，当且仅当 (DP) 具有最优解时，(LP) 具有最优解。此外，当存在针对 (LP) 和 (DP) 的最优解时，相应的最优值相等。

回想一下，对数障碍法涉及对不同的 $\epsilon > 0$ 值求解

$$x(\epsilon) \in \arg\min_{x \in S} F_\epsilon(x) \tag{6.193}$$

其中

$$F_\epsilon(x) = c'x - \epsilon \sum_{i=1}^{n} \ln x^i$$

x^i 是 x 的第 i 个分量，S 为内部集

$$S = \big\{x \mid Ax = b,\ x > 0\big\}$$

我们假设 S 是非空有界的。

对于较小的 ϵ 值 [参见式 (6.193)]，我们不直接最小化 $F_\epsilon(x)$，而是应用牛顿法求解在 S 上最小化 $F_\epsilon(\bullet)$ 的问题联立的最优性条件。这种方法的主要特点是：

(a) 每个 ϵ_k 值仅执行一次牛顿迭代。

(b) 对每个 k，向量对 (x_k, λ_k) 使 x_k 是正象限的内点，即 $x_k > 0$，而 λ_k 是对偶可行域的内点，即

$$c - A'\lambda_k > 0$$

（然而，x_k 不需要是原始可行的，即它不需要满足式 $Ax = b$。）

(c) 全局收敛性通过确保表达式

$$M_k = {x_k}'z_k + \|Ax_k - b\| \tag{6.194}$$

减小为 0 来保证，其中 z_k 为向量

$$z_k = c - A'\lambda_k$$

表达式 (6.194) 可以看成**度量函数**(merit function)，它由两个非负项组成：第一项是 ${x_k}'z_k$，为正数（因为 $x_k > 0$ 和 $z_k > 0$），可以写成

$$ {x_k}'z_k = {x_k}'(c - A'\lambda_k) = c'x_k - b'\lambda_k + (b - Ax_k)'\lambda_k $$

因此，当 x_k 原始可行（$Ax_k = b$）时，${x_k}'z_k$ 等于对偶间隙，即原始成本和对偶成本之间的差 $c'x_k - b'\lambda_k$。第二项是违反原始约束的范数 $\|Ax_k - b\|$。在将要描述的方法中，项 ${x_k}'z_k$ 和 $\|Ax_k - b\|$ 都不会在每次迭代时增加，因此对所有的 k 有 $M_{k+1} \leqslant M_k$（通常 $M_{k+1} < M_k$）。如果我们可以证明 $M_k \to 0$，那么对偶间隙和原始约束违反都将被渐近地驱动到零。因此，鉴于在附录 B 的 5.2 节中给出的对偶关系

$$ \min_{Ax=b,\, x\geqslant 0} c'x = \max_{A'\lambda\leqslant c} b'\lambda $$

$\big\{(x_k, \lambda_k)\big\}$ 的每个极限点将是一对原始和对偶最优解。

让我们给出 (x, λ) 是满足 $Ax = b$ 的情况下使障碍函数 $F_\epsilon(x)$ 最小化的原始和对偶最优解对的充要条件。条件为

$$ c - \epsilon x^{-1} - A'\lambda = 0, \qquad Ax = b \tag{6.195} $$

其中 x^{-1} 表示分量为 $(x^i)^{-1}$ 的向量。令 z 为松弛变量

$$ z = c - A'\lambda $$

的向量。注意到 λ 当且仅当 $z \geqslant 0$ 时是对偶可行的。

使用向量 z，我们可以将式 (6.195) 的第一个条件写作 $z - \epsilon x^{-1} = 0$，或等价地，$XZe = \epsilon e$，其中 X 和 Z 为分别以 x 和 z 为沿对角线分量的对角矩阵，e 为具有单位分量的向量，

$$ X = \begin{pmatrix} x^1 & 0 & \cdots & 0 \\ 0 & x^2 & \cdots & 0 \\ \vdots & \vdots & \ddots & \vdots \\ 0 & 0 & \cdots & x^n \end{pmatrix}, \quad Z = \begin{pmatrix} z^1 & 0 & \cdots & 0 \\ 0 & z^2 & \cdots & 0 \\ \vdots & \vdots & \ddots & \vdots \\ 0 & 0 & \cdots & z^n \end{pmatrix}, \quad e = \begin{pmatrix} 1 \\ 1 \\ \vdots \\ 1 \end{pmatrix} $$

因此最优性条件式 (6.195) 可以写作等价形式

$$ XZe = \epsilon e \tag{6.196} $$

$$ Ax = b \tag{6.197} $$

$$ z + A'\lambda = c \tag{6.198} $$

给定满足 $z + A'\lambda = c$ 且使 $x > 0$，$z > 0$ 的 (x, λ, z)，求解条件方程组的牛顿迭代为

$$ x(\alpha, \epsilon) = x + \alpha\Delta x \tag{6.199} $$

$$ \lambda(\alpha, \epsilon) = \lambda + \alpha\Delta\lambda $$

$$ z(\alpha, \epsilon) = z + \alpha\Delta z $$

其中 α 为使 $0 < \alpha \leqslant 1$ 的步长，且

$$ x(\alpha, \epsilon) > 0, \qquad z(\alpha, \epsilon) > 0 $$

且牛顿增量 $(\Delta x, \Delta\lambda, \Delta z)$ 为将方程组式 (6.196)~式 (6.198) 线性化后得到的如下方程组

$$ X\Delta z + Z\Delta x = -v \tag{6.200} $$

$$ A\Delta x = b - Ax \tag{6.201} $$

$$ Dz + A'\Delta\lambda = 0 \tag{6.202} $$

的解，且 v 由

$$ v = XZe - \epsilon e \tag{6.203} $$

定义。

经过简单的计算，线性化方程组式 (6.200)~式 (6.202) 的解可以写为

$$\Delta\lambda = \left(AZ^{-1}XA'\right)^{-1}\left(AZ^{-1}v + b - Ax\right) \tag{6.204}$$

$$\Delta z = -A'\Delta\lambda \tag{6.205}$$

$$\Delta x = -Z^{-1}v - Z^{-1}X\Delta z$$

因为由式 (6.202) 与条件 $z + A'\lambda = c$，我们有

$$z(\alpha,\epsilon) + A'\lambda(\alpha,\epsilon) = c$$

注意到 $\lambda(\alpha,\epsilon)$ 是对偶可行的。同样注意到若 $\alpha = 1$，即使用纯牛顿步长，因为根据式 (6.201) 我们有 $A(x + \Delta x) = b$，此时 $x(\alpha,\epsilon)$ 是原始可行的。

度量函数的改善

现在，我们将评估由牛顿迭代引起的约束违反和度量函数式 (6.194) 的变化。

通过使用式 (6.199) 和式 (6.201)，新的约束违反量为

$$\begin{aligned} Ax(\alpha,\epsilon) - b &= Ax + \alpha A\Delta x - b \\ &= Ax + \alpha(b - Ax) - b = (1-\alpha)(Ax - b) \end{aligned} \tag{6.206}$$

因此，由于 $0 < \alpha \leqslant 1$，新的约束违反量的范数 $\|Ax(\alpha,\epsilon) - b\|$ 始终不大于旧的。此外，如果 x 是原始可行的（$Ax = b$），则新的迭代 $x(\alpha,\epsilon)$ 也是原始可行的。

迭代后的内积

$$p = x'z \tag{6.207}$$

为

$$\begin{aligned} p(\alpha,\epsilon) &= x(\alpha,\epsilon)'z(\alpha,\epsilon) \\ &= (x + \alpha\Delta x)'(z + \alpha\Delta z) \\ &= x'z + \alpha(x'\Delta z + z'\Delta x) + \alpha^2\Delta x'\Delta z \end{aligned} \tag{6.208}$$

由式 (6.201) 和式 (6.205) 我们有

$$\Delta x'\Delta z = (Ax - b)'\Delta\lambda$$

而通过将式 (6.200) 乘以 e' 并使用 v 的定义式 (6.203)，我们得到

$$x'\Delta z + z'\Delta x = -e'v = n\epsilon - x'z$$

通过在式 (6.208) 中替换最后两个项，并使用 p 的表达式 (6.207)，我们得到

$$p(\alpha,\epsilon) = p - \alpha(p - n\epsilon) + \alpha^2(Ax - b)'\Delta\lambda \tag{6.209}$$

现在，我们定义 M 和 $M(\alpha,\epsilon)$ 分别为迭代前后度量函数式 (6.194) 的值。通过使用表达式 (6.206) 与式 (6.209)，我们有

$$\begin{aligned} M(\alpha,\epsilon) &= p(\alpha,\epsilon) + \|Ax(\alpha,\epsilon) - b\| \\ &= p - \alpha(p - n\epsilon) + \alpha^2(Ax - b)'\Delta\lambda + (1-\alpha)\|Ax - b\| \end{aligned}$$

或

$$M(\alpha,\epsilon) = M - \alpha\big(p - n\epsilon + \|Ax - b\|\big) + \alpha^2(Ax - b)'\Delta\lambda$$

因此若选择满足

$$\epsilon < \frac{p}{n}$$

的 ϵ 且选择足够小的 α 以至于二阶项 $\alpha^2(Ax - b)'\Delta\lambda$ 被一阶项 $\alpha(p - n\epsilon)$ 控制，作为迭代的结果，度量函数将被改善。

一类一般的原始-对偶算法

现在，让我们考虑一类一般的算法，形式为

$$x_{k+1} = x(\alpha_k, \epsilon_k), \qquad \lambda_{k+1} = \lambda(\alpha_k, \epsilon_k), \qquad z_{k+1} = z(\alpha_k, \epsilon_k)$$

其中 α_k 和 ϵ_k 是满足

$$x_{k+1} > 0, \qquad z_{k+1} > 0, \qquad \epsilon_k < \frac{g_k}{n}$$

的正标量，其中

$$g_k = {x_k}' z_k + (Ax_k - b)'\lambda_k$$

且 α_k 使度量函数 M_k 减少。最初，我们必须要有 $x_0 > 0$ 和 $z_0 = c - A'\lambda_0 > 0$（这样的点通常很容易找到；否则必须对问题进行适当的重新表述，我们参考专门文献）。考虑到这些方法同时对原始变量和对偶变量进行运算，这些方法通常称为**原始-对偶**(primal-dual) 方法。

可以证明，可以选择 α_k 和 ϵ_k，使得度量函数不仅在每次迭代时减小，而且收敛到零。此外，选择合适的 α_k 和 ϵ_k，可以得到具有良好的理论性质的算法，如多项式复杂性和超线性收敛的算法。

计算经验表明，在选择合适的序列 α_k 和 ϵ_k 并适当实现时，原始-对偶方法的实际性能非常出色。选择

$$\epsilon_k = \frac{g_k}{n^2}$$

这导出对可行的 x_k 有如下关系

$$g_{k+1} = (1 - \alpha_k + \alpha_k/n)g_k$$

该选择是一个良好的实用规则。通常，当 x_k 已可行时，选择 α_k 为 $\theta\tilde{\alpha}_k$，其中 θ 是非常接近 1 的因子（例如 0.999），且 $\tilde{\alpha}_k$ 是保证 $x(\alpha, \epsilon_k) \geqslant 0$ 与 $z(\alpha, \epsilon_k) \geqslant 0$ 的最大步长

$$\tilde{\alpha}_k = \min\left\{ \min_{i=1,\cdots,n} \left\{ \frac{x_k^i}{-\Delta x^i} \;\middle|\; \Delta x^i < 0 \right\}, \quad \min_{i=1,\cdots,n} \left\{ \frac{z_k^i}{-\Delta z^i} \;\middle|\; \Delta z^i < 0 \right\} \right\}$$

当 x_k 不可行时，α_k 的选择必须还要保证改善度量函数。在某些工作中，对 x 的更新使用与 (λ, z) 更新不同的步长。x 更新的步长接近保证 $x(\alpha, \epsilon_k) \geqslant 0$ 的最大步长 α，而 (λ, z) 更新的步长接近保证 $z(\alpha, \epsilon_k) \geqslant 0$ 的最大步长 α。

还有许多与实施相关的实际问题，参见专门的文献。可以参考研究专著 [Wri97]、[Ye97] 和其他资源进行详细讨论，以及对非线性/凸规划问题的扩展，例如二次规划。牛顿/原始对偶概念也有更复杂的实现，我们将在下面描述其中一种。

预测器-校正器变体

现在，我们将讨论上述内点法的一些修改版本，这些方法基于牛顿法的一种变体，在该方法中，每个 $q > 1$ 的迭代会周期性地估计 Hessian 矩阵，以节省迭代开销。当 $q = 2$ 并且问题是求解方程组 $h(x) = 0$ 时，其中 $g : \Re^n \mapsto \Re^n$，牛顿法的这种变体形式为

$$\hat{x}_k = x_k - \left(\nabla h(x_k)'\right)^{-1} h(x_k) \tag{6.210}$$

$$x_{k+1} = \hat{x}_k - \left(\nabla h(x_k)'\right)^{-1} h(\hat{x}_k) \tag{6.211}$$

因此，给定 x_k，此迭代将执行正常的牛顿步骤以获得 $\hat{x}_k$，然后使用已可用的 Jacobian 逆 $\left(\nabla h(x_k)'\right)^{-1}$，从 $\hat{x}_k$ 中获得近似的牛顿步骤。可以证明，如果 $x_k \to x^*$，则误差 $\|x_k - x^*\|$ 的收敛阶为三次，即

$$\limsup_{k\to\infty} \frac{\|x_{k+1} - x^*\|}{\|x_k - x^*\|^3} < \infty$$

在相同的假设下，普通牛顿法（$q=1$）达到二阶收敛；参见 [OrR70] 的第 315 页。因此，相对于普通牛顿法，Jacobian 估计和求逆中节省 50% 计算量的代价是收敛速率的小幅下降（当两个连续的普通牛顿步骤被视为一个时，其达到四阶收敛）。

两步牛顿法，例如迭代式 (6.210)，式 (6.211)，应用于线性规划 (LP) 的最优性条件式 (6.196)~式 (6.198) 时，称为**预测器-校正器**(predictor-corrector) 方法（该名称来自它们与用于求解微分方程的预测器-校正器方法的相似性）。它们的运算如下：

给定 (x,z,λ) 和 $x>0$，且 $z=c-A'\lambda>0$，**预测器迭代**(predictor iteration) [参见式 (6.210)]，以 $\left(\Delta\hat{x},\Delta\hat{z},\Delta\hat{\lambda}\right)$ 为变量求解联立方程组

$$X\Delta\hat{z}+Z\Delta\hat{x}=-\hat{v} \tag{6.212}$$

$$A\Delta\hat{x}=b-Ax \tag{6.213}$$

$$\Delta\hat{z}+A'\Delta\hat{\lambda}=0 \tag{6.214}$$

其中 $\hat{v}$ 定义为

$$\hat{v}=XZe-\hat{\epsilon}e \tag{6.215}$$

[参见式 (6.200)~式 (6.203)]。

校正器迭代(corrector iteration)[参见式 (6.211)]，以 $\left(\Delta\bar{x},\Delta\bar{z},\Delta\bar{\lambda}\right)$ 为变量联立方程组

$$X\Delta\bar{z}+Z\Delta\bar{x}=-\bar{v} \tag{6.216}$$

$$A\Delta\bar{x}=b-A(x+\Delta\hat{x}) \tag{6.217}$$

$$\Delta\bar{z}+A'\Delta\bar{\lambda}=0 \tag{6.218}$$

其中 $\hat{v}$ 定义为

$$\bar{v}=(X+\Delta\hat{X})(Z+\Delta\hat{Z})e-\bar{\epsilon}e \tag{6.219}$$

其中 $\Delta\hat{X}$ 和 $\Delta\hat{Z}$ 分别为与 $\Delta\hat{x}$ 和 $\Delta\hat{z}$ 对应的对角矩阵。此处 $\hat{\epsilon}$ 和 $\bar{\epsilon}$ 为与两个迭代对应的障碍参数。

复合牛顿方向为

$$\Delta x=\Delta\hat{x}+\Delta\bar{x}$$

$$\Delta z=\Delta\hat{z}+\Delta\bar{z}$$

$$\Delta\lambda=\Delta\hat{\lambda}+\Delta\bar{\lambda}$$

且对应迭代为

$$x(\alpha,\epsilon)=x+\alpha\Delta x$$

$$\lambda(\alpha,\epsilon)=\lambda+\alpha\Delta\lambda$$

$$z(\alpha,\epsilon)=z+\alpha\Delta z$$

其中 α 为使 $0<\alpha\leqslant 1$ 与

$$x(\alpha,\epsilon)>0,\qquad z(\alpha,\epsilon)>0$$

成立的步长。

现在，我们将提出一个产生复合牛顿方向的方程组。通过将式 (6.212)~式 (6.214) 和式 (6.216)~式 (6.218) 相加，我们得到

$$X(\Delta\hat{z}+\Delta\bar{z})z+Z(\Delta\hat{x}+\Delta\bar{x})=-\hat{v}-\bar{v} \tag{6.220}$$

$$A(\Delta\hat{x}+\Delta\bar{x})x=b-Ax+b-A(x+\Delta\hat{x}) \tag{6.221}$$

$$\Delta\hat{z}+\Delta\bar{z}+A'(\Delta\hat{\lambda}+\Delta\bar{\lambda})=0 \tag{6.222}$$

我们使用事实

$$b-A(x+\Delta\hat{x})=0$$

[参见式 (6.213)]，并使用式 (6.219) 与式 (6.212) 得到

$$\begin{aligned} v &= (X+\Delta\hat{X})(Z+\Delta\hat{Z})e-\bar{\epsilon}e \\ &= XZe+\Delta\hat{X}Ze+X\Delta\hat{Z}e+\Delta\hat{X}\Delta\hat{Z}e-\bar{\epsilon}e \\ &= XZe+Z\Delta\hat{x}+X\Delta\hat{z}+\Delta\hat{X}\Delta\hat{Z}e-\bar{\epsilon}e \\ &= XZe-\hat{v}+\Delta\hat{X}\Delta\hat{Z}e-\bar{\epsilon}e \end{aligned}$$

代入式 (6.220)～式 (6.222)，我们得到以下复合牛顿方向方程组 $(\Delta x,\Delta z,\Delta\lambda)=(\Delta\hat{x}+\Delta\bar{x},\Delta\hat{z}+\Delta\bar{z},\Delta\hat{\lambda}+\Delta\bar{\lambda})$：

$$X\Delta z+Z\Delta x=-XZe-\Delta\hat{X}\Delta\hat{Z}e+\bar{\epsilon}e \tag{6.223}$$

$$A\Delta x=b-Ax \tag{6.224}$$

$$\Delta z+A'\Delta\lambda=0 \tag{6.225}$$

为了实现预测器-校正器方法，我们需要在某个 $\hat{\epsilon}$ 值下求解联立方程组式 (6.212)～式 (6.215)，以获得 $(\Delta\hat{X},\Delta\hat{Z})$，然后在某个 $\bar{\epsilon}$ 值下求解联立方程组式 (6.223)～式 (6.225)，以获得 $(\Delta x,\Delta z,\Delta\lambda)$。在此必须注意的是，第一个联立方程组所需的大部分工作，即分解式 (6.204) 中的矩阵

$$AZ^{-1}XA'$$

在求解第二个联立方程组时并不需要重复，因此求解两个联立方程组在求解第一个的基础上只需要相对较小的额外工作。参见专门的文献 [LMS92]，[Meh92]，[Wri97]，[Ye97] 以获取更多详细信息。

6.8.2 锥规划的内点法

现在，我们将简要讨论 1.2 节中讨论的锥规划问题的内点方法。首先考虑二阶锥问题

$$\begin{aligned} &\text{minimize} \quad c'x \\ &\text{subject to} \quad A_ix-b_i\in C_i,\ i=1,\cdots,m \end{aligned} \tag{6.226}$$

其中 $x\in\Re^n$，c 为 $\Re^n$ 中的向量，且对 $i=1,\cdots,m$，A_i 为 $n_i\times n$ 矩阵，b_i 为 $\Re^{n_i}$ 中向量，C_i 为 $\Re^{n_i}$ 中的二阶锥。我们用如下问题

$$\begin{aligned} &\text{minimize} \quad c'x+\epsilon_k\sum_{i=1}^m B_i(A_ix-b_i) \\ &\text{subject to} \quad A_ix-b_i\in \text{int}(C_i),\ i=1,\cdots,m \end{aligned} \tag{6.227}$$

来近似该问题，其中 B_i 为在二阶锥 C_i 内部定义的函数，形式为

$$B_i(y)=-\ln\left(y_{n_i}^2-(y_1^2+\cdots+y_{n_i-1}^2)\right),\qquad y=(y_1,\cdots,y_{n_i})\in\text{int}(C_i)$$

且 $\{\epsilon_k\}$ 是收敛到 0 的正序列。注意到随 A_ix-b_i 接近 C_i 的边界，对数惩罚 $B_i(A_ix-b_i)$ 将接近 ∞。

与命题 6.8.1 相似，可以证明如果 x_k 是近似问题式 (6.227) 的最优解，那么序列 $\{x_k\}$ 的每个极限点都是原始问题的最优解。由于理论和实践原因，近似问题式 (6.227) 不需要精确求解。在最有效的方法中，会执行与给定值 ϵ_k 对应的一个或多个牛顿步骤，然后适当减小 ϵ_k 的值。与上一部分线性规划的内点法类似，牛顿法的实现应使用确保迭代将 A_ix-b_i 保留在二阶锥内的步长。

如果目的是获得有利的多项式复杂度结果，则根据设计用于保证多项式复杂度证明的适当公式，应在连续减少 ϵ_k 之间执行单个牛顿步骤，并且随后减小的 ϵ_k 必须相应较小。在实践中被

证明更有效的另一种方法是允许多个牛顿步骤，直到满足适当的终止标准，然后大幅减小 ϵ_k。如果正确实施，这种类型的方法似乎需要始终不变的牛顿步骤总数 [通常不超过 50，且学者常报告该数目与维度无关（!）]。这种经验观察结果比理论复杂性分析所预测的结果要更让人容易接受得多。

对于涉及乘子向量 $\lambda = (\lambda_1, \cdots, \lambda_m)$ 的对偶半定锥问题，有类似的内点法：

$$\begin{aligned}&\text{maximize} \quad b'\lambda\\&\text{subject to} \quad D - (\lambda_1 A_1 + \cdots + \lambda_m A_m) \in C\end{aligned} \tag{6.228}$$

其中 $b \in \Re^m$，$D, A_1, \cdots, A_m$ 为对称矩阵，C 为半正定矩阵的锥。它包含求解一系列问题

$$\begin{aligned}&\text{maximize} \quad b'\lambda + \epsilon_k \ln\big(\det(D - \lambda_1 A_1 - \cdots - \lambda_m A_m)\big)\\&\text{subject to} \quad \lambda \in \Re^m\end{aligned} \tag{6.229}$$

其中 $\{\epsilon_k\}$ 是收敛到 0 的正序列。此外，应使用使 $D - \lambda_1 A_1 - \cdots - \lambda_m A_m$ 正定的初始点，且牛顿法的实现应使用确保迭代将 $D - \lambda_1 A_1 - \cdots - \lambda_m A_m$ 保留在正定锥内的步长。

此方法的性质类似于前面的二阶锥方法的性质。特别是，如果 x_k 是近似问题式 (6.229) 的最优解，则 $\{x_k\}$ 的每个极限点都是原始问题式 (6.228) 的最优解。

我们最后指出，存在锥规划问题的原始-对偶内点法，与上一节中针对线性规划给出的方法相似。进一步的讨论和复杂度分析参见文献，例如 [NeN94]，[BoV04]。

6.8.3　中心割平面法

现在我们回到在闭凸约束集 X 上最小化实值凸函数 f 的一般问题。我们将讨论一种结合内点法和割平面法的方法。像 4.1 节的割平面法一样，它维护着基于到现在为止生成的点 $x_0, \cdots, x_k$ 和对应的次梯度 $g_0, \cdots, g_k$（对所有 $i = 0, \cdots, k$，有 $g_i \in \partial f(x_i)$）所构造的 f 的多面体近似

$$F_k(x) = \max\big\{f(x_0) + (x - x_0)'g_0, \cdots, f(x_k) + (x - x_k)'g_k\big\}$$

但是，它使用不同的机制来生成下一个向量 x_{k+1}。特别地，该方法不是通过在 X 上最小化 F_k，而是通过在子集

$$S_k = \big\{(x, w) \mid x \in X,\ F_k(x) \leqslant w \leqslant \tilde{f}_k\big\}$$

中找到“中心对”(central pair)(x_{k+1}, w_{k+1}) 来获得 x_{k+1}，其中 $\tilde{f}_k$ 是目前已经找到的最优值的最好下界，

$$\tilde{f}_k = \min_{i=0,\cdots,k} f(x_i)$$

（见图 6.8.3）。

有几种找到中心对 (x_{k+1}, w_{k+1}) 的方法。大致来说，想法是中心对应该在 S_k 的“中间某处”。例如，考虑 S_k 是具有非空内部的多面体的情况。那么 (x_{k+1}, w_{k+1}) 可以是 S_k 的**解析中心**(analytic center)，其中对任意具有非空内部的多面体集

$$P = \{y \mid a_p'y \leqslant c_p,\ p = 1, \cdots, m\} \tag{6.230}$$

其解析中心由在 $y \in P$ 上最大化

$$\sum_{p=1}^{m} \ln(c_p - a_p'y)$$

的唯一解定义。

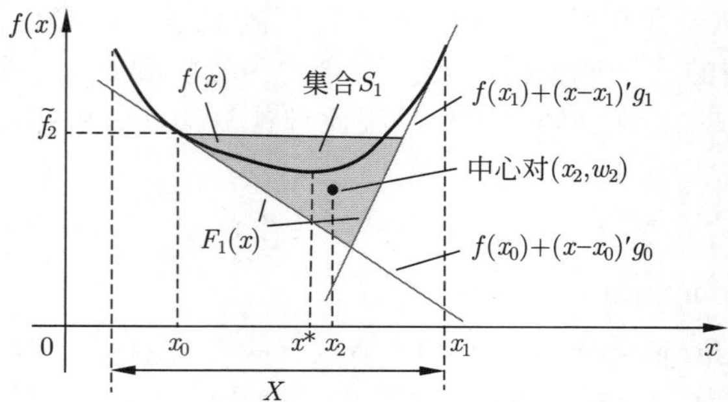

图 6.8.3　集合 $S_k = \{(x,w) \mid x \in X,\, F_k(x) \leqslant w \leqslant \tilde{f}_k\}$ 在中心割平面法中的示意图

另一种可能性是 S 的**球心**(ball center)，即 S_k 中最大内切球的中心；对于式 (6.230) 形式的一般多面体集合 P，可以通过使用优化变量 (y,σ) 求解以下问题来获得球心：

$$\begin{aligned} &\text{maximize} && \sigma \\ &\text{subject to} && a_p'(y+d) \leqslant c_p, \quad \forall \|d\| \leqslant \sigma,\ p=1,\cdots,m \end{aligned}$$

假设 P 具有非空内部。通过在 $\|d\| \leqslant \sigma$ 下选择所有使目标最大化的 d，该问题等价于线性规划

$$\begin{aligned} &\text{maximize} && \sigma \\ &\text{subject to} && a_p'y + \|a_p\|\sigma \leqslant c_p, \quad p=1,\cdots,m \end{aligned}$$

中心割平面法具有令人满意的收敛特性，即使它们在多面体代价函数 f 的情况下不是有限终止的，就像普通割平面方法一样。由于中心割平面法与内点法密切相关，其可得益于内点法实际实现方法的进步。

6.9　注记、文献来源和练习

正如我们前面提到的，由于所描述的某些方法正在积极开发中，因此本章中的讨论通常没有前面几章详细。此外，在撰写本书之前的十年中，该领域的文献爆炸性增长。因此，我们的介绍和参考文献并不全面。它们倾向于在一定程度上反映作者的阅读偏好和研究方向。我们引用的教科书，研究专著和综述可能会为读者提供对该领域许多不同研究方向的更全面的了解。

6.1 节：传统上，优化方法（以及用于求解线性和非线性方程组的相关方法）的收敛速率分析本质上是局部的，即，从足够接近收敛点开始的迭代次数的渐近估计，并且强调条件数和缩放的问题（参见我们在 2.1.1 节中的讨论）。非线性规划中的大多数书籍都遵循这种方法。随着时间的流逝，从 20 世纪 70 年代后期起，一种更具全局性的做法受到了关注，该方法部分地受到计算复杂度思想的影响，并强调了一阶方法。在这方面，我们在此提一下 Nemirovskii 和 Yudin 的专著 [NeY83]，以及 Nesterov 和 Nemirovskii 的 [NeN94]。

6.2 节：最优复杂度梯度投影/外推方法来源于 Nesterov 的 [Nes83]，[Nes04]，[Nes05]；另请参见 Tseng 的 [Tse08]，Beck 和 Teboulle 的 [BeT10]，Lu，Monteiro 和 Yuan 的 [LMY12]，以及 Gonzaga 和 Karas 的 [GoK13]，以获取有关变体和更通用方法的建议和分析。其中一些变体也适用于重要类别的不可微代价问题，类似于 6.3 节中的近端梯度法处理的变体。

Nesterov 的 [Nes05] 提出了将平滑与梯度方法结合使用以构造不可微凸问题的最优算法的想法。在他的工作中，他对更一般的情况证明了命题 6.2.2 的 Lipschitz 性质，其中 p 是凸的，

但不一定可微，并且分析了几个重要的特殊情况。该算法及其面向复杂度的分析对凸优化算法的研究产生了重要影响。在我们的内容中，我们将遵循 Tseng 的分析 [Tse08]。

6.3 节：对于最小化两个凸函数之和（或者更一般地说，求两个非线性单调算子之和的零点）的梯度法和近端法的组合，已经有一些方法。这些方法通常称为**分裂算法**(splitting algorithms)，历史悠久，可追溯到 Lions 和 Mercier 的论文 [LiM79] 和 Passty 的论文 [Pas79]。与 ADMM 算法一样，基本的近端梯度算法写作式 (6.46) 的形式，它可以扩展到求两个非线性最大单调算子之和零点的问题，称为**前向-后向**(forward-backward) 算法（两个算子中的一个必须是单值的）。前向-后向算法的形式如图 6.3.1 所示：我们只需要用一般的多值最大单调算子替换次微分 ∂h，用一般的单值单调算子替换梯度 ∇f。

前向-后向算法由 Lions 和 Mercier [LiM79] 与 Passty [Pas79] 提出并进行了分析。Gabay [Gab83] 和 Tseng [Tse91b] 给出了该算法的其他收敛结果并讨论了其应用。在固定步长的情况下，命题 6.3.3 的收敛结果来自 [Gab83] 和 [Tse91b] 的更一般的结果。Tseng [Tse00] 给出了在较弱的假设下具有收敛性的修改版本。Chen 和 Rockafellar [ChR97] 进一步讨论了收敛速率。

一些作者已经提出并分析了近端梯度和类牛顿法的变体，包括可微函数非凸的情况。参见例如 Fukushima 和 Mine 的 [FuM81]，[MiF81]，Patriksson 的 [Pat93]，[Pat98]，[Pat99]，Tseng 和 Yun 的 [TsY09]，Schmidt 的 [Sch10]。这些方法与某些大规模机器学习和信号处理问题的结构非常匹配，因此受到了新的关注；参见 Beck 和 Teboulle 的 [BeT09a]，[BeT09b]，[BeT10]，以及他们提供的有关特殊结构问题的算法的参考文献。

这方面还有许多其他近期工作，在此不进行全面综述。Xiao [Xia10]，Xiao 和 Zhang [XiZ14] 提出并分析了用增量计算集成梯度 (aggregated gradient) 代替梯度的方法（含或不含外推）。Schmidt，Roux 和 Bach [SRB11] 讨论了非精确变体，这些变体根据 3.3 节的 ϵ-次梯度方法，允许了近端最小化和梯度计算中的误差。Tseng [Tse10]，Hou 等 [HZS13]，以及 Zhang，Jiang 和 Luo [ZJL13] 研究了一些有趣的特殊情况的收敛速率。Duchi 和 Singer [DuS09] 以及 Langford，Li 和 Zhang [LLZ09] 讨论了 f 具有相加形式，且为增量处理的分量之和的算法。有关最近的类牛顿法的研究，请参见 Becker 和 Fadili [BeF12]，Lee，Sun 和 Saunders [LLS12]，[LLS14] 以及 Chouzenoux，Pesquet 和 Repetti [CPR14]。习题 6.4 和习题 6.5 的有限和超线性收敛速率的结果对作者来说是新的知识。

6.4 节：增量次梯度方法由 20 世纪 60 年代和 70 年代的几位作者提出。最早的论文也许是 Litvakov [Lit66] 提出的，它考虑了线性最小二乘问题的凸/不可微扩展。随后还有其他一些相关方案，包括 Kibardin 的论文 [Kib80]。这些工作在西方文献中并未引起人们的注意，其中增量方法经常在不同的背景下和不同的分析思路下被重新提出。这里我们提一下文献 Solodov 和 Zavriev [SoZ98]，Bertsekas[Ber99]（6.3.2 节），Ben-Tal，Margalit 和 Nemirovski [BMN01]，Nedić 和 Bertsekas [NeB00]，[NeB01]，[NeB10]，Nedić，Bertsekas 和 Borkar [NBB01]，Kiwiel [Kiw04]，Rabbat 和 Nowak [RaN04]，[RaN05]，Gaudioso，Giallombardo 和 Miglionico [GGM06]，Shalev-Shwartz 等 [SSS07]，Helou 和 De Pierro [HeD09]，Johansson，Rabi 和 Johansson [JRJ09]，Predd，Kulkarni 和 Poor [PKP09]，Ram，Nedić 和 Veeravalli [RNV09]，Agarwal 和 Duchi [AgD11]，Duchi，Hazan 和 Singer [DHS11]，Nedić [Ned11]，Duchi，Bartlett 和 Wainwright [DBW12]，Wang 和 Bertsekas [WaB13a]，[WaB14] 以及 Wang，Fang 和 Liu [WFL14]。

Nedić 和 Bertsekas [NeB00]，[NeB01] 首先确立了在确定性相加代价函数选择分量时人为引入随机化的优势。Nedić、Bertsekas 和 Borkar [NBB01] 提出并分析了异步增量次梯度方法。

作者在 [Ber10b]，[Ber11] 中首先提出了增量近端方法及其与次梯度方法的组合（参见 6.4.1 和 6.4.2 节），我们将在此基础上继续进行开发。有关最新的工作和应用，请参阅 Andersen 和 Hansen [AnH13]，Couellan 和 Trafalis [CoT13]，Weinmann，Demaret 和 Storath [WDS13]，Bacak [Bac14]，Bergmann 等 [BSL14]，Richard，Gaiffas 和 Vayatis [RGV14]，以及 You，Song 和 Qiu [YSQ14]。

6.4.3 节中的增量增广拉格朗日方法是新提出的。这种方法的想法很简单：就像近端算法在对偶时产生了增广拉格朗日方法一样，增量近端算法在对偶时也产生了增量式增广拉格朗日方法。虽然我们关注特定类型的可分问题的情况，但该想法适用于更一般的涉及加性代价函数的其他情况。

许多作者已经讨论过增量约束投影方法与经典可行性方法相关。参见例如 Gubin，Polyak 和 Raik [GPR67]，Bauschke 和 Borwein 的综述 [BaB96]，以及 Bauschke [Bau01]，Bauschke，Combettes 和 Kruk [BCK06]，Cegielski 和 Suchocka [CeS08] 和 Nedić [Ned10] 的最新论文及其参考文献。

增量约束投影法（具有非零凸代价函数）是由 Nedić [Ned11] 首先提出的。作者在 [Ber10b]，[Ber11] 中提出了 6.4.4 节的算法，该算法与 [Ned11] 相似，但有一些区别。后一种算法使用步长 $\beta_k \equiv 1$，并且需要 6.4.4 节所述的线性正则性假设以证明收敛。此外，它不考虑代价函数是可以逐步处理的分量之和。我们参考 Wang 和 Bertsekas 的论文 [WaB13a]，[WaB14] 来扩展 [Ber11] 和 [Ned11] 的结果，其中涉及对代价函数和约束的增量处理以及对各种分量选择规则（包括确定性和随机性）的统一收敛分析。

6.5 节：关于坐标下降方法的文献很多，并且最近发展迅速（Google 学术搜索显示在本书出版前的两年中，出现了数千篇论文）。因此，此处和 6.5 节中的参考文献是特别选择的，主要侧重于早期贡献。

坐标下降算法起源于经典的 Jacobi 和 Gauss-Seidel 方法，用于求解线性和非线性方程组。这些是 20 世纪 50 年代在科学计算领域引起广泛关注的首批方法之一；有关数值分析的角度，请参见 Ortega 和 Rheinboldt [OrR70] 的书，有关分布式同步和异步计算的角度，请参见 Bertsekas 和 Tsitsiklis [BeT89a] 的书。

在优化领域，Zangwill [Zan69] 为无约束的连续可微问题提供了坐标下降的第一个收敛证明，并注重于需要沿每个坐标方向获得的最小值唯一的假设。Powell [Pow73] 给出了一个反例，表明对于三个或更多块分量，此假设至关重要。

Luenberger [Lue84]，最近的 Nesterov [Nes12]，Schmidt 和 Friedlander [ScF14] 已经讨论了坐标下降的收敛速率（参见练习 6.11）。许多作者在各种条件下都对带有约束的问题进行了收敛分析。我们在这里遵循 Bertsekas 和 Tsitsiklis [BeT89a]（3.3.5 节）的分析思路，这些分析在 Bertsekas [Ber99]（2.7 节）中也使用了。

坐标下降法通常非常适合求解对偶问题，在这种专门的背景下已有很多分析；参见 Hildreth [Hil57]，Cryer [Cry71]，Pang [Pan84]，Censor 和 Herman [CeH87]，Hearn 和 Lawphongpanich [HeL89]，Lin 和 Pang [LiP87]，Bertsekas，Hossein 和 Tseng [BHT87]，Tseng 和 Bertsekas [TsB87]，[TsB90]，[TsB91]，Tseng [Tse91a]，[Tse93]，Hager 和 Hearn [HaH93]，Luo 和 Tseng [LuT93a]，[LuT93b] 以及 Censor 和 Zenios [CeZ97]。其中一些论文还涉及多个对偶最优解的情况。

Luo 和 Tseng [LuT91]，[LuT92] 分析了收敛到唯一极限和坐标下降法应用于二次规划问题的收敛速率（不需要唯一最小值的假设）。这两篇论文标志着一条重要的分析思路的开始，即分析几种类型的约束优化算法的收敛性和收敛速率，其中包括基于 Hoffman 界和其他相关误差界的坐标下降；参见 [LuT93a]，[LuT93b]，[LuT93c]，[LuT94a]，[LuT94b]。有关该领域工作的综述，请参见 Tseng [Tse10]。

最近的关注点集中在坐标下降方法的变体上，例如每个块分量非精确最小化，对具有特殊结构的不可微代价问题的扩展，坐标选择的替代顺序以及异步分布式计算问题（参见 6.5 节中的讨论和参考文献）。Wright [Wri14] 对该领域进行了综述。

6.6 节： Kort 和 Bertsekas 提出了非二次增广的拉格朗日量及其相关的使用非二次近端项的最小化算法；参见论文 [KoB72]，其中包括指数增广拉格朗日方法，论文 [Kor75]，论文 [KoB76] 和增广拉格朗日专著 [Ber82a] 的特殊情况。在 [KoB72]，[Ber82a]，[TsB93] 中建立了指数方法的渐近强收敛结果。

近端非二次正则化算法以及相关的增广拉格朗日算法一直受到关注，其目的是获得更多类型的方法类，更清晰的收敛结果，理解提高计算性能的性质以及专门的应用。代表性作品参见 Polyak [Pol88]，[Pol92]，Censor 和 Zenios [CeZ92]，[CeZ97]，Guler [Gul92]，Teboulle [Teb92]，Chen 和 Teboulle [ChT93]，[ChT94]，Tseng 和 Bertsekas [TsB93]，Bertsekas 和 Tseng [BeT94a]，Eckstein [Eck94]，Iusem，Svaiter 和 Teboulle [IST94]，Iusem 和 Teboulle [IuT95]，Auslender，Cominetti 和 Haddou [ACH97]，Ben-Tal 和 Zibulevsky [BeZ97]，Polyak 和 Teboulle [PoT97]，Iusem [Ius99]，Facchinei 和 Pang [FaP03]，Auslender 和 Teboulle [AuT03] 和 Tseng [Tse04]。

6.7 节： 在 20 世纪 60 年代和 70 年代初期，几项研究都考虑了针对最小最大问题的下降方法，作为约束最小化可行方向方法的扩展（最小最大问题可以转化为约束最优化问题）；参见例如 Demjanov 和 Rubinov 的书 [DeR70]，以及 Pshenichnyi 的论文 [Psh65]，Demjanov 的论文 [Dem66]，[Dem68] 以及 Demjanov 和 Malozemov 的论文 [DeM71]。这些方法通常包含 ϵ 参数来处理由于接近约束边界而导致的收敛困难。

6.7 节的 ϵ-下降方法与这些较早的方法有关，但更普遍地适用于任何闭的真凸函数。它是由 Bertsekas 和 Mitter [BeM71]，[BeM73] 提出的，并给出了函数和的外部近似变量。该变体非常适合应用于凸网络优化问题；参见 Rockafellar [Roc84]，Bertsekas，Hossein 和 Tseng [BHT87]，Bertsekas 和 Tsitsiklis [BeT89a] 和 Bertsekas [Ber98]。Lemaréchal [Lem74]，[Lem75] 提出了 ϵ-下降方法的内部近似变体，而相关的算法由 Wolfe [Wol75] 独立推导。这些论文，以及 Balinski 和 Wolfe 编辑的其他论文集，都将注意力集中在不可微凸优化这一具有广泛应用领域的研究上。

作者 [Ber10a] 引入并研究了扩展单值规划问题，作为对 Rockafellar 的单值规划框架的扩展，该框架在 [Roc84] 一书中得到了广泛的使用。后一种框架是每个函数 f_i 是一维的情况，并且包括线性，二次和凸可分离的单商品网络流问题（参见 [Roc84]，[Ber98]）作为特殊情况。扩展单值规划更通用，因为它允许多维分量函数 f_i，但其需要具有强对偶性的约束条件，这已在 6.7.3 节和 6.7.4 节中进行了讨论。

在没有任何附加条件（例如 Slater 条件或其它相对内点条件，参见 1.1 节；或命题 6.7.4 的 ϵ-次微分条件）的情况下，单值规划是具有线性约束且具有强对偶性的最大一类凸优化问题。EMP 强对偶性定理（命题 6.7.4）扩展了在 [Roc84] 中针对单值规划问题的情况证明的一个定理。Borwein、Burachik 和 Yao [BBY12]，Burachik 和 Majeed [BuM13] 以及 Burachik、Kaya 和 Majeed [BKM14] 给出了扩展单值规划的相关分析和无穷维扩展。

6.8 节： 内点法可以追溯到 20 世纪 50 年代 Frisch 的工作 [Fri56]。Fiacco 和 McCormick

撰写了教科书 [FiM68]。随着 Karmarkar [Kar84] 面向复杂性的工作引起的强烈关注，该方法在 20 世纪 80 年代中期开始流行，并被系统地应用于线性规划问题。

Bertsimas 和 Tsitsiklis [BeT97] 和 Vanderbei [Van01] 的教材介绍了线性规划的内点法。Wright 的研究专著 [Wri97]，Ye 的研究专著 [Ye97] 和 Roos、Terlaky 和 Vial 的研究专著 [RTV06]，Terlaky 的编辑卷 [Ter96] 以及 Forsgren、Gill 和 Wright 的综述 [FGW02] 专注于线性规划、二次规划和凸规划的内点法。有关原始-对偶内点法的收敛速率分析，请参见 Zhang、Tapia 和 Dennis [ZTD92]，以及 Ye 等 [YGT93]。Mehrotra [Meh92] 提出了预测器-校正器的变体；另请参见 Lustig、Marsten 和 Shanno [LMS92]。在这里展示的内容与作者的教材 [Ber99] 很接近。

从 Nesterov 和 Nemirovskii 的面向复杂性的专著 [NeN94] 开始，内点法被应用于锥规划。Boyd 和 Vanderbergue 的书 [BoV04] 特别着重于内点法。此外，相关的凸优化软件已很流行（Grant、Boyd 和 Ye [GBY12]）。

中心割平面法由 Elzinga 和 Moore [ElM75] 引入。最近的方案，其中一些涉及内点法，在 Goffin 和 Vial[GoV90]，Goffin、Haurie 和 Vial [GHV92]，Ye [Ye92]，Kortanek 和 No [KoN93]，Goffin，Luo 和 Ye [GLY94]，[GLY96]，Atkinson 和 Vaidya [AtV95]，den Hertog 等 [HKR95]，Nesterov [Nes95] 中进行了讨论。关于教材，参见 Ye [Ye97]，关于综述，请参见 Goffin 和 Vial [GoV02]。

练习

6.1（具有 Lipschitz 梯度凸函数的等价性质）

给定一个可微的凸函数 $f:\Re^n\mapsto\Re$ 和标量 $L>0$，请证明以下 5 个性质是等价的：

(i) 对所有 $x,y\in\Re^n$，有 $\big\|\nabla f(x)-\nabla f(y)\big\|\leqslant L\|x-y\|$。

(ii) 对所有 $x,y\in\Re^n$，有 $f(y)\geqslant f(x)+\nabla f(x)'(y-x)+\frac{1}{2L}\big\|\nabla f(x)-\nabla f(y)\big\|^2$。

(iii) 对所有 $x,y\in\Re^n$，有 $\big(\nabla f(x)-\nabla f(y)\big)'(x-y)\geqslant\frac{1}{L}\big\|\nabla f(x)-\nabla f(y)\big\|^2$。

(iv) 对所有 $x,y\in\Re^n$，有 $f(y)\leqslant f(x)+\nabla f(x)'(y-x)+\frac{L}{2}\|y-x\|^2$。

(v) 对所有 $x,y\in\Re^n$，有 $\big(\nabla f(x)-\nabla f(y)\big)'(x-y)\leqslant L\|x-y\|^2$。

注： 该练习证明了命题 6.1.9(a) 的逆命题。它是 [Nes04]2.1.5 节的一部分，也是 [RoW98]12.60 节的一部分。

证明： 在命题 6.1.9(a) 中，我们证明了 (i) 可导出 (ii)。为了证明 (ii) 可导出 (iii)，我们将两个 (ii) 式相加，两个式子中 x 和 y 互换。(iii) 和 Schwarz 不等式可导出 (i)。因此 (i)、(ii) 和 (iii) 等价。

为了证明 (iv) 可导出 (v)，我们将两个 (iv) 式相加，两个式子中 x 和 y 互换。为了证明 (v) 可导出 (iv)，我们采用类似下降引理（命题 6.1.2）的证明。令 $g(t)=f\big(x+t(y-x)\big)$，$t\in\Re$。我们有

$$f(y)-f(x)=g(1)-g(0)=\int_0^1\frac{\mathrm{d}g}{\mathrm{d}t}(t)\,dt=\int_0^1\nabla f\big(x+t(y-x)\big)'(y-x)\,\mathrm{d}t$$

因此有

$$f(y)-f(x)-\nabla f(x)'(y-x)=\int_0^1\Big(\nabla f\big(x+t(y-x)\big)-\nabla f(x)\Big)'(y-x)\,\mathrm{d}t\leqslant\frac{L}{2}\|y-x\|^2$$

其中最后一个不等式来源于将 (v) 中的 y 用 $x+t(y-x)$ 替换得到

$$\big(\nabla f\big(x+t(y-x)\big)-\nabla f(x)\big)'(y-x)\leqslant Lt\,\|y-x\|^2,\qquad \forall t\in[0,1]$$

因此 (iv) 和 (v) 等价。

我们通过证明 (i) 与 (iv) 等价来完成整个证明。下降引理（命题 6.1.2）得出 (i) 可导出 (iv)。为了证明 (iv) 可导出 (i)，我们使用由 Huizhen Yu 给出的如下证明（对 [Nes04] 的定理 2.1.5 的证明进行仔细检查后发现，该证明不包括这部分）。

固定 x，将下式作为 y 的函数，

$$\frac{1}{L}\big(f(y)-f(x)-\nabla f(x)'(y-x)\big)$$

进行变量代换 $z=y-x$，定义

$$h_x(z)=\frac{1}{L}\big(f(z+x)-f(x)-\nabla f(x)'z\big)$$

由定义

$$\nabla h_x(y-x)=\frac{1}{L}\big(\nabla f(y)-\nabla f(x)\big)\tag{6.231}$$

而根据假设 (iv)，我们有对所有的 z，$\frac{1}{2}\|z\|^2\geqslant h_x(z)$，这意味着

$$h_x^*(\theta)\geqslant\frac{1}{2}\|\theta\|^2,\qquad \forall\ \theta\in\Re^n\tag{6.232}$$

其中 h_x^* 为 h_x 的共轭。

类似地，固定 y 并定义

$$h_y(z)=\frac{1}{L}\big(f(z+y)-f(y)-\nabla f(y)'z\big)$$

以获得

$$\nabla h_y(x-y)=\frac{1}{L}\big(\nabla f(x)-\nabla f(y)\big)$$

和

$$h_y^*(\theta)\geqslant\frac{1}{2}\|\theta\|^2,\quad \forall\ \theta\in\Re^n\tag{6.233}$$

令 $\theta=\frac{1}{L}\big(\nabla f(y)-\nabla f(x)\big)$。因为根据式 (6.231)，$\theta$ 是 h_x 在 $y-x$ 处的梯度，根据共轭次梯度定理（附录 B 中的命题 5.4.3），我们有

$$h_x^*(\theta)+h_x(y-x)=\theta'(y-x)$$

类似地

$$h_y^*(-\theta)+h_y(x-y)=-\theta'(x-y)$$

同样根据 h_x 与 h_y 的定义，

$$h_x(y-x)+h_y(x-y)=\theta'(y-x)$$

通过结合上面的三个关系，有

$$h_x^*(\theta)+h_y^*(-\theta)=\theta'(y-x)$$

再通过使用式 (6.232) 与式 (6.233)，有

$$\|\theta\|^2\leqslant h_x^*(\theta)+h_y^*(-\theta)=\theta'(y-x)\leqslant\|\theta\|\|y-x\|$$

因此我们得到 $\|\theta\|\leqslant\|y-x\|$，即 $\big\|\nabla f(y)-\nabla f(x)\big\|\leqslant L\|y-x\|$。

6.2（**线性规划梯度投影的有限收敛性**）

考虑梯度投影方法，该方法用于在多面体集合 f 上最小化线性函数 f，并使用满足 $\sum_{k=0}^{\infty}\alpha_k=\infty$ 的步长 α_k。证明如果最优解的集合 X^* 是非空的，则该方法会在有限的迭代次数中收敛到某个 $x^*\in X^*$。

提示：对这个问题，该方法等价于近端算法，并应用命题 5.1.5。

6.3（**强凸条件下近端梯度法的收敛速率**）

本练习基于 [Sch14b] 中未发表的分析，得出了近端梯度法线性收敛的条件。考虑 $f+h$ 的最小化，其中 f 是强凸的，且可微并具有 Lipschitz 连续梯度 [参见式 6.44]，而 h 是闭的真凸的（参见 6.3 节）。具有固定步长 $\alpha>0$ 的近端梯度方法为

$$z_k=x_k-\alpha\nabla f(x_k),\qquad x_{k+1}=P_{\alpha,h}(z_k)$$

其中 $P_{\alpha,h}$ 是与 α 和 h 对应的近端算子（参见 5.1.4 节）。用 x^* 表示最优解（存在且由于 f 的强凸性而唯一），且令 $z^*=x^*-\alpha\nabla f(x^*)$。我们假设 $\alpha\leqslant 1/L$，其中 L 是 ∇f 的 Lipschitz 常数，因此 $x_k\to x^*$（参见命题 6.3.3）。

(a) 证明对于标量 $p\in(0,1)$ 与 $q\in(0,1]$，我们有

$$\big\|x-\alpha\nabla f(x)-z^*\big\|\leqslant p\,\|x-x^*\|,\qquad \forall x\in\Re^n \tag{6.234}$$

$$\big\|P_{\alpha,h}(z)-P_{\alpha,h}(z^*)\big\|\leqslant q\,\|z-z^*\|,\qquad \forall z\in\Re^n \tag{6.235}$$

并证明

$$\|x_{k+1}-x^*\|\leqslant pq\,\|x_k-x^*\|,\qquad \forall k \tag{6.236}$$

提示：见命题 6.1.8，以及 [SRB11] 中的式 (6.234)。因为 $P_{\alpha,h}$ 是非扩张的（参见命题 5.1.8），所以我们可以在式 (6.235) 中令 $q=1$。最后，注意到如 6.3 节所示，$f+h$ 的最小解集合与映射 $P_{\alpha,h}\big(x-\alpha\nabla f(x)\big)$ 的不动点集一致 [式 (6.234) 与式 (6.235) 中两个映射的组合]。

注：上面的条件是 $P_{\alpha,h}$ 为收缩，因此在式 (6.235) 中可以使用值 $q<1$，在命题 5.1.4 中与练习 5.2 中给出（另见 [Roc76a] 和 [Luq84]）。当式 (6.234) 和式 (6.235) 分别在以 x^* 和 z^* 为中心的球体中局部成立时，也可以证明等式 (6.236) 的局部形式。

(b) 假设 f 是正定二次函数，最小和最大特征值分别为 m 和 M，且 h 是正定二次函数，最小特征值为 λ。证明

$$\|x_{k+1}-x^*\|\leqslant\frac{\max\big\{|1-\alpha m|,\,|1-\alpha M|\big\}}{1+\alpha\lambda}\,\|x_k-x^*\|,\qquad\forall k$$

提示：使用式 (6.236)，练习 2.1，以及近端算子的线性性质。

6.4（**锐利最小值点近似梯度法的有限收敛性**）

考虑最小化 $f+h$，其中 f 是凸的，且可微并具有 Lipschitz 连续梯度 [参见式 (6.44)]，而 h 是闭的且真凸（参见 6.3 节）。假设存在一个唯一的最优解，表示为 x^*，且 $\alpha\leqslant 1/L$，其中 L 是 ∇f 的 Lipschitz 常数，因此 $x_k\to x^*$（参见命题 6.3.3）。证明若内点条件

$$0\in\operatorname{int}\big(\nabla f(x^*)+\partial h(x^*)\big) \tag{6.237}$$

成立，则该方法在有限次迭代内收敛到 x^*。

注：条件式 (6.237) 在图 6.9.1 中进行了说明，并且被称为**锐利最小值**(sharp minimum) 条件。它等价于存在某个 $\beta > 0$，使

$$f(x^*) + h(x^*) + \beta\|x - x^*\| \leqslant f(x) + h(x), \qquad \forall x \in \Re^n$$

参见命题 5.1.5 中近端算法的有限收敛结论（但其中不假设最优解的唯一性）。

证明概要：通过 ∇f 的连续性，可以得到一个以 x^* 为中心的开球 S_{x^*}，且

$$x - \alpha\nabla f(x) \in x^* + \alpha\partial h(x^*), \qquad \forall x \in S_{x^*}$$

一旦 $x_k \in S_{x^*}$，该方法在下一次迭代后终止。

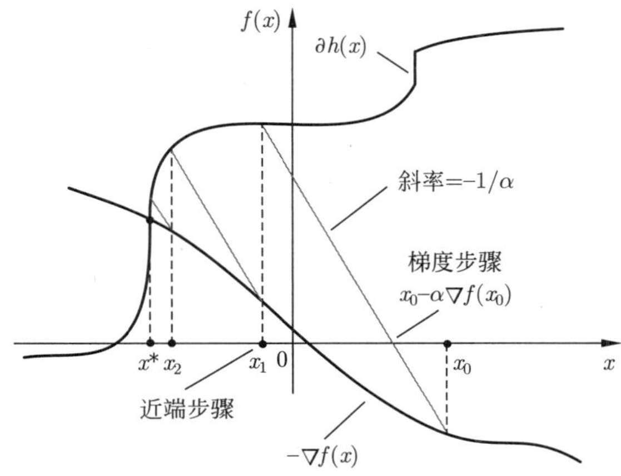

图 6.9.1　在锐利最小值点情况下，近端梯度法的有限收敛过程的示意图，其中 h 在 x^* 处不可微，且 $-\nabla f(x^*) \in \mathrm{int}\big(\partial h(x^*)\big)$（参见练习 6.4）。该图还说明了该方法如何实现超线性收敛（参见练习 6.5）。应将这些结果与 5.1.2 节中的近端算法的收敛速率分析进行比较

6.5（近端梯度法的超线性收敛）

考虑最小化 $f + h$，其中 f 是凸的，且可微并具有 Lipschitz 连续梯度 [参见式 6.44]，而 h 是闭的且真凸（参见 6.3 节）。假设最优解集 X^* 非空，且 $\alpha \leqslant 1/L$，其中 L 是 ∇f 的 Lipschitz 常数，因此 x_k 收敛到 X^* 中的某个点（参见命题 6.3.3）。假设对某些标量 $\beta > 0$，$\delta > 0$，与 $\gamma \in (1, 2)$，我们有

$$F^* + \beta\big(d(x)\big)^\gamma \leqslant f(x) + h(x), \qquad \forall x \in \Re^n \text{ 且 } d(x) \leqslant \delta \tag{6.238}$$

其中 F^* 是问题的最优值，且

$$d(x) = \min_{x \in X^*} \|x - x^*\|$$

证明存在 $\bar{k} \geqslant 0$，使对所有的 $k \geqslant \bar{k}$，我们有

$$f(x_{k+1}) + h(x_{k+1}) - F^* \leqslant \frac{1}{2\alpha}\left(\frac{f(x_k) + h(x_k) - F^*}{\beta}\right)^{2/\gamma}$$

注：若式 (6.238) 对 $\gamma = 1$ 成立，则它对所有 $\gamma \in (1, 2)$ 成立，因此此练习证明了在锐利最小值情况下任意快速的超线性收敛，即使当 X^* 包含多个点时（参见练习 6.4）。图 6.9.1 提供了超线性收敛机制的几何解释。随着我们远离最优解集，∂h 的图形几乎“垂直”变化。

证明概要：由下降引理（命题 6.1.2），我们有不等式

$$f(x_{k+1}) \leqslant f(x_k) + \nabla f(x_k)'(x_{k+1} - x_k) + \frac{1}{2\alpha}\|x_{k+1} - x_k\|^2$$

因此对所有 $x^* \in X^*$，我们得到

$$\begin{aligned} f(x_{k+1}) + h(x_{k+1}) &\leqslant f(x_k) + \nabla f(x_k)'(x_{k+1} - x_k) + h(x_{k+1}) + \frac{1}{2\alpha}\|x_{k+1} - x_k\|^2 \\ &= \min_{x \in \Re^n} \left\{ f(x_k) + \nabla f(x_k)'(x - x_k) + h(x) + \frac{1}{2\alpha}\|x - x_k\|^2 \right\} \\ &\leqslant f(x_k) + \nabla f(x_k)'(x^* - x_k) + h(x^*) + \frac{1}{2\alpha}\|x^* - x_k\|^2 \\ &\leqslant f(x^*) + h(x^*) + \frac{1}{2\alpha}\|x^* - x_k\|^2 \end{aligned}$$

最后一步用到梯度不等式 $f(x_k) + \nabla f(x_k)'(x^* - x_k) \leqslant f(x^*)$。令 x^* 为 X^* 中与 x_k 距离最小的向量，我们得到

$$f(x_{k+1}) + h(x_{k+1}) - F^* \leqslant \frac{1}{2\alpha} d(x_k)^2$$

因为 x_k 收敛到 X^* 中的点，通过使用假设式 (6.238)，我们得到对充分大的 k，

$$d(x_k) \leqslant \left(\frac{f(x_k) + h(x_k) - F^*}{\beta} \right)^{1/\gamma}$$

待证结果由结合最后两个关系得到。

6.6（对角缩放的近端梯度法）

考虑最小化 $f + h$，其中 f 是凸的，且可微并具有 Lipschitz 连续梯度 [参见式 (6.44)]，而 h 是闭的且真凸（参见 6.3 节）。考虑问题

$$z_k^i = x_k - d_k^i \frac{\partial f(x_k)}{\partial x^i}, \qquad i = 1, \cdots, n$$

$$x_{k+1} \in \arg\min_{x \in \Re^n} \left\{ h(x) + \sum_{i=1}^n \frac{1}{2d_k^i} \|x - z_k^i\|^2 \right\}$$

其中 d_k^i 是正标量。

(a) 假设对某些向量 x^* 有 $x_k \to x^*$，且对某些标量 d^i，$i = 1, \cdots, n$，有 $d_k^i \to d^i$。证明 x^* 使 $f + h$ 最小化。

提示：证明向量 g_k 的分量为

$$g_k^i = \frac{1}{d_k^i}(z_k^i - x_{k+1}^i), \qquad i = 1, \cdots, n$$

(b) 假设 f 是强凸的，推导出 $x_k \to x^*$ 和 $d_k^i \to d^i$ 的条件。

6.7（将平行投影算法作为块坐标下降法）

令 $X_1, \cdots, X_m$ 是 $\Re^n$ 中给定的闭凸集。考虑在它们的交集找到一个点的问题，以及等价的问题

$$\begin{aligned} &\text{minimize} \quad && \frac{1}{2} \sum_{i=1}^m \|z^i - x\|^2 \\ &\text{subject to} \quad && x \in \Re^n, \quad z^i \in X_i, \quad i = 1, \cdots, m \end{aligned}$$

证明块坐标下降算法由

$$x_{k+1} = \frac{1}{m} \sum_{i=1}^m z_k^i, \qquad z_{k+1}^i = P_{X_i}(x_{k+1}), \quad i = 1, \cdots, m$$

给出。证明命题 6.5.1 收敛结果可用于该算法。

6.8（将近端算法作为块坐标下降法）

令 $f:\Re^n\mapsto\Re$ 为连续可微凸函数，X 为闭凸集，c 为正标量。证明近端算法

$$x_{k+1}\in\arg\min_{x\in X}\left\{f(x)+\frac{1}{2c}\|x-x_k\|^2\right\}$$

是将块坐标下降法应用到问题

$$\begin{aligned}&\text{minimize} && f(x)+\frac{1}{2c}\|x-y\|^2\\&\text{subject to} && x\in X,\quad y\in\Re^n\end{aligned}$$

的一种特殊情况，且该问题等价于在 X 上最小化 f。

提示：考虑代价函数

$$g(x,y)=f(x)+\frac{1}{2c}\|x-y\|^2$$

6.9（近端算法与坐标下降法的结合 [Tse91a]）

考虑最小化向量 $x=(x^1,\cdots,x^m)$ 的连续可微函数 f，使 $x^i\in X_i$，其中 X_i 均为闭凸集。对标量 $c>0$，考虑块坐标下降法式 (6.141) 的如下变体：

$$x_{k+1}^i\in\arg\min_{\xi\in X_i}f(x_{k+1}^1,\cdots,x_{k+1}^{i-1},\xi,x_k^{i+1},\cdots,x_k^m)+\frac{1}{2c}\|\xi-x_k^i\|^2$$

假设 f 是凸的，证明向量序列 $x_k=(x_k^1,\cdots,x_k^m)$ 的每个极限点均为全局最小点。

提示：将命题 6.5.1 的结果应用于代价函数

$$g(x,y)=f(x^1,\cdots,x^m)+\frac{1}{2c}\sum_{i=1}^m\|x^i-y^i\|^2$$

有关此类算法的相关分析，参见 [Aus92]，有关最新的分析，参见 [BST14]。

6.10（将块坐标下降法应用于凸不可微问题）

考虑最小化 $F+G$，其中 $F:\Re^n\mapsto\Re$ 是可微凸函数，$G:\Re^n\mapsto(-\infty,\infty]$ 是闭真凸函数，且对所有 $x\in\mathrm{dom}(G)$，有 $\partial G(x)\neq\varnothing$。

(a) 使用附录 B 中命题 5.4.7 的最优性条件来证明

$$x^*\in\arg\min_{x\in\Re^n}\big\{F(x)+G(x)\big\}$$

成立，当且仅当

$$x^*\in\arg\min_{x\in\Re^n}\big\{\nabla F(x^*)'x+G(x)\big\}$$

(b) 假设 G 可分，形式为

$$G(x)=\sum_{i=1}^n G_i(x^i)$$

其中 x^i，$i=1,\cdots,n$，是 x 的一维坐标，且 $G_i:\Re\mapsto(-\infty,\infty]$ 为闭真凸函数。使用 (a) 部分来证明当且仅当对每个 i，$(x^i)^*$ 在第 i 个坐标方向上最小化 $F+G$ 时，x^* 最小化 $F+G$。

6.11（强凸条件下坐标下降的收敛速率）

本练习比较了坐标下降法中各种坐标选择顺序的收敛速率，并说明了为何良好的确定性顺序比随机顺序表现更好。我们考虑最小化在第 i 个坐标下具有 Lipschitz 连续梯度的可微函数 $f:\Re^n\mapsto\Re$，即对某些 $L>0$，我们有

$$\left|\nabla_i f(x+\alpha e_i)-\nabla_i f(x)\right| \leqslant L\,|\alpha|, \quad \forall x\in\Re^n,\ \alpha\in\Re,\ i=1,\cdots,n \tag{6.239}$$

其中 e_i 为第 i 个坐标方向，$e_i=(0,\cdots,0,1,0,\cdots,0)$ 在第 i 个位置上取 1，且 $\nabla_i f$ 是梯度的第 i 个分量。我们还假设 f 是强凸的，即对某个 $\sigma>0$，有

$$f(y)\geqslant f(x)+\nabla f(x)'(y-x)+\frac{\sigma}{2}\|x-y\|^2, \qquad \forall x,y\in\Re^n \tag{6.240}$$

且我们定义 f 的唯一最小点为 x^*。考虑算法

$$x_{k+1}=x_k-\frac{1}{L}\nabla_{i_k}f(x_k)\,e_{i_k}$$

其中 i_k 的选择方式将在稍后确定。

(a)（**随机坐标选择**[LeL10]，[Nes12]）假设 i_k 从指标集 $\{1,\cdots,n\}$ 中通过均匀随机选择得到，且与之前的选择独立。证明对所有的 k，

$$E\big\{f(x_{k+1})\big\}-f(x^*)\leqslant\left(1-\frac{\sigma}{Ln}\right)\big(f(x_k)-f(x^*)\big) \tag{6.241}$$

简要解答：根据下降引理（命题 6.1.2）与式 (6.239)，我们有

$$\begin{aligned} f(x_{k+1}) &\leqslant f(x_k)+\nabla_{i_k}f(x_k)(x_{k+1}^{i_k}-x_k^{i_k})+\frac{L}{2}(x_{k+1}^{i_k}-x_k^{i_k})^2 \\ &= f(x_k)-\frac{1}{2L}\left|\nabla_{i_k}f(x_k)\right|^2 \end{aligned} \tag{6.242}$$

而通过选取 y 将式 (6.240) 的两侧最小化并令 $x=x_k$，我们有

$$f(x^*)\geqslant f(x_k)-\frac{1}{2\sigma}\left\|\nabla f(x_k)\right\|^2 \tag{6.243}$$

给定 x_k，在式 (6.242) 中取条件期望，我们得到

$$\begin{aligned} E\big\{f(x_{k+1})\big\} &\leqslant E\left\{f(x_k)-\frac{1}{2L}\left|\nabla_{i_k}f(x_k)\right|^2\right\} \\ &= f(x_k)-\frac{1}{2L}\sum_{i=1}^n\frac{1}{n}\left|\nabla_{i_k}f(x_k)\right|^2 \\ &= f(x_k)-\frac{1}{2Ln}\left\|\nabla f(x_k)\right\|^2 \end{aligned}$$

在两侧减去 $f(x^*)$，并使用式 (6.243)，我们得到式 (6.241)。

(b)（**Gauss-Southwell 坐标选择**）假设 i_k 根据

$$i_k\in\arg\max_{i=1,\cdots,n}\left|\nabla_i f(x_k)\right|$$

选取，且令下面的强凸假设对某个 $\sigma_1>0$ 成立，

$$f(y)\geqslant f(x)+\nabla f(x)'(y-x)+\frac{\sigma_1}{2}\|x-y\|_1^2, \qquad \forall x,y\in\Re^n \tag{6.244}$$

其中 $\|\cdot\|_1$ 定义了 ℓ_1 范数。证明对任意 k，

$$f(x_{k+1})-f(x^*)\leqslant\left(1-\frac{\sigma_1}{L}\right)\big(f(x_k)-f(x^*)\big) \tag{6.245}$$

简要解答：通过选取 y 将式 (6.240) 的两侧最小化并令 $x=x_k$，我们得到

$$f(x^*)\geqslant f(x_k)-\frac{1}{2\sigma_1}\left\|\nabla f(x_k)\right\|_\infty^2$$

将上式与式 (6.242) 结合，并使用 i_k 的定义，得到

$$\left|\nabla_{i_k}f(x_k)\right|^2=\left\|\nabla f(x_k)\right\|_\infty^2$$

我们得到式 (6.245)。

注：可以证明，$\frac{\sigma}{n} \leqslant \sigma_1 \leqslant \sigma$，因此收敛速率估计式 (6.245) 比 (a) 部分的估计式 (6.241) 更有利；参见 [ScF14]。

(c) 考虑替代算法

$$x_{k+1} = x_k - \frac{1}{L_{i_k}} \nabla_{i_k} f(x_k)\, e_{i_k}$$

其中 L_i 是梯度在第 i 个坐标下的 Lipschitz 常数，即

$$\left|\nabla_i f(x + \alpha e_i) - \nabla_i f(x)\right| \leqslant L_i\, |\alpha|, \qquad \forall x \in \Re^n,\ \alpha \in \Re,\ i = 1, \cdots, n$$

这里 i_k 的选取方法与 (a) 部分相同，是通过在指标集 $\{1, \cdots, n\}$ 中均匀随机采样得到，且与之前的选择独立。证明对所有的 k，

$$E\big\{f(x_{k+1})\big\} - f(x^*) \leqslant \left(1 - \frac{\sigma}{\bar{L}}\right)\big(f(x_k) - f(x^*)\big)$$

其中 $\bar{L} = \sum_{i=1}^{n} L_i$。

注：与 (a) 部分相比，这是一个更强的收敛速率估计，(a) 部分适用于 $L = \min\{L_1, \cdots, L_n\}$。对于不同的坐标使用不同的步长可以被视为对角缩放的形式。实际上，L_{i_k} 可以通过 f 沿 e_{i_k} 的二阶导数的有限差分近似值或其他粗糙线搜索方案来近似。

附录 A　数学背景知识

本附录的 A.1 节～A.3 节给出线性代数和实分析的基本定义、符号和结论。假定读者已经熟悉这些内容，因此没有提供证明。相关材料可以参考课本 Hoffman 和 Kunze [HoK71]，Lancaster 和 Tismenetsky [LaT85],Strang [Str76] (线性代数)，以及 Ash [Ash72]，Ortega 和 Rheinboldt [OrR70]，Rudin [Rud76] (实分析)。

在 A.4 节，我们提供若干确定性和随机性序列的收敛性定理。这些定理会用于本书算法收敛性分析。我们只对随机变量序列的超鞅收敛定理（命题 A4.5）给出完整证明。

集合记号

如果 X 是集合，x 是 X 的元素，我们记作 $x \in X$。集合可用 $X = \{x \mid x \text{ 满足 } P\}$ 形式定义，作为所有满足性质 P 的元素的集合。两个集合 X_1 和 X_2 的并集记作 $X_1 \cup X_2$，它们的交集记作 $X_1 \cap X_2$。符号 $\exists$ 和 $\forall$ 分别表示“存在”和“对于所有”。空集记作 $\varnothing$。

实数集合（也称为标量）记作 $\Re$。集合 $\Re$ 加上 $+\infty$ 和 $-\infty$ 称为**扩充实数**（extended real numbers）。对于所有实数 x，我们记有 $-\infty < x < \infty$，对于所有扩充实数，有 $-\infty \leqslant x \leqslant \infty$。我们把所有满足 $a \leqslant x \leqslant b$ 条件的实数（可能是扩充的）的集合记作 $[a,b]$。圆括号表示定义中严格不等式。因此 $(a,b]$，$[a,b)$ 和 (a,b) 表示所有分别满足 $a < x \leqslant b$, $a \leqslant x < b$, $a < x < b$ 的 x 的集合。进而，我们利用算术规则的自然扩展 $x \cdot 0 = 0$ 对于所有扩充实数 x 成立，如果 $x > 0$，则有 $x \cdot \infty = \infty$，如果 $x < 0$，则有 $x \cdot \infty = -\infty$，并且 $x + \infty = \infty$，$x - \infty = -\infty$ 对任何标量 x 成立。表达式 $\infty - \infty$ 没有意义，因此不允许出现。

上下确界记号

非空标量集合 X 的**上确界**，记作 $\sup X$，定义为对所有 $x \in X$ 满足 $y \geqslant x$ 条件的最小标量 y。如果这样的标量不存在，我们说 X 的上确界是 ∞。类似地，X 的**下确界**，记作 $\inf X$，定义为对所有 $x \in X$ 满足 $y \leqslant x$ 条件的最大标量 y，如果这样的标量不存在，则等于 $-\infty$。对于空集，我们约定

$$\sup \varnothing = -\infty, \qquad \inf \varnothing = \infty$$

如果 $\sup X$ 等于属于集合 X 的标量 $\overline{x}$, 那么我们称 $\overline{x}$ 为 X 的**最大值点**，并记 $\overline{x} = \max X$。类似地，如果 $\inf X$ 等于属于 X 的标量 $\overline{x}$，我们称 $\overline{x}$ 为 X 的**最小值点**，并记 $\overline{x} = \min X$。因此，当我们用 $\max X$(或 $\min X$) 来代替 $\sup X$(或 $\inf X$) 时，我们是在强调：集合 X 的最大值（或最小值）在该集合的点上是可以达到的，而这个结论要么是显然的，要么是根据之前的分析为已知，或者是将要证明的。

向量记号

我们用 $\Re^n$ 表示 n 维实向量的集合。对于任意的 $x \in \Re^n$, 用 x_i (有时 x^i) 表示它的第 i 个**坐标**，也称为它的第 i 个**分量**。除非特别说明，默认 $\Re^n$ 中的向量是列向量。对于任意的 $x \in \Re^n$，x' 表示 x 的转置，它是一个 n 维行向量。两个向量 $x = (x_1, \cdots, x_n)$ 和 $y = (y_1, \cdots, y_n)$ 的**内积**

定义为 $x'y = \sum_{i=1}^{n} x_i y_i$。满足 $x'y = 0$ 条件的两个向量 $x, y \in \Re^n$ 称为是**正交的**。

如果 x 是 $\Re^n$ 中的向量，$x > 0$ 和 $x \geqslant 0$ 分别表示 x 的所有分量都是正的或者是非负的。对于两个向量 x 和 y，$x > y$ 的意思是 $x - y > 0$。$x \geqslant y$，$x < y$ 等公式的意思可以被相应地理解。

函数记号和术语

如果 f 是函数，我们用记号 $f: X \mapsto Y$ 来表示 f 是定义在非空集合 X(函数的**定义域**) 且取值于集合 Y(函数的**值域**)。因此当使用记号 $f: X \mapsto Y$ 时，我们隐含地假定 X 为非空。如果 $f: X \mapsto Y$ 为一函数，且 U 和 V 分别是 X 和 Y 的子集，则集合 $\{f(x) \mid x \in U\}$ 称为是**像或 U 在 f 的前向图像**，而集合 $\{x \in X \mid f(x) \in V\}$ 称为是 **V 在 f 下的原像**。

函数 $f: \Re^n \mapsto \Re$ 称为是**仿射的**，如果它具有如下形式 $f(x) = a'x + b$ 对某个 $a \in \Re^n$ 和 $b \in \Re$ 成立。类似地，函数 $f: \Re^n \mapsto \Re^m$ 称为是**仿射的**，如果它具有如下形式 $f(x) = Ax + b$ 对某个 $m \times n$ 矩阵 A 和某个 $b \in \Re^m$ 成立。如果 $b = 0$，f 称为**线性函数**或**线性变换**。有时，稍微混淆一下术语，诸如 $a'x = b$ 或 $a'x \leqslant b$ 形式的包含线性函数的方程或不等式，分别称为**线性方程**或**线性不等式**。

A.1　线性代数

如果 X 是 $\Re^n$ 的子集而 λ 是标量，我们用 λX 来表示集合 $\{\lambda x \mid x \in X\}$。如果 X 和 Y 是 $\Re^n$ 的两个子集，我们用 $X + Y$ 来表示集合

$$\{x + y \mid x \in X, y \in Y\}$$

并把它称为 **X 和 Y 的向量和**。对于有限个子集，我们也使用类似的记号。当一个子集只包含单一向量 $\overline{x}$ 时，我们使用如下简化的记号：

$$\overline{x} + X = \{\overline{x} + x \mid x \in X\}$$

我们还用 $X - Y$ 来表示集合

$$\{x - y \mid x \in X, y \in Y\}$$

给定集合 $X_i \subset \Re^{n_i}$，$i = 1, \cdots, m$，X_i 的**笛卡儿积**记作 $X_1 \times \cdots \times X_m$，表示集合

$$\{(x_1, \cdots, x_m) \mid x_i \in X_i, i = 1, \cdots, m\}$$

可以视为 $\Re^{n_1 + \cdots + n_m}$ 的子集。

子空间和线性无关性

$\Re^n$ 的非空子集 S 称为是**子空间**，如果 $ax + by \in S$ 则对每一个 $x, y \in S$ 和每一个 $a, b \in \Re$ 都成立。$\Re^n$ 中的**仿射集**（affine set）是平移后的子空间，即具有如下形式的集合 X，$X = \overline{x} + S = \{\overline{x} + x \mid x \in S\}$，其中 $\overline{x}$ 是 $\Re^n$ 中的向量，而 S 是 $\Re^n$ 的子空间。它被称为是**平行于 X 的子空间**。注意只有一个子空间 S 会与每一个仿射集存在这种关联。[为证明这一点，令 $X = x + S$ 和 $X = \overline{x} + \overline{S}$ 为仿射集 X 的两种表示。于是我们必有 $x = \overline{x} + \overline{s}$ 对某个 $\overline{s} \in \overline{S}$(因为 $x \in X$)，使得条件 $X = \overline{x} + \overline{s} + S$ 成立。由于我们还有 $X = \overline{x} + \overline{S}$, 可知 $S = \overline{S} - \overline{s} = \overline{S}$。] 非空集合 X 是子空间的充要条件是它包含原点，以及通过它当中不相同的两点的每条直线，即包含 0 和所有 $\alpha x + (1 - \alpha) y$ 形式的点，其中 $\alpha \in \Re$ 且 $x, y \in X$ 满足 $x \neq y$。类似地，X 是仿射集的充要条件是它包含穿过它当中不相同的两点的直线。$\Re^n$ 中有限个元素 $\{x_1, \cdots, x_m\}$**所张成**

的空间，记作 $\text{span}(x_1,\cdots,x_m)$，定义为有全部如下形式的向量 y 构成的子空间，$y=\sum_{k=1}^{m}\alpha_k x_k$，其中 α_k 是标量。

向量 $x_1,\cdots,x_m\in\Re^n$ 称为是**线性无关的**，如果不存在标量 $\alpha_1,\cdots,\alpha_m$，其中至少一个为非零，使得 $\sum_{k=1}^{m}\alpha_k x_k=0$ 成立。等价定义是 $x_1\neq 0$，对于每个 $k>1$，向量 x_k 不属于 $x_1,\cdots,x_{k-1}$ 张成的子空间。

如果 S 是 $\Re^n$ 的至少包含一个非零向量的子空间，那么 S 的**基**定义为一组线性无关的向量，它们张成的子空间等于 S。给定子空间的每组基具有相同数目的向量。该数目称为 S 的**维数**。习惯上，子空间 $\{0\}$ 称为具有零维。非零维子空间具有一组正交基（即该基的任意不同向量都是正交的）。**仿射集合** $\overline{x}+S$**的维数**就是相应子空间 S 的维数。$\Re^n$ 的 $(n-1)$ 维仿射子集称为是**超平面**（hyperplane），这里假定 $n\geqslant 2$。它可由一个具有 $\{x\mid a'x=b\}$ 形式的线性方程来给定，其中 $a\neq 0$ 且 $b\in\Re$。

给定 $\Re^n$ 的任意子集 X，与 X 的所有元素都正交的向量构成一个子空间，记作 $X^\perp$：

$$X^\perp=\{y\mid y'x=0,\ \forall x\in X\}$$

如果 S 是子空间, 那么 $S^\perp$ 称为 S 的**正交补集**。任意向量 x 可以唯一地分解为来自集合 S 的一个向量与来自 $S^\perp$ 的一个向量之和。进而，我们由 $(S^\perp)^\perp=S$。

矩阵

对于任意矩阵 A，我们用 A_{ij}，$[A]_{ij}$ 或 a_{ij} 来表示它的第 ij 个分量。A 的**转置**，记作 A'，定义为满足 $[A']_{ij}=a_{ji}$。对于维数相容的两个矩阵 A 和 B，乘积矩阵 AB 的转置满足 $(AB)'=B'A'$。方的可逆矩阵 A 的逆记作 A^{-1}。

如果 X 是 $\Re^n$ 的子集，且 A 是 $m\times n$ 维矩阵，那么 $\boldsymbol{X}$ **在** $\boldsymbol{A}$ **之下的像**记作 AX(或者 $A\boldsymbol{\cdot}X$，如果这样记更清楚):

$$AX=\{Ax\mid x\in X\}$$

如果 Y 是 $\Re^m$ 的子集，那么 $\boldsymbol{Y}$ **在** $\boldsymbol{A}$ **之下的原像**记作 $A^{-1}Y$：

$$A^{-1}Y=\{x\mid Ax\in Y\}$$

令 A 为 $m\times n$ 维矩阵。A 的**值空间**（range space），记作 $R(A)$，是满足对于某个 $x\in\Re^n$ 使得 $y=Ax$ 成立的所有向量 $y\in\Re^m$ 的集合。A 的**零空间**（nullspace），记作 $N(A)$，是使得 $Ax=0$ 成立的所有向量 $x\in\Re^n$ 的集合。可以证明 A 的值空间和零空间都是子空间。A 的**秩**是 A 的值空间的维数。A 的秩等于 A 的最大线性无关列数，也等于 A 的最大线性无关行数。矩阵 A 和它的转置 A' 具有相同的秩。我们称 A 为**满秩**，如果它的秩等于 $\min\{m,n\}$。这个条件成立的充要条件是要么 A 的行是线性无关的，要么 A 的列是线性无关的。$m\times n$ 矩阵 A 的值空间等于它的转置的零空间的正交补集，即 $R(A)=N(A')^\perp$。

方阵

方阵指 $n\times n$ 维矩阵，其中 $n\geqslant 1$。方阵 A 的行列式记作 $\det(A)$。

定义 A.1.1 方阵 A 称为是**奇异的**，如果它的行列式为零。否则称为是**非奇异的**，或者是**可逆的**。

定义 A.1.2　$n \times n$ 矩阵 A 的额**特征多项式**ϕ 定义为 $\phi(\lambda) = \det(\lambda I - A)$，其中 I 是与 A 同维的单位阵。ϕ 的 n 个根（可能是有重复或是复数）称为 A 的**特征值**。满足使得 $Ax = \lambda x$ 成立的非零向量 x（可能有复数坐标）称为 A 对应于 λ 的**特征向量**，其中 λ 是 A 的特征值。

注意本书中我们只在特征值和特征向量中使用复数。所有其他矩阵或向量默认假设为具有实分量。

命题 A.1.1

(a) 令 A 为 $n \times n$ 维矩阵，以下条件均等价：

(i) A 为非奇异。

(ii) A' 为非奇异。

(iii) 对于每一个非零向量 $x \in \Re^n$，均成立 $Ax \neq 0$。

(iv) 对于每个向量 $y \in \Re^n$，存在唯一的 $x \in \Re^n$ 使得 $Ax = y$ 成立。

(v) 存在 $n \times n$ 矩阵 B 使得 $AB = I = BA$ 成立。

(vi) A 的所有列是线性无关的。

(vii) A 的所有行是线性无关的。

(viii) A 的所有特征值均为非零。

(b) 假定 A 为非奇异，条件 (v) 中的矩阵 B（称为 A 的**逆**，记作 A^{-1} 是唯一的。

(c) 对于维数相同的任意两个可逆方阵 A 和 B，我们有 $(AB)^{-1} = B^{-1}A^{-1}$。

命题 A.1.2　令 A 为 $n \times n$ 矩阵。

(a) 如果 T 是非奇异矩阵，且 $B = TAT^{-1}$，那么 A 和 B 的特征值相同。

(b) 对于任意的变量 c，$cI + A$ 的特征值等于 $c + \lambda_1, \cdots, c + \lambda_n$，其中 $\lambda_1, \cdots, \lambda_n$ 是 A 的特征值。

(c) A^k 的特征值等于 $\lambda_1^k, \cdots, \lambda_n^k$，其中 $\lambda_1, \cdots, \lambda_n$ 是 A 的特征值。

(d) 如果 A 是非奇异的，那么 A^{-1} 的特征值是 A 的特征值的倒数。

(e) A 和 A' 的特征值相同。

令 A 和 B 为方阵，令 C 为具有适当维数的矩阵。那么，我们有

$$(A + CBC')^{-1} = A^{-1} - A^{-1}C(B^{-1} + C'A^{-1}C)^{-1}C'A^{-1}$$

这里假定出现的逆矩阵都存在。证明思路是两边同时乘以 $A + CBC'$ 并证明乘积是单位阵。

另外，分块矩阵

$$M = \begin{bmatrix} A & B \\ C & D \end{bmatrix}$$

的一个有用的求逆公式如下：

$$M^{-1} = \begin{bmatrix} Q & -QBD^{-1} \\ -D^{-1}CQ & D^{-1} + D^{-1}CQBD^{-1} \end{bmatrix}$$

其中

$$Q = (A - BD^{-1}C)^{-1}$$

假定所有的逆都是存在的。证明思路是用 M^{-1} 的表达式去乘 M 并验证乘积等于单位阵。

对称和正定阵

方阵 A 称为是**对称的**，如果 $A = A'$。对称矩阵具有若干特殊性质，特别是在特征值和特征向量方面。

命题 A.1.3 令 A 为对称的 $n \times n$ 维矩阵。则

(a) A 的特征值是实数。

(b) A 具有相互正交的实的和非零特征向量 $x_1, \cdots, x_n$。

(c) 下面式子成立

$$\underline{\lambda}\, x'x \leqslant x'Ax \leqslant \bar{\lambda}\, x'x, \qquad \forall x \in \Re^n$$

其中 $\underline{\lambda}$ 和 $\bar{\lambda}$ 分别是 A 的最小和最大特征值。

定义 A.1.3 对称 $n \times n$ 维矩阵 A 称为是**正定的**，如果 $x'Ax > 0$ 对于所有的 $x \in \Re^n$，$x \neq 0$ 成立。它称为是**半正定的**，如果 $x'Ax \geqslant 0$ 对所有 $x \in \Re^n$ 成立。

本书中，正定的概念只适用于对称矩阵。因此**只要我们提及一个矩阵是正定（或半正定）的，隐含地假定该矩阵为对称**，尽管通常为了清楚起见我们会加上“对称”的修饰。

命题 A.1.4

(a) 方阵是对称正定阵的充要条件是它是可逆的且其逆矩阵也是对称正定的。

(b) 两个对称半正定阵的和是半正定的。如果两个矩阵中有一个是正定的，则和也是正定的。

(c) 如果 A 是 $n \times n$ 维对称半正定阵，T 是 $m \times n$ 维矩阵，那么 TAT' 是半正定的。如果 A 是正定的且 T 是可逆的，那么 TAT' 是正定的。

(d) 如果 A 是对称正定 $n \times n$ 维矩阵，存在唯一的对称正定矩阵使得自身相乘的结果是 A。该矩阵称为 **A 的平方根**。它表示为 $A^{1/2}$，其逆表示为 $A^{-1/2}$。

A.2 拓扑性质

定义 A.2.1 $\Re^n$ 上的**范数** $\|\cdot\|$ 定义为满足以下性质的函数。该函数为每个 $x \in \Re^n$ 分配一个标量 $\|x\|$，满足：

(a) $\|x\| \geqslant 0$ 对所有 $x \in \Re^n$ 成立。

(b) $\|\alpha x\| = |\alpha| \cdot \|x\|$ 对每个标量 α 和向量 $x \in \Re^n$ 成立。

(c) $\|x\| = 0$ 当前仅当 $x = 0$。

(d) $\|x + y\| \leqslant \|x\| + \|y\|$ 对所有 $x, y \in \Re^n$ 成立 (该性质称为**三角不等式**)。

向量 $x = (x_1, \cdots, x_n)$ 的**欧氏范数**定义为

$$\|x\| = (x'x)^{1/2} = \left(\sum_{i=1}^{n} |x_i|^2\right)^{1/2}$$

除非特别指出，我们默认使用该范数。特别地，**除非特别声明，$\|\cdot\|$ 均表示欧氏范数**。**Schwarz 不等式**指的是对于任意两个向量 x 和 y，我们有

$$|x'y| \leqslant \|x\| \cdot \|y\|$$

成立，其中等式成立的充要条件为 $x = \alpha y$ 对某个标量 α 成立。**Pythagorean 定理**（勾股定理）指的是对于任意两个正交向量 x 和 y，我们有

$$\|x + y\|^2 = \|x\|^2 + \|y\|^2$$

成立。

有两个重要的范数分别是**最大值范数 maximum norm** $\|\cdot\|_\infty$(也称为**sup-范数**或**ℓ_∞-范数**)，定义为

$$\|x\|_\infty = \max_{i=1,\cdots,n} |x_i|$$

以及ℓ_1-范数$\|\cdot\|_1$，定义为

$$\|x\|_1 = \sum_{i=1}^{n} |x_i|$$

序列

在序列的记号上，下标和上标都会用到。一般情况下，我们倾向于用下标，但有时也用上标以便把下标用于向量或函数分量的索引。下标和上标的含义从上下文中可以得知。

标量序列 $\{x_k \mid k = 1, 2, \cdots\}$(或简记为 $\{x_k\}$) 称为是**收敛的**，如果存在标量 x 使得对于任意的 $\epsilon > 0$ 我们都有 $|x_k - x| < \epsilon$ 对每个大于某个 (依赖于 ϵ) 的整数 K 的 k 均成立。该标量 x 称为 $\{x_k\}$ 的**极限**，而序列 $\{x_k\}$ 称为**收敛于** x；符号上，写作 $x_k \to x$ 或 $\lim\limits_{k\to\infty} x_k = x$。如果对于每个标量 b，总存在某个 K(依赖于 b) 使得 $x_k \geqslant b$ 对于所有 $k \geqslant K$ 成立，那么我们就记 $x_k \to \infty$ 且 $\lim\limits_{k\to\infty} x_k = \infty$。类似地，如果对于每个标量 b，总存在某个整数 K 使得 $x_k \leqslant b$ 对所有 $k \geqslant K$ 成立，那么我们记 $x_k \to -\infty$ 且 $\lim\limits_{k\to\infty} x_k = -\infty$。不过，需要注意，在所有“$\{x_k\}$ 收敛”或“$\{x_k\}$ 的极限存在”或“$\{x_k\}$ 有极限”这样的陈述中，默认的约定是 $\{x_k\}$ 的极限是标量。

标量序列 $\{x_k\}$ 称为是**有上界**(相应地，**有下界**)，如果存在标量 b 使得 $x_k \leqslant b$(相应地，$x_k \geqslant b$) 对于所有 k 成立。它称为是**有界的**，如果它都是有上界和有下界。序列 $\{x_k\}$ 称为是单调**非增的**(相应地，**非减的**) 如果 $x_{k+1} \leqslant x_k$ (相应地，$x_{k+1} \geqslant x_k$) 对所有 k 成立。如果 $x_k \to x$ 且 $\{x_k\}$ 为单调非增 (相应地，非减)，我们也会用记号 $x_k \downarrow x$(相应地，$x_k \uparrow x$) 表示。

命题 A.2.1　每一个有界单调非增或非减的标量序列都是收敛的。

注意单调非减序列 $\{x_k\}$ 要么是有界的，这时根据上述命题，它会收敛于某个标量 x；或者它是无界的，这时 $x_k \to \infty$。类似地，单调非增序列 $\{x_k\}$ 要么是有界的且收敛，要么是无解的，这时 $x_k \to -\infty$。

给定标量序列 $\{x_k\}$，令

$$y_m = \sup\{x_k \mid k \geqslant m\}, \qquad z_m = \inf\{x_k \mid k \geqslant m\}$$

序列 $\{y_m\}$ 和 $\{z_m\}$ 分别为非增和非减，只要 $\{x_k\}$ 分别是有上界或有下界的，这两个序列就有极限 (命题 A.2.1)。y_m 的极限记作 $\limsup\limits_{k\to\infty} x_k$，并称为 $\{x_k\}$ 的**上极限**。z_m 的极限记作 $\liminf\limits_{k\to\infty} x_k$，并称为 $\{x_k\}$ 的**下极限**。如果 $\{x_k\}$ 是没有上界的，那么我们记 $\limsup\limits_{k\to\infty} x_k = \infty$, 而如果它是没有下界的, 我们记 $\liminf\limits_{k\to\infty} x_k = -\infty$。

命题 A.2.2　令 $\{x_k\}$ 和 $\{y_k\}$ 为标量序列。

(a) 我们有

$$\inf\{x_k \mid k \geqslant 0\} \leqslant \liminf_{k\to\infty} x_k \leqslant \limsup_{k\to\infty} x_k \leqslant \sup\{x_k \mid k \geqslant 0\}$$

(b) $\{x_k\}$ 收敛的充要条件是

$$-\infty < \liminf_{k\to\infty} x_k = \limsup_{k\to\infty} x_k < \infty$$

进而，如果 $\{x_k\}$ 收敛, 它的极限等于 $\liminf\limits_{k\to\infty} x_k$ 和 $\limsup\limits_{k\to\infty} x_k$ 的公共标量值。

(c) 如果 $x_k \leqslant y_k$ 对所有 k 成立，那么

$$\liminf_{k\to\infty} x_k \leqslant \liminf_{k\to\infty} y_k, \qquad \limsup_{k\to\infty} x_k \leqslant \limsup_{k\to\infty} y_k$$

(d) 我们有

$$\liminf_{k\to\infty} x_k + \liminf_{k\to\infty} y_k \leqslant \liminf_{k\to\infty}(x_k + y_k)$$

$$\limsup_{k\to\infty} x_k + \limsup_{k\to\infty} y_k \geqslant \limsup_{k\to\infty}(x_k + y_k)$$

$\Re^n$ 中的向量序列 $\{x_k\}$ 称为是收敛于某个 $x \in \Re^n$，如果对于每个 i，x_k 的第 i 个分量都收敛于 x 的第 i 个分量。我们用 $x_k \to x$ 和 $\lim_{k\to\infty} x_k = x$ 作为向量序列收敛的记号。$\{x_k\} \subset \Re^n$ 称为**柯西列**（Cauchy sequence），如果当 $m, n \to \infty$ 时，有 $\|x_m - x_n\| \to 0$，即对于任意给定的 $\epsilon > 0$，总存在 N 使得 $\|x_m - x_n\| \leqslant \epsilon$ 对于 $m, n \geqslant N$ 成立。序列是柯西列的充要条件是它收敛于某个向量。序列 $\{x_k\}$ 称为是有界的，如果它的每个分量都是有界的。可知 $\{x_k\}$ 是有界的当且仅当存在标量 c 使得 $\|x_k\| \leqslant c$ 对所有 k 成立。序列 $\{x_k\}$ 的无穷子集称为 $\{x_k\}$ 的**子列**。因此子列自身可以看作序列，可以表示为集合 $\{x_k \mid k \in \mathcal{K}\}$，其中 $\mathcal{K}$ 是正整数集合的无穷子集(我们也会用到记号 $\{x_k\}_{\mathcal{K}}$)。

向量 $x \in \Re^n$ 称为序列 $\{x_k\}$ 的**极限点**，如果存在子列 $\{x_k\}$ 收敛于 x。以下是一个我们会经常用到的经典结果。

命题 A.2.3（Bolzano-Weierstrass 定理） $\Re^n$ 中的有界序列至少有一个极限点。

$o(\cdot)$ 记号

对于函数 $h : \Re^n \mapsto \Re^m$，我们记 $h(x) = o\big(\|x\|^p\big)$，其中 p 是正整数，如果

$$\lim_{k\to\infty} \frac{h(x_k)}{\|x_k\|^p} = 0$$

对于所有满足以下条件的序列 $\{x_k\}$ 成立，其中 $\{x_k\}$ 满足 $x_k \to 0$ 且对所有 k 有 $x_k \neq 0$ 成立。

闭集和开集

我们称 x 为 $\Re^n$ 的子集X **的闭包点**（closure point），如果存在序列 $\{x_k\} \subset X$ 收敛到 x。X 的**闭包**（closure），记作 $\mathrm{cl}(X)$，是 X 的所有闭包点构成的集合。

定义 A.2.2 $\Re^n$ 的子集 X 称为是**闭的**，如果它等于其闭包。称它为**开的**，如果它的补集，$\{x \mid x \notin X\}$，是闭的。称它为**有界的**，如果存在标量 c 使得 $\|x\| \leqslant c$ 对于所有的 $x \in X$ 成立。称它为**紧的**（compact），如果它是闭的和有界的。

给定 $x^* \in \Re^n$ 和 $\epsilon > 0$，集合 $\big\{x \mid \|x - x^*\| < \epsilon\big\}$ 和 $\big\{x \mid \|x - x^*\| \leqslant \epsilon\big\}$ 分别称为以 x^* 为**开球**（open sphere，或 open ball）和**闭球**（closed sphere，或 closed ball）。引入这样的定义之后，可知 $\Re^n$ 的子集 X 是开的充要条件是对于任意 $x \in X$ 都存在以 x 的开球被包含在 X 中。向量 x 的**邻域**（neighborhood）是包含 x 的开集。

定义 A.2.3 我们称 x 为 $\Re^n$ 的子集 X 的**内点**（interior point），如果存在一个 x 的邻域被包含在 X 中。X 的所有内点的集合称为 X 的**内点集，或内部**（interior），记作 $\mathrm{int}(X)$。X 闭包中不是内点的点 $x \in \mathrm{cl}(X)$ 称为 X 的**边界点**（boundary point）。X 的所有边界点的集合称为 X 的**边界**（boundary）。

命题 A.2.4

(a) 有限个闭集的并集是闭的。

(b) 任意多个闭集的交集是闭的。

(c) 任意多个开集的并集是开的。

(d) 有限个开集的交集是开的。

(e) 一个集合是开的充要条件是它的所有点都是内点。

(f) $\Re^n$ 的所有子空间都是闭的。

(g) 集合 $X \subset \Re^n$ 是紧的充要条件是 X 元素的任意序列都含有收敛于 X 元的子序列。

(h) 如果 $\{X_k\}$ 是 $\Re^n$ 的非空紧子集的序列，并满足对于任意 k，$X_{k+1} \subset X_k$ 成立，那么交集 $\bigcap_{k=0}^{\infty} X_k$ 是非空的和紧的。

$\Re^n$ 中子集的拓扑性质，如为开、闭或紧，不依赖于所选取的范数。这是如下命题的推论。

命题 A.2.5（**范数等价性质**）令

(a) 对于 $\Re^n$ 上的任意两个范数 $\|\cdot\|$ 和 $\|\cdot\|'$，存在标量 c 使得

$$\|x\| \leqslant c\|x\|', \qquad \forall x \in \Re^n$$

成立。

(b) 如果 $\Re^n$ 的子集在某个范数下为开 (闭、有界或紧)，那么它就在所有其他范数下为开 (闭、有界或紧)。

连续性（Continuity）

令 $f : X \mapsto \Re^m$ 为函数，其中 X 是 $\Re^n$ 的子集，且令 x 为 X 中的向量。如果存在向量 $y \in \Re^m$ 使得对于满足 $\lim_{k\to\infty} x_k = x$ 的任意序列 $\{x_k\} \subset X$，序列 $\{f(x_k)\}$ 都收敛于 y，我们就记 $\lim_{z\to x} f(z) = y$。如果存在向量 $y \in \Re^m$ 使得对于满足 $\lim_{k\to\infty} x_k = x$ 和 $x_k \leqslant x$（或 $x_k \geqslant x$）对于任意的 k 成立的任意序列 $\{x_k\} \subset X$，序列 $\{f(x_k)\}$ 都收敛于 y，我们就记 $\lim_{z\uparrow x} f(z) = y$[或 $\lim_{z\downarrow x} f(z) = y$]。

定义 A.2.4　令 X 为 $\Re^n$ 的非空子集。

(a) 函数 $f : X \mapsto \Re^m$ 称为在向量 $x \in X$ 处**连续**（continuous），如果 $\lim_{z\to x} f(z) = f(x)$。

(b) 函数 $f : X \mapsto \Re^m$ 称为在向量 $x \in X$ 处**右连续**（right-continuous）[或**左连续**（left-continuous）]，如果 $\lim_{z\downarrow x} f(z) = f(x)$[或 $\lim_{z\uparrow x} f(z) = f(x)$]。

(c) 函数 $f : X \mapsto \Re^m$ 称为在 X 上**Lipschitz 连续**（Lipschitz continuous），如果存在标量 L 使得

$$\big\|f(x) - f(y)\big\| \leqslant L\|x - y\|, \qquad \forall x, y \in X$$

成立。

(d) 实值函数 $f : X \mapsto \Re$ 称为在向量 $x \in X$ 处**上半连续**（upper semicontinuous）[或**下半连续**（lower semicontinuous）]，如果 $f(x) \geqslant \limsup_{k\to\infty} f(x_k)$[或 $f(x) \leqslant \liminf_{k\to\infty} f(x_k)$] 对于每个收敛于 x 的序列 $\{x_k\} \subset X$ 都成立。

如果函数 $f : X \mapsto \Re^m$ 在它的定义域 X 的一个子集的任意向量处都是连续的，那么我们就称 $\boldsymbol{f}$ **在这个子集上连续**。如果 $f : X \mapsto \Re^m$ 在定义域 X 的每个向量处均为连续，那么我们就称 $\boldsymbol{f}$ **是连续的**（不带限定条件）。对于右连续、左连续、Lipschitz 连续、上半连续、下半连续，我们都采用类似的术语。

命题 A.2.6

(a) $\Re^n$ 的任意范数都是连续的。

(b) 令 $f : \Re^m \mapsto \Re^p$ 和 $g : \Re^n \mapsto \Re^m$ 为连续函数。由 $(f\cdot g)(x) = f\big(g(x)\big)$ 定义的复合函数 $f\cdot g : \Re^n \mapsto \Re^p$ 是连续函数。

(c) 令 $f:\Re^n\mapsto\Re^m$ 为连续，且令 Y 为 $\Re^m$ 的开（或闭）子集。那么 Y 的原像集 $\{x\in\Re^n\mid f(x)\in Y\}$ 是开的（或闭的）。

(d) 令 $f:\Re^n\mapsto\Re^m$ 为连续，且令 X 为 $\Re^n$ 的紧子集。则 X 的像集 $\{f(x)\mid x\in X\}$ 是紧的。

如果 $f:\Re^n\mapsto\Re$ 是连续函数，且 $X\subset\Re^n$ 是紧的，根据命题 A.2.6(c)，对于任意满足 $\gamma>f^*$ 的 $\gamma\in\Re$，集合

$$V_\gamma=\{x\in X\mid f(x)\leqslant\gamma\}$$

都是非空的和紧的，其中

$$f^*=\inf_{x\in X}f(x)$$

由于 f 的最小点集合是满足对所有 k，都有 $\gamma_k\downarrow f^*$ 和 $\gamma_k>f^*$ 条件成立的序列 $\{\gamma_k\}$ 所定义的任意非空紧集合序列 V_{γ_k} 的交集，根据命题 A.2.4(h)，最小点集合是非空的。这就证明了如下的经典的 Weierstrass 定理。

命题 A.2.7（连续函数的 Weierstrass 定理） 连续函数 $f:\Re^n\mapsto\Re$ 在 $\Re^n$ 的任意紧子集上可达到最小值。

A.3 导 数

令 $f:\Re^n\mapsto\Re$ 为某个函数，固定 $x\in\Re^n$，且考虑表达式

$$\lim_{\alpha\to 0}\frac{f(x+\alpha e_i)-f(x)}{\alpha}$$

其中，e_i 是第 i 个单位向量 (除了第 i 个分量是 1，其他所有分量均为 0)。如果上述极限存在，该极限就称为 f 在向量 x 处的第 i 个**偏导数**（partial derivative），并记作 $(\partial f/\partial x_i)(x)$ 或 $\partial f(x)/\partial x_i$(本节中 x_i 表示向量 x 的第 i 个分量)。假定全部这些偏导数都存在，那么 f 在向量 x 处的**梯度**（gradient）就定义为列向量

$$\nabla f(x)=\begin{bmatrix}\dfrac{\partial f(x)}{\partial x_1}\\ \vdots\\ \dfrac{\partial f(x)}{\partial x_n}\end{bmatrix}$$

对于任意的 $d\in\Re^n$，只要极限存在，我们就定义 f 在向量 x 处沿 d 方向的单侧**方向导数**（directional derivative）为

$$f'(x;d)=\lim_{\alpha\downarrow 0}\frac{f(x+\alpha d)-f(x)}{\alpha}$$

如果 f 在向量 x 处的所有的方向导数都存在，并且 $f'(x;d)$ 是 d 的线性函数，我们就称 f 在 x 处为**可微**（differentiable）。可知 f 可微的充要条件是梯度 $\nabla f(x)$ 存在，且满足 $\nabla f(x)'d=f'(x;d)$ 对任意 $d\in\Re^n$ 成立，或者等价地，

$$f(x+\alpha d)=f(x)+\alpha\nabla f(x)'d+o(|\alpha|),\qquad\forall\alpha\in\Re$$

函数 f 称为**在 $\Re^n$ 的子集 S 上可微**，如果它在任意 $x\in S$ 处均为可微。函数 f 称为**可微**(没有限定)，如果它在所有 $x\in\Re^n$ 处均为可微。

如果 f 在开集 S 上可微，且 $\nabla f(\cdot)$ 在所有 $x\in S$ 处为连续，那么我们就称 f 为**在 S 上连续可微**（continuously differentiable）。可以证明对于任意的 $x\in S$ 和范数 $\|\cdot\|$，

$$f(x+d)=f(x)+\nabla f(x)'d+o(\|d\|),\qquad\forall d\in\Re^n$$

函数 f 称为**连续可微**（没有限定），如果它在任意 $x \in \Re^n$ 处均为可微且 $\nabla f(\bullet)$ 连续。本书中，我们假定 f 为可微时，总是同时假定它也是连续可微的。部分原因是凸可微函数在 $\Re^n$ 上自动同时也是连续可微的（参见 3.1 节）。

如果函数 $f: \Re^n \mapsto \Re$ 的每个偏导数在开集 S 的每个点 x 处都是连续可微函数，那么我们就说 f 在 S 上是**二次连续可微的**（twice continuously differentiable）。我们用

$$\frac{\partial^2 f(x)}{\partial x_i \partial x_j}$$

来表示 $\partial f/\partial x_j$ 在向量 $x \in \Re^n$ 处的第 i 个偏导数。f 在 x 处的**Hessian** 矩阵，记作 $\nabla^2 f(x)$，是上述二阶导数作为分量构成的矩阵。该矩阵 $\nabla^2 f(x)$ 是对称的。本书中，我们假定 f 为二次可微时，总是同时假定它是二次连续可微的。

下面我们给出与可微函数有关的几个定理。

命题 A.3.1（均值定理 Mean Value Theorem）　每一个有界单调非增或非减的标量序列都是收敛的。令 $f: \Re^n \mapsto \Re$ 为开球 S 上的连续可微函数，且令 x 为 S 中的向量。那么对于任意满足 $x + y \in S$ 条件的 y，必存在 $\alpha \in [0, 1]$，使得

$$f(x+y) = f(x) + \nabla f(x + \alpha y)' y$$

成立。

命题 A.3.2（二阶展开式 Second Order Expansions）　令 $f: \Re^n \mapsto \Re$ 为开球 S 上的二阶连续可微函数，且令 x 为 S 中的向量。那么对于所有满足 $x + y \in S$ 条件的 y，

(a) 存在 $\alpha \in [0, 1]$ 使得

$$f(x+y) = f(x) + y' \nabla f(x) + \tfrac{1}{2} y' \nabla^2 f(x + \alpha y) y$$

成立。

(b) 我们有

$$f(x+y) = f(x) + y' \nabla f(x) + \tfrac{1}{2} y' \nabla^2 f(x) y + o\big(\|y\|^2\big)$$

A.4　收敛定理

我们现在来讨论与迭代算法有关的收敛定理。给定映射 $T: \Re^n \mapsto \Re^n$，迭代过程

$$x_{k+1} = T(x_k)$$

的目标是找到 T 的不动点，即，满足 $x^* = T(x^*)$ 条件的向量 x^*。不动点存在性的一个常用判据是 T 为某个范数意义下的**压缩映射**（contraction mapping），即，对于某个 $\beta < 1$ 和某个范数 $\|\bullet\|$（不一定是欧氏范数），我们有

$$\big\|T(x) - T(y)\big\| \leqslant \beta \|x - y\|, \qquad \forall x, y \in \Re^n$$

当 T 为压缩映射时，它具有唯一的不动点，且迭代过程 $x_{k+1} = T(x_k)$ 收敛到该不动点。该结论就是如下经典定理。

命题 A.4.1（压缩映射定理，Contraction Mapping Theorem）　令 $T: \Re^n \mapsto \Re^n$ 为压缩映射。于是 T 具有唯一的不动点 x^*，且从任意点 $x_0 \in \Re^n$ 出发，迭代过程 $x_{k+1} = T(x_k)$ 生成的序列均收敛到 x^*。

证明： 首先注意到 T 最多有一个不动点 (如果 $\tilde{x}$ 和 $\hat{x}$ 是两个不动点，我们将会有

$$\|\tilde{x} - \hat{x}\| = \big\|T(\tilde{x}) - T(\hat{x})\big\| \leqslant \beta \|\tilde{x} - \hat{x}\|$$

这意味着 $\tilde{x} = \hat{x}$)。利用压缩性质，对于任意的 $k, m > 0$，我们有

$$\|x_{k+m} - x_k\| \leqslant \beta^k \|x_m - x_0\| \leqslant \beta^k \sum_{\ell=1}^{m} \|x_\ell - x_{\ell-1}\| \leqslant \beta^k \sum_{\ell=0}^{m-1} \beta^\ell \, |x_1 - x_0\|$$

进而有

$$\|x_{k+m} - x_k\| \leqslant \frac{\beta^k(1-\beta^m)}{1-\beta}\|x_1 - x_0\|$$

于是 $\{x_k\}$ 是 Cauchy 序列，并且收敛到某个 x^*。把该极限代入方程 $x_{k+1} = T(x_k)$，并利用 T 的连续性（可从压缩性推出），我们可知 x^* 必为 T 的不动点。 □

对于线性映射

$$T(x) = Ax + b$$

其中 A 是 $n \times n$ 维矩阵，而 $b \in \Re^n$，可以证明 T 对于某个范数是压缩映射（但不一定对所有范数）的充要条件是 A 的所有特征值严格地位于单位圆内。

下述定理适用于欧氏范数下的非扩张（nonexpansive）映射。该定理表明只要存在至少一个不动点，就可以通过内插迭代（interpolated iteration）找到非扩展映射的一个不动点。定理背后的想法很直观：如果 x^* 是 T 的不动点，距离 $\big\|T(x_k) - x^*\big\|$ 不可能超过距离 $\|x_k - x^*\|$（根据 T 的非扩张性）：

$$\big\|T(x_k) - x^*\big\| = \big\|T(x_k) - T(x^*)\big\| \leqslant \|x_k - x^*\|$$

于是，如果 $x_k \neq T(x_k)$, 在 x_k 和 $T(x_k)$ 之间严格内插获得的任何点一定都严格地比 x_k 更靠近 x^*（欧氏几何意义下）。不过需要注意，为了使上述论证有效，我们需要知道 T 至少有一个不动点。如果 T 是压缩映射，这一点自动得到保证，但如果 T 仅仅是非扩张的，也许并不存在不动点 [例如，只要令 $T(x) = 1 + x$ 就没有不动点]。

命题 A.4.2（非扩张迭代过程的 Krasnosel'skii-Mann 定理 [Kra55]，[Man53]）考虑欧氏范数 $\|\cdot\|$ 意义下的非扩张映射 $T: \Re^n \mapsto \Re^n$，即

$$\big\|T(x) - T(y)\big\| \leqslant \|x - y\|, \qquad \forall x, y \in \Re^n$$

且其至少有一个不动点。那么从任意 $x_0 \in \Re^n$ 出发，迭代过程

$$x_{k+1} = (1 - \alpha_k)x_k + \alpha_k T(x_k) \tag{A.1}$$

收敛到 T 的一个不动点，其中 $\alpha_k \in [0, 1]$ 对所有 k 成立且

$$\sum_{k=0}^{\infty} \alpha_k(1 - \alpha_k) = \infty$$

证明：我们要用到等式

$$\big\|\alpha x + (1-\alpha)y\big\|^2 = \alpha\|x\|^2 + (1-\alpha)\|y\|^2 - \alpha(1-\alpha)\|x - y\|^2 \tag{A.2}$$

它对于任意的 $x, y \in \Re^n$ 和 $\alpha \in [0, 1]$ 都成立，可以通过直接的计算来验证。对于 T 的任意不动点 x^*，我们有

$$\begin{aligned}\|x_{k+1} - x^*\|^2 &= \big\|(1-\alpha_k)(x_k - x^*) + \alpha_k\big(T(x_k) - T(x^*)\big)\big\|^2 \\ &= (1-\alpha_k)\|x_k - x^*\|^2 + \alpha_k\big\|T(x_k) - T(x^*)\big\|^2 - \alpha_k(1-\alpha_k)\big\|T(x_k) - x_k\big\|^2 \\ &\leqslant \|x_k - x^*\|^2 - \alpha_k(1-\alpha_k)\big\|T(x_k) - x_k\big\|^2\end{aligned} \tag{A.3}$$

其中我们应用迭代式 (A.1) 以及 $x^* = T(x^*)$ 的事实得到第一个等式, 我们应用等式 (A.2) 得到第二个等式，而我们利用 T 的非扩张性建立了不等式。对于所有的 k，把式 (A.3) 加起来，就得到

$$\sum_{k=0}^{\infty} \alpha_k(1-\alpha_k)\big\|T(x_k) - x_k\big\|^2 \leqslant \|x_0 - x^*\|^2$$

根据 $\sum_{k=0}^{\infty} \alpha_k(1-\alpha_k) = \infty$ 的假设条件, 可知

$$\lim_{k\to\infty,\, k\in\mathcal{K}} \big\|T(x_k) - x_k\big\| = 0 \tag{A.4}$$

对于子列 $\{x_k\}_{\mathcal{K}}$ 成立。由于式 (A.3)，$\{x_k\}_{\mathcal{K}}$ 是有界的，它至少具有一个极限点，记作 $\overline{x}$，于是 $\{x_k\}_{\overline{\mathcal{K}}} \to \overline{x}$ 对无穷指标集 $\overline{\mathcal{K}} \subset \mathcal{K}$ 成立。由于 T 是非扩张的，因而是联系的，于是 $\big\{T(x_k)\big\}_{\overline{\mathcal{K}}} \to T(\overline{x})$，根据式 (A.4)，可知 $\overline{x}$ 是 T 的一个不动点。令式 (A.3) 中的 $x^* = \overline{x}$，可知 $\big\{\|x_k - \overline{x}\|\big\}$ 是单调非增的，因此是收敛的，并且一定会收敛到 0，因此整个序列 $\{x_k\}$ 收敛到不动点 $\overline{x}$。 □

非平稳迭代过程（Nonstationary Iterations）

对于形如 $x_{k+1} = T_k(x_k)$ 的非平稳迭代过程，其中函数 T_k 依赖于 k，前述命题经过修改仍可适用。下述命题经常被用到。

命题 A.4.3　令 $\{\alpha_k\}$ 为满足条件

$$\alpha_{k+1} \leqslant (1-\gamma_k)\alpha_k + \beta_k, \qquad \forall k = 0, 1, \cdots$$

的非负序列，其中 $0 \leqslant \beta_k$, $0 < \gamma_k \leqslant 1$ 对所有 k 成立，且

$$\sum_{k=0}^{\infty} \gamma_k = \infty, \qquad \frac{\beta_k}{\gamma_k} \to 0$$

那么 $\alpha_k \to 0$。

证明：我们首先证明对于任意给定的 $\epsilon > 0$，有 $\alpha_k < \epsilon$ 对于无穷多个 k 成立。事实上，如果这点不成立，通过令 $\overline{k}$ 使得 $\alpha_k \geqslant \epsilon$ 和 $\beta_k/\gamma_k \leqslant \epsilon/2$ 对于所有 $k \geqslant \overline{k}$ 成立，我们会导出对于所有 $k \geqslant \overline{k}$，有

$$\alpha_{k+1} \leqslant \alpha_k - \gamma_k\alpha_k + \beta_k \leqslant \alpha_k - \gamma_k\epsilon + \frac{\gamma_k\epsilon}{2} = \alpha_k - \frac{\gamma_k\epsilon}{2}$$

于是对于所有 $m \geqslant \overline{k}$，有

$$\alpha_{m+1} \leqslant \alpha_{\overline{k}} - \frac{\epsilon}{2}\sum_{k=\overline{k}}^{m} \gamma_k$$

因为 $\{\alpha_k\}$ 是非负的且 $\sum_{k=0}^{\infty} \gamma_k = \infty$，这就导致了矛盾。

于是对于任意给定的 $\epsilon > 0$，总存在 $\overline{k}$ 使得 $\beta_k/\gamma_k < \epsilon$ 对于所有 $k \geqslant \overline{k}$ 成立，且 $\alpha_{\overline{k}} < \epsilon$。于是我们有

$$\alpha_{\overline{k}+1} \leqslant (1-\gamma_k)\alpha_{\overline{k}} + \beta_k < (1-\gamma_k)\epsilon + \gamma_k\epsilon = \epsilon$$

反复应用这个推理过程，我们得到 $\alpha_k < \epsilon$ 对于所有 $k \geqslant \overline{k}$ 成立。由于 ϵ 可以任意小，可知 $\alpha_k \to 0$。 □

作为例子，考虑满足条件

$$\big\|T_k(x) - T_k(y)\big\| \leqslant (1-\gamma_k)\|x-y\| + \beta_k, \qquad \forall x, y \in \Re^n,\ k = 0, 1, \cdots$$

的“近似”压缩映射序列 $T_k : \Re^n \mapsto \Re^n$，其中 $\gamma_k \in (0, 1]$，对所有 k 成立，且

$$\sum_{k=0}^{\infty} \gamma_k = \infty, \qquad \frac{\beta_k}{\gamma_k} \to 0$$

再假定所有映射 T_k 具有公共的不动点 x^*，那么

$$\|x_{k+1}-x^*\| = \big\|T_k(x_k)-T_k(x^*)\big\| \leqslant (1-\gamma_k)\|x_k-x^*\|+\beta_k$$

并且，根据命题 A 4.3，从任意 $x_0\in\Re^n$ 出发，由迭代过程 $x_{k+1}=T_k(x_k)$ 生成的序列 $\{x_k\}$ 都收敛到 x^*。

超鞅收敛性（Supermartingale Convergence）

这里我们有两个和**超鞅收敛性**分析有关的定理。这个名词指的是满足某些不等式就意味着序列为“几乎”单调非增的关于非负标量或随机变量的一组收敛定理。第一个定理与确定性序列有关，而第二个与随机变量序列有关。我们会证明第一个定理，而给出关于第二个定理证明用到的随机过程和迭代方法的参考文献。

命题 A.4.4 令 $\{Y_k\}, \{Z_k\}, \{W_k\}$，以及 $\{V_k\}$ 为满足条件

$$Y_{k+1}\leqslant (1+V_k)Y_k - Z_k + W_k, \qquad k=0,1,\cdots \tag{A.5}$$

的四个标量序列。$\{Z_k\}$、$\{W_k\}$ 和 $\{V_k\}$ 是非负的，且

$$\sum_{k=0}^{\infty} W_k<\infty, \qquad \sum_{k=0}^{\infty} V_k<\infty$$

那么我们要么有 $Y_k\to-\infty$, 要么有 $\{Y_k\}$ 收敛于有限值，且 $\sum_{k=0}^{\infty} Z_k<\infty$。

证明：首先在假定 $V_k\equiv 0$ 条件下给出证明，然后再推广到一般情况。在该条件下，利用 $\{Z_k\}$ 的非负性，我们有

$$Y_{k+1}\leqslant Y_k+W_k$$

通过把该关系应用到从 k 到 $\bar{k}$ 的指标集 $\bar{k},\cdots,k$ 上，其中 $k\geqslant\bar{k}$, 然后求和，得到

$$Y_{k+1}\leqslant Y_{\bar{k}}+\sum_{\ell=\bar{k}}^{k} W_\ell \leqslant Y_{\bar{k}}+\sum_{\ell=\bar{k}}^{\infty} W_\ell$$

由于 $\sum_{k=0}^{\infty} W_k<\infty$，可知 $\{Y_k\}$ 是有上界的，通过对左侧取 $k\to\infty$ 时的上极限，和对右侧当 $\bar{k}\to\infty$ 时的下极限，我们有

$$\limsup_{k\to\infty} Y_k\leqslant \liminf_{\bar{k}\to\infty} Y_{\bar{k}}<\infty$$

这就意味着，要么有 $Y_k\to-\infty$，要么有 $\{Y_k\}$ 收敛于某个有限值。对于后一种情况，通过在式 (A.5) 中取下标 k 为 $0,\cdots,k$，并求和，有

$$\sum_{\ell=0}^{k} Z_\ell\leqslant Y_0+\sum_{\ell=0}^{k} W_\ell - Y_{k+1}, \qquad \forall k=0,1,\cdots$$

通过取当 $k\to\infty$ 时的极限，我们就得到 $\sum_{\ell=0}^{\infty} Z_\ell<\infty$。

下面把证明推广到 $\{V_k\}$ 为非负序列的更一般情况。首先注意到

$$\log\prod_{\ell=0}^{k}(1+V_\ell)=\sum_{\ell=0}^{k}\log(1+V_\ell)\leqslant\sum_{k=0}^{\infty} V_k$$

因为我们有 $(1+a) \leqslant e^a$ 和 $\log(1+a) \leqslant a$ 对于任意的 $a \geqslant 0$ 成立。因此 $\sum_{k=0}^{\infty} V_k < \infty$ 的假设意味着

$$\prod_{\ell=0}^{\infty}(1+V_\ell) < \infty \tag{A.6}$$

定义

$$\overline{Y}_k = Y_k \prod_{\ell=0}^{k-1}(1+V_\ell)^{-1}, \quad \overline{Z}_k = Z_k \prod_{\ell=0}^{k}(1+V_\ell)^{-1}, \quad \overline{W}_k = W_k \prod_{\ell=0}^{k}(1+V_\ell)^{-1}$$

式 (A.5) 的两侧同乘以 $\prod_{\ell=0}^{k}(1+V_\ell)^{-1}$，就得到

$$\overline{Y}_{k+1} \leqslant \overline{Y}_k - \overline{Z}_k + \overline{W}_k$$

由于 $\overline{W}_k \leqslant W_k$，$\sum_{k=0}^{\infty} W_k < \infty$ 的假设意味着 $\sum_{k=0}^{\infty} \overline{W}_k < \infty$，因此根据我们已经证明的特殊情况，有要么 $\overline{Y}_k \to -\infty$ 成立，要么 $\{\overline{Y}_k\}$ 收敛到一个有限值，且 $\sum_{k=0}^{\infty} \overline{Z}_k < \infty$。因为

$$Y_k = \overline{Y}_k \prod_{\ell=0}^{k-1}(1+V_\ell), \qquad Z_k = \overline{Z}_k \prod_{\ell=0}^{k}(1+V_\ell)$$

且根据 $\{V_k\}$ 的非负性和式 (A.6) 可知 $\prod_{\ell=0}^{k-1}(1+V_\ell)$ 收敛于有限值，可知要么 $Y_k \to -\infty$ 成立，要么 $\{Y_k\}$ 收敛于有限值且 $\sum_{k=0}^{\infty} Z_k < \infty$。 □

下述定理有很长的历史。我们这里给出的是 Robbins 和 Sigmund [RoS71] 的版本。他们的证明假设了定理中 $V_k \equiv 0$ 的特殊情况（参见 Neveu [Nev75] 关于这一特殊情况的证明），然后用到了前述命题证明的思路。不过，请注意，跟前述命题不同，下述定理要求序列 $\{Y_k\}$ 满足非负性。

命题 A.4.5（超鞅收敛定理，Supermartingale Convergence Theorem）　令 $\{Y_k\}$、$\{Z_k\}$、$\{W_k\}$ 和 $\{V_k\}$ 为四个非负随机变量序列，令 $\mathcal{F}_k$, $k=0,1,\cdots$，为对所有 k，满足 $\mathcal{F}_k \subset \mathcal{F}_{k+1}$ 条件的随机变量集合。假定

(1) 对每个 k、Y_k、Z_k、W_k 和 V_k 均为随机变量 $\mathcal{F}_k$ 的函数。

(2) 我们有

$$E\{Y_{k+1} \mid \mathcal{F}_k\} \leqslant (1+V_k)Y_k - Z_k + W_k, \qquad k=0,1,\cdots$$

(3) 条件

$$\sum_{k=0}^{\infty} W_k < \infty, \qquad \sum_{k=0}^{\infty} V_k < \infty$$

以概率 1 成立。

那么，$\{Y_k\}$ 收敛于非负随机变量 Y，且有 $\sum_{k=0}^{\infty} Z_k < \infty$ 以概率 1 成立。

Fejér 单调性

超鞅收敛定理有许多应用。其中有一个应用，被称为是**Fejér 单调性**理论，所分析的是对于某个给定集合 X^* 的每一个元素的距离“几乎”都会下降的迭代过程。这样我们可以证明该迭代过程收敛于 X^* 的一个（唯一）元素。这个想法可用于 X^* 是最优化问题的最优解集合或某个映射的不动点集合。例如本书中不同背景下的具有渐近消失步长的各种梯度或次梯度投影方法，以及 Krasnosel'skii-Mann Theorem [命题 A.4.2，参见式 (A.3)]。

下述定理适用于本书。文献中有一些不同的版本和补充的讨论，请读者参考 [BaB96]，[Com01]，[BaC11]，[CoV13]。

命题 A.4.6（Fejér 收敛定理） 令 X^* 为 $\Re^n$ 的非空子集，且令 $\{x_k\} \subset \Re^n$ 为对某个 $p > 0$ 和所有 k，满足

$$\|x_{k+1} - x^*\|^p \leqslant (1 + \beta_k)\|x_k - x^*\|^p - \gamma_k\, \phi(x_k; x^*) + \delta_k, \qquad \forall x^* \in X^*$$

条件的序列，其中 $\{\beta_k\}$、$\{\gamma_k\}$ 和 $\{\delta_k\}$ 是满足

$$\sum_{k=0}^{\infty} \beta_k < \infty, \qquad \sum_{k=0}^{\infty} \gamma_k = \infty, \qquad \sum_{k=0}^{\infty} \delta_k < \infty$$

条件的非负序列，$\phi : \Re^n \times X^* \mapsto [0, \infty)$ 是某个非负函数，而 $\|\bullet\|$ 是某个范数。于是

(a) 最小距离序列 $\inf\limits_{x^* \in X^*} \|x_k - x^*\|$ 收敛，特别地 $\{x_k\}$ 是有界的。

(b) 如果 $\{x_k\}$ 具有属于 X^* 的极限点 $\overline{x}$，那么整个序列 $\{x_k\}$ 收敛到 $\overline{x}$。

(c) 假定对于某个 $x^* \in X^*$, $\phi(\bullet; x^*)$ 是下半连续的，且满足

$$\phi(x; x^*) = 0 \qquad \text{当且仅当} \qquad x \in X^* \tag{A.7}$$

那么 $\{x_k\}$ 收敛到 X^* 中的点。

证明：(a) 令 $\{\epsilon_k\}$ 为满足 $\sum\limits_{k=0}^{\infty}(1 + \beta_k)\epsilon_k < \infty$ 条件的正序列，且令 x_k^* 为 X^* 中满足

$$\|x_k - x_k^*\|^p \leqslant \inf_{x^* \in X^*} \|x_k - x^*\|^p + \epsilon_k$$

条件的点。于是，由于 ϕ 为非负，我们有对于所有 k，

$$\inf_{x^* \in X^*} \|x_{k+1} - x^*\|^p \leqslant \|x_{k+1} - x_k^*\|^p \leqslant (1 + \beta_k)\|x_k - x_k^*\|^p + \delta_k$$

并且通过组合最后两个关系，我们得到

$$\inf_{x^* \in X^*} \|x_{k+1} - x^*\|^p \leqslant (1 + \beta_k) \inf_{x^* \in X^*} \|x_k - x^*\|^p + (1 + \beta_k)\epsilon_k + \delta_k$$

通过在命题 A.4.4 中取

$$Y_k = \inf_{x^* \in X^*} \|x_k - x^*\|^p, \quad Z_k = 0, \quad W_k = (1 + \beta_k)\epsilon_k + \delta_k, \quad V_k = \beta_k$$

命题得证。

(b) 根据命题 A.4.4 的证明思路，对所有 k, 定义

$$\overline{Y}_k = \|x_k - \overline{x}\|^p \prod_{\ell=0}^{k-1}(1 + \beta_\ell)^{-1}, \qquad \overline{\delta}_k = \delta_k \prod_{\ell=0}^{k}(1 + \beta_\ell)^{-1}$$

那么根据我们的假设条件，有 $\sum\limits_{k=0}^{\infty} \overline{\delta}_k < \infty$ 且

$$\overline{Y}_{k+1} \leqslant \overline{Y}_k + \overline{\delta}_k, \qquad \forall k = 0, 1, \cdots \tag{A.8}$$

同时 $\{\overline{Y}_k\}$ 在 0 处有一个极限点，因为 $\overline{x}$ 是 $\{x_k\}$ 的极限点。对于任意的 $\epsilon > 0$, 令 $\overline{k}$ 满足条件

$$\overline{Y}_{\overline{k}} \leqslant \epsilon, \qquad \sum_{\ell=\overline{k}}^{\infty} \overline{\delta}_{\ell} \leqslant \epsilon$$

于是通过对式 (A.8) 求和，我们得到对于所有 $k > \overline{k}$，

$$\overline{Y}_k \leqslant \overline{Y}_{\overline{k}} + \sum_{\ell=\overline{k}}^{\infty} \overline{\delta}_{\ell} \leqslant 2\epsilon$$

因为 ϵ 是任意小，可知 $\overline{Y}_k \to 0$。注意到在式 (A.6) 中，

$$\prod_{\ell=0}^{\infty}(1+\beta_{\ell})^{-1} < \infty$$

于是 $\overline{Y}_k \to 0$ 意味着 $\|x_k - \overline{x}\|^p \to 0$，因此 $x_k \to \overline{x}$。

(c) 根据命题 A.4.4，可知

$$\sum_{k=0}^{\infty} \gamma_k \phi(x_k; x^*) < \infty$$

于是 $\lim\limits_{k\to\infty,\, k\in\mathcal{K}} \phi(x_k; x^*) = 0$ 对某个子列 $\{x_k\}_{\mathcal{K}}$ 成立。由 (a) 部分，可知 $\{x_k\}$ 是有界的，因此子列 $\{x_k\}_{\mathcal{K}}$ 具有极限点 $\overline{x}$，根据 $\phi(\bullet; x^*)$ 的下半连续性，我们必有

$$\phi(\overline{x}; x^*) \leqslant \lim_{k\to\infty,\, k\in\mathcal{K}} \phi(x_k; x^*) = 0$$

进而考虑到 ϕ 的非负性，可知 $\phi(\overline{x}; x^*) = 0$。利用假设条件 (A.7)，可知 $\overline{x} \in X^*$，于是根据 (b) 部分，整个序列 $\{x_k\}$ 收敛到 $\overline{x}$。 □

附录 B　凸优化理论概述

本附录中，我们给出凸分析、凸优化和对偶理论的简介。特别地，我们不加证明地列出作者的专著《凸优化理论》（英文版 2009 年出版，中文版 2015 年出版）中的相关定义和命题。为了便于查找，我们在此处保留了原著中的章节和定义、命题的编号。

B.1　凸分析的基本概念

1.1　凸集与凸函数

定义 1.1.1　$\Re^n$ 的子集 C 被称为**凸集**，如果其满足

$$\alpha x + (1-\alpha)y \in C, \qquad \forall x, y \in C,\ \forall \alpha \in [0,1]$$

命题 1.1.1

(a) 任意多个凸集 $\{C_i \mid i \in I\}$ 的交集 $\bigcap_{i\in I} C_i$ 是凸集。

(b) 任意两个凸集 C_1 与 C_2 的值和 $C_1 + C_2$ 是凸集。

(c) 对任意凸集 C 和常数 λ，集合 λC 是凸集。另外，如 λ_1，λ_2 为正常数则以下集合是凸的，

$$(\lambda_1 + \lambda_2)C = \lambda_1 C + \lambda_2 C$$

(d) 凸集的闭包（closure）与内点集（interior）是凸集。

(e) 凸集在仿射函数下的象和原象是凸集。

超平面（hyperplane）是由一个线性等式定义的集合，形式为 $\{x \mid a'x = b\}$，其中 a 为非零向量而 b 为常数。**半空间**（half space）是由一个线性不等式定义的集合，可写为 $\{x \mid a'x \leqslant b\}$，其中 a 为非零向量而 b 为常数。易验证超平面和半空间都是凸闭集。**多面体**（polyhedral）是有限个半空间的非空交集，可写为如下形式：

$$\{x \mid a_j'x \leqslant b_j,\ j = 1, \cdots, r\}$$

其中 $a_1, \cdots, a_r$ 和 $b_1, \cdots, b_r$ 分别为 $\Re^n$ 中的一组向量和一组常数。称集合 C 为**锥体**（cone），如果对所有 $x \in C$ 和常数 $\lambda > 0$ 都满足 $\lambda x \in C$。

定义 1.1.2　令 C 为 $\Re^n$ 的凸集，则称函数 $f: C \mapsto \Re$ 为**凸函数**（convex function）如果

$$f\big(\alpha x + (1-\alpha)y\big) \leqslant \alpha f(x) + (1-\alpha) f(y), \qquad \forall x, y \in C,\ \forall \alpha \in [0,1]$$

函数 $f: C \mapsto \Re$ 被称为**严格凸函数**（strictly convex），如果

$$f\big(\alpha x + (1-\alpha)y\big) < \alpha f(x) + (1-\alpha) f(y)$$

对所有满足 $x \neq y$ 的向量 $x, y \in C$ 及所有 $\alpha \in (0,1)$ 都成立。函数 $f: C \mapsto \Re$ 被称为**凹的**（concave），如果 $(-f)$ 为凸函数，注意先决条件是 C 为凸集。

考虑定义域为某子集 $X \subset \Re^n$ 的函数 $f: X \mapsto [-\infty, \infty]$，则其**上图**（epigraph）[1] 是 $\Re^{n+1}$ 的子集，定义如下：

$$\mathrm{epi}(f) = \big\{(x, w) \mid x \in X,\ w \in \Re,\ f(x) \leqslant w\big\}$$

---

[1]有的学者译为上境图。

函数 f 的**有效定义域**则定义为如下集合：

$$\text{dom}(f) = \{x \in X \mid f(x) < \infty\}$$

如果存在 $x \in X$ 使得 $f(x) < \infty$ 且对任意 $x \in X$ 满足 $f(x) > -\infty$ 我们称 f 是**真的**（proper），反之我们则称函数为 f 为**非真的**（improper）。简而言之，函数 f 为真当且仅当其上图为非空且不包含任何竖直直线。

定义 1.1.3　令 C 为 $\Re^n$ 的凸子集，则扩充实值函数 $f: C \mapsto [-\infty, \infty]$ 为**凸函数**，如果 $\text{epi}(f)$ 是 $\Re^{n+1}$ 的凸子集。

定义 1.1.4　令 C 和 X 为 n 维欧氏空间 $\Re^n$ 的子集，其中 C 为 X 的非空凸子集，即 $C \subset X$。则称扩充实值函数 $f: X \mapsto [-\infty, \infty]$ 为**在 C 上的凸函数**（convex over C），如果把 f 的定义域限制在 C 后得到的新函数是凸的，也即，函数 $\tilde{f}: C \mapsto [-\infty, \infty]$ 是凸函数，其中对所有 $x \in C$ 函数值 $\tilde{f}$ 定义为 $\tilde{f}(x) = f(x)$。

如果某个函数 $f: X \mapsto [-\infty, \infty]$ 的上图 $\text{epi}(f)$ 是闭集，我们称 f 为**闭**函数。函数 f 称为是在向量 $x \in X$ 处**下半连续的**，如果

$$f(x) \leqslant \liminf_{k \to \infty} f(x_k)$$

对于每个满足 $x_k \to x$ 的点列 $\{x_k\} \subset X$ 成立。我们称f **是下半连续的**（lower semicontinuous），如果它在定义域 X 的每一点 x 处都是半连续的。我们称 f 为是**上半连续的**（upper semicountinous），如果 $-f$ 是下半连续的。

命题 1.1.2　对于函数 $f: \Re^n \mapsto [-\infty, \infty]$，以下性质等价：

(i) 水平集 $V_\gamma = \{x \mid f(x) \leqslant \gamma\}$ 对每个标量 γ 均为闭。

(ii) 函数 f 为下半连续。

(iii) 集合 $\text{epi}(f)$ 为闭。

命题 1.1.3　令 $f: X \mapsto [-\infty, \infty]$ 为一函数。如果它的有效定义域 $\text{dom}(f)$ 是闭的，且 f 在每个 $x \in \text{dom}(f)$ 处均是下半连续的，那么函数 f 是闭的。

命题 1.1.4　令 $f: \Re^m \mapsto (-\infty, \infty]$ 为某个给定的函数。令 A 为 $m \times n$ 的矩阵，且令 $F: \Re^n \mapsto (-\infty, \infty]$ 为形如

$$F(x) = f(Ax), \qquad x \in \Re^n$$

的函数。如果 f 是凸的，那么 F 也是凸的，同时如果 f 是闭的，那么 F 也是闭的。

命题 1.1.5　令 $f_i: \Re^n \mapsto (-\infty, \infty], i = 1, \cdots, m$，为给定的一组函数，令 $\gamma_1, \cdots, \gamma_m$ 为正的标量，令 $F: \Re^n \mapsto (-\infty, \infty]$ 为函数

$$F(x) = \gamma_1 f_1(x) + \cdots + \gamma_m f_m(x), \qquad x \in \Re^n$$

如果 $f_1, \cdots, f_m$ 都是凸的，那么 F 也是凸的，同时，如果 $f_1, \cdots, f_m$ 都是闭的，那么 F 也是闭的。

命题 1.1.6　令 $f_i: \Re^n \mapsto (-\infty, \infty], i \in I$，为一组给定的函数，其中 I 为任意指标集，且令 $f: \Re^n \mapsto (-\infty, \infty]$ 为由

$$f(x) = \sup_{i \in I} f_i(x)$$

给出的函数。如果 $f_i, i \in I$，都是凸的，那么 f 也是凸的，同时如果 $f_i, i \in I$，都是闭的，那么 f 也是闭的。

命题 1.1.7　令 C 为 n 维欧氏空间 $\Re^n$ 的非空凸子集，且令函数 $f: \Re^n \mapsto \Re$ 在包含 C 的开集上可微。

(a) 函数 f 在 C 上为凸，当且仅当

$$f(z) \geqslant f(x) + \nabla f(x)'(z-x), \qquad \forall x, z \in C$$

(b) 函数 f 在 C 上为严格凸，当且仅当只要 $x \neq z$，上述不等式就严格成立。

命题 1.1.8 令 C 为 n 维欧氏空间 $\Re^n$ 的非空子集，且令函数 $f:\Re^n \mapsto \Re$ 在包含 C 的开集上可微。则向量 $x^* \in C$ 在 C 上使得 f 取最小，当且仅当

$$\nabla f(x^*)'(z-x^*) \geqslant 0, \qquad \forall z \in C$$

当 f 为非凸但在包含 C 的开集上可微，上述命题的条件对于 x^* 的最优性是必要的但不充分（参见 [Ber99]2.1 节）。

命题 1.1.9（投影定理 Projection Theorem） 令 C 为 n 维欧氏空间 $\Re^n$ 的非空闭凸子集，并令 z 为 $\Re^n$ 中的一个向量。则在 $x \in C$ 上存在唯一的向量使得 $\|z-x\|$ 取最小。这个向量称为 z 在 C 上的投影。进而向量 x^* 是 z 在 C 上的投影，当且仅当

$$(z-x^*)'(x-x^*) \leqslant 0, \qquad \forall x \in C$$

命题 1.1.10 C 为 n 维欧氏空间 $\Re^n$ 的非空闭凸子集并令函数 $f:\Re^n \mapsto \Re$ 在包含 C 的开集上二次连续可微。

(a) 如果 $\nabla^2 f(x)$ 对于所有的 $x \in C$ 均为半正定，那么函数 f 在 C 上为凸。

(b) 如果 $\nabla^2 f(x)$ 对于所有的 $x \in C$ 均为正定，那么函数 f 在 C 上为严格凸。

(c) 如果 C 为开而函数 f 在 C 上为凸，那么 $\nabla^2 f(x)$ 对于所有的 $x \in C$ 为半正定。

强凸性

如果 $f:\Re^n \mapsto \Re$ 是闭凸集 $C \subset \Re^n$ 上的连续函数，而 σ 是正的标量，我们称f **是 C 上具有系数 σ 的强凸函数**，如果对于所有的 $x, y \in C$ 和所有的 $\alpha \in [0,1]$，我们有

$$f\big(\alpha x + (1-\alpha)y\big) + \frac{\sigma}{2}\alpha(1-\alpha)\|x-y\|^2 \leqslant \alpha f(x) + (1-\alpha)f(y)$$

进而，存在唯一的 $x^* \in C$ 在 C 上最小化 f，并且在 $y = x^*$ 处应用该定义，令 $\alpha \downarrow 0$，可知

$$f(x) \geqslant f(x^*) + \frac{\sigma}{2}\|x-x^*\|^2, \qquad \forall x \in C$$

如果 C 的内点集 $\text{int}(C)$ 是非空的，且 f 在 $\text{int}(C)$ 上连续可微，下述性质是等价的:

(i) f 是 C 上具有系数 σ 的强凸函数。

(ii) $\big(\nabla f(x) - \nabla f(y)\big)'(x-y) \geqslant \sigma\|x-y\|^2, \qquad \forall x, y \in \text{int}(C)$。

(iii) $f(y) \geqslant f(x) + \nabla f(x)'(y-x) + \frac{\sigma}{2}\|x-y\|^2, \qquad \forall x, y \in \text{int}(C)$。

进而，如果 f 在 $\text{int}(C)$ 上二次连续可微，上述三条性质等价于：

(iv) 矩阵 $\nabla^2 f(x) - \sigma I$ 在每个 $x \in \text{int}(C)$ 点处均为半正定，其中 I 是单位阵。

证明可以参考 [Ber09] 第 1 章的在线练习。

1.2 凸包与仿射包

集合 X 的**凸包**（convex hull），记作 $\text{conv}(X)$，是指包含 X 的所有凸集合的交集。X 的元的**凸组合**（convex combination）是具有 $\sum_{i=1}^{m} \alpha_i x_i$ 形式的向量，其中 m 为正整数，$x_1, \cdots, x_m$ 属于 X，而 $\alpha_1, \cdots, \alpha_m$ 是满足

$$\alpha_i \geqslant 0, \ \ i = 1, \cdots, m, \qquad \sum_{i=1}^{m} \alpha_i = 1$$

条件的标量。凸包 conv(X) 就等于 X 元素的全部凸组合构成的集合。另外，对于任意集合 S 以及线性变换 A，我们有 $\text{conv}(AS) = A\,\text{conv}(S)$。由此可以得出对任意集合 $S_1, \cdots, S_m$，成立 $\text{conv}(S_1 + \cdots + S_m) = \text{conv}(S_1) + \cdots + \text{conv}(S_m)$。

如果 X 是 $\Re^n$ 的子集，X 的**仿射包**（affine hull），记作 aff(X)，是指包含 X 的所有仿射集的交集。注意 aff(X) 本身是仿射集并且它包含 conv(X)。aff(X) 的维数定义为平行于 aff(X) 的子空间的维数。可以证明

$$\text{aff}(X) = \text{aff}\big(\text{conv}(X)\big) = \text{aff}\big(\text{cl}(X)\big)$$

进而凸集 C 的**维数**定义为它的仿射包 aff(C) 的维数。

给定 $\Re^n$ 的非空子集 X，X 中的元素的**非负组合**是具有 $\sum\limits_{i=1}^{m} \alpha_i x_i$ 形式的向量，其中 m 是正整数，$x_1, \cdots, x_m$ 属于 X，而 $\alpha_1, \cdots, \alpha_m$ 是非负标量。如果标量 α_i 全是正的，我们说 $\sum\limits_{i=1}^{m} \alpha_i x_i$ 是**正组合**。**由 X 生成的锥体**，记作 cone(X)，是指 X 中所有元素的非负组合构成的集合。

命题 1.2.1（Caratheodory 定理）　令 X 为 n 维欧氏空间 $\Re^n$ 的一个非空子集。

(a) 每一个取自 X 生成的锥体 cone(X) 的非零向量都可以表示成 X 中线性无关向量的正组合。

(b) 每一个取自 X 的凸包 conv(X) 的向量都可以表示成 X 中不超过 $n+1$ 个向量的凸组合。

命题 1.2.2　紧集的凸包是紧的。

1.3　相对内点集和闭包

令 C 为非空凸集。我们称 x 为 C 的**相对内点**（relative interior point），如果 $x \in C$ 并且存在以 x 为中心的开球 S 使得 $S \cap \text{aff}(C) \subset C$，即 x 是相对于 C 的仿射包的内点。C 的所有相对内点的集合称为C **的相对内点集**，并记作 ri(C)。集合 C 称为是**相对开的**，如果 ri$(C) = C$。cl(C) 中不是相对内点的点称为是 C 的**相对边界点**，并且这些点的集合称为是 C 的**相对边界**。

命题 1.3.1（线段原理，Line Segment Principle）　令 C 为非空凸集。如果点 x 是 C 的相对内点，即 $x \in \text{ri}(C)$，并且点 $\overline{x}$ 属于 C 的闭包，即 $\overline{x} \in \text{cl}(C)$，那么连接两点 x 和 $\overline{x}$ 的线段上的点，除了点 $\overline{x}$，都是 C 的相对内点，即都属于 ri(C)。

命题 1.3.2（相对内点集的非空性）　令 C 为非空凸集。则

(a) 集合 C 的相对内点集 ri(C) 是非空凸集，并且和 C 具有相同的仿射包。

(b) 如果 C 的仿射包 aff(C) 的维数 m 是大于零的，那么必存在向量 $x_0, x_1, \cdots, x_m \in \text{ri}(C)$ 使得 $x_1 - x_0, \cdots, x_m - x_0$ 所张成的子空间平行于 aff(C)。

命题 1.3.3（延伸引理，Prolongation Lemma）　令 C 为非空凸集。向量 x 是 C 的相对内点，当且仅当 C 中以 x 为端点的所有线段可以延伸超过 x 而不必离开 C[即对于所有 $\overline{x} \in C$，均存在 $\gamma > 0$ 使得 $x + \gamma(x - \overline{x}) \in C$]。

命题 1.3.4　令 X 为 n 维欧氏空间 $\Re^n$ 的非空凸子集，且令函数 $f : X \mapsto \Re$ 为凹，X^* 为使得 f 在 X 上达到最小的向量集，即

$$X^* = \left\{ x^* \in X \;\middle|\; f(x^*) = \inf_{x \in X} f(x) \right\}$$

如果 X^* 包含 X 的相对内点，那么 f 在 X 上必为常数，即 $X^* = X$。

命题 1.3.5 令 C 为非空凸集。

(a) $\mathrm{cl}(C)=\mathrm{cl}\big(\mathrm{ri}(C)\big)$。

(b) $\mathrm{ri}(C)=\mathrm{ri}\big(\mathrm{cl}(C)\big)$。

(c) 令 $\overline{C}$ 为另一非空凸集。则以下三个条件等价：

(i) C 和 $\overline{C}$ 具有相同的相对内点集。

(ii) C 和 $\overline{C}$ 具有相同的闭包。

(iii) $\mathrm{ri}(C)\subset\overline{C}\subset\mathrm{cl}(C)$。

命题 1.3.6 令 C 为 n 维欧氏空间 $\Re^n$ 的非空凸集，并令 A 为 $m\times n$ 的矩阵。

(a) 我们有 $A\cdot\mathrm{ri}(C)=\mathrm{ri}(A\cdot C)$。

(b) 我们有 $A\cdot\mathrm{cl}(C)\subset\mathrm{cl}(A\cdot C)$。进而，如果 C 是有界的，那么 $A\cdot\mathrm{cl}(C)=\mathrm{cl}(A\cdot C)$。

命题 1.3.7 令 C_1 和 C_2 为非空凸集。我们有

$$\mathrm{ri}(C_1+C_2)=\mathrm{ri}(C_1)+\mathrm{ri}(C_2),\qquad \mathrm{cl}(C_1)+\mathrm{cl}(C_2)\subset\mathrm{cl}(C_1+C_2)$$

进而，如果集合 C_1 和 C_2 至少有一个为有界，那么

$$\mathrm{cl}(C_1)+\mathrm{cl}(C_2)=\mathrm{cl}(C_1+C_2)$$

命题 1.3.8 令 C_1 和 C_2 为非空凸集合。我们有

$$\mathrm{ri}(C_1)\cap\mathrm{ri}(C_2)\subset\mathrm{ri}(C_1\cap C_2),\qquad \mathrm{cl}(C_1\cap C_2)\subset\mathrm{cl}(C_1)\cap\mathrm{cl}(C_2)$$

进而，如果集合 $\mathrm{ri}(C_1)$ 和 $\mathrm{ri}(C_2)$ 的交集为非空，那么

$$\mathrm{ri}(C_1\cap C_2)=\mathrm{ri}(C_1)\cap\mathrm{ri}(C_2),\qquad \mathrm{cl}(C_1\cap C_2)=\mathrm{cl}(C_1)\cap\mathrm{cl}(C_2)$$

命题 1.3.9 令 C 为 m 维欧氏空间 $\Re^m$ 的非空凸子集，且令 A 为 $m\times n$ 维矩阵。如果 $A^{-1}\cdot\mathrm{ri}(C)$ 是非空的，那么

$$\mathrm{ri}(A^{-1}\cdot C)=A^{-1}\cdot\mathrm{ri}(C),\qquad \mathrm{cl}(A^{-1}\cdot C)=A^{-1}\cdot\mathrm{cl}(C)$$

其中 A^{-1} 表示相应集合在 A 下的原像（inverse image）。

命题 1.3.10 令 C 为 $n+m$ 维欧氏空间 $\Re^{n+m}$ 的子集。对点 $x\in\Re^n$，记

$$C_x=\{y\mid(x,y)\in C\}$$

并令

$$D=\{x\mid C_x\neq\varnothing\}$$

于是

$$\mathrm{ri}(C)=\big\{(x,y)\mid x\in\mathrm{ri}(D),\ y\in\mathrm{ri}(C_x)\big\}$$

凸函数的连续性

命题 1.3.11 如果 $f:\Re^n\mapsto\Re$ 是凸的，那么它一定是连续的。更一般地，如果 $f:\Re^n\mapsto(-\infty,\infty]$ 是严格凸函数，那么限制在 $\mathrm{dom}(f)$ 上的函数 f 在 $\mathrm{dom}(f)$ 的相对内点集上是连续的。

命题 1.3.12 如果 C 是实数直线上的一个闭区间，并且 $f:C\mapsto\Re$ 是闭的和凸的，那么 f 在 C 上为连续。

函数的闭包

函数 $f:X\mapsto[-\infty,\infty]$ 的上图的闭包可以看作另外一个函数的上图。这个函数称为 **f 的闭包**，记作 $\mathrm{cl}\,f:\Re^n\mapsto[-\infty,\infty]$，由下式给出

$$(\mathrm{cl}\,f)(x)=\inf\big\{w\mid(x,w)\in\mathrm{cl}\big(\mathrm{epi}(f)\big)\big\},\qquad x\in\Re^n$$

f 的上图的凸包的闭包是某个函数的上图。我们把该函数记作 $\check{\text{cl}}\,f$，并称它为f **的凸闭包**（convex closure）。可以看到 $\check{\text{cl}}\,f$ 是由

$$F(x)=\inf\big\{w\mid(x,w)\in\text{conv}\big(\text{epi}(f)\big)\big\},\qquad x\in\Re^n \tag{B.1}$$

所给出的函数 $F:\Re^n\mapsto[-\infty,\infty]$ 的闭包。易知 F 是凸的，但它未必是闭的，而且它的定义域可能严格地包含于 $\text{dom}(\check{\text{cl}}\,f)$（不过可以证明 F 及 $\check{\text{cl}}\,f$ 的定义域的闭包是相同的）。

命题 1.3.13　令 $f:X\mapsto[-\infty,\infty]$ 为一函数。那么

$$\inf_{x\in X}f(x)=\inf_{x\in X}(\text{cl}\,f)(x)=\inf_{x\in\Re^n}(\text{cl}\,f)(x)=\inf_{x\in\Re^n}F(x)=\inf_{x\in\Re^n}(\check{\text{cl}}\,f)(x)$$

其中 F 由式 (B.1) 给出。进而，任意在 X 上达到 f 下确界的向量也达到 $\text{cl}\,f$，F 和 $\check{\text{cl}}\,f$ 的下确界。

命题 1.3.14　令 $f:\Re^n\mapsto[-\infty,\infty]$ 为一函数。

(a) $\text{cl}\,f$ 是被 f 控制（majorized）的最大闭函数，即如果函数 $g:\Re^n\mapsto[-\infty,\infty]$ 是闭的并且满足 $g(x)\leqslant f(x)$ 对所有 $x\in\Re^n$ 成立，那么 $g(x)\leqslant(\text{cl}\,f)(x)$ 对所有 $x\in\Re^n$ 成立。

(b) $\check{\text{cl}}\,f$ 是被 f 控制的最大闭凸函数，即如果 $g:\Re^n\mapsto[-\infty,\infty]$ 是闭的和凸的，并满足 $g(x)\leqslant f(x)$ 对所有 $x\in\Re^n$ 成立，那么 $g(x)\leqslant(\check{\text{cl}}\,f)(x)$ 对所有 $x\in\Re^n$ 成立。

命题 1.3.15　令 $f:\Re^n\mapsto[-\infty,\infty]$ 为一凸函数。则

(a) 我们有

$$\text{cl}\big(\text{dom}(f)\big)=\text{cl}\big(\text{dom}(\text{cl}\,f)\big),\qquad \text{ri}\big(\text{dom}(f)\big)=\text{ri}\big(\text{dom}(\text{cl}\,f)\big)$$
$$(\text{cl}\,f)(x)=f(x),\qquad\forall x\in\text{ri}\big(\text{dom}(f)\big)$$

进而 $\text{cl}\,f$ 是真的，当且仅当 f 是真的。

(b) 如果 $x\in\text{ri}\big(\text{dom}(f)\big)$，我们有

$$(\text{cl}\,f)(y)=\lim_{\alpha\downarrow 0}f\big(y+\alpha(x-y)\big),\qquad\forall y\in\Re^n$$

命题 1.3.16　令 $f:\Re^m\mapsto[-\infty,\infty]$ 为一凸函数，且 A 为一 $m\times n$ 矩阵使得 A 的值域包含 $\text{ri}\big(\text{dom}(f)\big)$ 中的一个点。由

$$F(x)=f(Ax)$$

定义的函数 F 是凸的，并且

$$(\text{cl}\,F)(x)=(\text{cl}\,f)(Ax),\qquad\forall x\in\Re^n$$

命题 1.3.17　令 $f_i:\Re^n\mapsto[-\infty,\infty]$，$i=1,\cdots,m$ 为凸函数，使得

$$\bigcap_{i=1}^{m}\text{ri}\big(\text{dom}(f_i)\big)\neq\varnothing$$

由

$$F(x)=f_1(x)+\cdots+f_m(x)$$

所定义的函数 F 是凸的，并且

$$(\text{cl}\,F)(x)=(\text{cl}\,f_1)(x)+\cdots+(\text{cl}\,f_m)(x),\qquad\forall x\in\Re^n$$

1.4　回收锥

给定非空凸集 C，我们说向量 d 是 C 的一个**回收方向**（direction of recession），如果 $x+\alpha d\in C$ 对所有的 $x\in C$ 和 $\alpha\geqslant 0$ 都成立。所有回收方向的集合是一个包含原点的锥体（core）。我们称它为 C 的**回收锥**（recession cone），并记作 R_C。

命题 1.4.1（回收锥定理）　令 C 为非空闭凸集。

(a) 回收锥 R_C 是闭的和凸的。

(b) 向量 d 属于 R_C，当且仅当存在向量 $x \in C$，使得 $x + \alpha d \in C$ 对所有 $\alpha \geqslant 0$ 成立。

命题 1.4.2（回收锥的性质） 令 C 为非空闭凸集。

(a) R_C 包含一个非零的方向，当且仅当 C 是无界的。

(b) $R_C = R_{\mathrm{ri}(C)}$。

(c) 对任意一组闭凸集 C_i，$i \in I$，其中 I 为任意指标集，并且 $\cap_{i\in I} C_i \neq \varnothing$，我们有

$$R_{\bigcap\limits_{i\in I} C_i} = \bigcap_{i\in I} R_{C_i}$$

(d) 令 W 为 m 维欧氏空间 $\Re^m$ 的一个紧的凸子集，并令 A 为 $m \times n$ 维矩阵。集合

$$V = \{x \in C \mid Ax \in W\}$$

（假设该集合为非空）的回收锥是 $R_C \cap N(A)$，其中 $N(A)$ 是 A 的化零空间（nullspace）。

凸集 C 的回收锥有一个重要的子集，称为其线形空间（lineality space），记作 L_C。它定义为反方向 $-d$ 也是回收方向的方向 d 的集合：

$$L_C = R_C \cap (-R_C)$$

命题 1.4.3（线形空间的性质） 令 C 为 n 维欧氏空间 $\Re^n$ 的非空闭凸集。

(a) L_C 是 $\Re^n$ 的子空间。

(b) $L_C = L_{\mathrm{ri}(C)}$。

(c) 对于任意一组闭凸集 $C_i, i \in I$，其中 I 是任意指标集而 $\cap_{i\in I} C_i \neq \varnothing$，我们有

$$L_{\bigcap\limits_{i\in I} C_i} = \bigcap_{i\in I} L_{C_i}$$

(d) 令 W 为 $\Re^m$ 的紧凸子集，并令 A 为 $m \times n$ 矩阵。集合

$$V = \{x \in C \mid Ax \in W\}$$

（假设其为非空）的线形空间是 $L_C \cap N(A)$，其中 $N(A)$ 是 A 的化零空间。

命题 1.4.4（凸集分解） 令 C 为 n 维欧氏空间 $\Re^n$ 的非空凸子集。则对于每个包含在线形空间 L_C 中的子空间 S，我们都有

$$C = S + (C \cap S^{\perp})$$

下述命题用上图来描述凸函数 f 的回收方向。

命题 1.4.5 令 $f : \Re^n \mapsto (-\infty, \infty]$ 为闭的真凸函数。考虑水平集

$$V_\gamma = \big\{x \mid f(x) \leqslant \gamma\big\}, \qquad \gamma \in \Re$$

则

(a) 所有非空水平集 V_γ 都具有相同的回收锥，记作 R_f，由

$$R_f = \big\{d \mid (d, 0) \in R_{\mathrm{epi}(f)}\big\}$$

给出，其中 $R_{\mathrm{epi}(f)}$ 是 f 的上图的回收锥。

(b) 如果某个非空水平集 V_γ 是紧的，那么所有这些水平集都是紧的。

对于闭的真凸函数 $f : \Re^n \mapsto (-\infty, \infty]$，非空水平集的（公共）回收锥 R_f 称为 **f 的回收锥**。向量 $d \in R_f$ 称为 **f 的回收方向**。**f 的回收函数**，记作 r_f，是以 R_f 为上图的闭真凸函数。

闭的真凸函数 f 的回收锥 R_f 的线形空间记为 L_f。它是由 d 和 $-d$ 都是 f 的回收方向的所有 $d \in \Re^n$ 构成的子空间，即

$$L_f = R_f \cap (-R_f)$$

我们看到 $d \in L_f$，当且仅当

$$f(x + \alpha d) = f(x), \qquad \forall x \in \mathrm{dom}(f),\ \forall \alpha \in \Re$$

这样，$d \in L_f$ 称为**让 f 为常值的方向**，而 L_f 称为 **f 的不变空间**（constancy space）。

命题 1.4.6　令 $f:\Re^n\mapsto(-\infty,\infty]$ 为闭的真凸函数。则 f 的回收锥和不变空间可以用它的回收函数给出：

$$R_f=\{d\mid r_f(d)\leqslant 0\},\qquad L_f=\{d\mid r_f(d)=r_f(-d)=0\}$$

命题 1.4.7　令 $f:\Re^n\mapsto(-\infty,\infty]$ 为闭的真凸函数。则对于所有的 $x\in\mathrm{dom}(f)$ 和 $d\in\Re^n$，

$$r_f(d)=\sup_{\alpha>0}\frac{f(x+\alpha d)-f(x)}{\alpha}=\lim_{\alpha\to\infty}\frac{f(x+\alpha d)-f(x)}{\alpha}$$

命题 1.4.8（和的回收函数）　令 $f_i:\Re^n\mapsto(-\infty,\infty]$, $i=1,\cdots,m$ 为若干闭的真凸函数，且 $f=f_1+\cdots+f_m$ 为真。则

$$r_f(d)=r_{f_1}(d)+\cdots+r_{f_m}(d),\qquad \forall d\in\Re^n$$

集合交集的非空性

令 $\{C_k\}$ 为 $\Re^n$ 的非空闭集合序列，满足 $C_{k+1}\subset C_k$ 对所有 k 成立（这样的序列称为是**嵌套的**（nested））。我们关注的问题是 $\bigcap_{k=0}^{\infty}C_k$ 是否为空。

定义 1.4.1　令 $\{C_k\}$ 为嵌套的非空闭凸集序列。我们说 $\{x_k\}$ 是**$\{C_k\}$ 的一个渐近序列**，如果 $x_k\neq 0$, $x_k\in C_k$ 对所有 k 成立，并且

$$\|x_k\|\to\infty,\qquad \frac{x_k}{\|x_k\|}\to\frac{d}{\|d\|}$$

其中 d 是集合 C_k 的某个公共非零回收方向，

$$d\neq 0,\qquad d\in\bigcap_{k=0}^{\infty}R_{C_k}$$

一种特殊情况是所有集合 C_k 是相等的。特别地，对非空闭凸集 C，我们说 $\{x_k\}\subset C$ 是 C 的渐近序列，如果 $\{x_k\}$ 是序列 $\{C_k\}$ 的渐近序列，其中 $C_k\equiv C$。

注意给定满足对每个 k 使得 $x_k\in C_k$ 都成立的无界序列 $\{x_k\}$，存在子列 $\{x_k\}_{k\in\mathcal{K}}$ 为相应的子列 $\{C_k\}_{k\in\mathcal{K}}$ 的渐近序列。事实上，$\{x_k/\|x_k\|\}$ 的任意极限点都是集合 C_k 的公共回收方向。

定义 1.4.2　令 $\{C_k\}$ 为嵌套的非空闭凸集序列。我们称**渐近序列** $\{x_k\}$**为收缩的**（retractive），如果对定义 1.4.1 中对应于 $\{x_k\}$ 的方向 d，存在下标 $\overline{k}$ 使得

$$x_k-d\in C_k,\qquad \forall k\geqslant\overline{k}$$

成立。我们称**序列 $\{C_k\}$ 为收缩的**，如果它的所有渐近序列都是收缩的。在 $C_k\equiv C$ 的特殊情况，我们称**集合 C 为收缩的**，如果它的所有渐近序列都是收缩的。

闭的半空间是收缩的。有限个集合求交和笛卡儿积（Cartesian products）保持收缩性。特别地，如果 $\{C_k^1\},\cdots,\{C_k^r\}$ 是收缩的嵌套非空闭凸集合序列，那么序列 $\{N_k\}$ 和 $\{T_k\}$ 是收缩的，其中

$$N_k=C_k^1\cap C_k^2\cap\cdots\cap C_k^r,\qquad T_k=C_k^1\times C_k^2\times\cdots\times C_k^r,\qquad \forall k$$

并且我们假设所有集合 N_k 都是非空的。作为简单的推论，多面体集是收缩的，因为它是有限个闭半空间的非空交集。

命题 1.4.9　多面体集合是收缩的。

收缩序列的重要性可以从如下命题看出。

命题 1.4.10　收缩的嵌套非空闭凸集序列具有非空的交集。

命题 1.4.11 令 $\{C_k\}$ 为非空闭凸集序列。记

$$R = \bigcap_{k=0}^{\infty} R_{C_k}, \qquad L = \bigcap_{k=0}^{\infty} L_{C_k}$$

(a) 如果 $R = L$, 那么 $\{C_k\}$ 是收缩的，并且 $\bigcap_{k=0}^{\infty} C_k$ 是非空的。进而

$$\bigcap_{k=0}^{\infty} C_k = L + \tilde{C}$$

其中 $\tilde{C}$ 是某个非空紧集。

(b) 令 X 为收缩闭凸集。假定所有集合 $\overline{C}_k = X \cap C_k$ 为非空，并且

$$R_X \cap R \subset L$$

则 $\{\overline{C}_k\}$ 为收缩，且 $\bigcap_{k=0}^{\infty} \overline{C}_k$ 为非空。

命题 1.4.12（凸二次规划解的存在性） 令 Q 为对称半正定 $n \times n$ 矩阵，c 和 $a_1, \cdots, a_r$ 为 n 维欧氏空间 $\Re^n$ 中的向量，$b_1, \cdots, b_r$ 为标量。假定优化问题

$$\begin{aligned} &\text{minimize} \quad && x'Qx + c'x \\ &\text{subject to} \quad && a_j'x \leqslant b_j, \quad j = 1, \cdots, r \end{aligned}$$

的最优值为有限。则该问题至少有一个最优解。

线性变换和向量求和下的闭性

命题 1.4.11 中的条件可以转化为保证闭凸集 C 在线性变换 A 下的像 AC 的闭性条件。

命题 1.4.13 令 X 和 C 为 n 维欧氏空间 $\Re^n$ 的非空闭凸集。令 A 为 $m \times n$ 矩阵，且记 $N(A)$ 为其化零空间 (nullspace)。如果 X 是收缩的闭凸集且

$$R_X \cap R_C \cap N(A) \subset L_C$$

那么 $A(X \cap C)$ 为闭集。

与向量求和相关的一个特例如下。

命题 1.4.14 令 $C_1, \cdots, C_m$ 为 n 维欧氏空间 $\Re^n$ 的非空闭凸子集。假定等式 $d_1 + \cdots + d_m = 0$ 对某些向量 $d_i \in R_{C_i}$ 成立就意味着 $d_i \in L_{C_i}$ 对所有 $i = 1, \cdots, m$ 成立。则 $C_1 + \cdots + C_m$ 是闭集。

在仅有两个集合的特殊情况，上述命题意味着如果 C_1 和 $-C_2$ 是闭凸集，那么 $C_1 - C_2$ 是闭的，如果 C_1 和 C_2 没有公共的非零回收方向，即

$$R_{C_1} \cap R_{C_2} = \{0\}$$

特别地，如果是 C_1 或 C_2 为有界的特殊情况，这是成立的。这种情形下 $R_{C_1} = \{0\}$ 或 $R_{C_2} = \{0\}$。这里给出两个无界闭凸集的向量和为非闭集的例子。令

$$C_1 = \{(x_1, x_2) \mid x_1 x_2 \geqslant 0\}, \qquad C_2 = \{(x_1, x_2) \mid x_1 = 0\}$$

可以从附录 B 命题 1.4.13 导出一些保证向量和的闭性的其他条件。例如，我们可以证明有限个多面体集的向量和是闭的，因为它可以视为多面体集的笛卡儿积（显然是多面体集）在线性变换下的像集。另外一个有用的结果是，如果 X 是多面体集，并且 C 是闭凸集，那么 $X + C$ 是闭的，如果 X 的每个回收方向，若其相反方向都是 C 的回收方向，则也处在 C 的线形空间中。特别地，$X + C$ 是闭的，如果 X 是多面体集且 C 是闭的。

1.5　超平面

超平面是 n 维欧氏空间 $\Re^n$ 中形如 $\{x \mid a'x = b\}$ 的集合，其中 a 是 $\Re^n$ 中的非零向量而 b 是标量。集合

$$\{x \mid a'x \geqslant b\}, \qquad \{x \mid a'x \leqslant b\}$$

被称为**与超平面关联**（associate with the hyperplane）的**闭半空间**（closed halfspace），二者也被分别称为**正**、**负半空间**（positive and negative halfspaces）。集合

$$\{x \mid a'x > b\}, \qquad \{x \mid a'x < b\}$$

则被称为与超平面关联的**开半空间**（open halfspace）。

命题 1.5.1（支撑超平面定理）　令 C 为 n 维欧氏空间 $\Re^n$ 的非空凸子集，$\overline{x}$ 为 $\Re^n$ 中的向量。如果 $\overline{x}$ 不是 C 的内点，则存在通过 $\overline{x}$ 的超平面使得 C 包含于其某个闭半空间内，也即存在向量 $a \neq 0$ 使得

$$a'\overline{x} \leqslant a'x, \qquad \forall x \in C$$

命题 1.5.2（分离超平面定理）　令 C_1 与 C_2 为 n 维欧氏空间 $\Re^n$ 的非空凸子集，如果 C_1 与 C_2 是不交的（disjoint），则存在其分离超平面，也即存在非零向量 a 使得

$$a'x_1 \leqslant a'x_2, \qquad \forall x_1 \in C_1,\ \forall x_2 \in C_2$$

命题 1.5.3（严格分离定理）　令 C_1 与 C_2 为 n 维欧氏空间 $\Re^n$ 的非空凸子集，且 C_1 与 C_2 是不交的。当下列任一条件满足时，C_1 与 C_2 能被严格分离：

(1) $C_2 - C_1$ 是闭集。

(2) C_1 是闭集且 C_2 是紧集。

(3) C_1 与 C_2 是多面体。

(4) C_1 与 C_2 都是闭集且满足

$$R_{C_1} \cap R_{C_2} = L_{C_1} \cap L_{C_2}$$

其中 R_{C_i} 与 L_{C_i} 分别为 C_i 生成的回收锥（recession cone）和线形空间（lineality space），其中 $i = 1, 2$。

(5) C_1 是闭集，C_2 是多面体且满足 $R_{C_1} \cap R_{C_2} \subset L_{C_1}$

命题 1.5.4　集合 C 的凸包是包含 C 的所有闭半空间的交集。特别地，一个凸闭集是包含它的所有闭半空间的交集。

令 C_1 与 C_2 为 n 维欧氏空间 $\Re^n$ 的子集，我们称某超平面**将 C_1 与 C_2 真分离**（properly separates C_1 and C_2），如果其不仅分离 C_1 与 C_2 且不同时包含 C_1 与 C_2。令 C 是 $\Re^n$ 的子集且 $\overline{x}$ 是 $\Re^n$ 中的向量，我们称一超平面**将 $\overline{x}$ 与 C 真分离**（properly separates C and $\overline{x}$）如果它能真分离 C 与单点集 $\{\overline{x}\}$。

命题 1.5.5（真分离定理）　令 C 为 n 维欧氏空间 $\Re^n$ 的非空凸子集，令 $\overline{x}$ 为 $\Re^n$ 中的向量。当且仅当 $\overline{x} \notin \mathrm{ri}(C)$ 时，存在 C 与 $\overline{x}$ 的真分离超平面。

命题 1.5.6（两个凸集的真分离定理）　令 C_1 与 C_2 为 n 维欧氏空间 $\Re^n$ 的非空凸子集，则存在其真分离超平面，当且仅当

$$\mathrm{ri}(C_1) \cap \mathrm{ri}(C_2) = \varnothing$$

命题 1.5.7（多面体的真分离定理）　令 C 与 P 为 n 维欧氏空间 $\Re^n$ 的非空凸子集且 P 为多面体。则能分离 C 与 P 且其不包含 C 的超平面存在，当且仅当

$$\mathrm{ri}(C) \cap P = \varnothing$$

考虑 $\Re^{n+1}$ 中的超平面，并将其法向量记为形如 (μ,β) 的 $(n+1)$ 维非零向量，其中 $\mu\in\Re^n$ 而 $\beta\in\Re$。如果 $\beta=0$ 我们称该超平面是**竖直的**（vertical），如果 $\beta\neq 0$ 我们称该超平面是**非竖直的**（nonvertical）。

命题 1.5.8（非竖直超平面定理） 令 C 为 $n+1$ 维欧氏空间 $\Re^{n+1}$ 的非空凸子集，且 C 不包含任何竖直直线。标记 $\Re^{n+1}$ 中的向量为 (u,w)，其中 $u\in\Re^n$ 而 $w\in\Re$。则有

(a) 存在非竖直超平面，使得其关联的闭半空间包含 C，也即，存在向量 $\mu\in\Re^n$，标量 $\beta\neq 0$，及标量 γ，使成立

$$\mu'u+\beta w\geqslant\gamma,\qquad\forall(u,w)\in C$$

(b) 如果向量 $(\overline{u},\overline{w})$ 不属于 $\mathrm{cl}(C)$，则存在非竖直超平面使得 $(\overline{u},\overline{w})$ 与 C 严格分离。

1.6 共轭函数

考虑扩充实值函数 $f:\Re^n\mapsto[-\infty,\infty]$，其**共轭函数**（conjugate function）$f^*:\Re^n\mapsto[-\infty,\infty]$ 的定义为

$$f^*(y)=\sup_{x\in\Re^n}\big\{x'y-f(x)\big\},\qquad y\in\Re^n \tag{B.2}$$

命题 1.6.1（共轭定理） 令 f^* 为函数 $f:\Re^n\mapsto[-\infty,\infty]$ 的共轭函数，令 f^{**} 为对应的双重共轭函数。则有

(a) 恒有

$$f(x)\geqslant f^{**}(x),\qquad\forall x\in\Re^n$$

(b) 如果 f 是凸函数，则如果 f、f^* 和 f^{**} 中有任一函数是真函数，则另外两个函数也是真函数。

(c) 如果 f 是真的闭凸函数，则

$$f(x)=f^{**}(x),\qquad\forall x\in\Re^n$$

(d) f 的双重共轭函数 f^{**} 和其凸闭包函数 $\check{\mathrm{cl}}\,f$ 相等。此外，如果 $\check{\mathrm{cl}}\,f$ 是真函数，则

$$(\check{\mathrm{cl}}\,f)(x)=f^{**}(x),\qquad\forall x\in\Re^n$$

正齐次函数及其支撑函数

非空集合 X 的**示性函数**（indicator function）的定义是

$$\delta_X(x)=\begin{cases}0 & \text{如果}\ x\in X\\ \infty & \text{如果}\ x\notin X\end{cases}$$

而 $\delta_X(x)$ 的共轭函数则是

$$\sigma_X(y)=\sup_{x\in X}y'x$$

并被称为 X 的**支撑函数**（support function）。

令 C 为凸锥。它的示性函数 δ_C 的共轭即 C 的支撑函数，

$$\sigma_C(y)=\sup_{x\in C}y'x$$

支撑函数（示性函数的共轭函数）σ_C 恰为如下锥 C^* 的示性函数 δ_{C^*}，

$$C^*=\{y\mid y'x\leqslant 0,\ \forall x\in C\}$$

我们称之为 C 的**极锥**（polar cone）。由共轭定理 [命题 1.6.1(d)] 可知，C^* 的极锥也即 $\mathrm{cl}(C)$。这正是**极锥定理** 的一种特殊情况，将在本附录的 2.2 节中详细讨论。

函数 $f:\Re^n\mapsto[-\infty,\infty]$ 称为是**正齐次的**，如果它的上图是 $\Re^{n+1}$ 中的锥体。或者等价地，f 是正齐次的，当且仅当

$$f(\gamma x)=\gamma\, f(x),\qquad \forall\gamma>0,\ \forall x\in\Re^n$$

成立。

正齐次函数同支撑函数之间存在密切的联系。显然，集合 X 的支撑函数 σ_X 是闭凸集，也是正齐次的。进而，如果 $\sigma:\Re^n\mapsto(-\infty,\infty]$ 是真凸正齐次函数，那么我们断言 σ 的共轭函数是如下闭凸集：

$$X=\big\{x\mid y'x\leqslant\sigma(y),\ \forall y\in\Re^n\big\}$$

的示性函数，且 $\mathrm{cl}\,\sigma$ 是 X 的支撑函数。为了证明这个结论，令 δ 为 σ 的共轭函数：

$$\delta(x)=\sup_{y\in\Re^n}\big\{y'x-\sigma(y)\big\}$$

由于 σ 是正齐次的，对于任意的 $\gamma>0$，我们有

$$\gamma\,\delta(x)=\sup_{y\in\Re^n}\big\{\gamma y'x-\gamma\,\sigma(y)\big\}=\sup_{y\in\Re^n}\big\{(\gamma y)'x-\sigma(\gamma y)\big\}$$

上述两个等式的右侧是相等的，因此我们得到

$$\delta(x)=\gamma\,\delta(x),\qquad \forall\gamma>0$$

它意味着 δ 仅在 0 和 ∞ 处取值 (由于 σ 和它的共轭函数 δ 是真的)。因此，δ 是某个集合的示性函数，记作 X，于是我们有

$$\begin{aligned}X&=\big\{x\mid \delta(x)\leqslant 0\big\}\\&=\left\{x\ \middle|\ \sup_{y\in\Re^n}\big\{y'x-\sigma(y)\big\}\leqslant 0\right\}\\&=\big\{x\mid y'x\leqslant\sigma(y),\ \forall y\in\Re^n\big\}\end{aligned}$$

最后，由于 δ 是 σ 的共轭函数, 可知 $\mathrm{cl}\,\sigma$ 是 δ 的共轭函数; 参考共轭定理 [命题 1.6.1(c)]。由于 δ 是集合 X 的示性函数，可知 $\mathrm{cl}\,\sigma$ 是 X 的支撑函数。

我们现在来讨论闭的真凸函数 $f:\Re^n\mapsto(-\infty,\infty]$ 的 0-水平集的支撑函数的一个重要特性。由上图 $\mathrm{epi}(f)$ 生成的锥体的闭包，是某个闭的凸正齐次函数的上图，该函数称为**由 f 生成的闭函数**，记作 $\mathrm{gen}\,f$。$\mathrm{gen}\,f$ 的上图是所有包含 $\mathrm{epi}(f)$ 的闭的锥体的交集。进而，如果 $\mathrm{gen}\,f$ 是真的，那么 $\mathrm{epi}(\mathrm{gen}\,f)$ 是所有包含 $\mathrm{epi}(f)$ 和包含 0 在边界上的半空间的交集。

考虑闭的真凸函数 $f:\Re^n\mapsto(-\infty,\infty]$ 的共轭函数 f^*。我们断言如果水平集 $\big\{y\mid f^*(y)\leqslant 0\big\}$ [或者水平集 $\big\{x\mid f(x)\leqslant 0\big\}$] 为非空，那么它的支撑函数为 $\mathrm{gen}\,f$（或者相应地为 $\mathrm{gen}\,f^*$）。事实上，如果水平集 $\big\{y\mid f^*(y)\leqslant 0\big\}$ 为非空，任意满足条件 $f^*(y)\leqslant 0$ 的 y 或等价地，$y'x\leqslant f(x)$ 对所有 x 成立，都定义了一个把原点和 $\mathrm{epi}(f)$ 分离开的非竖直超平面，这就意味着 $\mathrm{gen}\,f$ 的上图不包含直线，因此 $\mathrm{gen}\,f$ 是真的。由于 $\mathrm{gen}\,f$ 还是闭的凸的和正齐次的，根据之前的分析，可知 $\mathrm{gen}\,f$ 是集合

$$Y=\big\{y\mid y'x\leqslant(\mathrm{gen}\,f)(x),\ \forall x\in\Re^n\big\}$$

的支撑函数。由于 $\mathrm{epi}(\mathrm{gen}\,f)$ 是所有包含 $\mathrm{epi}(f)$ 且包含 0 在其边界上的半空间的交集，集合 Y 可以表示为

$$Y=\big\{y\mid y'x\leqslant f(x),\ \forall x\in\Re^n\big\}=\left\{y\ \middle|\ \sup_{x\in\Re^n}\big\{y'x-f(x)\big\}\leqslant 0\right\}$$

因此我们得到 $\mathrm{gen}\,f$ 是集合

$$Y=\big\{y\mid f^*(y)\leqslant 0\big\}$$

的支撑函数，假设该集合为非空。

注意这个用于刻画 f 和 f^* 的 0 水平集的方法可用于任意水平集。特别地，非空水平集 $L_\gamma = \{x \mid f(x) \leqslant \gamma\}$ 就是由 $f_\gamma(x) = f(x) - \gamma$ 定义的函数 f_γ 的 0-水平集。它的支撑函数是由 f_γ^* 生成的闭函数。这里 f_γ^* 是由 $f_\gamma^*(y) = f^*(y) + \gamma$ 给出的 f_γ 的共轭函数。

B.2 多面体凸性的基本概念

2.1 顶点

本章我们讨论多面体集，即由有限个仿射不等式联立

$$a_j'x \leqslant b_j, \qquad j = 1, \cdots, r$$

所给定的非空集合，其中 $a_1, \cdots, a_r$ 是 n 维欧氏空间 $\Re^n$ 中的向量，$b_1, \cdots, b_r$ 是标量。

给定非空凸集 C。向量 $x \in C$ 称为 C 的一个**顶点**，如果它严格不处在包含于集合内的任意线段的两个端点之间，即，如果不存在向量 $y \in C$，$z \in C$，和标量 $\alpha \in (0,1)$ 使得 $y \neq x$，$z \neq x$，且 $x = \alpha y + (1-\alpha)z$。

命题 2.1.1 令 C 为 n 维欧氏空间 $\Re^n$ 的一个凸子集，H 为将 C 包含在它的一个闭半空间中的超平面。则 $C \cap H$ 的顶点恰好是那些属于 H 的 C 的顶点。

命题 2.1.2 n 维欧氏空间 $\Re^n$ 中的一个非空闭凸子集至少有一个顶点，当且仅当它不包含直线，即具有 $\{x + \alpha d \mid \alpha \in \Re\}$ 形式的集合，其中 x 和 d 是 n 维欧氏空间 $\Re^n$ 中的向量，而 $d \neq 0$。

命题 2.1.3 令 C 为 n 维欧氏空间 $\Re^n$ 的非空闭凸子集。假定对某个秩为 n 的 $m \times n$ 矩阵 A 和某个 $b \in \Re^m$，我们有

$$Ax \geqslant b, \qquad \forall x \in C$$

则 C 至少有一个顶点。

命题 2.1.4 令 P 为 n 维欧氏空间 $\Re^n$ 的多面体子集。

(a) 如果 P 形如

$$P = \{x \mid a_j'x \leqslant b_j,\ j = 1, \cdots, r\}$$

其中 $a_j \in \Re^n$, $b_j \in \Re$, $j = 1, \cdots, r$, 那么向量 $v \in P$ 是 P 的顶点，当且仅当

$$A_v = \{a_j \mid a_j'v = b_j,\ j \in \{1, \cdots, r\}\}$$

包含 n 个线性无关向量。

(b) 如果 P 形如

$$P = \{x \mid Ax = b,\ x \geqslant 0\}$$

其中 A 是 $m \times n$ 矩阵，b 是 $\Re^m$ 中的向量，那么向量 $v \in P$ 是 P 的顶点，当且仅当 A 对应于 v 的非零坐标的列是线性无关的。

(c) 如果 P 形如

$$P = \{x \mid Ax = b,\ c \leqslant x \leqslant d\}$$

其中 A 是 $m \times n$ 矩阵，b 是 $\Re^m$ 中的向量，且 c 和 d 是 $\Re^n$ 中的向量，那么向量 $v \in P$ 是 P 顶点，当且仅当 A 对应于 v 的严格处于 c 和 d 之间的坐标的列是线性无关的。

命题 2.1.5 n 维欧氏空间中形如

$$\{x \mid a_j'x \leqslant b_j,\ j = 1, \cdots, r\}$$

的多面体集具有顶点，当且仅当集合 $\{a_j \mid j = 1, \cdots, r\}$ 包含 n 个线性无关向量。

2.2　极锥

回顾 C 的**极锥**（polar cone）的概念，记作 C^*，由 $C^* = \{y \mid y'x \leqslant 0,\ \forall x \in C\}$ 所定义。

命题 2.2.1

(a) 对任意非空集合 C，我们有

$$C^* = \big(\mathrm{cl}(C)\big)^* = \big(\mathrm{conv}(C)\big)^* = \big(\mathrm{cone}(C)\big)^*$$

(b) (**极锥定理**) 对任意非空锥体 C，我们有

$$(C^*)^* = \mathrm{cl}\big(\mathrm{conv}(C)\big)$$

特别地，如果 C 是闭的和凸的，我们有 $(C^*)^* = C$。

2.3　多面体集和多面体函数

回顾多面体锥 $C \subset \Re^n$ 具有如下形式：

$$C = \{x \mid a_j'x \leqslant 0,\ j = 1, \cdots, r\}$$

其中 $a_1, \cdots, a_r$ 为 $\Re^n$ 中的某些向量，r 是正整数。我们说锥体 $C \subset \Re^n$ 是**有限生成的**，如果它由有限的向量集合生成，即如果它具有

$$C = \mathrm{cone}\big(\{a_1, \cdots, a_r\}\big) = \left\{x \;\middle|\; x = \sum_{j=1}^{r} \mu_j a_j,\ \mu_j \geqslant 0,\ j = 1, \cdots, r\right\}$$

的形式，其中 $a_1, \cdots, a_r$ 是 $\Re^n$ 中的某些向量，而 r 是正整数。

命题 2.3.1（Farkas 引理）　令 $a_1, \cdots, a_r$ 为 n 维欧氏空间 $\Re^n$ 中的向量。则 $\{x \mid a_j'x \leqslant 0,\ j = 1, \cdots, r\}$ 和 $\mathrm{cone}\big(\{a_1, \cdots, a_r\}\big)$ 都是闭的，且互为极锥。

命题 2.3.2（Minkowski-Weyl 定理）　一个锥体是多面体当且仅当它是有限生成的。

命题 2.3.3（Minkowski-Weyl 表示）　集合 P 是多面体，当且仅当存在非空有限集 $\{v_1, \cdots, v_m\}$ 和有限生成锥 C 使得 $P = \mathrm{conv}\big(\{v_1, \cdots, v_m\}\big) + C$，即

$$P = \left\{x \;\middle|\; x = \sum_{j=1}^{m} \mu_j v_j + y,\ \sum_{j=1}^{m} \mu_j = 1,\ \mu_j \geqslant 0,\ j = 1, \cdots, m,\ y \in C\right\}$$

成立。

命题 2.3.4　多面体的代数运算。

(a) 多面体集的交如果非空，则为多面体。

(b) 多面体集的笛卡儿积是多面体。

(c) 多面体在线性变换下的像是多面体。

(d) 两个多面体集的向量和是多面体。

(e) 多面体集在线性变换下的原像是多面体。

我们称函数 $f : \Re^n \mapsto (-\infty, \infty]$ 为**多面体的**，如果它的上图是 $\Re^{n+1}$ 中的多面体集。注意根据定义，多面体函数 f 是闭的和凸的，而且还是真的 [由于 f 不可能取值 $-\infty$，并且 $\mathrm{epi}(f)$ 是闭的，凸的和非空的（基于我们只有非空集合才能是多面体的约定）]。

命题 2.3.5　令 $f : \Re^n \mapsto (-\infty, \infty]$ 为凸函数。则 f 是多面体的，当且仅当 $\mathrm{dom}(f)$ 是多面体集且

$$f(x) = \max_{j=1,\cdots,m} \{a_j'x + b_j\}, \qquad \forall x \in \mathrm{dom}(f)$$

其中 a_j 是 $\Re^n$ 中的向量，b_j 是标量，且 m 是正整数。

下述命题表明多面体函数的一些常见运算，如求和和线性组合保持它们的多面体特性。

命题 2.3.6 满足 $\mathrm{dom}(f_1) \cap \mathrm{dom}(f_2) \neq \varnothing$ 的两个多面体函数 f_1 和 f_2 的和是多面体函数。

命题 2.3.7 如果 A 是矩阵而 g 是满足 $\mathrm{dom}(g)$ 含有 A 的值域中的一个点条件的多面体函数，那么由 $f(x) = g(Ax)$ 给出的函数 f 是多面体的。

2.4 优化的多面体方面

多面体凸性在优化中扮演着非常重要的角色。下述的两个基本结果是关于线性规划的。而线性规划是在多面体集合上对线性函数求最小的问题。

命题 2.4.1 令 C 为 n 维欧氏空间 $\Re^n$ 的至少有一个顶点的闭凸子集。在 C 上取到最小值的凹函数 $f: C \mapsto \Re$ 必在 C 的某个顶点上取到最小值。

命题 2.4.2（线性规划基本定理） 令 P 为至少有一个顶点的多面体集。在 P 上为下方有界的线性函数必在 P 的某个顶点处取到最小值。

B.3 凸优化的基本概念

3.1 约束优化

考虑问题

$$\begin{aligned} &\text{minimize} \quad && f(x) \\ &\text{subject to} \quad && x \in X \end{aligned}$$

其中 $f: \Re^n \mapsto (-\infty, \infty]$ 是一个函数，而 X 是 n 维欧氏空间 $\Re^n$ 的一个非空子集。任何 $x \in X \cap \mathrm{dom}(f)$ 向量都称为该问题的一个**可行解**（feasible solution）（我们有时也会用**可行向量** 或**可行点**的说法）。如果至少存在一个可行解，即 $X \cap \mathrm{dom}(f) \neq \varnothing$，我们就称该问题为**可行**；否则我们称该问题为**不可行**。因此，当 f 是扩充实值函数时，我们仅将 $X \cap \mathrm{dom}(f)$ 中的点视为最优解的候选对象，把 $\mathrm{dom}(f)$ 看作隐含的约束集合。进一步，问题的可行性等价于条件 $\inf\limits_{x \in X} f(x) < \infty$ 成立。

我们说向量 x^* 是**f 在 X 上的最小点**，如果

$$x^* \in X \cap \mathrm{dom}(f), \qquad \text{且} \qquad f(x^*) = \inf_{x \in X} f(x)$$

我们也把 x^* 称为**f 在 X 上的全局最小点**。另外，我们说**f 在 x^* 处达到了它在 X 上的最小值**，并通过如下写法来表达这个事实：

$$x^* \in \arg\min_{x \in X} f(x)$$

如果已知 x^* 是 f 在 X 上的唯一最小点，我们稍微滥用一下符号，有如下写法：

$$x^* = \arg\min_{x \in X} f(x)$$

对于最大点，有类似的术语。

给定 $\Re^n$ 的子集 X 和函数 $f: \Re^n \mapsto (-\infty, \infty]$，我们称向量 x^* 为**f 在 X 上的局部极小点**，如果 $x^* \in X \cap \mathrm{dom}(f)$ 且存在某个 $\epsilon > 0$ 使得

$$f(x^*) \leqslant f(x), \qquad \text{对满足} \|x - x^*\| < \epsilon \text{的} \ \forall x \in X$$

成立。如果 $X = \Re^n$ 或 f 的定义域为集合 X（而不是 $\Re^n$），我们也把 x^* 称为 f 的局部极小点（而不加“在 X 上”的限定）。局部极小点 x^* 称为是**严格的**，如果在某个以 x^* 为中心的开球内不存在其他局部极小点。局部极大点的定义类似。

命题 3.1.1　如果 X 是 n 维欧氏空间 $\Re^n$ 的凸子集，$f:\Re^n \mapsto (-\infty,\infty]$ 是凸函数，那么 f 在 X 上的局部极小点也是全局最小点。如果 f 还是严格凸的，那么 f 在 X 上至多有一个全局最小点。

3.2　最优解的存在性

命题 3.2.1（Weierstrass 定理）　考虑闭的真函数 $f:\Re^n \mapsto (-\infty,\infty]$，并假设下面三个条件中的任何一个成立：

(1) $\mathrm{dom}(f)$ 是有界的。

(2) 存在标量 $\overline{\gamma}$ 使得水平集

$$\big\{x \mid f(x) \leqslant \overline{\gamma}\big\}$$

为非空和有界。

(3) f 是强制的。

那么 f 在 n 维欧氏空间 $\Re^n$ 上的最小点集合是非空和紧的。

命题 3.2.2　令 X 为 n 维欧氏空间 $\Re^n$ 的闭凸子集，$f:\Re^n \mapsto (-\infty,\infty]$ 是闭凸函数，满足 $X\cap \mathrm{dom}(f)\neq\varnothing$。$f$ 在 X 上的最小点集是非空和紧的，当且仅当 X 和 f 没有共同的回收方向。

命题 3.2.3（解的存在性，函数的和）　令 $f_i:\Re^n \mapsto (-\infty,\infty]$, $i=1,\cdots,m$ 为闭的真凸函数，满足 $f=f_1+\cdots+f_m$ 为真。假定单个函数 f_i 的回收函数满足 $r_{f_i}(d)=\infty$ 对所有 $d\neq 0$ 成立。则 f 的最小点集合为非空和紧。

3.3　凸函数的部分最小化

我们在对偶和最大最小理论中常遇到通过部分地最小化其他函数而得到的函数。部分优化即对这些函数的某些变量进行优化。因此有必要对得到的函数的性质进行分析。这些性质包括从原始函数的凸性、闭性分析得到函数的相应性质。

命题 3.3.1　考虑函数 $F:\Re^{n+m} \mapsto (-\infty,\infty]$ 和由

$$f(x)=\inf_{z\in\Re^m} F(x,z)$$

定义的函数 $f:\Re^n \mapsto [-\infty,\infty]$。则

(a) 如果 F 是凸的，那么 f 也是凸的。

(b) 我们有

$$P\big(\mathrm{epi}(F)\big)\subset \mathrm{epi}(f)\subset \mathrm{cl}\Big(P\big(\mathrm{epi}(F)\big)\Big)$$

其中 $P(\bullet)$ 表示到 (x,w) 空间上的投影，即对于 $\Re^{n+m+1}$ 的任意子集 S. $P(S)=\big\{(x,w)\mid (x,z,w)\in S\big\}$。

命题 3.3.2　令 $F:\Re^{n+m} \mapsto (-\infty,\infty]$ 为闭真凸函数。考虑由

$$f(x)=\inf_{z\in\Re^m} F(x,z),\qquad x\in\Re^n$$

给出的函数 f。假定对某个 $\overline{x}\in\Re^n$ 和 $\overline{\gamma}\in\Re$，集合

$$\big\{z \mid F(\overline{x},z)\leqslant\overline{\gamma}\big\}$$

是非空的和紧的。那么 f 是闭的真凸函数。进而，对每个 $x\in\mathrm{dom}(f)$，在 $f(x)$ 定义中的最小点集是非空和紧的。

命题 3.3.3 令 X 和 Z 分别是 n 维欧氏空间 $\Re^n$ 和 m 维欧氏空间 $\Re^m$ 中的非空凸集，$F : X \times Z \mapsto \Re$ 是闭凸函数，且假定 Z 是紧的。那么由

$$f(x) = \inf_{z \in Z} F(x, z), \qquad x \in X$$

给定的函数 f 是 X 上的实值凸函数。

命题 3.3.4 令 $F : \Re^{n+m} \mapsto (-\infty, \infty]$ 为闭真凸函数。考虑由

$$f(x) = \inf_{z \in \Re^m} F(x, z), \qquad x \in \Re^n$$

给定的函数 f。假定对某个 $\overline{x} \in \Re^n$ 和 $\overline{\gamma} \in \Re$，集合

$$\{z \mid F(\overline{x}, z) \leqslant \overline{\gamma}\}$$

为非空，且它的回收锥等于它的线形空间。那么 f 是闭真凸的。进而，对每个 $x \in \mathrm{dom}(f)$，$f(x)$ 定义中的最小点集都是非空的。

3.4 鞍点和最小最大理论

考虑函数 $\phi : X \times Z \mapsto \Re$，其中 X 和 Z 分别是 $\Re^n$ 和 $\Re^m$ 的非空子集。我们主要关心保证

$$\sup_{z \in Z} \inf_{x \in X} \phi(x, z) = \inf_{x \in X} \sup_{z \in Z} \phi(x, z) \tag{B.3}$$

成立以及上述下确界和上确界可以达到的条件。

定义 3.4.1 一对向量 $x^* \in X$ 和 $z^* \in Z$ 称为 ϕ 的**鞍点**，如果

$$\phi(x^*, z) \leqslant \phi(x^*, z^*) \leqslant \phi(x, z^*), \qquad \forall x \in X, \ \forall z \in Z$$

命题 3.4.1 向量对 (x^*, z^*) 是 ϕ 的鞍点，当且仅当最小最大等式 (B.3) 成立，且 x^* 是优化问题

$$\begin{array}{ll} \text{minimize} & \sup_{z \in Z} \phi(x, z) \\ \text{subject to} & x \in X \end{array}$$

的最优解，同时 z^* 是优化问题

$$\begin{array}{ll} \text{maximize} & \inf_{x \in X} \phi(x, z) \\ \text{subject to} & z \in Z \end{array}$$

的最优解。

B.4 对偶原理的几何框架

4.1 最小公共点/最大相交点问题的对偶性

我们将用两个简单的几何问题来概括对偶性的最基本要素。令集合 M 为 $n+1$ 维欧氏空间 $\Re^{n+1}$ 的非空子集，考虑以下两个问题。

(a) **最小公共点问题**：在集合 M 与 $\Re^{n+1}$ 的第 $(n+1)$ 条坐标轴的所有公共点（即二者的交集的点）中，求其中第 $(n+1)$ 位坐标值的最小值。

(b) **最大相交点问题**：设想这样的非竖直超平面，使得 M 被包含于其关联的“上”闭半空间（包含竖直射线 $\{(0, w) \mid w \geqslant 0\}$ 的闭半空间。求所有满足条件的超平面与第 $(n+1)$ 条坐标轴的交点坐标值的最大值。

以上两个问题合称为最小公共点/最大相交点（MC/MC）问题。我们将证明，凸优化的核心理论都统一在这两个基本问题组成的几何框架下。

数学上，最小公共点问题描述为

$$\begin{aligned} &\text{minimize} && w \\ &\text{subject to} && (0,w) \in \dot{M} \end{aligned}$$

我们也把该问题称为**原始问题**，并记其最优值为 w^*，即

$$w^* = \inf_{(0,w)\in M} w$$

最大相交点问题是在整个 $\mu \in \Re^n$ 上求对应 μ 的最高交点的高度水平，即

$$\begin{aligned} &\text{maximize} && \inf_{(u,w)\in M}\{w + \mu' u\} \\ &\text{subject to} && \mu \in \Re^n \end{aligned} \tag{B.4}$$

我们也称该问题为**对偶问题**（dual problem），记 q^* 为其最优值

$$q^* = \sup_{\mu\in\Re^n} q(\mu)$$

其中 $q(\mu) = \inf_{(u,w)\in M}\{w + \mu' u\}$ 也被称为**相交函数**（crossing function）或**对偶函数**（dual function）。

命题 4.1.1　对偶函数 q 是上半连续的凹函数。

下述命题断言 $q^* \leqslant w^*$ 恒成立；我们将其称为**弱对偶性**。当 $q^* = w^*$ 成立时，我们说**强对偶性成立**，或者说**不存在对偶间隙**。

命题 4.1.2（弱对偶性定理）　不等式 $q^* \leqslant w^*$ 恒成立。

最大相交点问题的可行解集受限于 $\overline{M}$ 的水平的回收方向。这是下述命题的本质内容。

命题 4.1.3　假设集合

$$\overline{M} = M + \big\{(0,w) \mid w \geqslant 0\big\}$$

是凸集。则最大相交点问题的可行解集 $\big\{\mu \mid q(\mu) > -\infty\big\}$ 是如下锥体的子集：

$$\big\{\mu \mid \text{所有使得 } (d,0) \in R_{\overline{M}} \text{ 的向量 } d \text{ 都满足} \mu' d \geqslant 0\big\}$$

其中 $R_{\overline{M}}$ 是 $\overline{M}$ 的回收锥。

4.2　几种特殊情况

当集合 M 是某个函数的上图时，我们可以考虑几种特殊情况。考虑函数 $f : \Re^n \mapsto [-\infty, \infty]$ 的最小化问题。我们引入自变量为 (x,u) 的函数 $F : \Re^{n+r} \mapsto [-\infty, \infty]$，使得

$$f(x) = F(x,0), \qquad \forall x \in \Re^n \tag{B.5}$$

我们定义函数 $p : \Re^r \mapsto [-\infty, \infty]$ 如下：

$$p(u) = \inf_{x\in\Re^n} F(x,u) \tag{B.6}$$

考虑集合

$$M = \text{epi}(p)$$

对应的 MC/MC 框架。此时的最小共同值 w^* 恰为函数 f 的最小值，因为

$$w^* = p(0) = \inf_{x\in\Re^n} F(x,0) = \inf_{x\in\Re^n} f(x)$$

相应的最大相交点问题式 (B.4) 是

$$\begin{aligned} &\text{maximize} && q(\mu) \\ &\text{subject to} && \mu \in \Re^r \end{aligned}$$

相应的对偶函数形如

$$= \inf_{u\in\Re^r}\big\{p(u)+\mu'u\big\} = \inf_{(x,u)\in\Re^{n+r}}\big\{F(x,u)+\mu'u\big\} \tag{B.7}$$

从式 (B.7) 可知，q 也可表示为

$$q(\mu) = -\sup_{(x,u)\in\Re^{n+r}}\big\{-\mu'u - F(x,u)\big\} = -F^*(0,-\mu)$$

其中 F^* 是以 (x,u) 为自变量的 F 的共轭函数。由于

$$q^* = \sup_{\mu\in\Re^r} q(\mu) = -\inf_{\mu\in\Re^r} F^*(0,-\mu) = -\inf_{\mu\in\Re^r} F^*(0,\mu)$$

强对偶关系 $w^* = q^*$ 亦等价于

$$\inf_{x\in\Re^n} F(x,0) = -\inf_{\mu\in\Re^r} F^*(0,\mu)$$

用不同的方式添加摄动并构造函数 F，例如式 (B.5) 与式 (B.6)，将构造出不同的最小公共点/最大相交点框架和相应的对偶问题。本节将研究另一种典型的优化问题，即不等式约束下的最小化问题：

$$\begin{aligned} &\text{minimize} \quad f(x) \\ &\text{subject to} \quad x\in X, \quad g(x)\leqslant 0 \end{aligned} \tag{B.8}$$

其中 X 是 $\Re^n$ 的非空子集，$f: X\mapsto\Re$ 和 $g_j: X\mapsto\Re$ 是给定的函数，$g(x) = \big(g_1(x),\cdots,g_r(x)\big)$ 是函数组成的向量。我们对约束集引入摄动

$$C_u = \big\{x\in X \mid g(x)\leqslant u\big\}, \qquad u\in\Re^r \tag{B.9}$$

并构造函数

$$F(x,u) = \begin{cases} f(x) & \text{如果 } x\in C_u \\ \infty & \text{其他情况} \end{cases}$$

该函数对任意 $x\in C_0$ 都满足 $F(x,0) = f(x)$(详见式 (B.5))。

根据式 (B.6) 中的定义，函数 p 等于

$$p(u) = \inf_{x\in\Re^n} F(x,u) = \inf_{x\in X,\, g(x)\leqslant u} f(x) \tag{B.10}$$

我们称之为**原始函数**（primal function）或**摄动函数**（perturbation function）。该函数概括了有约束的最小化问题的基本结构，包括对偶性及一些其他重要性质，比如灵敏度，即当约束的程度改变时最优值的变化率。我们来研究集合 $M = \text{epi}(p)$ 对应的 MC/MC 框架。根据式 (B.7) 可写出

$$q(\mu) = \begin{cases} \inf_{x\in X}\big\{f(x)+\mu'g(x)\big\} & \text{如果}\mu\geqslant 0 \\ -\infty & \text{其他情况} \end{cases}$$

下面的命题，假设函数 $\phi(x,\bullet)$ 的凹闭包 $(\hat{\text{cl}}\,\phi)(x,\bullet)$ 满足一定的条件，推导了最小最大问题的对偶函数的形式。凹闭包指控制（处处不小于）$\phi(x,\bullet)$ 的最小上半连续凹函数。

命题 4.2.1 令 X 与 Z 分别为 n 维欧氏空间 $\Re^n$ 与 m 维欧氏空间 $\Re^m$ 的非空子集，令 $\phi: X\times Z\mapsto\Re$ 为给定的函数，并假设 $(-\hat{\text{cl}}\,\phi)(x,\bullet)$ 对所有 $x\in X$ 都是真函数。定义 p 为

$$p(u) = \inf_{x\in X}\sup_{z\in Z}\big\{\phi(x,z)-u'z\big\}, \qquad u\in\Re^m$$

则集合 $M = \text{epi}(p)$ 的最小公共点/最大相交点问题的对偶函数形如

$$q(\mu) = \inf_{x\in X}(\hat{\text{cl}}\,\phi)(x,\mu), \qquad \forall\mu\in\Re^m$$

4.3　强对偶定理

下述定理给出了强对偶性的一般结论。

命题 4.3.1（MC/MC 强对偶定理）　假设：

(1) $w^* < \infty$，或者 $w^* = \infty$ 且集合 M 不包含任何竖直直线。

(2) 集合

$$\overline{M} = M + \{(0, w) \mid w \geqslant 0\}$$

是凸集。

则 $q^* = w^*$，当且仅当任意满足 $\{(u_k, w_k)\} \subset M$ 且 $u_k \to 0$ 的序列 $\{(u_k, w_k)\}$ 都满足 $w^* \leqslant \liminf\limits_{k\to\infty} w_k$。

命题 4.3.2　在 MC/MC 问题中，假设 $w^* < \infty$。

(a) 令 M 为闭凸集。则 $q^* = w^*$，并且函数

$$p(u) = \inf\{w \mid (u, w) \in M\}, \qquad u \in \Re^n$$

是凸函数，其上图是

$$\overline{M} = M + \{(0, w) \mid w \geqslant 0\}$$

并且如果 $-\infty < w^*$，则 p 还是真闭函数。

(b) 集合 M 对应的最大相交点问题的最优值 q^* 等于集合 $\mathrm{cl}(\mathrm{conv}(M))$ 对应的最小公共点问题的最优值。

(c) 如果 M 形如

$$M = \tilde{M} + \{(u, 0) \mid u \in C\}$$

其中 $\tilde{M}$ 是紧集而 C 是闭凸集，则 q^* 等于集合 $\mathrm{conv}(M)$ 对应的最小公共点问题的最优值。

4.4　对偶最优解的存在性

下述命题给出了强对偶性以及对偶最优解的存在性的一般结论。

命题 4.4.1（MC/MC 问题的最大相交点的存在性）　假设：

(1) $-\infty < w^*$。

(2) 集合

$$\overline{M} = M + \{(0, w) \mid w \geqslant 0\}$$

是凸集。

(3) 原点是集合

$$D = \{u \mid \text{存在 } w \in \Re \text{ 使得 } (u, w) \in \overline{M}\}$$

的相对内点。

则 $q^* = w^*$，且最大相交点问题存在至少一个最优解。

命题 4.4.2　在命题 4.4.1 的假设下，最大相交点问题的最优解集 Q^* 形如

$$Q^* = \big(\mathrm{aff}(D)\big)^{\perp} + \tilde{Q}$$

其中 $\tilde{Q}$ 是一个非空凸紧集。并且，Q^* 是紧集当且仅当原点是 D 的内点。

4.5　对偶性与凸多面体

下述命题针对集合 M 具有多面体集的特殊结构。

命题 4.5.1 在 MC/MC 问题中，假设：

(1) $-\infty < w^*$。

(2) 集合 $\overline{M}$ 形如

$$\overline{M} = \tilde{M} - \{(u,0) \mid u \in P\}$$

其中 $\tilde{M}$ 和 P 是凸集。

(3) 以下两个条件至少有一个满足：$\text{ri}(\tilde{D}) \cap \text{ri}(P) \neq \varnothing$，或者 P 是多面体且 $\text{ri}(\tilde{D}) \cap P \neq \varnothing$，其中 $\tilde{D}$ 是由式

$$\tilde{D} = \{u \mid \text{存在 } w \in \Re \text{ 使得 } (u,w) \in \tilde{M}\}$$

给出的集合。

此时 $q^* = w^*$，且最大相交点问题的最优解集 Q^*，是 P 的回收锥的极锥 R_P^* 的非空子集。而且当 $\text{int}(\tilde{D}) \cap P \neq \varnothing$ 时 Q^* 是紧集。

命题 4.5.2 在 MC/MC 问题中，假设：

(1) $-\infty < w^*$。

(2) 令 P 为多面体，A 为 $r \times n$ 矩阵，$b \in \Re^r$ 为一向量，$f : \Re^n \mapsto (-\infty, \infty]$ 为凸函数。定义集合 $\overline{M}$ 为

$$\overline{M} = \{(u,w) \mid \text{存在}(x,w) \in \text{epi}(f) \text{ 使得} Ax - b - u \in P\}$$

(3) 存在向量 $\overline{x} \in \text{ri}\big(\text{dom}(f)\big)$ 使得 $A\overline{x} - b \in P$。

则 $q^* = w^*$，且最大相交点问题的最优解集 Q^* 是 P 的回收锥的极锥 R_P^* 的非空子集。并且，当 A 的秩为 r 且存在向量 $\overline{x} \in \text{int}\big(\text{dom}(f)\big)$ 使得 $A\overline{x} - b \in P$ 时，Q^* 是紧集。

B.5 对偶性与优化

5.1 非线性 Farkas 引理

Farkas 引理的一个非线性版本抓住了凸规划对偶性的本质。该引理涉及非空凸集 $X \subset \Re^n$ 和函数 $f : X \mapsto \Re$ 及 $g_j : X \mapsto \Re$，$j = 1, \cdots, r$。我们记 $g(x) = \big(g_1(x), \cdots, g_r(x)\big)'$，并做如下假设。

假设 5.1.1 函数 f 和 g_j, $j = 1, \cdots, r$，为凸，且

$$f(x) \geqslant 0, \qquad \forall x \in X \text{ 满足} g(x) \leqslant 0$$

命题 5.1.1（非线性 Farkas 引理） 令假设 5.1 成立，并令 Q^* 为 r 维欧氏空间 $\Re^r$ 的由条件

$$Q^* = \{\mu \mid \mu \geqslant 0,\ f(x) + \mu' g(x) \geqslant 0,\ \forall x \in X\}$$

给出的子集。假定如下两个条件之一成立：

(1) 存在 $\overline{x} \in X$ 使得 $g_j(\overline{x}) < 0$ 对所有 $j = 1, \cdots, r$ 成立。

(2) 函数 g_j，$j = 1, \cdots, r$ 是仿射的，且存在 $\overline{x} \in \text{ri}(X)$ 使得 $g(\overline{x}) \leqslant 0$ 成立。

那么 Q^* 是非空的，且在条件 (1) 下它还是紧的。

上述命题及后面的其他命题中的内点条件 (1) 被称为**Slater 条件**。在非线性 Farkas 引理中，通过选取 f 和 g_j 为线性函数，并且选 X 为整个空间，我们可得到 Farkas 引理（参考附录 B 2.3 节）的一个特例。

命题 5.1.2 令 A 为 $m \times n$ 矩阵而 c 为 m 维欧氏空间 $\Re^m$ 中的向量。

(a) 方程组 $Ay = c,\ y \geqslant 0$ 有解当且仅当

$$A'x \leqslant 0 \implies c'x \leqslant 0$$

(b) 不等式组 $Ay \geqslant c$ 有解当且仅当

$$A'x = 0,\ x \geqslant 0 \implies c'x \leqslant 0$$

5.2　线性规划的对偶性

优化领域最重要的结果之一是线性规划的对偶定理。考虑问题

$$\begin{aligned} &\text{minimize} && c'x \\ &\text{subject to} && a_j'x \geqslant b_j, \quad j = 1, \cdots, r \end{aligned}$$

其中 $c \in \Re^n$, $a_j \in \Re^n$, $b_j \in \Re$, $j = 1, \cdots, r$。我们把该问题称为**原问题**。考虑它的**对偶问题**

$$\begin{aligned} &\text{maximize} && b'\mu \\ &\text{subject to} && \sum_{j=1}^{r} a_j \mu_j = c, \quad \mu \geqslant 0 \end{aligned}$$

该问题是从 4.2.3 节的 MC/MC 对偶框架导出的。我们把原（始）问题和对偶问题的最优值分别记作 f^* 和 q^*。

命题 5.2.1（线性规划对偶定理）

(a) 如果 f^* 或 q^* 为有限，那么 $f^* = q^*$，并且原问题和对偶问题都有最优解。

(b) 如果 $f^* = -\infty$，那么 $q^* = -\infty$。

(c) 如果 $q^* = \infty$，那么 $f^* = \infty$。

上述命题没有讨论的一种可能情况是 $f^* = \infty$ 和 $q^* = -\infty$。与对偶定理有关的另外一个结果是如下的原始与对偶最优性的充要条件。

命题 5.2.2（线性规划的最优性条件）　向量对 (x^*, μ^*) 构成原始和对偶问题的一对最优解当且仅当 x^* 是原问题的可行解，μ^* 是对偶问题的可行解，并且

$$\mu_j^*(b_j - a_j'x^*) = 0, \qquad \forall j = 1, \cdots, r$$

5.3　凸规划的对偶性

我们首先讨论如下问题：

$$\begin{aligned} &\text{minimize} && f(x) \\ &\text{subject to} && x \in X, \quad g(x) \leqslant 0 \end{aligned} \tag{B.11}$$

其中 X 是凸集，$g(x) = \big(g_1(x), \cdots, g_r(x)\big)'$ 和 $f : X \mapsto \Re$ 及 $g_j : X \mapsto \Re$, $j = 1, \cdots, r$ 是凸函数。该问题的对偶问题为

$$\begin{aligned} &\text{maximize} && \inf_{x \in X} L(x, \mu) \\ &\text{subject to} && \mu \geqslant 0 \end{aligned}$$

其中 L 是拉格朗日函数

$$L(x, \mu) = f(x) + \mu' g(x), \qquad x \in X,\ \mu \in \Re^r$$

对应这类问题我们把原始问题和对偶问题的最优值分别记作 f^* 和 q^*。弱对偶关系 $q^* \leqslant f^*$ 总是成立的；参见附录 B 命题 4.1.2。当强对偶性成立时，对偶问题的最优解也被称为**拉格朗日乘子**。下述八个命题给出了与强对偶性有关的主要结论。它们给出了保证 $q^* = f^*$ 成立的条件（通常称为**限定约束**）。

命题 5.3.1（凸规划的对偶性-对偶问题最优解的存在性） 考虑问题式 (B.11)。假定 f^* 为有限，且如下两个条件之一成立：

(1) 存在 $\overline{x} \in X$ 使得 $g_j(\overline{x}) < 0$ 对所有 $j = 1, \cdots, r$ 成立。

(2) 函数 g_j, $j = 1, \cdots, r$, 为仿射，并且存在 $\overline{x} \in \mathrm{ri}(X)$ 使得 $g(\overline{x}) \leqslant 0$ 成立。

那么 $q^* = f^*$ 成立，并且对偶问题的最优解集为非空。在条件 (1) 下该集合还是紧的。

命题 5.3.2（最优性条件） 考虑问题式 (B.11)。$q^* = f^*$ 成立，并且 (x^*, μ^*) 是原问题和对偶问题的最优解对，当且仅当 x^* 为可行，$\mu^* \geqslant 0$，并且

$$x^* \in \arg\min_{x \in X} L(x, \mu^*), \qquad \mu_j^* g_j(x^*) = 0, \quad j = 1, \cdots, r$$

条件 $\mu_j^* g_j(x^*) = 0$ 被称为**补充松弛量**（complementary slackness）条件，是附录 B 命题 5.2.2 相应的线性规划条件的推广形式。实际上，上述命题可以在不假定 X，f 和 g 凸性的情况下证明，尽管我们不会用到这个结论。

问题式 (B.11) 的分析可以通过在约束函数的多面体结构上和抽象约束集合 X 上引入更具体的假设来进行细化。考虑问题式 (B.11) 的一种扩展，其中包含附加的线性等式约束：

$$\begin{aligned} &\text{minimize} \quad f(x) \\ &\text{subject to} \quad x \in X, \quad g(x) \leqslant 0, \quad Ax = b \end{aligned} \tag{B.12}$$

其中 X 是凸集，$g(x) = \big(g_1(x), \cdots, g_r(x)\big)'$，$f : X \mapsto \Re$ 和 $g_j : X \mapsto \Re, j = 1, \cdots, r$ 是凸函数，A 是 $m \times n$ 矩阵，而 $b \in \Re^m$。相应的拉格朗日函数为

$$L(x, \mu, \lambda) = f(x) + \mu' g(x) + \lambda'(Ax - b)$$

而其对偶问题的形式为

$$\begin{aligned} &\text{minimize} \quad q(\mu, \lambda) \equiv \inf_{x \in X} L(x, \mu, \lambda) \\ &\text{subject to} \quad \mu \geqslant 0, \ \lambda \in \Re^m \end{aligned}$$

在优化问题仅仅具有线性等式约束的特殊情况下，即

$$\begin{aligned} &\text{minimize} \quad f(x) \\ &\text{subject to} \quad x \in X, \quad Ax = b \end{aligned} \tag{B.13}$$

拉格朗日函数为

$$L(x, \lambda) = f(x) + \lambda'(Ax - b)$$

而对偶问题为

$$\begin{aligned} &\text{maximize} \quad q(\lambda) \equiv \inf_{x \in X} L(x, \lambda) \\ &\text{subject to} \quad \lambda \in \Re^m \end{aligned}$$

命题 5.3.3（凸规划-线性等式约束） 考虑问题式 (B.13)。

(a) 假定 f^* 为有限并且存在 $\overline{x} \in \mathrm{ri}(X)$ 使得 $A\overline{x} = b$ 成立。那么 $f^* = q^*$ 并且对偶问题至少有一个最优解。

(b) $f^* = q^*$ 成立，并且 (x^*, λ^*) 是原问题和对偶问题最优解对，当且仅当 x^* 是可行的并且

$$x^* \in \arg\min_{x \in X} L(x, \lambda^*)$$

命题 5.3.4（凸规划-线性等式和不等式约束） 考虑问题式 (B.12)。

(a) 假定 f^* 为有限，函数 g_j 为线性，并且存在 $\overline{x} \in \mathrm{ri}(X)$ 满足 $A\overline{x} = b$ 和 $g(\overline{x}) \leqslant 0$。那么 $q^* = f^*$ 并且对偶问题至少有一个最优解。

(b) $f^* = q^*$ 成立，并且 (x^*, μ^*, λ^*) 是原问题和对偶问题最优解对，当且仅当 x^* 是可行的，$\mu^* \geqslant 0$，并且

$$x^* \in \arg\min_{x \in X} L(x, \mu^*, \lambda^*), \qquad \mu_j^* g_j(x^*) = 0, \quad j = 1, \cdots, r$$

命题 5.3.5（凸规划-线性等式和非线性不等式约束）　考虑问题式 (B.12)。假定 f^* 为有限，存在 $\overline{x} \in X$ 满足 $A\overline{x} = b$ 和 $g(\overline{x}) < 0$，并且存在 $\tilde{x} \in \mathrm{ri}(X)$ 满足 $A\tilde{x} = b$。那么 $q^* = f^*$ 并且对偶问题至少有一个最优解。

命题 5.3.6（凸规划-混合多面体和非多面体约束）　考虑问题式 (B.12)。假定 f^* 是有限的，并且对某个满足 $1 \leqslant \overline{r} \leqslant r$ 的 $\overline{r}$，函数 $g_j, j = 1, \cdots, \overline{r}$，都是多面体的，而函数 f 和 g_j，$j = \overline{r}+1, \cdots, r$ 在 C 上都是凸的。进一步假定

(1) 集合

$$\tilde{P} = P \cap \left\{x \mid Ax = b,\, g_j(x) \leqslant 0,\, j = 1, \cdots, \overline{r}\right\}$$

中存在向量 $\tilde{x} \in \mathrm{ri}(C)$。

(2) 存在 $\overline{x} \in \tilde{P} \cap C$ 使得 $g_j(\overline{x}) < 0$ 对所有 $j = \overline{r}+1, \cdots, r$ 成立。

于是 $q^* = f^*$ 并且对偶问题至少有一个最优解。

我们现在来给出另外一类结果。它在某些紧性条件下可以保证强对偶性并且原问题有最优解（即使对偶问题可能没有最优解）。

命题 5.3.7（凸规划对偶性-原始问题最优解的存在性）　假定问题式 (B.11) 为可行，凸函数 f 和 g_j 为闭，函数

$$F(x, 0) = \begin{cases} f(x) & \text{如果 } g(x) \leqslant 0,\ x \in X \\ \infty & \text{其他情况} \end{cases}$$

具有紧的水平集。那么 $f^* = q^*$ 并且原问题的最优解集是非空的和紧的。我们现在来分析另外一类重要的优化框架，考虑优化问题

$$\begin{array}{ll} \text{minimize} & f_1(x) + f_2(Ax) \\ \text{subject to} & x \in \Re^n \end{array} \tag{B.14}$$

其中 A 是 $m \times n$ 矩阵，$f_1 : \Re^n \mapsto (-\infty, \infty]$ 和 $f_2 : \Re^m \mapsto (-\infty, \infty]$ 是闭的凸函数，并且我们假定存在一个可行解。

命题 5.3.8　Fenchel 对偶性。

(a) 如果 f^* 是有限的，并且 $\left(A \bullet \mathrm{ri}\left(\mathrm{dom}(f_1)\right)\right) \cap \mathrm{ri}\left(\mathrm{dom}(f_2)\right) \neq \varnothing$，那么 $f^* = q^*$ 并且对偶问题至少有一个最优解。

(b) $f^* = q^*$ 成立，并且 (x^*, λ^*) 是原问题和对偶问题的最优解对，当且仅当

$$x^* \in \arg\min_{x \in \Re^n} \left\{f_1(x) - x'A'\lambda^*\right\} \ \text{并且}\ Ax^* \in \arg\min_{z \in \Re^n} \left\{f_2(z) + z'\lambda^*\right\} \tag{B.15}$$

Fenchel 对偶性的一个重要特例是如下问题。

$$\begin{array}{ll} \text{minimize} & f(x) \\ \text{subject to} & x \in C \end{array} \tag{B.16}$$

其中 $f : \Re^n \mapsto (-\infty, \infty]$ 是闭的真凸函数而 C 是 $\Re^n$ 中的闭凸锥。该问题被称为**锥规划**，并且它的一些特例（半正定规划，二阶锥规划）有许多应用。

命题 5.3.9（锥对偶定理）　假定原始的锥问题式 (B.16) 的最优值为有限，并且 $\mathrm{ri}\left(\mathrm{dom}(f)\right) \cap \mathrm{ri}(C) \neq \varnothing$。考虑对偶问题

$$\begin{array}{ll} \text{minimize} & f^*(\lambda) \\ \text{subject to} & \lambda \in \hat{C} \end{array}$$

其中 f^* 是 f 的共轭函数而 $\hat{C}$ 是对偶锥，

$$\hat{C} = -C^* = \{\lambda \mid \lambda' x \geqslant 0, \forall x \in C\}$$

那么，不存在对偶间隙，并且对偶问题有最优解。

5.4 次梯度与最优性条件

令 $f : \Re^n \mapsto (-\infty, \infty]$ 为真的凸函数。令向量 $g \in \Re^n$ 满足

$$f(z) \geqslant f(x) + g'(z - x), \qquad \forall z \in \Re^n \tag{B.17}$$

我们称 g 为 f 在 $x \in \text{dom}(f)$ 处的**次梯度**。函数 f 在 x 处的所有次梯度的集合称为**f 在 x 处的次微分**，记为 $\partial f(x)$。约定当 $x \notin \text{dom}(f)$ 时，次微分 $\partial f(x)$ 是空集。一般来说，次微分 $\partial f(x)$ 是闭的凸集，这是因为次梯度不等式 (B.17) 指出次微分是一系列闭半空间的交集。需注意，我们仅考虑 f 是真函数的情况（次梯度的概念对非真函数没有意义）。

命题 5.4.1 令 $f : \Re^n \mapsto (-\infty, \infty]$ 为真的凸函数。任给向量 $x \in \text{ri}\big(\text{dom}(f)\big)$，次微分 $\partial f(x)$ 可以写为

$$\partial f(x) = S^{\perp} + G$$

其中 S 是平行于 $\text{dom}(f)$ 的仿射包的子空间，G 是非空紧凸集。并且，当 $x \in \text{int}\big(\text{dom}(f)\big)$ 时，$\partial f(x)$ 是非空紧集。

从上述命题可知**如果 f 是实值函数，那么 $\partial f(x)$ 对于任意的 $x \in \Re^n$ 都是非空的**。次梯度的一个重要性质是**如果 f 在 $x \in \text{int}\big(\text{dom}(f)\big)$ 处可微，其梯度 $\nabla f(x)$ 恰是 f 在 x 处的唯一次梯度**。我们在本书 3.1 节给出这些事实和下述命题的证明。

命题 5.4.2（次微分的有界性与函数的 Lipschitz 连续性） 令 $f : \Re^n \mapsto \Re$ 为实值凸函数，令 X 为 n 维欧氏空间 $\Re^n$ 中的非空紧集。则

(a) 集合 $\cup_{x \in X} \partial f(x)$ 是非空有界集。

(b) 函数 f 在 X 上是 Lipschitz 连续的，即存在正标量 L 使得

$$\big|f(x) - f(z)\big| \leqslant L\, \|x - z\|, \qquad \forall x, z \in X$$

5.4.1 共轭函数的次梯度

本节将推导真凸函数 $f : \Re^n \mapsto (-\infty, \infty]$ 的次微分与其共轭函数 f^* 的次微分之间的重要关系。根据共轭性的定义，有如下关系：

$$x'y \leqslant f(x) + f^*(y), \qquad \forall x \in \Re^n,\ y \in \Re^n$$

这一关系被称为**Fenchel 不等式**。上述不等式成立的充要条件是，向量 x 取得如下定义式中的上确界

$$f^*(y) = \sup_{z \in \Re^n} \big\{y'z - f(z)\big\}$$

满足这一条件的 (x, y) 与 f 和 f^* 的次微分有重要联系，由下述命题给出。

命题 5.4.3（共轭次梯度定理） 令 $f : \Re^n \mapsto (-\infty, \infty]$ 为真凸函数，令 f^* 为其共轭函数。任给 (x, y)，下列两个关系是等价的：

(i) $x'y = f(x) + f^*(y)$。

(ii) $y \in \partial f(x)$。

如果 f 是闭函数，(i) 与 (ii) 亦等价于

(iii) $x \in \partial f^*(y)$。

共轭次梯度定理的一个应用在于，我们可以把 Fenchel 对偶定理的充要最优性条件式 (B.15) 等价地写作

$$A'\lambda^* \in \partial f_1(x^*), \qquad \lambda^* \in -\partial f_2(Ax^*)$$

下述命题给出了共轭次梯度定理的一些有用的推论。

命题 5.4.4 令 $f: \Re^n \mapsto (-\infty, \infty]$ 为真的闭凸函数，令 f^* 为其共轭函数。

(a) f^* 在向量 $y \in \operatorname{int}\big(\operatorname{dom}(f^*)\big)$ 处可微，当且仅当 $x'y - f(x)$ 在 $x \in \Re^n$ 上有唯一点取到其上确界。

(b) 函数 f 的最小化问题的解集为

$$\arg\min_{x\in\Re^n} f(x) = \partial f^*(0)$$

5.4.2 次微分运算

我们把常微分的基本定理推广到次微分的更一般情形。（本书 3.1 节给出实值函数情形下的证明）

命题 5.4.5（链式法则） 令 $f: \Re^m \mapsto (-\infty, \infty]$ 是凸函数，令 A 是 $m \times n$ 的矩阵，并令函数

$$F(x) = f(Ax)$$

是真函数。则

$$\partial F(x) \supset A'\partial f(Ax), \qquad \forall x \in \Re^n$$

并且，如果 f 是多面体函数或者 A 的值域包含至少一个 $\operatorname{dom}(f)$ 的相对内点，则

$$\partial F(x) = A'\partial f(Ax), \qquad \forall x \in \Re^n$$

命题 5.4.6（多个函数的和函数的次微分） 令 $f_i: \Re^n \mapsto (-\infty, \infty]$，$i = 1, \cdots, m$，为凸函数，并假设函数 $F = f_1 + \cdots + f_m$ 是真函数。则有

$$\partial F(x) \supset \partial f_1(x) + \cdots + \partial f_m(x), \qquad \forall x \in \Re^n$$

并且，如果 $\bigcap_{i=1}^{m} \operatorname{ri}\big(\operatorname{dom}(f_i)\big) \neq \varnothing$，则有

$$\partial F(x) = \partial f_1(x) + \cdots + \partial f_m(x), \qquad \forall x \in \Re^n$$

同样的结论还在下列更一般的条件下成立：存在满足 $1 \leqslant \overline{m} \leqslant m$ 的 $\overline{m}$，使得每个 $i = 1, \cdots, \overline{m}$ 对应的函数 f_i 是多面体函数且

$$\left(\bigcap_{i=1}^{\overline{m}} \operatorname{dom}(f_i)\right) \cap \left(\bigcap_{i=\overline{m}+1}^{m} \operatorname{ri}\big(\operatorname{dom}(f_i)\big)\right) \neq \varnothing$$

5.4.3 最优性条件

根据次梯度的定义，向量 x^* 使得凸函数 f 在 $\Re^n$ 上取得最小解的充要条件是 $0 \in \partial f(x^*)$。我们将把该最优性条件推广到有约束的一般优化问题。

命题 5.4.7 令 $f: \Re^n \mapsto (-\infty, \infty]$ 为真凸函数，令 X 为 n 维欧氏空间 $\Re^n$ 的非空凸子集，并假设下列四个条件中至少有一条满足：

(1) $\operatorname{ri}\big(\operatorname{dom}(f)\big) \cap \operatorname{ri}(X) \neq \varnothing$。

(2) f 是多面体函数，且 $\operatorname{dom}(f) \cap \operatorname{ri}(X) \neq \varnothing$。

(3) X 是多面体，且 $\operatorname{ri}\big(\operatorname{dom}(f)\big) \cap X \neq \varnothing$。

(4) f 与 X 都是多面体的，且 $\mathrm{dom}(f)\cap X\neq\varnothing$。

此时，向量 x^* 使得 f 在 X 上取得最小值，当且仅当存在 $g\in\partial f(x^*)$ 使得 $-g$ 属于法锥 $N_X(x^*)$，即

$$g'(x-x^*)\geqslant 0,\qquad \forall x\in X \tag{B.18}$$

当 f 是实值函数时，上述命题的相对内点条件 (1) 自动满足（即 $\mathrm{dom}(f)=\Re^n$）。并且如果 f 是可微的，最优性条件式 (B.18) 可简化为本附录的命题 1.1.8 的条件，即

$$\nabla f(x^*)'(x-x^*)\geqslant 0,\qquad \forall x\in X$$

5.4.4 方向导数

令 $f:\Re^n\mapsto(-\infty,\infty]$ 为真的凸函数，任给 $x\in\mathrm{dom}(f)$ 及方向向量 $d\in\Re^n$，相应的方向导数的定义为

$$f'(x;d)=\lim_{\alpha\downarrow 0}\frac{f(x+\alpha d)-f(x)}{\alpha} \tag{B.19}$$

定义式 (B.19) 中的比值的一个重要性质是，它随着 $\alpha\downarrow 0$ 单调非增，所以其极限值存在。为验证这一性质，我们任取 $\overline{\alpha}>0$，根据 f 的凸性可知所有 $\alpha\in(0,\overline{\alpha})$ 都满足

$$f(x+\alpha d)\leqslant\frac{\alpha}{\overline{\alpha}}f(x+\overline{\alpha}d)+\left(1-\frac{\alpha}{\overline{\alpha}}\right)f(x)=f(x)+\frac{\alpha}{\overline{\alpha}}\big(f(x+\overline{\alpha}d)-f(x)\big)$$

所以

$$\frac{f(x+\alpha d)-f(x)}{\alpha}\leqslant\frac{f(x+\overline{\alpha}d)-f(x)}{\overline{\alpha}},\qquad \forall\alpha\in(0,\overline{\alpha}) \tag{B.20}$$

因此定义式 (B.19) 中的极限值是有定义的（取实数值，或 ∞，再或 $-\infty$），并且方向导数 $f'(x;d)$ 可以等价地定义为

$$f'(x;d)=\inf_{\alpha>0}\frac{f(x+\alpha d)-f(x)}{\alpha},\qquad d\in\Re^n \tag{B.21}$$

方向导数还与次微分 $\partial f(x)$ 的支撑函数有紧密的联系，详见如下命题。

命题 5.4.8（次微分的支撑函数） 令 $f:\Re^n\mapsto(-\infty,\infty]$ 为真凸函数，令 $(\mathrm{cl}\,f')(x;\boldsymbol{\cdot})$ 为所有方向导数 $f'(x;\boldsymbol{\cdot})$ 的闭包。

(a) 对所有使得 $\partial f(x)$ 非空的向量 $x\in\mathrm{dom}(f)$，$(\mathrm{cl}\,f')(x;\boldsymbol{\cdot})$ 是 $\partial f(x)$ 的支撑函数。

(b) 对所有 $x\in\mathrm{ri}\big(\mathrm{dom}(f)\big)$，$f'(x;\boldsymbol{\cdot})$ 是闭函数且是 $\partial f(x)$ 的支撑函数。

5.5 最小最大值理论

我们在此给出最小最大值等式以及鞍点存在的理论结果。这些定理可通过应用附录 B 第 4 章的 MC/MC 理论得到。本节我们做出如下假设：

(a) 集合 X 与 Z 分别是 n 维欧氏空间 $\Re^n$ 与 m 维欧氏空间 $\Re^m$ 的非空子集。

(b) $\phi:X\times Z\mapsto\Re$ 是二元函数，使得对任意 $z\in Z$，函数 $\phi(\boldsymbol{\cdot},z):X\mapsto\Re$ 都是闭的和凸的，而对任意 $x\in X$，函数 $-\phi(x,\boldsymbol{\cdot}):Z\mapsto\Re$ 也都是闭的和凸的。

命题 5.5.1 假设如下定义的函数 p，

$$p(u)=\inf_{x\in X}\sup_{z\in Z}\big\{\phi(x,z)-u'z\big\},\qquad u\in\Re^m$$

满足 $p(0)<\infty$，或者满足 $p(0)=\infty$ 且对任意 $u\in\Re^m$ 满足 $p(u)>-\infty$。则

$$\sup_{z\in Z}\inf_{x\in X}\phi(x,z)=\inf_{x\in X}\sup_{z\in Z}\phi(x,z)$$

当且仅当 p 在 $u=0$ 处下半连续。

命题 5.5.2　假设 $0 \in \mathrm{ri}\big(\mathrm{dom}(p)\big)$ 且 $p(0) > -\infty$。则

$$\sup_{z\in Z}\inf_{x\in X}\phi(x,z) = \inf_{x\in X}\sup_{z\in Z}\phi(x,z)$$

且上式左侧在 Z 上的上确界是有限值且可以被取到。并且，使得该上确界取到的 $z\in Z$ 的集合是紧集当且仅当 0 是 $\mathrm{dom}(p)$ 的内点。

命题 5.5.3（经典鞍点定理）　如果 X 和 Z 是紧集，则函数 ϕ 的鞍点的集合是非空紧集。

为了描述更具一般性的鞍点定理，我们定义函数凸函数 $t:\Re^n \mapsto (-\infty,\infty]$ 和 $r:\Re^m \mapsto (-\infty,\infty]$ 如下：

$$t(x) = \begin{cases} \sup\limits_{z\in Z}\phi(x,z) & \text{如果 } x\in X \\ \infty & \text{如果 } x\notin X \end{cases}$$

$$r(z) = \begin{cases} -\inf\limits_{x\in X}\phi(x,z) & \text{如果 } z\in Z \\ \infty & \text{如果 } z\notin Z \end{cases}$$

根据附录 B 的命题 3.4.1，(x^*,z^*) 是鞍点的充要条件是

$$\sup_{z\in Z}\inf_{x\in X}\phi(x,z) = \inf_{x\in X}\sup_{z\in Z}\phi(x,z)$$

成立，此时 x^* 是 t 的最小点而 z^* 是 r 的最小点。接下来的两个命题给出了最小最大等式成立的条件。这两个命题还将用于判断鞍点集合的非空性和紧性。

命题 5.5.4　假设 t 是真函数，且对任意 $\gamma\in\Re$ 其水平集 $\big\{x \mid t(x)\leqslant\gamma\big\}$ 都是紧集。则

$$\sup_{z\in Z}\inf_{x\in X}\phi(x,z) = \inf_{x\in X}\sup_{z\in Z}\phi(x,z)$$

且上式右侧表达式在 X 上的下确界可以取到，其最优解集是非空紧集。

命题 5.5.5　假设 t 是真函数，且 t 的回收锥和其不变空间（constancy space）重合。则有

$$\sup_{z\in Z}\inf_{x\in X}\phi(x,z) = \inf_{x\in X}\sup_{z\in Z}\phi(x,z)$$

且上式右侧的表达式在 X 上的下确界可以取到。

命题 5.5.6　假设 t 和 r 中至少一个是真函数。

(a) 如果对任意 $\gamma\in\Re$，函数 t 和 r 的水平集 $\big\{x \mid t(x)\leqslant\gamma\big\}$ 和 $\big\{z \mid r(z)\leqslant\gamma\big\}$ 都是紧集，ϕ 的鞍点的集合是非空紧集。

(b) 如果 t 与 r 的回收锥分别与 t 与 r 的不变空间重合，则 ϕ 的鞍点的集合是非空紧集。

命题 5.5.7（鞍点定理）　当如下任意一条件成立时，函数 ϕ 的鞍点的集合是非空紧集：

(1) X 和 Z 是紧集。

(2) Z 是紧集，且存在 $\overline{z}\in Z$ 和 $\overline{\gamma}\in\Re$ 使得水平集

$$\big\{x\in X \mid \phi(x,\overline{z})\leqslant\overline{\gamma}\big\}$$

是非空紧集。

(3) X 是紧集，且存在 $\overline{x}\in X$ 和 $\overline{\gamma}\in\Re$ 使得水平集

$$\big\{z\in Z \mid \phi(\overline{x},z)\geqslant\overline{\gamma}\big\}$$

是非空紧集。

(4) 存在 $\overline{x}\in X$、$\overline{z}\in Z$ 和 $\overline{\gamma}\in\Re$，使得水平集

$$\big\{x\in X \mid \phi(x,\overline{z})\leqslant\overline{\gamma}\big\},\qquad \big\{z\in Z \mid \phi(\overline{x},z)\geqslant\overline{\gamma}\big\}$$

是非空紧集。

5.6 择一定理

优化中的择一定理（Theorems of the Alternative）是处理仿射不等式（有可能是严格的）的可行性的重要工具。这些结论可以视为 MC/MC 对偶性的特例，详见文献 [Ber09]。

命题 5.6.1（Gordan 定理） 令 A 为 $m \times n$ 矩阵，b 为 m 维欧氏空间 $\Re^m$ 中的向量。则一下各条是等价的：

(i) 存在向量 $x \in \Re^n$ 使

$$Ax < b$$

成立。

(ii) 对于任意向量 $\mu \in \Re^m$，

$$A'\mu = 0, \quad b'\mu \leqslant 0, \quad \mu \geqslant 0 \implies \mu = 0$$

(iii) 任意具有形式

$$\{\mu \mid A'\mu = c, b'\mu \leqslant d, \mu \geqslant 0\}$$

的多面体集都是紧的，其中 $c \in \Re^n$ 而 $d \in \Re$。

命题 5.6.2（Motzkin 转置定理） 令 A 和 B 为 $p \times n$ 和 $q \times n$ 矩阵，并令 $b \in \Re^p$ 和 $c \in \Re^q$ 为向量。联立不等式组

$$Ax < b, \qquad Bx \leqslant c$$

有解，当且仅当对应所有满足 $\mu \geqslant 0$ 和 $\nu \geqslant 0$ 条件的 $\mu \in \Re^p$ 和 $\nu \in \Re^q$，以下两个条件成立：

$$A'\mu + B'\nu = 0 \implies b'\mu + c'\nu \geqslant 0$$
$$A'\mu + B'\nu = 0, \ \mu \neq 0 \implies b'\mu + c'\nu > 0$$

命题 5.6.3（Stiemke 转置定理） 令 A 为 $m \times n$ 矩阵，而 c 为 $\Re^m$ 中的向量。联立不等式组

$$Ax = c, \qquad x > 0$$

有解，当且仅当

$$A'\mu \geqslant 0 \text{ 且} c'\mu \leqslant 0 \implies A'\mu = 0 \text{且} c'\mu = 0$$

Gordan 和 Stiemke 定理可用于提供线性规划问题原始和对偶最优解集合紧性的充要条件。

$$\begin{aligned} &\text{maximize} && c'x \\ &\text{subject to} && a_j'x \geqslant b_j, \quad j = 1, \cdots, r \end{aligned} \tag{B.22}$$

是**严格可行的**，如果存在原始可行向量 $x \in \Re^n$ 满足 $a_j'x > b_j$，对所有 $j = 1, \cdots, r$。类似地，我们说对偶线性规划问题

$$\begin{aligned} &\text{maximize} && b'\mu \\ &\text{subject to} && \sum_{j=1}^{r} a_j\mu_j = c, \quad \mu \geqslant 0 \end{aligned} \tag{B.23}$$

是**严格可行的**，如果存在对偶可行向量 μ 满足 $\mu > 0$。我们有下述命题。

命题 5.6.4 考虑原始和对偶线性规划 [参见式 (B.22)，式 (B.23)]，并且假设它们的公共最优值是有限的。那么

(a) 对偶最优解集是紧的当且仅当原问题是严格可行的。

(b) 假定集合 $\{a_1, \cdots, a_r\}$ 包含 n 个线性无关向量，原始最优解集是紧的当且仅当对偶问题是严格可行的。